Theory and Practice of
Tourism
Development

관광개발 이론과 실무

정승호·김수진 공저

Ⅰ3 (주)백산출판사

머리말

관광산업은 국가 경제에 미치는 영향이 중대함에 따라 세계 각국은 관광산업을 미래 신성장 동력산업으로 인식하여 관광정책을 최우선으로 추진하고 있다. 관광산업은 고용창출과 국가 이미지 제고 등 지역 경제발전은 물론이고 국가 경제발전을 좌우할 만큼 그 파급효과는 지대하며 높은 성장 잠재력을 지니고 있다.

세계관광기구(UNWTO)[1]의 통계나 한국관광공사의 '국민여행실태조사'에 따르면 국내 국민관광 총량은 1990년대 후반에 닥친 외환위기(IMF)나 2019년 코로나19(COVID-19)사태, 2023년 러시아와 우크라이나전쟁, 이스라엘과 하마스 간의 전쟁 등을 제외하고는 국민소득의 증가, 주5일 근무제 확대실시 등에 따른 여가시간의 증대, 교통체계의 발전 등에 기인하며, 관광객 수는 지속적으로 성장할 것으로 보고 있다.

관광수요 증대 및 관광트렌드의 다변화와 여가시간 및 소득수준이 향상되면서 삶의 질에 대한 관심이 높아지고 개인주의 성향이 심화되고 있다. 이에 따라 관광여가생활로 얻는 개인의 관광니즈가 다변화, 세분화되어 과거 대중관광에 대한 반작용으로 인해 특화된 테마 중심의 관광욕구가 증가되고 있으며, 문화·예술·교육·체험 등의 콘텐츠가 관광시장에 접목되고 있다.

특히 소비시장의 새로운 트렌드로 건강·웰빙·미용·휴양 등 고품격 삶을 추구하는 소비지향적 트렌드가 등장하고 있으며, 이에 따라 각종 관광시설 등이 다양화, 고급화되는 추세이다. 최근 일과 휴가를 즐기고자 하는 젊은층이 늘어나면서 '워케이션(workcation)'[2]이라는 신조어가 탄생하기도

---

[1] 세계관광기구(World Tourism Organization: WTO)는 1975년 설립된 이래 줄곧 WTO라는 영문 약자를 사용하였으나, 1995년 1월에 세계무역기구(World Trade Organization: WTO)가 출범함에 따라 두 기구 간에 영문 약자 WTO가 동일해서 혼란이 빈번하게 발생하였다. 이에 유엔총회는 양 기구 간에 혼란을 피하고 UN 전문기구로서 세계관광기구의 위상을 높이기 위하여 2006년 1월 1일부터 WTO라는 명칭을 UNWTO로 바꿔 사용하게 되었다.

[2] 일(work)과 휴가를 나타내는 버케이션(vacation)의 합성어로 일하면서 휴가를 동시에 즐기는 근무형태를 의미하는 신조어다.

했다.

20세기 관광개발의 주요 패러다임은 '집중개발', '거점개발', '하드웨어 중심' 방향으로 강조되어 여가공간의 양적인 확대를 지향하였으나 21세기부터는 양적인 확대보다 질적인 차원을 강조하는 관광개발과 정책이 요구되고 있다. 즉, 21세기에 접어들면서 국제화, 정보화의 진행과 함께 관광객의 요구가 점차 다양화, 다변화, 테마화, 고급화되고 있으므로 이에 대응할 수 있는 관광정책의 새로운 패러다임이 필요하게 되었다.

또한 국가는 네트워크화 · 소프트웨어 중심 등 새로운 패러다임에 기초한 관광정책의 추진을 전개하고 있고, 이에 관광지를 개발하거나 운영하는 사업자들은 네트워크와 유 · 무형 인문자원을 적극 활용하여 소프트 경쟁력을 부각시킬 수 있는 특성화 시설과 시스템을 갖춘 21세기 소비자의 다양한 요구변화에 기초한 관광개발을 추진하기 위해 노력하고 있다.

하지만 관광개발사업에 대한 투자는 고수익을 창출하는 사업이 아니다 보니 관광개발에 필요한 투자자금을 유치하기가 쉽지 않은 것이 현실이다. 게다가 부동산개발이나 관광개발은 수많은 관련 분야(부동산관련 법과 부동산시장의 변화, 「건축법」, 부동산관련 금융, 세법 등)의 이해를 필요로 하는 학문이지만 이를 가르치는 '관광개발학과'나 개발실무의 경력이 있는 교수조차도 찾기 힘든 것이 현실이다.[3]

특정분야에 투자하기 위해서는 투자대상이 되는 목적물에 대한 법적 타당성과 「건축법」상 건폐율과 용적률을 전제로 건물의 층수와 연면적이 결정되어야 한다. 또한 관광(단)지개발에 있어서 관광시설(호텔, 콘도, 골프장 등)은 「관광진흥법」과 「체육시설 설치 · 이용에 관한 법률」에 있어서 그 시설의 기준이나 분양시점이 결정되기 때문에 투자비를 회수하는 시기 등을 조절할 필요가 있다.

이외에도 개발계획에 의한 사업계획서에 대한 타당성 분석과 사업수지 분석 등을 정확히 작성하고, 작성에 필요한 각 항목에 대한 산출근거를 습득하지 않으면 투자에 대한 결정을 쉽게 내릴 수 없다.

---

3) 1960년도 우리나라 최초로 경기대학교가 창설되면서 관광개발학과가 동시에 설립되었다. 그 후 관광개발과 관련된 과목(관광개발론, 관광회계이론, 관광(단)지개발법규, 관광통계, 조직운영 등)을 가르쳤으나 외환위기와 코로나19 이후 그리고 금융위기가 오면서 관광개발학과는 없어졌고 현재는 관광문화대학에서 관광문화콘텐츠학과나 관광개발경영학과 등으로 학과가 변경되면서 사실상 관광개발에 관한 전문지식을 가르치는 곳은 사라졌다. 이 때문에 부동산개발학과를 통해 간접적으로 리조트개발 관련 지식을 습득하는 실정이다.

본서는 이러한 점들을 고려하여 관광개발이나 부동산개발을 시작하기 전에 반드시 숙지해야 할 이론적 기초지식 제공부터 개발 실무에 대한 모든 과정을 다루었다. 특히 실무과정에서는 인허가과정 중 문제가 자주 발생하는 각종 영향평가와 최근 개발에 있어 화제가 되고 있는 문화재 영향검토, 조성계획 등을 심도있게 다루었다. 아울러 대출 관련해서는 금융기관의 리스크헤지(hedge)와 대출심사, 그리고 은행의 IM자료를 공개하였으며, 부동산개발금융, 리츠, 펀드, 신탁업무 등을 통해 개발사업에 자금이 어떻게 투자되는지를 상세히 거론하였다. 이외에도 학생들이나 개발실무를 담당하고 있는 모든 실무자를 위해 도시계획분야, 관광개발분야, 세법분야 외에도 사실상 관광개발에 있어 새로운 전략, 즉 브랜드유치를 통한 개발상품의 고급화와 분양가상승전략 및 관광지 수요예측과 경제적 타당성 분석에 따른 실무과정을 모두 제공하였다.

그동안 유사 부동산개발과 관련된 서적들이 이론 중심으로 다루어지고 있었지만 관광지에 대한 개발이나 투자분석에 대한 이론과 실무차원에서 작성된 서적은 거의 없었다. 때문에 많은 출판사와 관련 대학에서 저자에게 집필을 요구했지만, 시간과 정성, 그리고 실무과정을 상세하게 설명하기 위한 관련 자료들을 수집하는 데 상당한 시간이 소모되어 이를 수용하지 않았다.

게다가 리조트개발이나 부동산개발의 경우 약간의 절차만 다를 뿐 거의 비슷하여 실무를 다룰 경우 부동산개발에 대한 노하우를 공개하는 일이라 신중할 수밖에 없었다. 하지만 그런 지엽적인 문제를 접어두고 이제는 지식과 경험을 공유하여 새로운 트렌드를 적용시킨 훌륭한 관광(단)지가 탄생하는 것이 더 중요하다는 인식 아래 백산출판사와 손을 잡고 본 책을 발간하게 되어 기쁘게 생각한다. 또한 개발업무에 대한 상세 설명을 위해 많은 부분들을 다루다 보니 너무 다양한 주제를 다루고 있는 것처럼 느낄 수 있으나 실제 부동산개발이나 관광단지개발에 있어서 반드시 숙지하여야 할 분야이고 이러한 기초적인 전문지식 없이는 개발업무의 전문가가 되거나 좋은 프로젝트에 투자를 할 수 없을 것이다.

말 그대로 투자란 관련법규에 의하여 정상적인 인허가를 거쳐 사업성 분석을 통해 개발이 이루어지고 투자금을 회수할 수 있어야 한다. 하지만 개발업에 종사하는 전문가들조차도 개발부지를 획득하여 인허가과정을 거쳐 마지막 운영, 관리까지 경험해 본 사람은 전무한 상태이다. 그런 점에서 본 책은 개발에 관심을 가진 많은 분들에게 도움이 될 것으로 기대한다.

끝으로 이 책을 편찬하는 데 도움을 주신 많은 고마운 분들에게 감사를 드린다. 특히 부동산금융 부분에 대한 내용에 대해서는 저자의 회사에 근무하고 있는 이성원 상무(메리츠화재 출신), 백진교(부국증권 출신) 전무에게 감사를 드리며, 인허가부분에서 도움을 주신 희림건축설계사무소와 관련 용역업체들에게도 감사를 드린다. 또한 자료정리와 이 책이 탄생하기까지 지대한 관심을 가져준 백산출판사 대표님과 임직원분들에게도 감사드린다.

아울러 지금까지의 리조트개발이나 부동산개발은 이제 새롭게 재탄생할 필요가 있다. "한국의 모든 리조트들은 거기서 거기다"라는 외국인의 지적은 리조트개발전문가 입장에서 많은 생각을 하게 만든다. 저자는 그동안 부동산개발이나 리조트개발에 대한 많은 개발경험이 있었지만 '춘천 위도 관광리조트개발'을 추진하면서 세계적인 명품브랜드라고 할 수 있는 '베르샤체' 측과의 협의를 통해 리조트브랜드명을 '베르샤체 미스틱아일랜드(VERSACE mystic Island)'로 하고 베르샤체 측과 아시아 최초로 명품리조트시설에 대한 최고급화를 시도하였다. 이러한 시도의 목적은 리조트시장의 새로운 패러다임을 제시하고자 하는 것이며, 이제 한국도 세계적인 휴양지의 리조트처럼 그 수준을 '럭셔리화'하거나 '명품화'시킬 필요가 있다고 생각했기 때문이다. 이 책을 통해 훌륭한 디벨로퍼(developer)가 되기를 기원드린다.

2024. 3.
저자 씀

차례

PART

1

관광개발 이론

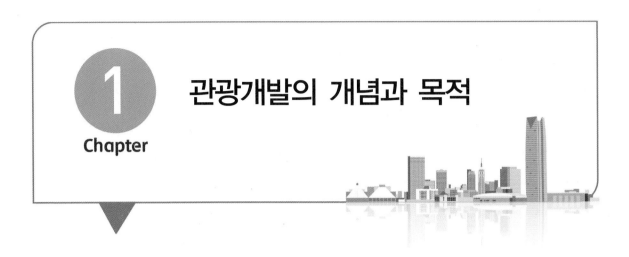

관광개발의 개념과 목적

Chapter 1

① 관광개발의 개념

관광개발은 개발주체와 개발동기, 목적 등에 따라 그 의미가 크게 달라지며 관광개발의 어느 측면을 강조하느냐에 따라 다양한 정의들이 존재한다. 피어스(Pearce)는 관광개발에 대한 개념을 "관광객 욕구를 충족시키기 위해 각종 관광관련 시설과 서비스를 공급 또는 강화시키는 것"으로 보았다. 로슨과 보비(Lawson & Baud-Bovy)는 "일정 공간을 대상으로 해서 그것이 지니고 있는 인적, 물적 관광자원의 잠재력을 최대한 개발함으로써 지역 내 경제, 사회, 문화, 환경적 가치를 향상시켜 총체적 편익을 극대화하여 지역 또는 국가 발전을 촉진시키고자 하는 노력"으로 관광객과 지역사회·주민의 삶의 질을 향상시키는 일련의 과정이라고 말하고 있다.

이를 종합하여 보면, 광의적 개념의 관광개발이란 "관광자원의 가치창조와 증대를 통해 관광객 욕구를 충족시키고 지역주민의 삶의 질을 향상시키며, 지역과 국가의 경제 및 사회 발전을 도모하기 위한 체계적이고 계획된 일련의 과정"이라고 할 수 있다.

반면에 관광개발을 실무적 차원인 협의적 개념으로 파악한다면 두 가지 측면에서 해석할 수 있다. 첫째는 관광개발을 정부 주도하에서 진행할 경우, 예를 들면 대규모 공원개발사업이나 유원지개발사업(낙동강이나 한강개발사업 등)에 있어서는 위에서 말한 정의가 맞지만, 직접 자본을 투자하고 관광개발사업에 참여한 민간사업자의 입장에서 정의한다면 관광개발이란 "정부가 관광객을 유치할 수 있는 대규모 관광편의시설을 조성하고자 관광(단)지를 지정하고, 민간사업자를 사업의 투자사로 선정하여 관광개발에 필요한 자금을 투자케 하여 개발하게 함으로써 지역경제 활성화는 물론 관광객유치를 통하여 소득 증진을 향상시키는 일련의 모든 활동을 말하며, 민간투자사업자 입장에서는 회사의 이미지 제고와 최소한의 수익 이상을 가져오는 일련의 개발행위 과정"이라고 할 수 있다.

② 관광개발의 목적

개발주체가 공공부문일 경우 관광개발의 목적은 지역경제 활성화와 지역주민의 삶의 제고 등 공공적인 측면에서 관광개발이 이루어지며, 민간부문에서의 관광개발의 목적은 수익창출과 기업 이미지 제고 등 수익적인 측면을 강조한다.

1) 공공부문에서의 개발의 목적

(1) 국가토지의 효율적 이용 및 균형발전

관광개발은 주로 지방정부의 미활용 토지, 예를 들면 임야나 자연녹지, 유원지시설 등을 기반으로 관광(단)지개발계획이 이루어지기 때문에 자원을 최대한 활용할 수 있는 장점이 있다. 서울, 경기권을 제외한 대부분의 지방정부 지역의 형태는 임야나 공원면적이 대다수를 차지하고 있는데, 이를 관광(단)지로 개발할 경우, 토지의 효율적 활용을 기할 수 있다. 이는 지역 간 불균형 해소를 통한 국토의 균형발전 목적과도 동일하게 관광개발이 이루어지는 결과를 초래한다. 일반적으로 낙후지역은 별다른 산업기반이 없어 지역발전이 어려운 경우가 많다. 이러한 지역의 경우 관광개발이라는 수단을 통해 지역을 개발하여 국토의 효율적 이용을 도모하게 되는 것이다.

(2) 지역경제 활성화

관광(단)지는 적게는 몇만 평에서 크게는 수백만 평 이상의 지역을 지정·고시하기 때문에 많은 관광시설(호텔, 콘도, 골프장, 워터파크 상가 등)이 들어서고 이를 이용하는 다수의 관광객들이 유치되기 때문에 관광소비를 유발시킨다. 이는 관광재화 및 서비스생산의 증가로 이어져 관광기업 및 관련 기업의 매출증대, 고용창출, 소득을 증가시키고 지방정부의 세수 증대 등의 경제적 파급효과를 발생시켜 지역경제를 활성화하고 궁극적으로 지역발전을 촉진시킬 수 있다.

(3) 관광객 관광 욕구증대

지역의 관광(단)지개발은 관광객을 증대시키는 물리적 변화 외에도 내외국인의 관광활동을 증가시킨다. 관광활동의 증가는 관광객 개개인의 여가시간의 증대나 가치관의 변화로 인하여 관광객의 욕구[1])를 증대시킨다. 기존의 소규모 호텔이나 콘도시설만으로는 만족할 수 없었던 기대심리를 대규모 관광단지를 개발함으로써 관광객들의 다양한 경험의 공간과 놀고 휴식할 수 있는 기회를 제공하여 지속적으로 관광객의 욕구를 충족시키고 만족도를 증대시킬 수 있다. 관광(단)지는 관광객 욕구에 대한 수동적 대응이 아니라 관광객의 욕구를 유발시키고 만족시키는 적극적인 방향으로 유도하는 데 기여한다.

(4) 지역주민의 편익 제공과 삶의 질 향상

관광(단)지개발은 각종 기반시설, 사회·문화시설, 공공시설, 편의시설 등의 설치를 필요로 한다. 이러한 시설은 지역민에게 각종 여가문화와 기회를 제공하고 생활환경을 개선하여 관광개발로 인한 경제적 혜택과 더불어 지역주민의 삶과 질을 향상시키는 역할을 한다. 게다가 관광(단)지가 개발되는 지역주민들은 문화센터를 무료로 이용하거나 자녀들을 우선 채용하는 등 일정한 혜택을 누리게 되는데, 이로 인해 지역주민들은 보다 나은 편익을 제공받을 수 있다.

(5) 관광자원의 보호

관광개발은 지구 또는 단지 내에서 개발행위가 이루어지고 개발에 따른 영향평가(환경영향평가, 교통영향평가, 문화재영향조사 등)를 통해 무분별한 난개발을 방지하고 있다. 따라서 관광자원 이용으로 발생하는 환경파괴를 최소화할 수 있다. 관광시설이나 기반시설이 제대로 갖추어지지 않은 지역에 관광수요가 발생할 경우, 관광객의 각종 활동으로 인해 배출된 오염물질이 그대로 하천 등 자연환경으로 흘러들어가 그 지역의 환경을 훼손시킨다. 이러한 경우 최소한의 관광개발을 통해 오염물질이 하천으로 유입되는 것을 방지하고 관광자원의 체계적인 이용을 가능하게 하여 지역의 자연환경 및 관광자원을 보호한다.

2) 민간부문에서의 개발의 목적

(1) 이익창출

대부분의 관광(단)지개발은 민간사업자의 투자를 통해 개발이 이루어진다. 정부는 개발에 필요한 많은 자금을 투자할 여력도 없을뿐더러 완공 후 관리측면에서도 감당할 수 없기 때문에 민간사업자를 선정하여 개발하게 된다.

---

[1] 관광욕구란 "이상적인 상태와 현재 상태와의 차이에 의해 나타나는 일종의 결핍 상태"로 정의한다. 사람들이 관광행위가 자신들의 욕구를 충족시켜 줄 수 있다고 느끼게 되면 의사결정의 다음 단계인 다양한 관광지나 관광활동에 대한 정보를 수집하고 획득하려는 노력을 하게 된다.

반대로 민간 사업자는 이익이 없다면 사업에 참여하지 않을 것이다. 그래서 정부는 관광(단)지개발의 사업자공모에 있어 약간의 특혜를 준다. 그 특혜란 관광(단)지로 지정되면 일정한 개발행위를 금지하고 강제수용절차를 밟아 토지를 수용한 후 민간사업자에게 양도하는 방식을 취한다. 그리고 관광(단)지를 조성하기 위하여 필요한 인허가 업무(계획관리구역이나 지구단위계획, 관광지구지정, 도시계획결정 등)를 사업자가 원활히 할 수 있도록 자체적으로 처리하여 준다. 결국 사업자는 토지를 매입하는 데 문제가 없고, 인허가에도 문제가 없으니 사업수지분석상 수익이 보장되고 분양성만 검증된다면 이익을 창출하기 위해 사업을 추진하려고 할 것이다.

(2) 사전분양을 통해 사업비 조달

관광(단)지개발은 대규모 부동산개발사업과 별반 다르지 않다. 따라서 많은 예산이 소요되고 공사기간이 장기간 소요된다. 그래서 사업자는 자기자본만으로 공사비를 투자할 수 없다. 그래서 정부는 민간사업자에게 분양을 통하여 개발비용을 충당할 수 있도록 허용한다. 예를 들어 생활형 숙박시설이나 콘도, 가족호텔의 객실을 사전 분양하도록 하는 특혜를 주고 있다.

관광(단)지는 분양시설 외에도 문화시설이나 관람시설, 그리고 의무적인 공공시설(공원, 관리사무소, 화장실, 도로, 주차장 등) 등을 만들어 준공 후에는 정부에 기부체납하게 만든다. 그러나 분양이 원활하지 않을 경우, 공사가 중단되어 사업이 진행되지 못하는 경우가 발생할 수 있다. 그에 따라 정부는 민간사업자가 사전 분양할 수 있는 시설에 대하여 조성계획변경을 통하여 시설을 변경하거나 조절할 수 있도록 협상할 수 있게 하였다.

(3) 기업의 이미지 제고

관광(단)지는 대단지로 개발되기 때문에 사전분양을 통해 분양하고 난 후 부대시설(상가나 공용시설 등)이나 문화센터나 워터파크 등의 시설을 민간사업자가 직접 운영하게 된다. 예를 들어 관광(단)지 내 골프장의 경우 골프회원권이나 골프빌리지를 분양한 후 골프장과 부대시설을 직접 운영할 수 있다. 이로 인해 기업은 대규모 관광(단)지를 소유하고 운영하기 때문에 대외적인 입장에서 광고, 홍보효과를 통해 기업의 이미지를 극대화할 수 있다.

2 Chapter 관광개발의 유형

① 개발주체에 의한 분류

1) 공공주도형 개발사업(제1섹터)

공공주도형의 개발방식은 국가, 지방자치단체, 공공기관 등이 개발주체가 되어 토지를 매입, 개발하는 형태를 말한다. 영리성을 위한 시설과 공간 설치보다는 공공성과 공익성을 우선으로 한 기반시설의 설치가 개발사업의 주요 목적으로 종합적이고 체계적인 개발사업이 가능하고 공익 우선이라는 공공적인 측면이 강조되어 개발이익의 사유화를 방지할 수 있다.

반면에 사업추진과 운영상의 효율성이 떨어지고 재원확보에도 어려움이 있는 단점이 있다. 사업내용은 주로 관광(단)지 지정에 필요한 도로·주차장·상하수도·전기·통신관리시설 등 기반시설을 개발하는 경우가 많고 유원지도시·공원·자연보호·환경보존·사유화 방지 등 공익성이 필요한 사업 등에 정부나 지방자치단체가 개발의 주체가 되는 사업을 말한다. 대표적인 예로 보문관광단지와 부산기장의 동부산관광단지, 강원도 춘천의 레고랜드를 들 수 있다.

2) 민간주도형 개발방식(제2섹터)

개인 또는 민간기업이 개발주체가 되어 영리를 목적으로 토지를 확보하여 관광시설과 공간을 개발하는 형태를 말한다. 대부분의 관광지 내 개발사업이 이 방식에 해당한다. 부동산개발에 의한 개발이익을 독점한다. 관광수요변화에 탄력적으로 대응할 수 있고, 운영 효율성이 높은 장점이 있는 반면, 수익성 우선으로 인해 자연보호지역이나 환경보존지역과 같은 공공성 훼손의 우려가 존재하고 영리성만을 추구하다 보니 지역사회와의 마찰을 일으킬 수 있다. 마산 로봇관광지와 지리산 온천관광단지 그리고 수안보 온천관광지의 경우 온천수의 고갈이나 관광객들의 외면으로 현재는 폐허 수준이 되어 인근 지역까지 슬럼화되고 있다.

3) 민관합동개발방식(제3섹터)

공공기관(중앙과 지방자치단체)과 민간이 공동으로 개발주체가 되어 개발하는 방식을 말한다. 공공성을 확보하면서 공공부문의 비효율성을 보완하여 수익성과 공익성의 균형을 확보할 수 있는 장점이 있다. 다만 토지를 소유한 지역주민을 중심으로 주민과 상가번영회·지역관광협회 등이 공동으로 투자해 조합이나 협회를 구성하여 개발하는 방식은 거의 찾아볼 수 없다.

그런 이유는 참여하는 주민들이 자기 소유의 토지를 근간으로 민박·상가·숙박시설 등과 같은 관광사업에 참여하기 때문에 관광개발에 따른 이익이 지역 내에 정착되는 장점을 가지고 있지만, 주차장·전기·통신·상하수도 등의 관광기반시설을 지역주민이 부담해야 하는 단점도 있다. 그래서 최근에는 사회기반시설은 공공기관이 투자하고, 관광시설은 민간기업이 개발하는 방식을 취하는데, 이에는 개발 후 민간사업자가 소유권과 운영권을 모두 갖는 방식(BOO)[2]과 개발은 민간사업자가 하고 공공기관이 다시 이를 임대받아 운영하는 형태(BTL)[3]가 있다.

이러한 민관합동개발방식은 공공·민간, 지역단체가 서로의 장점을 혼합하여 개발함으로써 공공의 행정력·민간의 경영효율성·지역민의 노동력과 서비스가 적절히 조화를 이루어 지역균형개발과 세수입이 확대된다. 그 밖에 민간은 투자이익을 얻게 되고, 지역민은 소득증대와 고용이 창출되는 효과를 가져올 수 있다.

4) 기타

관광(단지)지개발에는 공공개발(제1섹터 개발), 민간개발(제2섹터 개발), 민관합동개발(제3섹터 개발)이 주를 이루지만 이외에도 지역주민들로 이루어진 조합과 공공법인이 개발하는 주민조합개발(제4섹터 개발)과 지역주민들로 이루어진 조합과 민간법인의 공동개발 방식인 주민조합 민간개발(제5섹터 개발), 그리고 주민조합, 공공법인, 민간법인이 연합하여 개발을 진행하는 연합개발(제6섹터 개발)이 있다. 하지만 이러한 방식들은 자본력이 없는 주민조합이 사업을 원활하게 추진할

---

2) BOO(Build-Own-Operate): 사회기반시설의 준공과 동시에 사업시행자에게 해당 시설의 소유권이 인정되는 방식을 말한다. 사업시행자가 가장 원하는 방식이다.
3) BTL(Build-Transfer Operate): 사회기반시설의 준공과 동시에 해당 소유권이 국가 또는 지방자치단체에 귀속되며, 사업시행자에게 일정기간의 시설관리운영권을 인정하되, 그 시설을 국가 또는 지방자치단체 등이 협약에서 정한 기간 동안 임차하여 사용·수익하는 방식이다.

수 없고, 타인소유의 토지를 수용할 수 없다는 점과 사업종료 후 청산절차의 복잡화 등으로 인해 민간사업자가 선호하는 방식이 아니며 실제 이 방식으로 개발하는 형태는 거의 없다.

대표적인 부동산개발사업의 예로 시흥첨단물류유통단지개발의 경우 실제 토지를 소유하고 있는 구분소유자들은 자체적인 개발을 포기하고 토지를 매각하거나 토지대금을 아파트로 교환하는 입체환지 방식을 채택했다.

② 시간적 추진형태에 의한 분류

1) 동시개발(spontaneous development)

기본적으로 관광개발은 단지 내 계획된 모든 사업에 대한 개발이 동시에 착수되는 형태로 개발되어야 공사의 효율성이 높고 계획된 시설과 서비스가 개발 완료와 동시에 제공될 수 있다. 또한 개발과 관련된 공사비와 사업비를 지원하는 금융기관 역시 순차적으로 P/F대출을 하기에는 무리가 있어 대부분의 소규모 관광(단)지개발은 동시개발형식으로 이루어진다. 예를 들어 BTL(Build Transfer Lease)이나 BTO(Build Transfer Operate)[4] 방식에 의한 개발의 경우 동시개발을 전제로 한다.

동시개발의 경우 개발의 효율성이 높고 계획된 시설과 서비스가 개발완료 시 동시에 제공될 수 있다는 장점이 있는 반면, 사업기간이 장기간 소요되어 완공 후에는 시장의 요구나 환경변화에 대응하기 어렵고 이로 인해 개발의 위험성이 상대적으로 높다는 단점이 있다.

2) 단계(순차)적 개발(phased development)

계획된 사업에 대해 개발이 순차적으로 이루어지는 형태로 기본적으로 막대한 투자비가 소요되는 개발사업에 적용된다. 단계개발은 개발자에게 시장의 반응과 개발의 효과 등을 파악할 수 있는 시간을 제공하여 시장 및 환경변화에 대한 탄력적 대응을 가능하게 한다. 또한 개발로 인해 발생하는 부정적인 효과들을 모니터링하고 그 저감방안을 후속 개발단계에 적용하여 부정적인 효과를 최소화할 수 있다는 장점이 있다. 반면에 개발기간의 장기화와 개발(공사)의 비효율성 그리고 개발단계가 모두 완료될 때까지는 관광객에게 모든 시설과 서비스를 제공할 수 없다는 단점도 있다. 대표적인 예가 부산 동부산관광(단)지개발사업이다. 전체 관광단지 100만 평을 4섹터로 나누어

---

4) BTO(Build-Transfer-Operate): 사회기반시설의 준공과 동시에 해당 소유권이 국가 또는 지방자치단체에 귀속되며, 사업 시행자에게 일정기간의 시설관리운영권을 인정하는 방식이다.

각각의 시설물을 결정하고 토지수용과 도로 터널 등과 같은 기반공사는 부산시가 추진하고 섹터별로 사업자가 먼저 선정되는 곳부터 개발하는 방식을 말한다. 민간제안사업 중 BOO(Build-Own-Operate) BOT(Build-Own-Transfer)방식의 개발은 도입시설을 한꺼번에 개발하기에는 많은 투자자금이 소요되므로 가장 사업성이 좋은 도입시설부터 순차적으로 개발하는 방식을 취한다. 동부산개발사업의 경우도 관광(단)지로 지정된 이후 10년 동안 사업자를 찾지 못해 개발이 진행되지 못하다가 4섹터 (운동휴양시설: 골프장, 콘도, 연수원)부터 민간사업자 공모를 거쳐 사업자를 지정한 후 개발을 진행[5]하다가 1, 2, 3차 개발이 완료되었다. 대부분의 민간제안 사업의 경우 이 방식을 택한다.

　　다만, 단계적 개발의 경우라 할지라도 전체 사업부지에 대한 기반공사(토목공사, 도로 등)는 동시에 출발하고 토지 위에 설치되는 시설물에 대해서는 단계적으로 개발하는 것을 말한다. 이러한 방식을 추진하는 주된 원인은 공사기간이 단지 오래 걸린다는 이유보다는 금융기관의 대출과 밀접한 관련이 있다. 단계적 개발은 주로 분양시설이 집중된 부분부터 개발을 시작하는데 이는 선개발되는 시설에 대한 분양의 유무를 확인하고 차기 사업의 진행 여부를 판단하기 쉽기 때문이다. 이 같은 사업의 경우 강원도 춘천의 위도섬개발이 대표적인데 분양이 집중된 생활형 숙박시설 단지를 1단계 사업으로 시작하고 운영시설인 워터파크와 상가시설, 그리고 콘도시설부분을 2단계 사업으로 순차적 개발하는 방식을 채택했다.

③ 지역사회의 통합형태에 의한 분류

1) 통합형 개발(integrated development)

　　관광개발이 기본 지역사회경제에 통합되는 형태로 기본적으로 소규모로 개발이 이루어지며, 이로 인해 지역자본과 경영의 참여가 가능하다. 또한 개발로 인한 각종 시설과 서비스를 관광객과 지역민 모두 사용할 수 있어 관광개발의 혜택을 지역민이 함께 누릴 수 있다는 장점이 있다. 예로 정선카지노사업이나 춘천레고랜드사업을 들 수 있다. 레고랜드의 경우 강원도가 토지를 제공하고 영국의 레고랜드 측에서 실물투자(테마파크에 사용되는 지자재)를 했으며, 사업자는 공사를 하는 조건으로 일정한 운영지분과 토지를 장기로 임대받아 호텔과 상가를 분양하는 형식을 취했다.

---

5) 당시 민자공모사업에서 우선협상대상으로 ㈜오션앤랜드 외 3개사가 선정되었으며, 그 후 토지매매계약을 통해 순차적으로 개발되었다. 현재는 2, 3, 4섹터 대부분이 롯데, 아난티, 반얀트리, 이키아, 신세계 등의 회사에 의해 부지매입이나 시설투자 등을 통해 개발이 활발하게 이루어져 대규모 관광단지개발 중 성공한 사업으로 인정받고 있다.

레고랜드의 경우 강원도로부터 100년간 토지사용을 무상으로 받았으며, 광고 홍보비는 강원도가 지급하고, 대신 강원도는 매출액이 100억 원이 넘을 경우 일정한 수익을 취하는 방식을 채택해서 논란이 되었다.

2) 고립형 개발(enclave development)

고립형 개발은 특정한 기반시설이 지역주민과 지역사회에 혜택을 주기 위해 의도된 것이 아니며 개발대상지도 물리적으로 기존 사회나 개발지로부터 떨어져 있어 관광객들만이 커뮤니트를 구성하며 시설이 관광객 위주로 이용되는 특성이 있다(Jenkins, C. 1982). 대부분의 관광(단)지개발이나 관광특구지정에 따른 사업이 일반적이며 이러한 개발은 인근 지역주민을 위한 사업이 아니라 전국에 있는 모든 관광객을 대상으로 하고 있다.

고립형 개발형태는 관광객과 지역민의 접촉을 최소화하여 관광으로 인해 발생할 수 있는 부정적인 사회문화적 영향을 방지할 수 있다는 장점이 있는 반면, 관광으로 인해 지역사회가 얻을 수 있는 혜택도 매우 제한적이라는 단점이 있지만, 오늘날에는 관광(단)지개발로 인해 직·간접적으로 지역주민에게는 사회문화적 영향은 물론 경제적 영향까지 파급효과가 있는 것도 사실이다.

그 대표적인 예가 관광(단)지 주변의 지가상승이나 관광지를 찾는 관광객들의 소비가 관광(단)지 내에서만 일어나는 것이 아니며 관광(단)지 인근 주변 마을이나 도시에서도 소비가 일어나기 때문이다. 하지만 부산해운대 엘시티관광개발 사업이나 천안 골프장 및 호텔, 콘도 개발사업의 경우 관광객들의 편의보다는 사업시행자의 이익을 추구하는 방식으로 개발되어 문제점으로 지적되기도 했다.

④ 공간개발전략에 따른 분류

관광개발은 공간개발전략에 따라 균형개발방식과 거점개발방식으로 구분할 수 있다.

1) 균형개발방식

관광지가 가지고 있는 토지나 주변환경에 대해 사업자와 지역 간 배분을 통해 지역의 균형 있는 발전을 도모하는 개발방식으로, 개발의 형평성을 우선시한다. 지역 간 통합과 형평성을 도모할 수 있다는 장점이 있으나 개발효율성이 높지 않다는 단점이 있다. 예를 들어 관광(단)지 조성에 대한 허가 및 사업자 지정 등이 국토부나 문체부에서 지자체 단체장에게 권한이 위임되어, 전국 시·도자치단체에서도 필요할 경우 관광(단)지를 지정 개발행위가 가능토록 하였다. 하지만 인구가 밀집된 서울, 경기, 부산을 제외한 타 지역에서는 사업성이나 분양성 때문에 쉽게 개발이 이루어지지 못하고 있다.

2) 거점개발방식

개발잠재력이 높은 지역(거점)에 제한된 자원을 집중 투자하여 투자효과를 극대화하고, 개발의 효과가 주변 지역으로 확산되기를 기대하는 방식이다. 즉, 가용자원의 선택과 집중을 통해 개발의 효율성을 높이고 성장거점의 개발을 통해 주변 지역의 발전을 도모하는 방식이다. 개발의 효율성이 높다는 장점이 있으나 지역 간 불균형과 역류 효과를 초래할 수 있다는 단점이 있다. 강원도 속초의 경우 건물 층수 높이의 제한을 없애고 건폐율과 용적률을 상향 조정하면서 관광(단)지개발 사업이 활발히 진행되었다. 그로 인해 주변지역인 양양이나 동해, 주문진과 같은 인근지역의 건폐율과 용적률을 속초나 강릉과 같이 높게 조절하여 개발이 활성화되고 있다.

관광개발의 요소

Chapter 3

① 개발의 주체

관광개발의 주체는 개발에 대한 책임과 권한을 가지고 사업을 집행해 나가는 개인 또는 법인과 공공단체를 의미한다. 이들은 실제적으로 자본을 투자하고 이로부터 개발이익을 향유하거나 사회적 편익을 창출해 내는 반면, 손실과 위험을 스스로 감수해 내야 한다.

개발사업의 종류, 목적, 규모, 토지소유형태 등에 따라 다양한 형태의 개발주체가 참여하는데 일반적으로 이들 개발주체를 공공부문, 민간부문, 민관합동부문으로 구분할 수 있다. 개발주체에 따라 개발동기도 다양하게 나타난다. 공공부문의 경우 다양한 목적으로 관광개발에 참여하고 있는데, 우선 경제적인 측면으로 국제수지개선, 지역경제 활성화, 지역균형발전 등의 목적으로 관광개발을 추진하고 있다. 특히 민간이 참여하기 어려운 저수익성 사업이나 민간부문의 투자를 촉진하기 위한 기반시설, 공공재 성격의 시설설치 등의 목적으로 관광개발에 참여한다.

환경적인 측면에서는 무분별한 이용으로 인한 환경훼손을 방지하고 불모지 등을 복원하기 위해 관광개발에 참여한다. 사회적인 측면에서는 다양한 계층에서 관광기회를 제공하려는 목적이 있는데, 특히 소외계층에게도 관광(단)지 내 토지소유자에게 정당한 보상과 관광시설물에 대하여 저렴하게 사용케 하고 지역주민의 자녀를 관광(단)지 운영시설에 취업시키는 활동을 통해 동등한 관광기회를 제공한다.

민간부문에 있어서는 공공부문과 달리 오직 수익성 창출에 그 목적을 두고 부수적으로 지역경제 활성화나 지역균형발전이라는 목적을 두고 있다. 민관합동의 경우 공공부문은 민간부문을 끌어들여 관광시설에 투자를 유도하기 위해 공공시설에 투자하고 민간부문은 관광시설에 투자하여 이익을 창출하기 위해서다. 최근 서울시가 상암 월드컵공원 내에 대관람차와 복합문화시설을 갖춰 세계적인 랜드마크사업으로 추진하기 위한 계획도 민관합동개발방식이라 할 수 있다.

〈표 1-1〉 관광개발 주체에 따른 구분

방식	내용		
	사업의 주체	특성	개발 사례
공영개발	공공주도	• 비영리성, 기반시설 정비, 개발이익 사유화 방지	• 강원도 정선관광특구사업 • 국립공원 내 케이블카사업
민간개발	민간주도	• 수익성 위주, 개발이익 사유화	• 강화석모도온천지구개발사업 • 해운대관광특구사업 • 천안골드힐카운티리조트관광(단)지조성사업 등
민관합동	민간+공공기관	• 공익성+수익성(투자재원 용이, 자본의 지역유출 방지	• 동부산관광(단)지개발사업 • 강릉관광특구사업 • 춘천레고랜드개발사업 등

② 개발 대상지(토지)

관광개발은 부동산개발과 마찬가지로 토지, 건물, 자본이라는 3대 요소로 구성하는데 그중에서 토지는 가장 기본이 된다. 토지는 지역마다 각각의 다른 용도와 가치를 가지고 있다. 토지의 이용가치 및 개발잠재력은 그 토지가 가지고 있는 독특한 특성인 입지조건에 의해 결정되며, 대상지의 입지조건에 따라 개발의 방향이나 성격 등이 정해진다.

이러한 입지조건은 크게 부지(site)와 위치(situation)의 두 가지 측면으로 구분할 수 있다(Laulajainen, R., & Stafford, H., 1995). 부지는 지형, 지질, 토양, 면적, 모양, 식생, 배수 등 개발사업 대상지가 가지고 있는 물리적 특성을 의미하며 위치는 접근성, 주변, 관광자원, 토지이용, 기반시설 등 대상지와 대상지를 둘러싸고 있는 주변 요소와의 상대적인 관계로 지리적, 경제적 여건과 국토계획 또는 지역계획 측면에서 그 입지를 제어하는 제도적 여건 등 여러 복합적인 여건에 의해 관계가 형성된다.

특히 토지는 개발에 따라 그 용도가 변화되는데 이를 토지의 인문적 특성이라고 한다. 토지의 인문적 특성에는 용도의 다양성, 병합·분할의 가능성, 위치의 가변성, 그리고 투자의 고정성(내구적 투자성, 자본회수기간의 장기화)으로 분류할 수 있다.

관광(단)지의 경우 대부분이 주거나 상업용 건물을 건축할 수 없는 토지를 용도의 변화와 토지의 병합·분할을 거쳐 개발을 통해서 지목이 바뀌게 되는데 이는 용도의 변화나 시설의 종류에 따라 토지의 가격에도 영향을 미치기 때문이다.

③ 개발참여자

관광개발은 이론만으로 충분히 설명할 수 없다. 즉 부동산개발사업과 마찬가지로 실무차원에서 접근해야 하는 학문이다.

〈표 1-2〉 관광(단)개발에 참여하는 이해당사자

구분	관광개발사업 착수 전	개발사업 착수 후	개발사업 완료 후
개발자 (시행사)	• 합사사무실 운영 • 전반적인 시행과 관련된 관리·감독	• PFV/SPC법인 운영 • AMC(자산관리회사 운영) • 전반적인 사업관리	• 자산관리회사를 통한 시설관리운영 • 청산(건설, 금융 등) • 수분양자관리, 운영
시공사 (건설회사)	• 공사비 산정 • 공사설계, 토목설계 등에 대한 적적성 검토	• 토목, 건축공사 • 공사기성금 청구 • 책임준공	• 공사비 청산 • 공사하자보증
건축설계사무실	• 제안서상 규정된 건축설계 및 토목공사설계에 대한 상세검토 • 환경, 경관, 조경 등	• 건축심의 • 건축허가 • 실시설계 • 설계변경	
금융기관(증권, 자산운용회사 등)	• 개발에 필요한 자금투자여부 결정 • 사업참여여부 결정	• PFV에쿼티투자(5% 이상) • 브릿지대출 및 본 P/F대출 • 대주단구성(대출) 등	• 대출금회수 • 청산업무 주도
회계법인	• 예비 사업타당성분석보고서 작성 (수요분석, 수지분석 등 재무분석 일체) • cash flow 작성	• 사업집행에 따른 회계 일반업무 • cash flow 작성 및 자금관리	• 사업참여자 청산 • 청산회계정리 • 회계업무
법무법인	• 법률검토(개발법인, 투자자 구성, 도시개발공사와의 계약서 검토) • 사업기간 중 발생하는 법률 관련 해결	• SPC/PFV회사 설립 • AMC(자산관리회사) 설립 • 도시개발공사와의 계약서 검토	• 청산절차 후 청산 • PFV/SPC 청산 • 도시개발공사와의 협약서 및 계약서에 대한 마무리 정리
컨설팅(P/M)사무실	• 사업제안서 작성(개발, 투자, 운영) • 사업계획서 작성	• 분양전략 및 분양대행업무 • 상가 M/D구성 • 수분양자 관리	• 분양대행수료 및 P/M 용역비 청산
신탁회사	• 관리, 담보, 처분, 개발신탁 약정 및 토지 및 자금관리 • 책준(책임준공에 대한 보증) 검토 등	• 신탁업무 • 토지관리 • 자금관리 및 지급에 대한 대리사무	• 청산에 대한 협조 • 신탁업무 종료에 따른 결산업무
기타(편집 디자인)	• 제안서 편집, 디자인컨셉 등 • 제안서 작성(단지조성에 필요한 각 시설에 대한 이미지 제공 등)	• 기존 컨셉 후 사정 변경에 대한 디자인 컨셉 변경 등	

특히 관광개발에는 우리가 상상하는 것보다 수많은 용역회사와 금융기관 그리고 이해 당사자들이 참여하게 된다. 관광개발과 관련된 활동들은 복잡하고 법적인 요소들이 포함되어 있어 개발자나 개발업자의 전문성이 갈수록 증대되고 있다. 따라서 관광(단)지개발을 하기 위해서는 다양한 분야의 지식과 전문성이 요구되지만, 개발자나 개발회사가 지식과 전문성을 모두 갖추는 것은 현실적으로 불가능하다. 따라서 관광(단)지개발은 일반적으로 각 분야의 전문가들이 협업을 통해 이루어진다.

기본적으로 관광개발 프로젝트의 성격이나 규모 등에 따라 요구되는 전문성이 다르기 때문에 개발자는 필요로 하는 전문성에 따라 컨소시엄을 구성하여 그들에게 동기를 부여하고 개발업무를 선두에서 이끌어 나가는 역할을 하게 된다. 이를 위해 개발자나 개발회사에게는 개발 전반에 걸친 종합적인 이해가 요구되며 개발자나 개발업자는 창조된 관광공간에 대한 적극적인 책임을 진다 (Miles, M., Berens, G., & Weiss, M., 2000).

④ 개발수요

관광개발의 수요는 관광개발을 통해 발생하는 관광시설 또는 서비스에 대한 수요로 관광개발의 직접적인 동기를 제공한다. 관광수요는 그 성격에 따라 유효수요, 유예수요, 잠재수요로 구분할 수 있다(Lavery, P., 1974). 유효수요(effective demand)는 구매욕구와 구매능력을 다 갖추고 있어 실제화된 수요를 의미하며, 유예수요(deferred demand)는 구매욕구는 있으나 현재 구매능력이 없는 상태로 구매능력만 갖추어지면 바로 유효수요화될 수 있는 수요이다. 관광수요의 규모와 특성은 개발방향의 설정과 사업의 타당성에 결정적인 영향을 준다.

관광개발이나 부동산개발에 있어 가장 중요한 것은 유효수요이다. 시설에 대한 운영을 통해 투자비를 회수하는 것은 사실상 불가능하다. 물론 용인 애버랜드나 잠실 롯데월드처럼 대기업이 주도하는 관광시설의 경우는 투자비에 대한 책임을 대기업을 통해 리스크를 헤지(Risk-Hedge)할 수 있어 문제가 되지 않지만 이런 경우는 아주 드문 경우이고 대부분은 콘도회원권분양이나 생활형 숙박시설에 대한 분양 등을 통하여 투자비를 사전에 회수하지 못할 경우, 관광개발사업에 투자나 자금을 대출해 줄 금융사는 없다. 따라서 실제적으로 분양물건에 대한 수분양자의 구매능력이나 구매욕구는 관광개발에 있어 가장 중요한 수요이다.

🍃사례

□ **부산해운대엘시티**

출처: 엘시티 홈페이지(https//lctmanagement.co.kr)

□ **사업의 개요**
- 위치: 부산해운대구 중동 1058-2번지
- 규모: 타워 A/B 85층, 랜드마크타워 101층/207,245평
- 용도: 아파트(882세대), 레지던스(561실), 관광호텔, 전망대, 워터파크, 상업시설 등
- 시공사: (주)포스코건설

□ **유효수요 및 분양가 산정**
88층규모의 아파트 2동과 101층 규모의 콘도 그리고 호텔, 워터파크와 상가시설이 건설되었는데 이중 아파트수요층에 대한 유효수효량을 산출하는 방식
1) 당사업지 총 필요세대수는 894세대
2) 소득수준에 의한 유효 수요량을 산출해보면 부산시 월소득 500만 원 이상 가구수 116, 279가구, 해운대구 17,477가구와 부산시 전문직 종사자수 9,264명이다.
3) 자산가치(APT가격)에 의한 유효 수요량은 10억이상 APT 세대수 기준 중 8,247세대로 실질적인 지급능력(가처분소득)을 갖춘 수요량은 매우 충분하다는 결론이 나온다.
4) 따라서 당 사업지의 상품성 · 입지 · 조망권 등을 고려하면 적정 분양가는 2,700~3,310만 원/평이며 지급능력을 갖춘 유효 수요량은 총 8,247세대로 추정되며 이는 당사업지 필요세대수(894세대)의 9.2배 수준으로 유효 수요는 충분하다고 판단하였다.
5) 그 결과 해운대관광특구에 있는 본 아파트는 준공전 조기분양에 성공하였다.(상세한 내용은 실무편 참고)

⑤ 도입시설

관광(단)지 내에 설치될 도입시설이라 함은 관광객유치를 위한 숙박과 레크리에이션 그리고 건강을 위한 골프장과 같은 운동시설이나 휴양시설 일체와 단지 내 기반시설 등을 말한다. 도입시설은 일반적으로 관광(단)지개발을 주관하는 정부나 지방자치단체가 관광객 유치나 지역발전을 위해 필요하다고 인정하는 시설을 미리 정하는 것이 일반적이지만, 민간제안 사업의 경우는 공공시설 외에 사업자가 개발에 따른 수익을 극대화시키기 위하여 분양시설(호텔이나 콘도미니엄, 생활형 숙박시설, 골프장 등)을 제안하여 도입시설에 추가하기도 한다.

〈표 1-3〉 관광(단)지 내 주요 도입시설

구분	예시
숙박시설	호텔(일반, 특급, 관광, 가족, 한옥), 콘도미니엄, 생활형 숙박시설, 펜션, 캠프장 등
레크리에이션/건강/스포츠시설	휴식시설, 산책/조깅로, 실내외 수영장, 스포츠시설, 워터파크, 피트니스센터, 비즈니스센터, 카지노, 전망대, 스키장, 눈썰매장, 골프코스, 골프빌리지, 글램핑장, 미술관, 영화관, 박물관, 승마장, 조각공원, 승마장, 보트장, 마리나시설, 호수공원 등
서비스시설 및 스페셜 프로그램	레스토랑, 바, 쇼핑센터, 대소집회장, 각종 스포츠 및 레크리에이션 레슨 및 클리닉센터, 패키지 관광, 콘서트장, 각종 이브닝이벤트, 웨딩홀, 매점 안내소 등
기반시설	전기, 상하수도, 통신, 공공주차장, 도로, 보행로, 조경, 조명 등 관광(단)지 조성에 필요한 시설 일체

⑥ 개발자금

모든 개발에서 성공을 결정하는 핵심요소 중 하나는 최적의 자금을 투자하여 최대한의 효과(수익)을 얻는 것이다. 시장에 적합한 관광개발상품을 기획하고 자금원을 확보하는 일은 관광(단)지뿐만 아니라 일반개발사업(아파트, 주상복합, 상가, 복합시설)을 추진하는 데 있어서 가장 중요한 역할을 한다. 특히 관광(단)개발사업은 사업의 규모가 커서 대규모 자금이 필요하다. 이에 따라 개발사업 주체는 자신의 자본(equity)뿐만 아니라 사업에 참여하는 다른 주체들(개인, 법인, 정부, 펀드 등)로부터 자금(부채)을 조달받게 된다.

사업주체가 사업을 원활히 수행하지 못하였을 경우 그에 따른 일차적인 피해는 사업주체가 된다. 즉, 사업주체는 수행하는 사업에서 발생하는 금전적인 피해를 우선적으로 받기 때문에 가장 높은 위험성을 가진다. 한편, 대규모 사업에서는 개발자가 자신의 자금뿐만 아니라 자본투자(equity investment)를 받는 경우가 있는데 이를 담당하는 자를 자본투자자(FI, finance investment)라고 한다.

자본투자자의 경우 금융기관이나 증권회사 자산운용회사나 펀드(부동산펀드, 관광시설자금펀드 등) 등이 될 수 있으며, SOC(Social Overhead Capital, 사회간접자본) 사업의 경우는 수익성이 좋고 정부가 일정한 수익성을 담보하기 때문에 외국계은행(맥쿼리, 도이치뱅크, 투자은행) 등이 참여한다. 이와는 달리 민간제안사업이나 제3자공모사업의 경우는 국내 금융기관(시중은행, 금고, 저축은행, 증권사, 자산운용사 등)이 사업의 주축(금융투자사)이 되어 직접사업에 참여하여 대주단을 구성하는 방식으로 사업에 참여하기도 한다.

따라서 금융기관도 사업이 성공하지 못하면 투자금액을 회수하지 못해 손해를 보게 된다. 특히 토지수용과 인허가를 담당하며 사업을 주도한 지방자치단체나 산하기관인 도시공사의 경우 개발이 중단되면 지역이 슬럼화되어 지역주민들도 직간접적으로 막대한 피해를 입게 된다.

⑦ 개발제도 및 규제

한국의 경우 삼면이 바다이고 전체 국토의 2/3가 임야로 구성되어 개발할 수 있는 가용자원은 풍부하다고 할 수 있다. 그러나 개발할 수 있는 토지가 있다고 해서 개발자가 마음대로 개발할 수 있는 것은 아니다. 정부는 포괄적 혹은 사전적으로는 관련법률 및 제도, 상위계획 등에 의해 규제하며 사후적 혹은 개별적으로는 인허가과정을 통하여 규제한다(대한국토 도시계획학회, 2004).

관광개발사업에 있어 규제와 계획은 사회적 통합성과 공간적 연계성을 유지하기 위한 주요 요소이다. 따라서 추진하려는 사업이 사회에서 이미 정한 법규나 국가·지자체 등의 계획과 조화를 이룰 수 있는지에 대한 검토와 사업을 추진하는 데 따르는 제약 여건에 대한 검토가 반드시 필요하다. 검토가 요구되는 법규는 관광개발의 성격, 대상지역, 규모, 개발방식 등에 따라 다양하다.

관광(단)지개발법규는 관광개발과정에서 관여하는 내용에 따라 국토계획법규, 시설입지법규, 관광사업법규, 개발특례법규, 건축법규, 영향평가법규, 재정·세제법규로 구분할 수 있다. 일반적으로 관광(단)지개발법규는 상호 연관되어 있어 종합적으로 함께 검토되어야 하며, 특히 공공개발이 아닌 민간개발의 경우 시설입지법규나 관광사업법규보다는 사업성과 직접적으로 관련된 개발특례법규나 건축법규와 관련된 영향평가법규와 재정·세제법규 등은 반드시 사전 숙지해야 한다.

국토계획법규는 관광개발이 가능한 용도지역과 개발 방향을 포괄하는데, 개발법규 중 가장 상위의 법규라고 할 수 있다. 시설입지법규는 특정시설의 입지 또는 토지이용에 대한 제한사항 등을 규정하고 있으며, 관광사업법규는 관광지역·지구 및 시설의 종류와 기준 등을 규정하는 특정시설이나 공간만을 규율하는 법규이다.

건축법규는 개별 시설물의 설치기준에 관한 사항을 정하여 관광지역·지구 및 시설의 구체적 기준을 제시하고 있다. 개발특례법규는 개발촉진을 위한 특례 및 지원사항이 주된 내용이며, 영향평가법규는 환경훼손 방지를 위한 환경영향평가 등 각종 영향평가에 관한 사항을 규정하고 있고, 재정·세제법규는 공공 및 민간 재원조달과 세제 및 부담금 부과 감면에 대해 명시하고 있다.

관광개발체계는 계획의 공간적 범위와 수립 근거에 따라 구분할 수 있다. 공간적 범위는 전국, 지역, 지구 단위로 구분 가능한데 전국 수준에서는 관광개발계획, 지구 수준에서는 관광(단)지 조성계획을 수립하여 추진한다. 수립근거는 법적 근거 유무에 따라 법정계획과 비법정계획으로 구분할 수 있다.

법정계획은 다시 법정의무계획과 법정임의계획으로 구분할 수 있다. 법적으로 반드시 수립해야 하는 법정의무계획은 관광개발기본계획, 권역별 관광개발계획이며, 필요에 따라 수립할 수 있는 법정임의계획은 관광진흥계획과 남해안 관광벨트 개발계획, 경북북부 유교문화권 관광개발계획 등 광역권 관광개발계획이 포함된다. 이외에도 시군 관광개발계획 등 법적 근거가 없이 행정계획으로 추진되는 비법정계획이 있다.

기본적으로 「국토의 계획 및 이용에 관한 법률」과 특정시설의 입지를 제한하는 「농지법」, 「산지관리법」, 「군사기지 및 군사시설 보호법」 등이 있다.

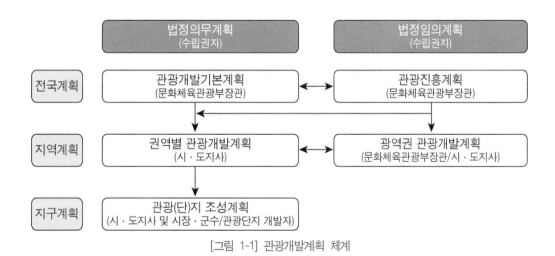

[그림 1-1] 관광개발계획 체계

　　상위계획에서도 대상지를 중심으로 한 상위계획들이 검토되어야 하며 이를 통해 상위계획과의 조화를 이룰 수 있다. 기본적으로 검토해야 할 관광분야 상위계획으로는 관광개발기본계획과 권역별 관광개발계획이 있으며 국토계획분야 상위계획으로는 국토종합계획, 광역시·도종합계획, 시군종합계획 등이 있다.

　　그러나 관광(단)지개발은 정부가 주도하는 사업으로 인허가에 대한 모든 권리를 정부가 가지고 있다. 따라서 정부주도형 공영개발의 경우는 문제가 없다. 대부분의 관광(단)지개발은 민간주도형 사업으로 이루어지고 있고, 민간주도형 개발사업은 정부가 민간투자자금을 동원하여 관광(단)지를 개발하기 때문에 토지수용이나 인허가문제를 정부가 해결한 후 민간사업자를 모집하는 형태를 취한다. 따라서 대부분 인허가 사항은 관광(단)지 조성사업의 상위법에 의제 처리하여 관광(단)지개발과 관련된 관련법은 복잡할 것 같지만 사실상 개발되는 관광(단)지 시설물에 대한 건축법상 용도나 시설의 종류와 규모 등과 관련된 법만 숙지하면 큰 문제는 발생하지 않는다. 그러나 문제는 관광(단)지개발의 경우 오랜 시간이 걸리고 이로 인해 사업이 중단되는 사례가 많이 발생한다는 것이다.

　　이렇게 망가진 사업지를 또 다른 사업자가 인수하거나 새로운 사업자로 선정되어 개발할 경우 기존 개발자와 관련된 인허가가 효력이 존속하는지 혹은 실효되었는지에 대한 문제가 발생한다. 최근에는 젊은 공무원들이 인허가부서의 실무를 담당하는 주무관으로 발령을 받으면서 자신의 책임을 회피하기 위해 상급기관의 유권해석을 받아오라고 사업자에게 요구하는가 하면, 임의적으로 상급기관에 유권해석을 받아 개발을 제한하는 사태가 벌어지고 있다. 이로 인해 어떤 지자체에서는 수년간 단 한 건의 환경영향평가도 통과한 적이 없는 사태가 벌어지면서 관광(단)지개발과 관련된 관련 법규는 상당히 중요한 문제로 대두되고 있다.

출처: ㈜오션앤랜드 공모사업계획서. 2면. 오션앤랜드 상표권소유

□ **부산 동부산관광(단)지개발에 따른 관련법규**

① 「관광진흥법」, 「국토의 계획 및 이용에 관한 법률」, 「시 도시기본계획」, 「시 도시관리계획」, 「시 도시경관기본
계획」, 「시 해안경관 지침」, 「광역도시계획지침」, 「도시계획시설의 결정·구조 및 설치기준에 대한 규칙」,
「지역특화발전특구에 대한 규제특례법」, 「건축법」, 「체육시설의 설치·이용에 관한 법률」, 「도시교통정비촉진법」,
「환경영향평가법」, 「자연재해대책법」, 「에너지 이용합리화법」, 「외국인투자촉진법」, 「산지관리법」, 도시개발
업무지침(국토교통부), 도시관리계획 수립지침(국토교통부), 제1종지구단위계획 수립지침(국토교통부) 등

② 기타 관련법 및 시 "도시계획조례", "건축조례" 등 관련 규정.

③ 기타 의제받는 인·허가 사항[6]

• 「산지관리법」 제14조에 따른 산지전용허가
• 「농지법」 제34조에 따른 농지전용허가
• 「체육시설의 설치·이용에 관한 법률」 제12조에 따른 등록체육시설업의 사업계획승인
• 「국토의 계획 및 이용에 관한 법률」 제88조에 따른 실시계획의 인가

---

6) 의제처리(擬制處理)란 본질은 같지 않지만 법률이 다를 때는 동일한 것으로 처리하여 동일한 효과를 주는 행위를
말한다. 의제처리는 개별 법률에 따라 각각 이행해야 하는 인·허가를 일괄하여 처리함으로써 행정업무의 효율성을
높이고 대국민 서비스를 개선하고자 하는 제도이다. 예를 들면 주택법에 따라 사업승인 시 건축법의 건축허가를
의제 받으려면 해당 서류를 함께 제출하여 관계기관의 장과 협의한 건축허가 사항은 건축허가를 받은 것으로 보며,
그 외 23가지 법률의 인·허가를 의제하여 주택건설의 편의를 제공하는 것이다.

관광개발기본계획은 전국의 관광자원을 효율적으로 개발·관리하기 위하여 매 10년마다 수립하며 관계부처의 장과 협의를 거쳐 확정·공고한다.

관광개발기본계획은 관광개발의 미래 발전상을 제시하는 장기계획, 전국을 대상으로 관광개발에 대한 종합계획, 권역별 관광개발계획의 방향성을 제시하는 기본계획으로서의 성격을 가지고 있다.[7] 권역별 관광개발계획은 기본계획에서 설정한 권역을 대상으로 권역의 관광자원을 효율적으로 개발·관리하기 위하여 매 5년마다 수립하는 계획이다. 권역별 관광개발계획은 시·도지사가 수립하여 문화체육관광부장관의 조정과 관계부처 장관의 협의를 거쳐서 확정·공고한다. 관련 법규에 대해서는 뒤에서 자세히 논하도록 하겠다.

⑧ 이해집단

관광(단)지개발에 있어 이해집단의 민원문제는 사업을 진행하는 데 있어 가장 중요한 문제이다. 이해집단 혹은 이해관계자(stakeholder)는 관광개발에 의하여 자신의 재산권에 영향을 받거나, 관광개발에 관심을 가지고 있는 사람이나 집단을 의미한다. 최근 관광개발에서 지역주민 등 이해관계자의 참여가 의무화·제도화되는 추세이며 이에 따라 관광개발 프로젝트의 추진 및 성공에 이해관계자의 협조가 필수 요소가 되고 있다.

관광개발에서 이해관계자는 지역주민, 시민단체, 지역정부 등으로 구분할 수 있다. 지역주민은 관광상품 및 서비스의 공급자이면서 동시에 소비자의 위치를 겸하고 있는데 일반적으로 관광개발이 지역주민의 이해관계가 직결된 경우가 많아 관광개발이 지역주민의 이익에 반하는 경우 추진 자체가 어려워진다.

비록 정부나 지방자치정부가 강제수용을 통해 사업을 추진한다고 해도 집단민원이 발생할 경우 이를 막을 방법은 없다. 따라서 관광개발에서 지역주민의 협조는 필수 사항이며, 이를 위해 관광개발 의사결정과정에서 주민의 의사를 투입시켜 개발이 일반 주민의 의사에 부합하는 방향으로 결정하게 함으로써 사회적 형평성을 제고하고 지역주민의 협조를 이끌어내는 노력이 필요하다. 또 다른 이해관계자인 시민단체는 시민사회의 주체인 시민이 결사하여 정부가 중심이 된 공공부문과 시장이 중심이 된 민간부문을 견제하고 협력하는 세력으로 등장하여 시민의 권리를 옹호하거나 사회적 약자의 이익을 대변하는 역할을 한다.

---

7) 한국문화관광연구원, 2009.

시민단체는 지역주민에게 부족한 정보력과 전문성을 바탕으로 개발주체를 견제하며, 이러한 과정을 통해 관광개발이 지역사회에 조금 더 바람직한 방향으로 이루어질 수 있도록 영향을 준다. 특히 관광(단)지개발에서 환경단체의 역할이 증대되고 있다. 관광의 특성상 관광개발은 환경적·생태적으로 민감한 지역에서 많이 이루어지며, 이에 따라 환경에 미치는 부정적 영향의 위험성도 커지게 된다. 환경단체는 개발자를 압박하고 설득하는 과정을 통해 관광개발에 따른 환경에 미치는 부정적 영향을 줄이는 순기능을 수행하기도 하지만 반대로 경우에 따라 데모와 소송 등을 통해 관광개발을 지연시키거나, 협상을 통해 자신의 이익을 요구하기도 하고 개발을 중지시키는 역기능을 함께 시도하기도 한다.

부산기장의 동부산관광단지나 춘천 삼천동마리나개발사업과 그 밖의 대규모 관광(단)지개발의 경우 시민단체와 환경단체의 저항을 사전에 막고자 수차에 걸친 공청회를 통해 주민의견을 반영하였다. 하지만 막상 개발행위가 들어갔을 경우, 또 다른 민원문제들이 계속해서 발생하였다. 예를 들어 바다나 항만을 끼고 있을 경우, 어촌계나 해녀들의 집단 민원이 발생하면서 많은 보상을 요구하기도 했다. 이뿐만 아니라 임야를 가지고 있던 사람들은 벌통을 수십 개에서 수백 개를 갖다 놓고 개당 백만 원의 보상비를 요구한 적도 있다. 따라서 이해집단의 민원문제는 지역주민과 개발자 간의 원만한 협상을 통해 이루어져야 하지만, 만일의 경우 위와 같은 문제가 발생할 소지가 예상된다고 하면 개발 자체를 심사숙고할 필요가 있다.

따라서 기존의 대립구도를 벗어나 환경단체 등과의 협력체계를 구축하고 이들의 의견을 개발과정에서 적극적으로 반영하여 관광개발의 지속가능성을 확보하는 것이 중요하다.

아울러 지역정부는 해당 관광개발사업의 인허가권자이다. 하나의 관광개발이 이루어지기 위해서는 수많은 행정적 절차를 거쳐야 하며, 지역정부의 해당 관광개발사업에 대한 태도에 따라 사업추진은 지대한 영향을 받게 된다. 따라서 원활한 사업추진을 위해서는 지역정부와의 지속적인 대화와 협력을 통해 관광개발사업에 대한 지역정부의 우호적인 태도를 유도해 내는 것이 필요하다.

관광개발의 과정

4 Chapter

① 관광(단)지개발계획의 접근단계

관광개발계획은 관광개발 이념의 토대 위에 거시적 단계, 과정적 단계 그리고 미시적 단계로 구분할 수 있으며, 지역의 성격에 따라 전국단위, 지역단위, 국지단위, 지구단위의 관광(단)지개발 계획으로 나눌 수 있다.

1) 거시적 단계

거시적 단계(macro-phase planning)의 관광(단)지개발계획에서는 관광개발계획의 철학과 윤리를 정립하고, 이를 바탕으로 관광개발계획의 목표설정과 이를 위한 관광개발계획의 분야를 설정하는 작업과정이다. 거시적 단계의 관광(단)지 구성체계는 전국단위의 관광종합계획으로서 관광개발계획에 있어서는 목표설정과 공간분석 · 관광권역설정 등이 해당한다.

2) 과정적 단계

과정적 단계(transitional-phase planning)의 관광개발계획은 거시적 단계의 관광개발계획이 마무리되면 이행되는 단계로 지역을 기준으로 하여 전 국토공간을 대상으로 하는 지역관광 성격을 띠게 된다. 관광개발계획에는 관광개발 소권설정 · 소권별 개발계획이 해당된다.

3) 미시적 단계

미시적 단계(micro-phase planning)의 관광개발계획은 과정적 단계 이후의 후속작업의 성격으로 집행계획이 이루어질 수 있도록 구성된다. 이를 위해 상이한 지역단위와 계획부문에 대한 세부적인 연구로 구성되며 계획실시단의 구성도 함께 이루어져야 한다. 관광개발계획에서는 관광지 선정 · 관광지별관광계획 · 지구계획이 해당된다.

② 관광개발의 전개과정

1) 개발구상

관광개발은 일반 부동산개발(아파트, 상가, 복합시설 등)보다 투입되는 자금도 많고, 분양에 대한 리스크도 많이 존재한다. 반면 토지소유권확보 과정 및 개발허가 과정에서 공공기관이 개입하기 때문에 인허가를 쉽게 취득할 수 있는 장점도 존재한다.

하지만 금융투자자는 관광(단)지개발보다는 손쉽게 분양하여 자금을 회수할 수 있는 아파트와 같은 부동산개발을 선호하기 때문에 관광개발사업은 사업시행자가 사업을 추진하고 싶어도 쉽게 추진할 수 있는 사업이 아니다. 게다가 관광개발의 경우 부동산개발보다 시간이 오래 걸리고 급변하는 환경에 대처해야 하는 문제가 많기 때문에 투자의 폭이 제한되어 있다.

게다가 관광(단)지개발의 경우 대부분 대기업이나 리조트분야에서 이미 자리잡고 있는 유명 회사들과 경쟁하기 위해서는 그들보다 훌륭한 시설을 확보해야 하는데 이를 위해서 개발자는 새로운 아이디어 창출은 물론 관광산업에 대한 전반적인 이해와 미래의 경제, 사회, 심리, 인구통계적 추세에 기초한 창조적인 드리밍이 필요하다(Miles, M., Berens, G., & Wheelwright, S., 1978).

그러나 좋은 아이디어를 생산하는 정형화된 마술과 같은 방정식은 존재하지 않으며 관광개발 아이디어는 매우 다양한 경로를 통해 도출된다. 경우에 따라 개발에 대한 아이디어가 갑자기 떠오르기도 하고 세계 유명 관광(단)지를 모방하는 아이디어를 창출하기도 한다. 다양한 기법 중 오래 전부터 사용하는 브레인스토밍[8]과 명목집단기법[9], 델파이기법[10], 스토리보딩 기법[11]이 있으나

---

[8] 브레인스토밍(brainstorming)은 1939년 미국 광고회사인 BBOD의 부회장이었던 오스본(A. Osborn)이 창의적인 사고를 위해 개발한 기법이다. 이 기법은 제기된 문제에 대해 구성원 각자가 생각나는 아이디어를 자연스럽고 자발적으로 제시하게 하여 유용한 아이디어를 가능한 많이 얻음으로써 문제를 해결하려는 기법이다. 이 기법의 4대 원칙은 첫째, 제안된 아이디어에 대하여 비판하지 않으며, 둘째, 자유롭게 기분 좋은 분위기에서 이야기를 하며, 셋째, 아이디어의 질보다는 많은 양의 아이디어 제안을 추구한다. 넷째, 아이디어를 조합 발전시킨다.

[9] 명목집단기법은 집단의 구성원이 한자리에 모여 의사결정을 하지만 서로 의사소통을 제한하기 때문에 단지 명목상 집단이라는 의미에서 붙은 명칭이다. 이 기법은 참여자로부터 다양한 아이디어를 이끌어 내고, 도출된 아이디어 중 가장 적당하다고 생각되는 아이디어를 선택하는 데 유용한 기법으로, 그룹이 아이디어 창출 프로세스를 통해서 얻은 결과를 어느 한두 명의 지배적인 사람이 영향력을 행사하지 못하도록 하는데 효과적이다(Higgins, 1994).

이러한 기법들은 주로 민간개발보다는 공공기관에서 활용하는 기법이며, 대부분의 민간개발에서는 개발자의 판단에 의해 개발이 결정되거나, 아니면 국내외 유명 관광지 시설을 모방하거나, 다른 유명 리조트시설 중에서 잘된 부분들만을 선택하여 반영하는 유사사례기법을 사용하는 것이 대부분이다.

(1) 개발방침 설정단계

개발방침 설정단계(decision stage)는 사업타당성을 검토하여 계획의 기본구상에 따른 개발방향을 설정하는 단계로 개발계획팀의 구성·경제적 타당성의 검토·부지선정과 토지매입·운영방법 결정·개략적 건설비용의 추정·개략적 구상 및 개념 설계·재원조달계획 등 관광지 개발사업의 전개방침이 마련되는 단계이다. 이 과정은 사업을 시작할지 말지, 그리고 한다면 어떻게 개발할 것인지를 결정하는 개발 구상단계와도 같은 단계를 말한다.

(2) 계획단계

계획단계(decision stage)는 성장단계에서 수립된 개발방침에 따라 환경여건 조사 분석을 하고 계획개념 정립단계를 거쳐 개발기본계획 및 설계를 추진하는 단계이다. 이 단계에서는 재원조달 방안(토지비 지급을 위한 컨소시엄 구성자의 자본금 및 개발사업에 필요한 사업비 조달을 위한 금융주간사와 협의 등)의 구체적인 실행대책과 실시설계 등이 작성된다.

(3) 집행단계

집행단계(delivery)는 기본계획과 실시설계를 토대로 관광지 개발사업을 시행하는 단계로 공사집행·홍보 및 판매·재산권 정리 및 투자자본 회수 등의 과정을 거쳐 관광지 개발사업이 완료된다. 집행단계는 다시 세부적으로 사업타당성 분석 및 사업계획서 작성, 분양타당성 분석 등 수많은 절차를 거치게 된다.

---

10) 델파이기법(delphi method)은 1950년대 미국 랜드사의 헬머(Helmer), 달키(Dalkey), 레스터(Rescher)에 의해 최초로 개발된 기법으로, 전문가들의 의견을 수렴하고 반복적인 피드백 과정을 거쳐 의견의 합의를 도출하는 기법이다. 의사결정에서 타인의 압력이 배제되고 구성원들이 공식적으로 한 장소에 모이게 할 필요가 없어 많은 비용이 절감되는 장점이 있다.

11) 스토리보딩(stroyboarding)은 브레인스토밍에 바탕을 둔 아이디어 발상법으로 기본적인 프로세스는 브레인스토밍의 기본적인 프로세스 및 네 가지 원칙을 따른다. 하지만 여기서 더 나아가 제시된 아이디어를 토론과 비판을 통해 줄여 나가는 과정을 거친다. 이 과정을 통해 최적의 대안을 도출하는 방식이다.

2) 개발여건분석

(1) 입지 선정 및 분석

관광(단)지의 경우는 이미 공공기관에 의하여 부지가 선정되어 있거나, 관광단지로 지정된 토지를 매입하여 개발구상이 구체화되면 개발자는 이에 적합한 시설물이 위치할 건축물의 규모나 전체 단지를 최유효이용할 수 있도록 컨셉을 설정하여야 한다. 입지는 개발되는 지역이 수요를 얼마나 만족할 수 있는지와 개발을 위한 어떠한 제약이 있는지를 결정하는 중요한 조건이 된다. 특히 민간 개발의 경우 사업성을 확보하기 위한 분양시설들이 위치할 장소는 사업의 성패를 좌우할 수 있기 때문이다.

이론적으로 입지분석은 일련의 타당성 분석 중 가장 먼저 검토하는 단계로, 토지가 가진 입지조건을 분석하여 대상부지의 개발 잠재력을 평가하는 기초가 된다. 다만 관광(단)지의 경우 민간사업자공고나 조성계획을 지방정부가 작성할 경우 전체 입지분석과 함께 최유효이용을 위한 개발 개념이 사전에 작성되어 있어 민간사업자는 약간의 수정을 통하여 입지분석하는 것이 일반적이다.

(2) 관광자원분석

대규모 관광(단)지 즉 서울대공원이나 용인공원 그리고 경주보문단지와 같은 관광지들은 관광객의 수요를 통하여 관광객이 소비하는 입장료나 식음료 비용과 같은 운영수익을 개발비에 충당하는 곳들이다. 이러한 관광(단)지는 정부나 공공기관 또는 대기업과 같이 자본력에 문제가 없는 사업자들에 의하여 개발되는 시설들이다.

하지만 현재는 정부나 공공기관주도 관광(단)지개발사업은 거의 찾아볼 수 없고 민간자본을 끌어들여 관광(단)지를 개발하는 형태를 취한다. 이런 경우 민간개발자는 투자비 회수에 최우선을 둘 수밖에 없어 개발과 동시에 분양할 수 있는 시설들을 통하여 개발비용을 충당하고 있는 실정이다.

따라서 사업성 확보가 최우선 과제이며 이후 운영과 관련된 비용은 완공 후 관광수요를 발생시켜 거기에서 발생하는 수입으로 전체 관광(단)지에 대한 운영비를 충당한다.

즉, 관광자원의 분석을 통해 개발대상지역이 가진 관광잠재력을 평가할 수 있으며, 대상지역의 관광수요의 특성과 규모 등에 대한 추정을 할 수 있다. 관광잠재력이 클수록 관광수요가 많이 존재하기 때문에 그만큼 개발위험을 줄일 수 있고 사업비를 조기에 회수할 수 있다. 따라서 관광자원분석은 사업비 회수를 위한 시설물에 대한 분양타당성 분석과 관광객유치를 위한 수요분석으로 구분할 수 있다.

(3) 관련법규 및 상위계획 검토

관광개발사업에서 규제와 계획은 통합성과 공간적 연계성을 유지하기 위한 주요 요소이다. 따라서 추진하는 사업이 사회에서 이미 정해진 법규나 국가·지자체 등의 계획과 조화를 이룰 수 있는지에 대한 검토와 사업을 추진하는 데 따르는 제약 여건에 대한 검토가 필수적이다. 검토가 요구되는 법규는 관광개발의 성격, 대상지역규모, 개발방식 등에 따라 다양한데, 기본적으로「국토의 계획 및 이용에 관한 법률」,「관광진흥법」과 특정시설의 입지를 제한하는「환경영향평가법」,「농지법」,「산지관리법」,「군사기지 및 군사시설 보호법」등이 있다. 상위계획에서도 대상지를 중심으로 한 상위계획들이 중점적으로 검토되어야 하며 이를 통해 상위계획과 조화를 이룰 수 있다. 기본적으로 검토되어야 할 관광분야 상위계획으로는 관광개발기본계획과 권역별 관광개발계획이 있으며, 국토계획분야 상위계획으로는 국토종합계획, 도종합계획, 시·군종합계획 등이 있다.

3) 사업성 검토

사업성 검토는 관광개발사업의 진행여부를 결정짓는 가장 중요한 수단으로, 시장성 분석과 수익성 분석을 토대로 전체적인 사업타당성 분석을 전제로 진행된다. 단 실무적인 입장에서 참고할 것은 사업타당성 분석 보고서는 대부분 회계법인에서 작성되는데 이는 사업비를 조달해 주는 금융기관에서 공인된 회계법인의 사업타당성 분석보고서를 요구하고 있기 때문이다.

이는 사업자가 작성한 사업수지분석을 믿지 못하기 때문이다. 따라서 사업타당성 분석보고서는 대출을 하기 위한 참고자료로 사용하고 있지만 실무에서는 개발을 주도하는 시행회사에서 검토한 관련 조사는 시장분석, 인허가분석, 사업부지분석, 환경 및 문화재영향분석, 개발수요분석, 분양성 검토, 자금조달분석(브릿지자금, PF자금조달분석) 등을 통해 자체적으로 만든 사업계획서와 사업수지분석표를 참고로 회계법인이 이를 다시 검증하는 차원에서 사업타당성 분석보고서가 만들어진 후 금융기관에 제출되어 이를 토대로 대출이나 투자를 결정한다. 특히 시장성 분석이나 수익성 분석이 좋다고 하더라도 금융시장의 변화(국내 대출금리 인상, 세계금융시장의 위기상황 등)에 따라 사업비를 조달할 수 없으므로 개발을 주도하는 시행사는 금융조달 주간사와 수시로 금융시장의 동태를 살펴보고 사업의 시기를 결정해야 한다.[12]

---

12) 금융시장은 세계적인 경제위기나 예상치 않던 러시아의 우크라이나 침공이나 가자지구 내 하마스가 이스라엘을 침공하여 발생하는 전쟁 등으로 경제가 침체되면서 대출수수료가 갑자기 상승하기도 하고 일부 금융기관의 부실로 인해 토지를 확보할 수 있는 브릿지대출이 중단되는 사태를 맞기도 한다. 이럴 경우 부동산담보대출 금리나 조달비용이 예전 수수료의 두 배 이상 상승하면서 부동산개발시장이 얼어붙는 경우가 발생하기도 한다.

(1) 시장성 분석

관광(단)지개발은 단지 내 호텔이나 콘도, 그 밖에 숙박시설과 편의시설 등에 대한 많은 공급시설을 필요로 한다. 아울러 이러한 시설들은 관광객의 수요를 필요로 한다. 수요가 없는 공급은 잘못하면 슬럼화되기 때문에 수요와 공급에 대한 시장성 분석은 개발에 있어 가장 중요한 요소 중에 하나이다.

개발하려는 상품이 과연 시장에서 팔릴 수 있는지를 판단하는 절차는 개발에 있어 가장 기본적이면서 가장 중요하기 때문이다. 시장성 분석에서는 얼마나 판매될지의 여부와 함께 언제 얼마나 팔릴 것인지에 대한 고려도 함께 이루어져야 한다. 대부분의 관광(단)지개발에 있어서 시장성 분석은 그렇게 큰 효과를 보지 못하고 있다. 아무리 전문적인 기관에서 작성한 시장분석이라도 수요를 예측한다는 건 쉽지 않기 때문이다. 관광(단)지를 누가, 언제, 얼마나 찾아올지는 오직 신만이 알 수 있기 때문이다. 하지만 대부분의 시장분석은 관광공사의 지역 관광통계에 의존하거나, 지역방문 관광객의 추정치나 수요층에 대한 통계에 의존하는 게 일반적이다. 상세한 시장성 분석은 실무에서 다루도록 하겠다.

(2) 수익성 분석

수익성 분석은 투자비에 대한 수익을 평가하는 것으로 사업성 평가의 중요한 판단기준이 된다. 실무에서도 개발자나 자금을 지원하는 금융기관 역시 사업수지분석을 통해 대출 여부를 결정할 만큼 가장 중요한 단계이다.

일반적인 부동산개발과 달리 관광개발에 대한 수익성 분석은 관광시설 중 분양 대상 시설에 대한 수익성과 준공 후 운영시설에 의한 운영 수익성을 보고 결정한다.

공공기관이 독자적으로 개발하는 관광(단)지나 대기업이 개발하는 경우, 예를 들어 삼성이나 롯데가 개발하는 용인공원이나 롯데잠실, 기장의 롯데어드벤처와 같은 경우, 대기업이 선개발비를 투자하고, 완공 후 입장료를 받아 운영하여 개발비를 회수하는 방식을 취하지만, 대부분의 공모사업이나 일반 개발업자가 주도하는 관광(단)지개발사업은 선분양시설을 분양하고 분양에서 얻어지는 수익금을 사업비로 충당하는 것이 일반적이다. 결국 운영을 통해 개발비를 회수하는 경우는 민투사업 중 BTO사업이나 BOT, BTL 사업 외에는 찾아볼 수 없다.

수익성에 영향을 미치는 요소에는 개발비용(건축비, 일반관리비, 토지비, 운영비 등), 판매가격 및 규모(분양대상 및 개수, 분양가격 등), 할인율(운영수입에 의존할 경우 연도별 감가상각 등), 투자회수기간(운영과 분양의 경우), 수익성분석방법으로는 순현재가치(net present value: NPV), 내

부수익률(internal rate of return: IRR), 수익성지수(profitability index: PI), 비용회수기간(payback period), 자기자본이익률(return on equity: ROE), 자본환원율(capitalization rate: CAP, Rate) 등이 있다. 실무에서 자세히 다루겠다.

4) 사업의 실행

(1) 개발 당사자와의 협상 및 계약

관광(단)지개발에서는 수많은 기관과 업체들이 관여하고 이들과의 협상을 통해 계약을 이끌어내야 한다. 예를 들어 관광(단)지 대상이 되는 토지를 매입할 경우, 토지소유자와 토지매입가격에 대한 협상과 계약을 추진해야 하고, 자금을 조달할 경우에는 금융주간사(증권사, 자산운영사)에 의해 대주단을 모아 필요한 비용을 조달(토지중·잔금, 기타 인허가비용 등)하거나 본 PF자금(공사비 및 운영비 등)에 대한 이자나 수수료 등을 협상하여야 한다. 결국 각 단계별로 수많은 업체들과의 협상 및 계약을 통해 사업이 진행된다.

그 외에도 개발의 허가와 관련하여 도나 시청 소속 수십 개의 관련과[13]와 협의를 진행해야 한다. 이러한 협의과정을 거쳐 협의당사자들이 수용할 수 있는 수준에서 합의가 이루어지면 계약을 체결하게 된다. 계약은 법률행위로서, 계약내용에 대한 법적인 구속력이 발생하며, 계약 불이행 시 책임을 지게 된다. 따라서 계약은 개발에 따른 위험을 관리할 수 있는 유용한 수단이 되며, 적절한 계약을 통해 개발자는 위험부담을 개발참여자에게 고루 분배할 수 있어야 한다.

그러나 수많은 계약에 대한 책임을 개발 당사자가 부담한다면 사업을 완성하기 전에 부도가 나고 말 것이다. 그에 따라 사업자가 조달하는 사업비는 본 개발사업을 위해 특별히 만든 SPC(special purpose company)나 PFV(project finance vehicle)에 한정하여 유한책임을 지도록 하고, 시설에 대해서는 건설사의 책임준공이나 하자이행보증 제도를 통하여 일정기간 건설사에 책임을 전가하고 있다.

---

13) 일반적으로 관광(단)지개발과 관련된 지역정부의 인허가 과정은 너무나 복잡하고 오랜 시간이 걸린다. 정부에서는 과감하게 규제와 절차를 풀겠다고 발표는 했지만 실제 지역정부는 정부와 따로 행동하고 있다. 적게는 수천 억에서 많게는 수조에 해당금액을 투자하고 지역의 랜드마크시설을 만들기 위해 투자를 하는데도 실제 담당자들은 눈 하나 깜짝하지 않고 있다. 권한을 대폭 지방정부에게 위임했음에도 지방정부 실무자들은 상급기관의 해석이나 판단을 받아오리고 하는가 하면 자신의 책임회피성 서류만 요구하여 사업자의 입장에서는 하루에 금융이자만 수백에서 수억 원까지 지불하는 것이 현실이다. 통상 관광(단)지개발을 위한 절차를 살펴보면 도와 시가 사업시행자로 처리되는 인허가와 개발자가 득해야 하는 인허가절차로 구분할 수 있다. 도나 시가 자체적으로 처리하는 인허가에는 관광(단)지 지정, 도시계획결정, 도시군계획사업허가가 있고 개발자가 득해야 할 인허가에는 실시계획인가, 관광지조성계획승인, 관광지조성사업자지정, 문화재환경영향검토, 환경영향평가, 건축허가, 하천과 관련된 경우 하천점용허가 등 무려 해당시의 40개가 넘는 과와 협의해야 하고, 외부기관인 소방서, 경찰서, 환경청, 상수도 사업본부, 문화재청 등 수많은 기관으로부터 인허가를 받아야 한다.

관광개발은 이렇게 이해관계자들이 직·간접적으로 관여되어 있고 그중에서도 특히 지역주민과 환경단체로 대표되는 시민단체의 이해관계와 협력여부에 따라 관광개발 추진 여부의 성패가 결정되므로, 개발자는 이해관계자의 요구 및 기대사항 등을 사전에 파악하고 검토하여 적절한 대응전략을 수립하여야 한다.

(2) 착공(공사)

통상 착공단계는 설계, 인허가가 완료되면 시작되는데 시공이라는 말로 표현되기도 한다. 착공이 시작되면 설계대로 하자 없이 진행되는지를 검사하는 감리회사가 동시에 검사를 하면서 진행된다. 간혹 착공 후에도 설계가 변경되는 경우가 있는데 이 경우 토목공사는 그대로 진행할 수 있지만 건축물에 대해서는 변경 후 공사를 하는 것이 원칙이다. 토지나 건물의 변경이 일정규모내에서 변경된다면 '경미한 변경'으로 큰 문제 없이 설계변경을 통해 공사를 진행할 수 있지만 일정규모 이상 면적의 증감이 있을 경우는 새로운 건축허가로 인정되어 공사를 중단한 후 건축허가를 득한 후 공사가 진행되는 경우가 있다.[14]

착공에서 가장 많은 영향을 미치는 것은 결국 건축과 관련된 인허가인데, 인허가는 크게 토지인허가(개발행위허가, 지구단위허가, 형질변경 등), 건축인허가(사업, 주거, 상업지역지구에 따른 건폐율과 용적률 등), 사업인허가(조성계획인가, 사업자지정허가 등)로 구분되며, 관련법규에 따라 적용이 달라진다(실무편에서 상세히 거론).

인허가의 지연은 시간적 손실뿐만 아니라 금융비용의 증가로 사업성에도 영향을 미치므로, 인허가상 발생할 수 있는 문제점들에 대한 충분한 고려와 대응책의 준비가 필요하다. 시공단계는 착공계획서를 제출하고 나서 본격적으로 공사에 착공하여 준공허가를 받기까지의 과정을 말한다.

일반적으로 공사는 토목공사, 건축공사 등 시설공사, 조경공사, 마감공사(인테리어공사, 시스템공사) 등의 부대공사로 나눌 수 있으며, 분야별 실시설계에 의한 설계도면에 따라 시공이 이루어진다.

5) 결산과 운영

결산은 관광(단)지가 준공되고 운영을 시작하기 전에 그동안 관광(단)지개발과 관련된 사업의 참여자, 즉 컨소시엄(시행사, 건설사, 금융사, 신탁사 등)들의 정리를 말한다. 금융기관에서는 청산

---

14) 간혹 공사 전·후에 문화재가 발견되거나 문화재발굴 현장과 500미터 내에 있을 경우 문화재 보존 영향여부 검토나 현상변경에 관한 허가 등을 받아야 하는데 이 경우에는 심의위원에 의해 의견이 결정되기 전까지 모든 공사가 전면 중단되고 심지어 기존에 받았던 건축물의 고도에까지 영향을 미쳐 건축물의 용적률에도 변화가 생겨 사업을 포기하는 사태가 발생하는 경우도 있다.

이라는 용어를 사용하지만, 개발자는 정리라는 말로 표현하기도 한다. 즉 관광(단)지는 개발비용이 수백 억에서 많게는 수천 억에 해당하는 개발비를 투자하는데 개발자가 자기자본만으로 투자할 수 없기 때문에 금융기관의 자금을 대출 또는 투자받아 사업을 진행하는 것이 일반적이다.

이 경우 완공되면 관광(단)지는 사실상 개발자의 재산이 아니라 금융기관의 재산이라고 할 수 있다. 대출 또는 투자 자금이 회수될 때까지 토지 및 완공된 시설물에 담보를 잡고 있기 때문이다. 따라서 통상 관광(단)지가 조성되기 전에 선분양할 수 있는 부동산은 매각을 통해 금융기관의 대출금을 변제하는 것이 일반적이다.

다만 분양되는 부동산만으로 금융기관의 대출금을 변제하지 못할 경우, 완공 후 미분양 부동산에 대하여 금융기관은 기존 분양가보다 낮은 금액으로 부동산을 매각하거나 자산운용사에 맡겨 유동화시킨 후 유동자금을 대출금의 변제에 사용한다. 건설사의 경우는 책임준공을 전제로 금융사로부터 공사비를 지급받기 때문에 청산하는 데 별 문제가 없다.

이렇게 건설사와 금융사가 정리되고 나면 시행사는 시설이 가동될 수 있는 시기부터, 영업허가를 취득하고, 운영이 시작되어 관광지의 시설이 소멸할 때까지 운영을 계속하게 된다. 따라서 기본적으로 인적 자원과 재무에 대한 계획 및 관리가 필요하다. 또한 관광시설의 물리적인 사용환경을 유지하기 위한 시설관리와 홍보 등을 위한 홍보마케팅 계획의 수립도 필요로 한다. 특히 운영 및 관리에 대한 계획은 개발이 완료된 후 수립되는 것이 아니라 개발 초기부터 고려되어 관광개발과정에 반영되어야 하며, 이를 통해 효율적인 운영이 반영된 개발이 이루어져야 한다.

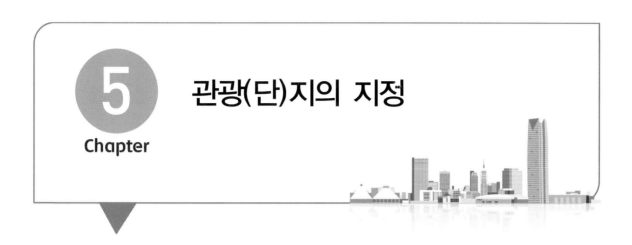

관광(단)지의 지정

① 관광지와 관광단지의 지정 및 절차

1) 관광지와 관광단지의 지정

관광지는 자연적 또는 문화적 관광자원을 갖추고 관광객을 위한 기본적인 편의시설을 설치하는 지역으로서 「관광진흥법」에 의하여 지정된 곳을 말하며, 관광단지는 관광객의 다양한 관광 및 휴양을 위하여 각종 관광시설을 종합적으로 개발하는 관광거점지역으로서 「관광진흥법」에 의하여 지정된 곳을 말한다.

관광지 및 관광단지는 문화체육관광부령에 따라 시장·군수·구청장의 신청에 의하여 시·도지사가 지정하며 다만 제주특별자치도의 경우에는 특별자치도지사가 지정한다(제52조).

2) 관광지와 관광단지의 지정기준

(1) 관광지

공공공편익시설을 갖추고 숙박시설, 운동, 오락시설, 휴양·문화시설, 접객시설, 지원시설을 임의로 갖출 수 있는 지역을 말한다.

(2) 관광단지

다음 표의 공공공편익시설을 갖추고 숙박시설 중 1종 이상의 시설과 운동·오락시설 또는 휴양·문화시설 중 1종 이상의 시설을 갖춘 지역으로 총면적이 500,000m² 이상인 지역(관광단지의 총면적 기준은 시·도지사가 그 지역의 개발목적·개발계획·설치시설 및 발전 전망 등을 고려하여 일부 완화하여 적용 가능)을 말한다.

사례

□ 관광(단)지 내 주거시설 도입

관광시장, 관광산업, 관광개발방식이 변화함에 따라 관광공간의 탈일상성과 반생산적 의미가 감소되고 일상성과 생산적 공간과의 복합성이 중시되고 있다. 관광시장은 패키지화와 표준화를 특징으로 한 관광에서 세분화된 관광경험을 추구하는 관광으로 변화하고 있다. 또한 관광산업이 다양한 소재 및 산업과 융복합하여 부가가치가 높은 신관광산업이 탄생하고 있다. 관광개발방식 측면에서는 기존 성장거점형 관광개발의 한계로 지역의 생활과 일체화된 지역중심형 관광개발이 지속 가능한 모델로 부각되고 있다. 이러한 환경 변화에 따라 전통적인 관광공간의 기능 복합화가 요구된다.

이에 따라 정부는 2004년 민간투자 유치 및 낙후지역 활성화를 도모하고자 자족적 정주기능을 갖춘 관광레저형 기업도시를 도입하였다. 관광레저형 기업도시는 기업도시의 유형으로 「기업도시개발 특별법」에 따라 개발하고 있다. 관광레저용 기업도시는 관광·레저를 중심으로 기능하고 여기에 주거, 산업, 교육, 의료 등 지원기능을 결합한 복합단지 형태이다. 한편 제주특별자치도는 「제주특별자치도 관광진흥 조례」에서 관광(단)지 내 교육, 의료, 주거시설을 포함시킬 수 있도록 개선한 바 있다.

그러나 대표적 관광공간인 관광(단)지는 이러한 환경 변화에 부응하지 못하고 있다. 「관광진흥법 시행규칙」별표 19에는 관광(단)지에 도입될 수 있는 시설이 공공편익시설지구, 숙박시설지구, 상가시설지구, 운동·오락시설지구, 휴양·문화시설지구, 기타시설지구로 구분하여 열거되어 있다. 주거 등의 시설은 허용시설에 열거되지 않아 설치가 불가능한 실정이다.

이를 개선하기 위하여 정부는 관광(단)지 내 주거시설을 도입할 수 있도록 관광진흥법을 개정 준비 중인데 관광(단)지 내 주거시설 설치를 위해 관광진흥법 제2조(정의) 제10항을 수정하고 제54조 제1항 제2항을 신설하는 방안에 대해 입법 예고한 상태이지만 아직까지 법령은 개정되지 않았다. 다만 투자활성화 차원에서 일부 관광지에 대해 주거시설을 특별법으로 지정해 주고 있다. 대표적인 지역이 부산 동부산관광단지[15]이다. 주거시설을 도입할 경우 비수기 공동화를 방지하고 시설 복합화로 수익성을 증대시켜 민간투자 촉진과 지역관광 활성화에 크게 기여할 수 있을 것으로 예상되어 실시한 결과 절반의 성공을 거두었다.

□ 태안관광레저기업도시조성 개요

- 위치: 충청남도 태안군 남면 천수만 B지구 일원
- 면적: 15,463,982m²(468만 평)
- 사업비: 9조 8,836억 원(외부사업자 포함)
- 사업기간: 2007~2020년
- 시행자: 현대도시개발(주). 태안관광레저형기업도시 개발사업(기업도시개발특별법)

---

15) 동부산관광단지는 2013년 박근혜 대통령과 현오석 경제부총리 등 각 부처장·차관·국회위원·재계 주요 관계자 150명이 참석한 가운데 투자활성화 대책을 발표하면서 동부산관광단지 내 별장형 주거시설이 가능해졌다. 다만 난개발을 방지하기 위해 지정면적 100만㎡ 이상 주거시설면적의 5% 이내로 제한했다.

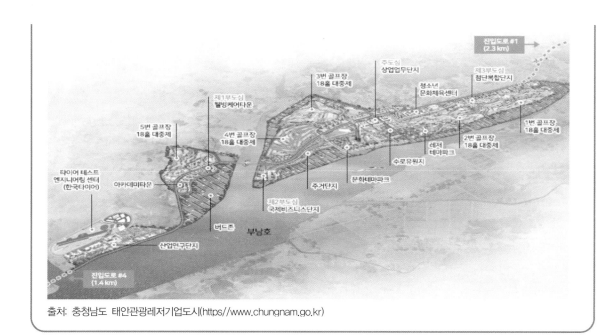

출처: 충청남도 태안관광레저기업도시(https//www.chungnam.go.kr)

3) 관광지와 관광단지의 지정절차

관광지 및 관광(단)지는 지정 신청, 검토, 문화체육관광부장관 및 관계 행정기관장과의 협의, 관광지 지정·고시 등의 절차를 거쳐 지정된다.

(1) 지정 신청

관광지 등의 지정 및 지정취소 또는 그 면적의 변경을 신청하려는 자는 관광(단)지 지정 등 신청서에 첨부서류를 갖추어 특별시장·광역시장·도지사에게 제출하여야 한다. 그러나 관광지 등의 지정취소 또는 그 면적 변경의 경우에는 그 취소 또는 변경과 관계없는 사항에 대한 서류는 첨부하지 아니한다.

> □ **첨부서류**
> - 관광지 등의 개발방향을 기재한 서류
> - 관광지 등과 그 주변의 주요 관광자원 및 주요 접근로 등 교통체계에 관한 서류
> - 「국토의 계획 및 이용에 관한 법률」에 따른 용도지역을 기재한 서류
> - 관광객 수용능력 등을 기재한 서류
> - 관광지 등의 구역을 표시한 축척 1:25,000 이상의 지형도 및 지목·지번 등이 표시된 축척 1:500~1:6,000 까지의 도면
> - 관광지 등의 지번·지목·지적 및 소유자가 표시된 토지조서(임야에 대해서는 「산지관리법」에 따라 보전산지 및 준보전산지로 구분하고, 농지에 대해서는 「농지법」에 따른 농업진흥지역 및 농업진흥지역이 아닌 지역으로 구분하여 표시)

(2) 검토 및 관계 행정기관의 장과 협의

특별시장·광역시장·도지사는 지정 등의 신청을 받은 경우에는 관광지나 관광단지의 개발 필요성, 타당성, 관광지·관광단지의 구분기준 및 관광개발기본계획 및 권역별 관광개발계획에 적합한지 등을 종합적으로 검토하여야 한다. 또한 시·도지사는 관광지 등을 지정하려면 사전에 문화체육관광부장관 및 관계 행정기관의 장과 협의하여야 한다. 다만, 「국토의 계획 및 이용에 관한 법률」에 따라 계획관리지역으로 결정·고시된 지역을 관광지나 관광단지로 지정하려는 경우에는 협의 과정을 생략한다. 협의 요청을 받은 문화체육관광부장관 및 관계 행정기관의 장은 특별한 사유가 없는 한 그 요청을 받은 날로부터 30일 이내에 의견을 제시하여야 한다.

(3) 지정·고시

시·도지사는 관광지나 관광단지의 지정, 지정취소 또는 그 면적 변경을 한 경우에는 이를 고시하여야 하며 고시에는 다음 사항이 포함되어야 한다.

- 고시 연월일
- 관광지나 관광단지의 위치 및 면적
- 관광지나 관광단지의 구역이 표시된 축척 1:25,000 이상의 지형도

시·도지사(특별자치도지사)가 관광지나 관광단지를 지정·고시하는 경우에는 그 지정내용을 관계 시장·군수·구청장에게 통지하여야 하며 통지를 받은 시장·군수·구청장은 관광지나 관광단지의 지번·지목·지적 및 소유자가 표시된 토지조서를 갖추어 두고 일반인이 열람할 수 있도록 하여야 한다.

② 조성계획

조성계획은 관광지 또는 관광단지의 보호 및 이용을 증진하기 위하여 필요한 관광시설의 조성과 관리에 관한 계획으로, 관광지나 관광단지를 개발하기 위해서는 환경영향평가 등 각종 영향평가를 득한 후 건축심의 전에 조성계획을 수립하고 승인을 받아야 한다.

1) 조성계획의 수립

(1) 수립자

조성계획은 기본적으로 관할 시장·군수·구청장이 수립한다. 다만 관광(단)지의 경우에는 관광(단)

지를 개발하고자 하는 정부투자기관 등 문화체육관광부령으로 정하는 공공법인[16] 또는 민간개발자(관광단지를 개발하고자 하는 개인이나 「상법」 또는 「민법」에 의하여 설립된 법인)가 조성계획을 수립할 수 있다. 실무에서는 사업자가 용역업체를 통해 조성계획서를 만들어 관할 시·군·구에 제출하고 시·군·구는 이를 다시 상급기관인 도에 제출하여 조성계획승인을 받는 절차로 진행된다.

(2) 조성계획의 내용

조성계획에는 관광시설계획, 투자계획, 관리계획이 포함되어야 하며 각 계획에는 아래 표의 사항이 포함되어야 한다. 조성계획서는 상당한 분량을 포함하고 있고 사업자가 의도한 대로 계획된 내용들을 근거로 전문적인 용역사가 작성하게 된다. 실무를 접하지 않고 개발업무 책을 편찬하는 일부 저자들이 마치 사업자가 아닌 공공기관이 조성계획을 작성하는 것으로 대부분 알고 있는데 그렇지 않다. 조성계획에 대해서는 실무편에서 자세히 거론토록 하겠다.

〈표 1-4〉 관광지등의 시설지구 안에 설치할 수 있는 시설(제60조제2항 관련)

시설지구	설치할 수 있는 시설
공공편익시설지구	도로, 주차장, 관리사무소, 안내시설, 광장, 정류장, 공중화장실, 금융기관, 관공서, 폐기물처리시설, 오수처리시설, 상하수도시설, 그 밖에 공공의 편익시설과 관련되는 시설로서 관광지 등의 기반이 되는 시설
숙박시설지구	「공중위생관리법」 및 이 법에 따른 숙박시설, 그 밖에 관광객의 숙박과 체재에 적합한 시설
상가시설지구	판매시설, 「식품위생법」에 따른 업소, 「공중위생관리법」에 따른 업소(숙박업은 제외한다), 사진관, 그 밖의 물품이나 음식 등을 판매하기에 적합한 시설
관광 휴양·오락시설지구	1. 휴양·문화시설: 공원, 정자, 전망대, 조경휴게소, 의료시설, 노인시설, 삼림욕장, 자연휴양림, 연수원, 야영장, 온천장, 보트장, 유람선터미널, 낚시터, 청소년수련시설, 공연장, 식물원, 동물원, 박물관, 미술관, 수족관, 문화원, 교양관, 도서관, 자연학습장, 과학관, 국제회의장, 농·어촌휴양시설, 그 밖에 휴양과 교육·문화와 관련된 시설 2. 운동·오락시설: 「체육시설의 설치·이용에 관한 법률」에 따른 체육시설, 이 법에 따른 유원시설, 「게임산업진흥에 관한 법률」에 따른 게임제공업소, 케이블카(리프트카), 수렵장, 어린이놀이터, 무도장, 그 밖의 운동과 놀이에 직접 참여하거나 관람하기에 적합한 시설
기타시설지구	위의 지구에 포함되지 아니하는 시설

주: 1. 개별시설에 각종 부대시설이 복합적으로 있는 경우에는 그 시설의 주된 기능을 중심으로 시설지구를 구분한다.
　　2. 관광진흥법 시행규칙, [별표 19] 〈개정 2019.6.12.〉

---

16) 문화체육관광부령으로 정하는 공공법인: 1. 「한국관광공사법」에 의한 한국관광공사 또는 한국관광공사가 관광단지 개발을 위하여 출자한 법인 2. 「한국토지주택공사법」에 의한 한국토지주택공사 3. 「지방공기업법」에 의하여 설립된 지방공사 및 지방공단 4. 「제주특별자치도 설치 및 국제자유도시 조성을 위한 특별법」에 따른 제주국제자유도시개발센터

관광시설계획의 토지이용계획과 관련하여 관광지 및 관광단지 시설지구 안에 설치할 수 있는 시설은 〈표 1-6〉과 같다. 개별시설에 각종 부대시설이 복합적으로 있는 경우에는 그 시설의 주된 기능을 중심으로 시설지구를 구분한다.

〈표 1-5〉 조성계획에 포함되는 사항

구분	포함사항
관광시설계획	• 공공편익시설, 숙박시설, 상가시설, 운동·오락시설, 휴양·문화시설 및 그 밖의 시설지구로 구분된 토지이용계획 • 건축 연면적이 표시된 시설물 설치계획(축척 1:500~1:6,000의 지적도에 표시한 것) • 조경시설물, 조경구조물 및 조경식재계획이 포함된 조경계획 • 그 밖의 전기·통신·상수도 및 하수도 설치계획 • 지방자치단체의 장이 조성계획을 수립하는 경우 관광시설계획에 대한 관련 부서별 의견
투자계획	• 재원조달계획 • 연차별 투자계획
관광지나 관광단지의 관리계획	• 관광시설계획에 포함된 시설물의 관리계획 • 관광지나 관광단지의 관리를 위한 인원 확보 및 조직에 관한 계획 • 그 밖의 관광지나 관광단지의 효율적 관리방안

〈표 1-6〉 관광지 및 관광단지 시설지구 안에 설치할 수 있는 시설

시설지구	설치할 수 있는 시설
공공편익 시설지구	도로·주차장·관리사무소·안내시설·광장·정류장·공중화장실·금융기관·관광서·폐기물처리시설·오수처리시설·상하수도시설, 기타 공공의 편익시설과 관련되는 시설로서 관광지 등의 기반이 되는 시설
숙박시설지구	「공중위생관리법」 및 이 법에 의한 숙박시설, 기타 관광객의 숙박과 체류에 적합한 시설
상가시설지구	판매시설, 「식품위생법」의 규정에 의한 업소, 「공중위생관리법」에 의한 업소(숙박업을 제외한다), 사진관, 기타 물품이나 음식 등을 판매하기에 적합한 시설
운동·오락 시설지구	「체육시설의 설치이용에 관한 법률」의 규정에 의한 체육시설, 이 법의 규정에 의한 유원시설, 컴퓨터게임장, 케이블카(리프트카), 수영장, 어린이 놀이터, 무도장, 기타 운동과 놀이에 직접 참여하기에 적합한 시설
휴양·문화 시설지구	공원·정자·전망대·조경휴게소·의료시설·노인시설·산림욕장·자연휴양림·연수원·야영장·온천장·보트장·유람선터미널·낚시터·청소년수련시설·공연장·식물원·동물원·박물관·미술관·수족관·문화원·교양관·도서관·자연학습장·과학관·국제회의장·농어촌휴양시설, 그 밖에 휴양과 교육 문화와 관련된 시설
기타시설지구	위의 지구 안에 포함되지 아니하는 시설

2) 조성계획의 (변경)승인

조성계획은 시·도지사의 승인을 받아야 하며, 법령으로 정한 경미한 변경을 제외한 조성계획의 변경 시에는 변경승인을 받아야 한다. 조성계획의 승인을 받은 자가 경미한 조성계획의 변경을 하는 경우에는 관계 행정기관의 장과 조성계획 승인권자에게 각각 통보하여야 한다.

□ **경미한 조성계획의 변경**

• 관광시설계획 면적의 20% 이내의 변경
• 관광시설계획 중 시설지구별 토지이용계획 면적(조성계획의 변경승인을 받은 경우에는 그 변경승인을 받은 토지이용계획 면적)의 30% 이내의 변경(시설지구별 토지이용계획면적이 2,200m^2 미만인 경우에는 660m^2 이하의 변경)
• 관광시설계획 중 시설지구별 건축 연면적(조성계획의 변경승인을 받은 경우에는 그 변경승인을 받은 건축 연면적)의 30% 이내의 변경(시설지구별 건축 연면적이 2,200m^2 미만인 경우에는 660m^2 이내의 변경)

(1) 조성계획 (변경)승인 신청

관광지나 관광단지 조성계획의 승인 또는 변경승인을 받으려면 첨부서류를 갖추어 조성계획의 승인 또는 변경승인을 신청하여야 한다. 다만, 조성계획의 변경승인을 신청하는 경우에는 변경과 관계되지 아니하는 사항에 대한 서류는 첨부하지 아니하고, 국공유지에 대한 소유권 또는 사용권을 증명할 수 있는 서류는 조성계획 승인 후 공사 착공 전에 제출할 수 있다.

공공법인 또는 민간개발자가 조성계획의 승인 또는 변경승인을 신청하는 경우에는 특별자치도지사·시장·군수·구청장에게 조성계획 승인 또는 변경승인 신청서를 제출하여야 하며, 조성계획 승인 또는 변경승인 신청서를 제출받은 시장·군수·구청장은 제출받은 날부터 20일 이내에 검토의견서를 첨부하여 시도지사에게 제출하여야 한다.

□ **첨부서류**

• 관광시설계획서, 투자계획서 및 관광지 등 관리계획서
• 지번·지목·지적·소유자 및 시설별 면적이 표시된 토지조서
• 조감도
• 민간개발자가 개발하는 경우에는 해당 토지의 소유권 또는 사용권을 증명할 수 있는 서류(민간개발자가 개발하는 경우로서 해당 토지 중 사유지의 2/3 이상을 취득한 경우에는 취득한 토지에 대한 소유권을 증명할 수 있는 서류와 국·공유지에 대한 소유권 또는 사용권을 증명할 수 있는 서류)

(2) 조성계획 검토

시·도지사는 의제되는 사항이 포함되어 있는 조성계획을 승인 또는 변경승인하고자 하는 때에는 미리 관계 행정기관의 장과 협의하여야 한다. 이 경우 협의 요청을 받은 관계 행정기관의 장은 특별한 사유가 없는 한 그 요청을 받은 날로부터 30일 이내에 의견을 제시하여야 한다.

(3) 승인·고시

시·도지사가 조성계획을 승인 또는 변경승인한 때에는 지체 없이 이를 고시하여야 하며 관계 행정기관의 장에게 그 내용을 통보하여야 한다.

3) 조성사업의 시행

(1) 조성사업 시행자

조성사업은 원칙적으로 조성계획의 승인을 받은 사업시행자가 시행한다. 사업시행자가 아닌 자가 조성사업을 시행하려는 경우에는 사업시행자가 특별자치도지사·시장·군수·구청장일 때는 특별자치도지사·시장·군수·구청장의 허가를 받아서 조성사업을 할 수 있고, 사업시행자가 관광(단)지개발자인 경우에는 관광(단)지개발자와 협의하여 조성사업을 할 수 있다. 특별자치도지사·시장·군수·구청장이 조성계획의 승인을 받은 조성사업의 경우, 사업시행자가 아닌 자가 사업계획의 승인을 받은 경우에는 특별자치도지사·시장·군수·구청장의 허가를 받지 아니하고 그 조성사업을 시행할 수 있다.

통상 조성계획승인을 받은 자는 바로 관할 시·군·구로부터 사업자지정을 받아야 사업을 시행할 수 있다.

(2) 조성사업 시행허가

사업시행자가 아닌 자가 조성사업의 시행허가를 받거나 협의를 하려면 조성사업 허가 또는 협의 신청서에 첨부서류를 갖추어 특별자치도지사·시장·군수·구청장 또는 조성계획 승인을 받은 자에게 각각 신청하여야 한다.

특별자치도지사·시장·군수·구청장 또는 사업시행자가 허가 또는 협의를 하려면 해당 조성사업에 대하여 조성계획의 저촉 여부와 관광지 등의 자연환경 및 특성에 적합한지 여부를 검토하여야 한다.

□ **첨부서류**
- 사업계획서(위치, 용지면적, 시설물 설치계획, 건설비 내역 및 재원조달계획 등 포함)
- 시설물의 배치도 및 설계도서(평면도 및 입면도)
- 부동산이 타인 소유인 경우에는 토지 소유자가 자필서명한 사용승낙서 및 신분증 사본

---

(3) 용지의 매수

관광단지를 개발하려는 공공법인 및 민간개발자는 필요하면 용지의 매수업무와 손실보상업무 (민간개발자인 경우에는 남은 사유지를 수용하거나 사용하는 경우)를 관할 지방자치단체의 장에게 위탁할 수 있다. 조성사업을 위한 용지의 매수업무와 손실보상업무를 관할 지방자치단체의 장에게 위탁하려면 그 위탁내용에 다음 사항을 명시하여야 한다.

- 위탁업무의 시행지 및 시행기간
- 위탁업무의 종류 · 규모 · 금액
- 위탁업무 수행에 필요한 비용과 그 지급방법
- 그 밖에 위탁업무를 수행하는 데 필요한 사항

사업시행자가 관광지 등의 개발 촉진을 위하여 조성계획의 승인 전에 시 · 도지사의 승인을 받아 그 조성사업에 필요한 토지를 매입한 경우에는 사업시행자로서 토지를 매입한 것으로 본다.

(4) 토지 등의 수용

사업시행자는 조성사업의 시행에 필요한 다음의 토지와 물건 또는 권리를 수용 또는 사용할 수 있다. 그러나 농업용수권, 기타 농지개량시설을 수용 또는 사용하고자 하는 때에는 미리 농림축산식품부장관의 승인을 얻어야 한다.

- 토지소유권
- 토지에 관한 소유권 외의 권리
- 토지에 정착한 입목 · 건물, 기타 물건 및 이에 관한 소유권 외의 권리
- 물의 사용에 관한 권리

수용 또는 사용에 관한 협의가 성립되지 아니하거나 협의를 할 수 없는 경우 사업시행자는 「공익사업을 위한 토지 등의 취득 및 보상에 관한 법률」 제28조제1항의 규정에도 불구하고 조성사업의 시행기간 내에 재결을 신청할 수 있다.

□ **공익사업을 위한 토지 등의 취득 및 보상에 관한 법률 제28조(재결의 신청)**

① 제26조에 따른 협의가 성립되지 아니하거나 협의를 할 수 없을 때(제26조제2항 단서에 따른 협의 요구가 없을 때를 포함한다)에는 사업시행자는 사업인정 고시된 날로부터 1년 이내에 대통령령으로 정하는 바에 따라 관할 토지수용위원회에 재결을 신청할 수 있다.

민간개발자가 관광(단)지를 개발하는 경우에는 조성사업의 시행에 필요한 토지와 물건 또는 권리를 수용 또는 사용할 수 없다. 그러나 조성계획상의 조성대상 토지면적 중 사유지의 2/3 이상을 취득한 경우 남은 사유지에 대해서는 토지와 물건 또는 권리를 수용 또는 사용할 수 있다.

(5) 공공시설의 우선 설치

국가지방자치단체 또는 사업시행자는 관광지 등의 조성사업과 그 운영에 관련되는 도로, 전기, 상·하수도 등 공공시설을 우선하여 설치하도록 노력하여야 한다. 관광단지에 전기를 공급하는 자는 관광단지 조성사업의 시행자가 요청하는 경우 관광단지에 전기를 공급하기 위한 전기간선시설 및 배전시설을 관광단지조성사업구역 밖의 기간(基幹)이 되는 시설로부터 조성사업구역 안의 토지이용계획상 6미터 이상의 도시계획시설로 결정된 도로에 접하는 개별필지의 경계선까지 설치하여야 한다.

전기간선시설 및 배전시설의 설치비용은 전기를 공급하는 자가 부담하며, 관광단지 조성사업의 시행자입주기업지방자치단체 등의 요청에 의하여 전기간선시설 및 배전시설을 땅속에 설치하는 경우에는 전기를 공급하는 자와 땅속에 설치할 것을 요청하는 자가 각각 50%의 비율로 설치비용을 부담한다.

4) 관광(단)지 지정취소 및 조성계획 승인 취소

(1) 관광(단)지 지정취소

지정·고시된 관광(단)지에 대해서는 그 고시일로부터 2년 이내에 조성계획의 승인 신청이 없는 경우에는 그 고시일로부터 2년이 경과한 다음 날에 그 관광(단)지 지정은 효력을 상실한다. 그러나 시도지사는 행정절차의 이행 등 부득이한 사유로 조성계획 승인 신청 또는 사업착수 기한의 연장이 불가피하다고 인정하는 경우에는 1년 이내의 범위에서 1회에 한하여 그 기한을 연장할 수 있다. 또한 조성계획의 효력이 상실된 관광(단)지에 대해서는 그 조성계획의 효력이 상실된 날로부터 2년 이내에 새로운 조성계획의 승인신청이 없는 경우에도 그 지정은 효력을 상실한다.

(2) 조성계획 승인 취소

조성계획의 승인을 받은 관광(단)지의 사업시행자가 조성계획의 승인고시일부터 2년 이내에 사업에 착수하지 아니하는 경우에는 조성계획의 승인고시일부터 2년이 경과한 다음 날에 그 조성계획의 승인은 효력을 상실한다. 그러나 시·도지사는 행정절차의 이행 등 부득이한 사유로 조성계획 승인 신청 또는 사업착수기한의 연장이 불가피하다고 인정하는 경우에는 1년 이내의 범위에서

1회에 한하여 그 기한을 연장할 수 있다. 또한 시·도지사는 조성계획의 승인을 받은 민간개발자가 사업중단 등으로 환경미관을 크게 저해할 경우에는 조성계획의 승인을 취소하거나 이의 개선을 명할 수 있다.

5) 인허가의 의제

조성계획의 승인 또는 변경승인을 받거나 특별자치도지사가 관계 행정기관의 장과 협의하여 조성계획을 수립한 때에는 다음의 인·허가 등을 받거나 신고를 한 것으로 본다.

① 「국토의 계획 및 이용에 관한 법률」 제30조에 따른 도시·군관리계획(유원지, 지구단위계획구역의 지정계획 및 지구단위계획만 해당)의 결정, 같은 법 제32조 제2항에 따른 지형도면의 승인, 같은 법 제36조에 따른 용도지역 중 도시지역이 아닌 지역의 계획관리지역 지정, 같은 법 제37조에 따른 용도지구 중 개발진흥지구의 지정, 같은 법 제56조에 따른 개발행위의 허가, 같은 법 제86조에 따른 도시·군계획시설사업 시행자의 지정 및 같은 법 제88조에 따른 실시계획의 인가

② 「수도법」 제17조에 따른 일반수도사업의 인가 및 같은 법 제52조에 따른 전용상수도설치의 인가

③ 「하수도법」 제16조에 따른 공공하수도 공사시행의 허가

④ 「공유수면 관리 및 매립에 관한 법률」 제8조에 따른 공유수면 점용·사용 허가, 같은 법 제17조에 따른 점용·사용 실시계획의 승인 또는 신고, 같은 법 제28조에 따른 공유수면의 매립 면허, 같은 법 제35조에 따른 국가 등이 시행하는 매립의 협의 또는 승인 같은 법 제38조에 따른 공유수면 매립 실시계획의 승인

⑤ 「하천법」 제30조에 따른 하천공사 등의 허가 및 실시계획의 인가, 같은 법 제33조에 따른 점용허가 및 실시계획의 인가

⑥ 「도로법」 제36조에 따른 도로관리청이 아닌 자에 대한 도로공사 시행의 허가 및 같은 법 제61조에 따른 도로의 점용허가

⑦ 「항만법」 제9조제2항에 따른 항만공사 시행의 허가 및 같은 법 제10조제2항에 따른 항만공사 실시계획의 승인

⑧ 「사도법」 제4조에 따른 사도개발의 허가

⑨ 「산지관리법」 제14조제15조에 따른 산지전용허가 및 산지전용신고, 같은 법 제15조의2에 따른 산지일시사용허가·신고, 「산림자원의 조성 및 관리에 관한 법률」 제36조제1항·제4항에 따른 입목벌채 등의 허가와 신고

⑩ 「농지법」 제34조제1항에 따른 농지전용허가

⑪ 「자연공원법」 제20조에 따른 공원사업 시행 및 공원시설관리의 허가와 같은 법 제23조에 따른 행위허가

⑫ 「공익사업을 위한 토지 등의 취득 및 보상에 관한 법률」 제20조제1항에 따른 사업인정

⑬ 「초지법」 제23조에 따른 초지전용의 허가

⑭ 「사방사업법」 제20조에 따른 사방지 지정의 해제

⑮ 「장사 등에 관한 법률」 제8조제3항에 따른 분묘의 개장신고 및 같은 법 제27조에 따른 분묘의 개장허가

⑯ 「폐기물관리법」 제29조에 따른 폐기물처리시설의 설치 승인 또는 신고

⑰ 「온천법」 제10조에 따른 온천개발계획의 승인

⑱ 「건축법」 제11조에 따른 건축허가, 같은 법 제14조에 따른 건축허가, 같은 법 제20조에 따른 가설건축물 건축허가 또는 신고

⑲ 「관광진흥법」 제15조제1항에 따른 관광숙박업 및 제15조제2항에 따른 관광객 이용시설업·국제회의업의 사업계획승인 다만, 같은 법 제15조에 따른 사업계획의 작성자와 제55조제1항에 따른 조성사업의 사업시행자가 동일한 경우에 한한다.

⑳ 「체육시설의 설치·이용에 관한 법률」 제12조에 따른 등록체육시설업의 사업계획승인 다만, 「관광진흥법」 제15조에 따른 사업계획의 작성자와 제55조 제1항에 따른 조성사업의 사업시행자가 동일한 경우에 한한다.

㉑ 「유통산업발전법」 제8조에 따른 대규모 점포의 개설등록

6) 준공검사

사업시행자가 관광지나 관광단지 조성사업의 전부 또는 일부를 완료한 때에는 지체 없이 시·도지사에게 준공검사를 받아야 한다. 이 경우 시·도지사는 해당 준공검사의 시행에 관하여 관계 행정기관의 장과 미리 협의하여야 한다.

(1) 준공검사 신청

사업시행자가 조성사업의 전부 또는 일부를 완료하여 준공검사를 받으려는 때에는 준공검사 신청서에 첨부서류를 갖추어 시·도지사에게 제출하여야 한다.

□ **첨부서류**

- 준공설계도서(착공 전의 사진 및 준공사진 첨부)
- 공간정보의 구축 및 관리 등에 관한 법률에 따라 지적소관청이 발생하는 지적측량성과도
- 공공시설 및 토지 등의 귀속조서와 도면(민간개발자인 사업시행자의 경우에는 용도폐지된 공공시설 및 토지 등에 대한 「부동산가격공시 및 감정평가에 관한 법률」에 따른 감정평가업자의 평가조서와 새로 설치된 공공시설의 공사비 산출 내역서 포함)
- 「공유수면 관리 및 매립에 관한 법률」에 따라 사업시행자가 취득할 대상토지와 국가 또는 지방자치단체에 귀속될 토지 등의 내역서(공유수면을 매립하는 경우)
- 환지계획서 및 신·구 지적대조도(환지를 하는 경우)
- 개발된 토지 또는 시설 등의 관리처분계획

(2) 검사 및 고시

준공검사 신청을 받은 시·도지사는 검사 일정을 정하여 준공검사 신청내용에 포함된 공공시설을 인수하거나 관리하게 될 국가기관 또는 지방자치단체의 장에게 검사일 5일 전까지 통보하여야 하며, 준공검사에 참여하려는 국가기관 또는 지방자치단체의 장은 준공검사를 하여 해당 조성사업이 승인된 조성계획대로 완료되었다고 인정하는 경우에는 준공검사 증명서를 발급하고, 다음의 사항을 공보에 고시하여야 한다.

- 조성사업의 명칭
- 사업시행자의 성명 및 주소
- 조성사업을 완료한 지역의 위치 및 면적
- 준공연월일
- 주요 시설물의 관리·처분에 관한 사항
- 그 밖에 시·도지사가 필요하다고 인정하는 사항

(3) 인허가의 의제

사업시행자가 준공검사를 받은 경우에는 조성사업 승인 시 의제되는 인허가 등에 따른 해당 사업의 준공검사 또는 준공이나 건축허가 등을 받은 것으로 본다.

7) 공공시설 등의 귀속

사업시행자가 조성사업의 시행으로 「국토의 계획 및 이용에 관한 법률」에 따른 공공시설을 새로

설치하거나 기존의 공공시설에 대체되는 시설을 설치한 경우 새로 설치된 공공시설은 그 시설을 관리할 관리청에 무상으로 귀속되고, 개발행위로 용도가 폐지되는 공공시설은 「국유재산법」과 「공유재산 및 물품 관리법」에도 불구하고 새로 설치된 공공시설의 설치비용에 상당하는 범위에서 개발행위 허가를 받은 자에게 무상으로 양도할 수 있다.

8) 이주대책

사업시행자는 조성사업의 시행에 따른 토지·물건 또는 권리를 제공함으로써 생활의 근거를 잃게 되는 자를 위하여 다음의 내용이 포함된 이주대책을 수립·실시하여야 한다.

- 택지 및 농경지의 매립
- 택지조성 및 주택의 건설
- 이주보상비
- 이주방법 및 이주시기
- 이주대책에 따른 비용
- 기타 필요한 사항

이주대책의 수립에 관해서는 「공익사업을 위한 토지 등의 취득 및 보상에 관한 법률」 제78조 제2항·제3항과 제81조를 준용한다.

③ 관광지 등의 처분

사업시행자는 조성된 토지, 개발된 관광시설 및 지원시설(관광지 또는 관광단지의 운영 및 기능 유지에 필요한 관광지 또는 관광단지 내외의 시설) 전부 또는 일부를 매각 또는 임대하거나 타인에게 위탁하여 경영하게 할 수 있다. 이에 따라 토지·관광시설 또는 지원시설을 매수·임차하거나 그 경영을 수탁한 자는 그 토지나 관광시설 또는 지원시설에 관한 권리·의무를 승계한다.

④ 조성사업 시행에 따른 비용의 부담

1) 선수금

사업시행자는 그가 개발하는 토지 또는 시설을 분양받거나 시설물을 이용하고자 하는 자로부터 그 대금의 전부 또는 일부를 대통령령으로 정하는 바에 의하여 미리 받을 수 있다. 사업시행자가 선수금을 받고자 하는 때에는 그 금액 및 납부방법에 대하여 토지 또는 시설을 분양받거나 시설물을 이용하고자 하는 자와 협의하여야 한다.

2) 이용자 분담금

사업시행자는 지원시설의 건설비용 전부 또는 일부를 대통령으로 정하는 바에 의하여 그 이용자에게 분담하게 할 수 있다. 사업시행자가 지원시설의 이용자에게 분담금을 부담하게 하고자 하는 때에는 지원시설의 건설사업명·건설비용·부담금액·납부방법 및 납부기한을 명시한 서면으로 그 이용자에게 분담금의 납부를 요구하여야 한다.

지원시설의 건설비용은 공사비(조사측량비·설계비 및 관리비를 제외)와 보상비(감정비를 포함)를 합산한 금액으로 한다. 분담금액은 지원시설의 이용자의 수 및 이용횟수 등을 고려하여 사업시행자가 이용자와 협의하여 산정한다.

3) 원인자부담금

지원시설 건설의 원인이 되는 공사 또는 행위가 있는 경우에 사업시행자는 대통령령으로 정하는 방법에 의하여 그 공사 또는 행위의 비용을 부담하여야 할 자에게 그 비용의 전부 또는 일부를 부담하게 할 수 있다.

4) 유지·관리 및 보수의 비용

사업시행자는 관광(단)지 등의 안에 있는 공동시설의 유지·관리 및 보수에 소요되는 비용의 전부 또는 일부를 대통령으로 정하는 바에 의하여 관광지 등에서 사업을 경영하는 자에게 분담하게 할 수 있다. 사업시행자가 공동시설의 유지·관리·보수 및 보수의 비용을 분담하게 하고자 하는 때에는 공동시설의 유지·관리·보수현황·분담금액·납부방법·납부기한 및 산출내역을 기재한 서류를 첨부하여 관광지 등에서 사업을 경영하는 자에게 그 납부를 요구하여야 한다. 공동시설의 유지·관리 및 보수 비용의 분담비율은 시설 사용에 따른 수익의 정도에 따라 사업시행자가 사업을 경영하는 자와 협의하여 결정한다.

사업시행자는 유지·관리·보수 비용의 분담 및 사용 현황을 매년 결산하여 비용분담자에게 통보하여야 한다.

5) 강제징수

이용분담금·원인자부담금 또는 유지·관리 및 보수에 드는 비용을 내야 할 의무가 있는 자가 이를 이행하지 아니하면 사업시행자는 그 지역을 관할하는 특별자치도지사·시장·군수·구청장에게 그 징수를 위탁할 수 있다. 사업시행자가 시장·군수·구청장에게 이용분담금·원인자부담금 또는 유지·관리 및 보수 비용의 징수를 위탁하고자 하는 때에는 그 위탁내용에 다음의 사항을 명시하여야 한다.

- 분담금 등의 납부의무자의 성명·주소
- 분담금 등의 금액
- 분담금 등의 납부사유 및 납부기간
- 기타 분담금 등의 징수에 필요한 사항

징수를 위탁받은 특별자치도지사·시장·군수·구청장은 지방세 체납처분의 예에 따라 이를 징수할 수 있다. 이 경우 특별자치도지사·시장·군수·구청장에게 징수를 위탁한 자는 특별자치도지사·시장·군수·구청장이 징수한 금액의 10%에 해당하는 금액을 특별자치도·시·군·구에 내야 한다.

⑤ 관광지 등의 관리

1) 관리·운영 위탁

사업시행자는 필요한 경우 관광사업자나 단체 등에게 관광지나 관광단지의 관리·운영을 위탁할 수 있다. 특히 관광단지내 생활형 숙박시설의 경우 주택이 아니라 숙박시설이므로 정부는 의무적으로 생활형 숙박시설을 분양받는 자에게 숙박업등록을 신고하도록 하고 있거나 숙박업사업을 하고 있는 제3자에게 위탁 운영하도록 하고 있다. 이외에도 사업시행자는 호텔이나 콘도에 대한 운영 경험이 없을 경우 전문 운영·관리업체에게 업무를 대행[17]하고 있다.

2) 입장료 등의 징수

관광지나 관광단지에서 조성사업을 하거나 건축, 그 밖의 시설을 한 자는 관광지나 관광단지에 입장하는 자로부터 입장료를 징수할 수 있고, 관광시설을 관람하거나 이용하는 자로부터 관람료나 이용료를 징수할 수 있다. 입장료·관람료 또는 이용료의 징수대상의 범위와 그 금액은 특별자치도지사·시장·군수·구청장이 정한다. 지방자치단체가 입장료·관람료 또는 이용료를 징수하면 이를 관광지 등의 보존관리와 그 개발에 필요한 비용에 충당하여야 한다.

⑥ 임대료 감면

국가 및 지방자치단체는 「국유재산법」, 「공유재산 및 물품 관리법」, 그 밖의 다른 법령에도 불구하고 관광지 등의 사업시행자에 대하여 국유·공유 재산의 임대료를 감면할 수 있다. 공유재산의 임대료 감면율은 고용창출, 지역경제 활성화에 미치는 영향 등을 고려하여 공유재산 임대료의 30% 범위에서 해당 지방자치단체의 조례로 정한다. 공유재산의 임대료를 감면받으려는 관광지 등의 사업시행자는 해당 지방자치단체의 장에게 감면신청을 하여야 한다.

---

17) 최근 호텔을 보유하고 있는 대기업들이 호텔이나 숙박시설업에 대한 운영·관리전문회사를 만들어 이를 대행하고 있는 대표적인 회사가 조선호텔이다. 이외에도 신영이나 대명 등이 이 사업에 뛰어들어 경쟁을 하고 있다.

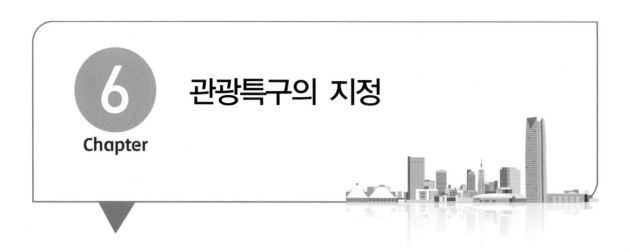

관광특구의 지정

6 Chapter

① 관광특구의 지정 및 절차

1) 관광특구의 의의

관광특구는 외국인 관광객의 유치 촉진 등을 위하여 관광시설이 밀집된 지역에 대해 야간 영업시간 제한을 배제하는 등 관광활동을 촉진하고자 1993년에 도입된 제도이다. 「관광진흥법」에서는 관광특구란 '외국인 관광객의 유치 촉진 등을 위하여 관광활동과 관련된 관계법령의 작용이 배제되거나 완화되고, 관광활동과 관련된 서비스 · 안내 체계 및 홍보 등 관광여건을 집중적으로 조성할 필요가 있는 지역으로서 시장 · 군수 · 구청장의 신청(특별자치도의 경우는 제외한다)에 따라 시 · 도지사가 지정한 곳'이라고 정의하고 있다(제2조제11항).

우리나라 관광특구는 제주도, 경주시, 설악산, 유성, 해운대 등 5곳이 1994년 8월 31일 처음으로 지정된 이래, 1997년에 지정된 동두천, 수안보온천, 속리산, 아산시온천, 보령해수욕장, 무주구천동, 정읍내장산, 구례, 백암온천, 부곡온천, 미륵도, 평택시 · 송탄, 이태원과 2000년에 지정된 서울의 명동 · 남대문북창지역, 인천 월미도 그리고 동대문 패션타운(2002)과 2005년 12월 30일 충북 단양 · 매포읍 일원(2개읍 5개리)의 '단양관광특구'와 2006년 3월 22일 서울 광화문 빌딩에서 숭인동 네거리 간의 청계천 쪽 전역(세종로, 신문로1가, 종로1~6가, 창신동 일부, 서린동, 관철동, 관수동, 장사동, 예지동 전역)의 '종로 · 청계천 관광특구'를 지정하였다.

해운대 관광특구의 경우는 부산광역시 해운대구 우동, 중동, 송정동, 재송동센텀 시티 지역이다. 1994년 8월 31일 최초 지정 시기에는 부산광역시 해운대구 우동, 중동, 송정동 일원의 5.302㎢가

관광특구로 정해졌으나, 2002년 4월 3일 재송동의 센텀 시티 지역 0.923㎢가 확대되어 2013년에는 6.225㎢가 관광특구에 속한다. 센텀 시티 지역을 특구로 추가 지정한 것은 기존 자연관광자원뿐만 아니라 수준 높은 숙박 위락시설을 보유하고 있는 해운대 지역과 컨벤션, 첨단 영상·정보 시설, 쇼핑, 엔터테인먼트 시설을 보유하고 있는 센텀 시티 지역을 결합함으로써 외국인·민간 투자 확대 등을 통해 관광 개발을 활성화하기 위해서이다.

해운대 관광특구 활성화를 위한 사업으로는 해운대 해변에 있는 부산 아쿠아리움과 한국 콘도의 주변도로 정비를 통한 관광 테마 조성사업, 해운대 달맞이길(미포~해송교, 2,400m) 관광 도로 조성 사업, 해안의 절경을 따라 굽이도는 해운대 달맞이길(해송교~송정, 2,800m)에 관광 테마거리 조성 사업, 해운대 온천 테마거리 조성사업 등이 있다.

그리고 2008년 5월 14일에는 부산광역시 중구 부평동, 광복동, 남포동 지역의 '용두산자갈치관광 특구'를 새로 지정하였다. 2010년 1월 18일에는 경북 문경, 2012년 3월 15일에는 서울 잠실을 새로 지정하였다. 관광특구는 지방자단체장이 바뀔 때마다 지역경제를 살리기 위해 추가적으로 지정되 고 있는 실정이다.

2) 관광특구의 지정요건

(1) 관광특구의 지정신청자 및 지정권자

관광특구는 관광지 등 또는 외국인 관광객이 주로 이용하는 지역 중에서 시장·군수·구청장의 신청(특별자치도의 경우는 제외한다)에 의하여 시·도지사가 지정한다.

(2) 관광특구의 지정요건

관광특구로 지정될 수 있는 지역은 다음과 같은 요건을 모두 갖춘 지역으로 한다.

① 문화체육관광부장관이 고시하는 기준을 갖춘 통계전문기관의 통계결과 해당 지역의 최근 1년간 외국인 관광객 수가 10만 명(서울특별시는 50만 명) 이상일 것

② 지정하고자 하는 지역 안에 관광안내시설, 공공편익시설, 숙박시설, 휴양오락·시설, 접객시설 및 상가시설 등이 갖추어져 있어 외국인 관광객의 관광수요를 충족시킬 수 있는 지역일 것

③ 임야·농지·공업용지 또는 택지 등 관광활동과 직접적인 관련성이 없는 토지가 관광특구 전체면적의 10퍼센트를 초과하지 아니할 것

④ 위 1호부터 3호까지의 요건을 갖춘 지역이 서로 분리되어 있지 아니할 것

관광특구 지정요건의 세부기준은 다음과 같다.

구분	시설종류	구비조건
공공편익시설	화장실, 주차장, 전기시설, 통신시설, 상하수도시설	각 시설이 관광객이 이용하기에 충분할 것
관광안내시설	관광안내소, 외국인통역안내소, 관광지표지판	각 시설이 관광객이 이용하기에 충분할 것
숙박시설	관광호텔, 수상관광호텔, 한국전통호텔, 가족호텔 및 휴양 콘도미니엄	등록기준에 부합하는 관광숙박시설이 1종류 이상일 것
휴양·오락시설	민속촌, 해수욕장, 수렵장, 동물원, 식물원, 수복관, 온천장, 동굴자원, 수영장, 농어촌 휴양시설, 산림휴양시설, 박물관, 미술관, 활공장, 자동차야영장, 관광유람선 및 종합유원시설	등록기준에 부합하는 관광객 이용시설 또는 지정기준에 부합되는 관광편의시설로서 관광객이 이용하기에 충분할 것
집객시설	관광공연장, 외국인전용 관광기념품관, 매점, 관광유흥음식점, 관광극장유흥업점, 외국인전용 유흥음식점, 관광식당	등록기준에 부합하는 관광객 이용시설 또는 지정기준에 부합하는 관광편의시설로서 관광객이 이용하기에 충분할 것
상가시설	관광기념품 전문판매점, 백화점, 재래시장, 면세점 등	1개소 이상일 것

3) 관광특구의 지정절차

(1) 지정신청

관광특구의 지정·지정취소 또는 그 면적의 변경(이하 "지정등"이라 한다)을 신청하려는 시장·군수·구청장은 '관광특구지정등신청서'에 소정의 서류를 첨부하여 특별시장·광역시장·도지사에게 제출하여야 한다. 다만, 관광특구의 지정취소 또는 그 면적 변경의 경우에는 그 취소 또는 변경과 관계되지 아니하는 사항에 대한 서류는 이를 첨부하지 아니한다.

(2) 적합성 여부 등 검토

특별시장·광역시장·도지사는 관광특구 지정등의 신청을 받은 경우에는 관광특구로서의 개발 필요성, 타당성, 관광특구의 지정요건 및 관광개발계획에 적합한지 등을 종합적으로 검토하여야 한다.

(3) 관계 행정기관의 장과의 협의

관광지나 관광단지의 지정에서처럼 시·도지사가 관광특구를 지정하려는 경우에는 관계 행정기관의 장과 협의를 하여야 한다.

(4) 지정고시

시도지사는 관광특구의 지정, 지정취소 또는 면적 변경을 한 경우에는 이를 고시하여야 한다.

② 관광특구의 진흥계획

1) 관광특구진흥계획의 수립 · 시행

(1) 관광특구진흥계획의 수립

특별자치도지사 · 특별자치시장 · 시장 · 군수 · 구청장은 관할구역 내 관광특구를 방문하는 외국인관광객의 유치 촉진 등을 위하여 관광특구진흥계획(이하 "진흥계획"이라 한다)을 수립하고 시행하여야 한다. 그리고 '진흥계획'을 수립하기 위하여 필요한 때에는 해당 시 · 군 · 구 주민의 의견을 들을 수 있다.

(2) '진흥계획'에 포함되어야 할 사항

특별자치도지사 · 특별자치시장 · 시장 · 군수 · 구청장은 다음 각호의 사항이 포함된 '진흥계획'을 수립 · 시행한다.

① 외국인 관광객을 위한 관광편의시설의 개선에 관한 사항
② 특색 있고 다양한 축제, 행사 그밖에 홍보에 관한 사항
③ 관광객 유치를 위한 제도개선에 관한 사항
④ 관광특구를 중심으로 주변지역과 연계한 관광코스의 개발에 관한 사항
⑤ 그 밖에 관광질서 확립 및 관광서비스 개선 등 관광객유치를 위하여 필요한 다음과 같은 사항
　　가. 범죄예방 계획 및 바가지 요금 · 퇴폐행위 · 호객행위 근절대책
　　나. 관광불편신고센터의 운영계획
　　다. 관광특구 안의 접객시설 등 관련시설 종사원에 대한 교육계획
　　라. 외국인 관광객을 위한 토산품 등 관광상품 개발 · 육성계획

(3) '진흥계획'의 타당성 검토

특별자치도지사 · 특별자치시장 · 시장 · 군수 · 구청장은 수립된 '진흥계획'에 대하여 5년마다 그 타당성 여부를 검토하고 진흥계획의 변경 등 필요한 조치를 하여야 한다.

2) 관광특구진흥계획의 집행상황 평가

(1) 관광특구에 대한 평가 등

문화체육관광부장관 및 시도지사는 관광특구진흥계획의 집행상황을 평가하고, 우수한 관광특구에 대해서는 필요한 지원을 할 수 있다. 그리고 시·도지사는 관광특구진흥계획의 집행상황에 대한 평가의 결과 관광특구지정요건에 맞지 아니하거나 추진실적이 미흡한 관광특구에 대해서는 관광특구의 지정취소·면적조정·개선권고 등 필요한 조치를 할 수 있다.

(2) 관광특구의 평가에 대한 조치 등

① 평가주기 및 평가방법

시도지사는 진흥계획의 집행상황을 연 1회 평가하여야 하며, 평가 시에는 관광관련 학계·기관 및 단체의 전문가와 지역주민, 관광관련 업계종사자가 포함된 평가단을 구성하여 평가하여야 한다.

② 평가결과 보고

시·도지사는 평가결과를 평가가 끝난 날로부터 1개월 이내에 문화체육관광부장관에게 보고하여야 하며, 문화체육관광부장관은 시·도지사가 보고한 사항 외에 추가로 평가가 필요하다고 인정되면 진흥계획의 집행상황을 직접 평가할 수 있다.

③ 평가결과에 따른 지정취소 및 개선권고

시·도지사 또는 특례시의 시장은 진흥계획상의 집행 상황에 대한 평가결과에 따라 다음 각 호의 구분에 따른 조치를 해야 한다.

1. 관광특구의 지정 요건에 3년 연속 미달하여 개선될 여지가 없다고 판단되는 경우에는 관광특구 지정 취소
2. 진흥계획의 추진실적이 미흡한 관광특구로서 제3호에 따라 개선권고를 3회 이상 이행하지 아니한 경우에는 관광특구 지정 취소
3. 진흥계획의 추진실적이 미흡한 관광특구에 대해서는 지정 면적의 조정 또는 투자 및 사업계획 등의 개선 권고

③ 관광특구에 대한 지원

1) 관광특구의 진흥을 위한 지원

국가나 지방자치단체는 관광특구를 방문하는 외국인관광객의 관광활동을 위한 편의증진 등 관광특구 진흥을 위하여 필요한 지원을 할 수 있다.

2) 관광진흥개발기금의 지원

문화체육관광부장관은 관광특구를 방문하는 관광객의 편리한 관광활동을 위하여 관광특구 안의 문화·체육·숙박·상가시설로서 관광객유치를 위하여 특히 필요하다고 인정되는 시설에 대하여 「관광진흥개발기금법」에 따라 관광진흥개발기금을 대여하거나 보조할 수 있다.

그동안 별다른 실익이 없던 종전의 관광특구제도가 「관광진흥법」의 개정(2004년 10월 16일 개정)을 계기로 정부의 관심과 지원이 강화될 기틀이 마련된 것이다.

④ 관광특구 안에서의 다른 법률에 대한 특례

1) 영업제한 특례

관광특구 안에서는 「식품위생법」 제43조에 따른 영업제한에 관한 규정을 적용하지 아니한다(「관광진흥법」 제74조). 즉 「식품위생법」은 제43조에서 시도지사는 영업의 질서 또는 선량한 풍속을 유지하기 위하여 필요하다고 인정하는 경우에는 식품접객업자(예: 음식점·주점 등의 경영자)와 그 종업원에 대하여 영업시간(1일당 8시간 이내에서 조례로 정하여야 함) 및 영업행위에 관한 제한규정을 적용하지 아니하기 때문에 심야영업 등을 자유로이 할 수 있다.

2) 공개 공지(空地: 즉 공터)

관광특구 안에서 호텔업(관광호텔업·수상관광호텔업·한국전통호텔업·가족호텔업·호스텔업·소형호텔업·의료관광호텔업)을 경영하는 자는 「건축법」의 규정(제43조)에도 불구하고 연간 60일 이내의 기간 동안 해당 지방자치단체의 조례로 정하는 바에 따라 공개 공지를 사용하여 외국인관광객을 위한 공연 및 음식을 제공할 수 있다. 다만, 울타리를 설치하는 등 공중(公衆)이 해당 공개

공지를 사용하는 데 지장을 주는 행위를 하여서는 아니 된다.

3) 차마(車馬)의 도로통행 금지 또는 제한

관광특구 관할 지방자치단체의 장은 관광특구의 진흥을 위하여 필요한 경우에는 지방경찰청장 또는 경찰서장에게 차마(車馬)의 도로통행금지 또는 제한 등의 조치하여 줄 것을 요청할 수 있고, 이 경우 요청받은 지방경찰청장 또는 경찰서장은 「도로교통법」의 규정(제6조)에도 불구하고 특별한 사유가 없으면 지체없이 필요한 조치를 하여야 한다.

① 관광(단)지개발법규 체계

관광(단)지개발법규는 관광개발과정에서 관여하는 내용에 따라 국토계획법규, 시설입지법규, 관광사업법규, 건축법규, 영향평가법규, 재정·세제법규로 구별할 수 있다. 일반적으로 관광사업법규를 근간으로 하여 개발을 추진하고자 하는 관광개발사업의 경우, 일반적 절차를 정립하고, 국토계획법규와의 부합성을 검토하여 법규상 이상이 없는지를 확인한다. 또한 추진과정에서 개발특례법규상 절감할 수 있는 세제 혜택을 검토한다. 특히 정부로부터 관광(단)지개발에 따른 투자비 지원사항에는 어떤 것들이 있는지를 살펴본 후 일반적인 추진절차에 따라 각 개별 법규가 관여된 상태에서 개발을 진행하게 된다.

1) 국토계획법규

국토계획법규는 토지이용에 대한 기준과 방향을 규정하는 법규로, 가장 상위의 관광(단)지개발법규라고 할 수 있다. 이 중 핵심이 되는 것이 「국토의 계획 및 이용에 관한 법률」로, 이 법에서 규정하고 있는 용도지역·용도지구 등에 따라 해당 토지에서의 관광개발 가능 여부와 최대 개발규모가 결정된다.

「국토의 계획 및 이용에 관한 법률」의 주요 구성요소를 크게 분류하면 광역 도시계획, 도시·군기본계획, 도시·군관리계획으로 구분할 수 있으며 도시관리계획을 세분하면 지구단위계획, 기반시설계획, 도시·군계획사업, 용도지역/지구, 용도구역, 도시·군계획시설 등으로 세분 가능하다.

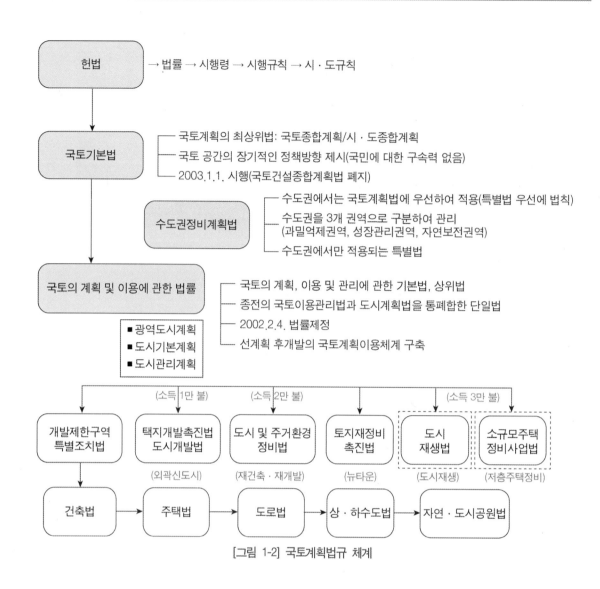

[그림 1-2] 국토계획법규 체계

〈표 1-7〉 국토의 계획 및 이용에 관한 법률의 내용

구분	주요 사항
광역도시계획	2이상의 특별시 · 광역시 · 시 또는 군의 공간구조 및 기능을 상호 연계시키고 환경을 보전하며, 광역시설을 체계적으로 정비하기 위해 지정된 광역계획권의 장기발전방향을 제시하는 계획 법 제10조 규정에 의하여 지정된 광역계획권의 20년 단위로 장기 발전방향을 제시하는 계획
도시 · 군기본계획	20년 단위로 하여 기본적인 공간구조와 장기도시개발의 방향 및 도시 · 군관리계획 입안의 지침
도시 · 군관리계획	도시 · 군관리계획은 10년마다 수립하는 시군의 토지이용, 교통, 환경, 경관, 안전, 산업, 정보통신, 보건, 후생, 안보, 문화 등에 관한 계획을 말함. 급격한 여건 변화로 도시기본계획을 재수립하는 경우에는 도시기반계획의 정책방향에 부합하도록 도시 · 군관리계획을 재검토하여야 함

도시 · 군 관리계획	지구단위계획	도시계획수립대상 지역 안의 일부에 대하여 그 지역을 체계적이고 계획적으로 관리하기 위하여 입체적으로 수립하는 도시 · 군관리계획임. 도시기본계획의 정책방향에 부합하도록 도시 · 군관리계획을 재검토하여야 함
	기반시설계획	기반시설의 설치 · 정비 · 개량에 관한 계획
	도시 · 군계획사업	1. 도시개발법에 의한 도시개발사업 2. 도시계획시설사업 3. 도시 및 주거환경정비법에 의한 도시정비사업
	용도지역/지구	지역: 도시, 관리, 농림, 자연환경보전지역 지구(2018년 4월 19일부터 시행) ① 경관지구(자연, 시가지, 특화경관지구) ② 고도지구 ③ 방화지구 ④ 방재지구 ⑤ 보호지구(역사, 중요시설물, 생태계보호지구) ⑥ 취락지구(지연, 집단취락지구) ⑦ 개발진흥지구(주거, 산업, 관광휴양, 복합개발, 특정개발진흥지구) ⑧ 복합용도지구(신설) ⑨ 특정용도 제한지구(지자체장이 세분가능)
	용도구역	개발제한구역, 시가화조정구역, 도시자연공원구역, 수산자원보호구역
	입지규제최소구역	입지규제 최소구역의 지정과 변경 그리고 관리계획
	도시 · 군계획시설	도로, 광장, 주차장, 자동차 정류장, 시장, 철도, 공항, 학교 등 기반시설 중 도시 · 군관리계획으로 결정되는 시설

주: 주민제안으로 용도지구를 폐지하고 지구단위계획으로 대체할 수 있음(경관지구)

2) 시설입지법규

시설입지법규는 개별 법률에서 토지이용을 제한하는 지역 · 지구 등을 포함하고 있는 법규로, 특정시설의 입지를 제한하거나 토지이용에 대한 제한사항 등을 규정한다. 이들 법률은 기본적으로 개별 법률의 제정목적을 달성하기 위한 수단으로 지역 · 지구 등을 운영하고 있으며, 지역 · 지구 등에 따라 관광시설의 입지 등이 제한된다. 대표적인 시설입지법규로는 「농지법」, 「산림관리법」, 「군사기지 및 군사시설 보호법」, 「문화재보호법」 등이 있다.

3) 관광사업법규

관광사업법규는 관광공간이나 관광시설의 기준 등을 규정하는 법규로 도입시설의 유형에 따라 적용되는 법규도 달라지며, 관광시설을 중심으로 체육시설, 문화시설, 휴양시설 등을 포함한다.

대표적인 관광사업법규로는 「관광진흥법」, 「국제회의산업 육성에 관한 법률」, 「체육시설의 설치·
이용에 관한 법률」 등이 있다.

4) 건축법규

건축법규는 개별 건축물이나 시설물의 설치기준에 관한 사항을 규정하는 법규로, 「건축법」이나
「주차장법」 등이 이에 해당된다. 관광(단)지개발에 있어서는 사업승인을 득하면 건축과 관련된
대부분의 법들은 의제처리되는 규정이 있지만, 현실은 그렇지 않다. 실무에서는 건축허가를 받는
과정에서 실시계획승인부터 경관심의, 교통영향평가, 문화재보전영향성 검토를 받는 과정에서
엄격한 잣대를 들이대고 있다. 따라서 관광진흥차원에서 인·허가절차를 간소화시키겠다는 정부
의 공약은 말뿐 실제의제처리되거나 인·허가 절차를 간소화시키는 경우는 거의 없다고 보면
된다.

최근에는 젊은 공무원들이 시험을 통해 인·허가 분야를 담당하고 있지만 절차를 간소화시키거
나, 사업자 입장에서 업무를 처리하기보다는 자신의 업무처리에 대한 사후 감사를 받지 않기 위해
원칙을 강조하고 있다. 게다가 업무처리에 의문이 있을 경우, 무조건 상급기관으로부터 질의와
답변을 받아 업무를 처리하다 보니 사업시행자 입장에서는 예전보다 더 복잡한 행정절차를 거쳐야
관광(단)지를 개발할 수 있는 시대에 돌입했다.

5) 개발특례법규

개발특례법규는 개발을 촉진하기 위한 특례 및 지원사항 등을 규정하는 법규로 특례대상 지역이
나 사업에 대한 다양한 행정적·재정적 지원내용을 포함한다. 대표적인 개발특례법규로는 「사회기
반시설에 대한 민간투자법」, 「지역특화발전특구에 관한 규제특례법」 등이 있다.

6) 영향평가법규

영향평가법규는 개발사업으로 인해 환경·교통·재해 등의 분야에서 발생할 수 있는 부정적인
영향을 저감하기 위해 실시하는 영향평가에 대한 사항을 규정하는 법규이다. 각종 영향평가의 대
상이 되는 사업의 경우 영향평가를 실시하여야 한다. 대표적인 영향평가법규로는 환경영향평가에
대한 「환경영향평가법」, 교통영향평가에 대한 「도시교통정비 촉진법」, 재해영향평가에 대한 「자연
재해대책법」, 문화재지표조사에 관한 「문화재 보호 및 조사에 관한 법률」 등이 있다.

7) 재정·세제법규

재정·세제법규는 관광개발사업에 대한 재정적 지원이나 관광개발과정에서 부담해야 하는 각종 세금 및 부담금에 관한 사항을 규정하는 법규로, 「관광진흥개발기금법」이나 「지방세법」 등이 이에 해당한다.

〈표 1-8〉 관광(단)지개발법규의 종류

구분	관련법
국토계획법규	국토기본법, 국토의 계획 및 이용에 관한 법률, 수도권정비계획법
시설입지법규	농지법, 산지관리법, 하천법, 수도법, 군사기지 및 군사시설 보호법, 문화재보호법, 자연공원법 등
관광사업법규	관광진흥법, 국제회의산업 육성에 관한 법률, 체육시설의 설치·이용에 관한 법률, 박물관 및 미술관진흥법, 온천법, 수목원 조성 및 진흥에 관한 법률 등
개발특례법규	사회기반시설에 대한 민간투자법, 외국인투자촉진법, 지역균형개발 및 지방중소기업육성에 관한 법률, 제주특별자치도 설치 및 국제자유도시 조성을 위한 특별법, 폐광지역개발 지원에 관한 특별법, 접경지역 지원 특별법, 지역특화발전특구에 관한 규제특례법, 공익사업을 위한 토지 등의 취득 및 보상에 관한 법률 등
건축법규	건축법, 주차장법 등
영향평가법규	환경영향평가법, 도시교통정비촉진법, 자연재해대책법 등
재정·세제법규	관광진흥개발기금법, 지방세법, 개발이익 환수에 관한 법률 등

② 국토의 용도 구분

「국토계획법」의 용도지역은 토지의 이용, 건축물의 용도, 건폐율, 용적률, 높이 등을 제한함으로써 토지를 경제적, 효율적으로 이용하고 공공복지를 증진하기 위하여 서로 중복되지 않게 도시·군관리계획으로 결정하는 지역을 말한다.

모든 토지는 각종 법률에 의해 사용 용도 및 개발 규모가 제한되어 있다.

따라서 토지를 주어진 용도와 다르게 사용하는 것을 규제하기 위한 것으로서, 토지의 용도를 구분함으로써 이용목적에 부합하지 않는 토지이용이나 건축물의 행위를 토지이용 목적에 맞게 규제를 도모하기 위한 제도를 말한다.

국토계획법상 이러한 토지이용의 근간이 되는 제도가 「국토의 계획 및 이용에 관한 법률」에 의한 용도지역, 용도지구, 용도구역이다.

구분	용도지역(토지위주)	용도지구(건물위주)	용도구역(행위제한)
지정목적	• 토지의 이용 및 건축물의 용도, 건폐율, 용적률, 높이 등 제한구역	• 용도지역의 제한을 강화 또는 완화 목적 • 개별 목적에 따른 용도규제	• 용도지역 및 용도지구의 제한, 강화 또는 완화목적 • 토지이용개발제한(도시 무질서한 확산방지)
지정범위 (행위제한)	• 전국 모든 토지 대상지정 • 하나 토지 중복지정불가	• 용도지역 내 일부 토지를 대상 • 필요에 따라 국지적 지정(조례)	• 용도지역 · 지구와 별도로 규모 지정 • 특정지역에 필요에 따라 국지적 지정

1) 용도지역

우리나라의 국토는 토지의 이용실태 및 특성, 장래의 토지이용방향 등을 고려하여 도시지역, 농림지역, 자연환경보전지역, 관리지역으로 구분한다.

(1) 도시지역

인구와 산업이 밀집되어 있거나 밀집이 예상되어 그 지역에 대하여 체계적인 개발 · 정비 · 관리 · 보전 등이 필요한 지역으로, 주거지역 · 상업지역 · 공업지역 · 녹지지역으로 구분하여 지정한다.

주거지역은 거주의 안녕과 건전한 생활환경의 보호를 위하여 필요한 지역, 상업지역은 상업이나 그 밖의 업무의 편익증진을 위하여 필요한 지역, 공업지역은 공업의 편익증진을 위하여 필요한 지역, 녹지지역은 자연환경 · 농지 및 산림보호, 보건위생, 보안과 도시의 무질서한 확산을 방지하기 위하여 녹지의 보전이 필요한 지역이다.

도시지역은 도시 · 군관리계획결정으로 세분하여 주거지역 · 상업지역 · 공업지역 · 녹지지역을 추가적으로 세분하여 지정할 수 있다.

〈표 1-9〉 도시지역의 구분

용도지역		용도지역의 세분
주거지역	전용주거지역	양호한 주거환경을 보호하기 위하여 필요한 지역
	제1종 전용주거지역	단독주택 중심의 양호한 주거환경을 보호하기 위하여 필요한 지역
	제2종 전용주거지역	공동주택중심의 양호한 주거환경을 보호하기 위하여 필요한 지역
	일반주거지역	편리한 주거환경을 조성하기 위하여 필요한 지역
	제1종 일반주거지역	저층주택을 중심으로 편리한 주거환경을 조성하기 위한 필요한 지역
	제2종 일반주거지역	중층주택을 중심으로 편리한 주거환경을 조성하기 위하여 필요한 지역
	제3종 일반주거지역	중고층 주택을 중심으로 편리한 주거환경을 조성하기 위하여 필요한 지역
	준주거지역	주거기능을 위주로 이를 지원하는 일부 상업기능 및 업무기능을 보완하기 위하여 필요한 지역

상업지역	중심상업지역	도심, 부도심의 상업기능 및 업무기능의 확충을 위하여 필요한 지역
	일반상업지역	일반적인 상업기능 및 업무기능을 담당하게 하기 위하여 필요한 지역
	근린상업지역	근린지역에서의 일용품 및 서비스의 공급을 위하여 필요한 지역
	유통상업지역	도시 내 및 지역 간 유통기능의 증진을 위하여 필요한 지역
공급지역	전용공급지역	주로 중화학공업 공해성 등을 수용하기 위하여 필요한 지역
	일반공급지역	환경을 저해하지 아니하는 공업의 배치를 위하여 필요한 지역
	준공업지역	경공업 그 밖의 공업을 수용하되 주거기능·상업기능 및 업무 기능의 보완이 필요한 지역
녹지지역	보전녹지지역	도시의 자연환경·경관·산림산림 및 녹지공간을 보존할 필요가 있는 지역
	생산녹지지역	주로 농업적 생산을 위하여 개발을 유보할 필요가 있는 지역
	자연녹지지역	도시의 녹지공간을 확보, 도시 확산의 방지, 장래도시용지의 공급 등을 위하여 보전할 필요가 있는 지역으로서 불가피한 경우에 한하여 제한적인 개발이 허용되는 지역

(2) 도시지역 외 용도지역

이 밖에 도시지역 외 용도지역으로는 관리지역, 농림지역, 자연환경보전지역으로 구분할 수 있는데 관리지역은 도시지역의 인구와 산업을 수용하기 위하여 도시지역에 준하여 체계적으로 관리하거나 농림업의 진흥, 자연환경 또는 산림의 보전을 위하여 농림지역 또는 자연환경보전지역에 준하여 관리가 필요한 지역으로, 보전·생산·계획 관리지역으로 구분하여 지정한다. 보전관리지역은 자연환경보호, 산림보호, 수질오염방지, 녹지공간 확보 및 생태계보전 등을 위하여 보전이 필요하나, 주변 용도지역과의 관계 등을 고려할 때 자연환경보전지역으로 지정하여 관리하기가 곤란한 지역이다.

〈표 1-10〉 도시지역 외 용도지역 세분

관리지역	관리지역의 세분	
	보전관리 지역	자연환경보호, 산림보호, 수질오염방지, 녹지공간 확보 및 생태계 보전을 위하여 보전이 필요하나 주변의 용도지역과 관계 등을 고려할 때 자연환경보전지역으로 지정하여 관리하기가 곤란한 지역
	생산관리 지역	농업·임업·어업생산 등을 위하여 관리가 필요하나 주변의 용도지역과의 관계 등을 고려할 때 농림지역으로 지정하여 관리하기가 곤란한 지역
	계획관리 지역	도시지역으로의 편입이 예상되는 지역 또는 자연환경을 고려하여 제한적인 이용·개발을 하려는 지역으로서 계획적·체계적으로 관리가 필요한 지역
농림지역	농지법에 의한 농업진흥지역 또는 산지관리법에 의한 보전산지 등으로서 농업의 진흥과 산림의 보전을 위하여 필요한 지역	
자연환경 보전지역	자연환경·수자원·해안·생태계·상수원 및 문화재의 보전과 수산자원의 보호육성 등을 위하여 필요한 지역	

생산관리지역은 농업·임업·어업 생산 등을 위하여 관리가 필요하나, 주변 용도지역과의 관계 등을 고려할 때 농림지역으로 지정하여 관리하기 곤란한 지역이며, 계획관리지역은 도시지역으로의 편입이 예상되는 지역 또는 자연환경을 고려하여 제한적인 이용개발을 하려는 지역으로 계획적, 체계적인 관리가 필요한 지역이다.

(3) 용도지역의 건폐율과 용적률

용도지역 안에서 건폐율과 용적률의 최대한도는 관할구역의 면적 및 인구 규모, 용도지역의 특성 등을 감안하여 건폐율과 용적률의 범위 내에서 특별시·광역시·특별별자치도·시 또는 군의 도시·군계획조례로 정한다. 용도지역 안에서의 건축제한은 「국토의 계획 및 이용에 관한 법률 시행령」에 자세하게 규정되어 있다. 관광지 개발이나 기타 부동산개발에 있어 건축물의 건폐율과 용적률을 결정하는 기준으로 기본적으로 숙지하고 있어야 한다.

〈표 1-11〉 용도지역의 건폐율과 용적률

용도지역			건폐율	용적률
도시 지역	주거 지역	제1종 전용주거지역	70% 이하	50~100% 이하
		제2종 전용주거지역		100~150% 이하
		제1종 일반주거지역	70% 이하	100~200% 이하
		제2종 일반주거지역		150~250% 이하
		제3종 일반주거지역		200~300% 이하
		준주거지역	70% 이하	200~500% 이하
	상업 지역	중심상업지역	90% 이하	400~1500% 이하
		일반상업지역		300~1300% 이하
		근린상업지역		200~900% 이하
		유통상업지역		200~1100% 이하
	공업 지역	전용공업지역	70% 이하	150~300% 이하
		일반공업지역		150~350% 이하
		준공업지역		200~400% 이하
	녹지 지역	보존녹지지역	20% 이하	50~80% 이하
		생산녹지지역		50~100% 이하
		자연녹지지역		50~100% 이하
관리지역		보전관리지역	20% 이하	50~80% 이하
		생산관리지역	20% 이하	50~80% 이하
		계획관리지역	40% 이하	50~100% 이하
농림지역			20% 이하	50~80% 이하
자연환경보전지역			20% 이하	50~80% 이하

주: 부동산정책에 따라 수시로 변경되므로 개발 시 현재 법률을 적용할 것

2) 용도지구

용도지구는 토지의 이용, 건축물의 용도 및 규모 등에 대한 용도지역의 제한을 강화 또는 완화하여 적용하는 지역으로 구분할 수 있다.

도시·군관리계획 결정으로 경관지구·방재지구·보호지구·취락지구 및 개발진흥지구를 세분하여 지정할 수 있다. 또한 시·도지사 또는 대도시 시장은 지역 여건상 필요한 때에는 해당 시·도 또는 대도시의 도시·군계획조례가 정하는 바에 따라 경관지구를 추가적으로 세분하거나 중요시설물보호지구 및 특정용도제한지구를 세분하여 지정할 수 있다.

용도지구 안에서의 건축물, 그 밖의 시설의 용도종류 및 규모 등의 제한에 관한 사항은 기준에 따라 특별시·광역시·특별자치시·특별자치도·시 또는 군의 조례로 정할 수 있다.

〈표 1-12〉 용도지구의 구분

용도지구	설명
경관지구	경관의 보전·관리 및 형성을 위하여 필요한 지구
고도지구	쾌적한 환경조성 및 토지의 효율적 이용을 위하여 건축물 높이의 최고한도를 규제할 필요가 있는 지구
방화지구	화재의 위험을 예방하기 위하여 필요한 지구
방재지구	풍수해, 산사태, 지반의 붕괴, 그 밖의 재해를 예방하기 위하여 필요한 지구
보호지구	문화재, 중요 시설물 및 문화적·생태적으로 보존가치가 큰 지역의 보호와 보존을 위하여 필요한 지구
취락지구	녹지지역·관리지역·농림지역·자연환경보전지역·개발제한구역 또는 도시자연공원구역 안의 취락을 정비하기 위한 지구
개발진흥지구	주거기능·상업기능·공업기능·유통물류기능·관광기능·휴양기능 등을 집중적으로 개발·정비할 필요가 있는 지구
특정용도제한지구	주거 및 교육 환경 보호나 청소년 보호 등의 목적으로 오염물질 배출시설, 청소년 유해시설 등 특정시설의 입지를 제한할 필요가 있는 지구
복합용도지구	지역의 토지이용상황, 개발 수요 및 주변 여건 등을 고려하여 효율적이고 복합적인 토지이용을 도모하기 위하여 특정시설의 입지를 완화할 필요가 있는 지구

〈표 1-13〉 용도지구의 세분

용도지구		설명
경관 지구	지연경관지구	산지 · 구릉지 등 자연경관을 보호하거나 유지하기 위하여 필요한 지구
	시가지경관지구	지역 내 주거지, 중심지 등 시가지의 경관을 보호 또는 유지하거나 형성하기 위하여 필요한 지구
	특화경관지구	지역 내 주요 수계의 수변 또는 문화적 보존가치가 큰 건축물 주변의 경관 등 특별환경관을 보호 또는 유지하거나 형성하기 위하여 필요한 지구
방재 지구	시가지방재지구	건축물인구가 밀집되어 있는 지역으로서 시설 개선 등을 통하여 재해 예방이 필요한 지구
	자연방재지구	토지의 이용도가 낮은 해안변, 하천변, 급경사지 주변 등의 지역으로서 건축제한 등을 통하여 재해 예방이 필요한 지구
보호 지구	역사문화환경보호지구	문화재 · 전통사찰 등 역사 · 문화적으로 보존가치가 큰 시설 및 지역의 유지 보호와 보존을 위하여 필요한 지구
	중요시설물보호지구	중요시설물(항만, 공항, 공용시설, 교정시설, 군사시설)의 보호와 기능의 유지 및 증진 등을 위하여 필요한 지구
	생태계보호지구	야생동식물서식처 등 생태적으로 보존가치가 큰 지역의 보호와 보존을 위하여 필요한 지구
취락 지구	자연취락지구	녹지지역 · 관리지역 · 농림지역 또는 자연환경보전지역 안의 취락을 정비하기 위하여 필요한 지구
	집단취락지구	개발제한구역 안의 취락을 정비하기 위하여 필요한 지구
개발진흥 지구	주거개발진흥지구	주거기능을 중심으로 개발 · 정비할 필요가 있는 지구
	산업 · 유통개발진흥지구	공업기능 및 유통 · 물류기능을 중심으로 개발 · 정비할 필요가 있는 지구
	관광 · 휴양개발진흥지구	관광 · 휴양기능을 중심으로 개발 · 정비할 필요가 있는 지구
	복합개발진흥지구	주거기능, 공업기능, 유통 · 물류기능 및 관광 · 휴양기능 중 2이상의 기능을 중심으로 개발 · 정비할 필요가 있는 지구
	특정개발진흥지구	주거기능, 공업기능, 유통 · 물류기능 및 관광 · 휴양기능 외의 기능을 중심으로 특정한 목적을 위하여 개발 · 정비할 필요가 있는 지구

〈표 1-14〉 용도지구 안에서의 건축제한

용도지구	건축 제한
경관지구	• 경관지구 안에서는 그 지구의 경관의 보전·관리 형성에 장애가 된다고 인정하여 도시·군계획조례가 정하는 건축물을 건축할 수 없다. • 경관지구 안에서의 건축물의 건폐율·용적률·높이·최대너비·색채 및 대지 안의 조경 등에 관하여는 그 지구의 경관의 보전관리 형성에 필요한 범위 안에서 도시·군계획조례로 정한다.
고도지구	고도지구 안에서는 도시·군관리계획으로 정하는 높이를 초과하는 건축물을 건축할 수 없다.
방재지구	방재지구 안에서는 풍수해·산사태·지반붕괴·지진 그 밖에 재해예방에 장애가 된다고 인정하여 도시·군계획조례가 정하는 건축물을 건축할 수 없다.
보호지구	보호지구 안에서는 다음의 구분에 따라 건축물에 한하여 건축할 수 있다. • 역사문화환경보호지구: 문화재보호법의 적용을 받는 문화재를 직접 관리·보호하기 위한 건축물과 문화적으로 보존가치가 큰 지역의 보호 및 보존을 저해하지 아니하는 건축물로서 도시·군계획조례가 정하는 것 • 중요시설물보존지구: 중요시설물의 보호와 기능 수행에 장애가 되지 아니하는 건축물로서 도시군계획조례가 정하는 것
취락지구	• 자연취락지구 안에서 건축할 수 있는 건축물은 「국토의 계획 및 이용에 관한 법률 시행령」 별표 23과 같다. • 집단취락지구 안에서의 건축제한에 관하여는 개발제한구역의 지정 및 관리에 관한 특별조치법이 정하는 바에 의한다.
개발진흥지구	지구단위계획 또는 관계 법률에 따른 개발계획을 수립하는 개발진흥지구 안에서는 지구단위계획 또는 관계법률에 의한 개발계획에 위반하여 건축물을 건축할 수 없으며, 지구단위계획 또는 개발계획이 수립되기 전에는 개발진흥지구의 계획적 개발에 위배되지 아니하는 범위 내에서 도시·군계획조례가 정하는 건축물을 건축할 수 있다.
특정용도제한지구	특정용도제한지구 안에서는 주거기능 및 교육환경을 훼손하거나 청소년 정서에 유해하다고 인정하여 도시·군계획조례가 정하는 건축물을 건축할 수 없다.
복합용도지구	복합용도지구에서는 해당 용도지역에서 허용되는 건축물 외에 다음에 따른 건축물 중 도시·군계획조례가 정하는 건축물을 건축할 수 있다. • 일반주거지역: 준주거지역에서 허용되는 건축물(일부 건축물 제외) • 일반공업지역: 준공업지역에서 허용되는 건축물(일부 건축물 제외) • 계획관리지역: 제2종 근린생활시설 중 일반음식점·휴게음식점·제과점, 판매시설·숙박시설, 유원지시설의 시설, 그 밖에 이와 비슷한 시설

3) 용도구역

용도구역은 토지의 이용, 건축물의 용도 및 규모에 대한 용도구역 및 용도지구의 제한을 강화 또는 완화하여 적용하는 지역으로, 개발제한구역, 도시자연공원구역, 시가화조정구역, 수자원보호구역, 입지규제최소구역 등이 있다. 개발제한구역은 도시의 무질서한 확산을 방지하고 도시 주변의 자연환경을 보전하여 도시민의 건전한 생활환경을 확보하기 위하여 도시의 개발을 제한할 필요가 있거나 국방부장관의 요청이 있어 보안상 도시의 개발을 제한할 필요가 있다고 인정되어 「개발제한구역의 지정 및 관리에 관한 특별조치법」에 의해 지정된 지역을 말한다. 도시자연공원구역은 도시의 자연환경 및 경관을 보호하고 도시민에게 건전한 여가휴식공간을 제공하기 위하여 도시지역 안의 식생이 양호한 산지의 개발을 제한할 필요가 있다고 인정하여 「도시공원 및 녹지 등에 관한 법률」에 의해 지정된 지역을 말한다.

시가화조정구역은 도시지역과 그 주변 지역의 무질서한 시가화를 방지하고 계획적·단계적인 개발을 도모하기 위하여 5년 이상 20년 이내의 기간 동안 시가화를 유보할 필요가 있다고 인정되어 지정된 지역이다. 수산자원보호구역은 수산자원의 보호육성을 위하여 필요한 공유수면이나 그에 인접한 토지에 대해 지정된 지역을 말한다. 입지규제최소구역은 도시지역에서 복합적인 토지이용을 증진시켜 도시 정비를 촉진하고 지역 거점을 육성할 필요가 있다고 인정되어 지정된 지역이며, 입지규제최소구역을 지정할 수 있는 지역은 다음과 같다.

- 도시·군기본계획에 따른 도심·부도심 또는 생활권의 중심지역
- 철도역사, 터미널, 항만, 항공청사, 문화시설 등의 기반시설 중 지역의 거점 역할을 수행하는 시설을 중심으로 주변지역을 집중적으로 정비할 필요가 있는 지역
- 세 개 이상의 노선이 교차하는 대중교통 결절지로부터 1㎞ 이내에 위치한 지역
- 「도시 및 주거환경정비법」에 따른 노후불량건축물이 밀집된 주거지역 또는 공업지역으로 정비가 시급한 지역
- 「도시재생 활성화 및 지원에 관한 특별법」에 따른 도시재생활성화지역 중 도시경제기반형 활성화 계획을 수립하는 지역

용도구역 안에서의 행위제한은 다음과 같다.

〈표 1-15〉 용도구역 안에서의 행위제한

용도구역	행위제한
개발제한구역	개발제한구역에서는 원칙적으로 건축물의 건축 및 용도변경, 공작물의 설치, 토지의 형질변경, 죽목의 벌채, 토지의 분할, 물건을 쌓아 놓는 행위 또는 도시·군계획사업의 시행을 할 수 없다.
도시자연공원구역	도시자연공원구역에서는 원칙적으로 건축물의 건축 및 용도변경, 공작물의 설치, 토지의 형질변경, 토석의 채취, 토지의 분할, 죽목의 벌채, 물건의 적치 또는 도시·군계획사업의 시행을 할 수 없다.
시가화조정구역	시가화조정구역 안에서의 도시·군계획사업은 대통령령이 정하는 사업에 한하여 이를 시행할 수 있다. 도시군계획사업의 경우 외에는 다음에 해당하는 행위에 한정하여 특별시장·광역시장·특별자치시장·특별자치도지사·시장 또는 군수의 허가를 받아 그 행위를 할 수 있다. 1. 농업·임업 또는 어업용의 건축물 중 대통령령으로 정하는 종류와 규모의 건축물이나 그 밖의 시설을 건축하는 행위 2. 마을공동시설, 공익시설·공공시설·광공업 등 주민의 생활을 영위하는 데에 필요한 행위로서 대통령령으로 정하는 행위 3. 입목의 벌채, 조림, 육림, 토석의 채취, 그 밖에 대통령령으로 정하는 경미한 행위

수산자원보호구역	수산자원보호구역 안에서의 도시·군계획사업은 대통령령으로 정하는 사업에 한하여 시행할 수 있다. 도시·군계획사업에 따른 경우를 제외하고는 다음에 해당하는 행위에 한하여 시행할 수 있다. 1. 수산자원의 보호 또는 조성 등을 위하여 필요한 건축물, 그 밖의 시설 중 대통령령으로 정하는 종류와 규모의 건축물 그 밖의 시설을 건축하는 행위 2. 주민의 생활을 영위하는 데 필요한 건축물, 그 밖의 시설을 설치하는 행위로서 대통령령으로 정하는 행위 3. 「산림자원의 조성 및 관리에 관한 법률」 또는 「산지관리법」에 따른 조림, 육림, 임도의 설치, 그 밖에 대통령령으로 정하는 행위
입지규제최소구역	입지규제최소구역에서는 용도구역·지구 등과 관계없이 입지규제최소구역계획에서 규정된 건축물의 용도·종류에 따라 사업을 시행할 수 있다.

🌿사례

□ 서울특별시 용적률, 건폐율, "가로구역별 건축물의 높이" 지정 기준

출처: 연합뉴스(https//yna.co.lr)

용도지역	용적률	건폐율	높이 제한			비고
			도심부·도심	지역·지구중심	그 외 지역	
제1종 전용주거지역	100% 이하	50% 이하	2층 이하(주거 8m, 주거외 11m)			건축조례 제33조
제2종 전용주거지역	120% 이하	40% 이하				

제1종 일반주거지역	150% 이하	60% 이하	4층 이하			「국제법 시행령」 (별표 4)
제2종 일반주거지역 (7층 이하)	200% 이하	60% 이하	• 아파트 건축 시: 평균 7층 이하(공공시설부지 기부 체납 시 평균 15층 이하) • 시장정비사업 승인 전통시장: 15층 이하			도시계획조례 제28조
제2종 일반주거지역	200% 이하	60% 이하	25층 이하			
제3종 일반주거지역	250% 이하	50% 이하	• 아파트 건축 시: 평균 7층 이하(공공시설부지 기부 체납 시 평균 15층 이하) • 시장정비사업 승인 전통시장: 15층 이하			도시계획조례 제28조
준주거지역	400% 이하	60% 이하	35층 이하(주거) 51층 이상(복합)	35층 이하(주거) 5층 이하(복합)	35층 이하(주거) 40층 이하(복합)	「국제법」 층수 제한 없음 서울특별시 스카이라인 관리 원칙(행정2 부시장 방침 제125호, 14.04.11)
중심상업지역	1,000% 이하	60% 이하				
일반상업지역	800% 이하	60% 이하				
근린상업지역	600% 이하	60% 이하				
유통상업지역	600% 이하	60% 이하				
준공업지역	400% 이하	60% 이하	35층 이하(주거) 50층 이하(복합)		35층 이하(주거) 40층 이하(복합)	

출처: 건설기술교육원

③ 건축물의 「건축법」상 분류

1) 「건축법」에서 규정한 건축물

「건축법」에서는 건축물을 〈표 1-16〉에서 보는 바와 같이 용도별로 단독주택, 공동주택, 제1종 근린생활시설, 제2종 근린생활시설, 문화 및 집회시설 등의 29개 시설로 분류하고 있다. 29개 시설의 분류의 세부적인 내용은 「건축법 시행령」 "별표 1"에 잘 나타나 있다.

〈표 1-16〉 「건축법」에서 규정한 건축물

1. 단독주택	9. 의료시설	16. 위락시설	23. 교정 및 군사시설
2. 공동주택	10. 교육연구시설	17. 공장	24. 방송통신시설
3. 제1종 근린생활시설	11. 노유자시설	18. 창고시설	25. 발전시설
4. 제2종 근린생활시설	12. 수련시설	19. 위험물저장 및 처리시설	26. 묘지관련시설
5. 문화 및 집회시설	13. 운동시설	20. 자동차 관련시설	27. 관광휴게시설
6. 종교시설	14. 업무시설	21. 동물 및 식물 관련시설	28. 장례식장
7. 판매시설	15. 숙박시설	22. 분뇨 및 쓰레기처리시설	29. 영장시설
8. 운수시설	(관리동, 화장실, 대피소, 취사시설 등의 바닥면적 300m²)		

2) 「건축법」과 관련된 주요 용어

(1) 건폐율

건폐율이란 대지면적에 대한 건축면적(대지의 2이상의 건축물이 있는 경우에는 이들 건축면적의 합계)의 비율을 말한다. 대지면적은 기본적으로 대지의 수평투영면적을 기준으로, 건축면적은 건축물 외벽의 중심선으로 둘러싸인 부분의 수평투영면적을 기준으로 한다.

예를 들어 전체 토지면적이 10,000m²일 경우, 「건축법」상 건폐율을 20%라고 가정하면 건물이 차지하는 건축면적은 2,000m²가 되는 것이다.

(2) 용적률

용적률이란 대지면적에 대한 연면적의 비율을 말한다. 연면적은 하나의 건축물의 각 층 바닥면적의 합계로, 용적률 산정에서 지하층의 면적과 지상층의 주차용으로 사용되는 면적은 제외한다.

예를 들어 대지면적이 10,000m²이고 건폐율이 20%라고 가정하면 건축면적은 2,000m²가 된다. 반면 용적률을 400%라고 가정하면 건축면적은 2,000m²×400%=8,000m²가 되는 것이다.

(3) 지목

지목이란 토지의 주된 용도에 따라 토지의 종류를 구분하여 지적공부에 등록한 것을 말한다. 지목은 「공간정보의 구축 및 관리 등에 관한 법률」에 의해 전·답·과수원·목장용지·임야·광천지·염전·대·공장용지·학교용지·주차장·주유소용지·창고용지·도로·철도용지·제방·하천·구거·유지·양어장·수도용지·공원·체육용지·유원지·종교용지·사적지·묘지·잡종지 등의 28종으로 구분하여 정한다.

〈표 1-17〉 지목의 구분

지목	기준
전	물을 상시적으로 이용하지 아니하고 곡물·원예작물(과수류 제외)·약초·뽕나무·닥나무·묘목·관상수 등의 식물을 주로 재배하는 토지와 식용을 위하여 죽순을 재배하는 토지
답	물을 상시적으로 직접 이용하여 벼·연·미나리·왕골 등의 식물을 주로 재배하는 토지
과수원	사과·배·밤·호두·귤나무 등 과수류를 집단적으로 재배하는 토지와 이에 접속된 저장고 등 부속시설물의 부지
목장용지	• 축산업 및 낙농업을 하기 위하여 초지를 조성한 토지 • 축산법 제2조제1호의 규정에 의한 가축을 사육하는 축사 등의 부지 • 위의 토지와 접속된 부속시설물의 부지
임야	산림 및 원야를 이루고 있는 수림지·죽림지·암석지·자갈땅·모래땅·습지·황무지 등의 토지
광천지	지하에서 온수·약수·석유류 등이 용출되는 용출구와 그 유지에 사용되는 부지
염전	바닷물을 끌어들여 소금을 채취하기 위하여 조성된 토지와 이에 접속된 제염장 등 부속시설물의 부지
대	• 영구적 건축물 중 주거·사무실·점포와 박물관·극장·미술관 등 문화시설과 이에 접속된 정원 및 부속시설물의 부지 • 「국토의 계획 및 이용에 관한 법률」 등 관계법령에 의한 택지조성공사가 준공된 토지
공장용지	• 제조업을 하고 있는 공장시설물의 부지 • 「산업 집적 활성화 및 공장 설립에 관한 법률」 등 관계법령에 의한 공장부지와 조성공사가 준공된 토지 • 위의 토지와 같은 구역 안에 있는 의료시설 등 부속시설물의 부지
학교용지	학교의 교사와 이에 접속된 체육장 등 부속시설물의 부지
주차장	자동차 등의 주차에 필요한 독립적인 시설을 갖춘 부지와 주차전용 건축물 및 이에 접속된 부속시설물의 부지
주유소용지	• 석유제품 또는 액화석유가스 등의 판매를 위하여 일정한 설비를 갖춘 시설물의 부지 및 원유저장소의 부지와 이에 접속된 부속시설물의 부지
창고용지	물건 등을 보관 또는 저장하기 위하여 독립적으로 설치된 보관시설물의 부지와 이에 접속된 부속시설물의 부지
도로	• 일반공중의 교통운수를 위하여 보행 또는 차량운행에 필요한 일정한 설비 또는 형태를 갖추어 이용되는 토지 • 도로법 등 관계법률에 의하여 도로로 개설된 토지 • 고속도로 안의 휴게소 부지 • 2필지 이상에 진입하는 통로로 이용되는 토지
철도용지	교통운수를 위하여 일정한 궤도 등의 설비와 형태를 갖추어 이용되는 토지와 이에 접속된 역사·차고·발전시설 및 공작창 등 부속시설물의 부지
제방	조수·자연유수·모래바람 등을 막기 위하여 설치된 방조제, 방수제, 방사제, 방파제 등의 부지
하천	자연의 유수가 있거나 있을 것으로 예상되는 토지
구거	용수 또는 배수를 위하여 일정한 형태를 갖춘 인공적인 수로·둑 및 그 부속시설물의 부지와 자연의 유수가 있거나 있을 것으로 예상되는 소규모 수로부지
유지	물이 고이거나 상시적으로 물을 저장하고 있는 댐·저수지·소류지·호수·연못 등의 토지와 연·왕골 등이 자생하는 배수가 잘 되지 아니하는 토지
양어장	육상에 인공으로 조성된 수산생물의 번식 또는 양식을 위한 시설을 갖춘 부지와 이에 접속된 부속시설물의 부지

수도용지	물을 정수하여 공급하기 위한 취수 · 저수 · 도수 · 정수 · 송수 및 배수시설의 부지 및 이에 접속된 부속시설물의 부지
공원	일반 공중의 보건 · 휴양 및 정서생활에 이용하기 위한 시설을 갖춘 토지로서, 「국토의 계획 및 이용에 관한 법률」에 의하여 공원 또는 녹지로 결정 · 고시된 토지
체육용지	국민의 건강증진 등을 위한 체육활동에 적합한 시설과 형태를 갖춘 종합운동장 · 실내체육관 · 야구장 · 골프장 · 스키장 · 승마장 · 경륜장 등 체육시설의 토지와 이에 접속된 부속시설물의 부지
유원지	일반 공중의 위락 · 휴양 등에 적합한 시설물을 종합적으로 갖춘 수영장 · 유선장 · 낚시터 · 어린이놀이터 · 동물원 · 식물원 · 민속촌 · 경마장 등의 토지와 이에 접속된 부속시설물의 부지
종교용지	일반공중의 종교의식을 위하여 예배 · 법요 · 설교 · 제사 등을 하기 위한 교회 · 사찰 · 향교 등 건축물의 부지와 이에 접속된 부속시설물의 부지
사적지	문화재로 지정된 역사적인 유적 · 고적기념물 등을 보존하기 위하여 구획된 토지
묘지	사람의 시체나 유골이 매장된 토지, 「도시공원법」에 의한 묘지공원으로 결정 · 고시된 토지 및 「장사 등에 관한 법률」 제2조제8호의 규정에 의한 납골시설과 이에 접속된 부속시설물의 부지
잡종지	• 갈대밭, 실외에 물건을 쌓아 두는 곳, 돌을 캐내는 곳, 흙을 파내는 곳, 야외시장, 비행장, 공동우물 • 영구적 건축물 중 변전소, 송신소, 수신소, 송유시설, 도축장, 자동차운전학원, 쓰레기 및 오물처리장 등의 부지 • 다른 지목에 속하지 아니하는 토지

④ 토지이용규제 지역 · 지구

국토교통부는 2022년 12월 기준으로 311개의 토지이용을 제한하는 지역지구를 운용 중이다. 구체적으로는 법률에 234개, 대통령에 39개, 부령에 1개, 그리고 조례에 37개의 지역 · 지구가 지정되어 있으며, 「국토의 계획 및 이용에 관한 법률」에 의한 62개 지역지구(법률 28개, 대통령령 34개)를 제외하면 249개의 지역지구가 타 법령에 의해 운용되고 있다. 이 중 관광개발 시 자주 접하게 되는 지역 · 지구는 크게 도시계획, 군사시설, 수질, 농지보전, 생태계보전, 역사 · 문화 분야 등으로 구분할 수 있다.

참고할 것은 부동산개발과 관광(단)지개발에 있어 대부분의 지역 · 지구들이 개발부지에 혼재하고 있다는 사실이다. 예를 들어 군사시설보호지구이면서 상수도보호구역이나 생태계보호지구를 겸하고 있는 부지가 있다.

1) 도시계획분야

도시계획분야의 지역 · 지구는 대부분이 「국토의 계획 및 이용에 관한 법률」에 의한 용도지역 · 용도지구이며 이와 관련해서는 위에서 살펴보았다. 이외에 「수도권정비계획법」에 의한 과밀억제권역, 성장관리권역, 자연보전권역 등이 있다.

(1) 과밀억제권역

과밀억제권역은 인구와 산업이 지나치게 집중되거나 집중될 우려가 있어 이전되거나 정비가 필요한 지역으로, 서울특별시, 인천광역시(일부), 의정부시, 구리시, 남양주시(일부), 하남시, 고양시, 수원시, 성남시, 안양시, 부천시, 광명시, 과천시, 의왕시, 군포시, 시흥시(일부) 등을 포함한다. 과밀억제권역에서는 인구집중유발시설의 신설 또는 증설이나 공업지역의 지정 등이 제한된다.

□ **인구집중유발시설**
- 「고등교육법」에 따른 학교(대학, 산업대학, 교육대학 또는 전문대학)
- 「산업집적활성화 및 공장설립에 관한 법률」에 따른 건축물의 연면적이 500㎡ 이상인 공장
- 건축물의 연면적이 25,000㎡ 이상인 업무용 건축물, 연면적이 15,000㎡ 이상인 판매용 건축물, 연면적이 25,000㎡ 이상인 복합 건축물
- 건축물의 연면적이 30,000㎡ 이상인 연수시설

(2) 성장관리권역

성장관리권역은 과밀억제권역으로부터 이전하는 인구와 산업을 계획적으로 유치하고 산업의 입지와 도시의 개발을 적정하게 관리할 필요가 있는 지역으로, 동두천시, 안산시, 오산시, 평택시, 파주시, 남양주시(일부), 용인시(일부), 연천군, 포천시, 양주시, 김포시, 화성시, 안성시(일부), 인천광역시(일부), 시흥시(일부) 등을 포함한다. 성장관리권역에서는 지나친 인구집중을 초래하는 인구집중유발시설의 신설이나 증설이 제한된다.

(3) 자연보전권역

자연보전권역은 한강수계의 수질과 녹지 등 자연환경을 보전할 필요가 있는 지역으로, 이천시, 남양주시(일부), 용인시(일부), 가평군, 양평군, 여주군, 광주시, 안성시(일부) 등을 포함한다. 자연보전권역에서는 일정규모 이상의 택지, 공업용지, 관광지 등의 조성사업과 인구집중유발시설의 신설 또는 증설이 제한된다.

2) 군사시설분야

(1) 군사기지 및 군사시설보호구역

군사기지 및 군사시설보호구역은 군사기지 및 군사시설을 보호하고 군사작전을 원활히 수행하기

위하여 「군사기지 및 군사시설 보호법」에 의해 지정된 구역으로, 통제보호구역과 제한보호구역으로 구분된다. 통제보호구역은 군사기지 및 군사시설 보호구역 중 고도의 군사활동 보장이 요구되는 군사분계선의 인접 지역과 중요한 군사기지 및 군사시설의 기능보전이 요구되는 구역이며, 제한보호구역은 보호구역 중 군사작전의 원활한 수행을 위하여 필요한 지역과 군사기지 및 군사시설의 보호 또는 지역주민의 안전이 요구되는 구역이다. 보호구역에서는 출입이나 건축물의 설치 등이 제한된다.

(2) 비행안전구역

비행안전구역은 군용항공기 이륙 시의 안전비행을 위하여 「군사기지 및 군사시설 보호법」에 의해 지정된 구역으로, 건축물의 건축 등에 제한을 받는다.

(3) 대공방어협조구역

대공방어협조구역은 대공방어작전을 보장하기 위하여 「군사기지 및 군사시설 보호법」에 의해 지정하는 구역으로, 이 구역 안에서는 구역 안의 대공방어진지에 배치된 대공화기의 사정거리 안의 수평조준선 높이 이상의 건축물의 건축 및 공작물의 설치가 제한된다.

3) 수질 및 수자원 관련분야

(1) 상수원보호구역

상수원보호구역은 상수원의 확보와 수질보전을 위하여 「수도법」에 의해 지정하는 지역으로, 건축물이나 공작물의 신축·증축·개축·재축·이전·변경 또는 제거, 입목 및 대나무의 재배 또는 벌채, 토지의 굴착, 성토, 그 밖에 토지의 형질변경을 위해서는 관할 시장·군수·구청장의 허가를 받아야 한다.

(2) 수변구역

수변구역은 4대강 수계의 수질보전을 위하여 한강수계 상수원 수질개선 및 주민지원 등에 관한 법률, 「낙동강수계 물관리 및 주민지원 등에 관한 법률」, 「영산강·섬진강수계 물관리 및 주민지원 등에 관한 법률」, 「금강수계물관리 및 주민지원에 등에 관한 법률」 등에 의해 지정되는 구역으로, 식품접객업시설, 숙박업시설, 목욕장업시설, 관광숙박업시설 등을 설치할 수 없다. 단, 오수는 생물화학적 산소요구량과 부유물질량이 각각 1ℓ당 10㎎ 이하가 되도록 처리하여 방류하는 경우에는 환경부장관의 허가를 받아 설치할 수 있다. 다만 「환경법」 이전 관광지구지정에 의한 도시계획결정고시가 난 경우 예외로 한다.

(3) 특별대책지역

특별대책지역은 환경오염환경훼손 또는 자연생태계의 변화가 현저하거나 현저하게 될 우려가 있는 지역과 국민의 건강을 보호하고 쾌적한 환경을 조성하기 위하여 설정한 환경기준을 자주 초과하는 지역에 대해 「환경정책기본법」에 의해 지정하는 지역이다. 환경기준을 초과하여 주민의 건강재산이나 생물의 생육에 중대한 위해를 가져올 우려가 있다고 인정되는 경우, 자연생태계가 심하게 파괴될 우려가 있다고 인정되는 경우, 토양 또는 수역이 특정유해물질에 의하여 심하게 오염된 경우 특별대책지역 내의 토지이용과 시설설치를 제한할 수 있다.

팔당·대청호 상수원 수질보전 특별대책지역 지정 및 특별종합대책(환경부고시 제2008-191호)에 의해 특별대책지역을 Ⅰ권역과 Ⅱ권역으로 구분하고 팔당·대청호의 수질에 미치는 영향을 고려하여 수질보전특별대책지역 내의 토지 이용과 시설설치를 제한하고 있다.

(4) 하천구역

하천구역은 사실상 관광지개발에 있어 매우 중요하다. 관광지개발에 있어 최고의 장소는 바닷가나 강 주변인데, 강 주변은 하천관리를 하고 있는 환경부가 담당하고 있다. 2021년 말까지는 국토부가 그 업무를 담당했지만 2022년부터는 환경부로 이관됨에 따라 환경보호 차원에서 하천구역이나 강 가운데 있는 섬개발이 어려워졌다.

하천구역은 ① 하천기본계획에 완성제방이 있는 곳은 그 완성제방의 부지 및 그 완성제방으로부터 하심 측의 토지, ② 하천기본계획에 계획제방이 있는 곳은 그 계획 제방의 부지 및 그 계획 제방으로부터 하심 측의 토지, ③ 하천기본계획에 제방의 설치계획이 없는 구간에서는 계획 하폭에 해당하는 토지, ④ 댐·하구둑·홍수조절지·저류지의 계획홍수 위아래에 해당하는 토지, ⑤ 철도 도로 등 선형 공작물이 제방의 역할을 하는 곳에서는 선형공작물의 하천 측 비탈머리를 제방의 비탈머리로 보아 그로부터 하심 측에 해당하는 토지, ⑥ 하천기본계획이 수립되지 않은 하천에서는 하천에 물이 계속하여 흐르고 있는 토지 및 지형, 그 토지 주변에서 풀과 나무가 자라는 지형의 상황, 홍수흔적, 그 밖의 상황을 기초로 대통령령으로 정하는 방법에 따라 평균하여 매년 1회 이상 물이 흐를 것으로 판단되는 수면 아래에 있는 토지 등을 대상으로 「하천법」에 의해 지정된 지역을 말한다. 하천구역 안에서 유수의 사용, 토지의 점용, 하천부속물의 점용, 공작물의 신축·개축·변경·토지의 굴착·성토·절토, 기타 토지의 형질변경 등의 행위를 하고자 하는 자는 관리청의 허가를 받아야 한다. 이 경우 콘크리트 등의 재료를 사용하여 고정구조물을 설치하는 행위는 허가 대상에서 제외된다.

(5) 지하수보전구역

지하수보전구역은 지하수의 수량이나 수질의 보전을 위해 「지하수법」에 의해 지정한 구역으로, 일정규모 이상의 지하수를 개발·이용하는 데 제한을 받는다.

4) 농지보전분야

(1) 농업진흥지역

농업진흥지역은 농지를 효율적으로 이용·보전하기 위하여 「농지법」에 의해 지정하는 지역으로, 농업진흥구역(농지가 집단으로 농업 목적으로 이용하는 것이 필요한 지역)과 농업보호구역(농업진흥구역의 용수원 확보, 수질보전 등 농업환경을 보호하기 위하여 필요한 지역)으로 구분된다. 농업진흥구역 안에서는 원칙적으로 농업생산 또는 농지개량과 직접 관련되지 않은 토지이용행위를 할 수 없다. 농업보호구역 안에서의 농업생산과 농지개량농업인 소득증대에 필요한 시설, 농업인의 생활 여건을 개선하기 위하여 필요한 시설 이외에는 설치할 수 없다.

(2) 초지

초지는 다년생 개량 목초의 재배에 이용되는 토지 및 사료작물재배지와 목도, 진입도로, 축산 및 농림축산식품부령이 정하는 부대시설을 위해 「초지법」에 의해 지정된 토지로, 토지의 형질변경이나 공작물을 설치하기 위해서는 시장·군수의 허가를 받아야 한다.

5) 생태계 보전분야

(1) 보전산지

보전산지는 산지의 합리적인 보전과 이용을 위하여 「산지관리법」에 의해 지정하는 지역으로, 임업용 산지(산림자원의 조성과 임업경영기반의 구축 등 임업생산 기능의 증진을 위하여 필요한 산지)와 공익용 산지(임업생산과 함께 재해방지·수원보호·자연생태계보전·자연경관보전·국민보건휴양증진 등의 공익기능을 위하여 필요한 산지)로 구분된다. 보전산지 안에서는 산림경영과 관련된 시설, 산촌개발사업과 관련된 시설, 산림공익시설 등을 설치하는 경우를 제외하고는 산지전용을 할 수 없다.

(2) 산지전용·일시사용 제한지역

산지전용제한지역은 공공의 이익 증진을 위하여 보전이 필요한 산지를 대상으로 「산지관리법」

에 의해 지정하는 지역으로, 산지전용·일시사용 제한지역에서는 공공 또는 공익목적을 위한 시설을 설치하기 위해 전용하는 경우를 제외하고는 산지전용을 할 수 없다.

(3) 공원구역

공원구역은 「자연공원법」에 의해 국립공원, 도립공원, 군립공원·지질공원으로 지정된 구역을 말하며, 공원구역에서 공원사업 용도 외의 건축물, 그 밖의 공작물을 신축·증축·개축·재축 또는 이축하기 위해서는 공원관리청의 허가를 받아야 한다.

(4) 생태·경관 보전지역

생태·경관 보전지역은 생물다양성이 풍부하여 생태적으로 중요하거나 자연경관이 수려하여 특별히 보전할 가치가 큰 지역을 「자연환경보전법」에 의해 지정하는 지역으로, 생태·경관 핵심보전구역, 생태·경관 완충보전구역, 생태·경관 전이보전구역으로 구분한다.

① 생태·경관 핵심보전구역

생태계의 구조와 기능의 훼손방지를 위하여 특별히 보호가 필요하거나 자연경관이 수려하여 특별히 보호하고자 하는 지역이다.

② 생태·경관 완충보전구역

핵심구역의 연접지역으로서, 핵심구역의 보호를 위하여 필요한 지역이다.

③ 생태·경관 전이보전구역

핵심구역 또는 완충구역에 둘러싸인 취락지역으로서, 지속 가능한 보전과 이용을 위하여 필요한 지역이다.

생태·경관 보전지역 안에서는 건축물이나 공작물의 신축·증축(생태·경관 보전지역 지정 당시의 건축 연면적의 2배 이상 증축하는 경우) 및 토지의 형질변경 등 자연생태 또는 자연경관을 훼손하는 행위를 할 수 없다.

(5) 습지보호지역

습지보호지역은 습지 중 특별히 보전할 가치가 있어서 「습지보전법」에 의해 지정하는 지역으로, 습지보호지역 안에서는 건축물이나 공작물의 신축 또는 증축(증축으로 인하여 당해 건축물, 기타 공작물의 연면적이 기존 연면적의 2배 이상이 되는 경우) 및 토지의 형질변경, 습지의 수위 또는 수량에 증감을 가져오는 행위 등을 할 수 없다.

(6) 야생생물보호구역 등

① 야생생물특별보호구역

환경부장관이 멸종위기 야생생물의 보호 및 번식을 위하여 특별히 보전할 필요가 있는 지역을 대상으로 「야생생물 보호 및 관리에 관한 법률」에 의해 지정하는 지역이다.

② 야생생물보호구역

시·도지사나 시장·군수·구청장이 멸종위기 야생생물 등을 보호하기 위하여 특별보호구역에 준하여 보호할 필요가 있는 지역을 대상으로 「야생생물 보호 및 관리에 관한 법률」에 의해 지정하는 지역을 말한다.

야생생물특별보호구역 안에서는 건축물이나 공작물의 신축·증축(기존 건축 연면적의 2배 이상 증축하는 경우) 및 토지의 형질변경, 하천·호수 등의 구조를 변경하거나 수위 또는 수량에 증감을 가져오는 행위, 토석의 채취, 수면의 매립·간척 등을 할 수 없다.

6) 역사·문화 관련분야

(1) 문화재보호구역

문화재보호구역은 지정문화재의 보호를 위하여 「문화재보호법」에 의해 지정하는 지역으로, 문화재보호구역 안에서 건축물이나 각종 시설물을 신축, 증축, 개축, 이축, 용도변경하는 행위나 지형 또는 지질의 변경을 가져오는 행위 등 문화재 보존에 영향을 미칠 우려가 있는 행위를 하기 위해서는 문화재청장의 허가를 받아야 한다.

(2) 역사·문화·환경보존지역

역사·문화·환경보존지역은 지정문화재의 역사·문화·환경 보호를 위하여 해당 지정문화재의 역사적·예술적·학문적·경관적 가치와 그 주변 환경 및 그 밖에 문화재 보호에 필요한 사항 등을 고려하여 그 외곽경계로부터 500m 이내의 범위에서 시도지사가 문화재청장과 협의하여 조례로 정하는 지역이다. 이 지역 안에서 건설공사를 실시할 경우, 인허가 전에 해당 건설공사 시행이 지정문화재의 보존에 영향을 미칠 우려가 있는 행위에 해당하는지 검토하고, 문화재 보존에 영향을 미칠 것으로 판단되는 경우 현상변경허가를 받아야 한다. 최근 문화재보호와 관련된 규제가 강화되면서 건축높이 제한에 제동을 걸고 있어 개발행위 전에 세심한 검토가 필요하다.

(3) 전통사찰보존구역

전통사찰보존구역은 전통사찰의 경내지 중 전통사찰 및 수행환경의 보호와 풍치보존에 필요한 지역을 대상으로 「전통사찰의 보존 및 지원에 관한 법률」에 의해 지정하는 구역으로, 불교의 포교와 수행, 전통사찰의 유지와 발전, 공익활동 이외의 목적을 위한 건조물의 설치 및 변경허가를 할 수 없다.

(4) 교육환경보호구역

교육환경보호구역은 학생의 보건 · 위생 · 안전 · 학습과 교육환경 보호를 위하여 「교육환경보호에 관한 법률」에 의해 지정하는 구역으로, 절대보호구역과 상대보호구역으로 구분한다. 절대보호구역은 학교출입문으로부터 직선거리로 50m까지인 지역이며, 상대보호구역은 학교 경계선 또는 학교설립예정지 경계선으로부터 직선거리 200m까지인 지역 중 절대보호구역을 제외한 지역이다. 교육환경보호구역에서는 학습과 학교보건위생에 나쁜 영향을 준다고 인정되는 행위 및 시설의 설치가 제한된다.

〈표 1-18〉 지역 · 지구 등에서 행위제한

지역 · 지구	행위제한
과밀억제권역	• 고등교육법에 따른 학교, 건축물의 연면적이 1,000㎡ 이상인 공공청사, 건축물의 연면적이 30,000㎡ 이상인 연수시설의 신설 또는 증설 • 공업지역의 지정
성장관리권역	• 고등교육법에 따른 학교, 건축물의 연면적이 1,000㎡ 이상인 공공청사, 건축물의 연면적이 30,000㎡ 이상인 연수시설의 신설 또는 증설(일부 제외)
자연보전권역	• 택지조성사업, 면적이 30,000㎡ 이상인 공업용지조성사업, 도시개발사업, 지역종합개발사업, 시설계획지구의 면적이 30,000㎡ 이상인 관광지조성사업 • 「고등교육법」에 따른 학교, 건축물의 연면적이 1,000㎡ 이상인 공공청사, 건축물의 연면적이 25,000㎡ 이상인 업무용 건축물 · 연면적이 15,000㎡ 이상인 판매용 건축물 · 연면적이 25,000㎡ 이상인 복합건축물, 건축물의 연면적이 30,000㎡ 이상인 연수시설의 신설 또는 증설
통제보호구역	• 출입 • 건축물의 신축 · 증축 또는 공작물의 설치와 건축물의 용도변경 • 도로 · 철도 · 교량 · 운하 · 터널 · 수로 · 매설물 등과 그 부속 공작물의 설치 또는 변경 • 하천 또는 해면의 매립 · 준설과 항만의 축조 또는 변경 • 광물 · 토석 또는 토사의 채취 • 해안의 굴착 • 조림 또는 임목의 벌채 • 토지의 개간 또는 지형의 변경

제한보호구역	• 건축물의 신축 · 증축 또는 공작물의 설치와 건축물의 용도변경 • 도로 · 철도 · 교량 · 운하 · 터널 · 수로 · 매설물 등과 그 부속 공작물의 설치 또는 변경 • 하천 또는 해면의 매립 · 준설과 항만의 축조 또는 변경 • 광물 · 토석 또는 토사의 채취 • 해안의 굴착 • 조림 또는 임목의 벌채 • 토지의 개간 또는 지형의 변경
대공방어협조구역	• 대공방어협조구역 안의 대공방어진지에 배치된 대공화기의 사정거리 안의 수평조준선 높이 이상의 건축 및 공작물의 설치
비행안전구역	• 제1구역: 건축물의 건축, 공작물 · 식물이나 그 밖의 장애물의 설치 · 재배 또는 방치 • 제2-6구역: 그 구역의 표면높이 이상인 건축물의 건축, 공작물 · 식물이나 그 밖의 장애물의 설치 · 재배 또는 방치
상수원 보호구역	• 건축물, 그 밖의 공작물의 신축 · 증축 · 개축 · 재축 · 이전 · 용도변경 또는 제거 • 입목 및 대나무의 재배 또는 벌채 • 굴착 · 성토, 그 밖의 토지의 형질변경
수변구역	• 「물환경보전법」에 따른 폐수배출시설 • 「가축분뇨의 관리 및 이용에 관한 법률」에 따른 배출시설 • 「식품위생법」에 따른 식품접객업 시설, 「공중위생관리법」에 따른 숙박업 • 「공중위생관리법」에 따른 숙박업 · 목욕장업 시설, 「관광진흥법」에 따른 관광숙박업 시설 • 「건축법」에 따른 다가구주택 및 공동주택 • 「건축법」에 따른 종교시설 • 「주택법」의 준주택에 해당하는 노인복지시설 • 「진흥법」에 따른 청소년수련시설 • 「산업집적활성화 및 공장설립에 관한 법률」에 따른 공장
특별대책지역	• 제1권역: 건축연면적 400㎡ 이상의 숙박업식품접객업 또는 건축연면적 800㎡ 이상의 오수배출시설, 골프장 등 • 제2권역: 골프장(오염총량관리제 미시행 지역)
하천구역	• 토지의 점용 • 하천시설의 점용 • 공작물의 신축 · 개축 · 변경 • 토지의 굴착 · 성토 · 절토 그 밖의 토지의 형질변경 • 채위
농업진흥구역	• 농업 생산 또는 농지 개량과 직접적으로 관련된 행위 외의 토지이용 행위
농업보호구역	• 농업 생산 또는 농지 개량과 직접적으로 관련된 행위 외의 토지이용 • 행위(부지면적이 20,000㎡ 미만인 관광농원의 설치시설, 부지면적이 3,000㎡ 미만인 주말농장의 설치시설, 바닥면적의 합계가 500㎡ 미만인 공연장 등 제외)
초지	• 토지의 형질변경 및 인공구조물의 설치 • 설치 • 토석의 채취 및 반출

보전산지	• 산림경영과 관련된 시설, 산촌개발사업과 관련된 시설, 산림공익시설 등의 설치를 제외한 행위
산지전용 · 일시 사용제한지역	• 일부 공공 또는 공익목적의 시설을 제외한 모든 행위
공원구역	• 건축물이나 그 밖의 공작물을 신축 · 증축 · 개축 · 재축 또는 이축하는 행위 • 광물을 채굴하거나 흙 · 돌 · 모래 · 자갈을 채취하는 행위 • 개간이나 그 밖의 토지의 형질변경을 하는 행위 • 수면을 매립하거나 간척하는 행위 • 하천 또는 호수의 물높이나 수량을 늘리거나 줄게 하는 행위 • 야생동물을 잡는 행위 • 나무를 베거나 야생식물을 채취하는 행위 • 가축물 놓아 먹이는 행위 • 물건을 쌓아 두거나 묶어 두는 행위 • 경관을 해치거나 자연공원의 보전관리에 지장을 줄 우려가 있는 건축물의 용도 변경과 그 밖의 행위
습지보호지역	• 건축물이나 그 밖의 인공구조물의 신축 또는 증축 및 토지의 형질변경 • 습지의 수위 또는 수량이 증가하거나 감소하게 되는 행위 • 흙 · 모래 · 자갈 또는 돌 등을 채취하는 행위 • 광물을 채굴하는 행위 • 동식물을 인위적으로 들여오거나 정착 · 포획 또는 채취하는 행위
야생생물 특별보호구역	• 건축물 또는 그 밖의 공작물의 신축 · 증축 및 토지의 형질변경 • 하천, 호소 등의 구조를 변경하거나 수위 또는 수량에 변동을 가져오는 행위 • 토석의 채취 • 그 밖에 야생생물 보호에 유해하다고 인정되는 훼손행위
문화재 보호구역	• 국가지정문화재의 현상을 변경하는 행위 • 국가지정문화재의 보존에 영향을 미칠 우려가 있는 행위 • 국가지정문화재를 탁본 또는 영인하거나 그 보존에 영향을 미칠 우려가 있는 촬영을 하는 행위 • 천연기념물로 지정되거나 임시지정된 구역 또는 그 보호구역에서 동물, 식물, 광물을 포획 · 채취하거나 이를 그 구역 밖으로 반출하는 행위
역사문화환경 보전지역	• 「건설산업기본법」에 따른 건설공사 • 「전기공사업법」에 따른 전기공사 • 「정보통신공사업법」에 따른 정보통신공사 • 「소방시설공사업법」에 따른 소방시설공사 • 수목을 식재하거나 제거하는 공사 • 그 밖에 토지 또는 해지의 원형변경
전통사찰 보존구역	• 불교의 포교 · 수행, 전통사찰의 유지발전 및 공익을 목적으로 하지 아니한 건조물의 설치 및 변경행위 • 영업 행위
교육환경 보호구역	• 학습과 교육환경에 나쁜 영향을 주는 행위 및 시설

⑤ 지구단위계획

1) 지구단위계획의 수립

지구단위계획은 도시의 일부 토지(도시·군계획 수립 대상지역의 일부)에 대하여 토지이용을 합리화하고 그 기능을 증진시키며 미관을 개선하고 양호한 환경을 확보하여 체계적·계획적으로 개발하고 관리하는 것을 목적으로 한다. 이를 위해 건축물의 용도, 종류, 규모 등에 대한 제한을 강화 또는 완화하거나 건폐율과 용적률을 강화 또는 완화한다.

지구단위계획은 토지이용계획과 건축계획의 중간 단계의 계획으로서 평면적 토지이용계획과 입체적 건축계획이 서로 조화를 이루는 데 중점을 두고 있다. 또한, 지구단위계획은 미래의 개발수요를 충분히 고려하여 기반시설계획을 수립함으로써 개발이 예상되는 지역을 체계적으로 개발·관리하기 위한 계획이다.

구분		지구단위계획 수립내용	
도시지역	임의적 지정	1) 용도지구 2) 도시개발구역 3) 도시정비구역 4) 택지개발예정지구 5) 대지조성사업지구 6) 산업단지와 준산업단지 7) 관광단지와 관광특구 8) 개발제한구역도시자연공원 구역, 시가화 조정구역 또는 공원에서 해제되는 구역과 도시지역으로 편입되는 구역 등	9) 도시지역 내 주거, 상업, 업무 등의 기능을 결합하는 등 복합적인 토지이용을 증진시킬 필요가 있는 지역 10) 도시지역의 체계적, 계획적인 관리 또는 개발이 필요한 지역 11) 도시지역 내 유휴토지를 효율적으로 개발하거나 교정시설, 군사시설, 그 밖의 시설을 이전 또는 재배치하여 토지이용합리화지역
	필수적 지정	1) 도시정비구역, 택지지구가 사업완료 후 10년이 지난 경우 2) 30만㎡ 이상 시 공원이 해제되는 지역 3) 녹지지역이 주거, 상업, 공업지역으로 변경	
도시 외 지역	계획관리지역 50% 이상 지역	1) 아파트, 연립인 경우 30㎡ 이상, 기타 3만㎡ 이상 2) 자연보전권역 또는 인근 초등학교 입지 확보 등으로 교육청 동의 시 10만㎡ 3) 기반시설 설치 4) 경관조화, 문화재 훼손 불가	
	개발진흥지구	1) 계획관리지역, 주거개발진흥지구, 복합개발진흥지구(주거포함), 특정개발진흥지구 2) 계획, 생산, 농림지역, 산업유통, 복합(주거 제외), 개발진흥지구 3) 도시외지역, 관광휴양개발진흥지구	
	용도지구를 폐지하고 그 용도지구에서의 행위 제한 등을 지구단위계획으로 대체하려는 지역		

수립된 지구단위계획대로 건축행위가 이루어지면 그 효과가 해당 지구단위계획구역의 주변 지역까지 미치고 더 나아가 도시 전체의 기능이나 미관에 영향을 미친다. 따라서 향후에 나타날 개발계획이나 도시의 여건 변화, 도시의 미래 모습을 예측하여 신중하게 수립한다.

일반적으로 지구단위계획은 도시지역 내의 용도지구, 「도시개발법」에 의한 도시개발구역, 「도시 및 주거환경정비법」에 의한 정비구역, 「택지개발촉진법」에 따른 택지개발지구, 「주택법」에 의한 대지조성사업지구 등의 지역 중에서 양호한 환경의 확보나 기능 및 미관의 증진이 필요한 지역을 대상으로 지정하고 계획을 수립한다.

지구단위계획은 광역도시계획 및 도시기본계획 등 상위계획의 내용과 취지를 반영하여야 한다. 지구단위계획은 독립적으로 수립되기도 하지만, 「도시개발법」, 「택지개발촉진법」 등에서 정하는 개발계획 또는 실시계획과 함께 수립되어 해당 사업구역의 계획적 관리를 도모하는 데 활용되기도 한다.

2) 지구단위계획 수립내용

지구단위계획상 용적률이 높은 용도지역 · 지구로의 변경이 포함된 경우에는 변경 전의 용적률을 적용하는 것이 원칙이나, 공공시설부지 등을 제공하면 용적률을 완화 적용할 수 있다. 더불어, 지구단위계획에 해당 지역이 갖는 특수한 상황을 반영한 인센티브 항목을 개발 · 적용함으로써 계획의 실효성을 강화할 수 있다. 지구단위계획구역의 지정목적이 순조롭게 달성될 수 있도록 기반시설의 종류, 설치 우선순위 등을 정한다. 특히, 기반시설부담계획이 수립되는 경우에는 기반시설부담계획과 연계하여 수립한다.

주민의견을 충분히 수렴할 수 있도록 필요한 경우 설문조사 또는 주민설명회 등을 실시하고 주민협조가 필요한 사항은 주민과 미리 협의하는 등 주민이 참여하는 계획이 되도록 한다. 주민의 재산권을 제한할 수 있는 항목에 대해서는 공공의 필요에 대한 분명한 원칙과 기준을 제시하여 기준이 무리하게 수립되지 않도록 한다.

지구단위 수립내용	• 용도지역 또는 용도지구를 세분 또는 변경하는 사항(기존의 용도지구를 폐지 또는 대체하는 사항) • 도시기반시설의 배치와 규모 계획 • 도로로 둘러싸인 일단의 지역 또는 계획적인 개발 정비를 위한 구획된 일단의 토지의 규모와 조성계획 • 건축물의 용도제한과 건축물의 건폐율 또는 용적률, 건축물의 높이의 최고한도 또는 최저한도 • 건축물의 배치, 형태, 색채 또는 건축선에 관한 계획 • 환경 관리계획 또는 경관계획 • 교통처리계획 • 그 밖에 토지이용의 합리화 또는 도시, 농산어촌의 기능증진 등에 필요한 사항

대규모 개발지역에 대한 지구단위계획 수립 시에는 주변지역의 도시공간구조와 경관 등을 고려하여 주변지역과의 조화로운 계획이 될 수 있도록 하며, 민간 영역뿐만 아니라 공공 영역에 대한 계획적 틀도 마련한다.

3) 수립절차

지구단위계획은 「국토의 계획 및 이용에 관한 법률」에 따른 도시관리계획에 해당하므로 기본적으로 도시관리계획의 지정 또는 변경 절차를 준용한다.

시·도지사 또는 시장·군수(입안권자)가 기초조사를 통해 지구단위계획(안)을 작성하면 주민의견을 청취하고 관련 기관 및 부서와 협의한 후 해당 도시계획위원회의 자문을 거쳐 시·도지사(수립권자)에게 지구단위계획 결정을 신청한다.

수립권자는 지구단위계획(안)에 대하여 필요한 경우 관계 행정기관의 장과 협의한 후 도시계획위원회와 건축위원회가 공동으로 참여하는 도시·건축공동위원회의 심의를 거친다.

지구단위계획이 도시·건축공동위원회의 심의를 통과하면 수립권자는 지구단위계획을 최종적으로 결정·고시하고 입안권자에게 알린다. 입안권자는 그 내용을 일반에게 열람토록 한다.

⑥ 영향평가

1) 환경영향평가(Environmental Assessment)

환경평가(Environmental Assessment)란, 전략환경평가(SEA: strategic environmental assessment), 환경영향평가(EIA: environmental impact assessment) 등 정책 계층구조와 관계있는 정책(policy), 계획(plan), 프로그램(program), 프로젝트(project)가 환경에 미칠 영향을 종합적으로 예측하고 분석·평가하는 과정이다. 궁극적으로는 환경파괴와 환경오염을 사전에 방지하기 위한 정책수단으로서 환경적으로 건전하고 지속 가능한 개발(ESSD: environmentally sound and sustainable development)을 유도하여 쾌적한 환경을 유지·조성하는 것을 목적으로 한다.

국내의 환경영향평가제도는 대규모 개발사업이나 특정 프로그램을 비롯하여 「환경영향평가법」에서 규정하는 대상사업에 대하여, 사업으로부터 유발될 수 있는 모든 환경영향에 대하여 사전에 조사·예측·평가하여 자연훼손과 환경오염을 최소화하기 위한 방안을 마련하려는 전략적인 종합체계로서 "환경영향평가"를 운영하고 있다.

즉, 환경영향평가제도는 환경오염의 사전예방 수단으로서 사업계획을 수립·시행함에 있어 해당사업이 경제성, 기술성뿐만 아니라 환경성까지 종합적으로 고려함으로써, 환경적으로 건전한 사업계획안을 모색하는 과정이자 계획적인 기법으로 정의될 수 있다.

기존 운영되었던 '사전환경성검토' 및 '환경영향평가' 제도가 동일 목적의 사전협의제도임에도 불구하고 「환경정책기본법」과 「환경영향평가법」으로 각각 운용되고 있어 처리절차가 복잡하고 적용에 일부 혼선도 있는 등의 문제점이 나타났다.

현재 우리나라는 2012년 7월 22일부터 전면 시행에 들어간 개정법에 따라 '전략환경영향평가', '환경영향평가', '소규모 환경영향평가'로 나누어 진행하고 있다. 결국 환경영향평가는 환경에 영향을 미치는 계획 또는 사업을 수립시행할 때 해당 계획과 사업이 환경에 미치는 영향을 미리 예측평가하고 환경보전방안 등을 마련하기 위해 「환경영향평가법」에 근거하여 실시하며, 이는 전략환경영향평가, 환경영향평가, 소규모 환경영향평가로 구분할 수 있다.

(1) 전략환경영향평가(SEA: Strategic Environmental Assessment)

전략환경영향평가는 환경에 영향을 미치는 상위계획을 수립할 때 환경보전계획과의 부합 여부 확인 및 대안의 설정분석 등을 통해 환경적 측면에서 해당 계획의 적정성 및 입지의 타당성 등을 검토하기 위하여 실시하는 평가로, 관광단지의 개발이나 체육시설의 설치에 관한 계획을 수립하려는 행정기관의 장은 전략환경영향평가를 실시하여야 한다.

(2) 환경영향평가(EIA: Environmental Impact Assessment)

환경영향평가는 환경에 영향을 미치는 실시계획·시행계획 등의 허가·인가·승인·면허 또는 결정 등을 할 때 해당사업이 환경에 미치는 영향을 미리 조사·예측·평가하여 해로운 환경영향을 피하거나 제거 또는 감소시킬 수 있는 방안을 마련하기 위해 실시하는 평가로, 관광(단)지의 개발이나 체육시설의 설치 등 환경영향평가 대상 사업을 하려는 자는 환경영향평가를 실시하여야 한다.

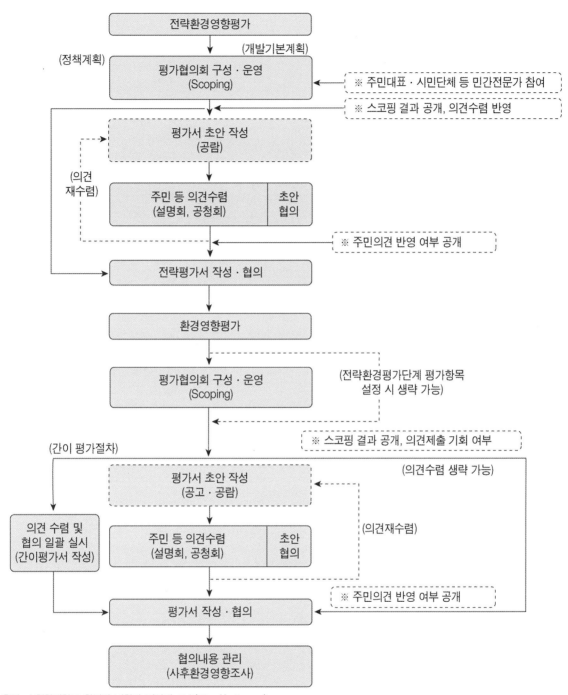

출처: 순천향대학교 환경법 법학과 김상태 교수(https//cafe.com)

환경영향평가의 대상	환경영향평가 평가항목	환경영향평가의 기본원칙
1. 도시의 개발사업 2. 산업입지 및 산업단지의 조성사업 3. 에너지 개발사업 4. 항만의 건설사업 5. 도로의 건설사업 6. 수자원의 개발사업 7. 철도(도시철도를 포함한다)의 건설사업 8. 공항의 건설사업 9. 하천의 이용 및 개발사업 10. 개간 및 공유수면의 매립사업 11. 관광단지의 개발사업 12. 산지의 개발사업 13. 특정 지역의 개발사업 14. 체육시설의 설치사업 15. 폐기물 처리시설의 설치사업 16. 국방, 군사시설의 설치사업 17. 토석, 모래, 자갈, 광물 등의 채취사업 18. 환경에 영향을 미치는 시설로서 대통령령으로 정하는 시설의 설치사업	1. 대기환경: 기상, 대기질, 악취, 온실가스 2. 수환경: 수질(지표 · 지하), 수리 · 수문, 해양환경(수질, 물리, 지질) 3. 토지환경: 토지이용, 토양, 지형, 지질 4. 자연생태환경: (육상 및 해양) 동 · 식물상 자연환경보전 5. 생활환경: 친환경적 자원순환, 소음 · 진동, 위락 · 경관, 위생 · 공중보건, 전파장해, 일조장해 6. 사회 · 경제환경: 인구, 주거, 산업	1. 보전과 개발이 조화와 균형을 이루는 지속 가능한 발전이 되도록 한다. 2. 환경보전방안 및 그 대안은 과학적으로 조사, 예측된 결과를 근거로 하여 경제적, 기술적으로 실행할 수 있는 범위에서 마련한다. 3. 대상이 되는 계획 또는 사업에 대하여 충분한 정보 제공 등을 함으로써 환경영향평가 과정에 주민 등이 원활하게 참여할 수 있도록 노력한다. 4. 결과는 지역주민 및 의사결정권자가 이해할 수 있도록 간결하고 평이하게 작성한다. 5. 특정 지역 또는 시기에 집중될 경우에는 이에 대한 누적적 영향을 고려하여 실시한다. 6. 환경영향평가 등은 계획 또는 사업으로 인한 환경적 위해가 어린이, 노인, 임산부, 저소득층 등 환경유해인자의 노출에 민감한 집단에게 미치는 사회, 경제적 영향을 고려하여 실시되어야 한다.

'관광단지개발사업'의 경우 아래와 같은 면적을 초과할 경우 환경영향평가를 받아야 한다.

관광단지의 개발사업	1. 관광사업(30만㎡ 이상) 2. 관광지 및 관광단지의 조성사업(30만㎡ 이상) 3. 온천원보호지구에서의 온천개발사업(30만㎡ 이상) 4. 공원사업(10㎡ 이상) 5. 도시군계획시설사업 중 유원지에 설치(10㎡ 이상) 6. 공원시설의 설치사업 　1) 공원시설 면적 합계 10만㎡ 이상 　2) 공원시설 면적 및 비공원시설 면적 합계

(3) 소규모 환경영향평가

소규모 환경영향평가는 환경보전이 필요한 지역이나 난개발이 우려되어 계획적 개발이 필요한 지역에서 개발사업을 시행할 때 입지의 타당성과 환경에 미치는 영향을 미리 조사 · 예측 · 평가하여 환경보전방안을 마련하는 것을 말한다.

〈표 1-19〉 소규모 환경영향평가 대상사업

1. 「국토의 계획 및 이용에 관한 법률」 적용지역	① 도시지역 60,000㎡(녹지지역 10,000㎡) 이상이고 체육시설, 골재 채취, 어항시설, 기반시설, 지구단위계획 중 하나에 해당하는 사업 ② 관리지역(보전관리지역) 5,000㎡ 이상, 생산관리지역 7,500㎡ 이상, 계획관리지역 10,000㎡ 이상 ③ 농림지역 7,500㎡ 이상 ④ 자연환경보전지역 5,000㎡ 이상
2. 「개발제한구역의 지정 및 관리에 관한 특별조치법」 적용지역	① 개발제한구역 5,000㎡ 이상
3. 「자연환경보전법」 및 「야생생물보호 및 관리에 관한 법률」 적용지역	① 생태경관보전지역(핵심보전구역) 5,000㎡ 이상, 완충보전구역 7,500㎡ 이상, 전이보전구역 10,000㎡ 이상 ② 자연유보지역 5,000㎡ 이상 ③ 야생생물특별보호구역 및 야생생물보호구역 5,000㎡ 이상
4. 「산지관리법」 적용지역	① 공익용 산지 10,000㎡ 이상 ② 그 밖의 산지 30,000㎡ 이상
5. 「자연공원법」 적용지역	① 공원자연보존지구 5,000㎡ 이상 ② 공원자연환경지구, 공원마을지구, 공원문화유산지구 7,500㎡ 이상
6. 「습지보전법」 적용지역	① 습지보호지역 5,000㎡ 이상 ② 습지주변관리지역 7,500㎡ 이상 ③ 습지개선지역 7,500㎡ 이상
7. 「수도법」, 「하천법」, 「소하천정비법」 및 「지하수법」 적용지역	① 광역상수도 호소 상류 1km 이내 7,500㎡ 이상(공동주택은 5,000㎡ 이상) ② 하천구역 10,000㎡ 이상 ③ 소하천구역 7,500㎡ 이상 ④ 지하수보전구역 5,000㎡ 이상
8. 「초지법」 적용지역	① 30,000㎡ 이상의 초지조성허가 신청 사업
9. 그 밖의 개발사업	① 1~8호까지 최소 평가대상 면적의 60% 이상인 개발사업 중 환경오염 등으로 지역균형발전과 생활환경이 파괴될 우려가 있는 사업으로, 조례로 정한 사업/관계 행정 기관장이 환경정책위원회의 의견을 들어 평가가 필요하다고 인정한 사업

2) 교통영향평가

교통영향평가는 「도시교통정비 촉진법」에 의해 해당 사업의 시행에 따라 발생하는 교통량·교통흐름의 변화 및 교통안전에 미치는 영향을 조사·예측·평가하고 그와 관련된 각종 문제점을 최소화할 수 있는 방안을 마련하는 행위를 의미한다.

「도시교통정비 촉진법」에 의하면, 도시교통정비지역 또는 도시교통정비지역의 교통권역에서 도시개발, 산업입지·산업단지 조성, 에너지개발, 항만건설, 도로건설, 철도(도시철도 포함)건설, 공항건설, 관광단지 개발, 특정지역 개발, 체육시설 설치, 건축물 건축·대수선·리모델링·용도변경 등의 사업을 하려는 자는 교통영향평가를 실시하여야 한다. 다만, 「재난 및 안전관리기본법」에 의한 응급조치를 위한 사업, 군사상 기밀보호나 군사작전의 긴급한 수행을 위하여 필요하여 국방부장관이 국토교통부장관과 협의한 사업, 국가안보를 위하여 필요하여 국가정보원장이 국토교통부장관과 협의한 사업에 대하여는 교통영향평가를 실시하지 않을 수 있다.

도시교통정비지역은 도시교통의 원활한 소통과 교통편의의 증진을 위하여 국토교통부장관이 인구 10만 명 이상의 도시(도·농복합시는 읍·면을 제외한 지역 인구가 10만 명 이상인 경우), 그 외 국토교통부장관이 직접 또는 시장·군수의 요청에 따라 도시교통 개선을 위하여 필요하다고 인정하는 지역에 지정·고시한다. 또 교통권역은 도시교통정비지역 중 같은 교통생활권에 있는 둘 이상의 인접한 도시교통정비지역 간에 연계된 교통관련계획을 수립할 수 있도록 지정·고시한다.

사업자가 대상사업 또는 그 사업계획에 대해 승인·인가·허가·결정 등을 받아야 하는 경우에는 승인관청에게 교통영향평가서를 제출하여야 하며, 승인관청은 교통영향평가서의 검토를 위하여 관련 전문기관 또는 전문가의 의견을 들을 수 있으며, 전문성을 보유한 기관의 장에게 검토를 대행하게 하거나 소속 전문가의 파견 등 협조를 요청할 수 있다.

승인관청은 교통영향평가서를 검토한 결과 교통영향평가서의 개선필요 사항, 사업계획 등의 조정·보완, 해당 사업시행에 따른 교통영향 최소화를 위해 필요한 조치 등이 있는 경우에는 교통영향평가서를 접수한 때부터 3개월 이내에 해당 사업자에게 통보하여야 한다. 이때 관계기관과의 협의에 걸리는 기간은 산입하지 않는다.

관광지 및 관광단지조성사업의 경우 일정규모 이상인 경우 숙박시설이나 위락시설 등의 건축물을 대상으로 실시하여야 한다.

3) 재해영향평가

(1) 재해영향평가 제도의 정의

재해영향평가 등의 제도는 개발계획 등이 수립되는 과정에서 해당 개발행위로 인해 지역에 미치는 재해영향을 사전에 평가하고 홍수, 내수, 사면, 해안, 바람 등 재해유형별 피해와 피해를 유발하는 증가요인을 분석하여 그 요인들을 최소화하는 방향으로 계획을 추진하도록 하는 제도라고 할 수 있다.

「자연재해대책법」은 자연재해로부터 국토와 국민의 생명·신체 및 재산을 보호하기 위하여 방제조직 및 방제계획 등 재해·예방·재해·응급대책·재해복구 등 기타 재해대책을 규정하고 있으며, 재해의 사전예방차원에서 개발사업에 대한 종합적인 평가를 위하여 재해영향평가 제도를 시행하게 되었다.

반면, 사전재해영향성 검토는 단계 및 규모 등에 관계없이 동일한 협의의 기준을 적용하고 있어 제도 운영의 실효성 저하 및 행정의 비효율화가 초래되는 문제점을 해결하기 위해 2017년 10월 24일 「자연재해대책법」이 개정되어 행정계획은 입지의 적정성 위주로 검토하는 재해영향성 검토 협의로, 개발사업은 재해영향에 대한 정성·정량적인 예측과 평가를 통해 실질적인 재해저감 효과를 실시설계 등에 반영할 수 있도록 하는 재해영향평가 협의로 구분하였다. 또한 면적 5만㎥ 미만 또는 길이 10㎞ 미만의 개발사업에 대하여 소규모 재해영향평가를 신설하여 평가, 항목 및 범위를 완화하고 심의 시 현지조사 및 소집회의를 생략하는 등 간소화된 절차를 진행하도록 하였다.

(2) 재해영향성 검토

재해영향성 검토는 자연재해에 영향을 미치는 행정계획으로 인한 재해 유발요인을 예측·분석하고 이에 대한 대책을 마련하는 것을 말한다. 관광개발기본계획 수립이나 관광단지 지정 시 재해영향성 검토를 실시하여야 한다.

(3) 재해영향평가

재해영향평가는 자연재해에 영향을 미치는 개발사업으로 인한 재해유발 요인을 조사·예측·평가하고 이에 대한 대책을 마련하는 것을 말한다. 관광단지 조성계획, 관광사업계획, 등록체육시설업 사업계획, 온천개발계획 수립 시 재해영향평가를 실시하여야 한다.

(4) 재해영향평가 협의대상 및 협의시기

관계 중앙행정기관의 장, 시·도지사, 시장·군수·구청장 및 특별지방행정기관의 장은 자연재해에 영향을 미치는 행정계획을 수립·확정하거나 개발사업의 허가·인가·승인·면허·결정·지정 등을 하려는 경우에는 그 행정계획 또는 개발사업의 확정·허가 등을 하기 전에 행정안전부장관과 재해영향성 검토 및 재해영향평가에 관한 협의를 하여야 한다.

〈표 1-20〉 재해영향평가 협의 대상 및 시기

구분	대상 행정계획	협의시기
가. 국토·지역계획 및 도시의 개발	1) 「국토기본법」 제12조에 따른 국토종합계획	관계 중앙행정기관의 장과 협의 시
	2) 「국토기본법」 제15조에 따른 도종합계획	관계 중앙행정기관의 장과 협의 시
	3) 「국토의 계획 및 이용에 관한 법률」 제22조에 따른 특별시·광역시·특별자치도의 도시·군기본계획	관계 행정기관의 장과 협의 시
	4) 「국토의 계획 및 이용에 관한 법률」 제22조2에 따른 시·군 도시군·기본계획	관계 행정기관의 장과 협의 시
	5) 「국토의 계획 및 이용에 관한 법률」 제30조에 따른 도시·군관리계획	관계 행정기관의 장과 협의 시
	6) 「지역개발 및 지원에 관한 법률」 제8조에 따른 지역개발계획	관계 행정기관의 장과 협의 시
	7) 「공동주택 특별법」 제6조에 따른 공공주택지구의 지정	공공주택지구 지정 전
	8) 「택지개발촉진법」 제3조에 따른 택지개발지구의 지정	관계 중앙 행정기관의 장과 협의 시
	9) 「도시개발법」 제4조에 따른 도시개발구역에 대한 개발계획	개발계획 수립전(다만 같은 법 제4조 제1항 단서에 해당하는 경우에는 도시개발구역 지정 전)
	10) 「농어촌정비법」 제7조에 따른 농업생산기반정비계획	정비계획수립 전
	11) 「농어촌정비법」 제54조 따른 생활환경정비계획	정비계획수립 전
	12) 「지방소도읍 육성 지원법」 제4조에 따른 지방소도읍 종합육성계획	관계 중앙 행정기관의 장과 협의 시
	13) 「도시개발촉진법」 제6조에 따른 도시개발사업계획	사업계획수립 전
	14) 「민간임대주택에 관한 특별법」 제22조에 따른 공공지원 민간임대주택 공급촉진지구의 지정	관계 중앙 행정기관의 장의 관할 지방자치단체의 장과 협의 시
	15) 「기업도시개발특별법」 제11조에 따른 기업도시개발계획	개발계획 승인 전
	16) 「동·서·남해안 및 내륙권 발전 특별법」 제12조에 따른 동·서·남해안 및 내륙권 개발계획	개발계획 승인 전
	17) 삭제〈2015.11.30.〉	
	18) 「친수구역 활용에 관한 특별법」 제4조제2항에 따른 친수구역조성사업에 관한 계획	관계 중앙 행정기관의 장과 협의 시
	19) 「도시공원 및 녹지 등에 관한 법률」 제16조에 따른 공원조성계획	계획 결정 전
아. 관광단지개발 및 체육시설	1) 「관광진흥법」 제54조에 따른 관광지 또는 관광단지 조성계획	조성계획 승인 전
	2) 「관광진흥법」 제15조에 따른 관광사업계획	사업계획 승인 전
	3) 「체육시설의 설치·이용에 관한 법률」 제12조에 따른 등록 체육시설사업계획	사업계획 승인 전
	4) 「온천법」 제10조에 따른 온천개발계획	개발계획 승인 전
	5) 「청소년활동진흥법」 제48조에 따른 수련지구 조성계획	조성계획승인 전(다만 특별자치도지사·시장·군수·구청장이 수립하는 경우에는 수립 전)

(5) 재해영향평가 등의 협의사항

관계행정기관의 장이 행정안전부장관과 재해영향평가 등의 협의를 하는 경우에는 다음의 사항을 포함해야 한다.

- 사업의 목적, 필요성, 추진 배경, 추진 절차 등 사업계획에 관한 내용(관계 법령에 따라 해당 계획에 포함해야 하는 내용 포함)
- 배수처리계획도, 침수흔적도, 사면경사 현황도 등 재해 영향의 검토에 필요한 도면(행정계획의 수립·확정 등 상세 검토가 필요 없는 경우는 제외)
- 행정계획 수립 시 재해 예방에 관한 사항
- 개발사업 시행으로 인한 재해 영향의 예측 및 저감대책에 관한 사항
- 「재해영향평가 등의 협의 실무지침」(행정안전부고시 제2021-1호, 2021.1.12. 발령·시행)에서 정하는 검토사항

기타 재해영향평가 등의 협의를 하는 경우에 포함해야 할 세부적인 사항 및 협의 절차 등에 대해서는 「재해영향평가 등의 협의 실무지침」에서 확인할 수 있다(「자연재해대책법 시행령」 제3조제5항).

(6) 협의결과의 통보

행정안전부장관은 관계행정기관의 장으로부터 개발사업의 부지면적이 5만㎡ 미만이거나 길이 10km 미만의 개발사업에 대하여 재해영향평가 등의 협의를 요청받았을 때에는 협의를 요청받은 날부터 30일 이내에 관계행정기관의 장에게 재해영향평가 등의 협의결과를 통보해야 한다. 다만, 부지면적이 5만㎡ 이상이거나 길이가 10km 이상일 경우나 부득이한 사유가 있으면 협의 기간을 10일 범위에서 연장할 수 있다. 이외에도 「산업집적활성화 및 공장설립에 관한 법률」 제13조에 따른 공장설립 등의 승인의 경우에는 20일 이내에 협의결과를 통보해야 한다.[18]

(7) 협의내용 이행

행정안전부장관으로부터 재해영향평가 등의 협의결과를 통보받은 관계행정기관의 장은 특별한 사유가 없으면 이를 해당 개발계획 등에 반영하기 위해 필요한 조치를 해야 하며, 조치한 결과 또는 향후 조치계획을 행정안전부장관에게 통보해야 한다. 또한 재해영향평가 등의 협의결과가 해당 개발계획 등에 반영된 경우 관계행정기관의 장과 개발사업의 허가 등을 받은 자(이하 "사업시

---

18) 「자연재해대책법」 제4조제7항 및 「자연재해대책법 시행령」 제4조제1, 2항

행자"라 함)는 이를 성실히 이행해야 한다.[19)

　사업시행자는 개발사업에 대한 재해영향평가 등의 협의내용의 이행을 관리하기 위해 재해영향평가 등의 협의내용 관리책임자(이하 "관리책임자"라 함)를 지정하여 행정안전부장관 및 관계행정기관의 장에게 통보해야 한다.

　사업시행자는 개발사업에 대한 재해영향평가 등의 협의내용을 성실히 이행하기 위해 관리대장에 재해영향평가 등의 협의내용의 이행상황 등을 기록하고, 관리대장을 공사 현장에 갖추어 두어야 한다.[20)

(8) 사업 착공 등의 통보

　사업시행자는 개발사업을 착공 또는 준공하거나 3개월 이상 공사를 중지하려는 경우에는 그 사유가 발생한 날부터 20일 이내에 행정안전부장관 및 관계행정기관의 장에게 통보해야 한다.[21)

(9) 협의 이행에 대한 관리·감독

　관계행정기관의 장은 사업시행자가 재해영향평가 등의 협의내용을 이행하는지를 확인해야 한다(「자연재해대책법」 제6조의4제1항).

　행정안전부장관 또는 관계행정기관의 장은 사업시행자에게 재해영향평가 등의 협의내용의 이행에 관련된 자료를 제출하게 하거나, 소속 공무원으로 하여금 사업장을 출입하여 조사하게 할 수 있다(「자연재해대책법」 제6조의4제2항).

　관계행정기관의 장은 개발사업의 준공검사를 하는 경우 재해영향평가 등의 협의내용의 이행 여부를 확인하고 그 결과를 행정안전부장관에게 통보해야 한다.[22)

(10) 협의 이행 조치 명령 등

　관계행정기관의 장은 사업시행자가 재해영향평가 등의 협의내용을 이행하지 않았을 때에는 그 이행에 필요한 조치를 명해야 한다.

　관계행정기관의 장은 위에 따른 조치 명령을 이행하지 않아 재해에 중대한 영향을 미치는 것으로 판단되는 경우에는 해당 개발사업의 전부 또는 일부에 대한 공사 중지를 명해야 한다.

　행정안전부장관은 재해영향평가 등의 협의내용의 이행 관리를 위해 필요한 경우 관계행정기관

---

19) 「자연재해대책법」 제6조제1, 2항
20) 「자연재해대책법」 제6조제3, 4항
21) 「자연재해대책법」 제6조의2 및 「자연재해대책법 시행규칙」 제1조의5제1항
22) 「자연재해대책법」 제6조의5 제1, 2, 31항

의 장에게 공사 중지나 그 밖에 필요한 조치를 명할 것을 요청할 수 있다. 이 경우 관계행정기관의 장은 정당한 사유가 없으면 이에 따라야 한다.

관계행정기관의 장은 위 조치 명령 또는 공사 중지 명령을 하였을 때에는 지체 없이 그 내용을 행정안전부장관에게 통보해야 한다.[23]

(11) 개발사업의 사전 허가 등의 금지

관계행정기관의 장은 재해영향평가 등의 협의 절차가 끝나기 전에 개발사업에 대한 허가 등을 해서는 안 된다.[24]

4) 문화재 심의평가

(1) 문화재 현상변경 개요

「문화재보호법」 제90조(건설공사 시의 문화재 보호)와 시·도별 문화재보호조례에 의해 문화재에 대한 영향을 검토하여 필요시 문화재위원회의 심의를 거치도록 되어 있다. 이러한 문화재 현상변경 허가절차는 문화재 주변지역에 대한 건축행위를 심의·허가하는 행위로써 「건축법」 제11조(건축허가)에서 정하고 있는 건축허가와는 별도로 행해지고 있다.

(2) 문화재 현상변경 목적

문화재를 보존하여 민족문화를 계승하고, 이를 활용할 수 있도록 함으로써 국민의 문화적 향상을 도모함과 아울러 인류문화의 발전에 기여함을 목적으로 하는 「문화재보호법」의 목적을 상고해 볼 때 급속한 경제성장과 난개발로 문화재와 문화재 주변경관들은 점점 경제적 도시경관과 관광시설의 상품화로 변모되어 원래의 모습을 잃어가고 있다.

이러한 변화 속에서 도시의 정체성 확보와 역사성의 확립을 위하여 문화적 경관을 보존해야 한다는 인식이 확산되어 문화재에 대한 도시경관계획과 건축행위에 대한 많은 법제적 항목들이 만들어졌다.

현행 「문화재보호법」에서는 일정한 범위 내에서 일어나는 건축행위에 대하여, 건축행위 이전에 사전승인을 받도록 「건축법」에서 규정하고 있다.

「문화재보호법」(일부개정 2008.6.13., 법률 제9116호, 시행일 2008.12.14.) 제90조(건설공사시의 문화재 보호) 및 「문화재보호법 시행령」(전부개정 2007.8.17., 대통령령 제20222호) 제52조(건설공

---

23) 「자연재해대책법」 제6조의5 제4항
24) 「자연재해대책법」 제7조제1항

사 시의 문화재 보호)에 의하여 시·도지사가 문화재청장과 협의에 의한 500m 범위 내의 정하는 지역 내에서 일어나는 건축행위에 대하여 인·허가를 하기 전에 문화재의 보존에 영향을 미치는지의 여부를 검토하도록 하고 있다.

그러나 문화재보호라는 당초의 취지와는 다르게 주변 현황과 전반적인 검토가 무시된 일률적인 검토구역의 설정과 각각의 신청 건에 대한 개별적인 검토 처리행태 등으로 인하여 민원불만과 행정력 낭비가 지속되어 왔다.

이렇게 「문화재보호법」에 의하여 문화재를 보존하여 민족문화를 계승하고, 이를 활용할 수 있도록 함으로써 '국민의 문화적 향상을 도모함과 아울러 인류문화의 발전에 기여함을 목적으로 한다'는 본래의 목적에 의거하여 당해 문화재 주변에 대한 효율적인 보존·관리를 위한 문화재 주변 현상변경허가 처리기준(안)에 대한 객관성과 합리성을 도출하는 데 있다.

(3) 건설공사로부터 문화재를 보호하기 위한 규정

법 제20조제4호의 규정에 의한 국가지정문화재(보호물 및 보호구역을 포함한다. 이하 이 항에서 같다)의 보존에 영향을 미칠 우려가 있는 행위는 다음 각호와 같다.

　가. 국가지정문화재가 소재하고 있는 지역의 수로의 수질 및 수량에 영향을 줄 수 있는 수계에서 행하여지는 건축공사 또는 제방축조공사 등의 행위

　나. 국가지정문화재의 외곽경계로부터 500미터 이내의 지역(다목의 경우에는 법 제74조제2항 및 영 제43조의2의 규정에 따라 건설공사로부터 문화재를 보호하기 위하여 시·도지사가 문화재청장과 협의하여 조례로 정하는 지역을 말한다)에서 행하여지는 다음 각목의 행위

　　① 당해 국가지정문화재의 보존에 영향을 줄 수 있는 지하 50미터 이상의 굴착행위

　　② 당해 국가지정문화재의 보존에 영향을 줄 수 있는 소음·진동 등을 유발하거나 대기오염물질·화학물질·먼지 또는 열 등을 방출하는 행위

　다. 당해 국가지정문화재의 일조량에 영향을 미치거나 경관을 저해할 우려가 있는 건축물, 또는 시설물을 설치·증설하는 행위

　라. 당해 국가지정문화재의 보존에 영향을 미칠 수 있는 토지와 임야의 형질을 변경하는 행위

　마. 국가지정문화재와 연결된 유적지를 훼손함으로써 국가지정문화재의 보존에 영향을 미칠 우려가 있는 행위

　바. 천연기념물이 서식·번식하는 지역에서 천연기념물의 둥지나 알에 표시를 하거나, 그 둥지나 알을 채취하거나 손상시키는 행위

사. 기타 국가지정문화재 외곽경계의 외부지역에서 행하여지는 행위로서 문화재청장 또는 해당
   지방자치단체의 장이 국가지정문화재의 역사적·예술적·학술적·경관적 가치와 그 주변환
   경에 영향을 미칠 우려가 있다고 인정하여 고시하는 행위

(4) 허용기준 마련 및 변경 절차

허용기준 마련 및 변경 절차는 다음과 같다.

① 허용기준 및 변경 절차

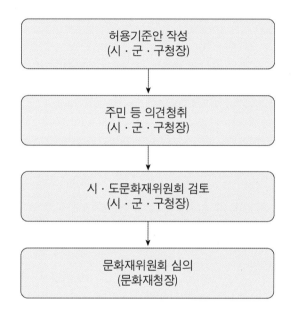

② 시·도지정문화재인 경우에는 시·도문화재위원회 심의 후 시·도지사가 고시한다.

③ 특별한 사유가 있을 경우에는 시·도지사가 현황자료 조사 및 허용기준안을 작성할 수 있다.

(5) 현황자료 조사

① 허용기준 마련을 위한 기초자료로 활용하기 위하여 당해 문화재의 연혁, 특성, 정비계획, 활용
   계획 및 주변의 입지환경, 토지이용실태 등을 조사한다.

② 현황조사 지역이 2개 이상의 행정구역에 포함될 경우에는 문화재청장 또는 해당 시·도지사
   가 관할 시·군·구청장(이하 "행정기관"으로 한다)과 협의·조정한다.

③ 현황조사 자료를 분석하여 허용기준안의 방향을 설정한다.

④ 현황자료 조사 및 허용기준안 작성 등에 필요한 경비는 법 제28조에 따라 보조할 수 있다.

(6) 허용기준안 작성

① 제6조의 결과를 토대로 동 지침 제18조의 검토기준을 참고하여 허용기준안을 작성한다.

② 제18조의 검토기준 이외의 당해문화재 특성 또는 문화재 주변지역 특성을 고려하여 허용기준 안을 보다 세분하거나 단순하게 작성할 수 있다.

③ 허용기준안을 작성할 공간적 범위가 광범위하여 허용기준을 일시에 마련하기 어렵거나 기타 부득이한 경우에는 지역을 부분적으로 분할하여 단계적으로 마련할 수 있다.

④ 문화재가 인접하여 허용기준안을 작성할 범위가 다음과 같이 중복될 경우에는 통합하여 마련 할 수 있다.

- 국가지정문화재 간 문화재 영향검토지역이 겹칠 때
- 국가지정문화재와 시·도지정문화재 간 영향검토지역이 겹칠 때
- 시·도지정문화재 간 영향검토지역이 겹칠 때
- 시·도(국가)지정문화재 내에 국가(시·도)지정문화재가 위치할 때

⑤ 허용기준안의 방향설정 등 적정성에 대한 검토가 필요할 경우에는 관계전문가의 자문을 받을 수 있다.

⑥ 허용기준안의 이해를 높이기 위해 지적도, 지형도, 임야도, 도시계획도 등을 활용할 수 있다.

(7) 주민 등의 의견청취

작성된 허용기준안에 대하여는 주민 등 이해관계자를 대상으로 의견을 수렴한다.

(8) 시·도문화재위원회 검토

① 동 지침에 따라 작성한 허용기준안에 대해서는 시·도문화재위원회에서 검토한다.

② 허용기준안에 대한 전문적인 검토를 위하여 해당분야의 전문가를 중심으로 소위원회를 구 성·운영할 수 있다.

(9) 문화재위원회 심의

① 시·도문화재위원회 검토를 거쳐 시·도지사가 문화재청장에게 제출한 국가지정문화재와 관 련한 허용기준안에 대해서는 문화재위원회에서 심의한다.

② 허용기준안은 해당분과위원회에서 심의하되, 필요할 경우에는 합동분과위원회를 구성·운영할 수 있다.

③ 허용기준안에 대한 전문적인 검토를 위하여 해당분야의 전문가를 중심으로 소위원회를 구 성·운영할 수 있다.

(10) 허용기준안 고시 및 시행

① 문화재위원회 심의를 거쳐 확정된 허용기준은 관보에 고시하고 시·도지사 및 시·군·구청장에게 통보한다.

② 고시된 허용기준의 범위 내에서 행하여지는 건설공사에 대하여는 규칙 제59조의3 제6항에 의거 문화재 영향검토를 생략하며, 건설공사에 대한 범위는 영 제29조의2 제1호와 같다.

③ 허용기준에 의거 시·군·구 문화재 담당부서에서 건축허가 등 관계부서와 협의한 사항에 대해서는 문화재 주변 경관관리 등을 위해 별첨 1 양식에 따라 기록관리하고, 그 처리실적은 익년 1월 31일까지 제출한다.

   1. 국가지정문화재인 경우: 시·도 및 문화재청

   2. 시·도지정문화재인 경우: 시·도

(11) 허용기준의 변경

① 당해 문화재의 지정구역(보호구역 포함) 변경, 조정 등으로 주변여건이 변화했을 경우에는 허용기준을 변경할 수 있다.

② 제1항의 규정에 의하여 허용기준을 변경하고자 할 경우에는 기존 허용기준에 변경내용을 첨부하여 신청하되, 변경절차는 제5조의 허용기준 마련 절차와 같다.

③ 문화재가 지정해제된 경우에는 허용기준도 해지된 것으로 본다.

(12) 현황조사

① 문화재마다 역사적·학술적·예술적·경관적 가치를 달리하는 특성이 있고, 입지 및 주변환경이 각각 다르므로, 개별 현황에 대한 기초자료를 조사하여 세부적이고 전문적으로 분석한 자료는 허용기준 작성 시 기본방향 설정에 객관적인 근거를 제공한다.

② 현황조사 자료는 향후 문화재 보존관리 및 활용계획 수립 시 활용할 수 있다.

(13) 조사항목

① 현황조사는 다음과 같이 분류하여 조사할 수 있다.

   1. 당해문화재에 대한 정보

   2. 허용기준 지역 주변현황

   3. 관련법규 비교

   4. 기타사항

② 현황조사는 다음의 세부 조사항목을 참고하여 조사할 수 있다.

〈표 1-21〉 현황조사 세부항목 및 조사내용

항목		조사내용
문화재 정보	기본사항	종별, 명칭, 지정(보호)구역, 허용기준 범위, 사진, 도면, 고문헌, 고지도, 소재지, 소유자, 관리자 등
	특징	연혁, 구조, 형식, 규모, 식생, 현상 등
	보존가치	역사적·예술적·학술적 가치 등
	정비사항	보수이력, 정비계획, 발굴자료, 활동계획 등
	환경	입지환경 등
	동식물 생태	이동경로, 수림대, 서식지 등
	관람정보	관람객 수 및 관심사항 등
주변 현황	개요	인문환경, 지역과 문화재와의 관계 등
	입지환경	지형고도 및 경사도 분석, 식생, 도로, 시설물 현황, 수계현황, 수변여건, 입지환경의 변천 등
	정비계획	문제점, 향후 도시계획, 정비계획 등
	동식물 생태	이동경로, 수림대, 서식지 등
	토지이용	용도지구·지역·구역·지정사항, 토지이용 및 건축물 GIS자료 등
	장애요소	문화재 보존관리 장애요소
관련 법규	법률	「국토의 계획 및 이용에 관한 법률」, 「건축법」 등
	자치법규	관련자치법규
	관련사례	유사한 관련 사례 및 계획
	문제점	법규 간 충돌문제 및 해결방안
기타 사항	현상변경사항	기존 현상변경허가 및 불허사항
	주민의견 등	문화재와 관련한 주민 또는 관람객 여론조사내용 등
	기타	허용기준안 작성과 관련된 참고사항

(14) 조사방법

① 문화재 정보 등 기초적인 항목은 각종 문헌조사, 통계자료, 현장조사 등의 방법을 활용하여 객관성 및 신뢰도를 높이도록 한다.

② GIS 및 국토정보화사업과 관련한 토지이용·건축물 등에 대한 전산자료를 충분히 활용한다.

③ 조사된 자료 중 시각적 효과가 필요한 경우 도표·입체화하여 표현할 수 있다.

④ 현상변경사항은 최근 5년간 허가 또는 불허한 사항의 위치, 이격거리, 신청인, 신청규모, 허가(불허) 여부를 활용한다.

(15) 자료분석

① 당해 문화재 및 주변의 역사문화환경에 대한 원래의 환경에서 현재에 이르기까지의 변천과정을 분석한다.

② 문화재 주변 지형 및 조망현황, 건축물의 고도 등 현황, 자연환경, 수계 등을 분석한다.

③ 「국토의 계획 및 이용에 관한 법률」과 연계하여 문화재 주변 지역을 용도지구(보존지구)로 지정하는 방안 강구 및 관련법규를 비교·검토한다.

(16) 허용기준 작성

① 문화재 보존·관리·활용과 주변 토지이용이 조화될 수 있도록 한다.

② 현황조사 결과를 바탕으로 다음의 경우에는 일정한 범위 내에서 절대보존지구로 설정하여 건축물 건립 등을 제한할 수 있다.

   1. 유적 범위 등이 정해지지 않아 발굴조사가 필요한 지역

   2. 동·식물의 서식에 절대적으로 필요한 지역

   3. 기타 문화재 주변 경관 등 보호관리에 특별히 필요한 지역

③ 허용기준에 적용되는 건축물 등의 높이산정은 다음과 같다.

   1. 높이의 기준점은 지표면으로 하되, 지표면에 고저차가 있는 경우에는 그 건축물 등의 주위가 접하는 부분을 가중평균한 지점으로 한다.

   2. 문화재의 조망과 경관을 보호관리하기 위해 최고높이는 건축물 등의 최고 돌출점으로 한다.

   〈예시〉 건물의 옥탑부가 있을 경우 옥탑의 최고점

④ 매장문화재 발굴과 관련된 사항에 대하여는 법 제44조의 규정에 따른 별도의 절차를 따른다.

제18조(검토기준) ① 검토기준은 문화재별 일반적으로 적용되는 공통검토기준과 특별한 경우에 적용하는 특별검토기준으로 구분한다.

  ② 검토기준에 대한 세부사항은 별첨 2와 같다.

(17) 심의자료 제출

행정기관은 허용기준안, 현황조사 자료, 주민 등의 의견청취 결과, 기타 심의에 필요한 자료를 문화재위원회에 제출한다. 다만 기존 국가지정문화재 주변 현상변경허가 시·도 위임사항 중 중요한 변경사항이 없는 대상문화재에 대하여는 제8조에 의한 주민 등의 의견청취를 생략하고 동 지침의 절차에 따라 허용기준으로 고시할 수 있다.

□ **문화재위원회 현상변경 등 허가 주요 심의대상 (별표 1)**

1. 문화재위원회 분과위원회 · 합동분과위원회 심의사항

　가. 국가지정문화재(보호물 · 보호구역 포함)의 현상을 변경하는 행위

　　(단, 문화재청장이 설계 검토, 기술지도 등을 통하여 시행하는 문화재보수정비사업 등 문화재청 예산

　　지원사업은 제외하되 심의가 필요하다고 판단되는 사안은 포함)

　　• 국가지정문화재(보호물 · 보호구역 포함) 내에서 폭죽 또는 화기를 사용하는 행사

　　＊ 화기사용 행사는 「국가지정문화재 지정(보호)구역 및 역사문화환경 보존지역 내 경미한 현상변경

　　　등에 관한 기준」에 따른 안전관리 대책이 수립된 경우에는 제외

　나. 역사문화환경 보존지역 내 건축행위 등 허용기준(신규작성 및 조정)

　다. 문화재 보존 · 정비 · 관리 계획

　라. 역사문화환경 보존지역에서 국가지정문화재 보존에 영향을 미칠 우려가 있는 행위(허용기준을 초과하

　　는 경우 및 허용기준 미작성 지역 내 행위)

　　• 문화재위원회의 심의가 필요하다고 판단되는 경우

　마. 그 밖에 문화재의 보존 · 관리 · 활용 등에 관하여 문화재청장이 부의하는 사항

2. 문화재위원회 소위원회 심의사항(＊소위원회 미운영분과는 분과위원회 심의)

　가. 역사문화환경 보존지역에서 국가지정문화재 보존에 영향을 미칠 우려가 있는 행위(허용기준을 초과하

　　는 경우 및 허용기준 미작성 지역)

　　• 1구역(개별심의 구역) 내에서 문화재보존에 영향을 미치는 행위

　　• 문화재구역(보호구역 포함) 경계선으로부터 200m 이내 지역에서 17m 이상의 건축물 · 시설물 설

　　　치 · 증설 행위

　　• 문화재구역(보호구역 포함) 경계선으로부터 200～500m 이내 지역에서 32m 이상의 건축물 · 시설

　　　물의 설치 · 증설 행위

　　• 자체처리 사항 중 문화재위원회의 심의가 필요하다고 판단되는 경우

　　＊ 문화재구역(보호구역 포함) 경계선으로부터 200m 이내 지역에서 17m 미만의 건축물 · 시설물 설

　　　치 · 증설 및 200～500m 이내 지역에서 32m 미만의 건축물 · 시설물 설치 · 증설은 자체처리 후

　　　문화재위원회 보고(필요 시 문화재위원회 심의)

　나. 소음 · 진동, 대기오염, 화학물질 · 먼지 또는 열, 악취, 빛 등을 방출하는 행위(폭죽 또는 화기를 사용

　　하는 행사 포함)

　　＊ 화기사용 행사는 「국가지정문화재 지정(보호)구역 및 역사문화환경 보존지역 내 경미한 현상변경

　　　등에 관한 기준」에 따른 안전관리 대책이 수립된 경우에는 제외

　다. 역사문화환경 보존지역 내 굴착, 토지, 임야의 형질변경 등(「국가지정문화재 지정(보호)구역 및 역사문

　　화환경 보존지역 내 경미한 현상변경 등에 관한 기준」 제외)

　라. 그 밖에 소위원회에서 심의가 필요하여 문화재청장이 부의하는 사항

　　※ 「국가지정문화재 현상변경 등 허가절차에 관한 규정」 제12조제2항제4호에 따라 문화재청장이 문

　　　화재보존에 영향을 미치지 않는다고 판단한 행위는 문화재위원회 심의대상에서 제외

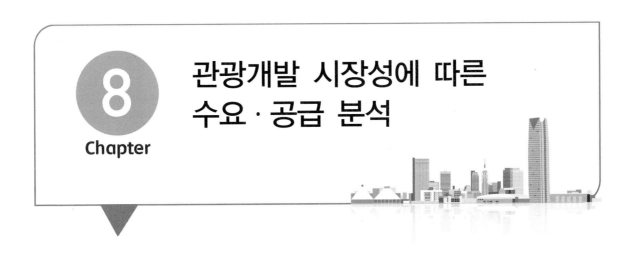

① 관광개발 시장성 분석

1) 수요분석의 개념

시장성 분석(marketability analysis)은 일반상품의 시장성 분석과 마찬가지로 판매하고자 하는 관광개발상품에 대한 분석을 통해 그 공급량과 수요량의 가격을 정하는 것이 목적이다. 이를 위해서는 공급의 대상이 되는 수요자의 성향에 따라 위치, 교통, 환경, 소득수준, 선호하는 상품의 수준 등에 대한 정확한 수요와 공급의 분석이 필요하고 경쟁관계에 있는 인근 혹은 유사 상품에 대한 입지환경이나 제품의 수준 등에 대한 분석이 필요한데 이를 모두 시장성 분석이라고 한다.

2) 시장분석의 대상

(1) 대상지 평가

대상지의 입지환경에 대한 분석은 개발되는 상품이 관광시장에서 어떠한 위치를 차지할 수 있을지를 추정하는 기준을 제공한다. 교통·경관·자연환경 등에 대한 대상지의 평가와 더불어 주변 관광자원에 대한 분석은 이용자들의 특성을 확인할 수 있도록 한다. 잠재적 이용자의 특성과 대상지의 입지적 자원을 이해하여 적합한 공급이 가능할지를 확인할 수 있다.

분석가는 광역적·지역적 개발계획의 동향과 기존 시설물의 운영 현황 등을 분석하고, 이를 기반으로 대상지의 시장 내 위상이 어떠할지도 추정하여야 한다.

대상지가 초기에 구상한 관광상품을 개발하기 위해 법적·기술적으로 부합되는지에 대하여도 검토할 필요가 있다.

(2) 수요분석

국내 관광시장 규모의 현황과 전망에 대한 분석은 거시적인 안목에서 수요변화의 흐름을 우선적으로 파악해야 하며, 이는 시장분석 전체의 기초가 된다. 한정된 공간의 특정 개발에 대한 시장성 분석에서도 거시적인 시각은 중요하다.

관광객의 변화에 대한 자료는 한국관광공사와 한국문화관광연구원에서 제공하고 있으며, 국가 차원뿐만 아니라 지역적인 자료들도 확보가 가능하다. 양적인 변화뿐만 아니라 시장의 거시적인 경향(trend)에 대한 분석이 수반되어야 한다. 한순간에 오고 가는 유행이 아니라 지속적으로 유지될 수 있는 경향에 대한 분석은 수익창출이 지속되는 관광개발에 중요한 고려 대상이다.

예를 들어 2000년 본격적으로 진행되었던 워터파크(water park) 개발의 확산은 이전 시대의 수동적인 온천관광에서 벗어나 자녀를 둔 가정들이 참여하고 즐기는 관광으로 전환되는 경향을 반영하였다.

최근에는 지속적인 관광의 특성과 동향에 대한 분석이 요구되고 있다. 주변지역을 방문하는 관광객들이 관광수요를 만족하기 위해 어떤 관광지를 방문하는지 분석하고 이들의 연령과 소득이 어떠한지 확인한 후에 이용행태를 분석해야 한다. 또한 현재 서비스가 진행되고 있는 주변 관광개발의 현황을 분석하고, 잠재된 수요(need)를 파악해야 한다. 이를 위해서는 현장답사와 설문조사를 병행한다. 현장답사는 대상지의 현황에 대한 조금 더 정성적인 분석을 실시할 수 있도록 하며, 통계 및 지도자료에서 나타내지 못하는 조금 더 세밀한 정보를 제공하여 준다.

설문조사는 통계자료에서 부족한 부분을 보완하고, 초기의 개발 콘셉트가 실제 시장에서 수요를 만족시킬수 있는지 분석할 수 있도록 계획되고 설계되어야 한다. 마지막으로는 수요에 대한 종합 분석을 위해 거시적·미시적 분석들을 통합하여 대상지에 대한 잠재적 수요가 무엇인지 그리고 그 양은 어느 정도인지를 추정한다. 수요의 규모에 대한 정확한 예측은 매우 어려운 문제이다. 한정된 시간과 예산하에 구체적인 수치를 자신 있게 주장하기에는 상당한 제약이 따른다. 따라서 몇 가지 가정하에 수요의 규모를 파악할 수 있도록 시나리오를 기반으로 한 분석이 요망된다. 실무적인 수요분석에 대해서는 실무편에서 자세히 다루도록 하겠다.

(3) 공급분석

지정된 특정상품에 대한 경쟁상품의 공급 현황과 장래 공급 가능성을 파악한다. 예를 들어, 콘도 개발을 추진할 때는 주변 지역의 콘도 공급상황, 건설이 진행 중이거나 현재 계획 중인 프로젝트들에 대한 서비스, 가격, 공급량, 이용률 등에 대한 전반적인 분석이 필요하다.

이 자료들을 수집하고 현재 및 미래에 지속적인 수익을 낼 수 있는 상품이 무엇인지 확인해야 한다. 이들 분석에서는 실제 수익률에 대한 조사와 분석이 수반되어야 한다. 특정 관광개발에 대한 수익과 그에 관련된 자료를 정확하게 구축하기 힘들지만, 각종 통계를 활용하거나 현장방문을 통해 일별·주별 매출을 추정하고 이를 연매출로 환산시키는 방법들을 활용하면 대략적인 추정은 가능하다.

같은 하부시장(sub-market)은 아닐지라도 같은 숙박시설에 속하는 관광호텔 및 모텔과 같은 대체재에 대한 경쟁상황 분석은 계획된 관광개발이 경쟁하게 될 시장을 명확히 하며, 이를 통해 상품의 공급전략을 세울 수 있게 된다.

(4) 공급가격 및 공급량의 설정

수요와 공급에 대한 종합적인 분석을 통하여 적정한 공급가격과 공급량을 추정한다. 특정상품이 시장에서 경쟁력을 가지기 위해서는 적정한 포지셔닝과 그에 적합한 가격 및 공급 정책이 수반되어야 한다. 이를 위해서는 개발전략의 수립과 수차례에 걸친 시뮬레이션과 민감도분석[25]을 통해 최종안을 확정해 나가야 한다.

콘도시장을 예로 들면, 콘도 객실은 몇 실로 할지, 콘도 회원권을 누구에게 분양하여야 할지, 이용 혜택으로 어떤 서비스를 제공할지, 분양금에 대한 선납할인 및 연체율은 어느 정도로 할지, 1객실당 몇 구좌로 해야 할지, 이들 개개에 어느 정도의 분양가를 정해야 할지, 객실 및 시설 이용료는 얼마로 할지 등에 대한 수익과 관련된 종합적인 추정과 판단이 필요하다. 이를 위해서는 관광객의 지불 가능액과 경쟁자들의 공급가액에 대한 다양한 시뮬레이션을 수반하여야 한다.

콘도를 분양한 후에 숙박업으로 운영하는 예를 본다면, 객실점유율의 산정은 전체 판매 가능한 객실의 판매 효율성을 나타낸다. 시장에서 경쟁 숙박업의 객실 점유율을 조사하고 신규개발되는 상품의 특징과 그 차이점에 따른 효율을 추정한다. 민간 관광개발에서는 투자예산 제약과 토지 등의 조건에 따라 경쟁 숙박업에 항상 조금 더 나은 시설과 서비스를 제공할 수만은 없는 일이다. 따라서 객관적으로 그 차이를 반영하고 실질적으로 달성 가능한 수익을 추정해야 한다.

만일 500개의 객실이 있는 콘도를 분양한 후에 숙박업으로 운영하는 경우를 예를 들어 본다면, 경쟁시설의 신규개발 시설보다 더 좋은 시설과 서비스를 가지고 있는데 현재의 객실 점유율이 연평균 60%라면, 신규개발 시설이 같은 서비스와 가격대로 객실 점유율 60%를 달성하는 것은 상당

---

25) 민감도분석(sensitivity analysis)은 가정(假定)의 변화에 따라 사업수익이 어떻게 변화할 것인가를 분석하는 방법이다.

히 어려울 것이다.

이때 공급자는 공급물량과 평균객실단가(ADR), 그리고 서비스와 프로그램 등 다양한 차별화 방안을 강구하면서 수익성에 대한 평가를 하고 의사결정을 해야 할 것이다.

(5) 상품경쟁력 확인

상품이 시장에서 실질적인 경쟁력이 있는지를 파악하기 위하여 개발 전에는 다양한 시뮬레이션을 통해 파악하고 개발 후에는 설문조사 및 이용행태에 대한 지속적인 조사·분석을 통해 확인할 수 있다. 관광개발상품은 준공 후 오랜 기간을 통해 수익을 확보하는 것이 일반적이다. 초기에 대규모 자금이 들어가고 그에 대한 대가로 지속적인 현금흐름(cash flow)이 수반되는 것이다.

미래의 불확실성이라는 위험(risk)을 효과적으로 관리하기 위해서는 경쟁력 확인작업을 지속해야 한다. 수요 및 공급에 대한 조사분석을 일회성으로 끝내는 것이 아니라, 개발이 완료되는 시점과 운영 중에도 지속적으로 수행해야 한다. 시장은 끊임없이 변화하기 때문이다.

수요조사 시에 대상 콘도의 상품 특성과 그에 따른 가격을 제시하고 소비자들의 잠재 구매 의사를 질문하고 지역의 수요 특성을 분석함으로써, 한 해 어느 정도의 구좌가 분양될 수 있는지를 추정할 수 있다. 하지만 정확하지는 않다. 움직이는 관광객들의 마음을 내가 잡겠다는 자체가 모순이기 때문이다. 다만 근접할 수 있도록 노력할 뿐이다.

경쟁시장 전체에서의 공급물량과 당해 개발의 공급물량을 바탕으로 시장침투율과 시장흡수율을 계산할 수 있다. 예를 들어, 콘도 개발 시 대상 하부시장에서 한 해 공급되는 양이 1,000구좌라고 할 때, 신규로 진입하는 개발시설이 300구좌 분양된다면 이때 이 콘도의 시장침투율은 30%에 달한다. 콘도와 같은 장기 분양사업의 경우 단기간에 모든 구좌를 분양할 수는 없다. 앞의 예와 같이 특정 해에 300구좌가 분양되는데 전체 물량이 1,500구좌라면 그해 시장흡수율은 20%가 된다.

시장침투율과 시장흡수율은 당해 관광개발이 가지는 시장에서의 경쟁력을 표현하는 변수로도 활용된다.

사례

□ 시장분석의 중요성: 춘천레고랜드의 경우

레고랜드는 총 5,270억 원을 투입해 강원도 춘천시 중도동 하중도 일대 28만㎡에 테마파크를 건설하기 위해 추진된 사업으로 2011년 9월 강원도가 영국의 멀린사와 투자합의각서를 체결했다. 강원도는 2012년 레고랜드 개발 시행사로 엘엘개발(지분 44%)을 설립했으며, 엘엘개발은 특수목적법인(SPC)인 춘천개발유동화주식회사를 통해 2,050억 원 규모의 자산유동화기업어음(부채)을 발행해 공사대금 조달에 나섰다. 그러나 레고랜드는 2014년 착공에 들어가자마자 부지에서 1,400여 기의 청동기 시대 유구가 발견되며 사업 진행이 중단되기도 했다. 이후 유적지 발굴 문제와 관련해 문화재위원회가 유적 이전 보존을 전제로 개발을 조건부 승인하면서 이를 둘러싼 논란은 마무리된 바 있다.

하지만 공사지연 및 이자 급등으로 2018년 사업시행 주체가 변경되고 이러한 과정에서 엘엘개발은 강원중도 개발공사(GJC)로 회사명을 바꿨다. 그리고 강원중도개발공사는 2020년 레고랜드 일대 도로와 상수도 등 기반 공사를 위한 추가자금 조달을 위해 특수목적법인(SPC) '아이원제일차 유동화회사'를 설립했으며, 이후 2,050억 원 규모의 자산유동화기업어음(ABCP)을 재발행하고 강원도가 보증을 섰다.

당시 강원도중도개발공사는 실적이 전무했음에도 강원도가 보증을 섰기 때문에 신용평가사로부터 A1등급을 부여받았다. 자산유동화기업어음(ABCP)의 만기는 2022년 9월 29일까지였으나 강원중도개발공사(GJC)가 어음상환에 실패하면서 지급할 의무는 강원도로 넘어가게 됐다. 강원도는 강원중도개발공사(GJC)가 빚을 갚지 못하면 해당 금액을 강원도가 대신 갚아야 한다는 것을 인정하고 있었고, 이와는 별개로 심각한 경영난을 겪고 있는 강원중도개발공사(GJC)의 정상화를 위해 법원에 기업회생을 신청하겠다고 발표했다. 그리고 9월 29일 아이원 제일차는 해당 발표를 기한이익상실 사유로 규정하면서 당일 오후 3시까지 대출금 전액(2,050억 원)을 강원도가 대신 갚으라고 요청하였다. 강원도는 이를 이행하지 못했고, 10월 5일 아이원제일차가 발행한 2,050억 원의 자산유동화기업어음(ABCP)은 사실상 부도 처리됐다

강원도의 강원중도개발공사(GJC)에 대한 기업회생 신청계획 발표 이후 채권시장에는 최고 신용등급(AAA) 채권의 미매각이 속출하고, 단기기업어음(CP) 금리가 급등하는 대혼란이 일었다. 대표적으로 10월 17일 기업 신용이 AAA로 최고등급에 해당하는 한국전력공사가 연 5.75%와 연 5.9% 금리로 4,000억 원의 회사채 발행을 시도했지만 1,200억 원이 유찰됐고, 한국도로공사(AAA)도 10월 17일 1,000억 원 규모의 회사채 발행에 나섰으나 전액 유찰되기도 했다. 특히 대규모 건설·부동산 프로젝트에 사용되는 대출 기법인 프로젝트 파이낸싱(PF) 시장의 자금경색이 심화됐는데, 이는 국내 최대 재건축 단지인 서울 강동구 둔촌주공아파트의 PF의 차환 발행(발행한 채권의 원금을 상환하기 위해 채권을 새로 발행하는 것) 실패로 이어지기도 했다.

이러한 레고랜드 사태로 확산된 금융시장 경색에 정부는 10월 23일 비상 거시경제금융회의를 열고 '50조 원 + α' 규모의 시장안정 조치를 발표했다. 이에 따르면 정부의 유동성 공급 프로그램은 ▷채권시장안정펀드(채안펀드) 20조 원 ▷회사채·기업어음(CP) 매입 프로그램 16조 원 ▷유동성 부족 증권사 지원 3조 원 ▷주택도시보증공사(HUG)·주택금융공사 사업자 보증지원 10조 원 등으로 운영되었다.

② 관광개발 수요분석

1) 관광개발 수요분석의 개념

(1) 관광수요의 개념

관광수요란 관광재화나 서비스를 구매하고자 하는 욕망이나 욕구(김사헌, 2020)로 이해되기도 하고, 관광상품이나 관광서비스의 양을 의미(이충기, 2017)하기도 한다. 반면 관광개발 실무 차원에서 정의한다면 '관광수요란 관광지를 찾고자 하는 관광객의 방문욕구를 수치로 표시한 예상 방문객 수라고 생각한다. 관광수요란 이미 방문한 과거의 수요가 아닌 향후 관광지가 개발될 경우 방문할 미래수요를 말하기 때문이다. 이러한 관광수요는 유효수요, 유예수요, 잠재수요 등으로 구분할 수 있다(Lavey, 1974). 유효수요(effective demand)는 구매욕구와 구매능력을 다 갖추고 있어 실제화된 수요를 의미하며, 유예수요(defered demand)는 구매능력은 있으나 구매욕구가 없는 수요를 말한다. 잠재수요(potential demand)는 구매욕구는 있으나 현재 구매능력이 없는 상태로, 구매능력만 갖추어지면 바로 유효수요화될 수 있는 수요이다. 관광수요의 규모와 특성은 관광개발의 방향 설정과 사업의 성공에 결정적인 영향을 미친다. 이와 같은 수요는 다양한 하부시장(sub-market)별로 형성되며, 그 특성은 규모(size) 및 가격(price)과 크게 연관된다.

(2) 수요분석의 목적

관광개발에서 수요분석은 민간과 공공영역 모두의 사업수행자들이 조금 더 적합한 의사결정을 하기 위한 길잡이 역할을 한다. 수요분석은 최대한 시의적절하고 정확하고 객관적인 분석을 사업주체와 투자자에게 제공하여야 한다. 이를 통하여 위험요소를 최소화하고 기회요소를 증대시킬 수 있는 판단을 위한 정보를 제공하는 것이 그 목적이다.

관광개발의 사업단계 전반에 걸쳐 지속적인 의사결정이 필요하고 그에 따라 각각의 상황에 맞는 수요분석이 항상 수반되어야 한다. 시장 참여자는 수시로 변화하는 시장에 항상 대처하여야 하며, 관광개발에서도 예외는 아니다. 수요분석은 한 차례의 단기성으로 끝나는 것이 아니다. 관광개발을 시작하기 전 사전조사에서부터 건설이 완료된 이후까지 주요한 의사 결정의 순간마다 공식적이거나 비공식적인 수요분석이 계속해서 이루어져야 한다. 특히, 관광개발은 장기간의 운영을 통하여 자금 회수를 해야 하기 때문에, 개발 이후의 관리와 운영 시에도 시장분석은 지속되어야 한다. 항상 변화하는 시장을 이해하고, 이에 상응한 조처를 취하기 위한 기초적인 노력이 수요분석이다.

어떤 상품에 대해서든 모든 시장분석은 수요와 공급의 특성 및 규모에 대한 기초적인 질문의 직·간접적인 답을 찾아 나가는 일련의 과정이자 그 결과물이다. 관광개발 수요분석의 기초적인 질문은 "수요자는 누구이고, 어떠한 선호를 가지고 있으며, 그 규모는 어느 정도인가?"이다. 간단한 질문이라도 객관적이고 구체적인 답을 찾아내기 위해서는 다양한 조사활동이 필요하다.

2) 관광수요의 특성

관광수요의 특성에는 탄력성, 민감성, 계절성 등이 있다(Wahab, 1975). 관광개발에서는 이와 같은 관광수요의 특성을 고려하여 시설의 구성과 규모를 정해야 한다. 관광개발은 미래의 수요에 대응해야 하기 때문에, 관광상품의 가격 및 소비자의 소득과 관광수요의 탄력성을 이해하고, 경제적·정책적 변화와 같은 외부적인 요인에 따른 수요 변화를 예측하며, 계절적 영향요인 등을 고려하여 해당 관광개발의 성격, 규모, 시설 특성 등을 구성해야 한다.

(1) 탄력성

탄력성(elasticity)이란 가격이나 소득 등 관광수요에 영향을 미칠 수 있는 특정 원인변수의 변화율에 대한 수요의 변화율을 의미한다. 다시 말해 특정 독립변수의 1단위 변화에 대한 종속변수(수요 또는 공급량)의 반응의 정도 또는 반응률을 나타낸다(김사헌, 2020). 이와 같은 원인변수 중에 가장 대표적인 것이 소득과 가격이다. 수요의 소득탄력성은 소득 1단위 변화에 대한 수요의 변화 정도를 의미하며, [그림 1-3]과 같이 표현할 수 있다.

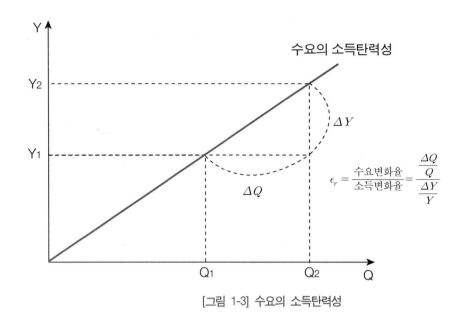

[그림 1-3] 수요의 소득탄력성

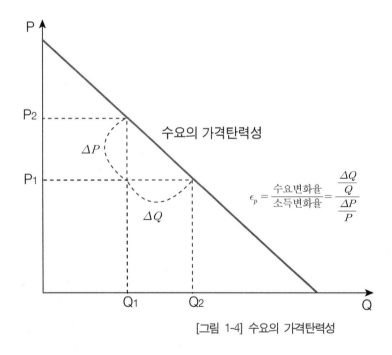

[그림 1-4] 수요의 가격탄력성

수요의 가격탄력성은 관광상품이나 서비스 가격 1단위 변화에 대한 수요의 변화 정도를 의미하며, [그림 1-4]와 같이 표현할 수 있다.

탄력성은 가격이나 소득의 변화(ΔP, ΔY)에 대한 수요의 변화(ΔQ)에 의해 결정된다. 가격이나 소득의 변화보다 수요의 변화가 클 경우 탄력성이 1보다 크게 되며, 이를 '탄력적'이라 한다. 반대로 가격이나 소득의 변화보다 수요의 변화가 작을 경우 탄력성이 1보다 작게 되어 '비탄력적'이 된다. 가격이나 소득의 변화와 수요의 변화가 같을 경우 탄력성은 1이 되고 이를 '단위탄력적'이라고 한다. 아래 그림의 경우 A가 B보다 단위소득 변화에 대한 수요의 변화가 크므로 A가 B보다 더 탄력적이라고 할 수 있다.

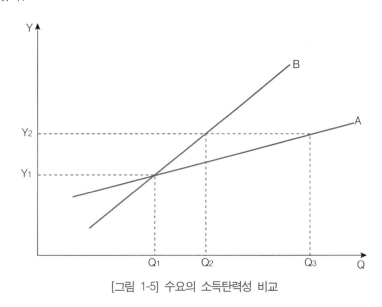

[그림 1-5] 수요의 소득탄력성 비교

관광수요는 가격과 소득에 대한 탄력성이 매우 큰 것으로 알려져 있다. 예를 들어, 소득의 변화량에 비해 수요는 그 변화량이 더 크다. 소득의 증가율이 조금만 변화해도 관광의 변화량은 그보다 더 많아진다. 예를 들어, 전년 대비 소득의 증가율이 높아지면 관광수요는 그 증가율보다 더 많이 증가한다. 반대로 소득의 감소율이 높아지면 관광수요는 그보다 더 많이 감소한다. 관광수요는 다른 재화나 용역에 비해 가격과 소득 변화에 민감하다고 할 수 있다.

(2) 민감성

민감성(sensitivity)은 환경적 변화나 영향에 반응하는 정도를 의미하는데, 관광수요는 환경적 변화나 외부적 영향에 매우 민감하게 반응하는 특성이 있다. 외부적인 충격에 관광수요가 급감하여 해당 지역뿐만 아니라 전 세계적으로 관광산업 및 지역경제에 악영향을 미치는 구조적인 취약점을 내포하고 있다. 예를 들어, 2001년 미국 뉴욕의 세계무역센터 9/11 테러의 여파로 전 세계 항공운항이 급속히 감소하였으며 원거리 관광수요도 급격히 위축되었다. 2002년 중증급성호흡기증후군(Severe Acute Respiratory Syndrome: SARS)의 유행은 아시아 국가 간 관광수요에 큰 타격을 주었으며, 2008년 세계 경제위기로 관광수요가 급감하기도 하였다. 2020년 코로나19(COVID-19)의 전 세계적인 유행으로 관광사업 전반은 예전에 겪었던 충격 이상을 경험하였다. 이외에도 2022년 불어닥친 러시아와 우크라이나 전쟁과 중국과 미국의 갈등, 하마스의 이스라엘 공격으로 시작된 이스라엘과 팔레스타인과의 전쟁으로 상승한 금리인상은 부동산시장을 얼어붙게 만들었고 그 여파로 부동산가격은 하향곡선으로 곤두박질하고 말았다.

경제위기나 사회적 위기가 찾아오면 소비자들은 생활에 직접적으로 필요하지 않은 관광을 우선적으로 자제하였고 이에 따라 관광수요가 급격히 감소하였다. 국외 관광의 경우 그 타격은 더욱 커서 전년 동기 대비 약 90%의 방문객 감소가 관찰되었다.

(3) 계절성

계절성(seasonality)은 시기에 따른 관광수요의 변화를 의미한다. 관광수요는 계절적 요인과 제도적 요인 등에 따라 성수기와 비수기가 뚜렷하게 나타나는 계절성의 특성이 있다. 이러한 계절성은 관광시설이나 서비스를 제공하는 경영주에게는 안정적인 현금흐름(cash flow)을 유지시키는 데 중요한 장애로 작용한다. 뿐만 아니라 불안정한 고용 등으로 근로자의 불안감을 증가시키고, 지역사회와 경제 그리고 관광객들에게 제공되는 서비스 품질의 차이에 의한 불만족 등 심각한 문제를 야기하기도 한다. 이에 따라 전통적인 특정 계절 관광지를 사계절 관광지로 바꾸려는 노력이 지속되고 있으며, 관광개발이 이를 선도하고 있다. 예를 들어, 스키장으로 유명한 지역에 워터파크와 같은 물놀이 시설을 개발하거나 겨울철 비성수기를 이겨내기 위해 대규모 온천장시설을 개발하여 사계절 관광목적지로 전환시키고 있다.

③ 관광개발 수요의 영향요인

관광개발 수요에 영향을 미치는 요인은 지역이나 관광상품의 종류 등 상황에 따라 매우 다양하게 나타난다. 관광개발 수요 예측은 미래의 관광수요를 기반으로 시설의 특성과 규모를 추정하는 작업이다. 관광개발 수요를 예측하기 위해서는 관광수요의 특징을 우선 이해하고 이것이 어떻게 개발에 영향을 미칠 것인가를 추정하여야 한다. 관광수요에 영향을 미치는 요인은 크게 경제적, 정치·제도적, 지리공간적, 인구통계학적, 사회적 요인 등으로 구분할 수 있다.

1) 경제적 요인

관광시장도 거시적·지역적 경제변화의 영향에서 벗어날 수 없다. 관광수요도 결국에는 경제적 환경에 따라 결정되는 측면이 강하므로 경제 호황기에는 수요가 증가하고, 불황기에는 하락하기 마련이다. 우리나라는 수출의존도가 높기 때문에 세계적인 경기환경까지도 지역적인 관광수요에 영향을 미칠 수 있다. 경기 팽창기에는 소득과 소비가 증가하기 때문에 관광수요도 함께 증가하지만, 경기 하강기에는 관광수요도 감소한다. 시장경제하에서 모든 시장은 일정한 주기(cycle)를 가지기 마련이며, 이들 시장의 대부분은 경제 주기와 연관되어 있다. 어떤 시장은 경기 사이클과 같이 움직이고 어떤 시장은 일정한 시간차(time lag)를 나타내며, 또 어떤 시장은 이들의 움직임과 반대로 움직일 수 있다. 경제적 지표로서 가장 기본이 되는 거시적 분석은 국내총생산(Gross Domestic Product: GDP) · 국민총생산(Gross National Product: GNP)과 같은 생산적인 측면의 경제지표 등과 소비자물가지수(Consumer Price Index)들을 참고하여 경기변동의 방향과 경제성장 추세 등을 분석하는 것이 필요하다.

경제적 요인은 소득과 가격을 포함하며, 관광수요에서 가장 중요한 요소이다(김사헌, 2020; 이충기, 2017). 일반적으로 소득(가처분소득)이 증가하면 관광수요도 증가하며, 관광수요는 일반적으로 1보다 높은 탄력성을 가지기 때문에 소득이 높아질수록 관광수요는 더 급속하게 증가한다. 가격은 크게 해당 관광상품과 경쟁상품 두 가지를 구분하고 이를 같이 고려하여 분석되어야 한다. 보통 가격이 하락하면 관광수요는 증가한다. 가격변화의 요인으로는 재료비, 인건비, 관리비, 교통비용(시간비용), 환율 또는 이자율이 있다. 경쟁 관광상품의 상대가격도 관광수요에 영향을 미친다. 서로 경쟁관계에 있는 관광상품(대체재)의 상대가격이 상승하면 해당 관광상품에 대한 수요는 증가한다. 이와 같은 관광수요에 대응하여 관광개발의 수요는 지속적으로 변화한다.

2) 정치적 · 제도적 요인

정치적 · 제도적 요인으로는 중앙정부나 지방정부의 관광정책과 각종 제도를 들 수 있다. 이는 수요 증진적인 측면과 공급을 통한 수요 창출적인 측면으로 구분할 수 있다. 정부는 국민들의 삶의 질을 향상시키고 외래 관광객 유치를 통한 파급효과를 확대하기 위하여 다양한 정책 등을 개발하여 실행하고 있다. 삶의 질을 향상시키기 위한 정부의 주요한 정책으로는 국민의 여가 시간을 증진시키려는 노력이 있다. 2019년 7월의 고용노동부 통계에서 처음으로 국내 노동시간이 연간 2,000시간 아래로 낮아졌는데, 이는 2018년에 정부가 도입하여 실행한 주 52시간 노동제에 의한 것으로 판단된다(연합뉴스, 2019.06.28.).

그 뒤 점점 나아지고는 있으나 아직도 한국인의 노동시간은 국제적으로 매우 높은 수준이다. 우리나라 노동시간이 경제협력개발기구(OECD) 회원국 중 중남미 국가를 제외하면 가장 길다는 조사 결과가 나왔다.

국회 예산정책처의 경제 동향 보고서에 따르면 2021년 기준 한국의 노동시간은 연간 1,915시간으로 OECD 36개국 중 4번째로 많다.

한국보다 노동시간이 긴 국가는 멕시코 2,128시간, 코스타리카 2,073시간, 칠레 1,916시간 등 3개국으로 모두 중남미 국가들이다. OECD 평균 노동시간은 연간 1,716시간이다. 한국과 OECD 평균 노동시간 격차는 2008년 440시간에서 2021년 199시간으로 줄었지만, 여전히 격차가 크다고 정책처는 지적했다. 2021년 기준 한국의 연간 노동시간이 OECD 평균 수준이 되려면 주 평균 노동시간을 3.8시간 줄여야 하는 것으로 계산됐다. 우리나라 근로자들의 주 평균 노동시간은 1980년 53.9시간에서 2022년 38.3시간으로 29% 감소했다. 특히 '주 52시간제'가 시작된 2018년 이후 노동시간은 연평균 2.2% 감소했다

정부는 주5일 근무제나 휴가분산제, 무급휴가제 같은 제도를 실행하여 국민의 여가 시간을 증진시키기 위하여 지속적으로 노력해 왔으며, 이는 관광수요를 증가시키는 역할을 하였다. 2014년부터는 대체 휴일제를 실시하였고, 2018년부터 주 52시간 노동제 등을 실시하고 있는데, 이는 관광수요적인 측면에서 긍정적인 영향을 미칠 것이다.

이외에도 외래 관광객의 확충과 관광 품질향상을 위하여 정부는 다양한 노력을 기울여 왔다. MICE(Meeting, Incentive, Convention, and Exhibition)·의료·크루즈·공연 관광 등 관광 시장을 고급화하고 관광산업의 발전을 위하여 다양한 정책 수단을 사용하고 있다. 외래 관광객이 2012년 1,000만 명을 돌파하고 2018년에는 1,500만 명으로 증가하였다. 코로나가 발생한 2020(251만 명), 2021(97만 명), 2022(320만 명)년에는 급속히 하락했으나 코로나가 종식되면서 2023년부터는 주요 관광객을 이루는 나라들 모두 4배가량 증가하였다. 이런 상태라면 2024년부터는 예전의 관광객수준보다 훨씬 많은 관광객들이 한국을 방문할 것으로 보인다. 이렇게 급속한 증가에도 불구하고, 이들이 한정된 대도시의 주요 목적지에 집중하는 경향을 보이고 있어 지방 대도시권과 중소도시 및 관광지까지 외래 관광수요를 분산하려는 노력들이 지속되고 있다. 관광객에 대한 비자면제나 출입국심사 간소화와 같은 출입국제도의 개선은 관광수요를 증가시킨다. 이에 반하여 특정 국가와의 정치적 긴장 관계가 지속되면 그 국가로부터 오는 관광객의 감소를 확인할 수 있다. 예를 들어, 2017년 사드(Terminal High Altitude Area Defense: THAAD) 사태에 따른 중국 정부의 관광객 억제로 중국인 관광객이 급속히 줄어드는 현상을 보였다.

이상과 같이 정부 차원의 수요 증진 노력은 관광개발 수요를 증진시키는 데 기여하고, 정부가 수요를 창출하기 위하여 다양한 관광개발사업을 직간접적으로 추진하는 것도 관광개발 수요의

측면에서 중요한 기여를 하고 있다. 정부는 1970년대부터 경주 보문과 제주 중문으로 시작된 관광단지 개발에 노력을 기울여 왔으며, 2000년대 들어서는 관광레저형 기업도시 개발을 추진 지원하고 있다. 이러한 직간접적인 정부의 참여는 관광개발을 통한 수요창출형으로 볼 수 있다.

3) 지리공간적 요인

지리공간적 요인은 지역적 특성과 접근성의 개념으로 구분될 수 있다. 지역이 가지는 관광 목적지로서의 특성은 자연자원, 역사자원 및 인문환경 등에 영향을 받으며, 이에 따라 관광 목적지의 성격이 정해진다. 관광개발 대상지의 관광 특성이 지역의 환경에 대한 의존도가 강하다면, 이를 확대시키거나 방문객들의 추가 수요를 창출할 수 있는 방안을 강구하는 노력이 수반되어야 할 것이다.

과거 교통수단이 발달하지 않았던 상황에서는 지리공간적인 접근성이 물리적 거리(physical distance)와 함께 산이나 강과 같은 자연적인 장애물에 의해 구분되었다. 그러나 최근 자동차 보급률의 급속한 확대와 전국적인 도로망 및 고속철도망 확충에 따라 기존의 물리적인 접근성의 개념은 시간과 비용을 포함한 교통 비용의 차원으로 전환되었다. 수도권 일대의 주말 관광객의 증가는 새로운 현상이 아니며, 경춘고속도로와 같은 새로운 고속도로의 확충에 따라 강원도의 주말 방문객은 증가하고 있다. 시간적 공간의 축소에 따라 전통적인 대도시 근교라는 지리적 공간은 외곽으로 확대되고 있으며, 이에 따라 관광개발 수요는 증가하는 경향을 보인다. 새로운 고속도로나 철도의 개통, 또는 항공편의 직항로 개설 등 교통 여건의 개선으로 인한 접근성의 향상은 그 지역에 대한 관광수요를 증가시킨다. 전국은 실질적인 1일 생활권에 속해 있으며, 자동차 보급률의 증가와 KTX와 같은 고속철도 노선의 확충은 각 지역의 접근성을 획기적으로 개선시키고 이에 따른 관광수요의 증가를 가져오고 있으며, 이것은 관광개발 수요에 연계된다.

아랍에미리트의 두바이는 중동지역의 항공 및 수상 교통 거점의 역할을 확대해 나가면서 관광개발을 촉진하여 왔다. 중동지역에서 보기 힘든 해안개발, 워터파크, 스키돔 등의 관광 목적지 개발은 국제적인 접근성 향상과 연계된 전략이다. 특히 두바이 스키돔은 에미리트 몰(Mall of Emirates) 안에 건설된 복합개발의 일부로 쇼핑과 숙박시설에 연계되어 중동지역의 외래 관광객들을 유치하고 있다.

4) 인구통계학적 요인

어떤 관광개발이든지 그 수요자가 누구인지를 규정하는 것이 중요하다. 어떤 수요자가 그 시설을 이용할 것인지에 대한 규정은 시설의 설계, 매치, 규모 등 모든 면에 영향을 미친다. 과거 공급자 중심의 시장에서는 수요자를 규정하지 않고 이용 가능한 인구 전체를 수요의 대상으로 하여도 무리가 없었다. 시장 참여자의 경쟁이 심하지 않았기 때문에 수요자가 공급을 소화해 내었던 것이다.

그러나 이와 같은 접근은 더이상 유효할 수 없다. 대상을 명확하게 한정하지 못하면, 다양한 수요층 가운데 어느 하나도 만족시키지 못하는 상황을 만들어낼 수 있다. 또한 규모 측면에서도 실제 이용하지 않을 고객까지 포함하여 과다한 규모의 개발이 진행될 수 있다.

다른 한편으로 수요층을 구분하려는 노력도 있지만, 그 기준을 기존의 관습과 주관적 믿음에 두는 경우도 있다. 수요는 항상 변화하며 기존에 같은 그룹으로 분류되었던 수요층도 분리될 수 있다. 변화하는 수요를 분석하고 이에 대응하지 못하면 수요자가 원하는 서비스를 제공할 수 없으며, 치열한 경쟁에서 뒤처지고 사업의 성공적인 수행을 원활하게 진행하지 못하게 된다.

수요를 구분할 때는 인구 특성이 가장 중요한 요인으로 작용한다. 이와 같은 인구 특성은 소득과 생애주기(life cycle)에 따라 관광의 특성을 변화시킨다. 같은 연령대에 진입하여도 세대별로 그 소비의 행태가 달라진다. 예를 들어, 사회초년생, 결혼 전, 유아기 자녀, 소년기 자녀, 청년기 자녀 등에 따라 관광 목적지에서 하는 활동에 차이가 나게 된다. 베이비붐(baby boom) 세대가 소득창출과 소비의 중추가 되었던 1990년대 이후 관광시장의 수요는 양적·질적으로 급속히 팽창하였다. 베이비붐 세대는 전체 인구에서의 비중이 높고 국가의 경제성장과 함께 개인의 수입과 소비 규모도 증가하여 중추적인 소비층으로 성장하였다. 이들이 자녀를 가진 부모로 성장하고 경제적으로도 안정기에 들어선 1990년대와 2000년대 초·중반에 레저 및 관광 수요가 급증하였다. 또한 최근에는 출산율이 줄어들고 인구의 고령화가 진행되면서 이들이 실버산업의 새로운 수요층으로 부상될 가능성이 높아지고 있다. 이와 같은 인구적인 요소들은 뒤에서 논의하는 사회적 요인과 깊게 관련되어 있다.

인구통계에 관한 기초자료는 통계청(통계 포털, http://kostat.go.kr)에서 구할 수 있다. 통계청은 다양한 인구 관련 정보를 홈페이지를 통해 제공하고 있으며, 인구변화의 구체적인 동향에 대한 보고자료를 만들고 있다. 인구 및 주택 총조사 보고를 매 5년마다 실시하고 있는데, 이는 우리나라에서 발표되는 통계 중에서 가장 광범위한 조사를 기반으로 하고 있어 신뢰도가 높은 자료 중의 하나이다. 이 조사에서는 가구 및 주택에 대한 정보들도 같이 제공되고 있으며, 이들 변수도 관광수요의 차이를 일으키는 주요한 기준으로 활용될 수 있다. 가구원 수 및 가구주의 학력, 주택의 종류 및 소유 여부 등에 따라서도 관광수요가 달라질 수 있기 때문이다. 또한 통계청에서는 인구 동향과 이동 등에 대한 조사를 수시로 하고 있으며, 이에 대한 보도자료를 발표하고 있다.

5) 사회적 요인

관광개발 수요에 영향을 미치는 요인으로 인구통계학적인 측면 외에도 사회적인 측면을 들 수 있는데, 대표적인 것은 가구의 구성과 가구원 수 등의 지표이다. 과거 우리는 3세대가 한 집에 거주하면서 소비와 함께 관광도 하나의 단위로 움직였다. 관광지에 3세대가 같이 방문하는 것은 보편적인 일이었다. 자동차 보급률도 높지 않아서, 대중교통을 이용하거나 관광버스를 이용한 방문이 주를 이루었다.

부모와 자녀 2세대로 구성된 핵가족화가 진행되고 자동차 보급이 증가하면서 이들의 활동성과 관광 목적지는 더욱 광범위하게 확장되었다. 주말을 이용한 도시 근교에서의 당일 레저 및 관광활동이 활발해지고, 대중교통 중심의 관광지 왕래는 자동차 중심으로 변화되었다. 기존에는 접근하기 힘들어 관광지로서의 개발이 불가능하였던 곳에서도 관광자원의 개발이 활발히 모색되었다. 또한 주5일제 근무가 실시되어 1박 2일 관광이 일반화되면서 수도권에 집중된 관광개발의 범위는 더욱 확대되었다.

핵가족화에 이어서 나타난 경향은 1~2인 가구 비율의 증가이다. 결혼 전에 부모와 같이 살던 자녀들이 이제는 소득이 생기면 독립하려는 경향이 증대하였다. 고령화된 부모들도 자녀들과 같이 살기보다는 독립된 거주공간에서 살기를 원한다. 이와 같은 경향은 소비의 단위와 새로운 관광수요라는 측면에서 관광개발과 관련이 높다. 2인 이하의 가구가 소비의 단위가 됨으로써 초 · 중학교 이전의 자녀를 가진 가족 단위의 숙박에 중심을 두었던 관광개발의 형태가 더욱 확대되었으며, 조금 더 다각적인 측면의 개발이 이루어질 수 있게 되었다. 제주도의 경우나 부산과 같은 남쪽지역에서는 다른 지역에 비하여 겨울에 온화한 날씨 덕분에 많은 관광객들이 모여들고 있다. 이와 같이 사회적인 변화와 함께 새로운 관광지의 수요는 계속해서 증가하고 있다. 역사, 문화 및 예술에 대한 수요층의 증대와 개별 관광의 증대 등은 새로운 관광개발 수요로 이어질 중요한 원천이 될 것이다.

④ 관광수요 예측기법

1) 예측기법의 종류

그동안 수요예측을 위한 다양한 방법이 개발되어 왔으며, 이러한 방법들은 크게 정량적(quantitative) · 정성적(qualitative) · 혼합형(combined) 예측기법, 사례조사(bench marking)로 구분할 수 있다. 정량적 예측기법은 과거자료만을 이용하는 시계열 모형(time series model) 및 종속변수와 독립변수 간의 관계를 이용한 인과모형(causal models)으로 구분된다. 정성적 예측기법은 수학적 모형에 의존하지 않고 전문가나 그룹의 의견을 기반으로 수요를 예측하는 기법으로서, 델파이 기법(delphi methods)과 시나리오 설정법(scenario writing methods)이 있다. 혼합형 예측기법은 다양한 수요예측 기법을 결합하여 수요를 예측하는 방법이며, 사례조사는 기존 유사 사례의 실제 수요를 분석하여 수요를 예측하는 방법이다.

(1) 정량적 예측기법

정량적 예측기법은 계량적 자료를 이용하여 수요를 예측하는 방법으로, 과거자료가 존재하고 과거자료를 계량화할 수 있으며 과거의 패턴이 미래에도 지속된다는 가정하에 사용하는 방법이다(Markridakis & Wheelwright, 1978). 정량적 예측기법은 시계열 모형과 인과모형으로 구분할 수 있다.

시계열 모형은 예측하고자 하는 변수의 패턴을 과거자료만을 이용하여 파악하고 이를 바탕으로 미래의 수요를 예측하는 방법이다(Archer, 1994). 시계열 분석방법으로는 추세선 분석법(trend analysis), 이동평균법(moving average), 지수평활법(exponential smoothing), 박스-젠킨스법(Box-Jenkins method) 등이 있다. 일반적으로 시계열 모형은 관광수요에 영향을 미치는 다른 변수들을 고려하지 않기 때문에 단기 예측에 적합하다.

인과모형은 예측하고자 하는 종속변수는 한 개 이상의 독립변수와의 관계로 설명될 수 있다는 가정하에 출발한다(Var & Lee, 1993). 인과모형의 목적은 종속변수를 설명할 수 있는 독립변수들을 찾아내고 이들 간의 관계를 규명하여 미래의 수요를 예측하는 데 있다. 인과모형에는 회귀모형(regression models), 계량경제학 모형(econometric models), 중력모형(gravity models) 등이 있다.

(2) 정성적 예측기법

정성적 예측기법은 전문가의 축적된 경험과 지식 또는 소비자들의 주관적이지만 실질적인 의견들을 근거로 미래의 수요를 예측하는 방법이다. 정량적 예측기법과는 달리 계량화된 자료를 기반으로 하지 않는 경우가 많다. 이 방법은 계량화된 자료가 불충분하거나 부적합할 때, 또는 정량적 방법으로 설명하기 힘든 추상적 · 주관적 경향을 확인할 때 주로 사용되며, 특히 외부 환경의 변화 발생 가능성이 큰 경우 장기예측을 위해서 적절한 방법이다. 정성적 예측기법으로 많이 사용되는 것으로는 델파이 기법(delphi methods), 시나리오 설정법(scenario writing methods), 표적집단 면접법 (Focus Group Interview: FGI) 등이 있다.

델파이 기법은 특정 사건 또는 상황에 대한 관련 전문가의 의견을 수렴하여 그 사건이나 상황에 대한 미래의 발생 가능성을 예측하는 방법이다. 이 방법은 각 전문가에게 다른 전문가들의 의견을 제공하여 그들의 판단을 재고할 수 있는 기회를 부여하고, 이러한 과정을 반복하여 궁극적으로 특정 상황의 미래 발생 가능성에 대한 전문가 집단의 동의를 유도한다.

시나리오 설정법은 현재 상황을 바탕으로 미래 발생 가능한 사건이나 상황 등에 대한 다양한 시나리오를 설정하고 각각의 시나리오에 대한 요인들의 영향을 고려하여 미래수요를 예측하는 방법이다. 예를 들어, 앞으로 어떤 일들이 일어날 것인가? 어떤 일들이 일어나면 어떻게 대처할 것인가에 대한 시나리오를 작성하고 이에 대한 대처 방법을 정리해 나가는 것이다.

표적집단 면접법은 관련된 전문지식을 가지고 있는 조사자가 소수의 응답자들을 대상으로 특정 한 주제에 대하여 자유로운 토론을 유도하여 질문과 응답을 통해서 원하는 정보를 획득하는 방법 이다. 대규모 설문조사가 불가능하며 대상자가 명확한 경우에 효과적이다.

(3) 혼합형 예측기법

혼합형 예측기법은 두 가지 이상의 기법을 결합하여 미래의 수요를 예측하는 방법이다. 혼합형 예측기법에는 크게 두 가지 방법이 있다(Var & Lee, 1993). 첫 번째 방법은 각기 다른 정량적 예측기 법을 가중치 개념을 이용하여 결합하고 이를 바탕으로 미래의 수요를 예측하는 방법이다. 두 번째 방법은 정량적 예측기법과 정성적 예측기법을 결합하여 수요를 예측하는 방법으로, 과거자료뿐 아 니라 예측자의 경험과 지식을 활용하여 예측의 정확도를 높이는 데 그 목적이 있다. 정량적 예측기 법이 제공하는 명쾌함은 현실 상황에서 오히려 장애가 될 수도 있다. 일반적으로 정량적 예측기법은 한정된 변수만을 다루는데, 현실에서는 수많은 요소들이 개발의 성공에 영향을 미치기 때문이다.

(4) 사례조사

시장분석 또는 시장성 분석에는 항상 시간 및 예산의 한계가 존재한다. 관련 자료를 많이 요구하 는 계량적 분석방법을 사용하는 것은 오히려 부정확한 결론이 도출될 가능성이 존재한다. 따라서 기존에 개발된 유사한 사례를 발굴하고 평가하는 것이 필요하다.

유사한 사례에서 수요자의 흡인요인을 찾아내고 그 한계와 발전요인들을 발굴해 나가야 한다. 개발의 프로세스에 대하여 검토하고 현재의 수요자들에 대하여 분석하며, 운영과 관리 현황 및 발전방향에 대하여 살펴보는 것은 다양한 교훈과 시사점을 제공할 수 있다. 다양한 사례분석을 통하여 다각적인 측면의 요소들을 이해하고 분석하는 것은 계량적 분석이 가지는 단선적인 측면을 넘어설 수 있는 기반을 제공해 준다.

사례조사에서는 성공한 프로젝트뿐만 아니라 실패한 프로젝트에 대한 조사도 중요하다. 개발과 정에서 참여자들은 막연한 기대와 성공 가능성에 심취해 있는 경우가 많다. 실패한 프로젝트에 대한 철저한 조사는 개발 추진과정에서 발생할 수 있는 여러 위험요소를 줄여주는 역할을 할 수 있다.

사례조사는 관련 문헌을 검색하고 관계자들을 면담하며 현장조사 진행을 통해 이루어진다. 각 시장이 처한 특성을 대변할 수 있는 사례발굴이 필요하며, 관련 문헌에는 실패요인에 대한 정확한 정보가 기록되지 않는 경우가 많으므로 직접 탐문하고 관계자들을 면담하는 일이 수반되어야 한다. 사례조사 및 분석에서 계량적 분석은 자료를 구축하는 것에 비하면 비교적 경제적인 방법이기는 하지만 모든 경우를 수집하는 것은 사실상 불가하다. 사례조사 또한 많은 시간과 자금이 소요되는 경우가 있기 때문에 모든 시장 분석과 시장성 분석을 시작하기 전에는 이 두 제약을 반영하여 합리적으로 조사·설계를 하여야 한다.

2) 예측기법 선정기준

아처(Archer, 1994)는 관광수요 예측기법의 선정기준으로 다음과 같은 다섯 가지를 제시하였다. 첫째는 예측목적으로, 그 목적에 따라 요구되는 예측의 정확성과 형태가 다르고 이에 따라 선택할 수 있는 예측기법이 달라질 수 있다. 둘째는 예측기간으로, 예측기법에 따라 단기예측에 적합한 기법이 있고 반대로 장기예측에 적합한 기법이 있다. 일반적으로 시계열 기법은 단기예측에, 델파이 기법은 장기예측에 조금 더 적합하다. 셋째는 이용 가능한 정보로서, 아무리 훌륭한 예측기법이라도 예측에 필요한 자료(data)가 존재하지 않거나 자료의 신뢰성과 정확성에 문제가 있다면 그 예측기법을 사용할 수 없다. 따라서 이용 가능한 자료에 따라 사용할 수 있는 예측기법이 제한된다. 넷째는 예측환경으로, 예측환경의 다변적 속성은 예측기법의 선정에 영향을 준다. 다섯째는 예측비용으로, 일반적으로 정확한 예측을 위해서는 더 많은 비용이 소요되기 때문에 요구되는 예측의 정확성과 비용을 고려한 예측기법의 선정이 필요하다.

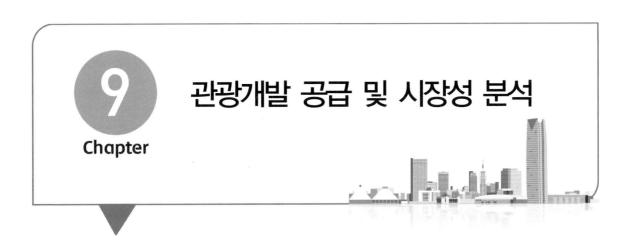

① 관광개발 공급분석의 개념

1) 개념

　유효수요가 있더라도 그 시장에 이미 많은 경쟁자가 있거나, 강력한 경쟁자가 진입할 예정이거나, 혹은 다수의 경쟁자들이 준비 중이라면 관광개발의 성공 가능성은 줄어든다. 관광개발은 미래의 분양 또는 운영 시점을 대상으로 하기 때문에 불확실성이 상당히 높으며, 성공 가능 여부도 장담하기 힘들다. 시장경제 상황하에서 지속적인 경쟁은 피하기 어려우며, 관광개발자는 그에 대한 대응이 요구된다. 관광수요와 함께 공급에 대한 심도있는 분석이 수반될 때, 관광개발의 성공 가능성도 증대할 것이다. 하지만 실제 관광개발에서는 공급분석보다는 수요분석에 주안점을 두고 있으며, 공급분석의 경우 국가가 주도하는 대규모 관광지개발사업에서만 적용하고 있는 것이 현실이다. 공급분석에서는 거시적 시장분석, 지역공급시장, 경쟁대상개발의 특징과 운영 현황 등을 다룬다.

2) 목적

　대상지를 어떤 개념과 계획으로 개발할 것인가를 결정하기 위하여 시장의 공급 환경을 분석하는 것이다. 경쟁이 치열한 시장 내에서 차별화 또는 특화는 기존 관광시장에 새롭게 진입하는 관광개발에서 피할 수 없는 요구 조건이다.

② 관광개발 공급분석의 내용

1) 거시적 공급분석

거시적 분석에서 가장 먼저 하여야 할 것은 국가 및 세계적인 관광환경분석이다. 세계관광 현황에 대한 기초적인 분석은 현재의 관광 상황과 미래의 공급 경향을 확인할 수 있는 기반을 제공해 줄 수 있다. 나라 전체 그리고 광역적인 차원의 관광 공급 현황이나 계획 등의 자료분석을 진행하여 전체적인 관광개발의 흐름을 이해할 필요가 있다.

관광개발과 직접적으로 관련된 지수로 국가 혹은 지역 차원의 흡수율, 공실률, 임대료, 숙박료 및 입장료 등의 현황과 변화 경향을 분석한다. 이들 분석에서 주요 지표로 사용되는 것은 기존 공급량(객실 수, 시설면적, 시설용량 등)과 운영(임대료, 숙박료, 입장료, 운영비용 등)에 관련된 시계열적 변화 그리고 추진 중인 관련 개발계획 등이다.

특히 대규모 관광개발을 할 때에는 이와 같은 거시적 분석이 유효하다. 대규모 개발의 경우 개발의 아이템도 다양하고 개발기간도 대부분 장기간이다. 각각의 아이템과 도입 시기별 경쟁 분석도 중요하지만, 관광수요와 공급의 경향은 거시적인 관점에서 분석되어야 한다.

2) 지역공급 분석

지역에서의 경쟁 및 보완 대상 공급 현황과 추진 중인 개발사항에 대한 분석을 수행한다. 지역 내의 관광시장에 영향을 미칠 수 있는 관광단지 및 시설의 공급, 그리고 건설활동과 관련된 변수들에 대한 조사를 수행하는 것이다. 관련 지표들이 과거로부터 현재에 이르기까지 어떻게 변화되어 왔는지 그 경향에 대한 분석과 함께 현재 공사 중이거나 허가된 사업들의 공급량과 이들의 시장흡수율을 추정한다. 이와 같은 재고조사와 신규공급조사는 장래 목표시장에 공급될 총량을 예측할 수 있는 근거를 마련한다.

3) 경쟁시설의 특징과 운영현황

이 단계에서는 잠재적 경쟁시설들의 세부시설별 공급량과 특성 그리고 현재 운영현황을 분석한다. 예를 들어, 관광호텔을 개발할 때 주변 지역에 어느 정도의 객실이 공급되어 있고, 가격은 어느 정도이며, 공신율은 어느 정도인지, 그리고 호텔 내 서비스시설의 운영현황은 어떠한지에 대한 관련 자료를 수집하고 이를 분석하여야 한다. 이를 통하여 해당 개발이 어떤 시장에 진입할지,

그리고 어떠한 마케팅 포지셔닝(positioning)을 취할지를 명확하게 할 수 있다. 또한 개발 시에 경쟁 상대와 비교하여 자신의 약점과 강점을 확인하고, 차별화 전략을 취할 수 있다. 예를 들어 미국 라스베이거스의 경우 카지노를 중심으로 한 도박의 도시로 건립되었고, 모든 호텔들도 도박에 집중된 개발을 지향하여 왔다. 그러나 베네시안(The Venetian)호텔이나 미라지(The Mirage)호텔은 가족들을 위한 시설과 볼거리를 만들고, 새로운 시장을 창출하는 데 크게 기여하고 있다. 이와 같이 경쟁 대상들의 현재 상황을 체크하는 것은 어떠한 시장으로 진입할지를 결정하는 데 중요한 판단 근거가 된다.

출처: 미라지호텔(https://hardrockhotelcasinolasvegas.com)/베네시안호텔(https://ko.venetianmacao.com)

③ 관광개발 공급분석 방법

관광개발의 공급에 대한 분석 방법은 기본적으로 수요분석과 유사하다. 관광개발 수요를 추정할 때 정량적인 분석이 더 효율적이고 용이한 반면에, 공급분석에서는 정성적인 분석의 중요도가 더 높은 것이 일반적이다. 정량적 분석을 위한 자료 중에 정부가 가지고 있는 자료들은 거시적이고 지역적인 차원에서 현재의 상황과 앞으로의 공급량을 확인하는 데 유효하다.

관광개발 공급분석에서는 시장에 현재 공급되어 있고 또 앞으로 진입할 개발 분야에 대해 문헌 및 2차 자료 분석, 방문관찰조사, 전문가 및 수요자 면접조사 등의 방법론이 사용된다.

이들 방법론 중 하나만 사용되기도 하지만, 가능하면 다양한 방법을 활용하여 경쟁자들에 대한 다각적인 분석이 요망된다.

1) 문헌 및 2차 자료 분석

관광개발과 관련된 다양한 보고서가 매년 출간되고 있으며, 인터넷 웹사이트에 정보가 공개되고 있다. 중앙정부 및 각 지자체, 국공립기관들, 그리고 한국문화관광연구원 등에서는 매년 다양한 보고서를 발간하고 있다. 또한 관광지식정보시스템(www.tour.go.kr)에서는 다양한 관광 주제에 대한 뉴스레터를 매주 제작하고, 각종 뉴스들도 정리하여 게시하고 있다. 이들 문헌자료들은 최근의 관광개발 동향을 알려주는 귀중한 자료들이다.

문화체육관광부는 매년 「관광동향에 관한 연차보고서」를 출간하고 있으며, 여기에는 현재 정부에서 추진하고자 하는 관광자원 개발에 대한 내용이 상세히 소개되어 있다. 관광자원으로는 관광지, 관광단지, 관광특구 및 관광레저형 기업도시의 개발 등을 포함하고 있다. 또한 지방자치단체들의 관광진흥을 위한 사업과 계획도 정리되어 있다.

또한 문화체육관광부는 매년 『국민여행조사』(과거 『국민여행실태조사』, 2018년부터 『국민여행조사』로 변경)를 출간하고 있다. 이 자료에는 수요적인 측면의 자료가 주를 이루고 있지만, 여행에 대한 만족도와 지출액 등의 정보는 공급분석과 연계할 수 있는 주요한 자료이다. 현재의 공급상태를 분석하고 만족도를 비교해 보면 앞으로 어떠한 공급이 필요한지를 추정할 수 있는 근거를 알 수 있기 때문이다. 또한 관광 지출액은 수요적인 측면이 강하지만, 이를 이용하여 현재의 과소공급 상황을 추정할 수 있는 주요한 정보를 추출할 수 있다.

현재의 공급 현황을 알아보기 위해 가장 활용도가 높은 사이트는 관광지식정보시스템(https://www.tour.go.kr) 내의 통계이다. 이 사이트는 국가 승인 통계 중에서 주요 관광지점 입장객통계, 국민여행실태조사, 외래관광객실태조사, 관광사업체기초통계조사 등의 자료를 찾아볼 수 있다. 특히, 「관광사업체조사보고서」에는 숙박업, 여행서비스업, 국제회의업 등에 대한 시설 규모, 종사자, 영업시간, 투자비, 매출액 등의 세부적인 자료들이 포함되어 있다.

또한 현재 한국관광호텔협회(https://www.hotelskorea.or.kr/)에서 제공하는 관광숙박업운영실적(1996~2013년까지 자료는 관광지식정보시스템에서 제공하고 있음)에는 지역별·등급별 숙박업소의 판매가능 객실 수, 판매된 객실 수, 객실수입과 부대수입 등에 대한 확인이 가능하다. 공간적 단위로는 특별시, 특별자치시, 광역시 등의 광역행정단위뿐만 아니라 시·군·구 등의 지역단위 자료까지 구분하여 제공하고 있다.

문화셈터(stat.mcst.go.kr/)에서는 관광사업체들의 기업경기실적지수(business survey index: BSI)가 제공되고 있어 업체들이 다음 분기에 어떠한 전망을 가지고 있는지를 보여준다. 이 조사는 업체들을 대상으로 설문을 통하여 집계하며, 일반적으로 지수가 100 이상이면 경기가 좋아질 것이고, 100 미만이면 좋아지지 않을 것이라고 판단하는 응답으로 판단한다. 100과의 절댓값 차이에 따라 그 강도가 결정된다. 이 자료에서는 업황, 매출규모, 투자규모, 외부 고용사정, 채산성, 자금사정, 서비스 및 상품단가 등에 대한 관련 업체들의 전망을 확인할 수 있다. 이 자료는 단기 예측자료로서 매우 유용하게 사용될 수 있다. 관련 업종도 각종 숙박업, 문화오락 및 레저산업, 국제회의 및 전시업 등으로 세분되어 있어 업종별 전망을 확인해 줄 수 있다.

2차 자료는 국가 및 지역 차원에서의 공급분석에 적합하지만, 하부시장(submarket)에 대한 정보를 제공해 주기 어렵고 어떤 개발의 특정시설에 대한 정보를 구하는 것은 상당히 어려운 경우가 많다. 또한 정량적인 자료는 원격으로 수집가능하지만, 정성적인 특성을 확인하기는 상당히 곤란하다. 이에 따라서 방문관찰조사 및 면접조사가 수반되어야 한다.

2) 방문관찰조사

주요한 경쟁 관광지 또는 사례지에 대한 분석을 진행하기 위해서는 관련된 문헌조사들을 취합하여야 한다. 그런데 과거에 생성된 자료들은 만들어진 순간 이미 현재를 완전히 반영하지 못하고 운영상 어떠한 특징과 장점이 있는지에 대한 충분한 정보를 가지고 있지 못하다는 점을 주의해야 한다. 특히 개발과 관련된 계획 및 설계·운영과 관련된 서비스 등에 대한 정보는 현장을 방문하여야 정확한 수집이 가능하다.

방문관찰을 위해서는 문헌조사를 기반으로 한 사전조사 설계가 중요하다. 방문을 통하여 무엇을 얻고자 하는지에 대한 구체적인 목표 설정이 필요하다. 어떤 경우에는 관광개발 시설별 이용객 수와 특성을 파악하는 것이 중요할 수도 있고, 방문객들이 어떤 시설을 이용하고 어떤 상품을 구매하는지를 관찰할 수도 있으며, 시설이 어떤 디자인과 외장으로 개발되었는지도 확인할 수 있다. 조금 더 구체적으로 시설의 구성 특성 및 서비스 수준에 대한 조사가 필요할 수도 있다. 상품별 가격에 대한 정보와 상품의 품질 등에 대한 조사는 방문관찰 시에 살펴보아야 할 중요한 항목들이다. 개발시설이 복합화되어 있는 경우에는 이용자들의 동선과 이에 따른 시설의 개발 현황 등이 같이 조사되어야 한다.

방문관찰조사를 위해서는 수기록 관찰이 일반적이지만, 집계기나 사진기도 같이 사용하는 것이 좋다. 경우에 따라서는 공중촬영조사가 이용되기도 하지만 비용 등의 측면 때문에 일반적인 것은 아니다. 이용객들의 동선 체크를 위해서는 시설배치도와 지도 등을 준비하는 것이 바람직하다.

3) 전문가 및 수요자 면접조사

관광개발에서 면접조사는 일반 관광객 또는 전문가를 대상으로 견해를 듣고 참조하여 개발과 관련된 아이디어를 찾고 사업의 성격을 규정해 나가는 일련의 과정이고 결과이다. 전문가를 대상으로 할 경우에는 문제의 성격에 대하여 명확한 의견 전달이 가능하고, 다양한 사례들 중에서 전문적인 정보를 제공받을 수 있는 장점이 있다. 이에 반하여 관광객과의 면접은 조금 더 추상적인 대화로 전개될 가능성이 높지만, 실질적인 이용자의 요구 조건들을 파악하고 문제해결에 도움을 줄 수 있는 장점이 있다. 일반적으로 조사자는 특정한 답을 구하지 않는 개방형 질문(open-ended question)을 하고 조사 대상자의 답을 상세하게 기록한다.

면접방법으로는 심층면접법(in-depth interview) 또는 구조화 면접법(structured interview) 또는 표준화된 면접법(standardized interview), 표적집단 면접법(focus group interview: FGI)이 활용된다. 심층면접법은 일반적으로 일대일 면접을 통해 깊이 있는 의견을 도출해낼 때 사용되며, 경우에 따라서는 다수를 대상으로 동시에 진행되기도 한다. 일반적으로는 구조화된 면접 내용을 제시하기보다는 자유로운 순서로 문제의 해결책이 발견될 때마다 그에 대한 질문을 발전시켜 가는 방법을 사용한다. 대면면접이 주로 사용되지만 최근에는 전화나 화상회의가 사용되기도 한다.

구조화면접은 질문의 내용과 순서를 명확하게 구분하여 놓고 구체적인 답을 구하는 방법이다. 이때 질문은 처음부터 끝까지 순차적으로 진행하여야 하고 빠뜨리는 것이 있어서는 안 된다. 이 방법을 사용하면 피조사들의 답변을 상호 비교하고 복합적인 내용을 분석하는 데 보다 객관적인 정보를 제공할 수 있다. 특히 수요층이 다른 경우에 이들을 비교하는 데 용이하게 사용될 수 있다.

표적집단면접법은 특정한 표적집단을 한자리에 모아놓고 면접을 진행하는 방법이다. 이 방법을 활용하면 일대일 대면면접 방식보다 조금 더 자연스럽게 의견을 도출할 수 있다. 피조사들은 다른 사람들 의견을 듣고 자신의 의견을 발전시켜 나갈 수 있다. 반면 경우에 따라서는 각자가 깊이 있는 의견을 제시하지 않을 가능성도 있다.

이상의 면접조사는 설문조사에 비하여 일반적으로 비용이 덜 들고, 조금 더 다각적인 의견들을 취합할 수 있다는 장점을 가지고 있다. 그에 반하여 조사가 주관적으로 진행되고 특정 소수의 의견만을 반영할 수 있다는 한계가 있다.

그 외에도 면접조사에 의한 경우 대부분 연구결과가 정성적 논문형식으로 작성될 수밖에 없는데 국내의 학회나 연구기관의 관례는 이를 별로 인정하지 않고 있다. 다만 면접조사에 의해 1차 검출된 자료를 기반으로 신뢰도와 타당성 분석을 통해 검출된 결과를 다시 본 연구에 활용하는 척도개발 연구에는 많은 도움이 될 뿐만 아니라 단순 설문조사에 의한 연구보다는 신뢰도가 높은 편이다. 다만 연구과정이 복잡하고 비용이 많이 들어 국내에서는 대부분 선호하지 않는 편이다.

④ 관광개발 공급규모 산정

1) 공급비표 활용규모 산정방법

공급지표를 활용하여 개발규모를 산정하는 방법은 총이용객 산정에서부터 원단위를 활용한 일련의 과정을 통하여 이루어진다. 원단위는 이용객이 쾌적한 환경에서 이용 가능한 공간을 제공할 수 있는 적정(또는 최소)단위의 개념이기도 하고, 자연환경에 영향을 크게 주지 않을 수 있는 규모를 제시하기도 한다.

원단위를 토지, 건축물, 또는 도입시설에 따라 구분하여 사용한다. 공간원단위(a standard unit for tourist space)는 1인당 요구되는 관광자원의 면적을 의미하며, 토지면적을 기준으로 계산된다. 시설원단위(a standard unit for tourist facilities)는 관광시설의 건축물 면적을 1인당 면적으로 환산한 것이다. 단위시설원단위(a standard unit for marginal site facilities)는 관광지의 각종 도입시설의 1인당 또는 방문 차량당 원단위를 제시한 것이다.

앞에서 제시한 원단위를 사용하는 방법은 사용이 용이하고 편리하다는 장점이 있다. 그러나 이를 사용할 때에는 우선 '관광지 또는 관광시설의 이용객 수가 얼마인지'를 산정하여야 한다. 특정일 또는 특정 시간에 얼마나 많은 이용객이 이용하는가를 나타내는 '동시체재 이용객 수'를 확인하여야 한다.

〈표 1-22〉 관광개발 공급규모 산정 시에 사용되는 다양한 원단위

구분	개념	관광자원의 예
공간단위	1인당 요구되는 관광지의 토지면적	관광지, 스키장, 자연휴양림 등
시설원단위	1인당 요구되는 관광자원 건축물의 면적	박물관, 미술관, 수족관 등
단위시설원단위	1인당 요구되는 개별 관광개발 도입시설의 면적	주차장, 회장실, 취사시설 등

출처: 문화관광부(2007), 『관광공급지표 개발 연구』를 토대로 재구성

이것을 알기 위해서는 다시 특정 계획일에 이용하는 이용자를 추정해야 하는데, 이를 '계획일 이용객 수'라고 하며, '계획일 이용객 수'에 '동시체재율'을 곱하여 '동시체재 이용객 수'를 구한다. 이에 앞서서 '연간 총이용객 수'를 구하고 '계획일 집중률'을 곱하여 '계획일 이용객 수'를 구한다. 이상의 과정은 관광개발 공급규모를 산정하는 일련의 과정을 역으로 설명한 것이며, 이것을 조사 및 추정 순서대로 표현한 것이 [그림 1-6]이다.

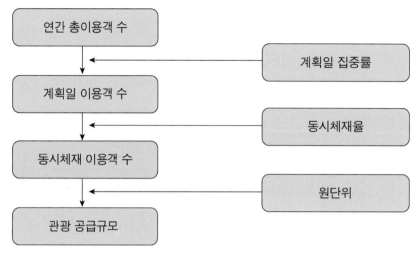

출처: 문화관광부(2007), 『관광공급지표 개발 연구』

[그림 1-6] 연간 총이용객 수를 이용한 관광 공급규모의 추정과정

계획일 집중률(the concentrated rate of the planned day)은 연간 총이용객 수 중에서 특정일에 얼마나 많은 관광객이 찾아오는지를 나타낸 것이다.

이것은 1년 방문객들 중 특정 집중일에 오는 비율이며, 특정일을 위에서 아래로 순위를 산정하여 계산한다. 동시체재율(a peak rate of time)은 계획일 이용객들 중에서 특정 시점에 동시 체재하는 비율을 나타낸다. 그 계산은 최대 이용객 수를 계획일 이용객 수로 나눈 값이 된다. 동시체재 이용객 수가 결정되면 공급의 원단위 아래 표를 곱하여 관광 공급규모를 산정한다.

아래 그림은 공공부문에서 주관하는 관광개발의 절차이며, 연간 관광 총이용객 수를 특정 시간대로 배분하여 그에 따른 시설 공급규모를 산정하고 있다. 이와 같은 공급규모 설정방법은 그 자체로서 논리적인 완결성을 갖는다.

그러나 이는 세 가지 한계를 내포하고 있다. 첫째, 경쟁 관광지 또는 관광개발 시장점유의 관계를 명확하게 설정하기 어렵다. 관광개발은 기존의 시장에 신규 상품이 공급되는 것이며, 이때 시장의 구도는 변화될 수 있다. 상품 간의 경쟁관계에서 관광객이 어떤 것을 선택하게 될지 알기 어렵다. 둘째, 수요를 연간 총량으로 구분하여 이를 수차례의 추정단계를 거쳐서 공급규모를 산출함에 따라 최종 공급규모 산정의 오류 가능성이 크다. 최종 공급규모 결정까지 사용되는 지표들이 추정 과정을 거치면서 과대 또는 과소 추정을 할 가능성이 높다. 마지막으로, 매출에 대한 추정을 포함하고 있지 않아서 민간사업의 수익성을 평가하는 데 사용하기 힘들다. 민간의 관광개발에서는 투자와 그에 따른 수익이 중요하며, 예산 제약(budget constraint)이 있는데 이에 대한 설명이 포함되어

있지 않다. 이를 보완하기 위하여 이용객 수에 객단가를 곱하여 매출을 추정하기도 한다. 어떠한 추정방법이든 한계를 가지고 있으며, 이를 보완하기 위한 조치가 추가되어야 한다. 공급규모 산정 시에 한계를 명확히 하고 그에 대한 대응방안을 마련하여야 한다.

2) 추정매출 기반 공급규모 산정

관광개발 수요조사를 통해 관광객들이 추가 관광시설에 어느 정도의 지출을 할 것인지를 추정하고, 단위시설원단위를 적용하여 개발규모를 산정하는 방법이다. 민간의 관광개발 및 투자에서는 예산 제약뿐만 아니라 목표 수익률(expected rate return)을 만족해야 실행에 옮길 수 있다. 수요가 있다고 하여 요구하는 모든 양을 공급할 수 없다. 구매력이 포함된 유효수요(expected demand)가 민간 관광개발에서 고려할 수 있는 수요인 것이다.

한국문화광광연구원(2023)에서 조사한 「2023 국민여행조사」(과거 국민여행실태조사)에 의하면 2022년 한 해 동안 조사대상 국민의 국내여행 경험률은 94.2%였으며, 2023년 1분기 국내여행 경험률은 51.0%로 2022년 1분기(43.6%)보다 7.4% 증가한 것으로 나타났다. 평균 여행횟수는 2022년에는 283,7221천 회이고 2023년 1분기 국내 여행횟수는 76,374천 회로 22년 1분기(65,228천 회)보다 17.1% 증가한 것으로 나타났다.

구분		2019년	2020년	2021년	2022년(A)	2023년(B)	증감률(B-A)
	연간	453,051	264,445	300,358	378,921		
분기별	1분기	102,904	60,274	59,753	75,851	99,776	31.5
	2분기	102,860	64,101	75,414	93,143		
	3분기	136,826	80,892	87,866	112,465		
	4분기	110,461	59,177	77,325	97,461		
월별	1월	30,317	31,639	19,650	27,720	37,007	33.5
	2월	38,895	16,688	19,875	23,541	29,879	26.9
	3월	33,693	11,947	20,229	24,589	32,891	33.8
	4월	34,991	16,918	23,535	30,131		
	5월	36,708	23,491	27,887	32,278		
	6월	31,161	23,692	23,992	30,734		
	7월	47,372	30,586	28,774	37,084		
	8월	51,173	29,518	30,552	40,495		
	9월	38,280	20,788	28,540	34,886		
	10월	37,411	21,326	27,548	33,416		
	11월	32,176	18,929	24,398	32,348		
	12월	40,874	18,922	25,379	31,698		

여행일수는 2020년에는 443,904천 회이며, 2023년 1분기 여행일수는 121,879천 회로 22년 1분기 (1.59일) 대비 0.6% 증가한 것으로 나타났다. 향후 2022년부터 측정되는 통계를 살펴보면 어떻게 수치가 변화되었가를 예측할 수 있을 것이다.

2022년 관광여행 지출액은 31,601십억 원이며 2023년 1분기 관광여행지출액은 8.3조 원으로 22년 1분기(5.9조 원)보다 41.2% 증가한 것으로 나타났다. 1회 평균지출액은 22년에는 132천 원이며 23년 1분기 1회 평균지출액은 132천 원으로 22년 1분기(121천 원)보다 9.1% 증가한 것으로 나타났다.

국내여행일정은 23년 1분기에는 '당일'(57.5%), '1박 2일'(30.1%), '2박 3일'(9.4%), '3박 이상'(3.0%) 순으로 나타났다. 아울러 여행 중 평균 동반자 수는 22년 3.4명이고 23년 1분기 여행평균 동반자 수는 3.5명으로 나타났으며, 이동 수단은 자가용(87.4%), 항공기(4.7%), 고속/지하철(4.3%), 지하철 (3.9%), 차량대여(3.5%) 순으로 나타났다.

구분		2019년	2020년	2021년	2022년(A)	2023년(B)	증감률(B-A)
	연간	38,015	20,213	23,067	31,601		
분기별	1분기	8,897	4,310	4,640	5,897	8,326	41.2
	2분기	8,743	4,739	5,669	7,931		
	3분기	10,820	6,446	6,622	9,383		
	4분기	9,554	4,719	6,135	8,391		
월별	1월	2,712	2,290	1,513	2,107	2,967	40.8
	2월	3,089	1,180	1,514	1,728	2,554	47.8
	3월	3,096	840	1,613	2,062	2,805	36.0
	4월	2,948	1,211	1,855	2,542		
	5월	3,099	1,733	2,083	2,676		
	6월	2,696	1,795	1,731	2,713		
	7월	3,958	2,429	2,263	3,255		
	8월	4,095	2,454	2,330	3,464		
	9월	2,767	1,563	2,030	2,663		
	10월	3,159	1,620	2,130	2,873		
	11월	2,797	1,561	1,948	2,775		
	12월	3,598	1,538	2,057	2,743		

이외에도 여행자 세부지출비중을 살펴보면 23년 1분기에는 음식비(37.7%), 교통비(24.3%), 숙박 비(14.3%), 식음료비(8.3%), 여행활동비(4.8%) 순으로 나타났다. 식음료 세부항목으로는 차, 커피류 (30.5%), 과자/면류(25%), 과일/채소/가공품(14.3%), 수산물/건어물/수산가공품(13.8%), 육류/유제 품/육류가공식품(9.5%) 순으로 나타났다.

구분		음식비				
		2019년	2020년	2021년	2022년	2023년
	연간	34.7	38.5	37.2	36.6	
분기별	1분기	32.7	37.9	36.2	37.7	37.7
	2분기	35.5	38.9	38.0	36.7	
	3분기	34.9	38.9	36.5	35.4	
	4분기	35.8	38.4	37.9	37.2	
월별	1월	33.9	36.2	37.4	36.7	37.2
	2월	31.3	39.4	34.8	38.1	36.4
	3월	33.0	39.6	36.5	38.5	39.5
	4월	35.2	40.8	36.8	38.4	
	5월	35.1	37.8	38.1	35.8	
	6월	36.3	38.6	39.3	36.1	
	7월	34.0	38.1	35.8	35.2	
	8월	35.1	38.9	36.6	35.6	
	9월	35.8	39.8	37.0	35.4	
	10월	34.8	37.7	37.5	37.3	
	11월	36.9	39.0	39.0	36.9	
	12월	35.7	38.5	37.1	37.3	

구분		교통비				
		2019년	2020년	2021년	2022년	2023년
	연간	24.8	25.7	25.9	24.8	
분기별	1분기	24.0	25.5	26.9	25.6	24.3
	2분기	24.9	26.4	26.7	25.9	
	3분기	24.3	25.4	24.9	24.0	
	4분기	25.9	25.6	25.6	24.0	
월별	1월	24.5	25.8	26.4	25.3	25.1
	2월	23.3	24.6	26.1	27.1	23.9
	3월	24.3	25.9	28.0	24.6	23.9
	4월	25.9	27.1	28.2	24.8	
	5월	24.2	26.5	26.5	26.9	
	6월	24.8	25.9	25.5	25.9	
	7월	23.3	25.7	24.1	24.2	
	8월	23.7	24.0	24.1	23.6	
	9월	26.7	27.2	26.8	24.5	
	10월	25.9	27.0	25.8	25.1	
	11월	26.2	25.1	25.2	24.1	
	12월	25.5	24.7	25.8	22.8	

구분		숙박비				
		2019년	2020년	2021년	2022년	2023년
연간		14.1	14.1	14.8	15.0	
분기별	1분기	13.0	12.4	12.1	15.1	14.3
	2분기	11.9	13.0	13.2	13.3	
	3분기	17.6	16.2	17.0	16.8	
	4분기	13.2	14.0	15.9	14.6	
월별	1월	14.2	12.6	12.5	15.4	15.1
	2월	13.1	13.0	11.9	15.0	14.1
	3월	11.9	11.3	11.9	14.8	13.7
	4월	11.8	11.3	13.1	13.2	
	5월	11.7	13.6	12.2	12.8	
	6월	12.1	13.5	14.3	13.9	
	7월	18.2	16.0	17.7	17.1	
	8월	20.1	18.3	18.4	19.2	
	9월	12.8	13.1	14.6	13.5	
	10월	13.0	13.1	15.1	14.9	
	11월	11.5	13.0	16.3	13.5	
	12월	14.8	15.9	16.2	15.4	

구분		식음료비				
		2019년	2020년	2021년	2022년	2023년
연간		7.8	8.5	8.7	8.8	
분기별	1분기	8.4	8.4	9.0	8.6	8.3
	2분기	7.6	8.0	8.1	8.2	
	3분기	7.9	8.3	9.4	9.6	
	4분기	7.4	9.3	8.2	8.4	
월별	1월	8.1	9.3	8.6	8.8	8.6
	2월	8.6	7.7	9.5	9.1	8.4
	3월	8.5	7.5	8.9	8.1	7.7
	4월	8.6	8.7	7.4	8.8	
	5월	7.0	7.8	8.3	7.9	
	6월	7.3	7.8	8.5	7.9	
	7월	7.4	8.2	9.4	8.8	
	8월	7.5	7.6	9.6	9.3	
	9월	9.2	9.6	9.3	10.8	
	10월	7.7	11.1	8.2	8.2	
	11월	8.3	8.3	8.1	8.1	
	12월	6.5	8.4	8.2	8.9	

구분		여행활동비				
		2019년	2020년	2021년	2022년	2023년
연간		5.5	4.6	4.0	4.9	
분기별	1분기	6.3	5.2	4.2	4.5	4.8
	2분기	5.8	4.9	4.2	5.2	
	3분기	4.9	4.0	3.5	4.8	
	4분기	5.0	4.5	4.4	5.0	
월별	1월	7.5	5.3	3.2	4.4	5.0
	2월	5.9	5.7	5.3	4.3	5.1
	3월	5.6	4.2	4.1	4.7	4.4
	4월	5.1	4.0	4.2	4.9	
	5월	5.9	4.5	4.1	5.4	
	6월	6.5	6.0	4.1	5.4	
	7월	4.7	4.2	3.3	5.6	
	8월	5.2	4.1	3.8	4.6	
	9월	4.9	3.4	3.5	4.3	
	10월	5.4	4.1	4.0	4.7	
	11월	4.0	5.0	4.7	5.3	
	12월	5.4	4.3	4.4	5.0	

관광개발을 진행할 때, 관광객들이 대상지를 방문하여 항목별로 어느 정도 액수를 소비할지 설문조사 또는 비교사례 분석을 통하여 추정할 수 있다. 이와 같은 지출액은 여행 목적지의 지역적·활동적 특성과 관광객의 소득 및 행태 특성에 따라 달라질 수 있으므로 세밀한 조사가 필요하다. 관광객의 총지불액을 구한 후 평당 효율을 나누면 관광시설의 개발면적을 추정할 수 있다.

평당 효율은 시설면적당 매출액을 나타내며, 이는 주로 비교사례법을 통하여 산출한다.

이와 같은 관광개발 시설규모도 개발에 투여되는 투자비와 그 요구 수익률을 맞추는지를 확인하고 조정하는 과정을 통해 최종적으로 관광개발 공급면적을 추정할 수 있다.

3) 비교사례법과 생태적 수용력

비교사례법은 기존의 유사한 사례들을 분석하여 관광개발의 규모를 산정하는 방법이다. 이때는 대상자와 유사한 점 및 다른 점을 구분하여 분석해야 하며, 지역, 수요자, 시설, 규모 등에 대한 조사가 수반되어야 한다. 이와 같은 조사를 바탕으로 개발의 콘셉트, 규모, 특성 등에 대한 방향을 제시할 수 있다. 이용객의 규모를 산정하는 것은 매우 중요하며, 이 항목은 두 차례로 분석하는 데 한계가 있어서 비교사례법이 유용하다. 비교대상과 분석대상의 차이가 있을 경우에는 전문가들의 설문조사 또는 2차 자료를 사용하여 포지셔닝 비율을 추정하고 분석대상의 가격과 규모를 추정하는 방법을 사용한다.

그 밖에도 생태적 수용력(ecological carrying capacity)이라는 개념을 도입하여 관광개발을 진행하기도 한다. 이는 환경이 수용할 수 있는 범위를 확인하고 이를 넘지 않도록 개발하기 위하여 사용된다. 자연이 스스로 회복할 수 있는 범위 또는 정화할 수 있는 범위를 넘어서지 않는 개발을 지향하기 위하여 활용된다. 최근에 전 세계적으로 지속가능개발(sustainable development)의 개념이 확산되고, 생태적 관광(eco-tourism)의 선호도가 증가하면서, 이와 같은 접근법에 대한 이해와 활용이 중요하게 되었다. 위에서 제시한 다른 방법들과 같이 사용되는 경우도 있지만, 환경보전적인 측면에서 환경영향평가의 일환으로 수용되기도 한다.

재무적 분석

① 재무적 타당성 분석

1) 개념

재무적 타당성 분석(feasibility analysis)은 사업의 성공 가능성에 대한 구체적인 판단을 위하여 계획된 개발이 투자자의 목적에 부합할 수 있는지를 평가하기 위하여 만들어진다(Frinedman et al., 2000). 추진하는 관광개발사업이 투자자들로부터 자금을 끌어들일 수 있도록 충분한 수익을 낼 수 있는가에 초점을 맞춘 분석을 말하며, 객관적인 분석 기준을 기반으로 진행되어야 한다. 일반적으로 관광개발의 타당성 분석에서는 시장분석, 예비설계 및 계획, 비용분석, 자금동원 가능성 분석, 인허가 가능성, 환경영향평가나 문화재평가, 현금흐름의 예측, 대략적인 투자수익 등을 추정한다.

개발사업 추진 시 초기 사업주체의 확신은 개념적이거나 추상적 또는 직관적인 경우가 많다. 그 사업을 추진함으로써 수익을 창출할 것이라는 믿음에 의존하며, 구체적인 비용과 수익을 계산하지 않는 경우가 많다. 관광개발사업의 추진에 있어 자기 자금의 투자수익률도 중요하며, 타인 자금의 투자를 유치하기 위해서는 예상 수익률과 그 근거가 명확히 제시되어야 한다. 객관적이고 구체적인 근거를 기반으로 합리적인 분석을 통해 얻어진 결과인 예상 수익액과 수익률이 투자자들의 관심을 모으고 실질적인 투자를 이끌어낼 수 있다. 이를 위해 사업에 소요되는 비용과 수익을 객관적인 근거를 기반으로 수집하고, 사업주체와 투자자가 원하는 수익률을 만족시킬 수 있는지를 분석하는 것이 재무적 타당성 분석(financial feasibility analysis)이다.

2) 목적

재무적 타당성 분석의 일차적 목적은 사업주체가 그 사업을 진행할 타당한 경제적 근거가 있는가를 확신시켜 주는 것이다. 이익이 발생하지 않는 사업에 자신의 자금과 노력을 투자할 이유가 없기 때문에, 개발사업의 주체가 원하는 수준의 이익이 발생하는가를 객관적으로 판단할 필요가 있다. 그러한 판단은 사업주체의 의지나 희망이 아니라 구체적인 수치로써 표현되어야 한다. 일반적으로 관광개발사업은 다양한 비용과 수익이 발생하므로 적합한 기준을 기반으로 한 분석이 진행되어야 한다. 사업의 지속 여부는 객관적인 자료를 기반으로 이루어져야 경제적 손실을 줄일 수 있다.

사업주체가 재무적 타당성 분석을 해야 하는 또 다른 이유는 관광개발사업에는 대규모의 자금이 필요하기 때문이다. 관광개발사업과 같이 대규모 사업을 추진할 때는 사업주체 자신의 자금뿐만 아니라 타인 혹은 타 법인의 자금을 빌려오는 금융(finance)이 필요하다. 대부자(lender) 및 투자자(invester)는 자신들의 자금을 안정적으로 회수할 수 있을 정도로 그 사업의 수익이 보장되어 있는지를 확인하고자 한다. 이때 재무적 타당성 분석은 객관화된 투자비용과 수익을 기반으로 한 분석을 통해 대부자와 투자자의 이해를 돕고, 이들의 투자 결정에 도움을 줄 수 있다.

3) 타당성 분석의 구분

타당성 분석은 재무적 타당성, 법적 타당성, 기술적 타당성을 모두 포함한다(조주현, 2009). 이 중 재무에 집중한 분석을 '재무적 타당성 분석(financial feasibility analysis)'이라 하며, 이를 줄여서 '타당성 분석(Feasibility Analysis; FA 또는 Feasibility Study; FS)'이라 부른다. 법적·기술적인 문제들도 결국에는 재무적인 결과로 귀착되기 때문이다.

최근의 기술적 진보는 재무적인 뒷받침만 된다면 건설환경에서 불가능이 거의 없음을 보여주고 있다. 춘천 위도리조트의 경우 섬 전체를 개발하는 사업으로 일반 호텔과 한옥호텔, 마리나시설, 워터파크, 글램핑장, 상가시설이 직영이고 사업비 조달을 위한 단독세대와 테라스하우스, 타워형만 분양한다. 따라서 준공 후에 섬 전체를 운영, 관리하기 위해서는 많은 비용을 수반하게 된다. 따라서 그에 상응하는 직접적·간접적 수익이 명확하게 발생하는지에 대한 객관적인 분석이 수반되어야 한다.

공공부분 개발일 경우 사업의 타당성이 민간의 수익성만 가지고 진행되지 않는 경우도 많다. 예를 들어, 균형 발전을 목표로 한 공적 사업에서 산업의 파급효과와 지역경제의 활성화가 사업의 목적일 때, 이 사업의 타당성은 단순히 수익금액으로 판단되는 것이 아니다. 이를 위해서는 비용편익분석(cost-benefit analysis)을 활용할 것이 요구된다.

4) 관광개발에서의 수익

관광개발에는 크게 두 가지 수익원이 있다. 하나는 매각을 통한 자본차익(capital gain)이고, 다른 하나는 시설의 운영에 따른 운영수익(operating income)이다. 이해를 돕고자 춘천마리나리조트 개발사업의 경우를 살펴보면, 춘천마리나리조트의 경우 위도라는 섬(대지면적 125,000평)을 개발하는 종합리조트개발사업이다. 이곳에는 호텔, 마리나, 워터파크, 글램핑장, 한옥호텔, 단독세대, 집합세대는 물론이고 5만 평에 펼쳐진 잔디광장에서 각종 공연을 개최할 목적으로 개발에 들어갔다.

총사업비는 1조가 넘는다. 이와 같은 시설을 개발하기 위해서는 막대한 자금이 소요되는데 이런 막대한 자금을 사업자나 금융기관을 통해 조달하는 것은 사실상 불가능하다. 이에 따라 사업자는 초기 분양하는 시설(단독형, 집합형, 타워형 생활형 숙박시설과 콘도시설)을 분양하여 건축비 등 개발에 필요한 사업비를 조달하는 계획을 세웠다.

단독세대의 경우 소유권 분양을 통해 자금을 조달하고 콘도의 경우 한 세대당 5구좌 이상의 분양을 통해 초기투자비나 개발에 필요한 건축비 등을 조달한다. 특히 콘도미니엄의 분양수익금은 자본수익(경우에 따라서는 이자비용이 없는 부채)이 되고 초기의 토지취득과 건설비용에 따른 금융비용을 완화시키는 수단으로 사용된다. 그 외에 호텔, 한옥호텔, 마리나, 글램핑장, 워터파크, 상가임대보증금 등의 운영을 통한 이득은 운영수익으로 산정된다. 만일 이 리조트를 수년간 운영한 후에 매각한다면, 이 운영수익에 기반한 대규모의 자본수익을 얻을 수 있다.

관광개발이나 부동산개발에서는 초기에 분양을 통하여 자본수익을 거두는 경우도 있지만, 현재의 시장 경쟁 환경은 일부 사업성이 좋은 프로젝트를 제외하고 용이하지 않은 것이 현실이다. 많은 경우 콘도미니엄의 회원권 매각을 통한 자본수익과 매년 운영을 통한 운영수익이 혼합된다. 우리나라 부동산 개발시장에서 가장 중요하게 여겨지는 아파트분양 시장과 비교하면, 관광개발은 운영수익의 비율이 상대적으로 더 높으며, 관리·운영을 통한 수익의 지속적인 유지가 중요하다. 특히 매각할 경우 그 관광개발이 한 해 얻게 되는 운영수익이 그 자산의 가치를 결정하고, 이것은 자본차익으로 연계된다.

5) 위험도와 수익률

부동산개발은 일반적으로 다른 투자(예컨대, 예금이나 채권에 대한 투자)보다는 위험도가 높은 만큼 수익성도 높은 편이다. 이는 부동산이 가지는 낮은 환금성(liquidity)과 높은 가격변동, 그리고 투자목적 대상 상품이 아니기 때문이다. 관광개발은 다른 부동산 상품에 비교하여도 자산 매각시장의 규모가 작고, 경기변동에 따른 변동 폭이 크므로 그 위험도는 더욱 높다고 할 수 있다. 주거 중심의 부동산개발이 두터운 수요층에 의해 그 위험도가 상쇄되는 것에 비하여, 관광개발에서의 수요층은 상대적으로 소수인 것이 사실이다.

투자에 따른 기대수익률은 무위험수익률(risk free rate)에 위험할증률(risk premium)을 더한 값이다. 투자에서는 위험도가 증가하면 그에 대한 대가를 요구하며, 이는 위험증가율의 상승과 이에 따른 기대수익률의 증가를 가져온다. 즉, 위험도가 높은 관광개발사업은 투자자들이 기대하는 수익률이 높은 경우가 많으며, 차입금을 유치하는 것이 쉽지 않은 상황에 직면할 수 있다. 게다가 공공기관이 운영하는 관광펀드상품은 제약조건이 많고 그 규모나 대출 금액이 작아 실무적으로는 거의 사업자들이 사용하지 않고 있다.

② 재무적 타당성 분석의 주요 요소

1) 총사업비용, 자본, 부채

개발 프로젝트의 총사업비용은 사업자의 자본(자기자본)과 타인의 자산(부채)의 합과 같다. 대부분의 관광개발 프로젝트는 사업의 규모가 커서 사업주체의 자본만으로 감당하는 경우는 드물며 부채를 이용한다. '총사업비용=자본(equity)+부채(debt)'라는 공식이 성립한다.

일반적으로 사업주체는 자기 자신의 자금뿐만 아니라 타인의 자금을 끌어와서 자본을 구성하는 경우가 많다. 자본투자(equity investment)를 받아서 개발 프로젝트를 위한 자본을 구성한다. 이와 같은 자본은 사업의 실패 시에는 책임을 우선적으로 지게 되기 때문에 손실의 위험이 가장 크다. 따라서 자본투자자들은 이러한 위험을 감수하는 대가로 높은 수익률을 요구하는 것이 일반적이다.

개발 프로젝트에서 부채의 대부자(일반적으로 은행 등의 금융기관을 말하며, 금융주간사가 있는 경우에는 증권사나 자산운용사를 말한다)들은 자신들의 자금을 안정적으로 회수하기 위해 담보를 요구한다. 관광개발에서 대부분의 담보는 개발대상이 되는 토지이다.

최근에는 사업주체의 신용이나 물적 담보를 두지 않고 프로젝트 자체의 현금흐름을 기초로 돈을 대출해 주는 금융기법인 프로젝트 파이낸싱(project financing) 기법이 도입되었다. 그러나 금융기관은 시공사의 대출에 대한 신용연대보증 및 책임준공이행각서, 부동산신탁회사의 이자보증과 자금관리를 조건으로 하는 등 다양한 신용보강장치를 마련하여 이 기법을 운영한다.

결국 프로젝트 자체만을 담보로 한 금융(financing)은 현실적으로 사용하기 매우 어렵기 때문에 사업자는 선호하지만 금융사들은 원하지 않는다.

부채에 대한 이자율은 기준금리의 변화에 따라 변화하는 변동금리와 한 시점에 이자율을 정하고 이를 만기까지 변화시키지 않는 고정금리가 있다. 또한, 이자만을 상환하는 경우와 원금도 동시에 상환하는 융자상환조건도 계약 시에 지정한다.

2) 개발비용의 추정

개발비용은 토지가격과 개발비용을 합한 금액이다. 이 개발비용에는 토지정리비와 직접공사비 외에도 인허가비용, 건축설계, 교통영향평가, 환경영향평가 등 다양한 비용이 포함되며, 그 범위는 개발사업의 규모, 위치, 성격 등에 따라 매우 크게 변화한다.

일반적인 관광개발의 비용에서 가장 많은 비율을 차지하는 것은 토지매입이다. 관광개발의 타당성을 분석할 때 토지를 얼마에 매입하였는지가 가장 중요한 변수가 된다. 대부분의 변수가 개발규모에 연동하여 변화되며 크게 달라지는 점이 적은 데 반하여, 토지가격은 계약의 조건 등에 따라서 크게 차이가 날 수 있다. 그 밖에 개발 대상지까지의 진입도로 및 기타 기반시설에 들어가는 비용이 중요한 변수가 될 수 있다. 비도시지역에 건설되는 관광시설의 경우에는 기반시설 건설비가 상당 부분을 차지할 수 있으므로, 이에 대한 세밀한 비용계산이 요구된다. 또 인허가 및 개발기간에 따른 금융비용도 개발 시 검토해야 할 중요 요소이다. 개발비용의 추정에 대해서는 실무편에서 상세하게 살펴볼 것이다.

3) 운영수지분석

운영수지분석을 위해서는 우선 기준연도의 각 수익 및 비용 항목의 규모를 추정한다. 이 추정을 기반으로 미래 운영 연도의 현금흐름을 추정하는데, 이때 각 수익 및 비용 항목의 연차별 증가율을 이용하여 시간 경과에 따른 금액의 증가를 반영하는 것이 일반적이다.

수익 및 비용 항목을 크게 구분하면 〈표 1-23〉과 같으며, 세부항목들은 개발의 특징에 따라 매우 다양하게 변화한다. 일반적으로 운영수지를 분석하는 지표로서 가장 많이 사용하는 것이 순영업수익(NOI)이며, 이를 기준으로 운영 중심 관광개발의 타당성에 대한 평가가 이루어진다. 순영업수익에서 수리나 개보수를 하거나 이를 위한 준비금 등을 포함한 자본적 지출(capital expenditure)을 제외하면 융자 상황 전 현금흐름(NCFBDS)을 구할 수 있다. 융자조건에 따라 어떤 경우에는 원금과 이자(원리금)를 동시에 갚기도 하고, 어떤 경우에는 이자만을 갚기도 한다.

융자금 또는 부채(debt)의 비율과 상환방법을 어떻게 하느냐에 따라 세전 현금흐름은 변화한다.

〈표 1-23〉 운영의 수익 및 비용 항목의 세부구분

항목
총가능수입(potential gross income)
- 공실 및 기타 손실(vacancy and allowance) = 수익(revenue)
- 제반 운영비용(재산세, 운영 및 관리비용) = 순영업수익(Net Operating Income: NOI)
- 자본적 지출(captial expenditure: 준비금 포함) = 융자상환 전 현금흐름(Net Cash Before Debt Service: NCBDS)
- 융자상환액(Debt Service: DS) = 세전 현금흐름(before tax cash flow)

최근에는 보유세(property tax)의 비율이 높아져 세전수익 계산뿐만 아니라 세후수익의 추정도 매우 중요해졌다.

4) 분양 및 매각 수입 추정

분양 및 매각 수입은 총수입에서 매각 제비용을 제한 것으로, 최종 매각 시의 순 현금흐름은 그 시점의 잔여 융자금과 매각 시의 개발에 따른 이익에 대한 세금을 제하여 추정한다. 세금의 경우에는 사업주체의 성격(법인, 개인, 공공)과 개발의 형태 등에 따라 다양하므로 심도 있는 분석이 추가로 필요하다.

아래 표는 춘천 위도리조트개발사업 중 말굽형 콘도의 분양 및 매각수입을 추정한 예이다. 이 콘도 개발(예)에서는 전체 165개의 객실을 44평형으로 구성하고 있다. 객실당 12구좌를 분양한다면 1/12구좌제가 된다. 1,980명(165실×12구좌)의 수요자에게 분양해야 한다는 것이다. 다만 한 객실당 구좌 수를 얼마로 할 것인지도 시장 수요를 바탕으로 결정하여야 한다. 1/12구좌제인 경우 1년에 30일을 사용할 수 있고, 1/24인 경우에는 15일을 사용할 수 있다.

구좌 수가 적을수록 시간적, 경제적으로 조금 더 여유가 있는 계층이 수요층이 될 것이다. 실제 분양 및 매각 시에는 모든 물량을 소화하기 위하여 일정기간의 시간요소에 대한 검토가 필요하다. 또 시장 상황에 따라 분양 물량을 수차례의 시기에 나누어 공급하는 전략을 취하기도 한다. 초기에 분양받는 수분양자는 조금 더 좋은 추가 서비스나 가격 조건을 선호할 수 있으며, 후반에 투자하는 수분양자의 경우에는 개발의 진척상황을 보면서 진입할 가능성이 높다.

〈표 1-24〉 콘도의 총분양금액 추정(객실당 1/12구좌 분양의 경우)

(단위: 천 원)

평형	객실 수	모집구좌	평당분양가	실당분양금액	구좌당가격	총분양금액
22	330	3,960	30,000	660,000	55,000	217,800,000
계	330	3,960	-	-	-	-

통상 소비자들의 선호도에 대한 사전분석을 한 후에 분양계획을 세우는 데 모든 물량을 초기에 공급하기보다는 장기적인 분양계획을 세우는 것이 필요하다. 과거에는 콘도와 같은 분양형 상품의 경우 전체 물량을 단기간에 분양 매각하는 경우가 있었지만, 최근에는 거의 드문 상황이다. 또한 관광개발의 특성상 단시일에 매각 절차가 끝나고 대금이 모두 입금되는 경우는 없기 때문에 일정한 기간을 고려한 현금흐름을 분석하는 것이 바람직하다. 이에 대한 상세한 내용은 실무편에서 참고하기 바란다.

③ 수익성 분석의 주요 지표

수익성을 분석하는 지표의 선택은 투자자와 개발의 성격에 따라 다양하다. 어떤 투자자는 높은 수익률에 관점을 두며, 다른 투자자는 높지 않더라도 일정한 수익률을 확보하고 안정적으로 투자 자금과 수익을 회수할 수 있기를 원한다. 또 어떤 투자자는 자신의 투자가 얼마나 빠르게 회수될 수 있는지에 중점을 둔다. 이 절에서는 이와 같이 여러 투자기준에 따른 분석지표 가운데 대표적인 것들을 알아본다. 수익성 분석의 경우 대부분 세무사나 회계사에 의해 처리하므로 어떻게 계산되는지만 살펴보면 되기 때문에 부담 갖지 말기 바란다.

1) 자기자본이익률

자기자본이익률(Return On Equity: ROE)은 단기순이익을 기업의 자기자본으로 나눈 뒤 퍼센트화한 수치이다. 이는 기업의 자기자본에 대한 일정기간 이익의 비율을 뜻한다. 기간이익으로는 경상이익, 세전이익, 세후이익 등을 사용한다.

$$자기자본이익률 = (이익 ÷ 자기자본) × 100(\%)$$

2) 자본환원율

일정기간의 순영업수익(NOI)을 총투자자산으로 나눈 값이다. 계산이 비교적 간편하고, 다양한 투자 대상들 간의 비교가 용이할 수 있으며, 운영과 투자금액에 대한 중요한 정보를 담고 있어서 가장 많이 사용되는 수익성 지표이다. 대부분의 신개발에 있어서 운영의 정상화를 위해서는 얼마간의 시간이 필요하기 때문에 운영이 안정화된 해의 순영업수익을 사용하여 자본환원율(capitalization rate; Cap, Rate)을 구하는 경우가 많다.

$$자본환원율 = 순영업수익 \div 총투자자산$$

투자자의 입장에서는 자본환원율을 이용하여 자신이 가지는 가치를 판단하기도 하고, 투자 시에 의사결정의 기준으로 삼기도 한다. 하나의 자산에서 매 기간 얻을 수 있는 순영업수익을 자신이 기준으로 삼는 자본환원율로 나누면 그 자산의 가치를 대략적이라도 추정할 수 있는 것이다. 또한 한 자산의 순영업수익을 알 수 있다면, 시장에 나온 매물의 가격이 자신이 생각하는 투자수익률을 만족시킬수 있는지를 판단할 수 있다.

투자자의 입장에서 자본환원율은 다양한 접근을 통하여 구할 수 있는데, 시장추출법, 조성법, 투자결합법 등 세 가지가 대표적이다. 시장추출법은 대상부동산과 유사한 최근의 매매사례로부터 그 비율을 찾아내는 것이며, 조성법은 대상 부동산에 관한 위험을 여러 가지 구성요소로 분해하고 개별적인 위험에 따라 위험할증률을 더해가는 방법이다. 투자결합법은 대상부동산에 대한 투자자본과 그것의 구성비율을 결합하여 구하는 방법이다(안정근, 2000).

3) 회수기간법

회수기간법(payback period method: PP)은 자기자본을 투입하여 이를 모두 회수하는 데 소요되는 기간이 얼마인가로 사업을 평가하는 방법이다. 이는 임대사업이나 운영사업 같은 장기투자사업에 유용한 기법이다(홍선관, 2008). 초기에는 자기자본을 투입하여 부동산을 매입하거나 신축한 이후 임대사업이나 운영사업을 하면 이를 통해 수익이 발생하고 이 수익들의 합이 자기자본을 넘어서는 시점을 손익분기점(break even point: BEP)이라 하여 회수기간법의 주요 지표로 사용한다.

$$손익분기점(BEP) = 투자자본 \div 매년 순수익의 합$$

4) 순현재가치

순현재가치(net present value: NPV)는 미래의 수익흐름과 총초기투자비를 현재가치로 변환시켜 합한 값이다. 관광개발에 따라 발생하는 미래의 수익흐름은 미래의 가치이다. 이를 현재의 가치로 현가화시켜 현재에 투자되는 전체 투자비와의 비교가 가능하다. 이와 같은 현가화를 위해서는 할인율을 적용하며, 이는 사업의 위험도를 고려한 투자자의 요구수익률의 성격을 갖는다.

5) 내부수익률

순현재가치(NPV)를 0으로 만드는 할인율을 의미한다. 개발사업이 생산해 내는 수익의 현금흐름을 내부수익률(internal rate of return: IRR)로 할인한 합은 현재의 투자액과 일치한다. 평균수익률 등이 현재와 미래의 가치를 구분하지 않는 데 반하여, 내부수익률은 미래의 현금흐름을 현가화하기 때문에 시간변화에 영향을 받는 돈의 가치를 판단하는 데 합리적인 수단이 될 수 있다.

내부수익률(IRR)을 이용하면 할인율을 구하는 어려움에서 벗어날 수 있다. 할인율을 규정하는 것 자체가 매우 어려운 일이며 주관적 관점이 개입될 가능성이 높다. 또한 할인율의 변동에 따라 순현재가치는 크게 달라진다. 그런데 내부수익률을 이용하면 할인율을 규정할 필요가 없고 주관적 관점을 축소시킬 수도 있다. 또 다른 장점은 이것이 하나의 비율이라는 데 있다. 투자의 가치를 나타내는 비율로 사용됨으로써 시장이자율 및 다른 투자 대안들과 쉽게 비교할 수 있는 것이다.

④ 할인현금흐름 분석

1) 할인현금흐름 분석

(1) 개념

할인현금흐름 분석(Discounted Cash Flow Analysis: DCF)은 미래의 현금흐름을 예측하고 이를 현재가치화하여 개발사업이 이익을 가져올지의 여부와 그 규모를 분석하는 것이다. 사업의 재무적 타당성을 정확하게 분석하기 위해서는 시간별로 자금흐름을 예측하고 이를 현재가치화하여 분석할 필요가 있다. 즉, 미래의 현금흐름을 추정하고 이들을 모두 현재화한 후 이것이 사업적으로 이익을 가져올지를 분석하는 것이다. 이와 같은 분석방법을 할인현금흐름 분석이라고 한다. 이 분석방법은 사업주체가 미래의 현금흐름을 현재의 기준으로 판단하는 것으로, 개발사업의 추진을 결정할 때도 유용하며, 투자자와 금융기관이 자금투입을 결정할 때도 필수적으로 사용된다.

(2) 목적

관광개발사업은 단기간에 끝나지 않고 장기간에 걸쳐 이루어지며, 사업 추진기간 동안 자금의 투입과 수익이 발생한다. 미래에 발생하는 자금흐름의 가치는 현재의 가치와 다르며, 미래의 불확실성도 무시하지 못할 변수이다. 할인현금흐름 분석은 미래에 발생할 현금흐름을 확인하고 그것이 현재에 어떤 가치를 지니게 될지를 보여주는 분석이다. 또한 미래에 발생할 수 있는 변수들을 반영하여, 사업 추진의 안전성을 검토할 수 있도록 하는 기반을 만들어준다. 이를 위해 개발비용의 추정, 운영수지분석, 분양 및 매각 수입 추정 등에 대한 심도있는 조사·분석이 이루어져야 한다. 추정 시에는 이들 변수가 여러 조건하에서 다양하게 변화될 수 있음도 주목하여야 한다.

미래의 변화를 100% 예측하는 것은 불가능함을 반드시 인지하고, 잠재된 위험요소에 항상 대응할 준비를 하여야 한다. 이들 조사를 근거로 매 기간 프로젝트에서 발생할 현금흐름을 예상할 수 있고, 개발사업이 전반적으로 수익을 발생시키는지 그리고 그 수익률은 어떻게 되는지를 추정할 수 있다. 또한 매 기간의 손익을 추정할 수 있으므로 장기적으로 어떻게 자금계획을 세워야 하는지를 가늠할 수 있다.

2) 할인현금흐름 분석의 주요 개념

(1) 이자율

이자(interest)란 화폐 또는 신용의 사용에 대하여 지급하는 대가이며, 궁극적으로 화폐 또는 신용으로 입수할 수 있는 자본재의 사용에 대한 대가이다. 이자율(rate of interest)의 수준은 궁극적으로는 자본재에 대한 수익률에 의하여 결정된다. 개발을 위해 투자된 자본재는 움직이지 않고 저장(stock)되어 있으며, 이에 대한 대가로 소득(flow)이 발생한다.

개발사업의 추진에서 조달하는 차입금은 각 자금의 성격에 따라 요구하는 이자율에 차이를 나타낸다. 이와 같은 성격은 위험(risk)을 어느 정도 감당할 것인가와 그에 대한 대가를 어느 정도 바라는가에 따라 결정된다. 고위험(high risk)을 감수하는 자금은 그에 따라 높은 이자율이 요구되고, 상대적으로 저위험을 추구하는 자금은 낮은 이자율로도 차입이 가능하다. 일반적으로 관광개발에서 이자율은 대부자가 자금을 빌려주는 것에 대한 대가로 받는 이자의 비율을 말한다.

(2) 할인율

관광개발사업은 초기에 많은 투자를 하고 임대료, 입장료 혹은 객실료 등의 수입을 기반으로 지속적인 수익을 창출하여 투자자와 사업주체의 요구 수익을 맞춘다. 투자자의 입장에서는 미래에 발생하는 수입의 흐름이 오늘의 투자를 정당화할 수 있는지를 파악해야 한다. 그런데 오늘의 1만 원이 1년 후의 1만 원의 가치와 일치하지 않는다는 문제가 있다. 일반적으로 돈의 가치는 시간이 지남에 따라 하락한다. 미래의 1만 원은 현재의 1만 원보다 가치가 낮다. 이와 같이 하락하는 돈의 가치를 현재의 가치로 환산하기 위하여 할인율(discount rate)이 사용된다.

할인율은 시간적으로 '소비를 참아야 하는 것에 대한 대가'와 '미래수입의 불확실성'을 반영한다. 할인율은 투자의 관점에서 보면 '동일한 투자위험을 지니는 투자대안의 수익률'이라 정의할 수 있다. 할인율은 이러한 대안적인 투자를 포기하는 데 대한 대가, 즉 기회비용(opportunity cost of capital)이다. 각 투자자들은 서로 다른 요구수익률(required rate of return)을 가지며 그 최저 기준이 충족될 때 투자할 이유가 있는 것이다. 이러한 측면에서 할인율이란 투자자가 요구하는 최저수익률(hurdle rate) 혹은 유보수익률(reserved rate)의 의미를 지닌다(조주현, 2009).

이자율과 할인율은 자금의 이용에 대한 비용을 표현하기 때문에 이들을 혼용하는 경우도 있다. 그러나 할인율은 사업주체가 운용하는 자금에 대한 기회비용의 성격을 가지기 때문에 구분해서 사용되어야 한다. 재무분석에서 이자율은 타인의 자금을 빌리는 것에 따른 사용대가의 산정비율이며, 할인율은 사업주체 혹은 투자자의 관점에서 투자에 따른 현금흐름의 최저수익률을 나타낸다.

(3) 현재가치와 미래가치

미래가치(future value)는 현재의 화폐가치를 미래의 특정시점을 기준으로 그 시점에서의 화폐가치로 계산한 것이다. 이와 반대로 현재가치(present value)는 미래의 화폐가치를 현재시점의 화폐가치로 환산한 것이다. 이자율과 할인율을 이용하여 우리는 현재가치를 미래가치로, 미래가치를 현재가치로 자유롭게 환산할 수 있다. 계산의 편의상 이자율과 할인율을 i라고 표현할 때, 다음과 같이 현재가치와 미래가치의 관계를 표현할 수 있다.

$$FV = PV \times (1 + i)^n$$

- FV = 미래가치
- PV = 현재가치
- i = 이자율, 할인율
- n = 기간

⑤ 할인현금흐름 분석의 주요 지표

1) 현재가치와 미래가치

기준시점이 변화됨에 따라 현금의 가치도 이자율과 할인율에 의해 변화된다. 예를 들어, 프로젝트의 할인율이 10%인 경우 1년 후에 발생하게 될 1억 원의 현재가치는 식(1)을 이용하여 다음과 같이 계산된다.

$$\text{식(1)} \quad 100{,}000{,}000 = PV \times (1+0.1)^n$$
$$PV = 100{,}000{,}000 \div (1+0.1)$$
$$= 90{,}909{,}091(원)$$

1년 뒤의 1억 원의 현재가치는 약 9,090만 원에 해당하는 것이다. 추가하여 2년 뒤에 1억 원의 가치를 산정해 보면 다음과 같다.

$$\text{식(1)} \quad 100{,}000{,}000 = PV \times (1+0.1)^2$$
$$PV = 100{,}000{,}000 \div (1+0.1)^2$$
$$= 82{,}644{,}628(원)$$

2년 뒤 1억 원의 현재시점의 가치는 약 8,300만 원이 된다. 이와 같은 방식들을 이용하여 미래에 발생하게 되는 현금의 흐름은 할인율을 기준으로 현재가치화가 가능하며 현재가치는 미래의 현금흐름보다 그 크기가 작다.

위 두 개의 현재가치의 합은 매년 1억 원씩 2년에 걸친 현금흐름의 현재가치로 환산한 값이 된다. 즉, 현재의 173,553,719원의 가치는 앞으로 2년 동안 매년 말에 1억 원씩 받게 되는 현금흐름의 가치와 일치하며, 이를 현금흐름의 현재가치(present value: PV)로 표시한다. 이를 다시 수식으로 전개하면 다음과 같다(할인율 10%).

$$PV = \{100{,}000{,}000 \div (1+0.1)\} + \{100{,}000{,}000 \div (1+0.1)^2\}$$
$$= 90{,}909{,}091 + 82{,}644{,}628$$
$$= 173{,}553{,}719(원)$$

2) 순현재가치의 계산

개발 프로젝트에는 투자가 필요하며, 이는 미래의 수익에 대한 비용의 형태를 갖는다. 한 프로젝트에 들어가는 수익과 비용을 모두 합치면, 이 프로젝트에서 얻을 수 있는 순수한 이익을 알 수 있다. 그런데 이들 수익과 비용이 시차를 두고 발생하는 경우가 대부분이고 할인율에 의해 이들의 가치가 변화하므로, 이들을 현재시점 기준의 가치로 전환시켜 합산해야 한다. 순현재가치는 다음의 식을 통해 구할 수 있다.

$$NPV = \frac{CF_1}{(1+i)^1} + \frac{CF_2}{(1+i)^2} + \cdots + \frac{CF_n}{(1+i)^n} - I_0 = \sum_{t=1}^{n} \frac{CF_t}{(1+i)^t} - I_0$$

- NPV: 순현재가치(Net Present Value)
- CF : n시점의 현금흐름
- i: 할인율
- I_0: 초기투자비

만일 순현재가치가 양수이면 당해 프로젝트는 요구수익률을 만족시키고 투자 결정을 내리기 위한 최소한의 조건을 충족한 것으로 판단된다. 그렇지 못하고 순현재가치가 음수이면 요구수익률에 미달되는 사업으로서 사업성이 없는 것으로 판단할 수 있다. 최근 들어 개발사업에 대한 평가의 기준으로 대부분 순현재가치에 대한 검토가 이루어지고 있으며, 시간의 흐름에 따른 돈의 가치변화에 대한 이해의 중요성은 더욱 커지고 있다.

앞의 현금흐름을 위하여 현재 1억 5,000만 원을 투자해야 한다면, 다음과 같이 계산식을 전개할 수 있다.

$$NPV = -\{150,000,000 \div (1 + 0.1)^0\} + \{100,000,000 \div (1 + 0.1)^1\} + \{100,000,000 \div (1 + 0.1)^2\}$$
$$= -150,000,000 + 90,909,091 + 82,644,628$$
$$= 23,553,719(원)$$

즉, 위의 프로젝트에서 실제 순익은 23,553,719원이 되며, 이를 위해서 1억 5,000만 원의 투자가 필요한 것이다.

3) 내부수익률의 계산

내부수익률(IRR)을 수작업으로 구하는 것은 시간이 매우 많이 걸리는 일이다. 임의의 할인율을 입력하여 시행과 수정을 반복해 가면서 현금흐름의 순현재가치(NPV)가 0이 되는 할인율을 찾아내는 과정이기 때문이다. 그러나 최근에는 상업용 계산기나 마이크로소프트사의 엑셀(Excel) 같은 컴퓨터 프로그램을 이용하여 간단하게 계산한다. 마이크로소프트의 엑셀 프로그램에는 내부수익률을 구하는 함수기능이 있으며, 이를 이용하여 매우 쉽게 값을 도출할 수 있다.

내부수익률(IRR)은 NPV가 0이 되는 할인율이다. 위 프로젝트의 내부수익률 계산식은 따라서 다음과 같은 전개가 가능하다.

$$0 = -\{150{,}000{,}000 \div (1 + IRR)^0\} + \{100{,}000{,}000 \div (1 + IRR)^1\} + \{100{,}000{,}000 \div (1 + IRR)^2\}$$

이 식의 계산은 상업용 계산기나 엑셀을 이용하며, 이 예에서 IRR은 21.35%가 된다. 할인율을 10%로 한 개발자나 투자자에게 이 프로젝트는 높은 수익을 보장하는 것으로 판단할 수 있다.

⑥ 할인현금흐름 분석의 예(스파형 워터파크 개발 및 운영)

할인현금흐름 분석은 개념적으로는 간단하지만, 이것을 처음 활용하는 입장에서는 상당한 혼란을 겪을 수 있다. 따라서 간단한 현금흐름이라도 계산해 보면서, 반복적으로 습득하는 과정이 중요하다. 앞 절에서 콘도 분양에 대한 가장 간단한 계산 사례를 살펴보았으며, 이 절에서는 스파형 워터파크를 개발하는 예를 다루어 학생들이 개념을 이해하는 데 도움을 주고자 한다.

1) 개발비용 추정

관광개발에서 부여되는 비용은 크게 구분하면 토지비, 직접적인 공사비, 그리고 용역 및 제반비용 등의 세 가지를 들 수 있다. 〈표 1-25〉는 스파형 워터파크의 개발 시 항목별 비용 산출 예이다.

토지매입비에는 토지비 자체와 제반 세금 및 수수료가 포함된다. 공사비 항목에는 실외 및 실내 면적, 워터파크 시설면적 그리고 시설 외부의 도로, 주차장, 녹지에 대한 건설비용이 산출되어 있다. 개발비용에 금융비용을 포함하는 경우가 보편적이지만 그 계산이 복잡해지기 때문에, 표의 현금흐름 분석에서는 이해를 쉽게 하기 위하여 포함시키지 않았다. 이에 대한 추가 내용은 이 절의 3항 '할인현금흐름 분석'에서 다룬다.

비도시지역에서 개발이 이루어지는 경우가 많기 때문에 기반시설 비용에 대한 것도 상세한 검토가 필요하다. 〈표 1-25〉와 같은 스파형 워터파크의 경우에는 물의 사용이 많고 하수처리의 필요성이 있으므로 지하수 개발과 하수처리에 대한 비용이 중요한 항목으로 고려되어 있다. 이들 기반시설은 도시지역에서는 크게 문제가 되지 않지만, 비도시지역에서는 개발비용을 증가시키는 중요한 요소가 되기도 한다. 또한 난방 및 온수 공급을 위하여 어떠한 에너지원을 사용할지도 고려하여야 한다. 과거에는 가스를 사용하는 것으로 계산되어 있으나, 최근 태양열이나 수열 혹은 지열의 이용을 장려하고 있고 지원제도가 마련되어 있기 때문에 이에 대한 고려도 필요할 수 있다.

〈표 1-25〉 스파형 워터파크의 개발비용 산출(예)

항목	계	세부항목		산출금액		산출내역
공사비	15,555	실외	야외수영장	455	백만 원	350평×1.3백만 원/평
			실외온천	1,125	백만 원	450평×2.5백만 원/평
			소계	1,580	백만 원	800평
		실내	비데풀	3,000	백만 원	600평×5.0백만 원/평
			남자대온천장	1,350	백만 원	300평×4.5백만 원/평
			여자대온천장	1,575	백만 원	350평×4.5백만 원/평
			찜질방	2,000	백만 원	500평×4.0백만 원/평
			로비 & 부대시설	3,500	백만 원	700평×5.0백만 원/평
			유보면적	450	백만 원	300평×1.5백만 원/평
			소계	11,875	백만 원	2,750평
		워터파크 총면적		–	–	3,550평
		도로 및 녹지		350	백만 원	700평×0.2백만 원/평
		주차장		1,750	백만 원	3,500평×0.2백만 원/평
		합계		15,555	백만 원	7,750평
토지매입비	17,382	대지비		16,275	백만 원	7,750평×1.1백만 원/평
		취득세		944	백만 원	대지비×5.8%
		기타 비용		163	백만 원	대지비×1.0%
설계용역비	2,525	설계 및 감리비		2,325	백만 원	7,750평×0.3백만 원/평
		도시계획 용역비		100	백만 원	일식
		각종 평가 수수료		100	백만 원	일식
보존등기비	518			518	백만 원	공사비의 3.16% 및 법무수수료
기반시설	4,080	지하수 개발		1,000	백만 원	일식
		하수처리		2,000	백만 원	일식
		가스인입		1,000	백만 원	일식
		전기인입		80	백만 원	일식
각종 부담금	39	대체조림비		39	백만 원	7,750평×0.005백만 원/평
각종 수수료	20	감리보증수수료				
		하자보수수수료		20	백만 원	
기타 비용	50	면허세		50	백만 원	지역개발공채 등
본사관리비	156	공사비		156	백만 원	9,940백만 원×1.0%
초기관리비	388			388	백만 원	7,750평×0.05백만 원/평
사업예비비	2,036	사업예비비		2,036	백만 원	24,130백만 원×5.0%
총계	42,749					

출처: 이석호 · 최창규(2021), 관광개발론, pp.157-161 인용

세부항목들의 평당 공사비는 각각이 다르며 세부적인 시설 특성에 따라 변화된다. 기반시설에 대한 것도 입지 및 시설 특성에 따라 그 변화 폭이 매우 크다. 관광개발을 추진하는 주체는 자신이 원하는 시설의 기준에 만족하는 수준에서 공사비와 용역 등의 제반 비용에 대한 자세한 조사와 함께 비용을 최소화할 수 있는 방안을 강구해야 한다.

2) 운영손익의 추정

스파형 워터파크가 건설된 이후 운영손익은 크게 매출과 비용에 대한 계산으로 구분하여 진행된다. 매출과 비용을 산출하기 위해서는 방문객의 규모를 추정해야 한다. 시설의 방문객은 평일, 주말에 따라 다를 것이고, 계절 및 휴가철에 따라 다를 것이다. 예상 방문객은 비교 사례를 이용하거나 관광권역 내 방문객들에 대한 설문조사를 통한 의향률을 조사하여 추정할 수 있다. 이 사례에서는 편의상 권역 내 500만 명의 관광객이 방문하며, 이들 중에서 10%인 50만 명이 워터파크를 방문하는 것으로 계산해 보았다.

매출은 입장료와 부대시설 이용료로 구분하여 추정한다. 아래에서는 방문객당 평균 2만 원의 입장료를 받고 이들이 부대시설 이용으로 평균 7,000원을 지출하여, 매년 135억 원의 매출을 얻는 것으로 추정하였다. 운영비용은 인건비, 재료비, 및 일반관리비가 전체 매출의 37%를 차지할 것으로 추정하여 매년 약 50억 원이 소요되는 것으로 추정하였다.

상세한 추정을 위해서는 입장료에도 성인 및 어린이, 계절별·시간별 차등제, 각종 할인 등에 대한 항목이 포함되어야 한다. 부대시설은 식당, 스낵, 음료 및 놀이시설 등을 구분하여 추정이 이루어져야 한다. 또한 운영비용은 각 시설별 재료비를 확인하고, 투입 인력별 인건비와 시설의 일반관리비를 조사하여 추정하는 것이 필요하다. 상세한 운영손익 추정은 이와 같이 다양한 항목에 대한 전문적인 조사가 수반되어야 하며, 개발의 초기단계에서는 〈표 1-26〉과 같이 개략적인 분석에서 시작하지만, 운영단계로 갈수록 조금 더 세밀한 분석과 그에 대한 대응이 필요하다.

〈표 1-26〉 스파형 워터파크의 운영손익 추정(예)

구분			산출내역		
매출	입장료	10,000백만 원/년	객단가(20,000원/인) × 방문객 수		
	부대시설	3,500백만 원/년	객단가(7,000원/인) × 방문객 수		
	소계	13,500백만 원/년	객단가(27,000원/인) × 방문객 수		
운영비용		4,995백만 원/년	인건비		매출의 15.00%
			재료비		매출의 10.00%
			일반관리비		매출의 12.00%
			소계		매출의 37.00%
운영수익		8,505백만 원/년			

3) 할인현금흐름 분석

〈표 1-27〉은 운영수익을 목표로 한 개발사업의 할인현금흐름 분석표로서, 실제 개발에서 사용되는 것보다 매우 단순화시킨 예이다. 사례 사업의 경우에 개발은 2년이 소요되며, 2023년 개장부터 정상 운영되는 것으로 가정하였다. 융자금은 부채비율(LTV) 70%, 고정금리 4.5%, 10년 원리금 분할상환 조건으로 가정하였으며, 개발기간 내의 금융비용은 없는 것으로 가정하였다. 첫해 약 128억 원과 둘째 해 약 300억 원의 개발비용이 지출되었으며, 2023년부터 약 85억 원으로 시작하여 영업을 통한 수익이 발생한다. 할인율은 5.5%로 적용할 때 이 개발의 순현재가치(NPV)는 약 20.8억 원에 달한다. 현금흐름의 내부수익률(IRR)은 6.45%에 이른다. 이것은 10년 후 매각에 따른 자본 차익을 계산하지 않은 것으로서, 이것을 추가하면 이 관광개발의 수익률은 상당히 향상될 것으로 추정된다.

민간의 거의 모든 관광개발에는 부채와 융자가 수반된다. 〈표 1-27〉에서도 전체 개발비용의 70%를 융자하고 4.5%의 고정금리로 10년간 원리금을 갚아 나가는 것을 기준으로 계산하였으며, 상세한 내용은 〈표 1-28〉에 나타나 있다. 원리금 균등상환 조건에 따라서 매년 원리금상환액(b)은 일정하게 37억 8,200만 원으로 고정되어 있으나 이자상환액(c)과 원금상환액(d)은 변화된다. 이자상환액은 2023년 첫해에 13억 4,700만 원에 달하지만, 2032년에는 1억 6,300만 원으로 감소한다. 원금상환액은 2023년 약 24억에서 2032년에는 약 36.2억으로 증가한다. 이와 같은 융자상환 계획을 수행하면 2032년에는 모든 부채를 상환하게 된다. 따라서 이 개발 프로젝트는 2033년부터 부채가 없이 매년 순운영수익을 얻는 우량한 자산이 될 수 있다.

스파형 워터파크의 간단한 사례를 통해 개발비용, 운영수익, 부채상환과 현금흐름을 추정하여 보았다. 그러나 이상의 내용은 세금·감가상각·자본적 지출 등에 대한 항목이 포함되어 있지 않고, 세부적인 항목에 대한 추정을 하지 않아 매우 간략화되어 있는 것이다. 또한 실제로는 개장 후 정상운영까지 일정한 기간이 소요되어 초기에 수익을 올리기가 쉽지 않은 경우가 많다. 건설기간 동안의 융자를 개발 후 건물과 부동산을 담보로 전환함에 따라 건설기간 동안과 개발 후의 융자조건 등이 변화되기도 한다. 자본(equity)을 다양한 기관으로부터 모집하는 경우도 있으며, 이에 따라 수익의 배분이 다양한 조건으로 제시되기도 한다. 이와 같이 부동산개발은 그 비용과 운영수익뿐만 아니라 수익배분도 개별 프로젝트의 성격과 사업주체에 따라 변화됨을 주지하여야 한다.

〈표 1-27〉 스파형 워터파크 개발사업의 할인현금흐름 분석(예)

(단위: 백만 원)

연도	2021	2022	2023	2024	2025	2026	2027	2028	2029	2030	2031	2032
초기투자비 (개발비용)	-12,824	-29,923	-	-	-	-	-	-	-	-	-	-
영업현금 유입	-	-	8,505	8,810	9,125	9,451	9,787	10,135	10,495	10,865	11,249	11,645
운영매출	-	-	13,500	13,905	14,322	14,752	15,194	15,650	16,120	16,603	17,101	17,614
운영비용	-	-	-4,995	-5,095	-5,197	-5,301	-5,407	-5,515	-5,625	-5,738	-5,852	-5,969
운영수익	-	-	8,505	8,810	9,125	9,451	9,787	10,135	10,495	10,865	11,249	11,645
자금과부족	-12,824	-29,923	8,505	8,810	9,125	9,451	9,787	10,135	10,495	10,865	11,249	11,645
누적 자금과부족	-12,824	-42,747	-34,242	-25,432	-16,306	-6,855	2,932	13,068	23,562	34,428	45,677	57,322
융자금상환 (이자+원금)	0	0	-3,782	-3,782	-3,782	-3,782	-3,782	-3,782	-3,782	-3,782	-3,782	-3,782
당해 현금흐름	-12,824	-29,923	4,723	5,029	5,344	5,669	6,006	6,354	6,713	7,084	7,467	7,863

주: 1) 2021년과 2022년 개발 후 2023년 1월 개장
　　2) 융자조건: 부채비율(LTV) 70%, 고정금리 4.5%, 10년 원리금 분할상환 조건
　　3) 개장 후 운영매출 연 3%씩 상승, 운영비용은 2%씩 증가
　　4) 현가화를 위한 할인율은 5.5% 적용

〈표 1-28〉 스파형 워터파크 개발사업의 부채상환 계획의 예

(단위: 백만 원)

기간	연초 융자액(a)	원리금상환액(b)	이자상환액(c)	원금상환액(d)	연말 융자액(e)
2023	29,923	-3,782	-1,347	-2,435	27,488
2024	27,488	-3,782	-1,237	-2,545	24,943
2025	24,943	-3,782	-1,122	-2,659	22,284
2026	22,284	-3,782	-1,003	-2,779	19,505
2027	19,505	-3,782	-878	-2,904	16,601
2028	16,601	-3,782	-747	-3,035	13,567
2029	13,567	-3,782	-610	-3,171	10,395
2030	10,395	-3,782	-468	-3,314	7,082
2031	7,082	-3,782	-319	-3,463	3,619
2032	3,619	-3,782	-163	-3,619	0

⑦ 민감도 분석

1) 정의와 필요성

민감도 분석(sensitivity analysis)은 가정(假定)의 변화에 따라 사업수익이 어떻게 변화할 것인가를 분석하는 방법이다. 사업의 재무적 타당성을 분석하기 위해서는 할인현금흐름에 대한 분석모형을 작성하는데, 이때 여러 가지 가정과 시나리오를 기반으로 하는 것이 대부분이다. 이와 같이 추정된 가정과 시나리오는 시장의 환경과 협상의 결과 등으로 변화될 가능성이 있으며 이에 따라 사업의 수익성도 영향을 받을 수 있다. 즉 민감도 분석은 "만약 어떤 상황이 벌어진다면? 그 결과는 이익이나 현금의 흐름에 어떠한 영향을 미칠 것인가?"라는 물음에 대한 해답을 구하는 것이다.

함수의 성립이 가능한 모형이라면 독립변수의 변화가 종속변수에 어떠한 영향을 미칠지 비교적 쉽게 계산할 수 있으나, 대부분의 관광개발에서 재무적 분석모형은 함수화가 실질적으로 불가능하다. 사업의 재무적 타당성을 분석할 때 민감도 분석은 반드시 필요하다. 우리는 미래의 변화를 예측할 수 없기 때문에 다양한 상황 전개에 대한 대응전략을 미리 세워서 위험한 상황을 막고 수익은 극대화시켜야 한다.

2) 분석방법

민감도 분석에서는 추정된 다양한 가정들(공실률, 임대료, 입장료, 이자율, 운영경비 등)의 주요 독립변수들을 변화시켜 가면서 수익성 지표들이 어떻게 변화되는지를 분석한다. 먼저 기준사례(base case)를 설정하고, 이에 의거하여 수익성과 현금흐름을 분석한다. 그 다음은 독립변수의 변동폭을 추정한다. 이때 최선·최악의 시나리오 등으로 구분하는 시나리오를 만들 수도 있고, 다른 변수들을 고정하고 개별 위험요소들의 변화만을 가정할 수도 있다. 그리고 독립변수들의 추정값을 작성한 분석모형에 대입하여 그에 따른 수익성과 현금흐름의 변화값을 구한다. 최종적으로는 분석 대비표 등을 만들어 비교 평가를 용이하게 한다. 앞의 스파형 워터파크의 개발을 예로 든다면 다음과 같은 물음에 대해 수익성과 현금흐름에는 어떠한 영향을 미칠 것인가에 대한 해답을 구할 수 있다.

- 첫째, 입장료를 500원 올린 20,500원이 된다면?
- 둘째, 자본비용이 증가하여 할인율이 5.5%에서 7%로 증가한다면?
- 셋째, 금리가 매년 0.5% 포인트씩 3년간 상승된다면?
- 넷째, 물가상승률이 매년 3%씩 증가하여 운영비용도 같은 비율로 증가한다면?
- 다섯째, 경제적·사회적 충격에 의하여 이용객이 50% 감소한다면?

이상과 같은 가정의 변화는 순현재가치(NPV)와 내부수익률(IRR)에 영향을 미치게 되며, 어떤 경우에는 관광개발의 실행을 결정하는 중요한 정보를 내포할 수 있다. 관광개발은 내부적인 운영도 중요하지만 다양한 외부환경의 변화에 따른 영향요인도 중요하므로, 주요 항목을 결정하고 이에 대한 민감도 분석을 수행하는 것이 바람직하다.

⑧ 비할인기법

비(非)할인기법(방식)은 현금의 흐름을 현재가치로 환산하지 않고 액면 그대로 평가하는 방식이며, 전통적 투자분석법이라고도 한다. 이 기법에는 회수기간법과 회계적 수익률법이 있다.

1) 회수기간법

회수기간(回收期間, Payback period)이란 투자안에 대한 전체 현금지출을 회수하는 데 걸리는 연수(年數)를 의미한다. 회수기간법에서는 초기에 투자금액을 할인하지 않은 미래의 금액으로 회수하는 데 걸리는 기간을 기준으로 투자안을 선택한다. 즉 자금회수는 어느 시기에 이루어지더라도 할인하여 고려하지는 않는다.

회수기간법에 의하면 독립적 투자안일 경우 계산된 회수기간이 목표 회수기간보다 같거나 짧을 경우 투자를 선택하고, 보다 길 경우에는 투자를 기각한다. 또한 상호 배타적인 투자안일 경우 투자안의 회수기간이 목표 회수기간보다 짧은 투자안들 중에서 회수기간이 가장 짧은 투자안을 선택한다. 이와 같은 회수기간법은 현금흐름을 할인하지 않는 문제가 있으므로, 학자에 따라서는 초기 투자금액을 현재가치로 회수하는 데 걸리는 기간을 기준으로 투자안을 선택하는 현가회수기간을 제시하기도 한다.

회수기간법은 비교적 단순하여 많이 사용하고 있으며, 회수기간이 길수록 위험한 투자안으로 볼 수 있는 장점이 있다. 반면에 현금흐름을 할인하지 않으며, 목표회수 기간이 자의적으로 결정되고, 회수기간 이후의 현금흐름을 반영하지 않는 문제점이 있다. 또한 계속적인 투자가 이루어지는 경우나 준공 후 원상복구를 하는 경우에는 적합하지 않다.

2) 회계적 수익률법

회계적 수익률법이란 회계장부에 기입된 수입과 지출을 근거로 수익률을 계산하는 방법으로 최대수익률법과 평균수익률법이 있다.

최대수익률법이란 최대 수익연도의 수입을 총투자액으로 나눈 값을 기준으로 평가하는 방법이다(최대수익률 = $\dfrac{수입액}{투자액}$). 또한 평균수익률법이란 사업기간 전체를 고려한 지표로서 연평균 수입을 총투자액으로 나눈 값을 사용한다. 다만 사업기간이 다르거나 현금흐름이 전혀 다른 사업들을 비교하는 경우는 주의해야 한다(평균 수익률 = $\dfrac{연평균수입액}{총투자액}$).

이 방법은 회계장부를 이용해 계산하므로 간편하지만, 현금흐름을 할인하지 않으므로 정확성이 떨어지는 문제가 있다.

⑨ 단년도 분석법

할인현금수지분석법을 투자준거로 사용하기 위해서는 여러 가지 복잡한 계산절차를 거쳐야 한다. 따라서 실무분야에서는 복잡한 할인현금수지분석법 대신 1년치 현금흐름만으로 분석이 가능한 단년도 분석법을 활용하는 경우도 있다. 단년도 분석법은 어림셈법(Rule-of-thumb method)이라고도 하며, 투자 첫해에 발생한 여러 종류의 현금수지를 승수(乘數, multiplier)의 형태로[26] 표시하는

---

26) 이창석 외(2017), 『부동산사업 타당성분석』, pp.269-272

승수법과 이를 수익률(Rate of return)의 형태로 표시하는 수익률법으로 구분된다.

1) 승수법

승수법이란 초기 1년간의 영업수지(현금수지)를 여러 종류의 승수의 형태로 표시하는 방법을 말한다.

(1) 총소득승수(조승수)

총소득승수(조승수)란 다음과 같이 총소득에 대한 총투자액의 배수를 의미한다. 이때의 총소득은 가능총소득(PGI)과 유효총소득(EGI)이 있으며, 이에 따라 총소득승수는 가능한 총소득승수와 유효총소득승수로 구분될 수 있다.

$$\bullet \text{총소득승수} = \frac{\text{총투자액}}{\text{총소득}}$$

(2) 순소득승수(순승수)

순소득승수(순승수)란 다음과 같이 순영업소득(NOI)에 대한 총투자액이 배수, 순소득승수를 자본회수기간이라고도 한다.

$$\bullet \text{순소득승수} = \frac{\text{총투자액}}{\text{순영업소득}}$$

(3) 세전현금수지승수(세전승수)

세전현금수지승수(세전승수)란 다음과 같이 세전현금수지(BTCF)에 대한 지분투자액의 배수를 말한다.

$$\bullet \text{세전현금수지승수} = \frac{\text{지분투자액}}{\text{세전현금수지}}$$

(4) 세후현금수지승수(세후승수)

세후현금수지승수(세후승수)란 다음과 같이 세후현금수지(ATCF)에 대한 지분투자액의 배수를 말한다.

$$• \ 세후현금수지승수 = \frac{지분투자액}{세전현금수지}$$

2) 수익률법

수익률법이란 초기 1년간의 영업수지(현금수지)를 여러 종류의 수익률의 형태로 표시하는 것이다. 어림셈법에 의한 수익률에는 종합자본환원율, 지분배당률, 세후수익률이 있다.

(1) 종합자본환원율(종합환원율)

종합자본환원율은 다음과 같이 총투자액에 대한 순영업소득(NOI)의 비율이며, 종합수익률 또는 종합률이라고 한다. 이는 순소득승수의 역수가 된다.

$$• \ 종합자본환원율 = \frac{순영업소득}{총투자액}$$

(2) 지분배당률

지분배당률이란 다음과 같이 지분투자액에 대한 세금현금수지(BTCF)의 비율로서 세전현금수지승수의 역수이다.

$$• \ 지분배당률 = \frac{세전현금수지}{지분투자액}$$

(3) 세후수익률

세후수익률이란 다음과 같이 지분투자액에 대한 세후현금수지(ATCF)의 비율로서 세후현금수지승수의 역수이다.

$$• \ 세후수익률 = \frac{세후현금수지}{지분투자액}$$

3) 단년도분석 방법의 장단점

이와 같은 단년도분석 방법(어림셈법)은 단순한 장점이 있으나, 한 가지 방법에 의해 계산된 비율은 다른 방법에 의해 계산된 비율과 직접 비교하기가 곤란한 문제점이 있다. 이 같은 약점은 미래의 현금수지를 할인하지 않는다는 데서 기인한다. 또 한 1차연도의 현금수지만을 기준으로 하므로 정확지 않으며, 화폐에 대한 시간가치를 고려하지 않기 때문에 부동산의 보유기간 중 현금수지의 변동이 심할 경우에는 투자결정의 판단준거로 사용하기가 더욱 부적절하다.

⑩ 금융비 분석법

일반투자자나 금융기관들은 투자에 대한 위험을 평가하기 위하여, 현금수지를 여러 가지 비율로 분석하고 있다. 이렇게 관행적으로 사용되는 여러 가지 금융비율들은 투자계획이나 수익성 제고를 위한 유용한 수단이 될 수 있다. 비율 분석의 수단으로 흔히 쓰이는 금융비율에는 다음과 같은 것이 있다.[27]

1) 대부비율

대부비율(LTV: Loan-To Value ratio)은 부동산 가치에 대한 융자액의 비율을 가리킨다. 저당비율 혹은 융자비율이라고도 한다.

$$\bullet \ 대부비율 = \frac{융자액(부채잔금)}{부동산가치}$$

대부비율이 높을수록 채무불이행 시 원금을 회수하기 어렵게 되므로 높은 대부비율은 대출자의 입장에서는 큰 위험이 된다. 따라서 은행과 같은 기관대출자는 부동산가치에 대한 일정 비율을 최대한도로 정하기도 한다.

대부비율과 유사한 개념으로 다음과 같은 부채비율이 있다. 대부비율과 부채비율은 밀접한 관계가 있다. 예를 들어, 대부비율이 80%라는 것은, 부채비율이 400%라는 뜻과 같다. 부채비율은 지분에 대한 부채의 비율이다. 대부비율이 높아짐에 따라 부채비율도 급격하게 증가한다. 대부비율이 100%가 되면 부채비율은 무한대가 된다.

---

27) 이창석 외, 상게서, pp.273-274

$$\text{• 부채비율(레버리지비율. debt ratio)} = \frac{\text{저당대부액(융자액)}}{\text{지분투자액}}$$

2) 부채감당률

부채감당률(DSR, DSCR:Debt Service Coverage Ratio)은 순영업소득(NOI)이 부채서비스액의 몇 배가 되는가를 나타내는 비율이다. 부채서비스액은 매월 또는 매년 지불해야 되는 원금상환분과 이자지급분을 가리킨다. 부채서비스액을 다른 말로 저당지불액이라 한다. 그러나 엄격하게 말하면, 부채서비스액은 저당지불액보다 적은 의미를 지니고 있다.

$$\text{• 부채감당률} = \frac{\text{순영업소득}}{\text{부채서비스액}}$$

부채감당률이 1에 가까울수록 대출자나 차입자는 모두 위험한 입장에 처하게 된다. 부채감당률이 1보다 작다는 것은 부도산으로부터 나오는 순영업소득(NOI)이 부채를 감하기에도 부족하다는 뜻이 된다. 따라서 일반적으로 DCR이 1.2 내지 1.3 이상이어야 대출이 가능하다.

3) 채무불이행률

채무불이행률은 유효총소득(EGI)이 영업경비와 부채서비스액을 감당할 수 있는 능력이 있는가를 측정하는 지표이다. 채무불이행률은 전체 대출 건수에서 실제로 체무불이행이 발생한 비율을 의미하기도 하나, 부동산투자에서는 채무불이행이 발생할 가능성을 나타내는 비율을 의미한다.

영업경비와 부채서비스액이 유효총소득(EGI)에서 차지하는 비율이 클수록 그만큼 채무불이행의 가능성은 커진다. 경우에 따라서는 유효총소득(EGI) 대신 가능총소득(PGI)을 쓰기도 한다.

$$\text{• 채무불이행률} = \frac{\text{영업경비 + 부채서비스액}}{\text{유효총소득}}$$

4) 영업경비비율

영업경비비율 또는 경비비율은 영업경비가 총소득에서 차지하는 비율을 나타낸다.

$$\bullet \text{ 경비비율} = \frac{\text{영업경비}}{\text{총소득}}$$

5) 총자산회전율

총자산회전율(TAT: Total Asset Turnover ratio)은 투자된 총자산 즉 부동산가치에 대한 총소득의 비율이다. 총자산회전율은 단년도분석방법(어림셈법)에서 살펴본 총소득승수의 역수가 된다.

$$\bullet \text{ 자산회전율} = \frac{\text{총소득}}{\text{부동산의 가치}}$$

6) 비율분석법의 한계

비율분석법은 간단한 공식으로 투자대안의 위험을 산정할 수 있는 장점이 있으나, 비율을 구성하고 있는 요소들에 대한 추계의 잘못으로 인하여 비율 자체가 왜곡될 수 있다. 또한 주어진 비율 그 자체만으로는 투자 대안이 좋은지 여부를 평가하기 곤란하다. 비율분석법으로 투자판단을 할 경우에는, 동일한 투자대안이라 할지라도 사용하는 지표에 따라 결정이 다르게 나타날 수 있는 문제점도 있다.

개발 관련 조세 및 회계

11 Chapter

① 부동산관련 조세체계

우리나라의 조세체계는 국세(14종), 지방세(11종)와 준조세(102종)로 분류한다. 국세는 다시 직접세와 간접세 그리고 목적세로 분류한다. 관광지개발관련 조세는 주로 지방세나 준조세에 해당하지만 관광지개발에 참여한 각종 사업자(건설, 금융, 분양 외 용역업체)나 개인 그리고 직원들의 조세부담은 의무이므로 숙지하는 것이 좋다.

〈표 1-29〉 우리나라의 조세체계

구분		종 류
국세(14종)	직접세 (6종)	• 소득세(이자, 배당, 사업, 근로, 기타, 연금소득): 개인별 종합과세 • 법인세, 상속세, 증여세, 종합소득세(양도, 퇴직, 종합소득세, 종합부동산세: 각 소득별 분류과세)
	간접세 (5종)	• 부가가치세, 개발소비세, 주세, 인지세, 증권거래세
	목적세 (3종)	• 교육세, 농어촌특별세, 관세
지방세 (11종)	광역시세 (9종)	• 취득세, 주민세, 자동차세, 레저세, 지방소비세, 담배소비세 • 지역자원시설세, 지방교육세, 지방소득세
	구세 (2종)	• 등록면허세, 재산세
준조세	부담금	• 부담금관리기본법(2000.1.1 시행) • 환경개선부담금, 교통유발부담금, 학교용지부담금, 개발부담금, 광역교통부담금, 기반시설부담금, 재건축부담금

② 부동산관련 조세

부동산관련 조세에는 취득단계에서 납부하는 국세, 지방세와 부동산을 보유단계에서 납부하는 국세, 지방세, 그리고 부동산을 양도하거나 분양단계에서 납부하는 국세와 지방세가 있다. 세금에 대한 과세는 세무사와 세밀한 협의가 필요하지만 사업수지분석에서의 세금에 대한 산정은 아래 표를 참고로 산정하면 된다.

구분		세목	세율	중요 내용
취득 단계 (7종)	국세	상속세 증여세 인지세	10~50% 10~50% 개별	• 사망 후 상속으로 상속인에게 과세 • 무상기부나 증여의 경우 수증자에 과세 • 부동산매매계약서, 도급계약서 등
	지방세	취득세 (농특세) (교육세)	4% 0.2% 0.4%	• 승계취득: 매매, 교환, 출자, 상속, 증여 • 원시취득: 간척, 신축, 증축, 재건축 • 간주취득: 지목변경, 개축, 리모델링, 과점주주 • 용지구입 시, 건물신축 시 과세
보유 단계 (9종)	국세	소득세 법인세 부가 가치세 종합 부동산세	6~45% 10~25% 10% 0.5~5.0 (주택)	• 토지, 주택, 건물 등 임대수입에 대한 과세(개인), 지방소득세 별도 • 토지, 주택, 건물 등 임대수입에 대한 과세(법인) 지방소득세 별도 • 토지·건물임대에 과세, 단 주택의 임대는 면세(개인, 법인) • 주택·토지의 재산세 납세의무자로 과세 • 주택·토지의 재산세 납세의무자로 과세기준 초과 소유자
	지방세	재산세	개별	• 과세 기준일 현재 토지·건물·주택·선박·항공기 소유자에 과세
양도 분양 단계 (5종)	국세	(양도)소득세 (사업)소득세 법인세 법인양도 소득세 부가 가치세	0~50% 6~42% 10~25% 10%	• 토지, 건물, 권리 등 양도차익에 과세(비사업자) • 토지, 건물, 주택의 분양, 매매 소득(사업자) • 법인의 사업소득세 • 법인의 부동산 양도소득세 • 특정부동산 과세: 주택, 비사업용 토지 • 소득세·법인세의 과세표준에 각각 세율적용

1) 부동산 취득관련 세금

(1) 지방세-취득세 · 등록면허세(등록분)

① 의의 및 개념

부동산취득세는 현황과세의 원칙이며, 유통세, 도세, 물세가 있다. 신고납부를 원칙으로 하고 있으나 무신고 납부 시 보통징수하며 표준세율을 적용한다.

구분	취득세	등록면허세	비고
과세대상	① 일반취득(원시, 승계취득)	과세대상	[취득의 범위] 1. 승계취득: 매매 · 출자 · 교환 · 상속 · 증여 2. 원시취득: 신 · 증축 · 매립 · 간척 · 시효취득 3. 간주취득: 지목변경 · 건물 개보수 · 과점주주취득 [건축물의 범위] 건축법상 건축물 시설물: 레저시설, 저장시설, 도크시설, 도관시설, 급배수시설 등 건축물에 부수되는 시설물 승강기, 발전시설, 보일러, 변전시설 등
	• 부동산 토지, 건물(신 · 증 · 재건축 · 재개발)	• 부동산 등기	
	• 차량	• 선박등기, 등록	
	• 기계장비	• 자동차등록	
	• 입목	• 항공기 등록	
	• 항공기	• 법인등기	
	• 선박	• 상호등기	
	• 광업권, 어업권	• 광업권등록	
	• 골프, 승마, 콘도미니엄, 종합체육시설이용회원권, 요트회원권	• 어업권등록	
	② 간주취득	• 저, 출, 저작인접권	
	• 개축 및 대수선-가액증가(리모델링)	• 특, 실, 의장권	
	• 지목변경-가액증가	• 상표, 서비스표	
	• 종류변경-가액증가	• 영업허가등록	
	• 과점주주취득의제-50% 초과 취득	* 취 · 등록 · 면허세 납세자는 동일	
납세의무자	① 일반취득: 사실상 취득한 자 　• 승계취득: 물건의 소유자, 양수인 　• 시설대여: 시설대여회사 　• 지입차량: 사실상 취득한 자 　• 신축, 증축, 개수(개축): 건축주 　• 상속: 상속인(1가구 1주택, 자경농지 제외) 　• 증여: 수증인 ② 간주취득 　• 설치자가 다를 경우: 주체구조부취득자 　• 종류변경 및 지목변경: 변경시점소유자 　• 과점주주: 과점주주가 된 자(총발행주식의 50% 초과 소유자)	① 재산권, 기타 권리의 득 · 이전 · 변경 또는 소멸에 관한 사항을 공부에 등기 또는 등록받은 자(예, 은행이 설정권자) ② 사실상 소유자와 명의자가 다를 경우: 명의자에게 등록면허세 과세 ③ 공동등기, 등록: 연명의 등기자(연대 납세의무가 성립)	[취득의 의미] 부동산을 사실상 취득한 자가 납세자. 사실상 취득이란 배타적 사용수익권 즉, 소유권을 취득하는 것으로 등기 · 등록과 관계없음

② 납세의무자의 성립시기

구분	취득세	등록면허세	비고

납세
의무자의
성립시기
	① 유상승계취득(매매)
	  - 원칙: 계약상 잔금지급일(후지급, 후등
	    기의 경우)
	  - 예외
	    • 사실상 대금 지급일(선지급, 국가, 외
	      국, 판결, 공매, 법인)
	    • 등기접수일(선등기의 경우)
	     *부동산 거래신고의 경우도 계약서상
	     잔금일 적용
	② 무상승계
	  • 상속: 상속개시일(등기일이 아님)
	  • 증여, 기부: 계약일(증여세는 증여등기일)
	③ 자가건설 및 건축 시
	  • 허가건축: 사용승인서 교부일(가사용 포함)
	  • 무허가건축: 사실상 사용일
	④ 연부취득 시: 사실상 각각 연부금 지급일
		▢ 등기, 등록 시 납부
		  (부동산 등기 종류)
		▢ 소유권
		  (보존, 이전, 분할)
		▢ 지역권
		  • 저당권
		  • 전세권
		  • 임차권
		  • 가등기, 가압류, 가처분
		  • 경매신청
			①의 양도 취득의 경우 양도소
			득세는 대금 청산일 또는 등기
			접수일 중 빠른 날이 원칙
			③의 경우 양도소득세와 같음
			④의 내용 중 양도소득세는 장
			기할부의 경우 인도일과 잔금일
			중 빠른 날

③ 과세표준

구분	취득세	등록면허세	비고

과세표준	1. 일반취득
	  ① 원칙: 취득 당시의 가액(신고가액)
	  ② 예외
	  1) 시가표준액 적용
	    • 신고를 하지 아니한 경우
	    • 신고자가 취득가액을 표시하지 않
	     은 경우
	    • 신고가액이 시가표준액에 미달한
	     경우
	    • 증여, 기부 등 무상취득의 경우
	  2) 사실상 취득가액 적용
	    • 국가, 도, 시, 군으로부터 취득
	    • 외국으로부터 수입
	    • 판결문(확정판결문)
	    • 공매방법
	    • 법인장부입증 ➔ 법인과의 거래
	    • 부동산거래신고서 제출로 검증 결
	     과 적정인 경우
	
	2. 간주취득 등의 경우
	  • 증축: 증축에 소요되는 비용
	  • 개축, 종류변경: 증가한 금액
	  • 지목변경: 증가한 금액
	  • 과점주주: 과점주주소유비율 × 취득세
	    과세대상자산가액 = 과세표준
	    예) 100억 토지, 70% 과점주주인
	     경우 70억임
		부동산 등기의 과세표준
		1. 가액기준
		  ① 원칙: 등기등록 당시 가액
		  ② 예외
		  1) 시간표준액 적용(취득세와 동일)
		  2) 사실상 취득가액
		    국, 외, 판, 공, 법거래신고
		    (취득세와 동일)
		
		2. 채권금액기준
		  채권금액을 과세표준으로 하며 채권
		  금액이 없는 경우 제한 목적이 된 금액
		
		3. 건수에 의한 기준
		  말소등기, 지목변경, 구조변경, 멸실,
		  합필 등
			사실상 취득가액
			① 상대방에 지급할 일체의
			  비용
			② 설계비, 소개비, 연체료, 할
			  부이자, 건설자금이자 포함
			③ 개인취득 시 연체료, 할부
			  이자 제외
			④ 직·간접이용 포함, 매입부
			  가세 제외
			
			*등록면허세 기준
			  • 가액기준: 유치권, 지상권,
			    지역권, 가등기
			  • 채권금액: 저당권, 가압류,
			    가처분, 경매신청 등
			  • 건수: 말소, 멸실, 변경 등

④ 표준세율

구분		취득세	등록면허세	비고
세율	표준세율	1. 취득물건가액×20/1,000(2%) 2. 고급주택의 범위 (지방세법령 84조의 3) □ 단독주택 • 건물(시가표준액 9,000만 원 초과하는 주택으로서 연면적 331㎡ 초과 또는 대지면적 662㎡ 초과 주택과 토지로서 6억 초과 주택 • 엘리베이터＋주택가액이 6억 원 초과, 에스컬레이터, 67㎡ 수영장 중 1개 이상 설치된 주택과 토지 □ 공동주택 • 주택의 전용 연면적이 245㎡(복층 274㎡) 초과하는 주택과 토지(다가구는 각각 1가구로 보아 판단) 단 6억 초과 주택	부동산등기세율 1. 소유권 이전등기 ① 유상: 20/1,000(농지 10/1,000) ② 무상: 일반 15/1,000 　　　　비영리 8/1,000 ③ 상속: 8/1,000(농지 3/1,000) 2. 소유권보존등기 8/1,000 3. 소유권분할등기 3/1,000 4. 소유권 이외의 등기 • 지상권: 부동산가액의 2/1,000 • 저당권, 경매신청, 가압류, 가처분: 채권금액의 2/1,000 • 전세권: 전세금액의 2/1,000 • 임차권: 월임대차금액 2/1,000 • 가등기: 부동산가액의 2/1,000 • 말소, 변경등기: 1건당 3,000원	고급주택의 중과세 □ 취득세 5배 2%×5배=10% □ 양도세중과세 • 1주택도 6억 초과 부분은 과세 • 시효취득(등록세): 무상취득으로 한다. • 취득세: 비율세율 • 등록세: 차등 비례세율, 정액세율

⑤ 중과세율

구분		취득세	등록면허세	비고
세율	중과세율	1. 과밀억제권 내 본점·주사무소 사업용 부동산 취득과 과밀억제권 내 공장 신·증설에 따른 사업용 과세물건 취득: 표준세율＋중과기준세율(2%)×2 2. 과밀억제권 내 법인 설립, 휴면법인의 인수, 공장 신증설에 따른 부동산취득 등: 표준세율×3-중과기준세율(2%)×2 3. 사치성 재산(별장, 골프장, 고급주택, 고급오락장, 고급선박): 표준세율＋중과기준세율(2%)×4 4. 상기 1과 2에 동시적용: 표준세율×3 5. 상기 2와 3에 동시적용: 표준세율×3＋중과기준세율(2%)×2	1. 과밀억제권 내 법인등기 3배 중과세 ① 설립등기 ② 본점주사무소, 이전, 지점·분사무소 설치	□ 과밀억제권역, 성장관리권역, 자연보전권역 □ 도시형 업종 제외 공장용 연면적 500㎡ 이상의 공장이 대상 □ 공장신설 중과세 예외 • 공장의 포괄적 양도 • 대도시 내에서 이전 • 업종변경 • 외국인투자기업 제외 □ 주택건설사업 토지취득 후 3년 내 착공 시 과세 유예 □ 도정법에 의한 정비사업 중과 제외 □ 골프장: 회원제 골프장용 토지건물 □ 별장 제외 농어촌 주택 ① 대지 660㎡ 이내이고 건물 연면적 150㎡ 이내 건물가액 6,500만 원 이내일 것 ② 수도권, 토지지역, 허가구역, 관광단지 아닐 것

⑥ 부가세 징수 및 비과세 면제 등

구분		취득세	등록면허세	비고
부가세		지방교육세 20% 농어촌특별세 10% (국민주택 제외)	지방교육세 20%	감면세액의 20% 농특세 별도
부과 징수	신고 납부	• 일반취득, 증여, 간주, 취득: 60일	등기등록신청할 때까지 신고납부가능	취득세, 등록면허세의 차이 유의
	추징	사유발생일로부터 30일 내 신고 납부	사유발생일로부터 30일 내 신고납부	
	보통 징수	신고납부하지 아니한 경우(가산 세 20%~80%) → 미등기전매	신고납부하지 아니한 경우(가산세 20%)	과소신고의 경우는 과소신고 부분만 가 산세 적용
	면세점	50만 원 이하(가액)	부동산 등기의 경우 세액이 6,000원 미만의 경우 6,000원으로 한다.	등록면허세는 면세품 규정이 없음

구분		취득세	등록면허세	비고
비 과 세	국가등	• 국가, 지방, 지조, 외국, 국제기구 • 기부체납조건부 부동산 취득	• 국가, 지방, 지조, 외국, 국제기구 • 기부체납조건부 부동산 등록	취득시기 이전에 기 부 조건 확정되어 있 을 것
	용도 구분	• 신탁재산의 취득 • 관련법률에 따른 환매권행사로 인한 취득 • 개수로 인한 취득 • 임시사용 건축물(존속 1년 미만용 모델하우스)	• 국가 등에 대한 등록 • 지목이 묘지인 등록 등	
	천재 등 대체취득	파손일로부터 2년 이내 대체취득(천재지변) • 건축물: 신축, 개수 • 선박: 건조, 수선 • 차량, 기계장치 대체취득	파손일로부터 2년이내 대체취득 (천재지변) • 건축물: 신축, 개수 • 선박: 건조, 수선 • 차량, 기계장치 대체취득	□과세 • 연면적 초과부분 • 톤수 증가부분 • 가액초과

구분		취득세	등록면허세	비고
감면 또는 면제	수용에 대한 대체취득	• 계약일 또는 사업인정 고시일 이후 계약·허가받고 마지막 보상금을 받은 날로부터 1년내에 잔금·준공 대체취득한 경우(보상금을 한도로 적용. 법 109조 1항)	-	□ 비과세 배제 ① 초과부분은 과세 ② 사치성재산 취득 ③ 부재자부동산 소유자(1년 이전주민 등록·사업지등록요건) ④ 같은 도내의 지역일 것
	구획정리 법 등 대체취득			□ 불합리한 세법(지방세) • 재개발사업과 도시환경사업은 비과세 • 재건축사업은 과세
특례 세율 (표준 세율 -2%)		• 신탁재산(신탁법에 의한 신탁, 법 제110조) • 환매권 행사 • 상속으로 인한 1가구 1주택(고급주택 제외)과 자경농지 • 법인의 합병 및 공유권 분할 • 민법 제839의2 이혼에 따른 재산분할청구권		• 명의신탁과 해지는 각각 과세 • 일반환매등기의 경우 등록세는 과세

2) 부동산 보유관련 세금

(1) 재산세 · 종합부동산세

재산세는 가지고 있는 재산을 담세력으로 판단하여 부과하는 세금으로 지방세이다. 「지방세법」에 따라 도시지역의 경우 도시지역분이 추가로 과세될 수 있다. 재산세 과세표준의 1000분의 1.4에서 조례에 따라서 최대 1000분의 2.3까지 추가적으로 과세할 수 있다. 납부세액은 시가표준액에 세율을 곱한 것이 납부해야 할 재산세액이다. 대표적으로 토지분 재산세, 건축물 재산세, 주택분 재산세와 기타 재산세가 있다.

납부대상자는 6월 1일 당시의 재산을 과세객체로 하고, 그 재산을 실질적으로 소유한 사람 또는 법인을 납세 의무자로 지정한 후, 과세권자인 지방자치단체가 납세고지서를 발송해 징수한다. 실질적 소유자가 기준이기 때문에 등기 날짜가 아니라 잔금 완납일 또는 전 주인과의 합의에 의해 사용할 수 있게 된 날이 기준이 된다. 또한 기준이 6월 1일이기 때문에 5월 31일에 사서 6월 2일에 팔았다 하더라도 납부하여야 한다. 이 때문에 민원이 잦았으나, 98년 대법원 판결로 확정이 났다(대판 97누6186).

종합부동산세는 과세기준일(매년 6월 1일) 현재 국내에 소재한 재산세 과세대상인 주택 및 토지를 유형별로 구분하여 인별로 합산한 결과, 그 공시가격 합계액이 각 유형별로 공제금액을 초과하는 경우 그 초과분에 대하여 과세되는 세금이다. 1차로 부동산 소재지 관할 시 · 군 · 구에서 관내 부동산을 과세유형별로 구분하여 재산세를 부과하고, 2차로 각 유형별 공제액을 초과하는 부분에 대하여 주소지(본점 소재지) 관할세무서에서 종합부동산세를 부과한다.

① 재산세와 종합부동산세 과세대상

구분	재산세	종합부동산세	비고
과세대상	1. 건축물: 건물, 구축물, 특정설비 (소모성 설비 제외) 2. 선박 3. 항공기 4. 주택 5. 토지 • 사실현황과세 • 주택에 부속된 구축물, 부대설비 제외	1. 주택: 9억 원 이상 (1주택 3억 추가공제) 2. 토지 • 80억 원 이상 별도 합산 토지 • 5억 이상 종합합산토지	

납세의 무자	원칙	재산세과세 대장에 등재된 소유자	일정금액 이상 주택·토지를 소유하고 있는 자	·공유토지의 경우에는 지분권자를 납세의무자로 봄 ·재건축사업·재개발사업 등으로 인한 신탁재산의 납세의무자는 위탁자
	재산세 경우 예외	권리의 변동 사실상 소유자	6억 이상 주택소유자. 단 별장은 제외 분리과세대상 토지는 과세 제외 ① 전, 답, 과수원, 목장용지, 임야 　(0.07% 저율분리과세) ② 골프장, 고급오락장용 토지, 공익법인토지 등(0.2% 분리과세) 3. 80억 이상 별도 합산토지 소유자 　(영업용 건축물 부속토지) 4. 5억 이상 대지 등 종합합산토지 소유자 5. 건축물, 선박, 항공기는 재산세 과세대상이나 종부세는 과세대상이 아님	
		소유권 귀속이 불분명: 사용자		
		연부매수계약된 재산: 매수계약자		
		신탁재산 수탁자		
		상속 중인 재산미신고: 주된 상속자		

구분	재산세	종합부동산세	비고
재산세 과세 대상 토지 구분 과세 방법	[종합합산과세] 1. 주거지용 건축물 부속토지(기준면적 내) 2. 공장기준면적 초과토지 3. 시 이상의 주거, 상업, 공업지역 내의 농지 　·부재지주소 소유농지 4. 기준면적 초과 목장용지 　·도시계획구역 내의 목장용지(개발제한구역 내의 목장) 5. 분리과세대상 이외의 모든 임야 6. 일반영업용 건축물 부속토지 중 기준 초과 　·시가표준 미달 및 위법시공된 기존건축물 토지 7. 지상정착물이 없는 토지 8. 잡종지 9. 분리·별도대상 이외의 모든 토지	[별도합산과세] 1. 시 이상주거, 상업·녹지지역 공장 부속토지(기준면적) 2. 일반영업용 건축물 부속토지(기준면적) 3. 기타 별도 합산대상 토지 　·차고용토지(운송업, 대여사업) 　·주기장, 옥외작업장 　·운전교습장용 토지 　·야적장, 컨테이너 장치장용 토지 　·자동차 정비용, 폐차사업장용 토지 　·유통시설용 토지 　·여객, 화물터미널 용지 등	[분리과세] 1. 주거용 토지 중 기준면적 초과부분 2. 공장기준면적 내 토지 3. 재촌지주 농지, 종중농지 영농법인 소유농지 등 4. 기준면적 내 목장용지 5. 특정임야(도시계획구역 밖의 사업 중인 보전임야, 문화재보호구역, 자연환경지구, 종중, 개발제한구역, 군사시설보호구역 중 제한보호구역, 철도·도로접도구역, 도시공원, 하천연안구역, 상수원 보호구역) 6. 골프장, 별장, 고급오락장용 토지 7. 기타 공급용 토지 등(공사 등의 공급용 토지 염전, 광구, 수면매립지 등)
분납 및 물납	세액이 500만 원(단 물납은 1,000만 원) 초과	좌 동	·물납: 당해부동산 ·분납: 45일 내 단, 종부세는 2월 내

3) 부동산 개발·분양 제세금

(1) 부동산(아파트) 개발사업과 관련 세금

아파트 개발사업의 절차		관련 세금
1. 토지정보의 입수	(토지매입)	○ 토지의 취득단계(이전비용) 1) 취득세: 토지가액의 4% 2) 농특세: 취득세액(표준세율: 2%)의 10% 3) 교육세: 토지가액×(표준세율-2%)산출세액의 20% 4) 인지세: 기재금액기준
2. 사전조사	주거래은행 승인신청	
3. 배치계획의뢰	토지매입계약	
4. 사업성 검토	토지거래 허가신청	○ 토지의 보유단계(공사단계) 1) 종부세: 재산세(토지분) 2) 지역자원시설세(특정부동산)
5. 토지매입품의	토지사용 승낙 청구	○ 사업승인 단계 1) 국민주택채권 매입 2) 면허세 납부 3) 각종 부담금
6. 사전결의 신청	토지소유권이전	
7. 결과 통지	잔여지 청구 (분양)	○ 건축물의 취득 보존등기단계 1) 취득세: 공사비의 2.8% 2) 농특세: 취득세액(표준세율 2%)의 10% 3) 교육세: 공사비×(표준세율-2%) 산출세액의 20%
8. 사업승인신청	사업계획서 작성	
9. 사업승인통보	착수 결의서 분양준비	4) 개발부담금 등: 매입액 10% 5) 매입부가세(공사관련): 매입액 10%
10. 착공	분양승인(입주자 공고)	○ 건축물 및 토지의 양도 분양처분 단계 1) 매출부가세(분양 처분): 10% 2) 법인세: 10~22% 3) 인지세: 기재금액기준
11. 준공	분양	
12. 보존등기		
13. 이전등기		

(2) 부동산관련 세율

① 종합소득세 세율

〈2021~2022년 귀속〉

과세표준금액	세율(%)	누진공제액
12,000,000원 이하	6%	-
12,000,000원 초과 46,000,000원 이하	15%	1,080,000원
46,000,000원 초과 88,000,000원 이하	24%	5,220,000원
88,000,000원 초과 150,000,000원 이하	35%	14,900,000원
150,000,000원 초과 300,000,000원 이하	38%	19,400,000원
300,000,000원 초과 500,000,000원 이하	40%	25,400,000원
500,000,000원 초과 1,000,000,000원 이하	42%	35,333,333원
1,000,000,000원 초과	45%	65,400,000원

〈2018~2020년 귀속〉

과세표준	세율	누진공제
12,000,000원 이하	6%	-
12,000,000원 초과 46,000,000원 이하	15%	1,080,000원
46,000,000원 초과 88,000,000원 이하	24%	5,220,000원
88,000,000원 초과 150,000,000원 이하	35%	14,900,000원
150,000,000원 초과 300,000,000원 이하	38%	19,400,000원
500,000,000원 초과	45%	29,400,000원

② 양도소득세 세율

〈부동산, 부동산에 관한 권리, 기타자산(소득세법 §104①1,2,3,4,8,9,10,④3,4,⑤,⑦)〉

자산	구분		'09.3.16.~ '13.12.31	'14.1.1.~ '17.12.31	'18.1.1~ 3.31	'18.4.1~ '21.5.31.	'21.6.1.~ '22.5.9.	'22.5.10.~ '24.5.9.
토지·건물, 부동산에 관한 권리	보유 기간	1년 미만	50%		50%[1] (40%)[2]		50%[1] (70%)[2]	
		2년 미만	0%		40%[1] (기본세율)[2]		40%[1] (60%)[2]	
		2년 이상			기본세율			
	분양권		기본세율		기본세율 (조정대상지역 내 50%)		60% (70%)[3]	
	세대 2주택 이상 (1주택과 1조합원입주권·분양권 포함)인 경우의 주택		기본세율 (2년 미만 단기 양도 시 해당 단기양도세율 적용)			보유기간별 세율 (조정대상지역 기본세율+10%p)	보유기간별 세율 (조정대상지역 기본세율+20%p)	기본세율[5]
	세대 3주택 이상 (주택+조합원입주권+분양권 합이 3이상 포함)인 경우의 주택		보유기간별 세율 (조정대상지역 기본세율+10%p)[2]			보유기간별 세율 (조정대상지역 기본세율+20%p)	보유기간별 세율(조정대상지역 기본세율+30%p)	
	비사업용 토지		보유기간별 세율 (단, 지정지역 ☞기본세율+10%p)[4]					
	미등기양도자산		70%					
기타자산			보유기간에 관계없이 기본세율					

주: 1) 2이상의 세율에 해당하는 때에는 각각의 산출세액 중 큰 것(예: 기본세율+10%p와 40 or 50% 경합 시 큰 세액 적용)
  2) 주택(이에 딸린 토지 포함) 및 조합원입주권을 양도하는 경우
  3) 보유기간이 1년 미만인 것
  4) '16.1.1. 이후('15.12.31.까지 지정지역은+10%) 모든 지역의 비사업용 토지
    → 비사업용 토지 세율(기본세율+10%p, 소득법 §104①8)
  5) 보유기간 2년 이상인 조정대상지역 內 주택을 '22.5.10일부터 '24.5.9일까지 양도 시 기본세율 적용

〈비사업용 토지 세율(소득세법 §104①8)〉

구분	2009.3.16.~2015.12.31. *1)	2016.1.1.~2016.12.31.			2017.1.1.~2017.12.31.			2018.1.1.~2020.12.31.			2021.1.1.~			2023.1.1.~		
		과세표준	세율	누진공제	과세표준	세율	누진공제	과세표준	세율	누진공제	과세표준	세율	누진공제	과세표준	세율	누진공제
세율	2년 이상 보유 기본세율 2년 미만 보유 단기세율 * 소득세법 §104⑥ (14.1.1. 개정) * 소득세법 부칙 §20 (14.1.1. 제12169호)	1,200만 원 이하	16%	-	1,200만 원 이하	16%	-	1,200만 원 이하	16%	-	1,200만 원 이하	16%	-	1,400만 원 이하	16%	-
		4,600만 원 이하	25%	108만 원	4,600만 원 이하	25%	108만 원	4,600만 원 이하	25%	108만 원	5,000만 원 이하	25%	108만 원	5,000만 원 이하	25%	126만 원
		8,800만 원 이하	34%	522만 원	8,800만 원 이하	34%	522만 원	8,800만 원 이하	34%	522만 원	8,800만 원 이하	34%	522만 원	8,800만 원 이하	34%	576만 원
		1.5억 원 이하	45%	1,490만 원	1.5억 원 이하	45%	1,490만 원	1.5억 원 이하	45%	1,490만 원	1.5억 원 이하	45%	1,490만 원	1.5억 원 이하	45%	1,544만 원
		1.5억 원 초과	43%	1,940만 원	5억 원 이하	48%	1,940만 원	3억 원 이하	48%	1,940만 원	3억 원 이하	48%	1,940만 원	3억 원 이하	48%	1,994만 원
					5억 원 초과	50%	2,940만 원	5억 원 이하	50%	2,540만 원	5억 원 이하	50%	2,540만 원	5억 원 이하	50%	2,594만 원
								5억 원 초과	52%	3,540만 원	5억 원 이하	52%	3,540만 원	10억 원 이하	52%	3,594만 원
											10억 원 이하	55%	6,540만 원	10억 원 이하	55%	6,594만 원

주: 지정지역에 있는 비사업용 토지는 기본세율+10%p로 추가과세하였으나, 해당 기간 동안 지정지역 없음

③ 종합부동산세 세율(2023년 이후)

〈개인〉

주택(2주택 이하)		주택(3주택 이상)		종합합산토지분		별도합산토지분	
과세표준	세율(%)	과세표준	세율(%)	과세표준	세율(%)	과세표준	세율(%)
3억 원 이하	0.5	3억 원 이하	0.5	15억 원 이하	1.0	200억 원 이하	0.5
6억 원 이하	0.7	6억 원 이하	0.7	45억 원 이하	2.0	400억 원 이하	0.6
12억 원 이하	1.0	12억 원 이하	1.0	45억 원 초과	3.0	400억 원 초과	0.7
25억 원 이하	1.3	25억 원 이하	2.0				
50억 원 이하	1.5	50억 원 이하	3.0				
94억 원 이하	2.0	94억 원 이하	4.0				
94억 원 초과	2.7	94억 원 초과	5.0				

〈법인〉

주택(2주택 이하)		주택(3주택 이상)		종합합산토지분		별도합산토지분	
과세표준	세율(%)	과세표준	세율(%)	과세표준	세율(%)	과세표준	세율(%)
3억 원 이하	2.7%	3억 원 이하	5.0	15억 원 이하	1.0	200억 원 이하	0.5
6억 원 이하		6억 원 이하		45억 원 이하	2.0	400억 원 이하	0.6
12억 원 이하		12억 원 이하		45억 원 초과	3.0	400억 원 초과	0.7
25억 원 이하		25억 원 이하					
50억 원 이하		50억 원 이하					
94억 원 이하		94억 원 이하					
94억 원 초과		94억 원 초과					

④ 종합소득세 세율(2021~2022년 귀속)

〈일반세율〉

과세표준	세율	누진공제
12,000,000원 이하	6%	-
12,000,000원 초과 46,000,000원 이하	15%	1,080,000원
46,000,000원 초과 88,000,000원 이하	24%	5,220,000원
88,000,000원 초과 150,000,000원 이하	35%	14,900,000원
150,000,000원 초과 300,000,000원 이하	38%	19,400,000원
300,000,000원 초과 500,000,000원 이하	40%	25,400,000원
500,000,000원 초과 1,000,000,000원 이하	42%	35,400,000원
1,000,000,000원 초과	45%	65,400,000원

〈종합소득세 세율(2018~2020년 귀속)〉

과세표준	세율	누진공제
12,000,000원 이하	6%	-
12,000,000원 초과 46,000,000원 이하	15%	1,080,000원
46,000,000원 초과 88,000,000원 이하	24%	5,220,000원
88,000,000원 초과 150,000,000원 이하	35%	14,900,000원
150,000,000원 초과 300,000,000원 이하	38%	19,400,000원
500,000,000원 초과	45%	29,400,000원

⑤ 재산세 세율

〈토지〉

가. 종합합산과세대상

과세표준	세율
5,000만 원 이하 5,000만 원 초과 1억 원 이하 1억 원 초과	1,000분의 2 10만 원+5,000만 원 초과 금액의 1,000의 3 25만 원+1억 원 초과 금액의 1,000분의 5

나. 별도합산과세대상

과세표준	세율
2억 원 이하 2억 원 초과 10억 원 이하 10억 원 초과	1,000분의 2 40만 원+2억 원 초과 금액의 1,000의 3 280만 원+10억 원 초과 금액의; 1,000분의 4

다. 분리과세
   (1) 제106조제1항제3호가목에 해당하는 전·답·과수원·목장용지 및 같은 호 나목에 해당하는 임야 과세표준의 1천분의 0.7
   (2) 제106조제1항제3호다목에 해당하는 골프장용 토지 및 고급오락장용 토지: 과세표준의 1천분의 40
   (3) 그 밖의 토지: 과세표준의 1천분의 2

〈건축물〉
   가. 제13조제5항에 따른 골프장, 고급오락장용 건축물: 과세표준의 1천분의 40
   나. 특별시·광역시(군 지역은 제외한다)·특별자치시(읍·면지역은 제외한다)·특별자치도(읍·면지역은 제외한다) 또는 시(읍·면지역은 제외한다) 지역에서 「국토의 계획 및 이용에 관한 법률」과 그 밖의 관계 법령에 따라 지정된 주거지역 및 해당 지방자치단체의 조례로 정하는 지역의 대통령령으로 정하는 공장용 건축물: 과세표준의 1천분의 5
   다. 그 밖의 건축물: 과세표준의 1천분의 2.5

〈주택〉
가. 삭제〈2023.3.14.〉
나. 그 밖의 주택

과세표준	세율
5,000만 원 이하 5,000만 원 초과 1억 5천만 원 이하 1억 5,000만 원 초과 3억 원 이하 3억 원 초과	1,000분의 1 60,000원+6,000만 원 초과 금액의 1,000분의 1.5 195,000원+1억 5,000만 원 초과 금액의 1,000분의 2.5 570,000원+3억 원 초과 금액의 1,000분의 4

다. 1세대 1주택에 대한 주택 세율 특례

과세표준	세율
5,000만 원 이하	1,000분의 0.5
6,000만 원 초과 1억 5천만 원 이하	30,000원+6,000만 원 초과 금액의 1,000분의 1
1억 5,000만 원 초과 3억 원 이하	120,000원+1억 5,000만 원 초과 금액의 1,000분의 2
3억 원 초과	420,000원+3억 원 초과 금액의 1,000분의 3.5

⑥ 부가가치세 세율

〈일반과세자의 부가가치세 세율〉

업종	세율
모든 업종	10%

〈간이과세자의 업종별 부가가치율(2021.6.30. 이전)〉

업종	부가가치세
전기 · 가스 · 증기 및 수도 사업	5%
소매업, 재생용 재료수집 및 판매업, 음식점업	10%
제조업, 농업 · 임업 및 어업, 숙박업, 운수 및 통신업	20%
건설업, 부동산임대업 및 그 밖의 서비스업	30%

〈간이과세자의 업종별 부가가치율(2021.07.01. 이후)〉

업종	부가가치세
소매업, 재생용 재료수집 및 판매업, 음식점업	15%
제조업, 농업 · 임업 및 어업, 소화물 전문 운송업	20%
숙박업	25%
건설업, 운수 및 창고업(소화물 전문 운송업은 제외), 정보통신업	30%
금융 및 보험 관련 서비스업, 전문 · 과학 및 기술서비스업(인물사진 및 행사용 영상 촬영업은 제외), 사업시설관리 · 사업지원 및 임대서비스업, 부동산 관련 서비스업, 부동산임대업	40%
그 밖의 서비스업	30%

⑦ 재산세 세율

〈토지〉

가. 종합합산과세대상

과세표준	세율
5,000만 원 이하	1,000분의 2
5,000만 원 초과 1억 원 이하	10만 원+5,000만 원 초과 금액의 1,000의 3
1억 원 초과	25만 원+1억 원 초과 금액의 1,000분의 5

나. 별도합산과세대상

과세표준	세율
2억 원 이하	1,000분의 2
2억 원 초과 10억 원 이하	40만 원+2억 원 초과 금액의 1,000의 3
10억 원 초과	280만 원+10억 원 초과 금액의 1,000분의 4

다. 분리과세

  (1) 제106조제1항제3호가목에 해당하는 전·답·과수원·목장용지 및 같은 호 나목에 해당하는 임야: 과세표준의 1천분의 0.7

  (2) 제106조제1항제3호다목에 해당하는 골프장용 토지 및 고급오락장용 토지: 과세표준의 1천분의 40

  (3) 그 밖의 토지: 과세표준의 1천분의 2

〈건축물〉

  가. 제13조제5항에 따른 골프장, 고급오락장용 건축물: 과세표준의 1천분의 40

  나. 특별시·광역시(군 지역은 제외한다)·특별자치시(읍·면지역은 제외한다)·특별자치도(읍·면지역은 제외한다) 또는 시(읍·면지역은 제외한다) 지역에서 「국토의 계획 및 이용에 관한 법률」과 그 밖의 관계 법령에 따라 지정된 주거지역 및 해당 지방자치단체의 조례로 정하는 지역의 대통령령으로 정하는 공장용 건축물: 과세표준의 1천분의 5

  다. 그 밖의 건축물: 과세표준의 1천분의 2.5

〈주택〉

가. 삭제 〈2023.3.14.〉

나. 그 밖의 주택

과세표준	세율
5,000만 원 이하	1,000분의 1
5,000만 원 초과 1억 5천만 원 이하	60,000원+6,000만 원 초과 금액의 1,000분의 1.5
1억 5,000만 원 초과 3억 원 이하	195,000원+1억 5,000만 원 초과 금액의 1,000분의 2.5
3억 원 초과	570,000원+3억 원 초과 금액의 1,000분의 4

다. 1세대 1주택에 대한 주택 세율 특례

과세표준	세율
5,000만 원 이하	1,000분의 0.5
6,000만 원 초과 1억 5천만 원 이하	30,000원+6,000만 원 초과 금액의 1,000분의 1
1억 5,000만 원 초과 3억 원 이하	120,000원+1억 5,000만 원 초과 금액의 1,000분의 2
3억 원 초과	420,000원+3억 원 초과 금액의 1,000분의 3.5

부동산 금융과 투자유치

① 관광개발금융

1) 관광개발금융의 일반구조

관광개발사업은 대규모 자금이 필요하며, 일반사업에 비해 상대적으로 사업리스크가 크고 부채비율이 높다. 사업주체의 자본금이 전체 사업규모에 매우 미약한 수준에 지나지 않는 경우가 대부분이다. 게다가 관광개발사업에 있어서는 체계적인 구조화 금융이 진행되지 않고 있어 일반 부동산개발금융과 별반 다르지 않다는 지적을 받고 있다. 우리나라 대부분의 부동산개발 시행자들은 사업을 이끌어 갈 자본을 충분히 확보하고 있지 못하고 기관투자자들은 부동산개발사업에 대한 자본투자의 경험이 충분하지 않다. 또한 상호 신뢰가 굳건하다고 보기 어렵다. 현재 우리나라 많은 금융기관이 개발사업자에게 다양한 신용보강을 요구한다. 대규모의 건설자금을 빌려주는 대신에 만일의 채무불이행이 발생했을 때를 대비하여, 담보나 타인의 지급보증을 요구하고 있다. 시공을 담당하는 건설회사가 책임준공 조건부 채무인수나 지급보증 등의 신용보강을 책임지며, 그 대가로 건설공사를 수주한다.

우리나라 부동산개발의 대부분을 차지하는 아파트 건설사업을 예로 들면, 우선 개발업자들은 전체 토지대금의 10%를 계약금으로 원토지주에게 지불하여 토지를 확보한다. 이후 이들은 시공을 담당할 건설회사들과 접촉하는데, 이때 건설회사는 사업의 성공 가능성을 심도 있게 검토한 후 수주 여부를 결정한다. 수주를 한 건설회사는 개발사업자가 나머지 토지대금 90%와 소유권이전, 인허가 등에 관련된 초기사업비용을 충당하도록 도와준다. 이때 건설회사는 금융기관에 신용보강

194

기능을 제공하며, 금융기관은 프로젝트 파이낸싱(project financing: PF) 등을 통하여 대출금을 지급한다. 최근에는 부동산신탁회사가 담보신탁업무와 자금관리를 하면서 금융의 안정성을 높이고 있다. 이와 같은 경우는 비교적 수요가 풍부한 주택사업의 경우이며, 관광개발사업에서는 사업의 리스크를 줄이기 위해 최초의 토지계약금으로 공동주택부지 계약금보다 높게 지불하도록 요구할 가능성이 커졌다.

2) 자금조달의 필요성

부동산개발이나 관광개발사업에서 자금은 크게 자기자본(equity capital)과 타인자본(borrowed capital)으로 나눌 수 있다. 개발사업은 대규모 자금이 필요하기 때문에 자금조달은 자기자본의 부족분을 채우는 의미뿐만 아니라 사업주체의 자기자본 수익률을 극대화하는 수익적인 측면과 위험을 분산시키는 측면에서 요구된다. 따라서 자금조달은 부동산개발사업 3대 요소에서 가장 중요한 역할을 하는데 자금조달의 역할은 다음과 같은 측면에서 요구된다고 할 수 있다.

첫째, 개발사업은 토지대를 비롯하여 직접공사비, 간접공사비, 부대비용과 사업기간 중 필요한 일반관리비 등 많은 자금이 소요되기 때문에 개발사업을 시작하기 전에 금융기관으로부터 자금조달이 가능한지 여부부터 파악하고 그 다음단계를 준비하게 된다. 특히 관광(단)지개발은 대규모 자금이 투입되어야 하는데 이런 큰 자금을 가진 사업자는 사실상 없다. 대기업 또한 작게는 수천억에서 많게는 수조가 들어가는 개발사업에 자기자본만으로 개발하는 회사는 없다. 그래서 개발사업자는 토지매입에 필요한 자금이나 운영에 필요한 정도의 자금을 투자하고 나머지 공사비 등은 금융기관을 통해 자금을 조달받게 된다. 개발사업자가 사업에 필수적으로 필요한 자기자본을 투자하는 것을 자기자본투자(equity investments)라고 하고 금융기관을 통하여 유치하는 것을 부채금융(debt financing)이라고 한다.

둘째, 개발사업자가 개발에 필요한 자금을 모두 자기자본만으로 투자한다면 사업이 잘못될 경우 회사가 부도나는 정도가 아니라 다시는 회복할 수 없는 정도에 이를 것이다. 이는 금융기관 역시 마찬가지다. 그래서 투자자들은 지렛대효과(leverage effect)[28]를 통해 수익을 극대화시키기 위해 투자유치와 금융을 활용하게 된다. 적은 자본을 투자하고 적절하게 외부로부터 자금을 조달받아 사업을 한다면 수익을 극대화시킬 수 있다.

---

28) 지렛대효과(leverage effect)란 타인의 자본을 지렛대처럼 이용하여 자기 자본의 이익률을 높이는 것으로 차입을 뜻하기도 한다. 금융계에서 레버리지란 뜻은 내가 가진 자금에서 추가로 자금을 빌려 수익성이 높은 곳에 투자함으로써 원래 가진 자금 이상의 투자 수익을 올리는 것을 말한다. 작은 힘으로 큰 힘을 낼 수 있도록 도와주는 지렛대의 원리를 투자에 응용하는 것이다.

셋째, 투자에 대한 위험을 분산시킬 수 있다. 자기자본을 하나의 개발 프로젝트에 모두 투입하면, 개발이 성공할 경우에는 높은 수익을 얻을 수 있지만 실패할 경우에는 자신이 소유한 자본 전체에 심각한 타격을 입을 수 있다. '위험이 많은 곳에 투자할수록 이익도 크다'는 말도 있지만 대부분의 개발사업자는 미래에 대한 불안으로 특정한 프로젝트에 많은 자본을 투자하는 것은 위험을 높이는 행위라고 생각한다. 사실 모든 개발프로젝트는 잠재된 위험이 있으며, 그 위험을 제거하는 것은 사실상 불가능에 가깝다. 예측하기 어려운 위험이 발생하더라도 사업자는 위험을 분산시키고 극복하기 위해서는 투자자산 배분에 대한 포트폴리오의 구성이 중요하다. 특히 개발프로젝트는 다른 금융상품보다 위험이 크므로, 위험의 분산을 위해서라도 타인의 자금투자를 유치하거나 자금을 빌려오는 것이 필요하다.

3) 금융과 투자

금융(finance)은 이자를 받고 자금을 융통하여 주는 것을 말한다. 하지만 금융의 역할이 확대되면서 단순히 돈을 빌려주고 그 이자를 받는 행위를 넘어 사업성이 좋은 개발사업에 대한 투자를 통해 이자와 투자수익을 모두 취하는 형태의 투자금융이 활성화되었으며, 최근에는 자기자본 투자(equity investments)까지 하면서 사업에 대한 지분을 요구하고 있다. 사업자의 입장에서 본다면 자기자본 투자가 적을수록 사업을 추진하기 쉽기 때문에 일부 지분을 금융기관에게 할애하고 공동으로 사업을 추진하는 형태가 늘어나고 있다. 일부 금융기관에서는 자금투자를 목적으로 고액의 이자를 받는가 하면 지분까지 수탈하는 행위가 발생해 개발사업자로부터 원성을 사고 있다.

관광개발에서의 금융은 토지대금 일부나 전부, 그리고 공사비 등 사업에 필요한 비용을 조달하는 행위를 금융이라고 하는데 금융의 영역이 확대되어 딱히 한정된 개념은 아니다. 이들 금융에 대한 대가로 관광개발사업자는 이자(interest)를 지불하며, 일반적으로 사업의 성공에 따른 보상(incentive)이 있지는 않지만 일정지분에 참여하여 개발이익을 배분받기도 한다.

투자(investments)란 장차 얻을 수 있는 수익을 위해 현재 자금을 지출하는 행위이다. 넓은 의미에서는 부채조달(debt financing)이나 자본투자가 모두 투자에 해당한다. 국내에서 일반적으로 관광개발에 '투자한다'라고 하면 개발 시행주체의 자본에 대한 투자를 의미하는 경우가 많다. 자본투자를 할 경우 사업의 성공 시에는 그에 따른 보상을 받을 수 있지만, 사업이 실패하면 투자금을 모두 잃을 수도 있다. 부채조달인 경우에는 사업이 실패하더라도 담보 등에 대한 매각을 통해 원금 또는 수익을 보전받을 수 있다. 자본에 대한 투자는 개발 시행주체의 법적 성격에 따라 매우 다양하게 전개된다. 시행주체가 주식회사 또는 유한회사라면 자본투자자(equity investor)는 주식을 교부받으며, 사업에 이익이 발생할 때 자신의 지분만큼 수익을 할당받는다. 관광개발에서 부채와 자본의 중간적인 성격으로 이자를 받기도 하지만 사업 성공 시에 일정한 비율의 이익을 할당받는 메자닌 파이낸싱(mezzanine financing)이 이용되기도 한다. 이와 같은 이익배분은 당사자들 간의 계약조건에 따라 매우 다양한 형태를 가진다.

4) 지렛대효과

부채(타인자본)를 이용하여 투자의 총액을 증가시키고 그 수익률을 상승시키는 것을 지렛대효과 (leverage effect)를 이용한다고 한다. 지렛대를 이용하여 작은 힘으로 큰 물건을 움직이는 것처럼 자기자본보다 상대적으로 큰 자금을 운용하고 그에 따른 효과를 얻는 것이다. 관광개발에는 대규모 자금이 소요되므로 자신의 자본뿐만 아니라 타인의 자본(부채)을 이용하는 경우가 많다. 사업주체의 자금이 절대적으로 부족하기 때문이기도 하지만, 자기자본을 이용한 이익률을 극대화시키면서 위험은 감소시키기 위해 지렛대효과가 사용된다.

지렛대효과는 수익금 지렛대효과와 수익률 지렛대효과로 나눈다. 수익금 지렛대효과는 자기자본에 부채를 더하여 자기자본 규모보다 더 큰 규모의 개발 및 투자를 진행하고 여기서 발생하는 수익금을 얻는 효과이다. 자기자본이 10억 원이 있을 때 10억 원 규모의 개발을 진행하여 얻을 수 있는 수익이 1억 원인 상황을 예로 들어보자. 개발자가 차입 없이 10억 원을 하나의 개발사업에 투자할 때 1억 원의 수익을 얻을 수 있다. 그런데 10억 원을 외부투자자로부터 빌려서 총 20억 원을 투자하여 개발의 규모를 증가시킨다면, 2억 원의 수익을 얻을 수 있을 것이다. 이때 차입금에 대한 비용을 제외하고도 이 투자자는 자신의 자금만 투자한 것보다 높은 수익금을 얻을 수 있다.

수익률 지렛대효과는 개발에 따른 프로젝트 수익률 이하의 이자율을 가지는 차입금을 이용하여 자기자본의 수익률을 극대화하는 것이다. 무차입을 통한 관광개발 프로젝트의 수익률을 10% 이상으로 증가시킬 수 있다. 위의 예에 추가하여 10억 원의 차입금에 대한 이자율이 7%라고 할 때, 개발자는 매년 이자 7억 원을 지불해도 13억 원의 이익을 얻을 수 있다. 즉 개발자의 투자수익률은 13%로 증가하게 된다.

여기서 주의할 점은 부채비율이 과도하게 높아지면 그에 따라 위험도 함께 증가한다는 것이다. 부채비율이 높아지면 외부 경제환경의 변화에 사업 수익성의 변화 폭이 커짐으로써 도산위험이 증가한다. 예를 들어, 부채비율이 높을 때 그 사업의 수익성 악화는 더욱 심해지고 사업추진이 불가능해질 수 있다.

② 프로젝트 파이낸싱(Project Financing)

1) 프로젝트 파이낸싱 개념 및 사업구조

프로젝트 파이낸싱 즉, 개발금융이란 특정 프로젝트의 미래 현금흐름을 대출원리금 상환재원으로 하여 별도 설립된 특수목적회사(Project Company/Special Purpose Company) 앞으로 자금을 공급하는 금융기법을 말한다.

부동산개발파이낸싱의 경우 취득하는 부동산을 담보로 하거나 사업시행자의 지급보증 등을 담보로 대출이 발생하지만, 프로젝트 파이낸싱의 경우는 개발이나 시설이 완공된 후 수입을 담보로 대출하는 방식을 말한다.

공공기관에서 추진하는 민자공모사업 중 BTO사업에서 가장 많이 활용하는 기법을 말한다. 통상 부동산개발이나 리조트개발사업에서는 초기 투입되는 공사비 조달을 위해 선분양을 하여야 하기 때문에 잘 활용하지 않는다.

프로젝트 파이낸싱의 유래는 1856년 수에즈 운하 개발사업이 효시가 되었고 그 후 1930년대에는 미국 석유개발사업에 이용되었는데 주로 석유개발사업에 투자되었다. 미국 텍사스주를 중심으로 석유개발업자의 자금력 취약을 해결하고 미래 석유판매대금을 상환재원으로 개발자금을 지원하기 시작했으며, 1970년대에는 해외자원 개발사업에 지원하였고, 1980년대 이후에는 발전소, 도로, 항만 등 사회기반시설 인프라(Infra) 사업에 투자하였으며, 1990년대에는 아시아 지역의 사회간접자본시설에 투자하기 시작하면서 아시아 각국의 고도성장, 선진국 금융기관의 고수익 투자처를 물색하게 되었다.

최근에는 영국의 PFI(Private Finance Initiative), M&A Financing, 기존 프로젝트에 대한 Re-Financing과 부동산 개발사업 관련 Project Financing(국내외) 주분야인 아파트, 주상복합, 오피스텔, 타운하우스, 복합상가, 근린상가, 테마상가, 리모델링상가, 아파트형 공장, 산업단지 조성, 택지개발지구 조성, 골프장, 골프연습장, 유원지, 테마파크, 온천, 리조트시설, 호텔, 오피스, 납골당 등에 대하여 투자하고 있다.

2) 프로젝트 파이낸싱의 특징

프로젝트 파이낸싱의 특징을 살펴보면 차입주체로서 독립된 프로젝트회사(Project Company) 설립을 전제로 투자하고 있는데 이는 기본법인에 대한 우발채무에 대한 우려를 원천적으로 차단하고, 신규 특별목적법인을 만들어 시행사(SI, 사업의 시행), 건설사(CI, 책임준공), 금융주간사(FI, 토지비 및 공사비 조달), 신탁회사(Trust compory, 부동산개발의 경우 자금관리)를 주주로 참여시켜 책임소재를 명확히 하고 책임의 소재를 유한책임으로 한정한 후 사업 종료 후 청산을 목적으로 하기 때문이다. 이를 요약하면 다음과 같다.

- 소구권 제한(Non Limited Recourse)[29]
- 다수의 자금공여자(Syndicated Loan)
- 부외금융(Off-Balance sheet Financing)
- 이해관계자 간의 위험배분(Risk Allocation)
- 철저한 자금관리

파이낸싱의 구도를 살펴보면 사업시행사(SPC)는 정부로부터 민간사업자로 선정되면 업무협약을 체결하며, 협약서에 근거하여 정해진 자본금이나 토지비 또는 사업비의 일정액을 자본금으로 정한 후 건설사나 금융기관으로부터 자금을 출자받아 사업시행사를 신설한다. 금융주간사는 공사비를 조달하고 건설사는 책임준공을 이행(공사이행보증보험 등을 통해 보장)하고 시설이 완공되면 운영을 통해 얻게 되는 수입(통행료, 입장료 등)으로 금융사로부터 차입한 금융비용(이자, 수수료 등)을 변제한다. 그리고 투입된 모든 비용이 회수되면, 시설 일체를 기부채납하거나 계속 관리하여 수익을 정부와 분배하기도 한다.

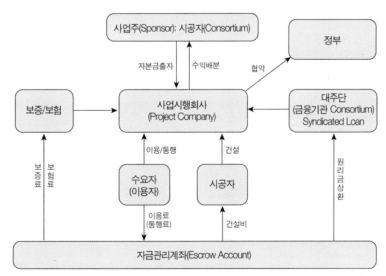

[그림 1-7] 프로젝트 파이낸싱의 구도

---

29) 소구권(遡求權): 어음이나 수표를 가지고 있는 사람이 그 액수를 지급받지 못하였거나 그럴 염려가 있을 때 이전에 어음이나 수표를 가지고 있던 사람이나 발행인에게 상환을 청구할 수 있는 권리

3) 이론적 PF와 국내 부동산 PF, 기업금융의 비교

부동산금융은 투자방식과 회수방식에 따라 다양한 상품들이 개발되면서 우리가 흔히 알고 있는 이론적 금융대출방식을 벗어나 투자금에 대한 위험요소를 제거하기 위해 까다로운 투자조건과 보다 높은 수익률을 요구한다. 이제 금융기관은 순수한 프로젝트 파이낸싱의 개념을 넘어 담보대출과 사업시행자의 보증, 그리고 사업권의 담보를 요구하면서 새로운 투자방식을 채택하고 있다.

국내 부동산 PF의 경우 기존의 토지담보나 시행사의 지급보증 그리고 선순위채권 확보방식은 물론 지급되는 시공비에 대해 건설사의 책임준공이나 공사비 보증을 통해 사업에 투자되는 자금에 대한 안전책을 확보하고 있다. 아울러 투자비를 회수할 수 없을 경우, 준공 후 투자비에 대한 이자율 확보를 공공단체에게 요구하거나, 미분양 물건에 대해 준공 후 저가로 매각하거나 유동화시켜 투자 자금을 확보하는 방안을 강구하여 자신들이 투자하는 투자비에 대한 회수방안을 확보하고 있다.

〈표 1-30〉 프로젝트 파이낸싱과 국내 부동산 PF, 기업금융(CF)의 비교

구분	이론적 PF (프로젝트 파이낸싱)	국내 부동산 PF	기업금융(CF)
차주	사업 시행사	사업 시행사	사업주
담보	프로젝트의 수익	프로젝트의 수익, 시행사 및 시공사의 지급보증, 토지담보	사업주의 모든 자산과 신용
상환재원	프로젝트의 기대현금흐름	분양수익금과 시행사 자산	사업주의 전체 재력
소구권 행사	사업주에 대한 소구권 배제 또는 한정	사업주에 대한 소구권, 시공사 신용보강 시 시공사에게 소구권 행사 가능	사업주 보증 시 사업주에게 소구권 행사
자금관리	Escrow 계정에 의한 관리	금융기관 등에 의한 별도 관리나 신탁회사 관리	차주의 임의관리
채무 수용능력	부외금융	부외금융	부채비율에 직접 영향
차입비용	기업금융에 비해 높음	• 담보대출보다 높음 • 시공사가 책임준공할 경우 시공사 신용도	사업주의 신용도에 따라 차등적용
사업성 검토	수익발생 근거에 대한 검증 및 시나리오별 검토	• 담보자산 검토와 시공사 신용도가 중요 • 사업성 여부도 반영	담보 위주 대출로 사업성 검토는 절차상 요건임
리스크 배분	프로젝트 이해관계자 간 배분	• 시공사가 대부분 부담 • 미분양 시 유동화나 처분을 통해 회수할 수 있는 능력	차주의 전적인 책임

4) 국내 프로젝트 파이낸싱 유형

국내 프로젝트 파이낸싱의 유형은 크게 세 가지로 구분할 수 있는데 민간투자법에 SOC금융과 인수합병을 위한 인수금융, 그리고 부동산PF 금융이다.

민간투자법에 의한 SOC금융	근거법령		• 2005년 "사회기반시설에 대한 민간투자법" 개편, 대상사업의 범위 확대(35개 민간투자 대상시설 + 학교시설, 공공임대주택, 노인의료복지시설 등 추가)
	사업주체별 장점	정부	• 예산부담 없이 SOC 시설의 공급 • 일정기간 후 정부의 소유(BLT 등 형식) • 대규모 건설사업으로 경기부양효과 극대화
		사업주	• 대규모 SOC건설 및 운영과정에 민간부문의 창의성과 효율성 발휘 → 장기간 무상사용 → 안정적인 수익원 확보 • 거액의 차입금을 부외금융[30]으로 조달 가능 • 프로젝트 위험 분산
		금융기관	• 수수료 수입 등의 높은 수익 획득 • 장기 안정적 대출 가능: 정부 및 신뢰도 높은 기업의 참여

인수 · 합병을 위한 인수금융 (LBO[31] Financing)	LBO의 활용	• 외국인에 의한 상업용 빌딩 등 국내 부동산 인수 및 국내 기업구조조정 전문회사에 의한 기업 인수합병 등에 활용
	M&A, 빌딩 매입에 적합	• 프로젝트 파이낸싱은 미래현금흐름 즉 정상화된 이후의 영업활동 및 수익을 상환재원으로 하므로 기업인수합병이나 대형 빌딩인수에 적합한 금융방식

부동산PF	• 시행사의 자기신용으로 거액의 소요자금 조달 불가 • 프로젝트 파이낸싱 기법 도입: 아파트, 상가 등의 부동산 개발을 위한 대출공여 → 분양대금에 의한 현금흐름으로 대출금 상환

---

30) 부외금융이란 회사의 대차대조표상의 자산, 부채 어느 계정에도 나타나지 않는 자본조달방식

31) LBO(leveraged buyout): 기업을 인수합병(M&A)할 때 인수할 기업의 자산이나 향후 현금흐름을 담보로 은행 등 금융기관에서 돈을 빌려 기업을 인수하는 M&A(mergers and acquisitions) 기법의 하나. 따라서 적은 자기자본으로 큰 기업매수가 가능하다.

□ 인천국제공항고속도로 민자사업 프로젝트 파이낸싱

출처: 대한경제신문.

　인천광역시 중구 인천국제공항과 경기도 고양시를 연결하는 민자고속도로. 현재 노선번호는 130번이며, 개편 이전에는 20번이었다. 2000년 11월 전 구간이 개통되었으며, 영종도·인천국제공항과 한반도 육지를 이어주는 최초의 연육도로이자 진입하는 가장 오래된 도로이다. 아울러 인천국제공항철도, 제2경인고속도로 인천대교 구간과 함께 영종도와 한반도 본토를 잇는 관문도로 역할을 하고 있다.

　민자도로로서 신공항하이웨이에서 고속도로 및 제반 시설의 관리·운영을 맡고 있다. 고속도로의 소유권은 대한민국 정부가 가지고, 관리운영권을 30년간 보장받았다.

규모	• 인천시 중구 운서동 ~ 고양시 강매동 / 연장 40.2km, 왕복 6~10차로
사업기간	• 건설: 1995.11.29. ~ 2000.11.20.(5년) • 운영: 2000.11.21. ~ 2030.12.31.(30년)
민간 총투자비	• 총 투자비: 1조 4,652억 원 　- 자기자본: 4,342억 원(29.6%), 출자사 11개사 　- 차 입 금: 1조 310억 원(70.4%), 12개 금융기관

5) 프로젝트 파이낸싱의 위험요소 및 통제방안

(1) 사업단계별 위험 및 통제방안

부동산프로젝트금융의 경우 세 가지 위험요소를 동반하는데 첫 번째는 토지확보에 대한 위험이고, 두 번째는 허가에 대한 위험이며, 세 번째는 분양에 대한 위험이다. 그러나 사회기반시설에 투자하는 경우는 토지에 대한 소유권 취득과 건축허가에 대해 공공단체가 책임을 지기 때문에 위험이 존재하지 않고, 단지 투자되는 시설에 대한 완공위험과 운영수익에 대한 판단이 가장 큰 위험이라고 할 수 있다. 완공위험에는 기술력 부족으로 인한 부실공사 여부와 초과비용으로 인한 공사비 과다와 노조에 의한 공사 지연위험이 있고, 이외에도 준공 이후 운영시설에 대한 수익률이 최초 자금투입과 회수계획보다 낮은 수익률이 나올 경우이다.

예전에는 공공단체가 사회기반시설에 대해서 투자비에 대한 일정 이자율을 보증했지만, 이 제도가 없어진 이후에는 사업자가 철저한 수지분석을 거쳐 판단할 수밖에 없게 되었다.

프로젝트 건설위험	• 완공위험: 공사지연 손해배상, 전문가에 의한 기성검사 • 비용위험: 초과비용에 대비한 예비비 설정 • 기술위험: 기술력에 대한 타당성 검토, 보험가입, EPC계약[32]
운영기간 위험	• 공급위험: 원재료 조달능력 검토 • 운영위험: 운영비 증가에 대비한 예비비, 손해배상계약 • 판매위험: 고정가격의 장기 판매계약, 가격 연동규정, Forward Sales Contract

(2) 프로젝트 전반의 위험 및 통제방안

일반적으로 관광(단)지나 리조트개발사업은 많은 위험이 존재한다. 위험 중에 가장 중요한 위험으로 사업시행자의 위험과 법률적 위험, 그리고 인허가와 관련된 정책 및 환경위험이 있다.

사업시행자의 위험이란 토지와 자본력이 있어도 사업시행자가 개발업무에 대한 경험이 전혀 없어서 발생하는 위험을 말한다. 이런 경우 모든 개발업무에 대해 용역사에 의존하거나 미래 개발방향(건축이나 디자인의 변화 등)을 읽지 못하는 컨셉을 설정하여 개발의 방향을 예측하지 못하는 위험을 말한다.

법률적 위험은 전 사업자로부터 사업권을 인수한 경우에 흔히 발생한다. 전 시행법인의 우발채무의 경우가 대표적이다. 통상 전 사업자는 사업을 시행하면서 부족한 자금을 조달하기 위하여

---

32) EPC: Engineering, Procurment(조달), Construciton(시공) 일괄수행

각종 용역회사로부터 자금을 차용하면서 권리를 보장하는 계약서를 작성하는 경우가 많다.

이로 인해 사업을 인수받은 시행사는 전 시행사가 체결한 각종 용역사의 권리를 인정하지 않는다는 문서적 합의가 있더라도 용역사들은 계약을 이유로 소송을 진행하고 특히 사업을 인수한 시행사나 자금을 지원하는 금융사에게 계약 내용을 통보하여 해결을 독촉하거나 집단 민원을 조장한다.

계약대로 무시하면 될 일이지만 금융사는 절대 이를 인정하지 않는다. 무조건 시행사에게 민원을 해결하거나 합의를 해오지 못하면 금융대출조건의 위반을 이유로 더 이상의 추가 대출은 해주지 않는다. 그런 이유로 금융사는 사업을 중단시키고 이에 다급한 시행사는 금융사가 요구하는 새로운 금융조건으로 계약을 체결하게 된다.

마지막으로 정책 및 환경에 대한 위험은 환경영향평가와 문화재보존에 대한 정부의 정책이다. 대한민국의 경우 정부가 바뀔 때마다 정책이 바뀌면서 사업시행사들은 많은 피해를 보고 있다. 특히 환경영향평가나 문화재 보존문제는 지역주민들을 의식한 정치인들의 인기성 발언으로 갑자기 없던 규제정책으로 전환되면서 사업시행자는 사업에 차질을 빚게 된다.

사업주위험	• 능력있는 사업주 선정, 자기자본 사전 투입 요건
기술위험	• 검증된 기술채용, 채용기술의 전문가 검토보고서
법률적 위험	• 제반계약 및 프로젝트 전반에 걸친 법률의견서 청구
정책 및 환경 위험	• 정부와의 실시협약 체결을 통한 보장책 마련 • 환경관련 인허가 취득 및 보험가입

6) 금융 자문

금융출자자(FI)는 사업에 필요한 사업비(토지비, 공사비, 운영비 등)를 조달하는 목적으로 금융출자자로 참석하기도 하고, 금융주간사로서 역할을 담당한다.

예를 들어 잠실 마이스개발사업(잠실운동장 리모델링 및 컨벤션, 호텔 등에 대한 개발사업)에 우선 협상자로 지정된 한화컨소시엄의 경우 한화건설과 한화 금융그룹이 사업에 참석했는데 자금은 한화금융(한화 캐피탈 등)에서 조달하지만 금융 주간은 한화증권이 하면서 각각의 금융수수료와 금융주간수수료를 받는 구조로 컨소시엄에 참여했다.

금융사의 금융업무는 사업시행자 지정 및 실시협약체결부터 시작되며 사업비 종료되는 시점까지 각 단계별로 금융자문 업무를 진행하게 된다.

1단계	사업시행자 지정 및 실시협약체결	• 사업계획서 작성지원 • 사업성 검토 및 리스크분석 및 경감강구 • 자금조달구조(Financing Structure) 검토 • 정부 협상지원 및 실시협약 검토
2단계	출자자 모집(국내외)	• 기채취지서[33] 작성 및 투자자 앞 Marketing 실시 • 예상 출자자 참여 예비조건 및 합작투자계약 검토
3단계	타인자본조달	• SOC 채권 발행을 위한 Rating 획득 지원 • 사업설명서 작성 및 사업설명회 개최 • 금융조건 검토 및 주간사 은행 선정 • 각종 Documentation(대출약정서 등) 검토 및 작성 지원 • 대출약정 체결 지원

7) 금융 주선

프로젝트 파이낸싱을 이용한 자금조달은 자금 규모가 크고 사고 시 치명적인 타격을 입을 수 있으므로 리스크를 헤지하기 위해 일반적으로 Syndicated Loan(신디케이트론) 형식으로 이루어진다. 금융주선의 주요 절차는 다음과 같다.

① 사업자로부터 RFP(request for proposal: 입찰제안서) 접수

② 제안서(Proposal) 발송

③ 우선협상대상자 선정

④ 금융조건 협상

⑤ Firm Offer 작성 및 사업자 앞 발송

⑥ Mandate 접수(금융주선업무 본격적으로 시작하는 시점)

⑦ Due-Diligence

⑧ Doumentation

⑨ Information Memorandum 작성 및 관심 대주단 앞 송부

⑩ Road Show(사업설명회)

⑪ 각종 Documentation 지원

---

33) 기채취지서(起債趣旨書): 국가나 공공단체가 공채를 모집할 때 또는 신디케이트론에서 차주가 대출은행에 참여를 결정하는 데 도움이 되도록 제공하는 차주에 대한 설명서로 정보안내서라고도 한다.

8) 프로젝트 파이낸싱의 활용 및 절차

(1) 프로젝트 파이낸싱의 활용 및 절차

① 사업성은 양호하나 사업자의 자체 신용도가 낮은 경우

② 사업규모는 크고, 자기 자금이 적은 경우

③ 건축자금 외에 토지비, 초기사업비까지도 대출이 필요한 경우

④ 부동산담보대출보다 많은 대출지원이 필요한 경우(높은 LTV)

⑤ 금융회사 Brand를 활용하여 분양을 촉진하고자 하는 경우

　　※ 금융회사의 자금관리로 투명성 및 신뢰도 확보

(2) 프로젝트 파이낸싱의 절차

① 사업계획서 접수 및 상담

② 사업내용 및 참여 여부 검토

③ 금융자문 계약체결 및 LOI발급

④ Term & Conditions 체결

⑤ 사업성 검토(Due Diligence)

⑥ 대출 승인절차 진행

⑦ 대출약정 및 Escrow 계좌 개설

⑧ 대출기표

⑨ 자금관리 및 사후관리

9) 프로젝트 파이낸싱의 비용

(1) 차입비용

차입금이자	기준금리 + 가산금리
기준금리	무보증회사채 3년을 AA-, 국고채, 산금채, CD 등
가산금리	채무불이행위험(대출기간, 신용보강 포함) + 물가상승위험 + 기회비용 등을 감안
수수료	대출취급수수료, 금융자문수수료, 금융주선수수료(출자 및 대출참여수수료), 대리(자금관리)은행수수료, 융자약정수수료, 기한전상환수수료, 기간연장수수료 등

(2) 부대비용

부대비용에는 감정평가보수, 사업성검토보수, 부동산신탁보수, 보험료, 감리보수 등이 있다.

10) 프로젝트 파이낸싱의 장단점

(1) 사업주 측면 장단점

사업주 측면에서 프로젝트 파이낸싱의 장점은 사업위험의 분산 및 자금조달 부담의 분담(출자자, 금융기관, 기타 이해관계자 등)으로 인해 책임소재와 사업위험을 최소화할 수 있다.

또한 사업에 참여하는 주체의 신용상태나 재무상태가 좋아 대규모 자금조달이 가능하여 레버리지 효과를 극대화시킬 수 있다. 이 밖에도 회계처리상 부외금융 인식, 부채비율, 신용한도 초과 관련 한도제한을 받지 않는다.

이 밖에도 SPC를 통해 소규모 영세 개발사업자도 프로젝트 추진이 가능하다는 장점이 있다.

단점으로는 높은 금융비용과 복잡한 금융절차, 그리고 관련 당사자가 많아 초기 의사결정이 지연될 수 있고, 많은 기업들이 참여하여 컨소를 이뤄 상세한 기업정보를 공유하다 보니 기업정보가 과다노출될 위험이 있다.

이 밖에도 많은 이해관계자 참여로 필요 시 최초 금융조건변경에 어려움이 있다.

(2) 금융회사 측면 장단점

금융회사 측면에서 프로젝트 파이낸싱의 장점은 위험을 명확화할 수 있으며, 기존 거래처의 낮은 신용상태에서도 양호한 신규사업은 분리 취급가능해지며, 자산운용 대상 확대 및 부수적인 금융상품 취급 기회를 제공한다(중도금대출, 잔금담보대출, 신규고객 확보 등).

이 밖에도 부담하는 위험수준이 기업금융보다 높은 만큼 수익률도 매우 높아 높은 수익성이 보장된다.

단점으로는 대상 프로젝트의 채권보전수단이 없어 장기사업 진행 시 많은 사업에 위험을 노출할 수 있다.

이 밖에도 채무불이행 발생 시 일시 대규모 손실 발생이 상존하고, 상환 시까지 체계적인 사업관리가 중요하다.

사례

□ 브릿지 론(Bridge Loan)

신용도가 낮은 시행사 등이 특정 부동산 개발시장의 개발자금을 제2금융권에서 높은 이자를 지불하고 차용하여 토지매입 및 운영비로 사용하다가 사업이 정상적으로 진행되어 자산가치가 높아지고 사업성이 좋아져 리스크가 줄어들게 되면 제1금융권의 낮은 이자의 자금으로 대체하거나 PF시 대환하는 자금을 브릿지 차입금이라고 한다. 대부분의 새마을금고나 저축은행, 축협, 농협 등이 브릿지대출을 하는 주요 금융기관들이다. 최근에는 자산운영사들이 고액의 이자와 지분의 일부를 받고 브릿지대출을 진행하고 있다.

구분	내용	취급기관	소요 COST
계약금 Bridge Loan	• 사업부지 지주작업이 완료되는 시점에서 취급 • 시공사의 사업약정서 또는 도급약정서 필요 • 일부부지 등기이전 및 근저당 등 설정 • P/F 시점에서 상환하는 조건 • 취급수수료와 기간이자를 선취하는 조건이므로 금융비용까지 펀딩하는 사례 많음	저축은행 캐피탈	수수료: 10~30% 금리: 연 10~15%
P/F 前 Bridge Loan	• 시공사 확정 전 사업부지 전체확보를 위한 목적 • 초기사업비를 제외한 사업부지 대금과 금융비용 위주로 취급 • 1년 이내의 기간으로 상환구도 확정 후 취급 • 증권사의 경우 대출기능 부재로 은행 등과 함께 공동취급(대출채권 양수 약정)	증권사 저축은행	수수료: 2~5% 금리: 연 6~15%
기타 Bridge Loan	• ABS 발행을 위한 대출채권 발생목적으로 취급 • 사업부지 일부매입을 위한 담보대출수준 취급	은행 캐피탈 등	금융비용: 별도약정

주: 브릿지대출과 관련된 금리는 금융시장의 악화나 호재 등으로 변경된다.

③ 부동산개발금융

1) 부동산 개발사업의 대상

관광(단)지개발의 절차는 임야나 농지, 그 밖의 공장용지 등의 부동산이 도나 시에 의해 관광(단)지로 지정되고, 도시계획결정고시나 도시, 군계획이 결정되어 고시되면, 사업시행자는 자신이 구상하는 관광시설 일체에 대하여 실시계획승인을 받아 각 시설별로 각종 영향평가 등을 거쳐 건축허가를 받아야 한다. 건축허가 후에는 각 시설에 대한 건축행위가 이루어지고 준공 후에는 각 용도별로 등기를 하게 된다. 따라서 부동산개발이든 관광(단)지개발이든 부동산을 개발하는 절차는 유사하다. 다만 관광개발은 개발기간이 장기적이고 투자비가 많이 소요되며 투자비에 대한 회수도 장기간이 소요된다. 반면 일반적인 부동산개발은 인허가 후 분양승인을 득하면 착공과 동시에 분양을 통해 투자비를 회수하는 구조라 안정적이다. 따라서 관광개발금융의 경우 프로젝트 파이낸싱에 가깝고, 부동산개발금융의 경우 사실상 토지와 사업권을 담보로 브릿지대출을 거쳐 인허가 후 본 P/F 구조를 통해 이루어진다.

통상 부동산의 종류는 주거용 부동산, 상업유통용 부동산, 레저관광용 부동산, 공업용 부동산으로 분류한다. 반면에 관광(단)지의 대상이 되는 부동산은 레저관광용 부동산이다. 관광(단)지 내에서는 일반적으로 주거시설을 건축법상 허용하지 않으므로 주거용 부동산과 다르다. 다만 관광(단)지 안에는 상업시설이나 유통시설이 존재하고 있고, 주거시설 대신 생활형 숙박시설이나 콘도를 허용하고 있다.

주거용 부동산	단독주택	도시형	단독주택, 다가구주택 등
		전원형	전원주택 등
	공동주택	공동조합형	아파트, 다세대주택, 빌라 등
		도심형	주상복합, 오피스텔, 원룸 등
상업유통용 부동산	생활시설		일반상가, 근린상가 등
	구매시설		백화점, 할인마트 등
	대형서비스시설		오피스, 위락시설 등
레저관광용 부동산	리조트, 테마파크, 실버타운, 호텔, 골프장, 마리나, 스포츠센터 등		
공업용 부동산	자유입지		허가입지, 계획승인입지, 개별입지, 아파트 공장 등
	계획입지		국가 및 지방공업단지, 농공단지, 협동화사업단지 등

2) 부동산개발금융

(1) 부동산개발금융의 정의

부동산개발금융이란 시행자가 아파트, 주상복합, 오피스텔, 상가 등 부동산개발사업과 관련하여 토지 매입 및 건축자금 등을 지원받고 분양수익금으로 (분할)상환되는 금융을 총칭하여 말한다.

부동산개발과 관련하여 조달금융의 대상은 토지비와 건축비가 주요 대상이 되지만 최근 들어 토지대금의 중도금 및 잔금까지 조달해 주는 금융주간사가 늘어나고 있다. 이 경우 사업시행자는 사업을 시행할 SPC를 설립해야 하며, 설립되는 자본금 중 일부를 토지대금의 계약금으로 지불하는 방식을 취하는데 이 경우 자본금 납부는 사업에 참여하는 시행사와 시공사 그리고 금융기관이 공동으로 지분만큼 납부한다.

현행 부동산개발 프로젝트 파이낸싱은 사업자의 경우 토지비 조달과 공사비 조달에 주안점을 두고 있지만 금융기관은 미분양에 대비한 새로운 금융기법을 통해 공사비 확보에 노력하고 있다. 공사비조달이 금융주간사의 몫이라면 시행사는 초기사업비 마련이 관건이다. 통상 초기사업비에는 토지계약금, 토지관련 세금, 인허가비용, 운영비, 기타 언제든 발생할 수 있는 여유자금(seed money)이 있어야 한다. 관광(단)지의 경우 개발부지가 작게는 수만 평에서 많게는 수십만 평에 달하고 그에 따른 각종 세금과 인허가 비용 또한 만만치 않다. 그 때문에 금융주간사를 SPC의 주주사로 참여시키고 있다. 통상 금융사가 보유할 수 있는 주식 수는 20% 내외이다.

일단 금융주간사가 사업에 참여하게 되면 초기사업에 필요한 일체의 비용(토지계약금, 인허가비용, 금융조달수수료 등)를 조달하게 된다.

통상적으로 시행사(SI)와 금융사(FI)는 프로젝트 총비용(total project cost)의 5~30% 선투입하며, 디펠로퍼의 경우 총비용 5% 내외의 선투입을 강요받는다. SOC사업의 경우는 총비용의 30% 정도이며, 민간투자사업(BTO)의 경우 전체 사업비의 15% 정도를 자본금으로 선투자하여야 한다.

2020년 이후 부동산 개발사업에 있어 새로운 금융기법들이 도입되고 있는데 그 특징은 다음과 같다.

① 프로젝트대상이 되는 자산과 지분 그리고 신용(대표이사 신용 등)을 담보로 하는 개발금융 확대

② 유사 프로젝트 파이낸싱 상품의 발전(담보대출 형태, 보증 형태, 리스크 전가구조개발)
  • 금융기관의 프로젝트 파이낸싱
  • 은행의 부동산투자신탁 초기상품 및 특정금전신탁
  • 부동산신탁회사 책준형 담보신탁을 통한 보증
  • 기타 프로젝트 파이낸싱으로 불리는 상품들(ABS 등)
  • 주식시장 상장, 소액 투자자모집에 의한 자금조달 → 개발형REITs, 부동산펀드 등

③ 부동산개발금융 취급대상
  • 아파트, 주상복합, 오피스텔, 타운하우스
  • 상가, 오피스, 아파트형 공장
  • 호텔, 리조트, 펜션, 테마파크, 온천, 골프장, 스포츠센터

• 실버타운, 납골당 등

④ 부동산개발금융 취급기관

취급기관	내용
은행	고유계정 대출, 신탁계정 대출, ABS 인수, 사모사채 인수 등 (부동산관련 금융: 부동산담보대출, 수분양자 앞 중도금대출, 국민주택기금대출, Bridge Loan, 부동산PF, 빌딩 담보대출, Equity 투자, REITs 주식 인수, MBS채권 인수 등)
제2금융권	생명보험사, 손해보험사 증권사, 상호저축은행, 캐피탈 등
부동산전문회사	부동산신탁회사, REITs, 부동산펀드 등
공제회	군인공제회, 지방행정공제회, 지방재정공제회, 교원공제회, 경찰공제회, 사학연금, 전문건설협회 공제회 등

(2) 부동산 개발사업과 프로젝트 파이낸싱 흐름도

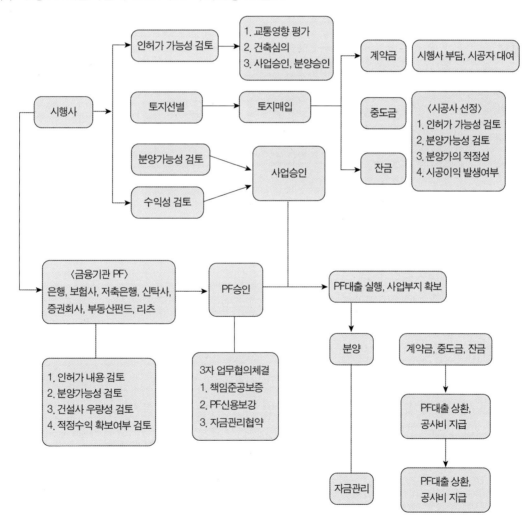

(3) 국내외 부동산 PF 자금조달 구조

국내외 부동산 PF 자금조달의 구조는 외국과 많이 다르다. 다만 외국의 경우 공사비용과 각종 비용 및 금융비용에 대한 후순위 대출과 자기자본비율이 5배 이하로 낮은 반면, 국내의 경우는 공사비용과 각종 비용에 대한 후순위대출과 자기자본비율이 10배 이하로 높다. 실제 사업자의 자기자본비율이 낮고 후순위 대출이 높은데 이는 초기사업비와 공사비를 미리 확보하고 가기 때문이다.

외국과 달리 국내의 경우는 선분양이 가능하기 때문에 토지확보와 인허가가 완료됨과 동시에 선분양을 하면서 공사비 등을 확보할 수 있다. 아울러 국내에서는 토지확보에 필요한 비용은 자기자본에서 10% 정도를 납부하고 나머지 90%는 브릿지대출을 통해 취득한다. 이 경우 대출자는 반드시 토지에 대한 담보 권리를 선순위로 확보한다.

[서구적 개념의 개발금융]　　　　　　　　　[한국의 개발금융]

(4) 부동산 PF 자금조달과 사용

부동산개발이나 관광(단)지개발에 있어 제일 먼저 확보하는 것이 사업부지, 즉 토지이다. 통상 사업자는 자기자본으로 토지대의 10% 정도를 납부하고 90%는 제2금융권(새마을금고, 신협, 축협, 저축은행, 캐피탈 등)을 통해 대출받아 토지 중·잔금을 지불한다.

토지 확보 후에는 사업승인과 건축허가를 득해야 본 P/F를 받을 수 있다. 간혹 사업성이 양호하거나 재건축, 재개발의 경우 예외적으로 사업승인 시점에 PF가 발생하기도 한다. 그리고 일단 본 P/F가 실행되면 사업승인 전에 조달했던 브릿지대출은 상환되며, 공사 기성고에 따라 공사비가 지불되고, 운영비와 각종 용역비를 지급하게 된다,

본 P/F금액은 운영비와 공사비 등을 포함하여 전체 사업비의 30~50% 정도 확보하는데, 실제 대출

금을 모두 사용하는 것이 아니라 확정만 해놓고 분양이 잘되면 분양대금으로 기성률대로 공사비 등을 지불하게 된다.

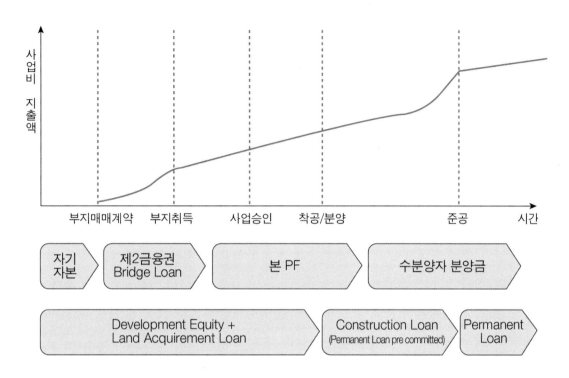

(5) 부동산개발금융 흐름도 [1]

부동산개발금융 흐름도 [1]은 사업부지를 시행사가 계약한 이후부터 발생하는 구조이다. ① 시행사는 사업부지에 대한 토지를 계약한 후 금융주간사와 각 단계별 금융조달에 대하여 협의한다. ② 토지 중·잔금과 공사비에 대한 대출규모를 협의한 후 금융주간사와 금융주선에 따른 금융자문계약서를 작성한다. ③ 그리고 인허가를 득하기 전에 금융주간사를 통하여 브릿지 자금을 조달한 후 토지 중·잔금을 지불한다. ④ 시공사와 평당 공사비 협의가 끝나면 공사도급계약서를 작성한다. ⑤ 시공사 선정이 종료되면 금융사와 시공사 간에 공사비 지급에 대한 협의가 진행되며, 합의가 이루어질 경우 시행사 그리고 금융주간사와 건설사 삼자 간에 공사비 지급조건과 대출금관리, 분양금관리 및 지급에 대한 조건들을 합의한 삼자계약서를 체결한다. ⑥ 공사가 시작되고 공사비에 대한 P/F 자금이 들어오기 전 신탁사를 선정하여 토지담보신탁과 공사비에 대한 자금관리 및 분양대금에 대한 사용 등의 업무를 위임시키기 위해 신탁계약서를 작성한다. ⑦ 공사가 완공되면 공사비정산과 아울러 대출금에 대한 정리와 청산절차를 밟고 완성된 시설에 대한 운영법인을 선정하여 운영하게 된다.

사업 절차	사업성	사업 자문	토지 매입	인허가 신청	인허가	착공	공사	분양	준공	인도
투자 금융	금융자문 (사업성분석, 리스크측정)			금융 주선 약정	공사도급계약 자산관리계약		자금관리 및 Compliance			
					프로젝트 금융					
					토지비		공사비			
								분양대금 유입		
개인 금융								대출금 (수요자금융)		

(6) 부동산개발금융 흐름도 [2]

　부동산개발금융 흐름도 [2]는 사업 초기부터 금융주간사에게 금융자문을 요청하는 경우이다. ① 사업시행사는 자신이 추진하는 개발프로젝트에 대한 사업성 검토를 근거로 금융주간사와 접촉하여 금융조달에 대한 협의를 추진한다. ② 금융주간사는 시행사와 금융자문계약서를 작성 후 일정 기간 내에 금융조건에 따른 Mandate를 수령한다. ③ 금융조건에 따라 브릿지 자금을 통해 토지대금과 초기사업비를 조달한다. ④ 신탁사와 건설사를 선정하고 삼자계약 이후 본 P/F대금과 분양수입금에 대한 관리를 신탁사에 맡긴다. ⑤ 준공 후에는 공사비와 대출금액을 정리하고 청산한다. ⑥ 새로운 운영사를 만들어 완공된 시설에 대하여 사후관리에 들어간다.

사업 절차	사업성	사업 자문	토지 매입	인허가 신청	인허가	착공	공사	분양	준공	인도
투자 금융	금융자문 (사업성분석, 리스크측정)			금융 주선 약정	공사도급계약 자산관리계약		자금관리 및 Compliance			
					프로젝트 금융자금 지급(분할지급)					
			토지비	초기 사업비		기성공사비			준공 공사비	
								분양대금 유입(수납계좌)		
		Mandate 수령								
		대출조건 Negotiation	약정서 작업		제반 약정이행상태 점검					
	금융자문계약 체결		의사결정 완료		전반적인 사후관리					

□ **부동산금융 규제관련 필수 5대 용어**

① LTV(Loan To Value ratio): 부동산 담보대출 비율

$$\frac{대출액 + 선순위채권 + 임대보증금 + 최우선소액임차보증금}{주택평가액} \times 100$$

② DTI(Debt To Income ratio): 총부채 상환비율

$$\frac{주택담보대출 연원리금 상환액 + 기타 금융기관 부채의 연이자 상환액)}{연소득} \times 100$$

③ DSR(Debt Service Ratio): 총부채 원리금 상환비율

$$\frac{주택담보대출 연원리금 상환액 + 기타 금융기관 부채의 원리금 상환액)}{연소득} \times 100$$

④ RTI(Rent To Interest ratio): 임대업 이자 상환비율

$$\frac{연간 부동산 임대소득}{해당 임대업 대출의 연간 이자비용 + 해당 임대업 건물 기존대출의 연간 이자비용} \times 100$$

※ 부동산 임대업자 부채관리용

⑤ LTI(Loan To Income ratio): 소득대비 부채비율(자영업자 부채관리용)

$$\frac{자영업자 영업이익 + 근로소득등 총소득}{가계대출 + 개인사업자대출등 총부채} \times 100$$

3) 제1금융권(은행)의 고유계정과 신탁계정

(1) 고유계정

고유계정의 재원조달은 은행 자본금이나 잉여금 그리고 고객의 예수금에서 조달하고, 주 운용대상은 아파트, 주상복합, 주거용오피스텔 개발사업이며, 운용방법은 부동산 개발사업 P/F, Bridge Loan, ABS채권 인수 등이다.

고유계정의 특징은 수수료율과 금리가 낮은 대신 안정성 높은 개발사업 위주로 운용된다는 것이다. 상기 운용방법 이외의 은행 고유계정 부동산 관련 금융은 부동산담보대출이나 수분양자 중도금대출, 국민주택기금대출, 빌딩담보대출, 리츠사 편입자산관련 대출, 개발이익 조기환수용 대출채권 매각, 리츠주식 인수, MBS채권 인수로 운용한다.

(2) 신탁계정

신탁계정의 재원은 신탁고객의 수탁자산(금전 및 실물자산 등)이며, 주 운용대상은 주거용 부동산 및 상가, 오피스텔, 오피스 등 수익형 부동산 개발사업이다. 운용방법은 신탁대출, ABS채권 인수,

부동산관련 유가증권(MBS 등) 매입이며, 운용과목은 부동산투자신탁, 특정금전신탁이다.

신탁계정의 특징으로는 약간의 리스크를 부담하는 개발사업에 투자하고 있는데 이를 Reputation Risk(평판리스크)라 한다.

(3) 특정금전신탁

고객이 맡긴 돈을 주식, 채권, 기업어음(CP), 양도성예금증서(CD), 환매조건부채권(RP), 간접투자 상품 등에 투자하는 금융상품이다. 고객이 자신의 투자 성향이나 목적, 투자 기간 등을 고려해 운용대상을 특별히 지정한다는 의미에서 이렇게 이름이 붙여졌다. 그러나 통상적으로 판매 회사가 투자 대상과 투자 기간 등이 확정된 몇 가지 유형의 상품을 제시하면 고객이 그중에서 선택한다.

후순위채, 외화표시채권과 함께 분리과세형 상품으로 고액자산가들이 선호하는 상품이며, 실적 배당하는 상품이지만, 수익률은 자산운용사에서 운용하는 펀드에 비해 안정적이며, 기업어음을 소화할 때 특판예금과 함께 많이 발행되는 상품이다. 최근에는 금융기관이나 자산운용사가 사업성이 있는 부동산개발상품을 개발하거나 특정 개발상품에 투자하고 투자자에게 배당하고 있다.

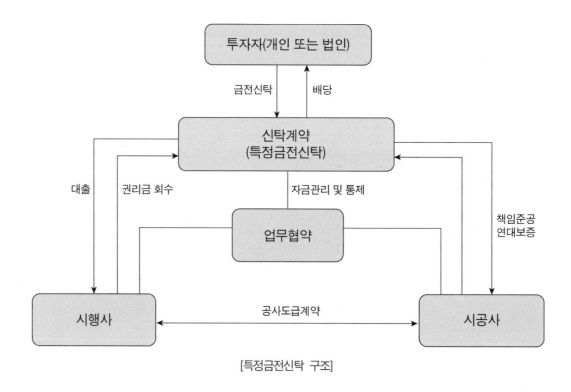

[특정금전신탁 구조]

4) 제2금융권

제2금융권이란 시중 제1금융권을 제외한 보험사, 저축은행, 캐피탈사, 증권사나 자산운용사 등을 말한다. 제2금융권의 경우 브릿지론(토지대금, 운영비)이나 본 PF대출 시 대주단을 구성하여 PF대출에 참여한다.

(1) 보험사

보험사의 재원은 자본금 및 잉여금, 보험가입고객의 보험료이다. 주 운용대상은 주거용 부동산 및 상가, 오피스텔, 오피스 등 수익형 부동산 개발사업이다. 운용방법은 대출, ABS채권 인수, 부동산관련 유가증권(MBS 등) 매입 등이다. 특징은 약간의 리스크를 부담하는 개발사업에 투자하며, 장기운용과 수익성을 우선시한다. 주요 회사로는 삼성생명, 교보생명, KB생명, 하나생명, 삼성화재, 현대해상화재 등이 있다.

(2) 저축은행, 캐피탈사

저축은행과 캐피탈사의 재원은 자본금 및 잉여금, 고객의 예수금이다. 주 운용대상은 주거용 부동산 및 상가, 오피스텔, 오피스 등 수익형 부동산 개발사업이다. 운용방법은 토지매입잔금대출, 일반담보대출, 2순위 대출이다.

특징은 상당한 리스크를 부담하는 개발사업에 투자하며, 단기운용과 수익성을 우선시한다. 주요 회사로는 신한캐피탈, 산은캐피탈, 한국투자저축은행, 푸른저축은행, 모아저축은행, OK 캐피탈이나 저축은행 등이 있다.

(3) 증권사, 자산운용사

증권사나 자산운용사의 재원은 증권사의 자본금 및 잉여금, 자산운용사의 펀드 모집자금(블라인드펀드 등)이다. 운용방법은 Brokerage, 매입약정, PI(Principal Investment, 계약금대출)이다. 주요 특징은 직접금융 경험을 바탕으로 개발사업 금융구도작업, 대출처 중개 등 Fee Biz(중개수수료업) 사업을 주로 수행한다는 것이다. 주요 회사로는 한국투자증권, NH투자증권, 미래에셋대우증권, 메리츠종합금융증권, 키움증권 등이 있다.

부동산 신탁

13 Chapter

① 신탁의 개념

부동산 신탁이란 믿고(信) 맡긴다(託)는 것을 의미한다. 고객들이 소유하고 있는 금전, 부동산 등의 재산을 특별한 믿음을 바탕으로 특정 목적물을 위하여 신탁회사에 맡기는 것이며 금전을 맡기는 금전신탁과 달리 부동산 신탁은 고객이 맡긴 부동산을 고객의 이익을 위하여 또는 특정의 목적을 위하여 그 재산을 관리·운용·처분한 후 발생한 이익을 고객에게 돌려주는 제도를 말한다. 부동산 신탁의 주요 특징은 다음과 같다.

1) 완전한 수탁자로의 소유권 이전

위탁자에 의해 수탁자에게 재산권이 이전되어 수탁자 즉 신탁사는 재산권의 소유자가 된다. 수탁자는 신탁재산에 대한 유일한 관리, 처분권자가 됨으로써 재판상, 재판 외의 권능을 포함한 권리를 행사할 수 있는 유일한 자가 된다.

2) 대리 또는 후견인의 제도와 비교

타인에 의하여 재산을 관리, 처분하는 법제도의 하나로 민법상의 대리, 후견인 제도와 유사하나, 신탁은 특정된 재산이 제도의 중심이 되는 점에 특징이 있어 위탁자는 수탁자에 대하여 지시할 수는 있어도 자신이 신탁재산상의 권리를 행사할 수 없으며, 신탁재산을 관리, 처분한 결과 발생하는 제3자와의 권리 및 의무는 신탁재산의 관리기관인 수탁자에게 귀속하며, 위탁자 또는 수익자에게 직접 귀속되지 않는다. 취급되는 상품으로는 개발신탁, 처분신탁, 담보신탁, 관리신탁, 관리형토지신탁, 분양관리신탁, 국공유지신탁, 대리사무 등이 있다.

3) 신탁의 이중소유권

수탁자는 소유권과 관리권을 취득하여도 그 임무를 수행하고, 권리를 행사하는 것은 신탁목적에 구속되어 수익자를 위해 행사할 수밖에 없다. 즉 재산은 대내·외적으로는 수탁자에 귀속하여도 실질상은 수익자에게 귀속하게 된다.

4) 신탁재산의 독립성

신탁재산은 위탁자 및 수탁자로부터 독립되어 있다. 즉 신탁재산은 위탁자가 자신의 재산권을 수탁자에게 일정한 목적하에 소유권을 이전하는 것이지만 수탁자에게 소유권이 이전된 후에는 위탁자 소유자의 재산에 포함되지 아니하며, 또한 수탁자 명의의 재산으로 되어 있긴 하나 수탁자의 고유재산과 분리하여 별개의 것으로 취급하여야 함을 의미한다.

5) 부동산 신탁회사 현황

구분	한국 자산 신탁	생보부 동산 신탁	대한 토지 신탁	KB 부동산 신탁	한국 토지 신탁	하나 자산 신탁	코람코 자산 신탁	아시아 신탁	국제 신탁	코리아 신탁	무궁화 신탁
대주주	MDM	교보 삼성	군인 공제회	KB금융 지주	엠케이 전자	하나 금융 지주	LF	신한 금융 지주	유재은	지방 은행	오창석

② 신탁의 종류

1) 차입형 부동산 신탁

차입형 토지신탁은 개발노하우가 없거나 자금력이 부족한 토지 소유자가 토지를 효율적으로 활용하여 수익을 얻을 목적으로 신탁회사에 신탁하는 상품이다. 신탁회사는 토지소유자의 의견과 전문지식을 결합하여 건설자금을 조달하고 택지를 조성하거나 건물을 건축한 후, 이를 분양 또는 임대한 후 발생한 수익을 토지소유자에게 환원하는 제도이다.

이를 정리하면 차입형 투자신탁제도의 주요 특징은 자금조달 측면에서 기본적으로 소유자가 토지를 확보하고, 건축비는 신탁회사 자체자금이나 신탁회사의 신용으로 조달한다. 부동산신탁사는 시공사 선정 및 시행사로서의 역할을 한다.

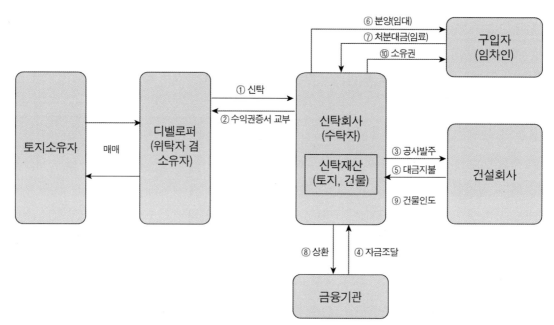

[그림 1-8] 차입형 투자신탁(개발신탁) 구조

2) 관리형 토지신탁

관리형 토지신탁은 위탁자가 금융기관 및 시공사로부터 사업비를 직접 조달하고 부담하는 형태의 신탁상품으로 일반적인 토지(개발)신탁과 유사하지만 사업비 조달방식에 차이가 있다. 또한 부도 또는 파산의 위험성을 헤징(Hedging)하여 안정적인 개발사업 추진 및 분양사고 위험을 방지할 수 있다.

이를 정리하면 금융기관은 신탁회사 관리형 토지신탁 수익권증서 및 시공사의 신용보상을 담보로 시행자에게 토지비 PF를 실행하고 신탁회사가 개발사업의 법적인 건축주(사업주체)가 되어 사업을 진행하되, 실질적인 사업진행 및 그에 따른 사업결과의 책임은 시행자가 부담하는 구조다. (시행자는 위탁자 겸 수익자의 지위만을 유지, 개발사업과 완전히 분리) 신탁법에 의하여 신탁재산(부동산, 개발사업의 분양대금)은 온전히 보전되는 형태를 말한다.

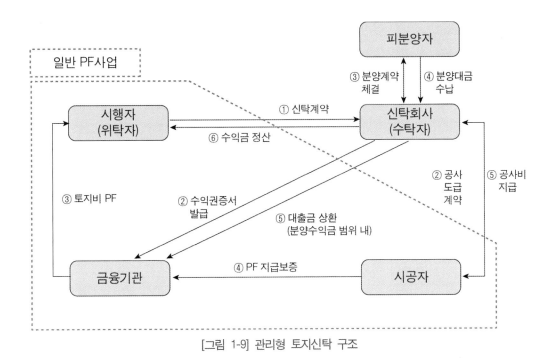

[그림 1-9] 관리형 토지신탁 구조

3) 분양관리신탁

분양관리신탁은 철저한 분양, 공정관리, 안정성을 바탕으로 복잡한 상가분양 및 관리를 체계화하여 「건축물의 분양에 관한 법률」에 따라 상가 등 건축물을 분양하는 사업에 있어 수탁자가 신

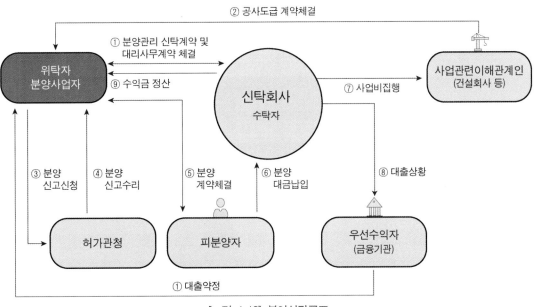

[그림 1-10] 분양신탁구조

탁부동산의 소유권을 보전·관리하여 피분양자를 보호하고, 위탁자가 부담하는 채무불이행 시 신탁부동산을 환가·처분하여 정산함을 목적으로 하는 신탁제도이다.

4) 부동산 담보신탁

부동산 담보신탁은 저당제도보다 비용이 저렴하고 편리한 선진 담보제도로 부동산 자산을 담보로 간편하게 대출받을 수 있는 신탁상품이다. 부동산 소유자가 소유부동산을 신탁회사 앞으로 신탁등기한 수익권증서를 발급받아 금융기관에 담보로 제공하고 대출을 받는 신탁제도이다. 즉 부동산 담보신탁은 ① 대출기관을 대신하여 담보물 관리 ② 근저당 설정비용 절감 ③ 채무 미상환 시 환가절차 간소화(신탁회사에 공매, 임의매각) 대출기관 채권회수 증진 ④ 제3채권자 강제집행 불능 ⑤ 신탁 시 신탁결정자의 회생/파산절차 개시 시에 회생자 재산 또는 파산재단에 불포함되는 형식을 취한다.

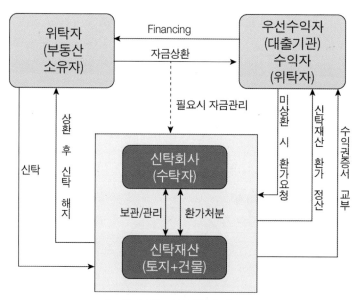

[그림 1-11] 담보신탁의 구조

5) 부동산 처분신탁

처분신탁은 대형부동산, 고가의 부동산, 권리관계가 복잡한 부동산 등 처분하기 어려운 부동산을 소유자가 신탁회사에 맡기면 신탁회사는 적정한 수요자를 찾아 안정적으로 처분 후 그 처분대금을 수익자에게 교부해 드리는 상품이다. 또한, 일반 중개와 달리, 신탁회사가 부동산을 신탁받아 매도자의 권리 및 지위를 가지므로 매수자가 안심하고 부동산을 매수할 수 있는 제도이다. 장점은 잔금 정산 시까지 장기간 소요되는 부동산의 경우, 소유권을 안전하게 유지할 수 있다는 것이다.

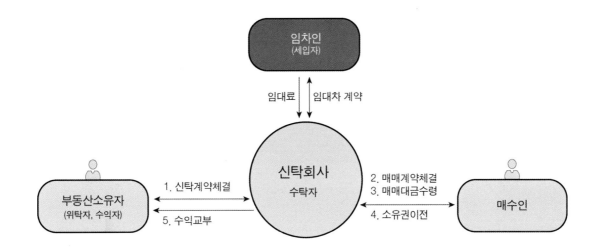

6) 신탁 종류별 사업에 미치는 영향 비교

구분		분양관리신탁 + 대리사무	관리형 토지신탁	차입형 토지신탁
실질적인 시행주체		시행자 또는 시공자	시행자 또는 시공자	신탁회사
사업자금 조달주체		시행자 또는 시공자	시행자 또는 시공자	신탁회사 (토지비 제외)
공사비 지급방식		분양불 및 책임준공	분양불 및 책임준공	기성불 및 책임준공
제3자 권리 침해 (가압류 등)	자금	간접적인 제한 가능 (시행사에게 입금되는 사업자금)	불가능	불가능
	피분양자 앞 소유권 이전에 영향을 미치는 제한 권리	가능	불가능	불가능
Default	시행자	사업권 양수도 문제	사업추진 가능	사업추진 가능
	시공자	시행자와 금융기관이 합의하여 승계시공자 선정 (사업의 장기 중단 가능성)	신탁회사, 시행자 및 금융기관 합의하여 승계시공자 선정	신탁회사가 승계시공자 선정

사례

□ **신탁수수료, 신탁계정대이자의 취득세 과세표준 포함 여부 질의 회신**
   (2021년 5월 31일 한국지방세연구회 유권 해석 사례)

• 신탁계약에 따라 건축 인·허가, 착공신고, 사용승인 신청 등 건축과 직접적으로 연관된 업무를 신탁회사가 건축주(납세의무자)의 지위에서 수행하였으므로 이에 관련된 제반 비용(신탁회사의 인건비 등 건축관련 제비용)은 취득세 과세표준에 포함하여야 함

• 「지방세법 시행령」 제18조제1항제1호에 따라 건설자금에 충당한 차입금의 이자 또는 이와 유사한 금융비용을 과세표준에 포함한다고 명시한 입법취지를 고려할 때, 신탁계정대이자가 신탁회사에 귀속된다 하더라도 과세표준에 포함하는 것이 타당함

〈질의요지〉

[질의1] 위탁자가 건축물의 신축과 관련하여 수탁자(이하 "신탁회사"라 함)에게 지급한 신탁수수료가 취득세 과세표준에 포함되는지 여부

[질의2] 위탁자가 건축물의 신축과 관련하여 신탁회사에 지급한 신탁계정대이자가 취득세 과세표준에 포함되는지 여부

〈회신내용〉

• 「지방세법」 제10조제5항제3호에서 법인 장부에 따라 취득가격이 증명되는 취득은 사실상의 취득가격을 과세표준으로 한다고 규정하고 있고,
  - 같은 법 시행령 제18조제1항에서 "법 제10조제5항 각호에 따른 취득가격은 취득시기를 기준으로 그 이전에 해당 물건을 취득하기 위하여 거래 상대방 또는 제3자에게 지급하였거나 지급하여야 할 직접비용과 간접비용의 합계액으로 한다"고 규정하고 있으며, 제1호에서 "건설자금에 충당한 차입금의 이자 또는 이와 유사한 금융비용"을, 제4호에서 "취득에 필요한 용역을 제공받은 대가로 지급하는 용역비·수수료 등"을, 제10호에서 "제1호부터 제9호까지의 비용에 준하는 비용"을 각각 규정하고 있습니다.

• 「신탁법」상 신탁이란 수탁자로 하여금 특정의 목적을 위하여 그 재산의 관리, 처분, 운용, 개발, 그 밖에 신탁목적의 달성을 위하여 필요한 행위를 하게 하는 법률관계를 말하는데, 위탁자와 신탁회사가 토지신탁 사업약정(관리형 토지신탁 방식 등)을 체결하여 건물을 신축하는 사업을 추진하면서 건축공사에 소요된 비용은 위탁자가 부담하고, 건축관련 사업계획승인, 건축 인·허가 등 행정처리, 자금관리 등의 업무는 신탁회사가 각각 담당하는 등 일정한 역할을 분담하여 사업 추진 결과 건축물의 원시취득에 따른 취득의 시기가 도래하였는바, 이러한 신탁법에 따른 신탁계약을 바탕으로 신탁회사는 자신의 명의로 건축인·허가 절차를 진행하고 준공을 득하여 취득에 이르렀다면, 신탁회사가 건축물의 원시취득에 대한 취득세 납세의무자(대법원 2001두2720, 2012.6.14.)입니다.

• 이 경우 취득세 과세표준은, 「지방세법」 제10조제5항제3호 및 같은 법 시행령 제18조제1항에서 법인 장부에 따라 취득가격이 증명되는 취득에 해당하는 '사실상의 취득가격은 취득시기를 기준으로 그 이전에 해당 물건을 취득하기 위하여 거래 상대방 또는 제3자에게 지급하였거나 지급하여야 할 직·간접 비용의 합계액으로 규정

하고 있는바, 건축물의 원시취득과 관련된 비용은 신탁약정에 따라 위탁자로 하여금 건축과 관련하여 지출한 일체의 비용이 포함되는 것이며, 이러한 건축 관련 비용은 위탁자의 장부를 통해 확인됩니다.

- 따라서, 건축물 원시취득에 대한 취득세 과세표준은 납세의무자가 신탁회사라 하여 신탁회사가 취득에 지출한 비용으로 한정하는 것이 아니라, 위탁자의 건축관련 비용인 장부상 가액을 포함한 전체 비용을 과세표준으로 보는 것이 타당합니다. 즉, 관리형 토지신탁 등에 따라 신탁회사 명의로 건축물을 원시취득하는 경우의 취득세 과세표준은 위탁자와 신탁회사가 지출한 일체의 비용을 포함하여야 할 것입니다.

- 한편 대법원의 판단(대법원 2020두32937, 2020.5.14.)과 같이 신탁수수료의 경우 신탁회사가 위탁자로부터 지급받은 수익으로서 취득세 납세의무자인 신탁회사 입장에서는 소요된 비용이 아니므로 과세표준에서 제외된다 하더라도, 신탁계약에 따라 건축 인·허가, 착공신고, 사용승인 신청 등 건축과 직접적으로 연관된 업무를 신탁회사가 건축주(납세의무자)의 지위에서 수행하였으므로 이에 관련된 제반 비용(신탁회사의 인건비 등 건축관련 제비용)은 취득세 과세표준에 포함하여야 할 것입니다.

• 아울러, 신탁계정대이자는 위탁자가 은행을 통해 직접 건설 자금을 조달하는 방식 대신에 신탁회사를 통하여 자금을 지원받고 그에 대해 신탁회사에 지급한 이자인바, 신탁회사의 고유업무인 인·허가 등 행정처리, 자금관리 등의 업무와 같이 신탁관계의 특별한 법률관계를 바탕으로 발생한 신탁 수수료와는 그 성격이 상이하고, 금융기관과 동일한 지위에서 자금을 대여하고 수취한 이자수익에 불과한 점, 신탁방식이 아닌 일반 건축방식에서 건축주가 자금을 차입하였거나 신탁방식이더라도 자금을 신탁회사가 아닌 금융기관을 통해 차입한 경우 과세표준에 포함하는 건설자금이자와 달리 볼 이유가 없는 점, 특히, 「지방세법 시행령」 제18조제1항제1호에 따라 건설자금에 충당한 차입금의 이자 또는 이와 유사한 금융비용을 과세표준에 포함한다고 명시한 입법취지를 고려할 때, 신탁계정대이자가 신탁회사에 귀속된다 하더라도 과세표준에 포함하는 것이 타당합니다.

① 부동산 증권화의 개념

부동산 증권화란 부동산으로부터 창출되는 현금흐름(임료수입, 자본이득 등)을 기초로 하여 유가증권(채권, 주식 등)을 발행하고 이를 투자자에게 판매하여 자금을 조달하는 금융기법을 말한다.

1) 부동산 증권화의 기대효과

경제주체	부동산 증권화의 기대효과
사회, 경제 전체	• 부동산사업으로의 다양한 투자자금 유도 • 부동산 투자시장의 인프라 정비
부동산 소유자	• 부동산 자산의 Off Balance • 보유자산의 유동성 향상, 리스크 전가, 잠재손익의 실현 • 매각자금의 전용(타 부동산증권 또는 금융자산) • 자산압축에 의한 자본효율성 향상
투자자	• 부동산투자 선택의 다양화(투자대상의 확대) • 투자리스크의 관리와 포트폴리오 개선 • 부동산 거래 코스트의 경감 또는 회피 • 금융 레버리지 효과 기대(Equity형 투자의 경우) • 투자단위의 소액화와 집단투자에 의한 부동산 투자의 용이, 대중화
부동산회사, 부동산사업자	• 자금조달수단의 다양화와 직접금융화 • 리스크의 투자자앞 전가, 리스크 전가대상 확대 • 자금조달코스트의 경감(회사의 등급보다 발행증권의 등급이 높은 경우) • 자금의 조기회수(금리리스크, 유동성리스크의 회피) • 자산의 유동성 향상으로 자산재편의 용이화와 자산매각의 원활화 • 자산과 부채의 Off Balance화 및 ROA 개선 • 사업기회 확대(투자자문, 자산관리 등)

금융기관	• 불량채권의 완전한 Off Balance화, 부실채권의 처분 · 촉진 • 채권회수리스크의 투자자앞 전가 • 사업기회의 확대(Arranger, Servicer - 채권회수, 자산관리, 증권매매, 증권관리, 신탁업무) • P/F의 활성화
기타 사업자	• Service나 Due Diligence 업무, 신용보증업무의 창출로 변호사, 회계사, 신용평가기관, 손해보험회사 등에 새로운 사업기회 확대

2) 자산유동화증권과 유사유동화증권의 비교

구분	자산유동화증권	유사유동화증권(ABCP 등)
근거법	자산유동화법	상법, 어음법, 전자단기사채법
SPC 설립형태	유한회사	주식회사, 유한회사
발행형태	회사채, 수익증권, 지분증권	기업어음, 전단채
모집방식	공모 또는 사모	주로 사모
발행조건	선 · 후순위 등 다양한 조건으로 발행	기업어음의 특성상 조건부 발행 곤란
조달기간	장기자금 조달에 적합	단기자금 조달에 적합
발행 소요기간	통상 30일 내외(공모기준)	통상 5일 내외
공시의무	유동화 계획과 양도 등록 증권신고서 제출(공모 시) 중요사항 발생사실 수시 공시	없음 (공시 시에는 증권신고서 제출)
혜택	채권양도 · 저당권 취득 특례 등록세 감면 파산 절연	없음
신용평가	1개 이상 평가기관 의무화 (실무상 2개 이상 기관에서 평가)	의무사항 아님 (증권사가 어음중개를 위해서는 신용평가 필요)
발행비용	상대적으로 높음 (매각관련 법률, 회계, 신용평가, 자산실사, 공모 시 인수수수료, 발행분담금, 상장수수료 등)	발행비용 저렴

② 부동산 증권화의 유형

1) MBS(Mortgage-Backed Securities: 주택저당증권)

부동산소유자가 금융회사에서 주택담보대출을 받을 때 금융회사는 주택에 대한 근저당을 설정하게 된다. 이 경우 금융회사는 주택을 담보로 대출해 주고 설정한 저당권을 담보로 대출금을 회수할 수 있는 권리, 즉 대출채권을 가지게 되는데 이를 주택저당채권이라 한다. 주택저당채권을 기초로 하여 발행하는 증권이 MBS이며, 한국주택금융공사가 MBS 발행업무를 수행하고 있다.

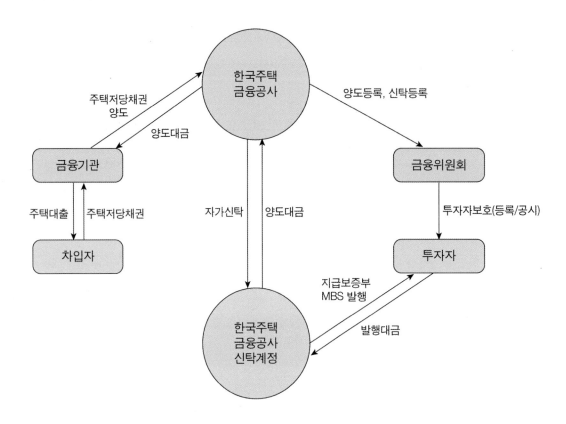

2) ABS(Asset-Backed Securities: 자산담보증권)

특정 자산으로부터 발생하는 현금 흐름을 기반으로 하여 발행되는 증권을 총칭하는 말이다. 예를 들자면 A기업이 가진 부동산을 이용하여 ABS를 발행한다면, 그 ABS의 현금흐름(이자)은 그 부동산에서 발생하는 현금흐름에 기반하게 된다. 실무적으로는 A기업이 직접 ABS를 발행하기는 어려우니 중간에 투자은행이 A기업에게 부동산 현금흐름에 대한 소구권을 획득하게 하고 이를 기반으로 투자은행에서 ABS를 발행한다. 일반적으로 기업에서 유동성이 부족하여 보유하고 있는 자산을 현금화하고자 할 때 주로 사용된다.

투자은행 입장에서는 하나의 자산을 가지고 ABS를 발행하는 경우도 있지만, 일반적으로는 여러 기업으로부터 동일한 유형의 자산(매출채권, 토지, 건물, 공장 등의 부동산 등)을 담보로 이를 pool로 묶은 뒤 통계적인 기법을 사용하여 그 pool에 대한 예상 현금흐름을 산출하고 이를 기반으로 ABS를 발행한다.

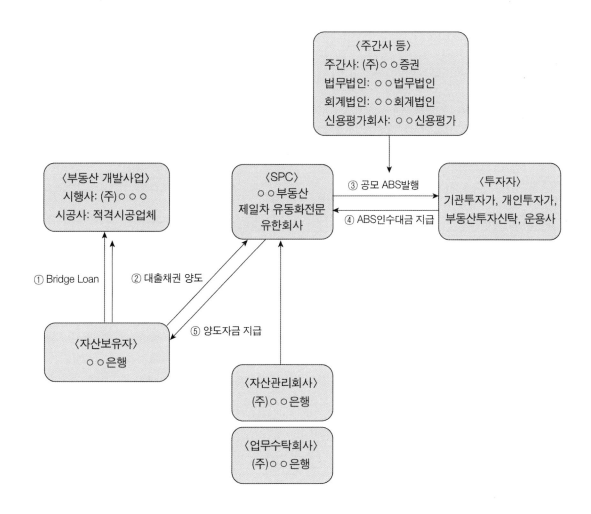

3) ABCP 구조(Asset-Backed Company Paper: 자산유동화 기업어음)

유동화 전문회사인 특수목적회사(SPC)가 매출채권, 부동산 등의 자산을 담보로 발행하는 기업어음이다. 그중 부동산 관련 ABCP는 건물 지을 땅, 건설사 보증 등 부동산 관련 자산을 담보로 발행되는 기업어음을 말한다. ABCP를 발행하기 위해서는 일단 SPC가 금융위원회에 ABCP 발행계획을 등록해야 하고, 자산보유자가 SPC에 자산을 양도하면 신용평가회사는 SPC가 발행하는 유동화증권에 대해 평가등급을 부여하게 된다.

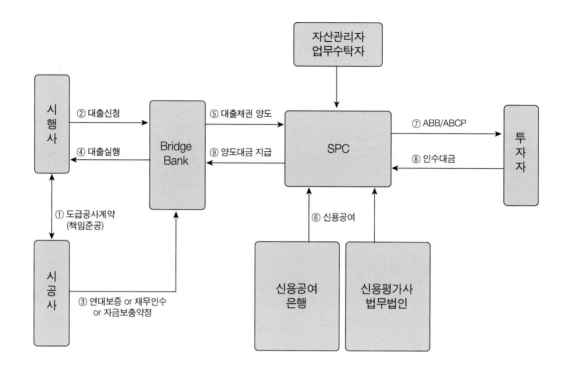

4) 유동화 유형 및 내용

구분	종류	내용
형태	ABS	Asset-Backed Securities(자산유동화증권)
	ABCP ABSTB	Asset-Backed Company Paper(자산유동화기업어음) Asset-Backed Short Term Bond(자산유동화단기사채)
	ABL	Asset-Backed Loan(자산유동화대출)
신용보강	시공사	일명 Naked ABCP → BBB(A3)급 신용도의 건설사들이 주로 활용. 건설사는 비용절감, 투자자는 일정수준의 신용도 확보 및 수익률 제고
	금융기관	우량한 1금융권 은행의 신용 및 금융채보다 높은 수익률 제공
대상자산	시행사 보유자산	P/F Loan, 분양대금채권, 미분양부동산 등
	시공사 보유자산	공사대금 채권

5) 신용평가등급 및 정의

(1) 기업어음(CP)

평가등급	평가등급 정의
A1	적기상환능력 최고수준, 투자위험도가 극히 낮음. 어떠한 환경변화에도 안정적임
A2	적기상환능력 우수, 투자위험도 매우 낮음. A1등급에 비해 다소 열등한 요소가 있음
A3	적기상환능력 양호, 투자위엄호 낮은 수준. 장래 급격한 환경변화에 다소 영향 가능성
B	적기상환능력은 인정되지만 투기적 요소가 내재되어 있음
C	적기상환능력이 의문시됨
D	지급불능상태에 있음

(2) 회사채

평가등급	평가등급 정의
AAA	원리금 지급확실성 최고수준, 투자위험도 극히 낮음. 장래 어떠한 환경변화에도 영향없음
AA	투자위험도 매우 낮음. AAA대비 열위
A	투자위험도 낮은 수준. 장래변화 영향가능
BBB	원리금 지급확실성 인정. 장래변화 시 저하
BB	당면문제 없으나 장래 안정성에 투기적
B	원리금지급 확실성 부족하여 투기적이며, 장래의 안정성에 대해서는 현단계에서 단언할 수 없음
CCC	채무불이행 발생가능성 내포, 매우 투기적
CC	채무불이행 발생가능성 매우 높음
C	채무불이행 발생가능성 극히 높음. 회복가능성 없음
D	원금 또는 이자가 지급불능상태에 있음

6) ABCP와 ABSTB의 리스크

(1) 시장 미매각 위험

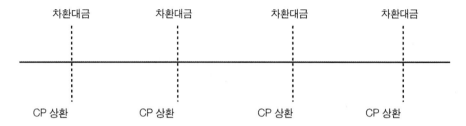

- 자산의 만기는 장기인 반면, 각 회차 ABCP의 만기는 단기
  → 차환발행 필요
- 차환발행된 ABCP가 매각되지 않을 경우 전회차 ABCP 상환재원 마련 불가
- 은행의 ABCP 매입보장약정을 활용
  → 일정 할인율 이내로 미매각 ABCP의 매입을 보장

(2) 부동산 관련 PF ABCP 특이형태

① 미분양 ABCP

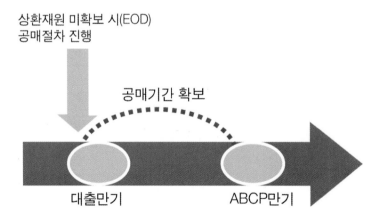

- 구조개요: 미분양 물건을 담보로 ABCP 발행, 공매기간 고려한 대출만기의 ABCP만기 조정 필요
- 기대효과: 지급보증 등 시공사 신용공여 필요성 제거

② 미분양 REITs

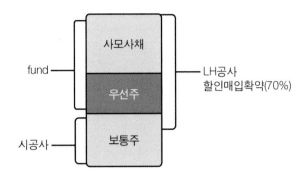

- 구조개요: 펀드 모집하여 REITs 설립 후 사채 및 우선주 매입, 시공사 보통주 매입 + LH공사 할인매집확약(70%)
- 기대효과: 자금보증 등 시공사 신용공여 필요성 제고

(3) 토지담보에 대한 지급보증(선순위 수익권과 후순위 ABCP)

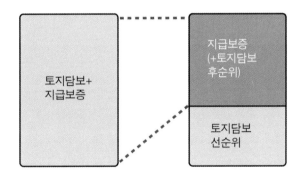

① 구조개요
- 선순위 대출: 사업부지 담보 1순위 수익권
- 후순위 대출 or ABCP: 시공사 지급보증
② 기대효과: 지급보증 규모 최소화

(4) 토지담보 + 지급보증 + 이자지급보증
① 구조개요
- 선순위 대출: 사업부지 담보 1순위 수익권 + 이자지급보증
- 후순위 대출 or ABCP: 시공사 지급보증
② 기대효과: 지급보증 규모 최소화

③ 자산유동화대출(Asset-Backed Loan)

자산유동화대출 또는 자산유동화담보부대출은 매출채권을 담보로 금융기관인 제1금융기관이나 증권사, 신협, 새마을금고, 저축은행, 투자금융, 펀드, 법인투자 등 대주단을 구성하여 대출해 주는 구조를 말한다. 자산은 미래의 분양가치(분양자금)이나 시행사의 이익금, 공사채권담보, 시행사의 이익금 등을 담보로 금전으로 환산하는 경우를 말한다.

자산유동화대출의 절차는 ① 각각의 유형마다 엑시트(Exit)를 어떻게 마련하느냐가 중요하다. ② 분양대금유동화대출의 상환재원은 분양대금이기에 분양률, 수분양자 중도금대출실적, 납입상환에 대한 자료가 필요하다. ③ 공사대금유동화대출은 시공사의 공사수주실적과 월납입액(기성고에 따른 월수입금) 등의 기준을 따져 평가를 한다. ④ 시행이익금유동화 대출은 시행사업장의 향후 발생할 이익금을 기준으로 평가를 하기에 건축물 준공 후 매각가(분양가, 통매각가격)을 객관적으로 평가한 사업계획서와 수지분석표를 바탕으로 시행사의 사업수익을 따져 대리위임사무계약(관리형토지신탁, 분양형관리신탁)을 체결한 신탁사(시공사)의 협조를 받아 금융기관과 협의 후 동의가 필요하다. ⑤ 자산유동화 관련하여 신탁사의 역할이 중요하다. (신탁사가 수탁자이기에 채권담보제공자가 된다) 이를 금융으로 환산한 대주단(대출기관) 구성이 핵심이다.

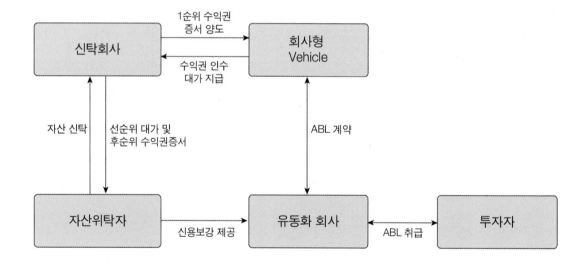

15 Chapter

리츠(REITs)

① REITs의 개념

리츠(Real Estate Investment Trusts)란 소액투자자들로부터 모은 자금으로 부동산 관련 대출에 투자한 후 수익을 투자자들에게 배당하는 '부동산투자회사' 또는 '부동산투자신탁'을 의미한다.

주식 등 유가증권 투자를 통해 수익을 내는 뮤추얼펀드처럼 운영된다는 점에서 부동산 '뮤추얼펀드'라고도 불린다. 즉 투자대상이 증권에서 부동산으로 바뀐 셈이다. 따라서 자금을 모아 직접 부동산을 매입해 개발 임대사업을 하거나 부동산을 담보로 발행되는 주택저당증권(MBS)에 투자하거나, 부동산개발에 자금을 지원하는 프로젝트 파이낸싱(PF)에 참여하는 등 부동산을 통해 자금을 운영하는 것을 말한다.

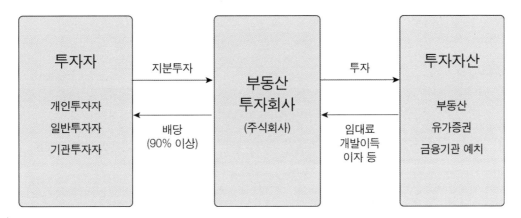

[그림 1-12] REITs(Real Estate Investment Trust)의 구조

② REITs의 구분

리츠에는 자기관리리츠와 위탁관리리츠, 그리고 기업구조조정리츠가 있다. 자기관리리츠는 부동산 투자를 전문으로 하는 사업법상의 회사를 말한다. 자산전문인력(상근 임직원)을 두고 일반 투자자를 대상으로 공모자금을 모아 부동산 실물 대출 등에 직접 투자한 뒤 그 수익을 배분해 준다. 자기관리리츠는 상근 임직원을 둔 실체가 있는 회사라는 점과 자신의 투자운용을 상근 임직원이 직접 관리한다는 측면에서 페이퍼컴퍼니인 위탁관리리츠와 구분된다.

구분	자기관리	위탁관리	기업구조조정
도입시기	2001년	2004년	2001년
구조	실체형, 영속형 (자산운용인력 상근)	명목형 (자산운용은 AMC 위탁)	명목형 (자산운용은 AMC 위탁)
투자대상	부동산	부동산	기업구조조정용 부동산
초기 설립자본금	10억 원	5억 원	5억 원
영업인가 6개월 후 최저자본금	70억 원	50억 원	50억 원
개발사업 투자	개발전문 70% 이상 가능	총자산 30% 이내	총자산 30% 이내

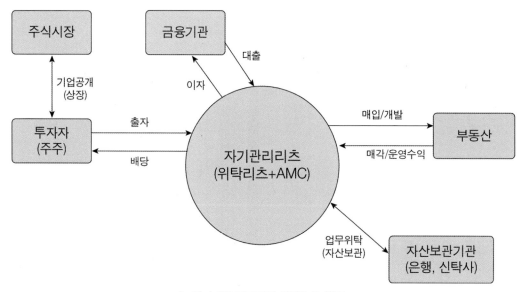

[그림 1-13] 자기관리 REITs의 구조

위탁관리리츠는 경영진이 직접 부동산을 투자, 운용하는 것이 아닌 페이퍼컴퍼니로 자산의 투자 및 운용을 자산관리회사(AMC)에 위탁하고 수수료를 지급한다. 명목상 회사의 형태를 가지고 있어 당기순이익의 90% 이상을 의무배당하면, 법인세 면세 혜택을 받으며, 법인세면제 혜택금액은 주주의 배당으로 돌아간다. 기업구조조정리츠와 다르게 부동산투자 대상 제한이 엄격하지 않아 조금 더 자유롭게 부동산을 편입할 수 있다는 특징을 가지고 있다.

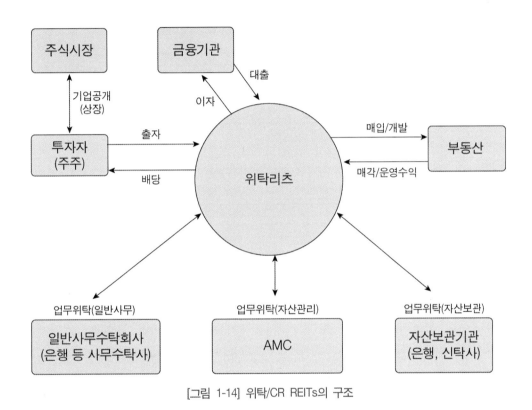

[그림 1-14] 위탁/CR REITs의 구조

③ REITs의 투자자 적격성과 세제혜택

1) 자기관리 REITs의 주요 출자자 적격성 심사

구분	요건
내국 법인	① 자기자본이 출자액의 2배 이상일 것 ② 부채비율이 300% 이하일 것 ③ 자기자본비율이 「금융산업의 구조개선에 관한 법률」상 기준 충족 ④ 최대주주의 자산이 부채를 초과할 것 ⑤ 채무불이행 등 금융거래 질서를 훼손한 사실이 없을 것
내국 개인	① 채무불이행 등 금융거래 질서를 훼손한 사실이 없을 것 ② 자금이 차입금일 경우 금융기관으로부터 차입한 자금일 것
외국 법인	① 자기자본이 출자액의 2배 이상일 것 ② 신용평가등급이 투자적격 이상일 것 ③ 최근 3년간 해당 국가에서 처벌받은 사실이 없을 것 ④ 최대주주인 경우에는 리츠 또는 유사 업무를 수행할 것

2) REITs에 부여되는 세제혜택

- 법인세(법인세법)
  - ☞ 대상: 명목형REITs(위탁관리형 및 CR형)
  - ☞ 내용: 배당이익의 90% 이상 배당 시 배당금액을 소득액에서 공제하여 법인세 미부과
  - ☞ 상법상 이익준비금 적립의무 배제, 감가상각비 범위 내에서 초과배당 가능
- 보유세: 토지분 재산세 분리과세 및 종합부동산세 비과세

16 Chapter 부동산펀드

① 부동산펀드의 개념

부동산펀드란 투자자로부터 자금을 모아 부동산개발사업, 수익성 부동산, 프로젝트 파이낸싱, ABS 등에 투자하여 그로부터 발생하는 운용수익을 투자자에게 분배하는 부동산 간접투자상품을 말한다.

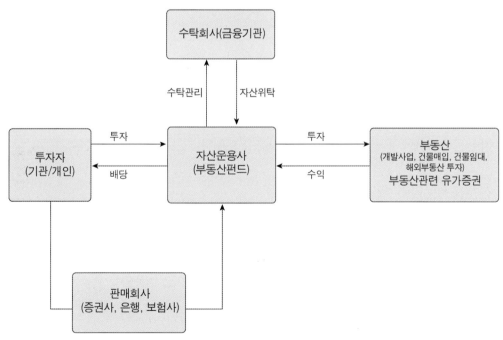

[그림 1-15] 부동산펀드의 구조

② 부동산펀드의 유형

부동산펀드의 유형에는 임대형 부동산펀드, 대출형 부동산펀드, 권리형 부동산펀드, 개발형 부동산펀드, 경공매 부동산펀드, 파생상품 부동산펀드, 증권형 부동산펀드가 있다.

구분	내용
대출형	부동산펀드의 일반적인 형태로 아파트나 오피스텔 등 부동산개발사업에 자금을 대출한 후 분양수입의 현금흐름에 따라 원리금을 상환받아 투자자에게 배당
임대형	오피스빌딩 등 실물자산을 매입하여 부동산으로부터 발생하는 임대수익으로 투자자에게 배당
해외투자형	해외 부동산 및 부동산 관련 유가증권에 투자
경공매형	경매 또는 공매를 통하여 주로 업무·상업용 시설을 매입
개발형	펀드가 직접 토지를 매입하여 개발에서 임대, 매각을 진행하는 형태로 복합상업시설, 물류센터분야 등에 투자
프로젝트 개발형	국내 또는 해외의 실물자산(유전, 광산, 발전소 등)에 자금대여 후 해당 프로젝트로부터 원유, 석탄, 전기 등을 매각한 현금흐름으로 투자자에게 배당
파생상품	부동산을 기초자산으로 한 파생상품에 주로 투자하는 부동산펀드
증권형	REITs, 주식, 부동산개발회사(PFV) 발행 증권, 부동산 투자목적회사 발행 지분 증권 등에 투자하는 펀드

③ 부동산펀드의 주요 내용

부동산펀드의 법적 근거는 「자본시장과 금융투자업에 관한 법률」(2009.2.4.)에 근거하며, 법적 형태는 투자신탁, 투자회사, 투자유한회사, 투자합자회사, 투자조합, 투자익명조합이다. 운용전문인력은 자산운용회사에서 3인 이상의 "부동산운용전문인력"를 확보하여야 한다.

1) 부동산운용전문인력 요건

① 감정평가사로서 5년 이상 경력

② 부동산관련 석사학위 이상으로서 부동산 관련업에 3년 이상 종사

③ 외국의 부동산투자회사에서 5년 이상 근무하면서 부동산 운용업무에 3년 이상 종사

④ 부동산투자회사, 자문사, 자산관리회사, 신탁회사에서 부동산운용업무에 3년 이상 종사

⑤ 운용전문인력으로서 부동산 관련 교육을 50시간 이상 수료

2) 펀드 설정방법

사모 부동산펀드의 경우 부동산 현물의 납입으로 설정 가능

3) 운용방법

① 부동산펀드는 펀드재산의 50/100을 초과하여 부동산 및 부동산 관련자산에 투자(부동산의 개발과 임대, 부동산 개발법인 앞 대출, 부동산관련 유동화증권)

② 펀드의 대여: 펀드 재산으로 순자산 총액 이내까지 자금의 대여가 가능하며, 요건은 다음과 같음

ⓐ 부동산에 대하여 담보권을 설정

ⓑ 부동산을 신탁하여 수익자 또는 수익권 질권설정

ⓒ 시공사 등의 지급보증

③ 펀드의 차입: 순자산 총액의 2배 이내까지 외부 차입 가능

4) 운용제한

① 취득 후 3년 내 처분할 수 없음(단, 개발사업 관련 분양은 제외 - 택지, 공장용지 개발 포함)

② 나대지인 토지에 대해 개발사업 시행 전 처분 불가

5) 기타

① 부동산펀드는 '환매금지펀드'로 설정

② 부동산펀드는 부동산의 개발과 임대업무 등을 제3자 앞 위탁할 수 있음

부록

□ 부동산펀드 초기 상품 비교

운용사	한국투자신탁운용	맵스자산운용
상품명	부자아빠 하늘채 부동산투자신탁 1호	맵스 프런티어 부동산투자신탁 1호
상품유형	모집식, 단위형, 환매제한형, 공모형, 상장형	
모집기간	2004.6.1.~ 6.7	2004.6.1.~ 6.3
모집금액	500억 원	450억 원
최소청약금액	1천만 원	1백만 원
투자기간	2년(약관상 3년)	2년(약관상 3년 6개월)
목표수익률	연 7.1%	연 7.0% + α
이익분배금	매 6개월단위 현금지급	
투자대상	경기도 용인시 삼가지구(신행정지구) APT 개발사업(코오롱 하늘채)	경기도 파주시 교하읍 출판정보문화산업단지 내 고급빌라 신축사업
채권확보	① 토지에 대한 관리처분신탁 및 수익권 질권설정 ② 시공사 코오롱건설 지급보증 및 채무인수 ③ 담보용으로 코오롱건설의 백지어음 징구 ④ 제소전 화해조서 징구(기한의 이익상실사유 발생 시 시공권 및 시행권 포기)	① 토지에 대한 권리처분신탁 및 수익권 질권설정 ② 시공사인 삼성중공업의 사업권 및 채무인수 ③ 펀드에서 분양수입금계좌(Escrow Account) 공동관리 ④ 시공비 일부와 사업이익 우선하여 원리금 상환
특징	① 국민은행 주관 컨소시엄에 참여 ② 대출이 실행되기 전 부지매입 완료 예정 ③ 펀드만기 이전 ABS 발행을 통하여 대출 회수	① 부지매입 완료, 사업승인 완료 ② 5천만 원 이상 펀드가입자(개인)에 한하여 후분양 사업의 미분양주택 5% 할인분양신청권 우선 부여
리스크	인허가 리스크	분양 리스크

④ 부동산펀드와 특별자산투자신탁

구분	부동산펀드	특별자산투자신탁
투자내용	• 부동산 개발사업 대상 대출 95% 수준 • 부동산 실물자산 5% 수준	• 부동산 개발사업 대상 대출 100% 수준
세제혜택	• 부동산 실물자산 취득에 따른 세금 발생	• 부동산 취득에 따른 세금 발생 없음
부동산관리	• 편입된 부동산 실물자산 관리문제 발생	• 부동산 관리문제가 발생되지 않음
기타	• 편입 부동산의 가격 등락에 따른 펀드가치 변화	• 공신력있는 은행에서 대출채권을 신탁관리하여 안정성 보장 • 실물 부동산 편입 없이도 부동산에 투자하는 효과 달성

1 주택도시보증공사[34]와 한국주택금융공사를 통한 자금 조달

1) 주택도시보증공사(HUG)의 주택사업금융(PF) 보증

주택도시보증공사는 전세 세입자의 보증금 보증이나 주택재개발, 재건축사업 대출보증 그리고 주택구입자금 대출보증과 임대사업 임차료 보증 등을 제공하는 개인보증사업과 분양계약의 중도금보증, 주택조합 시공의 보증 그리고 임대계약금 중도금 모기지론 보증, 하자보수보증까지 보증하는 기업보증사업을 총괄한다.

구분	내용
대상	• 사업계획승인 신청, 분양보증 또는 임대보증금보증의 대상이 되는 주택사업 ※ 보증제외: 건축연면적 1만㎡ 미만(도생 및 수도권, 광역시는 5천㎡ 미만)
보증종류	• 표준 PF대출 보증: 금리 등을 표준화(대출금리: CD + 1.80%) • 유동화 보증: PF 유동화(입주자 모집공고 승인 전), 분양대금 유동화(승인 후)
보증금액	• 분양사업: 총사업비의 50% 이내, 임대사업: 70% 이내 • 환급이행사업장은 매매금액의 70% 이내에서 대출금 전액 보증
시공사기준 보증한도	• 5천억 원 ~ 5백억 원(신용등급 및 시공능력순위, 주택건설 실적별 차별화)

---

34) 주택도시보증공사(HUG: Korea Housing & Urban Guarantee Corporation)는 전신인 주택사업공제조합(1993.04.24.~1999.06.02.)을 거쳐 대한주택보증주식회사(1999.06.03.~2015.06.30.)에 이어 2015.07.01일 설립되었다. 설립의 목적은 주거복지 증진과 도시재생 활성화를 지원하기 위한 각종 보증업무 및 정책사업 수행과 주택도시기금을 효율적으로 운용 관리함으로써 국민의 삶과 질 향상에 이바지하기 위해서였다.

구분	내용
보증 필수조건	• 자기부담으로 토지비의 10% 이상 또는 총사업비의 2% 이상 선투입(환급이행 사업장은 매매금액의 10% 이상) • 사업부지 신탁 • 시공사는 HUG 신용평가등급이 BB + 등급 이상으로 시공능력평가순위 500위 이내 또는 3년간 주택건설실적 500세대 이상 • 시공사는 책임준공의무 부담
대출 금융기관	• 분양사업: 우리, 농협, 국민, KEB하나, 새마을금고중앙회 • 임대사업: KDB, 기업, 일반은행 등
사업관리 범위	• 분양계약자 관리 • 공사의 기성확인 및 공정관리 • 자금관리
보증료 등	• 보증료: 심사 1등급 연 0.605% ~ 심사 5등급 연 1.205% • 보증이용료 우대: 주택분양보증료 10% 할인

2) 표준 PF대출 보증서 담보대출

예전에는 사업자가 PF(프로젝트 파이낸싱)를 하기 위해서는 불공정 관행이 많았다. 예를 들어 중도 강제상환(목표분양률 미달 시 대출금 일부 강제상환)이나 공사비 유보(분양률 저조 시, 상환 재원 확보를 위해 공사비 지급액 축소), 할인분양권한 양도(금융기관에 할인분양 여부 및 할인분양 가 결정권한 양도), 조건변경수수료 요구, 대출상환 시까지 타 사업 금지, 이자 유보, 별도담보 요구 등이 있었다. 이를 개선하기 위해 주택도시보증공사의 PF담보대출이 출시되면서 이 분야에 많은 개선에 기여하였다.

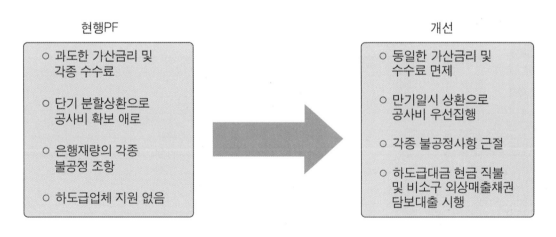

〈표 1-31〉 한국주택금융공사의 주택사업자보증

구분	건설자금보증 (기금계정)	건설자금보증 (은행계정)	프로젝트금융 (PF)보증	매입임대사업자 보증
대출재원	주택도시기금	은행자금	은행자금	주택도시기금, 은행자금
세대별 전용면적	85m² 이하	제한없음	전용면적 85m² 이하 세대수가 신청 세대수의 30% 이상	전용면적 85m² 이하 세대수가 신청 세대수의 70% 이상 (기금: 85m² 이하)
사업유형	분양/임대	분양/임대	분양	임대
보증대상 자금	주택건축비	사업대지(매입)비, 주택건축비, 기타 사업비	사업대지(매입)비, 건축공사비, 기타 사업비	완성주택 구입 소요 자금, 분양주택 중도금 및 잔금
시공사	제한 없음	제한 없음	다음 요건 모두 충족 ① 신용등급 BBB- 이상 ② 시공능력순위 200위 이내	제한 없음
시공사 책임	연대보증	연대보증 또는 책임준공 등	책임준공 등	매입중도금보증 : 확약체결, 질권설정 또는 연대보증 등
건설 세대수	제한 없음	제한 없음	• 공공택지: 100세대 이상 • 서울시: 200세대 이상 • 경기도/광역시: 300세대 이상 • 기타 지역: 400세대 이상	제한 없음
대출한도	은행 산정	총사업비의 70% ((준)공공주택 사업자 90%)	총사업비 65% 또는 70%	목적물 가격의 70%
보증한도	(대출금액 - 담보부대출 금액)의 90%, 세대당 2억 원	대출금액의 90% (소규모주택 중 주택 임대사업자 100%, (준)공공주택사업자 100%)	대출금액의 90%	대출금액의 90% ((준)공공주택 사업자 100%)
보증료	최저 0.3% ~ 최고 0.95% (임대주택 건설 자금보증의 경우 0.2~0.85%)	최저 0.3% ~ 최고 0.95% (임대주택 건설 자금보증의 경우에는 0.2~0.85%, (준)공공주택사업자는 최저 0.1%)	최저 0.3% ~ 최고 0.65%	최저 0.2% ~ 최고 0.3% (공공주택사업자 0.1%)
보증해지	대출기관 담보취득 또는 대출원금 상환 시	대출기관 담보취득 시, 대출원금 상환 시	대출원금 상환 시	대출기관 담보취득 또는 대출원금 상환 시
대출기관	우리은행	공사와 기본업무협약 체결한 16개 은행		

② P2P(Peer to Peer)를 통한 자금조달

1) P2P(Peer to Peer)개념과 운영방식

P2P대출이란 기업 혹은 개인이 은행과 같은 금융기관을 거치지 않고 온라인 플랫폼을 통해 투자자들의 투자금으로 대출받는 형태를 말한다. P2P금융은 2008년 리먼브라더스 사태가 발발한 뒤, 금융기관의 보수적인 운영 및 기준금리 하락의 여파로 급격히 성장했다. 자금이 필요한 수요자는 금융기관을 통한 대출이 어려워졌고 투자자는 이자수익이 감소하면서 기존 금융기관의 대안으로 P2P금융 시스템이 발전하기 시작했다. 그러나 대출이자와 높은 수익률 때문에 개발사업의 시행사들이 쉽게 접근하지 못하고 있다. 대출프로세스는 차입자(借入者)가 P2P금융 플랫폼에 자료를 올리면, P2P금융 플랫폼에서 알고리즘으로 차입자나 개발사업의 사업성을 평가하여 공급자와 매칭시킨다. 공급자가 자신과 매칭된 차입자를 평가한 뒤 돈을 빌려준다. 부동산개발사업의 경우는 직접 만나 협의를 하기도 한다.

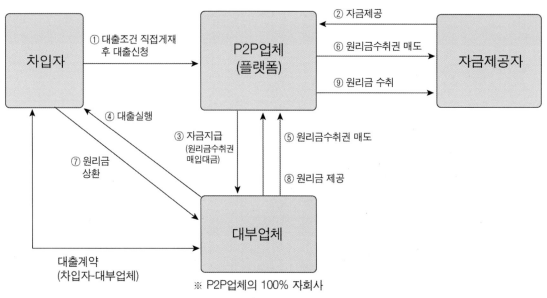

[그림 1-16] 우리나라 P2P 금융업체의 운영방식

2) 부동산 PF관련 P2P 상품의 종류

부동산 PF상품 종류	리스크 정도	업무 난이도
부동산 개발사업 Equity	H	고
토지매입 브릿지론	H	고
일반 부동산 PF(토지비+건축비)	M	고
금융권 PF 후순위	M	중
개발신탁 후순위	M	중
일반 건축자금	M	중
공사중단자금	H	고
중도금성격 공사비	M	중
공사비 ABL	M	중
준공자금	L	중
시행이익 유동화	M	고

3) 부동산 개발사업 토지확보 및 공사단계에서 P2P 활용

구분		토지비				공사비		기타 사업비	합계
		계약금	잔금1 (선순위)	잔금2 (중순위)	잔금3 (후순위)	공사비1	공사비2 (준공자금)		
소요 자금 비중	토지비 기준	10%	50%	20%	20%	-	-	-	100%
	총사업비 기준	3%	15%	6%	6%	50%	10%	10%	100%
조달처		시행자 자체자금	선순위 금융기관	중순위 금융기관	P2P 금융	선순위 금융기관	P2P 금융	금융권 등	-
금융비용률		100%	4%	10%	20%	4%	20%	10%	-

4) 제도금융 이용이 어려운 부동산 사업에서의 P2P 활용

구분	내용
소규모 PF (MINI PF, Small PF)	• 대상: 소규모 아파트단지, 오피스텔, 도시형 생활주택, 다세대주택, 연립주택, 근린생활시설 등 • 자금지원 규모: 총사업비의 90% 수준(Equity 10% 내외) 　※ 저축은행 PF 대출시는 시행사가 총사업비의 20% 확보 필요 　※ 저축은행 대출한도: 개인 6억, 개인사업자 50억, 법인 100억 • 대출금리: 연 12~19%, 플랫폼 이용료 별도 • 시공사 요건: 협의 결정(완화된 시공사 요건 적용) • 공사비 지원: Capital Call 방식으로 금융비용 경감 • 관리: 담보신탁 + 대리사무, 관리형 토지신탁, 단순 자금대리사무 방식 • 상환방법: 준공 후 제도금융권 대환대출 또는 분양대금으로 상환
준공자금대출 및 공사중단 사업장 대출	• 공정률 60% 이상 진행된 경우 공사 중단된 사업장의 완공자금 지원 • 대출금리: 연 12~19%, 플랫폼 이용료 별도 • 관리: 담보신탁 + 대리사무, 관리형 토지신탁, 단순 자금대리사무 방식 + CM활용을 통한 책임준공(보존등기 경료시점까지) 확보 필요 • 상환방법: 준공 후 제도금융권 대환대출 또는 분양대금으로 상환

5) P2P 부동산관련 대출 활용분야와 금융비용

부동산관련 대출분야	ALL-IN Cost 예상 (대출이자율 + 플랫폼 이용료)
부동산 개발사업 메자닌금융(SB Equity, 개탁 토지하자 정리 등)	10 ~ 24%
부동산 PF 후순위	10 ~ 20%
부동산 후순위대출	10 ~ 24%
시행사 개발이익 유동화	15 ~ 24%
건축자금대출(Mini PF)	10 ~ 24%
경락잔금대출	10 ~ 15%
담보부 NPL 매입자금대출	10 ~ 15%
무담보부 NPL 후순위대출	15 ~ 20%
사금융 Refinancing	10 ~ 20%
기타	적정금리

*금융시장의 변화나 한국은행 통화량의 조절 등으로 이자의 변동이 있을 수 있음

① 갈등관리

1) 이해당사자와 갈등관리의 개념

관광개발은 기존의 토지이용형태에 변화를 가져오기 때문에 개인의 재산권에 영향을 주고 지역민의 생활이나 환경의 변화를 초래한다. 이로 인해 관광개발의 직접적인 영향을 받는 지역주민이나 시민단체 등 많은 이해당사자가 개입하게 되고, 그 과정에서 변화를 원치 않는 주민이나 시민단체와의 갈등과 분쟁의 소지가 높아진다. 관광개발사업을 추진할 때 정부와 지역주민, 시민단체 간의 갈등으로 인해 사업의 원만한 추진이 어렵거나 사업 자체가 무산되어 국가나 사회의 전체적인 이익과는 상반되는 결정이 이루어지는 경우가 갈수록 빈번하게 발생하고 있다. 따라서 관광개발사업의 성공적인 추진을 위해서는 예상되는 갈등을 예방하고, 발생하는 갈등의 원만한 해소를 위한 갈등관리의 필요성이 증대되고 있다.

(1) 이해당사자

이해당사자는 개발과 관련하여 직·간접적으로 개발사업에 관여되거나 개발로 인해 영향을 받는 당사자를 말한다. 예를 들어 리조트개발에 있어 개발부지 내에 토지수용의 대상이 되는 토지소유자나 개발로 인해 교통, 수질, 환경적으로 영향을 받는 지역주민들이다. 이외에도 환경운동을 하는 각종 환경단체나 지역주민을 대표하는 읍·면·동장이나 이장 그리고 토지를 임대하여 소작을 하고 있는 사람들 모두가 포함된다. 최근에는 이해당사자들이 더욱 확대되어 개발되는 지역이 아닌 인근 지역주민까지 가세하고 있다. 예를 들어 어촌계가 있을 경우 고기잡이를 생업으로 하는 어부들, 바다 주변을 개발할 경우 어촌계나 해녀들, 양봉업자, 수목을 재배하는 사람들 모두가 개발을 반대할 경우 이들 모두가 이해당사자라고 할 수 있다. 이외에도 개발에 참여하는 금융기관, 건설사, 인허가를 담당하고 있는 시나 도 등이 모두 개발사업의 이해당사자라고 할 수 있다. 그러나 개발사업과 관련된 이해당사자라고 하면 개발에 반대하는 지역주민이나 인근주민, 집단이나 환경단체 등을 말한다.

(2) 갈등의 개념

갈등(葛藤)은 말 그대로 칡과 등나무가 서로 얽힌다는 뜻으로, 개인이나 집단 간의 목표나 이해관계가 달라 서로 적대시하거나 불화를 일으키는 상태를 의미한다. 들루고스(Dlugos, 1959)는 갈등을 개인이나 집단 간 의견의 불일치, 다렌도르프(Dahrendorf, 1959)는 사회세력들 간의 표면상의 충돌뿐만 아니라 싸움·경쟁·논쟁 등을 모두 포함하는 개념으로 보았으며, 도이치(Doutsch, 1973)는 양립 불가능한 행위로 이해하고 있다. 또 이달곤(2005)은 갈등은 불일치와 불화를 의미하며, 조화와 융화는 갈등이 적극적으로 해소된 상태를 의미한다고 하고 있다.

그러나 개발사업에 있어 갈등은 "개발사업을 반대하거나 개발에 따른 충분한 보상을 받지 못한 개인이나 집단 혹은 단체와 개발사업자 간의 불화로 인한 분쟁이나 논쟁"이라고 할 수 있다.

이러한 갈등의 개념은 학문분야에 따라 정의를 달리하는데, 크게 심리학, 사회학, 경제학의 세 분야로 나누어볼 수 있다. 심리학 관점에서의 갈등은 동시에 해결할 수 없는 둘 또는 그 이상의 동기유발, 즉 개인 내면에서의 양립될 수 없는 반응적 경향을 말한다. 사회학적 관점에서의 갈등은 신분이나 권력, 희소자원과 같은 가치를 획득하기 위해 상대편을 제거하려는 노력, 즉 개인이나 집단들 상호 간에 희소자원을 둘러싸고 나타나는 투쟁의 개념이다. 그리고 경제학 관점에서의 갈등은 금전이나 철강, 고기, 직장 등과 같은 희소자원을 서로 경쟁하는 개인이나 집단에게 어떻게 배분할 것인가에 대한 고민으로, 경제적 자원만을 대상으로 한다.

갈등에 대한 다양한 정의가 있지만 갈등은 결국 적은 비용으로 민원을 해결하여 최대의 효과를 내고자 하는 개발업자와 개발로 인한 피해를 극대화하여 개발사업자로부터 많은 금전적 보상을 받고자 하는 것에 대한 상반된 의견불일치 즉 불화에서 발생하는 것이라고 정의할 수 있다.

이상과 같이 갈등에 대한 다양한 정의를 종합해 보면 갈등의 성립조건은 다음과 같이 요약할 수 있다. 첫째, 갈등은 둘 이상의 갈등주체가 있어야 한다. 갈등의 주체는 개인, 집단 그리고 이들을 포함하는 조직 전체가 될 수 있다. 따라서 갈등은 개인과 개인, 개인과 집단, 개인과 조직, 집단과 집단, 집단과 조직, 조직과 조직 등 다양한 관계 속에서 일어난다. 둘째, 갈등 당사자들이 갈등

상황을 인식하여야 한다. 셋째, 갈등은 목표가 양립 불가능한 상황이어야 한다. 넷째, 갈등 발생에는 반드시 그 원인과 조건이 수반되어야 한다.

조직의 모든 구성요소는 갈등 발생의 잠재성을 가졌다고 할 수 있으나, 그 잠재성만으로 갈등이 발생하는 것은 아니며 여기에 일정한 조건이 부여될 때 비로소 갈등이 발생한다.

구분	갈등에 대한 정의
심리학	갈등은 동시에 해결할 수 없는 둘 또는 그 이상의 동기유발, 즉 개인 내면에서의 양립될 수 없는 반응적 경향
사회학	갈등은 신분이나 권력, 희소자원과 같은 가치를 획득하기 위해 상대편을 제거하려는 노력, 즉 개인이나 집단들 상호 간에 희소자원을 둘러싸고 나타나는 투쟁
경제학	갈등은 금전이나 철강, 고기, 직장 등과 같은 희소자원을 서로 경쟁하는 개인이나 집단에게 어떻게 배분할 것인가에 대한 고민으로, 경제적 자원만을 대상
개발실무	갈등은 결국 적은 비용으로 민원을 해결하여 최대의 효과를 내고자 하는 개발업자와 개발로 인한 피해를 극대화하여 개발사업자로부터 많은 금전적 보상을 받고자 하는 개인이나 집단, 혹은 단체 간에 상반된 의견불일치 즉 불화에서 발생하는 것

② 갈등의 원인

갈등의 발생원인에 대해서는 많은 학자들이 다양한 요소들을 제시하고 있으며, 이러한 원인을 유형화하면 경제적 요인, 사회적 요인, 정치적 요인, 심리적 요인, 행정제도적 요인으로 구분할 수 있다.

관광개발에서 갈등을 발생시키는 경제적 요인으로는 관광개발의 비용과 편익이 누구에게 돌아가느냐가 중요한 원인이 된다. 지역주민들에게 돌아가는 비용과 편익이 불공평하게 부과된다면 갈등의 발생은 불가피하다. 사회적 요인으로는 지역주민의 참여욕구 증대와 이해당사자 간의 신뢰성 부족, 그리고 가치관의 충돌 등을 들 수 있다. 사회 전반의 민주화와 분권화로 인해 지역사회의 변화를 초래하는 관광개발사업의 의사결정과정에서 지역민의 참여와 요구가 증대하고 있다. 그러나 이러한 지역민의 참여가 제도화되지 못함으로써 현실적으로 지역민의 참여가 제한되어 있으며 이로 인해 갈등이 발생한다. 또한 이해당사자 간의 신뢰성 부족은 서로 자기주장만을 고집하게 하여 타협과 조정이 어려워진다. 개발 우선의 가치관에서 친환경적 가치의 희생을 당연시한 기존 관행과의 마찰을 불가피하게 만들어 이로 인한 갈등이 발생하기도 한다.

정치적 요인으로는 지역개발에 대한 정책결정과정의 폐쇄성이 정부와 주민 간의 갈등을 초래하는 가장 중요한 요인이 된다. 특히 의사결정에 정치적 논리가 개입될 경우 의사결정의 합리성은 현저히 낮아지고 이는 향후 갈등의 원인이 된다. 심리적 요인으로는 비합리적 요구나 주장, 또는 막연한 거부감 등이 갈등을 유발한다. 특히 NIMBY와 PIMFY로 대변되는 지역이기주의[35])가 갈등을 유발하게 한다. 이 경우 대부분 합리적 근거가 결여되어 있으며 잠재적 위험이나 손실에 대한 막연한 두려움, 피해의식, 지역 간 경쟁의식 등이 복합적으로 작용하고 있다.

행정제도적 요인으로는 갈등을 예방하고 조정할 수 있는 제도적 장치의 부재를 들 수 있다. 갈등으로 발전하기 이전에 효과적으로 조정할 수 있는 제도적 장치가 부족하기 때문에 갈등이 증폭되고 해소에 어려움을 겪는 것이다.

이와 같은 갈등의 주요 원인들을 통합적으로 고려해 볼 때 공통적으로 제시할 수 있는 요인으로는 목표와 차이에 따른 원인, 가치관의 차이에 따른 원인, 상호의존성과 역할인식에 따른 원인, 의사소통을 포함한 권한, 제도의 결핍에 따른 원인, 편익과 비용의 불균형에 따른 원인 등으로 요약할 수 있다.

목표의 차이	이해당사자 간의 목표와 차이 또는 조직이 추구하는 욕구와 사회 욕구 간의 상충, 한정된 자원에 대한 상호 의존성과 경쟁적인 보상체계, 집단 혹은 개인 간 목표의 차이 등이다.
가치관의 차이	이해당사자 간의 개발 및 토지이용에 대한 인식이나 이해의 차이 등이다.
상호 의존성과 역할인식	상호 의존성이란 두 집단이 각각의 목표를 달성함에 있어 상호 간 협조와 정보의 제공, 동조 혹은 협력행위를 요하는 것으로서 한 집단의 다른 집단에 대한 의존성 혹은 두 집단 간의 연합이나 합의를 필요로 하는 상황을 의미하며, 이해당사자 간의 역할에 대한 인식 차이 역시 이 과정에서 중요한 역할을 한다.
의사소통을 포함한 권한·제도의 결핍	의사소통문제로 야기되는 의견의 불일치문제, 관련 이해당사자의 의견을 수렴하기 위한 제도의 결핍, 전문성이나 권력의 차이에 따른 정보의 독점, 불확실한 정보의 유통, 정보의 부족 등이다.
편익과 비용의 불균형	이해당사자 간 이해관계의 불균형, 사업에 따른 경제적 비용지불 대상자와 편익 대상자 간의 형평성 결여 등이다.

③ 갈등의 유형

갈등의 유형은 분류기준을 어디에 두느냐에 따라 다양하게 구분되는데, 크게 갈등의 주체와 갈등의 성격에 따라 나눌 수 있다.

우선 갈등의 당사자(주체)에 따라 개인갈등, 집단갈등, 조직갈등으로 구분할 수 있다. 개인갈등은

---

35) NIMBY(Not In My Backyard): 자신의 지역에 혐오시설이나 기피시설 입지 반대/PIMFY(Please In My Front Yard): 선호시설의 입지 주장

조직 내 두 사람 이상의 개인 간에 상대방을 이해하는 과정에서 오해, 의견차이, 역할경쟁으로 인하여 발생하는 갈등이다. 집단갈등은 조직 내 수직적 또는 수평적 계층 간에 발생하며, 동일조직 내 여러 집단이 유사기능을 가짐으로써 나타난다. 집단갈등은 라인 또는 스태프 집단처럼 조직 내 기능이 각기 다른 집단 간에 나타나며, 목표차이, 지각차이, 제한된 자원, 평가기준과 보상체계의 차이, 참여적 의사결정 여부, 구성원들의 이질성, 지위, 신분상의 불일치, 역할 불만, 의사소통의 왜곡 등이 원인이다. 조직갈등은 조직목표를 성취하는 데 필요한 자원과 편익 등을 둘러싼 배분문제를 두고 조직 간에 나타나는 갈등을 말한다.

또한 갈등은 그 성격에 따라 이익갈등, 권한갈등, 가치갈등으로 구분된다. 이익갈등은 이해당사자 간 경제적 혹은 사회적 이익을 지키거나 추구하기 위하여 대립하는 갈등으로, 대부분 토지이용, 시설입지·관리에 있어 관련 지역주민 간 혹은 지역 간 비용과 편익 배분에 대한 이익의 대립으로 발생한다. 이익갈등에는 기피갈등, 유치갈등, 타 지역 피해유발 갈등, 공익가치 추구갈등 등이 있다. 기피갈등은 토지이용이나 시설입지에 따른 손실로 인하여 해당 지역주민이나 자치단체가 반대하여 발생하고, 유치갈등은 지역적인 혜택을 주는 개발사업이나 시설을 경쟁적으로 유치하기 위해 발생한다. 타 지역 피해유발 갈등은 한 지역의 개발이 다른 지역에 피해를 유발하는 갈등을 말하며, 공익가치 추구갈등은 환경보전 등 공익의 가치를 추구하는 과정에서 발생하는 갈등이다.

권한갈등은 이해당사자 간 권한과 책임귀속의 여부 내지 적합성에 관련된 분쟁으로, 정부 간 갈등유형에 주로 발생한다. 정부 간 갈등에서 중앙정부와 지방자치단체 간의 각종 인허가, 재산의 관리·처분·이용에 따른 분쟁 등이 여기에 속한다.

가치갈등은 가치신념체계나 이념의 충돌로 발생하며, 환경이나 문화의 성장배경이 다른 개인 혹은 집단 간에 가치관의 차이에서 오는 갈등을 말한다. 가치갈등은 상대의 가치로 전환하는 것이 어렵기 때문에 해결이 매우 어려운 갈등유형으로 분류된다.

④ 갈등의 진행과정

갈등의 진행과정은 [그림 1-17]과 그림과 같이 일반적으로 시간이 흐름에 따라 갈등의 상승(escalation), 교착(stalemate), 진정(de-escalation), 해소(resolution)의 단계로 나뉜다.[36]

갈등의 상승단계에서는 갈등이 현재화되면서 갈등 당사자들이 자신의 주장을 공개적으로 주장

---

36) Pruitt & Rubin, 1986.

한다. 교착단계에서는 갈등 당사자가 상호 간의 차이를 분명히 인식하고 대치한다. 진정단계에서는 이성과 이해가 증가하여 집단 간의 협상, 상호 간 신뢰구축 등을 통해 진정국면에 돌입하며, 마지막으로 갈등이 해소되는 해소단계로 접어든다. 갈등의 진행과정은 단계적으로 명확하게 구분되는 것은 아니지만 서로 연관된 일련의 단계를 거쳐 진행되는 동태적인 과정으로 이해할 수 있다.

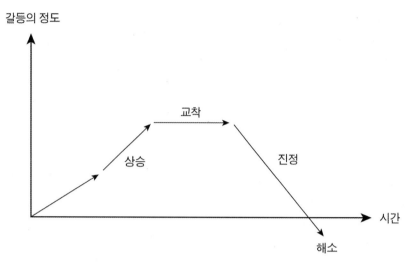

출처: Pruitt & Rubin(1986), *Social Confict: Escalation, Stalemate and Settlement*

[그림 1-17] 갈등의 진행과정

⑤ 갈등관리

1) 갈등관리의 개념

공공기관의 갈등예방과 해결에 관한 규정에 따르면, 갈등관리란 갈등을 예방하고 해결하기 위하여 수행하는 모든 활동을 의미한다. 갈등관리는 조직이나 사회, 국가 간의 갈등을 효과적으로 조율하고 소모적인 분쟁 상황이 재발하지 않도록 통제하고 관리하는 것으로(대통령자문 지속가능발전위원회, 2005), 이미 발생한 갈등을 해소시키거나 예상되는 갈등 상황의 방지 및 기획에 관심을 갖는 일련의 활동, 또는 갈등이 확대되어 악화되는 것을 막고 유리한 결과를 실현하는 데 도움을 주는 조건이나 구조를 마련하는 것(Bercovitch, 1984)을 포함한다.

갈등이 발생한 후에 대처하는 데는 많은 사회적 비용을 지불해야 하고 발생한 갈등의 완전한 해소도 어렵기 때문에 사전에 갈등을 예방하는 사전적 갈등관리방법이 갈등 발생 후 대처방안을 모색하는 사후적 갈등관리방법보다 훨씬 효과적이다. 따라서 갈등을 유발할 개연성이 있는 원인을 찾아 미리 대처하는 접근인 갈등예방이 갈등관리에서 우선되어야 하며 개발과정의 개방성과 투명성을 높이고 잠재적 갈등당사자들의 적극적 참여를 유도하여 갈등을 미리 예방하는 것이 중요하다.

2) 갈등관리방안

(1) 지역주민의 참여확대

지역주민의 참여방식은 그 수준에 따라 세 단계로 나눌 수 있다. 가장 낮은 단계의 주민참여방식인 정보제공은 공공기관과 주민 간의 일방적인 관계로 상호적인 의사소통이 일어나지 않기 때문에 지역주민이 정책이나 사업에 영향을 미칠 수 있는 기회는 부여되지 않는다(한국여성개발원, 2005). 한 단계 높은 수준의 주민참여방식인 협의(공청회, 세미나, 여론조사, 자문위원회, 입법예고 등)는 보통 정책이나 사업의 기본적인 계획이 결정되어 있고 일반 시민들의 의견을 수집하고자 하는 목적으로 사용되기 때문에 공공기관과 주민 간에 쌍방향 관계로 의사소통이 일어나기는 하지만 관련문제에 관한 협의나 숙의는 이루어지지 않는다(한국여성개발원, 2005). 협의보다 한 단계 더 높은 '적극적 참여(active participation)' 방식은 정부와 주민 간에 동반자관계가 성립되며, 숙의과정을 핵심적인 의사결정의 계기로 삼는 동시에 합의에 의한 의사결정을 지향하며, 사회구성원 간의 합의 형성을 통하여 갈등을 예방하거나 해결하는 등 공공의사결정을 해나간다는 것이 기본적인 방향이다(한국여성개발원, 2005). 즉 정보제공 및 의견수렴을 목적으로 하는 일반적인 참여방법의 의사소통구조가 일방적인 데 반하여 '적극적인 참여'에 해당하는 참여적 의사결정방법들은 모든 참여자 간에 대면적인 상호의사소통을 보장하고 있다(대통령자문 지속가능발전위원회, 2005).

현재 개발사업에서 주민참여 수단으로 많이 활용되고 있는 정보제공과 협의의 방법들은 형식적인 요식행위에 그치는 경우가 많아 지역주민의 의미 있는 참여로 이어지지 못하며 참여의 범위도 매우 제한적이어서 개발계획, 시행, 운영단계에 이르는 개발 전 과정에 주민참여가 이루어지지 못하고 있다. 따라서 관광개발과 관련된 이해당사자들의 참여와 이들 간의 대화를 촉진시킬 수 있는 여건과 절차를 마련하여 관광개발 전 과정에 지역주민이 실질적이고 지속적으로 참여할 수 있도록 하여야 한다.

(2) 원활한 의사소통

주민과의 갈등이 발생하는 주요 원인은 의사결정과정에서 이해관계자의 의견을 충분히 파악하지 않아 발생하는 경우가 대부분이다. 상대방의 대화 부족에서 발생하는 오해로 인해 갈등이 발생하고 악화되며, 갈등의 수위가 높으면 높을수록 오해에 대한 비용은 증가하게 된다(대통령자문 지속가능발전위원회, 2005). 따라서 협력을 증진시키고 갈등에 의해 발생하는 다양한 비용을 줄이기 위해서는 이해당사자 간의 의사소통 통로를 유지하는 것이 필요하며, 이를 위해 이해당사자 간의 모임을 정례화하고 다양한 의사소통채널을 확보하여야 한다. 또한 의사소통이 이루어지는 환경이 협력을 증진시키거나 저하시키는 데 중요한 역할을 하기 때문에(Bramwell & Sharman, 1999) 의사소통과정에서 개방성, 진정성, 지역주민을 존중하고 인내심을 갖고 대하는 자세가 필요하며 동시에 신뢰와 확신 그리고 상대방의 의견을 들으려는 태도의 전환이 필요하다.

(3) 개발과정의 투명화

개발과정의 투명성과 절차상 합법성을 확보하지 못하면 개발주체에 대한 근본적인 불신과 절차상 문제제기의 원인을 제공한다. 개발과정의 개방성이 낮을수록 갈등이 발생할 가능성이 높으며, 발생된 갈등의 경우 해결이 어려운 수준으로 증폭될 수 있기 때문에 개발과정의 개방성을 높이는 것이 필요하다. 또한 모든 과정에서 적법성을 확보하는 것이 필요하며, 내용적·절차적 적법성을 확인할 수 있는 제도적 장치를 마련해야 한다.

(4) 편익의 지역환원 체계

관광개발 및 운영에 따른 비용 및 편익의 불균형 배분으로 인해 갈등이 발생할 수 있다. 특히 편익의 지역 외 유출은 이러한 불균형을 심화시키기 때문에 편익의 지역 흡수를 위한 방안 마련이 필요하다. 편익의 역외 유출을 방지하기 위해 지역자본의 투자와 지역주민의 고용이 이루어질 수 있도록 해야 하며 경제적 편익이 지역으로 환원되는 체계가 마련되어야 한다.

(5) 합리적 보상제도

관광개발을 위해서는 사유지의 사업부지 편입이 불가피하므로 이에 따른 재산권 침해와 생활기반 훼손문제가 필연적으로 발생한다. 사업부지 내 사유지 비율이 높으면 토지보상 등과 관련하여 많은 민원이 제기되고 심한 경우 행정소송으로까지 이어지는 등 갈등이 심화되는 문제가 발생한다. 따라서 이러한 문제를 줄이기 위해서는 토지보상 및 이주대책 수립 시 해당 토지 소유자가 적극적으로 참여하는 토지보상협의회의 구성 및 운영이 필요하며, 협의의 내용도 보상액 중심에서 이주 이후의 정주환경 및 생활대책 중심으로 이루어져야 한다.

(6) 신뢰구축

신뢰는 사업 자체에 대한 신뢰, 이해당사자 간의 신뢰, 그리고 협력적 관계에 대한 신뢰로 구분할 수 있다. 사업 자체에 대한 신뢰는 그 사업이 자신들의 이익을 실현해 줄 것이고 사업 자체의 목적이 달성될 것이라는 믿음이며, 이해당사자의 협력을 유도하기 위해서는 사업 자체가 가지고 있는 '지역경제의 활성화'라는 목적이 사업의 종료와 함께 달성될 것이라는 믿음을 제시하여야 한다. 이해당사자 간의 신뢰는 서로 협력하고 있다는 믿음으로, 이를 위해서는 정례적인 접촉이 필요하다. 협력적 관계가 지속될 것이라는 믿음을 제고시키기 위해서는 사업에 참여하는 사람들의 정주성을 높이고 기업과 지역의 연대의식을 위한 이벤트를 마련하는 등 협력적 관계에 대한 신뢰를 높일 수 있는 대안들을 개발할 필요가 있다.

지역주민이 개발사업에 대해 충분히 이해할 수 있도록 관련 정보를 공개하고 적극적으로 제공하여 정보의 비대칭성으로 인해 발생할 수 있는 신뢰성 문제를 사전에 차단하고 의사결정과정에서 이해관계자들 간의 정보공유가 이루어져야 하며, 정부는 중립적인 입장에서 공정하게 조정자의 역할을 수행하는 것이 필요하다(문화체육관광부, 2008).

🌿 **사례**

☐ **주민들과의 갈등으로 무산된 골프장개발사업**

강원 홍천군 두촌면의 괘석리 일대 주민들이 인근 골프장 측이 마을 주변에 산양체험 목장 건립을 추진하자 반발하고 있다.

이들은 28일 해당 골프장 앞에서 집회를 열고 "대기업 계열사가 운영하는 골프장 측이 괘석2리에 동식물관련 축사(산양) 시설을 주민 동의 없이 공사를 강행하고 있다"며 "홍천강 상류 청정지역으로 휴양마을을 운영하는 곳에 산양 축사가 들어서면 오염물로 인해 환경오염이 불 보듯 뻔하다"고 주장했다.

두촌면 괘석2리, 괘석1리와 내촌면 광암리 등 3개 리 지역 주민들은 공사 중단을 요구하며 최근 비상대책위원회를 만들었고, 지난 25일에도 골프장 앞에서 건립 반대 집회를 열었다.

이 사업은 2022년 11월 홍천군으로부터 허가를 받아 착공에 들어간 상태였다. 골프장 측은 해당부지에 산양을 방목해 체험형 목장을 만들고 주변 시설과 연계한 테마파크로 조성할 예정이라고 밝혔다. 하지만 주민들의 반대로 현재는 골프장개발이 중단되었다.

출처: 연합뉴스(2023.03.28.)

이외에도 지리산골프장개발사업이 주민들의 반대로 무산되었으며 대구 파크골프장 허가 역시 낙동강유역환경청이 무분별한 하천점용허가에 대하여 중단을 요청하면서 사실상 골프장개발이 중단된 상태이다.

주민들은 "낙동강수계 국가하천 하천점용허가 기관인 낙동강유역환경청이 무분별한 하천점용허가를 남발하고 있다"며 "최근 우후죽순 들어서는 파크골프장은 낙동강유역청의 무개념 하천점용허가가 주요 원인"이라고 우려했다.

또 "낙동강유역환경청은 국토교통부에서 넘어온 하천정비 업무를 4대강사업식으로 진행해 하천 생태계를 망치고 있다"며 "홍수 피해도 없는 곳에 막대한 혈세를 투입해 슈퍼제방을 쌓고, 멸종위기종 서식지 등 생태계가 민감한 지역에 자전거 도로를 낸다"고 비판했다.

고밀도로 개발된 대구시에서 금호강은 '수달' '원앙' '얼룩새코미꾸리' 등 멸종위기야생생물이 서식하는 생태적으로 아주 민감한 곳이다. 많은 야생생물들이 금호강 둔치에 깃들어 살아간다.

공대위는 "대구시는 일부 주민들만을 위한 금호강 파크골프장 증설 계획을 즉각 철회하라"며 "미래세대에 부끄럽지 않으려면 대구시의 생태적 각성이 필요하다"고 촉구했다.

공대위는 기자회견 후 낙동강유역환경청장 면담을 갖고 △파크골프장 등 무분별한 하천점용허가를 중단할 것 △슈퍼제방과 자전거도로, 산책로 등 인간 중심의 하천공사를 중단할 것 △보전 중심의 하천관리 정책을 수립할 것을 요구했다.

출처: 내일신문(2023.02.22.)

분양과 회원모집

19
Chapter

관광개발사업은 일반적으로 초기에 막대한 투자비가 소요되지만 운영을 통하여 수익을 창출하는 구조로 인해 투자비 회수에는 장기간이 소요된다. 따라서 개발비의 일부는 금융기관을 통해 투자하고 나머지는 분양시설(생활형 숙박시설, 콘도 등)의 선분양을 통해 사업비를 회수하는 것을 분양이라고 한다. 분양은 투자비의 단기회수를 가능하게 하여 자금조달을 용이하게 하고 사업의 위험도를 줄이는 데 결정적 역할을 하기 때문에 관광개발사업에 있어 가장 중요한 의미를 지닌다.

① 분양

1) 분양의 개념

분양은 일반인에게 관광시설 내 생활형 숙박시설이나 콘도회원권(소유권이나 시설이용권), 시설에 대한 이용권을 일정한 대가를 받고 판매하는 것으로 개발되는 시설물에 대한 개인 소유자[37]나 공유자[38] 그리고 회원[39]의 모집을 통해 개발사업의 사업비를 조달하는 의미를 갖는다.

---

37) 소유자란 관광지 내 개발되는 단독세대의 생활형 숙박시설이나 콘도를 관광사업자가 분양하는 경우 이를 취득하여 개인 명의로 소유권이전등기를 한 자를 말한다.
38) 공유자란 단독 소유나 공유의 형식으로 관광시설물 중 일부 시설물을 관광사업자로부터 분양받은 자를 말한다.
39) 회원이란 관광시설물 중 콘도나 골프장과 같은 시설을 일반 이용자보다 우선적으로 이용하거나 유리한 조건으로 이용하기로 해당 관광사업자와 약정한 자를 말한다.

관광개발에서 분양은 사업자에게 세 가지 측면에서 중요한 의미가 있다.

첫째, 투자자금의 유일한 단기회수방법으로, 자금조달의 절대적 원천이 된다. 일반적으로 관광개발은 초기에 막대한 투자비가 소요되지만 투자금의 회수에는 시간이 오래 걸리는 특성이 있다. 따라서 분양을 통해 투자자금을 조기에 회수하여 향후 투자자금의 확보 등 사업의 위험성을 크게 줄일 수 있다.

둘째, 안정적으로 고객을 확보할 수 있다. 기본적으로 관광개발은 운영을 통하여 수익을 창출하며 이를 안정적이고 지속적으로 고객을 확보하는 것이 필수적이다. 분양을 통하여 회원을 모집하면 향후 시설의 운영에 안정적인 고객층을 확보할 수 있으며 이에 따라 운영에 대한 위험도를 낮출 수 있다.

셋째, 개발사업에 대한 시장의 평가라는 의미를 갖고 있다. 분양결과는 해당 개발사업에 대한 시장의 중간평가로 볼 수 있으며, 해당 사업의 향후 운영이나 개발사업자에 대한 이미지 등에 영향을 미친다.

2) 분양의 영향요인

분양은 다양한 요인들의 영향을 받는데, 이러한 요인은 크게 외부적 요인과 내부적 요인으로 구분할 수 있다.

(1) 외부적 요인

외부적 요인은 시장(환경)요인과 경쟁요인으로 구분할 수 있다. 시장(환경)요인에는 소득, 고용, 물가, 주가나 금리 등의 경제 상황과 소비자의 소비심리, 회원권 선호도 등이 포함되며, 경쟁요인에는 동종업체 동종상품과의 시장 선도력, 상품별 포지셔닝 등이 해당된다.

(2) 내부적 요인

내부적 요인은 자사적 요인과 상품요인으로 구분할 수 있다. 자사적 요인은 브랜드인지도, 상품경쟁력, 시설경쟁력과 회원 서비스 수준을 의미하며, 상품요인은 입지, 교통 여건, 회원권의 시세, 모집회원 수, 분양가격 등이 포함된다.

3) 분양 및 회원모집 유형

분양 및 회원모집 유형은 분양방식에 따라 단독소유제와 공유제, 그리고 회원제로 구분할 수 있으며, 분양주체에 따라 직접분양과 대행분양으로 구분할 수 있다.

(1) 분양방식에 따른 구분

① 단독소유제

관광시설 내에는 아파트나 주택의 허가를 득할 수 없으므로 주로 분양시설로는 생활형 숙박시설이나 콘도, 그리고 상가시설이 일반적이다. 분양을 받는 수분양자들은 관광사업자로부터 시설물을 분양받아 자신 앞으로 소유권이전등기 절차를 거쳐 등기하는 분양방식을 취한다. 등기에는 전용면적과 공용면적을 함께 기재하는데 전용면적이란 실제 분양받은 자가 사용하는 공간을 말하고 공용면적이란 도로, 복도, 기계실, 주차장 등의 면적을 말하는데 통상 전체세대수분의 1(1/n)로 표기한다.

분양평수	전용면적	공용면적	분양면적	기타 공유			계약면적
				부대시설	기계/주차	소계	
199.80	83.98	34.30	119.28	10.00	71.52	81.52	199.80

② 공유제

공유제(ownership)는 단독소유제와 유사하나 원천적으로는 차이가 있다. 공유제는 관광사업자로부터 소유권이전등기절차를 거쳐 회원자격을 얻게 되는 분양방식을 말하지만 단독소유제의 경우 회원이 아닌 관광시설물 중 일부 시설에 대한 소유자가 된다. 따라서 재산권행사 측면에서는 공유제보다 단독소유제가 우위에 있다고 봐야 할 것이다.

단독소유제나 공유제 둘 다 어떤 경우에도 자기의 재산권을 행사할 수 있으며, 단독소유제의 경우 회원제와 달리 언제든 필요시 혼자 사용할 수 있다는 장점이 있으며, 더이상 사용을 원치 않을 경우 본인이 직접 타인과의 매매를 통하여 처분해야 하는 번거로움이 있고 분양 시 제세공과금이 발생한다는 단점이 있다.

③ 회원제

회원제(membership)란 회원을 모집하여 시설이용권을 부여하는 제도이다. 관광사업자가 소유권을 가지고 있고, 회원이 입회비 명목으로 일정한 예치금을 내고 계약기간 동안 시설에 대한 사용우선권을 보장받는 방식이다. 이 경우 회원은 관광사업자에 대해 1순위의 채권을 가지고, 계약기간이 만료되면(보통 5~20년) 관광사업자로부터 입회비를 돌려받을 수 있다(관광사업자별 계약 및 상품에 따라 입회비 전액을 돌려받거나 일부 소모성 관리비를 제외한 금액을 돌려받게 된다).

〈표 1-32〉 회원제와 공유제

구분	회원제	공유제
정의	입회보증금이라는 반환성 무이자 장기부채를 근거로 회원에게 시설이용권 부여	분양회사가 시설의 소유권을 회원에게 양도
개념	회원가입(전세개념/소멸성개념)	부동산매매(소유권이전)
등기권리	회사	회원지분등기
가격구성	입회금+기타	매매대금+기타
해당세금	취득세, 농특세	취득세, 농특세, 등록세, 재산세
법적 보장	보증금 반환권리 법적 보장	소유권 법적 보장(등기 이전)
양도·양수·상속	가능	가능
입회기간	5~20년	소유권은 평생
입회기간 만료 시	보증금 반환 또는 재계약	평생 소유(부동산 관리계약 갱신)
운영회사 부도 시	이용권리보장, 보증금반환지연	이용권리 및 등기권보장
타 회사의 인수 시	회원자격 승계	이용권리 및 등기권보장
파산처분 후 변제 시	등기제보다 채권변제 후순위	소유권이전되었으므로 무관

출처: 한화리조트(http//www.hanwharesort.co.kr)

(2) 분양주체에 따른 구분

분양은 분양업무를 수행하는 주체에 따라 직접분양과 대행분양으로 구분할 수 있다. 직접분양은 관광사업자가 내부의 인력이나 조직 등을 활용하여 분양하는 방식으로 보통 분양조직을 자체적으로 갖고 있는 경우에 활용된다. 대행분양은 관광사업자의 위탁을 받은 분양대행사를 통해 분양하는 방식으로, 생활형 숙박시설이나 골프장의 경우 대부분 대행방식을 통해 회원을 모집한다. 최근에는 자산운용사를 통해 통으로 매각하는 방식을 통해 자산운용사는 그에 따른 분양마진을 취득하고 관광사업자는 일시에 분양물건을 매각하여 사업비조달에 대한 부담을 덜 수 있다.

〈표 1-33〉 직접분양과 대행분양의 장단점

구분	직접분양	대행분양
장점	• 상품기획-분양-사후관리 신뢰도 • 장기적으로 분양전문인력 육성 • 기존고객 추가분양에 효과적 • 개발사업 지속 시 분양전문성 축적	• 분양시장 전문성 활용 • 전문인력 활용 • 인건비 절감 • 단기분양 시 분양비용 절감
단점	• 분양종료 후 인력재활용 제약 • 단기상품 분양인력 숙련도 낮음	• 분양 전문인력 육성 한계 • 고객관리 등 사후관리 • 지속 시 분양연계성 약함

자체에 분양조직이 있는 경우에도 분양물량의 일부 또는 전체를 대행분양하기도 하는데, 분양을 대행하는 이유는 첫째, 분양에 따른 경비를 절감하고자 하는 경우 둘째, 자체적으로 분양물량을 소화할 수 없는 경우 셋째, 분양전문대행사가 보유하고 있는 데이터베이스를 활용하여 단기적인 분양성과를 올리기 위한 경우 넷째, 분양실적 부진 등으로 판매채널 확대가 필요한 경우 다섯째, 고급분양상품의 이미지 및 홍보효과를 극대화하기 위한 경우 등이다.

4) 회원권의 유형

콘도회원권의 경우 1년에 일정한 일수를 사용할 수 있도록 규정되어 있는데 고급콘도의 경우 1/5구좌(73일 사용)를 선호하고 일반적인 콘도의 경우는 1/12구좌(30일 사용)나 1/17구좌(21일 사용)를 사용한다. 주로 회원카드를 사용하고 자동적으로 사용일수를 차감하는 형태로 추진되는데 법인회원의 경우 통구좌분양으로 일년 365일을 회사 마음대로 사용할 수 있다.

콘도 및 골프장회원권은 기명회원권과 무기명회원권으로 구분할 수 있다. 기명회원권은 회원 입회 시 지정한 지정인들이 동일한 회원자격을 가지는 형태의 회원권으로, 무기명회원권에 비해 가격이 저렴하다. 반면 무기명회원권은 별도의 지정인 없이 회원카드를 소지한 사람이 제약없이 시설을 이용할 수 있는 회원권으로, 범용성이 크기 때문에 기업이나 법인 등에서 선호하는 형태이다.

〈표 1-34〉 기명회원권과 무기명회원권

구분	기명회원권	무기명회원권
회원자격	입회 시 지정한 지정인	해당 회원카드 소지자
주요 고객	개인, 중소규모 법인	법인
회원카드 형태	지정인 포토카드(대여카드 별도)	무기명카드
회원권대여	가능(대여금 적용)	가능
회원권가격	기명회원권〈무기명회원권	
객실관리비(이용요금)	기명회원권〈무기명회원권	

출처: 한화리조트(http//www.hanwharesort.co.kr)

5) 분양대상사업

모든 관광개발사업이 분양을 할 수 있는 것은 아니다. 「관광진흥법」과 「체육시설의 설치·이용에 관한 법률」의 규정에 의하면 분양이나 회원모집을 할 수 있는 사업은 관광숙박업, 제2종 종합휴양업 그리고 체육시설업이다. 이 중 휴양콘도미니엄과 생활형 숙박시설업은 분양과 회원모집을 할 수 있으며, 호텔업(객실당 사용 회원권), 제2종 종합휴양업, 그리고 체육시설업(골프회원권, 워터파크 이용권 등)은 회원모집만 할 수 있다.

(1) 생활형 숙박시설

생활형 숙박시설은 호텔과 주거용 오피스텔이 합쳐진 개념으로 호텔서비스가 제공되는 숙박시설을 뜻한다. 정확히는 「건축법」상 생활형 숙박시설이다. 호텔과 달리 취사시설 등을 설치하는 것이 가능하고 사실상 아파트와 크게 다르지 않다. 대표적인 것이 해운대 엘시티의 생활형 숙박시설이다.

원칙적으로 세입자가 전입신고를 하지 않으면 1가구 1주택에 해당하지 않으며 숙박업등록을 통하여 숙박업으로도 운영할 수 있다. 하지만 전입신고를 할 경우에는 1가구 1주택으로 간주하여 주택에 부과되는 세금을 납부하여야 한다.

자연환경이 좋은 관광지 내 생활형 숙박시설은 마치 별장처럼 사용할 수 있고 취사가 가능하여 상당한 매력을 가지고 있다. 분양 시에 1인을 상대로 분양이 가능하므로 콘도보다는 분양이나 관리 측면에서도 수월하다.

(2) 휴양콘도미니엄업

휴양콘도미니엄은 관광사업자의 사업계획에 따라 분양 및 회원모집을 병행하여 진행할 수 있고, 분양 또는 회원모집만 할 수도 있다. 과거에는 공유제와 회원제 분양비율을 법으로 규정하였으나 (공유제 60%, 회원제 30%, 유보 10%) IMF 외환위기 이후 휴양콘도미니엄 규제 및 제도개선 차원으로 폐지되었다.

휴양콘도미니엄은 일반적으로 연간 365일 사용일수 범위 내에서 1실당 5인 이상의 공유 또는 회원제로 이용하는 것으로(「관광진흥법 시행령」 제24조제1항, 법인의 경우는 단독으로 소유 가능하나, 단 1실 내 공유제와 회원제를 혼합할 수 없음), 대개의 관광사업자는 1객실당 10명의 소유자 또는 회원이 공동소유(이용)하는 1/10지분제의 방식으로 콘도를 분양(회원모집)하지만 객실의 평수가 클 경우 분양받는 사람들의 부담을 줄이기 위해 1/12구좌나 1/17구좌를 활용하기도 한다.

(3) 호텔업

호텔업은 휴양콘도미니엄업이 분양 및 회원모집이 가능한 것과 달리 회원모집만 가능하며(「관광진흥법」 제20조), 회원모집 시기도 관광사업 등록(준공) 이후 가능하며, 휴양콘도미니엄업에 비해 초기투자비 회수에 부담이 있다.

(4) 골프장

국내의 골프회원권은 예탁금제, 주주제, 연회원제로 운영되고 있다. 예탁금제란 일정금액의 보증금을 골프장에 납부하고, 일정기간 동안 우대권한을 갖고 골프장을 이용할 수 있으며, 일정기간(국내의 경우 약 5년이 일반적임)이 지난 후 골프장에 이용권한을 반납하며 동시에 보증금을 환급받는 형식으로, 이용기간의 재연장이나 보증금 이상의 시세로 거래가 가능할 경우 회원권시장에서의 매각도 가능하다. 골프회원권은 대부분 예탁금제로 운영되고 있다. 주주제는 골프장 이용권과 골프장의 지분을 모두 소유하는 형태의 회원권이다. 연회원제는 연회비를 납부하고 해당 기간 동안 골프장을 이용할 수 있는 형태의 회원권으로 양도·양수가 불가능하다.

6) 분양 및 회원모집 기준과 시기

(1) 분양 및 회원모집 기준

분양을 하기 위해서는 해당 시설이 건축되는 부지의 소유권을 확보해야 하며, 구체적인 내용은 다음 표와 같다. 대지부지 및 건물이 저당권의 목적물로 되어 있으면, 공유제일 경우는 분양받은 자의 명의로 소유권이전등기를 마칠 때까지, 회원제의 경우는 저당권이 말소될 때까지 분양 또는 회원모집과 관련된 사고로 인하여 분양을 받은 자나 회원에게 피해를 주는 경우 그 손해를 배상할 것을 내용으로 저당권 설정금액에 해당하는 보증보험에 가입한 경우를 제외하고는 그 저당권을 말소해야 한다.

생활형 숙박시설의 경우는 1개의 객실당 1명으로 분양이 가능하며, 콘도의 경우 1개의 객실당 분양 또는 회원모집의 인원은 5명 이상으로 해야 하며, 가족(부부 및 직계 존비속)만을 수분양자 또는 회원으로 할 수 없다(공유자 또는 회원이 법인인 경우 예외), 1개의 객실에 공유제 또는 회원제를 혼합하여 분양하거나 회원모집을 할 수 없으며, 공유자 또는 회원의 연간 이용일수는 365일을 객실당 분양 또는 회원모집계획 인원수로 나눈 범위 이내여야 한다. 또한 주거용으로는 분양 또는 회원모집을 할 수 없다.

(2) 분양 및 회원모집 시기

구분	분양 및 회원모집시기
휴양콘도미니엄 제2종 종합휴양업	• 당해 시설공사의 총공사 공정률이 20% 이상 진행된 때부터 분양 또는 회원모집을 하되, 분양 또는 회원을 모집하고자 하는 총객실 중 공정률에 해당하는 객실을 대상으로 분양 또는 회원모집 • 공정률에 해당하는 객실 수를 초과하여 분양 또는 회원을 모집하고자 하는 때에는 분양 또는 회원모집과 관련된 사고로 인하여 분양을 받은 자나 회원에게 피해를 주는 경우 그 손해를 배상할 것을 내용으로 공정률을 초과하여 분양 또는 회원을 모집하려는 금액에 해당하는 보증보험에 관광사업의 등록 시까지 가입해야 한다.
호텔업	관광사업의 등록 후
등록체육시설업	당해 시설공사의 총공사 공정률 30% 이상 진행 시

7) 분양(마케팅)계획 수립

분양을 위해서는 분양계획을 수립해야 하며, 분양계획에는 분양대상, 분양시기, 분양가격, 분양방식, 홍보마케팅 등의 내용이 포함되어야 한다. 분양계획의 주목적은 사업비를 조달하기 위한 분양 대상물들이 원활하게 분양하는 데 문제가 없는지를 사전 분석하기 위해 실시된다. 분양계획 수립은 사실상 개발사업을 추진하기 위해 준비하는 초기과정에서부터 시작된다. 즉 분양하기 쉬운 시설물을 위주로 프로그램을 개발해야만 사업비 조달에 문제가 없기 때문이다. 통상 관광개발사업의 기본계획 수립 시 자금회수계획에 포함되는 초보적인 분양계획을 우선 수립하고 구체적인 분양(마케팅)전략은 시설물 수준이 결정되는 실시설계 이전 단계부터 수시로 점검하여 전략을 수립하는 것이 일반적이다.

(1) 분양계획서의 형식

일반적인 분양계획서에는 사업개요, 분양사업지의 위치도, 분양대상에 대한 면적, 분양상품환경분석, 유사상품분석, 분양가산정, 분양대상자 선정, 마케팅전략 등이 포함된다.

(2) 분양가격의 결정

리조트 상품의 분양가격은 일반 아파트나 상가 건물의 분양가격처럼 시장의 원리에 따른 가격결정의 요소를 따르지 않는 것이 일반적이다. 가격이란 구매자들이 특정상품을 구매함으로써 얻는 효용에 부여된 가치를 의미하며, 시장에서의 상품의 교환가치를 말한다. 일반적으로 원가(cost), 경쟁자(competitor), 고객(customer)의 3C는 가격결정의 기초가 되는데, 이 가운데 원가는 가격 하한의 결정에 의하고 고객에 대한 서비스의 가치는 가격 상한의 결정에 영향을 미친다. 반면에 유사상품이나 서비스에 대해 경쟁사가 부과하는 가격은 상한과 하한 가격의 범위 중 어느 수준에서 가격이 형성되어야 하는가에 영향을 미친다.

기본적인 분양가격은 개발면적과 토지대를 기초로 하여 잠정적 분양가격률(공사비, 제반 부대비용, 토지대)과 목표 개발이익률을 산정하여 결정하며 고객 관점에서의 상품가치[강력한 테마, H/W(콘셉트, GRADE, 퀄리티), 회원관리의 효용성, 다양한 상품구성]와 이용가치(독창적인 예약시스템, 차별화된 운영프로그램, 회원 중심의 서비스)를 고려하여 결정한다.

하지만 리조트의 경우 특히 명품 브랜드를 사용하는 리조트의 경우 브랜드의 명성, 가치 등을 고려하여 시장의 가격보다 일반적으로 높게 책정한다. 또한 리조트개발의 경우 일반 부동산의 개발보다 인허가 기간이 길고 이해당사자가 많아 계획하지 않았던 비용이 많이 소요되므로 분양가격은 상대적으로 높은 편이다.

(3) 분양방식의 결정

분양상품의 특성이나 규모, 분양대상, 분양환경 그리고 사업시행자의 역량 등을 고려하여 분양방식을 결정한다. 분양대행을 할 경우 분양대행사는 분양대행실적, 시장의 평가, 분양 노하우, 분양조직 등을 고려하여 선정한다. 대행 수수료는 분양률이나 상품가격 등에 따라 차이가 있지만 일반적으로 아파트의 경우 세대당 150~500만 원 수준의 분양수수료를 지급하고 일반상가의 경우 분양매출 총액의 4~10% 수준의 분양수수료를 책정하지만 미분양 물건의 경우 이보다 높게 책정하게 된다. 그리고 리조트개발의 경우 콘도는 분양가의 5~10%, 골프장은 분양가의 2~5% 수준에서 결정되며, 생활형 숙박시설의 경우 소유권이전등기 형태의 오너쉽(ownership)은 5~8% 수준이다. 또한 관광단지 내 상가의 경우 4~10%의 분양수수료를 책정한다. 이외에도 상호 간의 협의에 따라 추가로 분양사무실, 광고비, 기본 홍보인쇄물 비용 등이 제공된다. 이런 추가적인 비용을 분양대행사가 부담할 경우 분양수수료는 일반적으로 좀 더 높게 책정되는 것이 일반적이다.

분양대행기간은 통상적으로 1년이며, 계약내용에 따라 최소 3개월에서 최대 2년까지 연장하기도 한다. 분양대행사는 분양사기(분양된 물건을 다시 이중으로 매각하거나 웃돈을 받고 제3자에게 매각하는 행위 등) 등의 범죄예방을 위하여 계약이행보증보험의 가입을 필요로 한다. 판매상품 계약금액이나 업체 자본금 수준에 따라 차이가 있으나 콘도는 1억 원, 골프장은 6개월에 2~3억원 수준에서 보증보험을 징구한다.

(4) 분양시기의 결정

일반적으로 분양의 개시는 허가관청의 분양승인이나 허가를 득해야 하는데 이러한 승인이나 허가와 동시에 분양을 개시하는 것이 아니라 분양시기를 조절하여 결정하는 것이 일반적이다. 동일한 상품도 분양시기에 따라 분양률에 차이가 나기 때문에 예상 분양시점의 경제적·사회문화적·환경적·정치적 상황을 종합적으로 고려하여 최적의 분양시점을 선정하는 것이 필요하다. 콘도, 제2종 종합휴양업의 경우 일반적으로 총공정률의 20% 때부터 분양 및 회원모집을 시작하며, 골프장의 경우 총공정률 30% 때부터 회원을 모집하고, 공정률 60%대에 분양가격을 높여 1차, 2차회원을 모집하는 것이 일반적이다.

 사례

□ **코로나19사태로 인한 골프산업의 변화**

골프산업은 신종 코로나바이러스 감염증(코로나19) 여파로 반사이익을 누린 대표적인 업종이다. 골프를 즐기는 인구가 크게 늘어나면서 골프장의 자산가치가 높아졌고 이에 따라 골프회원권의 거래도 활발해지면서 가격도 급상승했다. 다만 코로나가 종식되면서 약간의 변화는 있지만 당분간은 지속될 것으로 보인다.

코로나19 이후 골프장은 전반적으로 내장객(방문객) 증가, 가동률 개선 및 입장료 상승흐름을 보이고 있다. 회원제의 경우 골프장 회원권의 경우 현재 1년 전 대비 10~40% 높은 가격으로 거래되고 있다. 대중제 골프장 입장료도 10~300% 정도 상승했다.

특히 눈에 띄는 것은 젊은 연령층의 골프 참여율이 낮아진 미국이나 일본과 달리 한국은 오히려 젊은층의 골프 참여률이 높아졌다는 것이다.

젊은 연령층의 신규 유입 인구는 2019년 대비 2020년에는 9.8%(46만 명) 증가한 515만 명으로 늘어났다. 젊은층의 골프 참여가 증가한 것은 해외여행에 적극적이었던 세대인 만큼 소비 여력 증가 효과가 크게 나타난 것으로 보인다. 하지만 이는 일시적인 현상으로 보여진다. 골프는 젊은층이 즐기기에는 너무 많은 비용이 들어 스크린골프장으로 이동하거나 테니스와 같은 다른 스포츠 종목으로 이동할 것으로 보인다.

이렇게 골프장에 시장 확장 저변에는 스크린골프도 상당히 기여했다. 스크린골프시장의 선두주자 골프존의 경우 2020년 분기당 라운드 수가 10~20% 증가했으며, 연간 매출액과 영업이익은 각각 21%, 60% 확대되었다. 이런 추세라면 5년 뒤 매출액은 40% 이상으로 급성장할 것으로 보인다.

골프산업이 지속해서 성장하기 위해서는 무엇보다도 젊은 연령층의 참여도가 높아야 하는데 레저신문이 20~30대 연령의 골퍼들을 대상으로 진행한 설문조사에 의하면 젊은층이 골프장 이용에 있어 가장 불만스러운 점은 비싼 입장료인 것으로 나타났다.

우려스러운 것은 회원제 골프장들이 당장 수익이 좋다고 대중제 골프장으로 전환하고 있고, 회원제 골프장의 경우 투자자들이 비싼 가격으로 골프장 회원권을 매입하고 있는데 이는 기존 골프회원권의 3~5배가 넘는 가격이며 만약 경기가 좋아지지 않는다면 이들의 손해는 불 보듯 뻔한 일이다.

만약 골프장에 대한 거품이 사라지고 해외원정 골프가 늘어나 코로나 이전 심각한 골프장 경영상태가 재연된다면 골프회원권에 투자한 사람들은 골프장 소유주에게 보증금을 회수할 것이고 이를 회수할 수 없는 경우에는 골프장이 경매로 나오거나 영업을 중단하는 사태가 발생할 것이다.

게다가 골프장 시세는 투자자들로 인해 천정부지로 높아가고 있는데 만약 수익률이 목표치를 달성할 수 없을 경우 재매각이 성행할 것이고 이로 인해 골프장사업에 투자를 한 투자자들은 펀드사를 상대로 고소, 고발이 이어져 과거 진흙탕 싸움이 계속되던 그 시절로 돌아갈까 염려된다.

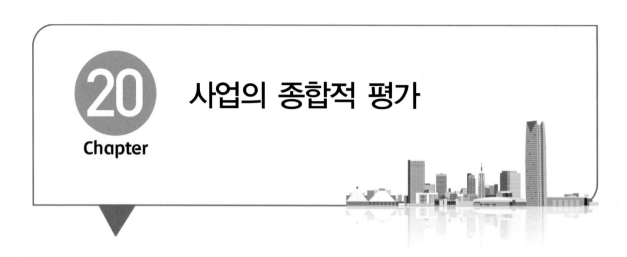

사업의 종합적 평가

① 사업의 개념

관광개발사업은 수많은 선택과 결정을 통해 이루어진다. 그리고 선택 과정에서 의사결정이 필요하다면 그에 수반된 평가가 따라야 한다. 관광개발은 기본적으로 장기적인 사업으로 인해 정치적 영향을 많이 받는다. 강원도 레고랜드의 경우 도지사가 바뀌면서 많은 변수들이 도래했고 그 과정에서 사업의 중단사태가 발생하기도 했다. 이런 현상은 부동산개발사업에서도 흔히 볼 수 있는데 서울의 상암동 랜드마크빌딩 사업의 경우도 집권당이 바뀌면서 사업자로 지정된 사업을 관할 시장이 일방적으로 취소하면서 사업에 참여한 대부분의 회사들이 큰 손해를 감당해야 했다. 부동산개발사업은 리조트개발사업과 마찬가지로 미래에 대한 불확실성을 토대로 하는 수많은 변수의 영향을 받는 민감성으로 인해 개발과정에서 좀 더 나은 의사결정을 하기 위해서는 객관적이고 타당한 근거가 필요하고, 이러한 근거는 평가를 통해 확보할 수 있다.

1) 사업평가의 개념

실무에서의 사업평가 개념은 사전적 평가와 중간적 평가 그리고 사후적 평가로 구별할 수 있다. 사전적 사업평가란 실제 개발업무를 시작하기 전 사업계획서에 의해 분석된 종합적인 평가를 말하는데 사전적 평가에 의해 사업을 시작할지 말지를 결정하는 단계를 말한다.

반면에 사후적 사업평가란 실제 개발업무를 완성한 후에 사업의 결과에 대한 평가를 말한다. 개발사업시행자는 향후 계속 추진되는 사업에 대하여 과거를 돌아볼 수 있는 좋은 계기가 되기 때문에 사후평가를 통해 성공과 실패의 원인을 분석할 수 있어 사전과 사후적 평가는 반드시 거쳐야 할 과정이라고 할 수 있다.

과정적 평가의 경우는 개발 실무를 하는 과정에서 시행착오를 줄이기 위해 하는 평가이지만 부동산개발사업의 특성상 토지를 매입하고 이미 금융을 조달하여 착공을 한 후에 하는 평가라 그다지 효율적이지 않다.

한국개발연구원은 사업평가(program evaluation)를 각종 사업에 대한 과학적이고 체계적인 분석을 통해 유용한 정보를 생산해 내는 과정으로 정의하고 있으며, OECD는 사업평가를 사업의 중요한 측면과 가치를 다루고 결과의 신뢰성과 유용성을 추구하는 체계적이고 분석적인 사정(assessment)으로 정의하고 있다. 결국 사업평가는 조금 더 나은 의사결정에 필요한 정보를 생산하기 위해 수행되는 체계적이고 분석적인 과정으로 이해할 수 있다.

유럽위원회(European Commission)는 평가가 갖추어야 할 핵심적인 특성 다섯 가지를 다음과 같이 제시하고 있다. 첫째, 평가는 분석적(analytical)이어야 한다. 즉 사업평가에는 보편타당한 연구기법을 사용해야 한다. 둘째, 평가는 체계적(systematic)이어야 한다. 사업평가는 세심한 계획과 선택된 연구기법의 일관된 적용이 필요하다. 셋째, 평가는 신뢰(reliable)할 수 있어야 한다. 동일한 자료와 동일한 자료분석기법을 사용할 경우 평가자에 상관없이 동일한 결과가 도출되어야 한다. 넷째, 평가는 논점 중심(issue-oriented)으로 이루어져야 한다. 사업평가는 사업의 적절성·효율성·효과성 등 사업과 관련된 중요한 논점을 다루어야 한다. 다섯째, 평가는 수요자의 요구에 부합(user-driven)해야 한다. 성공적인 평가는 주어진 정치적 환경, 사업의 제약요인 그리고 가용자원 범위 내에서 의사결정자에게 유용한 정보를 줄 수 있도록 설계되고 실시되어야 한다.

2) 사업평가의 목적

사업평가의 목적은 의사결정에 필요한 유용한 정보를 제공함으로써 의사결정의 합리성을 제고하는 데 있다. 즉, 사업평가를 통해 사업집행의 결과를 의사결정과정에 환류(feed-back)시킴으로써 사업설계와 사업집행이 개선될 여지를 넓히는 것이다(한국개발연구원, 2000). 구체적으로는 개발목표의 달성도를 측정하고 사업의 영향과 효과를 측정하여 성공과 실패의 원인을 파악하는 것이 목표이다.

사전적 평가의 목적은 당연히 사업의 진행여부를 결정하는 것이고 사후적 평가는 사업집행 결과에 따른 성공과 실패의 원인을 분석하여 시행착오를 겪지 않기 위해서라고 할 수 있다. 부동산개발이나 리조트 개발의 경우 투자금액이 고액이고 한번의 실패는 다시는 회복할 수 없는 재정적 파탄을 가져오기 때문에 사후적 평가보다는 사전적 평가가 훨씬 중요하다고 할 수 있다.

3) 사업평가의 유형

사업평가는 사업의 종료 후 또는 사업중간 시점에 평가를 하게 되는데 사업의 주체마다 다르다. 다만 관광개발사업이 대부분 민자공모사업이나 민투사업으로 진행되는데 이 경우 특별목적법인 (SPC)의 청산시점이 준공 후 2년 이내로 되어 있으며, 「민간투자법」에 의한 공모사업의 경우 통상 기부채납 기간이 공사준공 후 또는 20~30년으로 되어 있어 매년 회계결산을 통해 평가를 하기도 한다.

(1) 평가주체에 따른 분류

평가자가 누구인가에 따라 자체평가, 내부평가, 외부평가로 구분할 수 있다. 자체평가는 사업의 담당자 또는 담당조직에서 자체적으로 수행하는 평가로, 사업에 대한 이해가 가장 높기 때문에 심도있는 평가가 가능한 장점이 있는 반면 평가의 객관성과 공정성을 확보하는 데 문제가 있을 수 있다. 내부평가는 사업 담당조직 이외의 다른 조직 또는 구성원에 의해서 행해지는 평가이다. 외부평가는 사업수행기관 외부의 전문가에 의해 시행되는 평가로, 사업평가의 독립성·객관성·전문성을 제고할 수 있다는 장점이 있는 반면 사업의 내용이나 사업을 둘러싼 환경에 대한 이해 부족으로 인해 잘못된 평가결과를 도출할 수 있다는 단점이 있다(한국개발연구원, 2000).

통상적으로 실제 개발업무에 있어서는 자체평가를 선호하고 외부평가를 기피하는 성향이 있다. 외부평가의 경우는 제품을 생산해 내는 제조업 분야에서는 그 정확성이 입증되지만 복잡하게 엮여 있는 개발업무에 있어서의 외부평가는 신뢰성이 높지 않고 평가 주체도 실무를 하는 개발사업회사에 비해 전문능력도 많이 떨어지기 때문이다.

(2) 평가시점에 따른 분류

평가를 수행하는 시점에 따라 사전평가, 과정평가, 사후평가로 구분할 수 있다. 사전평가는 사업 시행 전에 실시하는 평가로서, 주로 사업의 타당성에 초점을 맞춘다. 과정평가는 사업을 집행하는 중간에 실시되는 평가로서, 사업이 원래의 계획대로 추진되고 있는지 등 사업집행의 효율성에 초점을 맞춰 진행한다. 사후평가는 사업완료 후에 실시되는 평가로서, 관광개발사업 중 개발사업 완료 후 운영을 통해 투자비를 회수하는 경우는 엄밀한 의미에서의 사후평가란 존재하지 않는다. 따라서 사후평가는 관광개발 완료 후 실시하는 평가로 이해할 수 있으며, 일반적으로는 집행과정에 대한 평가와 사업의 효과에 대한 평가가 함께 이루어진다. 운영 후 투자비를 회수하는 리조트개발 사업의 경우 사업의 효과는 장시간에 걸쳐 나타나기 때문에 사업의 효과를 분석하는 데는 근본적인 한계가 있다. 다만 분양을 통해 투자비를 회수하는 경우는 개발사업의 종료와 동시에 사업의 성공과 실패의 결과가 바로 나타나기 때문에 실패와 성공에 대한 분석을 위해 사후평가가 유용할 수 있다.

4) 평가의 구성요소

평가는 한 가지 요소에 의해 결정되지 않으며, 구성요소들이 제 기능을 발휘해야만 제대로 진행될 수 있고 결과도 신뢰할 수 있다. 평가의 핵심 구성요소는 크게 평가모형과 평가지표, 평가단, 평가대상 등으로 구분할 수 있다. 평가모형과 평가지표는 평가에 대한 공식 기준으로 평가의 방향, 가치 및 세부적인 가이드라인을 제공한다. 왜 평가를 하는가, 평가결과를 결정하는 근거는 무엇인가 등 평가에 대한 이해를 돕기 위한 공식적인 문서이기도 하다. 평가단은 평가위원 집단을 의미하며, 공정성과 전문성을 동시에 확보하는 것이 핵심이다. 평가대상은 개발사업의 일부나 전체가 될 수 있고, 조직의 성과가 대상이 될 수도 있다.

5) 평가의 논점

사업평가는 다음과 같은 논점(issue)을 중심으로 진행된다. 첫째는 사업의 적절성(relevance)이다. 평가자는 사회의 전반적인 변화가 사업의 추진이유를 변화시키지 않았는가, 아니면 장래 사업의 추진이유가 변화될 가능성은 없는가에 대해 질문하게 된다. 이를 통해 그 사업을 현재 형태로 계속 추진하는 것이 바람직한지, 아니면 사업구도를 크게 바꾸거나 폐지하는 것이 바람직한지에 대한 시사점을 얻는다.

둘째는 사업의 효율성(efficiency)이다. 즉, 여러 투입물(inputs)이 얼마나 경제적으로 사용되어 산출물(outputs) 및 결과(results)로 전환되었는가를 파악한다. 효율성을 살펴볼 때는 동일한 혜택이 조금 더 적은 투입물을 통해 얻어질 수 있는가 또는 동일한 투입물로 조금 더 많은 혜택을 얻을 수 있는가를 질문하게 된다. 이러한 질문에 답하기 위해서는 여러 가지 대안을 설정하여 그 대안과 현재의 사업을 비교해야 한다. 따라서 효율성을 파악하는 데 있어 적절한 비교 대상을 찾는 것이 매우 중요하다.

셋째는 사업의 효과성(effectiveness)이다. 즉, 사업의 영향(impacts)이 사업의 특정 목표 및 일반목표를 달성하는 데 얼마나 기여하였는가를 파악한다. 효과성의 판단에서는 사업의 긍정적인 기대효과만을 살펴보아서는 안 된다. 사업은 당초 기대하지 못했던 다른 종류의 긍정적 또는 부정적인 효과를 낳을 수 있다. 평가자는 기대했건 기대하지 못했건 간에 사업의 긍정적·부정적 효과를 총체적으로 살펴보아야 한다.

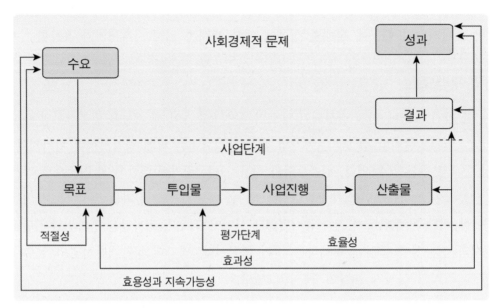

출처: European Commission(1997), *Evaluating EU Expenditure Programmes, A Guide*

[그림 1-18] 평가의 논점

넷째는 효용성(utility)이다. 즉, 사업의 영향이 실제로 사업의 수요를 얼마나 충족시키고 있는가를 판단해야 한다. 효용성은 사업의 영향과 당초의 수요를 비교함으로써 파악된다. 사업이 대상집단의 수요를 만족시키는 사회의 변화를 초래했을 때 그 사업은 효용성을 가진다고 말할 수 있다. 그러나 많은 경우 개발사업과 관련된 이해관계자가 매우 다양하고 이들의 수요 역시 다양하기 때문에 효용성을 판단하는 보편적 기준을 설정하기 어려울 수 있다는 점에 유의해야 한다.

다섯째는 지속가능성(sustainability)이다. 사업으로 인한 긍정적인 변화가 얼마나 오랫동안 지속될 수 있는가를 판단해야 한다. 사업이 현재의 수요를 충족시킬 뿐 아니라 장래의 수요도 만족시킬 것인가를 판단하는 것 역시 사업평가 담당자의 중요한 과제이다.

6) 평가절차

일반적으로 평가는 평가목적 및 평가범위의 설정, 분석의제 설정, 평가지표 설정, 자료의 수집 및 분석, 활용의 단계로 이루어진다.

[그림 1-19] 평가절차

(1) 평가목적 및 평가범위 설정

모든 사업평가에서는 먼저 '왜 사업평가를 실시하는가?'를 살펴보아야 한다. 사업평가의 내용과 평가보고서의 양식은 사업평가가 어떤 목적을 추구하는가에 따라 달라진다.

평가범위의 설정은 '무엇을 평가할 것인가?'라는 문제로 귀결된다. 아무리 종합적인 관점을 중시한다 하더라도 사업평가의 범위는 반드시 설정해야 한다. 사업의 모든 측면을 살펴보거나 다른 사업과의 모든 관련성을 살펴보는 것은 불가능하기 때문이다. 또한 평가의 논점을 정하는 것도 평가범위의 설정에 있어 중요하다. 평가범위를 설정할 때는 자료, 시간, 비용 등의 제약을 고려해야 한다.

(2) 분석의제 설정

일단 사업평가의 목적과 범위가 명확해진 뒤에는 분석의제(analytical agenda)를 설정하는 작업이 필요하다. 분석의제란 사업평가를 통해 제기되는 다양한 질문 사이의 논리적 구조를 의미한다. 분석의제를 설정하는 이유는 사업평가 요구자들이 마음속에 가지고 있는 일반적이고 불명확한 질문들을 조금 더 구체화함으로써 사업평가를 통한 분석이 가능하도록 만드는 데 있다.

(3) 평가지표 설정

사업의 목표달성을 판단하기 위해서 지표를 사용하게 되는데, 이러한 지표는 정량적인 것과 정성적인 것으로 구분할 수 있고, 산출지표와 영향지표로 구분할 수도 있다. 지표의 개발은 사업평가의 핵심으로, 지표가 갖추어야 할 요건으로는 구체성, 측정 가능성, 객관성, 포괄성, 타당성 등이 있다.

(4) 자료의 수집 및 분석

사업평가 준비의 다음 단계는 자료를 수집하는 것이다. 자료는 첫째, 정량적(quantitative) 자료와 정성적(qualitative) 자료로 구분할 수 있다. 정량적 자료는 GDP 등과 같이 수치로 관측되는 자료이고, 계량적 데이터라고도 한다. 정성적 자료는 의견수렴과 의사결정, 사전분석 과정에서 매우 중요한 역할을 하는 수치 없는 자료분석으로 문제의 원인을 선별, 평가하거나 전후 인과관계의 확인,

다종의 정보로부터 상황에 맞는 의미를 도출하는 과정 등을 말한다. 둘째, 자료는 시계열(longitudinal) 자료와 횡단면(cross-sectional) 자료로 구분된다. 시계열 자료는 여러 기간에 걸쳐 대상의 특성 변화를 관측한 자료이며, 횡단면 자료는 한 시점에서 서로 다른 여러 대상의 특성 차이를 관측한 자료이다. 셋째, 자료는 원천에 따라 1차(primary) 자료와 2차(secondary) 자료로 구분된다. 1차 자료는 연구자가 직접 대상을 관측하여 수집한 자료이며, 2차 자료는 다른 사람이나 기관이 이미 수집한 자료를 의미한다.

자료를 수집하는 방법에는 문헌조사, 관측, 설문조사, 사례연구, 실험 등이 있다. 문헌조사는 2차 자료를 수집하는 것이고, 나머지 네 가지 방법은 1차 자료를 수집하는 것이다.

(5) 활용

평가결과는 평가목적에 따라 활용되어야 한다. 사업평가의 목적은 의사결정자에게 유용한 정보를 제공함으로써 의사결정의 합리성을 향상시키는 데 있다. 따라서 평가결과를 의사결정과정에 환류시킴으로써 사업설계와 사업집행의 개선에 활용해야 한다. 또한 사업평가는 보상시스템과 연계되어야 한다. 우수한 평가 결과에 대한 적절한 보상은 평가의 효과성을 제고시키고 사업평가 결과의 환류를 촉진한다.

7) 지역관광개발사업 평가제도

(1) 지방재정투자심사(행정안전부)

지방재정투자심사는 지방예산의 계획적 · 효율적 운영과 각종 투자사업에 대한 무분별한 중복투자 방지를 위해 1992년도에 도입된 제도로서, 주요 투자사업 및 행사성 사업은 예산편성 전에, 현물만 출자(투자)되는 사업은 사업시행 전에 그 사업의 필요성 및 사업계획의 타당성 등을 심사하는 제도이다. 심사주체는 자체심사, 시 · 도의뢰심사, 중앙의뢰심사로 구분한다.

자체심사는 시 · 군 · 구의 사업비가 60억 원(주민 수가 2년간 연속하여 100만 명 이상인 시 · 군 · 구는 200억 원) 미만인 신규투자사업과 사업비 전액을 자체재원으로 부담하여 시행하는 신규투자사업 또는 시 · 도의 사업비가 300억 원 미만인 신규투자사업과 사업비 전액을 자체재원으로 부담하여 시행하는 신규투자사업을 대상으로 한다. 시 · 도의뢰심사는 시 · 군 · 구(인구가 100만 명 이상인 시 · 군 · 구는 제외)의 사업비가 60억 원 이상 200억 원 미만인 신규투자사업이 대상이며 중앙의뢰심사는 시 · 도의 사업비가 300억 원 이상 또는 시 · 군 · 구의 사업비가 200억 원 이상인 신규투자사업을 대상으로 한다.

심사기준은 투자사업의 필요성 및 타당성, 국가의 장기계획 및 경제·사회정책과의 부합성, 중·장기 지역계획 및 지방재정계획과의 연계성, 소요자금조달 또는 원리금 상환능력, 재정·경제적 효율성, 일자리 창출 효과 등이다.

(2) 국고보조사업 사전적격심사(기획재정부)

국고보조사업 사전적격심사 제도는 국고보조사업의 적격성에 대한 객관적이고 중립적인 사전조사를 통해 국고보조사업 추진 여부의 타당성을 사전에 투명하고 공정하게 결정함으로써 예산 낭비를 방지하고 재정운영의 효율성을 제고하기 위해 도입되었다. 보조사업 적격성 심사는 총사업비 또는 중기사업계획서에 의한 재정지출금액 중 국고보조금 규모가 100억 원 이상인 신규보조사업을 대상으로 실시한다. 적격성 심사의 분석내용은 사업의 타당성(사업목적의 타당성, 사업내용의 명확성과 구체성, 수혜자의 명확성과 적절성, 유사 중복 여부 등), 관리의 적정성(보조사업자 선정계획의 타당성과 적절성, 부적정 지출에 대한 대응체계, 재정지원 규모의 적정성 등), 그리고 규모의 적정성으로 구성되어 있다. 각 중앙관서의 장은 보조사업 적격성 심사 대상에 해당하는 사업을 예산안 또는 기금운용계획안에 반영하고자 하는 경우 적격성 심사를 실시하고 적격성이 인정된 사업에 한해 예산을 요구할 수 있으며, 예산요구안을 제출하기 전에 보조금관리위원회의 심의를 받아야 한다.

(3) 지역관광개발사업 기획평가제도(문화체육관광부)

기획평가제도는 지역관광개발사업에 대한 검증체계를 도입하여 무분별한 사업 추진 및 중복투자를 방지하고 효율적인 사업 추진을 도모하기 위해 실시하고 있다. 지역관광개발사업 기획평가 유형은 크게 사전평가, 집행평가, 사후평가로 구분할 수 있다. 사전평가는 균특회계 신규사업을 대상으로 사업의 타당성, 입지의 적합성, 계획의 구체성 등을 평가한다. 집행평가는 균특회계 사업을 대상으로 집행실적 및 사업관리 역량 등을 평가한다. 사후평가는 완료사업의 산출물과 성과, 영향 등을 검토하여 목표달성도와 지속가능성 등을 평가한다. 기획평가는 한국문화관광연구원에서 실시하며, 기획평가와 관련된 제사한 내용은 다음 표와 같다.

〈표 1-35〉 기획평가 유형

구분	중앙투자심사검토	기획평가			컨설팅
		사전평가	집행평가	사후평가	
평가 중점	• 사업계획 타당성 • 예산계획의 효율적 운영 • 중복성 검토	• 입지 적합성 • 계획 구체성	• 집행실적사업 • 관리 역량	• 완료사업 성과 • 지속가능성	맞춤형 해결방안 모색
평가 대상	균특회계 사업 중 시·도 총사업비 300억 원 이상, 시·군·구 총사업비 200억 원 이상 신규투자사업	지특회계 경제·생활기반 계정사업 중 최초 국비지원(1년차) 신규사업	지특회계 경제·생활기반 계정사업 중 2년차 이상 추진사업	지특회계 경제·생활기반 계정사업 중 완료 후 운영사업	사전평가 및 집행평가 결과 부진사업
평가 시기	4/4분기 제외 3회 (2, 5, 9월)	당해 연도 예산 편성 후(3~4월)	6~7월	4/4분기 중	상반기
평가 활용	지방재정투자심사	사업방향 조정	사업진단 및 개선 심층 컨설팅 제공	지속적 운영 및 효율적 관리방안 제시	변경계획(안) 마련 또는 관리운영 계획

사례

□ 관광개발사업평가 사례

　관광개발사업은 일반적으로 대규모의 자본투입에 비해 회수기간은 장기간이 소요되고, 국내외 사회경제적 환경변화에 따라 사업 여건이 쉽게 영향을 받는다. 따라서 사업 추진 전에 이루어지는 사업타당성 평가뿐만 아니라 사업 추진 중간시점과 사업완료 이후의 평가 모두 중요한 의의를 갖는다. 공공부문의 관광개발사업평가 사례로는 남해안 관광벨트 및 유교문화권 관광개발사업 중간평가와 관광지개발사업평가가 있다.

　정부가 추진하고 있는 6대 광역권 관광개발사업 가운데 하나인 남해안 관광벨트 개발사업은 2000년부터 2009년까지 부산, 경남, 전남의 23개 시·군을 대상으로 4조 1,455억 원이 투입된 대규모 개발사업이다. 유교문화권 관광개발사업은 2000년부터 2010년까지 경북 북부 11개 시·군에 1조 8,681억 원이 투자된 개발사업이다. 2003년과 2007년에 중간평가가 실시되었는데, 2003년에 실시된 1차 중간평가는 예산집행 효율성, 사업 추진 실현성 등 사업 추진과정의 문제점을 개선하고 효율적인 사업 추진 방안을 마련하기 위해 실시되었다. 사업 추진 후반기인 2007년에 실시된 2차 중간평가는 사업성과의 극대화를 위해 효율적 사업집행 방안을 마련하는 동시에 사업종료 이후의 효과적인 운영관리방안을 강구하기 위해 시행되었다. 이러한 평가를 통해 사업대상지와 사업내용이 중복된 사업은 통폐합되고, 사업타당성 부족, 부지매입 불가, 이해관계조정 불가 등으로 사업 추진이 곤란한 사업은 폐지되었다. 또한 사업의 효율적 추진을 위해 투자계획을 조정하고, 사업전담조직 구성 및 사업추진자문위원회 운영, 민간 투자유치계획 수립, 환경 및 경관 보전방안 마련 등 사업관리방안을 마련했다. 2003년 시행한 유교문화권 관광개발사업의 1차 중간평가 결과 문경시 진남교반문화유적 정비사업 등 사업내용이 중복된 43개 사업은 19개 사업으로 통폐합되었다. 상주시 용유계곡관광지 조성 등 22개 사업은 사업타당성 부족, 부지매입 불가, 이해관계조정 불가 등의 사유로 폐지되었다. 그리고 사업내용 및 사업비 조정 등을 통해 총사업비가 당초 2조 2,666억 원에서 1조 8,681억 원으로 변경되었다. 남해안 관광벨트 사업은 1차 중간평가를 통해 우포관광지 조성사업이 취소되고 무술목유원지 조성사업이 축소되는 등 사업수가 당초 71개 사업에서 64개 사업으로, 사업비는 당초 5조 432억 원에서 8,977억 원이 감소한 4조 1,455억 원으로 변경되었다. 유교문화권 관광개발사업은 2012년에 사업기간(2000~2010) 동안의 사업추진 실적을 분석하고, 계획 적정성과 사업 효율성, 사업 효과성 등을 최종평가할 목적으로 사후평가가 진행되었다.

　관광지 개발사업 평가는 관광지 조성사업의 추진 실태를 파악하고 관광지개발의 실효성 확보를 위해 추진되고 있다. 1963년부터 실시된 지정관광지제도는 국민의 삶의 질 향상, 쾌적한 관광환경 조성을 위해 1969년 부산 태종대를 비롯한 12개 관광지를 시작으로 1970년대 말부터 본격적으로 지정되기 시작하여 2012년 기준 전국에 227개소의 관광지가 지정되어 있다.

　그러나 관광지 조성 추진과정에서 발생하는 토지확보의 어려움, 투자재원 조달의 미흡, 법제도적 제약 등으로 관광지 조성 실적은 저조한 실정이다. 특히, 관광지 지정 및 조성계획 승인 권한이 시·도로 이양된 후 관광지 조성 실태 및 사업성과에 대한 종합적인 평가 필요성이 꾸준히 제기되어 2003년과 2007년 관광지개발사업의 평가를 시행하였다. 평가대상 관광지를 계획단계와 집행단계로 구분하여 평가를 시행하였는데, 계획단계 관광지는 관광지 조성계획의 평가를 통해 관광지 조성 가능성을 평가하고자 하였으며, 계획내용 타당성, 개발잠재력, 계획과정 적정성, 개발 미래성 등을 평가기준으로 활용하였다. 집행단계 관광지는 관광지개발사업의 효율적 추진과 지속성 확보 방안을 마련하기 위해 개발잠재력, 개발추진력, 사업 추진 성과, 개발효과, 지속발전 가능성 등을 평가기준으로 활용하였다. 2014년부터 공공부문의 관광개발사업 평가는 새로운 체계로 진행되고 있다. 한국문화관광연구원 내에 지역관광기획평가센터가 설치되어 지방자치단체가 시행하는 관광개발사업의 전반을 평가하기 시작하였다.

　향후 국내외 사회경제적 환경의 급변에 따라 관광개발사업의 투자 불확실성이 더욱 증대될 것이므로 관광개발사업의 평가가 더욱 보편화될 전망이다. 또한, 조금 더 객관적이고 타당한 평가결과의 도출을 위해 평가방법론도 발전할 것이다.

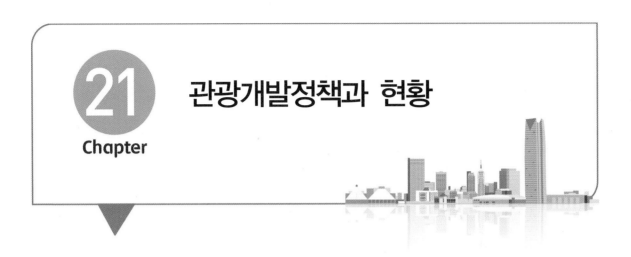

21 Chapter 관광개발정책과 현황

① 관광개발정책

1) 관광개발정책의 개념

다른 사회적 개념과 마찬가지로 정책이라는 사회현상에 대해서도 다양한 정의가 있다. 이는 연구자가 현상의 어느 측면을 더 중시하느냐에 따라 연구의 대상이 조금씩 달라질 수밖에 없기 때문이다(정정길 외, 2010; 정승호 외, 2016). 그러나 문제해결이라는 측면에서 "정책이란 정책문제를 해결하기 위하여 정부가 달성하여야 할 목표와 그것의 실현을 위한 행동방안에 대한 지침"이라고 정의할 수 있다(남궁근, 2008: 16). 즉, 정책은 바람직한 미래사회를 설정하고 이러한 사회를 효율적으로 구현할 수 있는 수단들을 선택하는 활동이라고 볼 수 있다(노화준, 2012).

관광개발정책은 관광이라는 특정 분야를 대상으로 하는 정책으로, 바람직한 미래를 구현함에 있어 직면하게 될 문제들을 관광개발이라는 수단을 통해 해결하는 과정에서 요구되는 정부개입의 내용과 수준에 관한 의사결정과정으로 이해할 수 있다. 최근 들어 우리 사회가 직면하고 있는 문제들의 효과적인 해결수단으로서 관광개발의 효용성이 증대됨에 따라 관광개발정책에 대한 관심과 중요성도 함께 높아지고 있다. 하지만 이에 반대하는 지역주민이나 환경단체들로 인해 관광개발정책은 지역민을 의식한 정부의 미온적 태로로 인해 강력한 개발정책을 펼치지 못하고 있다.

2) 관광개발정책의 구성요소

정책의 개념 자체에서도 알 수 있듯이 정책목표와 정책수단은 정책을 구성하는 중요한 요소이다. 이러한 정책목표는 일반적으로 특정 집단이나 조건을 대상으로 하며, 이러한 집단이나 조건을 정책대상이라고 한다. 정책목표, 정책수단, 그리고 정책대상은 관광개발정책의 3대 구성요소에 해당한다.

(1) 정책목표

정책목표는 달성하고자 하는 바람직한 상태를 의미한다. 정책목표는 정책의 존재 이유로서 무엇이 바람직한 상태인가를 판단하는 가치판단에 의존하기 때문에 주관적이며 타당성이나 규범성을 갖는다(정정길 외, 2010). 정책목표는 최선의 정책수단을 선정하는 기준, 정책집행에 대한 지침, 정책평가의 기준 역할을 수행한다는 점에서 중요한 의미를 갖는다(유훈·김지원, 2002; 정정길 외, 2010).

특히 정책목표는 정책의 결과를 평가할 때 판단기준이 되며, 정책목표의 달성 정도를 통해 정책효과를 판단할 수 있다. 그러나 관광개발 정책목표는 정량적인 것뿐 아니라 정성적인 부분을 많이 포함하고 있어 정책목표의 달성도를 측정하는 데 많은 어려움이 있을 수 있으며, 관광개발 정책효과 또한 장기간에 걸쳐 나타나는 경우가 많아 정책효과를 판단하는 데 한계가 있을 수 있다.

바람직한 정책목표를 설정하기 위해서는 정책목표 달성이나 정책문제의 해결로써 얻게 되는 효과, 정책목표 달성이나 정책문제 해결에 드는 비용, 정책효과와 정책비용의 배분, 그리고 정책목표의 달성 가능성이나 정책문제의 해결 가능성을 종합적으로 고려해야 한다(정정길 외, 2010).

(2) 정책수단

정책수단은 정책목표를 달성하기 위한 도구를 의미한다. 일반적으로 정책목표를 달성하기 위한 복수의 정책수단이 존재하며, 어떤 정책수단을 선택하느냐에 따라 직간접적으로 영향을 받는 이해관계자들이 발생하게 되므로, 정책수단을 둘러싼 갈등이 발생할 수 있다. 따라서 정책수단의 결정은 정책과정에서 가장 중요한 의사결정이 되며, 정책수단 선택 시 효과성, 능률성뿐만 아니라 평등성, 실현 가능성 등의 여러 가지 평가기준을 고려하여야 한다(유훈·김지원, 2002; 정정길 외, 2010).

이러한 정책수단은 정부가 보유하고 있는 자원의 유형에 따라 정보, 권위, 자금, 조직으로 유형화할 수 있으며(Howlett & Ramesh, 2003), 대표적인 관광개발 정책수단으로는 보조금이 있다.

〈표 1-36〉 정책수단의 유형

연결성(Nodality)	권위(Authority)	자금(Treasure)	조직(Organization)
정보 모니터링 및 제공	명령과 통제 규제	보조금과 대부	직접 제공
자문과 권고	자율규제	사용자 요금부담	커뮤니티, 자선봉사단체 활용
광고	표준설정과 위임 규제	세금과 세금지출	시장 창조
조사위원회	자문위원회 및 컨설팅	이해그룹 형성과 자금지원	정부제조직

(3) 정책대상

정책대상은 기본적으로 정책의 적용을 받는 개인이나 집단을 의미한다. 그러나 정책집행을 통하여 사회적·경제적·물리적 조건의 구조, 가치관, 문화, 질서, 규범, 행태 등을 바꾸고자 할 때 이들 개인이나 집단뿐 아니라 사회적·경제적·물리적 조건들도 정책대상에 포함된다(노화준, 2012). 관광개발 정책대상은 일차적으로 관광객, 지역주민, 관광사업자 등이 해당되지만, 경제구조, 사회문화, 자연환경 등도 중요한 정책대상이 되며, 이들 중 관광개발정책의 채택과 집행으로 인해 혜택을 받는 대상이 있는 반면 피해나 손실을 입게 되는 대상도 있기 때문에 관광개발정책의 집행 시 그로 인한 수혜집단과 피해집단에 대한 면밀한 검토가 이루어져야 한다.

출처: 한국문화관광연구원(2000), 「제2차 관광개발기본계획안」 재작성

[그림 1-20] 21세기 관광개발정책 패러다임의 전환

② 관광개발정책의 현황

1) 관광개발계획

관광개발 관련 대표적인 계획은 매 10년마다 문화체육관광부장관이 전국을 대상으로 수립하는 관광개발기본계획과 시·도지사가 관광개발기본계획을 토대로 5년마다 수립하는 권역별 관광개발계획이 있다.

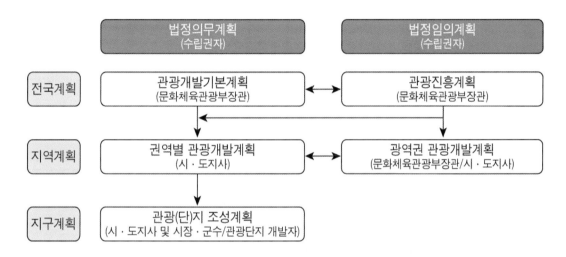

제1차 관광개발기본계획(1992~2001)은 직접적인 비전과 목표 등을 명시하지 않았으나, '전 국토의 관광지구화 구상', '관광개발 체계 설정'의 방향성을 제시하였으며, 4대 과제는 '국토이용개념의 개발 체계확립', '관광수요와 부합하는 균형적 개발', '개발·관리체계 형성', '개발추진을 위한 지원'으로 설정했다.

제2차 관광개발기본계획(2002~2011)의 비전은 열린 한반도 시대를 구현하고, 관광개발과 보전이 조화된 환경친화적 관광개발, 지식정보와 네트워크를 활용한 지식기반형 관광개발, 국민 삶의 질 향상에 기여하는 '21세기 한반도 시대를 열어가는 관광대국실현'을 제시화였다. 정책과제는 국제, 지역, 문화지원, 지속 가능한 관광개발, 지식기반형 관리체계, 생활관광기반확충, 남북 및 동북아 등 7개 부문으로 구체화하여 제시하였다. 그리고 제3차 관광기본계획(2012~2021)은 전국 관광개발의 기본방향을 제시하는 계획으로 '글로벌 녹색 한국을 선도하는 품격있는 선진관광'을 비전으로 설정하고, 이를 달성하기 위해 품격관광을 실현하는 관광개발 정책 효율화, 미래 환경에 대응한 명품 관광자원 확충, 문화를 통한 품격있는 한국형 창조관광 육성, 국민이 행복한 생활환경 조성,

저탄소 녹색성장을 선도하는 지속 가능한 관광 확산, 관광경쟁력 제고를 위한 국제협력 강화 등의 6대 개발전략을 제시하고 있다. 권역별 관광개발계획은 관광개발기본계획에서 설정한 권역의 관광개발 방향을 제시하는 것으로, 제3차 관광개발기본계획에 근거하여 제6차 권역별 관광개발계획 (2017~2021)을 수립하여 시행하였다. 제4차 관광개발기본계획(2020~2031)은 아래와 같이 총 6가지 비전으로 제시되었다.

2) 제4차 관광개발기본계획 추진체계

(1) 매력적 관광자원 발굴

미래 관광수요 예측을 통한 관광자원의 선제적 발굴 및 관광자원 영역과 대상을 확대하여 유연한 관광개발을 추진하기 위한 전략 1단계는 매력적 관광자원발굴 추진 주제설정 단계이다.

추진 과제	세부 과제	주관 부처	협력 부처
1. 미래유망 기술이 집약된 관광자원 발굴	첨단기술을 접목한 실감콘텐츠 관광상품 개발	문화체육관광부	과학기술정보통신부, 산업통상자원부
	현실과 가상이 공존하는 메타버스 관광지 조성	문화체육관광부	과학기술정보통신부, 산업통상자원부
	해저, 우주 등 미지의 공간을 활용한 신규 관광자원 발굴	문화체육관광부	과학기술정보통신부, 해양수산부
2. 문화·예술 콘텐츠 관광자원화	문화산업 콘텐츠를 활용한 국제적 한류관광 테마공원 조성	문화체육관광부	
	문화예술관광도시 조성	문화체육관광부	
	건축문화유산 관광자원화	문화체육관광부	문화재청, 국토교통부
3. 관광트렌드 주도형 관광개발 추진	일과 관광의 경계를 초월한 워케이션 관광지 조성	문화체육관광부	고용노동부
	휴양 치유 중심의 비대면 관광 활성화	문화체육관광부	해양수산부, 산림청, 농촌진흥청
	반려동물 친화 관광지 조성	문화체육관광부	
4. 세대별(고령, 청소년, 청년 등) 특화 관광자원 개발	고령관광시장 특화 실버관광 활성화	문화체육관광부	보건복지부
	미래세대인 청소년 대상 교육관광 육성	문화체육관광부	교육부
	남다름을 추구한 MZ세대(청년) 대상 관광 특화	문화체육관광부	교육부
5. 융복합을 통한 산업 및 종교관광 활성화	복합관광 기능을 담은 산업형 융합관광 클러스터 조성	문화체육관광부	산업통상자원부, 해양수산부, 산림청, 농촌진흥청
	관광매력 요인을 갖춘 산업단지를 활용한 산업관광 활성화	문화체육관광부	산업통상자원부
	종교 및 순례관광 활성화	문화체육관광부	

출처: 문화체육관광부, 4차 관광개발기본계획, p.171

(2) 지속 가능한 관광개발 가치구현

혁신적인 지속 가능한 패러다임에 대응하고 관광개발의 사회적 기여 확대를 통해 관광자원의 보전 및 지속 가능한 관광기반을 구축하기 위한 전략 2단계는 지속 가능한 관광개발 가치구현 추진 설정 단계이다.

추진과제	세부과제	주관부처	협력부처
1. 탄소중립을 지향하는 관광개발 추진	관광개발사업 추진 시 탄소 감축 목표 설정 및 이행	문화체육관광부	환경부
	탄소중립을 실현하는 관광(단)지개발 및 운영	문화체육관광부	
	노후 관광(단)지 시설의 그린 리모델링	문화체육관광부	
	신재생 에너지 단지의 지역 관광자원화	문화체육관광부	산업통상자원부
2. 보존과 활용이 조화된 생태관광 육성	생태복원형 관광지 육성	문화체육관광부	환경부
	생태관광 광역루트 발굴	문화체육관광부	환경부, 산림청, 농촌진흥청
	자연친화적 관광모델 개발	문화체육관광부	환경부
3. 유휴자원 재생을 통한 관광자원화	디자인 기반 지역 관광명소 재생	문화체육관광부	
	유휴시설 관광자원화	문화체육관광부	국토교통부
	유휴시간 활용형 관광개발	문화체육관광부	
	유휴자원 재생을 위한 지원체계 마련	문화체육관광부	
4. 오버투어리즘 효율적 관리	지속 가능한 관광을 위한 오버투어리즘 관리체계 구축	문화체육관광부	
	지자체의 특별관리지역 지정 및 가이드라인 마련	문화체육관광부	
	관광객이 실천할 수 있는 책임관광 문화 확산	문화체육관광부	

출처: 문화체육관광부, 4차 관광개발기본계획, p.172

(3) 편리한 관광편의기반 확충

추진과제	세부과제	주관부처	협력부처
1. ICT 활용 관광교통체계 구축	광역교통망과 대중교통 연계체계 강화	문화체육관광부	국토교통부
	공유형 개인 이동수단 연계교통체계 구축	문화체육관광부	국토교통부
	신개념 교통서비스 확충	문화체육관광부	국토교통부
2. 숙박시설의 관광명소화	숙박과 체험이 가능한 마을형 숙박 조성	문화체육관광부	농림축산식품부
	이색 테마형 숙박시설 확충	문화체육관광부	
	숙박시설 재생모델 개발 및 명소화 전환	문화체육관광부	

3. 식음 · 쇼핑 시설의 명소화	K-푸드의 글로벌 관광자원화	문화체육관광부	농림축산식품부
	지역 대표 이미지를 활용한 관광명품 자원화	문화체육관광부	
	쇼핑시설을 지역문화체험 및 복합공간으로 육성	문화체육관광부	산업통상자원부
4. 안전 · 안심 관광환경 구현	관광지 안전관리체계 구축	문화체육관광부	과학기술정보통신부
	비대면 관광 서비스 및 기반 강화	문화체육관광부	
	무장애관광 활성화를 위한 열린 관광지 및 열린 관광도시 육성	문화체육관광부	
5. 스마트 관광 안내체계 구축	스마트관광 플랫폼 및 서비스 기반 구축	문화체육관광부	과학기술정보통신부
	스마트 관광도시의 지속적인 확대	문화체육관광부	국토교통부
	스마트 관광안내체계 및 시스템 구축	문화체육관광부	

출처: 문화체육관광부, 4차 관광개발기본계획, p.173

(4) 건강한 관광산업생태계 구축

관광개발 효과가 지역관광 생태계로 이어지고 지역관광 주체의 관광역량을 강화하여 관광을 통한 자립적 지역발전 구조를 확정하는 전략 4단계를 말한다.

추진과제	세부과제	주관부처	협력부처
1. 주민참여형 지역관광 추진 확대	주민사업체의 권역별 관리를 강화한 관광두레 2.0 사업 추진	문화체육관광부	
	주민참여형 관광자원개발 추진	문화체육관광부	
	마을관광전략회의 구성	문화체육관광부	
2. 자립형 지역관광주체 육성	지역관광활동가 육성	문화체육관광부	
	지역관광 혁신조직 양성(DMO)	문화체육관광부	
	지방자치단체 간 광역관광연합 조직의 구성	문화체육관광부	행정안전부
3. 관광개발과 지역산업 간 연계 강화	지역 관광기업지원센터 확대 운영	문화체육관광부	산업통상자원부
	관광서비스 거점으로서 지역 관광상권 활성화 사업 추진	문화체육관광부	
	지역 관광지 활력 증진	문화체육관광부	
4. 지역관광 전문성 제고를 위한 역량 강화	지역관광 전문성을 제고하기 위한 지역관광 R&D 기능 도입	문화체육관광부	
	관광 활성화를 위한 지역단위 민-관-산-학 네트워크 확대	문화체육관광부	
	지자체와 지역주민 역량 강화	문화체육관광부	

출처: 문화체육관광부, 4차 관광개발기본계획, p.174

(5) 입체적 관광 연계협력 강화

공동자원에 대한 국가 부처 간 연계협력 강화와 공간위계별 유기적 연계를 통해 점·선·면적인 관광개발을 넘어 입체적 관광공간을 구축하는 전략 4단계를 말한다.

추진과제	세부과제	주관부처	협력부처
1. 지역관광거점 중심 관광개발 확산	광역연합관광권별 메가관광권 개발 추진	문화체육관광부	
	다극다핵(多極多核) 연계 기반 4(자원 중심)×3(이동동선 중심) 관광 구축	문화체육관광부	
2. 지역관광 육성사업 추진체계 구축	광역연합관광권−광역권−소권−도시−지구−지점을 연결하는 지역관광 육성계획 수립	문화체육관광부	
	지역균형발전을 위한 관광거점도시 확대 및 내실화	문화체육관광부	
	강소형 유망관광도시 육성	문화체육관광부	
	마을 단위의 생활관광 활성화	문화체육관광부	
3. 남북한 다자 간 연계협력 관광개발 추진	생태, 문화자원을 활용한 한반도 평화관광거점 조성	문화체육관광부	환경부
	남북관광 연계 및 공동개발 추진	문화체육관광부	통일부, 외교부
	공동관광권 형성을 위한 한·중·일 관광개발협의체 구축	문화체육관광부	외교부
4. 관광자원 영역확장에 따른 범부처 공유관광자원 개발	항공, 육상, 해양에서 즐기는 레저스포츠관광 육성	문화체육관광부	해양수산부, 국토교통부
	섬관광 활성화를 위한 지원 확대	문화체육관광부	행정안전부, 해양수산부, 국토교통부
	지역 생활SOC자원의 관광자원화	문화체육관광부	행정안전부
	범부처 지역관광융합개발사업 추진	문화체육관광부	부처 합동

출처: 문화체육관광부, 4차 관광개발기본계획, p.175

(6) 혁신적 제도관리 기반 마련

관광자원개발, 이용, 보호, 관리와 균형적인 추진을 위해 법, 제도적 개선방안을 마련하고 관광개발의 정책효과를 제고하여 관광자원 관리 최적화를 유도하는 전략 5단계를 말한다.

추진과제	세부과제	주관부처	협력부처
1. 관광지등 관광개발 관련 제도 개선	국가가 관리하는 국가관광지 지정제 도입	문화체육관광부	
	관광활성화를 위한 등급제 도입	문화체육관광부	
	관광특구 평가체계 내실화 및 관광 거점 기능화	문화체육관광부	

2. 관광개발 위상을 강화하는 법률 체계 정비	독립적 관광개발 법률 마련	문화체육관광부	
	지역관광 발전을 견인하는 지역관광진흥법 제정	문화체육관광부	
3. 관광개발정책 지원 확대	관광개발 표준지침 보급	문화체육관광부	
	맞춤형 지역관광 컨설팅 지원	문화체육관광부	
	공공부문 관광개발계획을 대상으로 관광개발계획 평가제도 도입	문화체육관광부	
4. 데이터 기반의 과학적 관광자원 관리	과학적 증거 기반 지역관광 진단지표 고도화	문화체육관광부	
	지역관광통계 생산 및 관리방안 마련	문화체육관광부	통계청
	관광분야 거대자료 활용 강화	문화체육관광부	
5. 관광자원의 통합 관리	TDSS 기반 관광자원 관리시스템 고도화	문화체육관광부	
	관광자원 통합관리를 위한 부처 협력체계 구축	문화체육관광부	부처 합동

출처: 문화체육관광부, 4차 관광개발기본계획, p.176

3) 관광개발사업

관광개발사업은 주무부처인 문화체육관광부뿐 아니라 농림축산식품부, 행정안전부, 국토교통부, 해양수산부, 환경부, 산림청 등 다양한 부처에서 시행하고 있으며, 문화체육관광부 소관 사업으로는 관광지 개발사업, 문화관광자원 개발사업, 생태·녹색관광자원 개발사업, 광역권 관광개발사업 등이 있다.

(1) 관광지 개발사업

관광지 개발사업은 관광수요 증가에 맞추어 관광지를 특화하여 개발함으로써 아름답고 쾌적한 환경을 조성함은 물론 관광을 통하여 국민의 삶의 질을 향상시키는 복지관광정책의 일환으로 1981년부터 지속적으로 추진하고 있는 사업이다. 관광지는 관광자원이 풍부하고 관광객의 접근이 용이하며 개발 제한요소가 적어 개발이 가능한 지역과 관광정책상 관광지로 개발하는 것이 필요하다고 판단되는 지역을 대상으로 하며, 공공·편의시설, 숙박·상가시설 및 운동·오락시설, 휴양·문화시설, 녹지 등을 유치·개발하고 있다.

(2) 문화관광자원 개발사업

문화관광자원 개발사업은 정부의 정책적 지원사업으로서 지역의 독특한 역사·문화, 레저·스포츠 자원 등을 활용하여, 보고, 즐기고, 체험할 수 있는 특색있는 관광자원을 개발·육성하기 위해

1999년부터 지속사업으로 추진되고 있다. 문화관광자원 개발사업은 「관광진흥법」에 의해 지정된 관광지나 관광단지, 「문화재보호법」에 의해 지정된 사적지, 정부가 정책적으로 추진하는 광역권 개발사업에서 제외된 지역에 소재한 독특한 역사·문화, 레저·스포츠자원 등을 대상으로 하며, 역사·문화관광자원 개발사업과 레저·스포츠 관광자원 개발사업으로 세분화되어 있다. 역사·문화관광자원 개발사업은 문화재로 지정되어 있지 않은 지역의 역사·생활문화자원을 정비·복원하거나 그 문화자원을 배경으로 주변지역에 관광기반 및 편의시설을 소규모로 유치하여 개발하는 사업이다. 레저·스포츠 관광자원 개발사업은 레저·스포츠관광 활성화를 위하여 활공장, 래프팅, 번지점프 등을 위한 레저·스포츠 관광의 기반 및 편의시설을 적극적으로 확충하는 것을 목적으로 한다.

(3) 생태·녹색관광자원 개발사업

생태·녹색관광자원 개발사업은 자연을 체험하고자 하는 관광수요는 증가하고 있으나 생태자원을 관광과 접목하여 관광상품으로 개발·육성하려는 노력은 미흡하다는 문제인식에서 시작되었다. 2003년 문화관광자원 개발사업에서 분리되어 생태자원과 녹색자원을 관광자원으로 개발·육성하여 생태자원을 최대한 보존하고 자연친화적인 관광개발을 유도함으로써 초보단계에 있는 생태·녹색관광을 정착시키기 위해 추진된 사업이다. 생태·녹색관광자원 개발사업은 보존 및 활용 가치가 높은 자연환경 및 생태계, 특정지역의 환경생태적 특성을 대표할 수 있는 특색있는 자연자원 및 환경, 농산어촌 지역 고유의 자원을 대상으로 하며, 갯벌관광자원 개발사업, 탐조관광자원 개발사업, 기타 생태·녹색 관광자원 개발사업으로 세분화되어 있다. 갯벌관광자원 개발사업은 갯벌관광을 적극적으로 육성하기 위해 2000년도에 인천 강화지역을 처음으로 시범대상지로 선정하여 지원하였고, 세척장, 주차장, 화장실 등의 관광기반 편의시설 확충을 위해 자치단체에 국고를 지원하고 있다. 탐조관광자원 개발사업은 탐조관광을 적극 육성하기 위해 2000년, 2001년도에 두루미, 재두루미 등의 집단 서식지인 강원 철원지역을 시범대상지로 선정하여 민통선지역 내 주변 땅굴, 월정역, 안보전망대 등과 연계하여 생태 및 안보관광코스로 개발하였다. 탐조전망대나 관광객을 수용할 수 있는 주차장, 휴게실 등 관광기반시설의 확충을 위해 지원하고 있다.

(4) 광역권 관광개발사업

① 한반도 생태평화벨트 조성사업(2013~2022)

한반도 생태평화벨트 조성사업은 문화체육관광부의 6대 광역권 관광개발의 마지막 사업으로 인천, 경기, 강원도의 비무장지대 접경 10개 시·군을 대상으로 시·군별 독특한 테마성 부각, 콘텐츠 중심의 관광자원화 및 지역경제 활성화를 도모하는 관광개발을 추진하는 사업이다. 하지만 남북관계가 경색되고 악화되면서 본 사업은 사실상 실효성이 없어졌다.

② 중부내륙권 광역관광개발사업(2013~2022)

중부내륙권 광역관광개발 사업은 국토균형발전 측면에서 광역관광권 개발에서 상대적으로 소외되어 있는 충북, 강원 남부, 경북 북부 지역의 17개 시·군을 대상으로, 중부내륙권의 수려한 산악자원과 호수자원, 유서 깊은 다양한 역사·문화자원의 관광자원화를 통한 관광활성화를 도모하기 위하여 추진되는 사업이었지만 코로나사태로 인해 그다지 성과를 내지 못하고 기간이 종료되었다. 하지만 수도권으로 집중되어 있는 난개발을 방지하기 위해 향후에도 계속적으로 추진해야 할 사업이다.

③ 서부내륙권 광역관광개발사업(2017~2026)

서부내륙권 광역관광개발계획은 세종, 충남, 전북지역의 19개 시·군을 대상으로 지역의 우수한 관광잠재력을 체계적으로 개발하여 관광성장 동력을 마련하기 위해 추진하는 사업이다.

④ 충청유교문화권 광역관광개발사업(2019~2028)

충청유교문화권 광역관광개발사업은 충청권 4개 시·도, 30개 시·군의 유교문화자원을 소재로 관광을 활성화하여 지역의 관광경쟁력 강화를 도모하고, 관광자원 연계와 관광기반 여건을 조성하기 위하여 추진하는 사업이다.

🌿 사례

□ 순천만 자연생태공원

순천만은 고흥반도와 여수반도에 둘러싸인 지역으로, 잘 발달한 갯벌과 염습지, 갈대 군락이 그대로 보존되어 있으며 천연기념물 제228호인 흑두루미를 비롯하여 국제적 희귀조류가 많이 서식하는 지역이다.

1993년부터 1998년까지 순천만으로 유입되는 동천하구에 골재채취 겸 하도정비공사가 진행되면서 순천시와 시민사회단체 간에 갈등이 발생하게 되었다. 순천시에서는 하도정비과정에서 발생한 골재를 팔아 그 비용으로 공사비를 충당함으로써 순천시 저지대의 홍수예방과 더불어 예산을 절감할 수 있는 이중효과를 기대하였다. 그러나 시민단체는 순천만에서의 골재채취 및 하도정비는 홍수예방에 도움이 되지 않을 뿐만 아니라 순천만 생태를 파괴할 것이라고 반대 입장을 표명하였다. 이 과정에서 시민사회단체는 10차가 넘는 생태계조사를 통해 흑두루미를 비롯한 황새, 저어새, 도요물떼새 등의 수많은 멸종위기의 조류를 발견하여 순천만 갯벌생태계의 우수성을 확인하였으며, 많은 언론매체가 이를 보도하기 시작하여 습지와 이동성 물떼새의 중간기착지인 순천만 생태계의 중요성이 알려지게 되었다. 한편 문화체육관광부의 남해안 관광벨트사업이 진행되어 순천만 생태계를 보전하면서 관광자원으로 활용할 수 있는 관광개발 방안이 지역사회 내에서 활발하게 논의되기 시작하였고, 생태자원의 체계적인 보호와 보전·복원 유도로 살아 있는 순천만을 가꾸기 위해 2000년 남해안 관광벨트사업으로 본격적인 관광자원화가 시작되었다. 춘천만 자연생태공원은 남해안 관광벨트 개발사업의 종합휴양관광권 연계사업의 일환으로 2000년 기본계획 수립을 시작, 2006년까지 7년간 3단계로 나누어 개발이 진행되었다. 제1단계는 중심시설지구 용지보상 및 토공과 관찰대 등 기초시설물 조성공사가 이루어졌으며, 제2단계는 중심시설지구 일부, 와온 및 우명 테마공원, 용산전망대 조성, 제3단계는 생태관찰지구, 장산 및 대대 염생식물, 갯벌체험지구 조성으로 2006년 개발을 완료하였다. 국비 67억 원, 지방비 92억 원 등 총 159억 원이 투입되어 순천만을 중심으로 특색있는 자연관찰교육, 연구, 체험의 공원으로서 자연생태관광자원형 공원 개발을 목표로 사업이 진행되었다. 시설사업이 완료된 2006년 이후부터는 콘텐츠 프로그램 개발에 중점을 두어 추진하고 있다.

순천시는 순천만을 체계적으로 보전하고 관광자원화하기 위해 순천만 보전팀을 신설하여 행정, 토목, 환경, 농업, 수산 등 원스톱 행정이 가능하도록 조직을 개편하고 부문별 전담 행정인력을 배정함으로써 순천만 보전을 위한 종합계획과 지속 가능한 관광개발을 체계적으로 추진하였다. 순천시는 순천만 보전 및 관광자원화에 대한 지역사회 분위기를 환기시키고 지역사회 협력을 통해 사업을 추진하기 위하여 2007년 주민, 시민사회단체, 전문가 등으로 구성된 '순천만 자연생태위원회(27명)'를 구성하였으며 전 국민을 대상으로 한 '순천만 Dream' 모임을 구성하였다. 고엽갈대 제거사업, 순천만 주변 정화, 순천만 지킴이 활동 등을 지역주민이 직접 시행하도록 하여 주민소득 증대에 기여하고 있으며, 순천만의 아름다운 자연경관을 순천시 브랜드 파워로 선정하고 순천시의 상징물을 비둘기에서 흑두루미로 변경하였으며 흑두루미의 월동지인 러시아 및 일본 이즈미시와 순천시 간 우호교류 및 공동 심포지엄 개최를 계획하고 있다.

순천만 생태공원 조성으로 환경부에서 주최하는 제2회(2006) 환경관리우수 자치단체 (그린시티) 선정에서 최우수 자치단체로 선정되어 대통령상을 수상하였고, 2006년 1월 연안습지 최초로 국제습지조약인 람사르협약에 등록되어 그 보전가치를 전 세계적으로 인정받아 순천시의 국제적 인지도를 높였다. 또한 순천만을 찾는 관광객도 해마다 꾸준히 증가하여 2006년 약 60만 명의 관광객이 순천만을 방문하였으며, 순천만 관광브랜드화를 통하여 지역농산물 판매도 급증하는 등 순천만 자연생태공원은 지역경제 활성화에 크게 기여하고 있다.

출처: 김명준(2007). 「해양 관광개발 사례 연구 : 국내외 관광개발 사례 연구(II)」

관광개발의 영향

Chapter 22

　관광개발의 목적은 궁극적으로 특정지역을 관광지로 개발하여 관광객에게는 여가공간을 제공하고 지역주민에게는 여러 가지 편익을 제공하는 것이라 할 수 있다. 그런데 관광개발사업이 이런 긍정적인 영향만을 가져오는 것은 아니라 부정적인 영향도 수반하기 때문에 이에 대한 균형있는 평가가 매우 중요하다. 관광개발의 과정은 관광개발에 따르는 긍정적인 효과를 극대화하면서 부정적인 영향을 최소화, 최적화할 수 있는 방안을 찾아내는 과정이라 할 수 있다.

　오늘날 관광개발의 영향은 학자들의 견해를 토대로 경제적·사회문화적·환경적 영향으로 구분하고 있다. 개발논리가 주류를 이루던 1980년대까지는 관광개발로 인한 긍정적인 효과를 예상하는 경제적인 영향에 초점을 맞춘 연구가 많이 이루어졌으나, 최근에는 환경적·사회문화적인 부정적 영향도 다루는 다면적인 평가가 이루어지고 있다. 결국 어느 한 가지 측면에서만 관광개발의 영향을 평가하지 않고 다양한 편익과 비용을 균형잡힌 시각으로 평가하고 예측하여 종합적인 판단을 할 수 있는 능력이 관광개발사업의 성패를 좌우하는 중요한 요소라고 할 수 있다. 지속 가능한 관광은 이러한 관점에서 제기된 개념으로, 관광개발로 인한 긍정적 효과를 창출하면서도 부정적 영향을 최소화하려는 노력이 동시에 이루어질 때 관광지가 지속적으로 발전할 수 있음을 주장하는 것이다.

① 관광개발의 경제적 영향

1) 긍정적 영향

(1) 국민소득 창출효과

관광개발은 개발과정에서 자금과 인력의 투입이 이루어지고 이에 따라 가계와 산업 부문에 새로운 소득창출의 기회를 제공한다. 또한 관광객의 지출은 지역경제에 직간접적인 파급효과를 발생시키며 관광산업부문의 소득증대효과뿐 아니라 간접효과 및 유발효과에 따른 산업 전 분야에서 소득을 창출하는 효과가 나타난다.

(2) 고용증대효과

관광산업은 노동집약적인 서비스 산업으로서 고용창출의 효과가 클 뿐만 아니라 간접적인 연관산업도 파생적으로 고용을 창출시킨다. 고용창출효과는 관광지 지역주민들의 소득증대로 이어지고, 다시 주민들의 소비를 증대시켜 관광관련 산업뿐만 아니라 지역 고유의 사업에 재투자되는 효과를 나타낸다.

(3) 세수의 증대

관광개발이 지역경제에 미치는 가장 직접적인 영향은 세수의 증대라 할 수 있다. 관광개발은 지역 내에 새로운 관광사업체의 설립에 따른 새로운 세원을 제공하며, 관광객들이 소비하는 재화나 서비스에 부과할 수 있는 조세의 기회가 많아지기 때문이다.

(4) 외화획득

관광개발은 지역적인 차원뿐만 아니라 국가적인 차원에서도 관광자원의 창출 및 증대를 의미하며, 관광개발이 성공적으로 완성될 경우 외국인 관광객을 더욱 많이 유치할 수 있게 된다. 이는 외국인 관광객들이 우리나라에서 지출하는 비용이 증가됨을 의미하며 따라서 관광개발은 외화획득에 일조하게 된다.

(5) 지역자본 및 외지자본의 투자 활성화

관광개발은 지역의 경제구조를 3차 산업 중심으로 변화시켜 나가는 원동력이 될 수 있다. 이는 지역 산업구조의 다변화를 뜻하며, 투자자의 입장에서 볼 때 투자할 기회가 많아짐을 의미한다.

즉, 지역자본이 외부로 유출되지 않고 지역 내에서 투자처를 찾게 될 뿐만 아니라 외지자본의 투자
도 유치하여 지역경제를 활성화시키는 데 공헌한다.

2) 부정적 영향

(1) 수입증가(누출)

관광경제의 누출은 다른 지역으로부터의 원재료 수입, 역외자본의 유입, 노동력의 유입 등 지역
의 경제적 자생력 부족으로 인해 발생한다. 이는 관광개발로 인한 경제적 효과가 그 지역에 남아
있지 않고 다른 지역으로 옮겨 감을 의미하며, 관광개발로 인한 편익을 극대화하고자 하는 목적을
달성하지 못하는 중요한 이유가 된다. 따라서 관광개발을 통해 경제성장을 도모하고자 하는 지역
은 누출의 원인과 발생 정도를 분석하여 이를 고려한 정책을 수립하여야 한다.

(2) 지가 및 물가 상승

관광개발사업은 많은 외지자본과 외지인이 지역 내로 유입되는 결과를 가져오므로 흔히 지가
및 물가 상승을 동반한다. 또한 관광지의 계절성(성수기와 비수기의 차이) 등으로 인하여 일반적으
로 다른 지역보다 물가가 높게 형성되는 경우를 종종 볼 수 있다. 이는 관광산업과 관련 없는 그
지역의 일반 주민들에게는 부담으로 다가올 수 있는 사항이다.

(3) 비용증가

관광개발은 새로운 관광수요를 창출하고 관광수요 증가에 따라 각종 시설 및 서비스에 대한
수요도 증가한다. 이러한 시설이나 서비스를 제공하고 유지·관리하는 데 많은 비용이 수반되며,
결국 재정지출의 증가를 초래한다.

② 관광개발의 사회문화적 영향

1) 긍정적 영향

(1) 삶의 질 향상

관광개발은 관광객의 다양한 욕구를 충족시켜 줄 수 있는 관광공간 및 관광경험의 기회를 제공
함으로써 관광객의 삶의 질을 향상시킨다. 관광개발은 접근성 개선을 위한 도로, 호텔 등의 숙박시

설의 건설, 골프장 등 관광객들을 위한 스포츠 및 레크리에이션 시설, 관광객들의 여가활동을 위한 문화시설, 음식점 및 생활편의시설의 개발을 포함한다. 이와 같은 개발에 따른 인구 유입으로 이들을 위한 생활편의시설이 급격히 늘어나고 지역주민들은 그 혜택을 누릴 수 있게 된다. 관광개발에 따라 교통도 편리해지며 문화생활의 기회도 증가하는 등 생활환경이 개선되어 주민의 삶의 질이 향상된다.

(2) 지역 전통문화의 복원 및 보전

우수한 자연환경과 마찬가지로 지역 고유의 문화 가운데 외지인들의 관심을 끌기에 충분히 매력적인 지역의 전통문화는 관광자원으로서의 가치를 가진다. 따라서 관광개발과정에서 지역의 매력적인 전통문화는 심화된 연구를 거쳐 원형으로 복원될 수 있는 기회를 가지며, 더욱 잘 보전되고 전수된다. 한편으로는 관광객들에게 조금 더 흥미로운 형태로 발전될 수 있다.

2) 부정적 영향

(1) 토착민의 이주 및 직업 전환

대규모 관광개발이 수행되는 지역에 살던 주민들은 개발사업을 위한 토지의 수용 등으로 인해 본의 아니게 이주해야 하는 상황이 발생한다. 이때 해당 주민들은 토지에 대한 보상 등 경제적인 보상은 받을 수 있지만 정든 고장을 떠나 낯선 곳에서 새롭게 출발해야 하는 고통을 받게 된다. 따라서 관광개발을 실시할 때에는 이들에 대한 충분한 배려가 있어야 하며, 인접지역에 이주단지를 조성하여 이들이 함께 이주함으로써 새로운 환경에 쉽게 적응할 수 있도록 해야 한다. 또한 관광개발사업이 대부분 1차 산업을 주로 하는 지역에서 이루어지는 만큼 토지의 수용은 주민들의 거주공간의 이전뿐만 아니라 생업의 토대를 빼앗는 결과를 가져온다. 이때 주민들은 새로운 직업 혹은 토지에 대한 경험 부족으로 적지 않은 경제적 손실과 정신적 고통을 받기 때문에 이에 대한 대책이 필요하다. 적절한 직업교육과 투자알선 등이 그 방법이 될 수 있을 것이다. 부산 동부산관광단지(현재는 오시리아관광단지)는 단지 내 터전을 이루고 있던 지역주민들을 위해 일정한 지역을 주거지역으로 지정하고 이주단지를 만들어 삶의 터전을 마련해 주었다.

(2) 사회적 비용 증가

관광개발은 이해관계가 다른 수많은 당사자들이 관여함에 따라 개발 초기단계부터 많은 갈등이 유발된다. 이러한 갈등이 증폭되어 극단적으로 표출될 경우 지역사회에 엄청난 부작용을 야기하며,

갈등해소에 많은 사회적 비용이 들어간다. 또한 관광개발로 인해 방문객이 증가하면서 이에 따른 혼잡도 증가하고 이 역시 지역사회가 부담해야 하는 비용으로 작용한다.

(3) 지역 정체성 상실

외지 관광객들과의 잦은 접촉을 통해 전통문화의 변화와 더불어 지역주민들의 가치관이나 의식구조에 변화가 오고 지역 정체성을 상실하게 된다. 예를 들어, 전통적이고 유교적인 의식구조가 지배하던 농촌사회에 관광개발이 이루어지고 관광객들을 상대하는 서비스업에 종사하는 주민들이 늘어나면서 노년층보다는 경제활동의 중심이 된 청장년층이 지역사회에서 더 큰 힘을 가지게 되고, 새로운 경제환경에 적응하여 경제력을 가진 주민들과 그렇지 못한 주민들 사이에 생기는 의식 차이 등이 그러한 현상이다.

(4) 지역 전통문화의 소멸 및 변질

관광개발은 흔히 해당지역에 존재하지 않던 시설물들이 유입되는 과정을 거친다. 한적하던 농촌지역에 호텔, 콘도미니엄, 골프장, 스키장 등이 들어서면서 그에 따른 소규모 상업시설들이 함께 유입된다. 이러한 새로운 건축물이나 상업시설들의 도입은 지역주민들의 전통적인 문화와 행태에 영향을 미친다. 이후에는 그 지역을 방문하는 관광객들의 사고방식이나 행태, 그들의 문화가 지역주민들에게 점차 전파되면서 지역 고유의 전통문화가 변화한다. 즉, 지역 고유의 문화가 이질적인 새로운 문화를 만나 잠식당하거나 새로운 형태의 문화로 변질되는 것이다.

③ 관광개발의 환경적 영향

1) 긍정적 영향

(1) 환경인식 제고

관광은 그 특성상 환경을 훼손하기 쉬우며 우수하고 희귀한 자연생태환경을 종종 그 자원으로 한다. 이러한 자연환경이 그대로 방치될 경우 잘 보전될 수도 있으나 무관심 속에서 파괴될 가능성도 다분히 존재한다. 우수한 자연환경이 관광자원으로서의 가치를 인정받을 경우 환경에 대한 중요성을 일깨워주며, 결과적으로 중요하고 우수한 자연환경은 더욱 잘 보전될 수 있는 기회를 얻는다.

(2) 환경복원

폐광 등 버려진 땅들이 관광개발을 통해 새로운 공간으로 재창출되면서 심하게 훼손된 기존의 환경이 복원된다. 또한 최근 생태관광에 대한 관심이 높아지면서 훼손된 생태계를 복원하고 보호하려는 노력들이 증가하고 있다.

2) 부정적 영향

(1) 생태계 파괴

도심지역이 아닌 자연지역에서 수행되는 관광개발사업은 대부분 대규모 건설공사를 수반하고 이는 산림의 파괴를 동반한다. 산림은 대기정화의 기능뿐만 아니라 홍수나 가뭄 등의 재해방지 기능, 야생동물의 서식처 제공 등 다양한 순기능을 하고 있다. 이러한 산림의 파괴는 해당 지역뿐만 아니라 국가적인 손실이므로 최소화해야 할 뿐만 아니라 가능한 한 피해야 한다. 또한 식생의 파괴는 토양의 질 변화, 야생동물의 서식처 파괴 등으로 이어지는 문제이므로 이에 대한 종합적인 고려가 필요하다.

관광개발에 따른 서식처의 파괴 및 이동공간의 제한은 야생동물의 서식에 큰 영향을 미칠 수 있다. 특히 희귀종이나 멸종위기종과 같이 개체 수가 많지 않은 야생동물의 경우 관광개발로 인한 서식처의 단절에 따라 멸종위기에 몰릴 수도 있으므로 각별히 유의해야 한다. 종 다양성의 보호는 지역생태계의 안정성이나 각 종이 가지고 있는 잠재가치를 고려할 때 매우 중요한 요소이며, 관광개발의 입지 선정 시 반드시 고려되어야 할 사항이다.

(2) 환경오염

대기질의 변화에 미치는 영향은 관광개발과정에서의 영향과, 개발 후 관광시설업체의 운영 중에 나타나는 영향으로 구분하여 살펴볼 필요가 있다. 관광개발과정에서는 대부분 대형 공사가 수행되므로 이에 따른 미세먼지의 발생, 대형 차량의 이동으로 인한 매연 등이 대기오염의 원인이 된다. 관광사업 운영의 단계에서는 시설물에 설치된 냉난방설비에서 발생하는 매연, 관광객들의 차량 이용으로 인한 매연 등이 원인이 된다.

관광개발사업에 따르는 토목 및 건설공사로 인한 지하수의 침전 현상은 지표면의 유독성 물질을 지하로 스며들게 하여 지하수를 오염시킬 수 있다. 또한 지표수와 지하수의 이동을 변화시켜 국지적으로 수자원 고갈과 같은 문제를 야기할 수 있으며, 토양침식에 따른 지하수 오염이나 수해 발생 등도 고려해야 한다. 관광개발이 이루어진 후에는 관광객들이 사용하는 생활용수 및 관광지 관리를 위해 사용하는 농약, 살충제 등이 수질오염의 원인으로 등장한다.

④ 지속 가능한 관광개발

지속 가능한 개발(sustainable development)은 1987년 세계환경 및 개발위원회(World Commission on Environment and Development: WCED)에 제출된 브룬트란트 보고서(The Brundtland Report) 「우리 공동의 미래(Our common Future)」에서 개념적 정리가 이루어졌다. 이 보고서에서는 지속 가능한 개발을 "미래세대의 필요를 충족시킬 수 있는 능력을 유지하면서 현세대의 필요를 충족시킬 수 있는 개발"이라고 정의하였다(WTO, 1993).

지속 가능한 관광(sustainable tourism)은 지속 가능한 개발의 개념을 관광분야에 적용한 것으로 관광지 성장관리를 위해서는 지속적인 성장을 유발시키는 요인들을 분석하여 서비스와 연계시켜 성장을 유도해야 한다(정승호, 2016). 세계관광기구(WTO, 1993)는 지속 가능한 관광을 "미래세대의 관광기회를 보호하고 증진시키는 동시에 현세대의 관광객 및 지역사회의 필요를 충족시키는 것으로, 문화의 보전, 필수적인 생태적 과정, 생물다양성 그리고 생명지원 체계를 유지하는 동시에 경제적·사회적·심미적 필요를 충족시킬 수 있도록 모든 자원을 관리하는 것"이라고 정의하였다. 지속 가능한 관광이 지역사회에는 편익을 극대화하고 비용을 최소화하며 관광지의 문화, 자연환경을 지속적으로 보존하고 관광산업에 경제적 지속성을 보장해 줄 수 있는 관광으로서 지역사회, 자연환경, 관광산업 모두의 욕구를 충족시켜 주는 관광이라는 시각이다(WTO, 1998).

지속 가능한 관광은 궁극적으로 첫째, 지역사회의 삶의 질을 향상시키고 둘째, 방문객 또는 관광객에게 양질의 경험을 제공하며 셋째, 지역사회와 방문객 또는 관광객이 의존하고 있는 환경(물리적·사회문화적)의 질을 유지한다는 세 가지 목표를 추구하는 것이다(WTO, 1993).

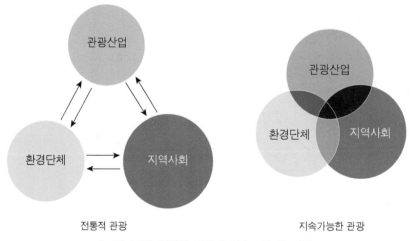

전통적 관광   지속가능한 관광

[그림 1-21] 전통적 관광과 지속 가능한 관광

[그림 1-21]에서 보는 바와 같이 관광의 이해당사자는 크게 관광객과 관광산업, 지역주민 및 정부 등 지역사회, 환경단체 등 세 주체로 나눌 수 있다(WTO, 1993). 전통적 관광개발에서는 관광개발 이해당사자 간에 원만한 관계가 형성되지 못해 관광개발에 대한 동의와 협력을 이끌어내지 못하고 서로 대립하고 반목하는 양상을 보여왔다. 그러나 지속 가능한 관광개발에서는 이해당사자가 공동의 목표를 위해 서로 긴밀한 협력관계를 유지할 필요가 있음을 인식하고 대립과 반목보다는 협력을 도모하여 공동의 이익을 추구한다. 지속 가능한 관광을 통해 지역의 환경이 보전되는 동시에 지역주민의 소득이 증가하고 지역사회가 발전하여, 궁극적으로는 지역주민의 삶의 질이 향상될 수 있다는 것이다(WTO 1993).

지속 가능한 관광은 환경적·경제적·사회문화적으로 지속 가능한 것을 의미하며, 이 세가지 원칙이 조화를 이룰 때 장기적인 지속성을 가진다(김성진, 2006). 따라서 지속 가능한 관광개발은 첫째, 관광의 핵심 구성요소인 환경자원을 적정하게 이용하여 생태적 과정의 유지와 자연자원과 생물다양성의 보전에 기여해야 한다. 둘째, 지역사회의 사회문화적 진정성을 존중하여 역사문화적 유산과 생활문화 그리고 전통가치의 보전 및 상호 이해와 관용에 기여할 수 있어야 한다. 셋째, 관광사업체의 활력있고 장기적인 경제적 운영이 보장되고 고용과 소득기회 등 사회경제적 편익이 모든 이해관계자에게 제공되고 공평하게 분배되어야 한다. 마지막으로 높은 수준의 관광객 만족을 유지하고 의미 있는 경험을 제공함으로써 지속가능성에 대한 인식을 증진하고 지속 가능한 관광활동에 참여할 수 있도록 해야 한다.

PART

2

관광(단)지개발 실무

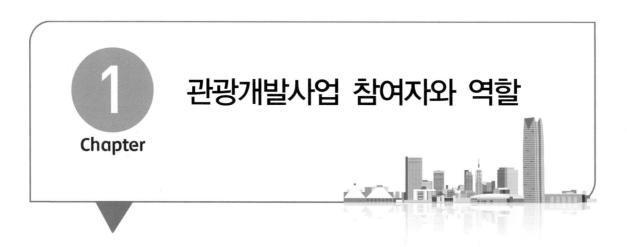

Chapter 1

관광개발사업 참여자와 역할

① 관광개발사업 참여자

1) 공동, 합작사업 및 신디케이트

관광개발은 관광(단)지를 개발하기 위하여 다수의 사업자들이 컨소시엄을 구성하여 SPC(프로젝트금융회사)를 구성한 후 지분투자를 통하여 프로젝트금융회사인 PFV(특별목적법인)을 설립하거나 개발법인을 설립하면서 출발한다. 관광개발사업은 그 규모가 크고 그에 따라 관광개발에 투자되는 투자금이 상당하기 때문에 특수한 경우를 제외하면 단독으로 개발하기에는 무리가 있다. 결국 관광개발에 대한 투자는 다수의 지분투자자가 공동의 목적을 위하여 자신이 보유한 투자재원을 전문가의 역량과 결합시켜 투자그룹을 형성하여 개발하는데 이를 신디케이트(syndicate)라고 한다.

신디케이트는 특정한 조직에 국한되지 않으며 일반회사, 합자회사, 합명회사[1] 중 어떠한 법률적 형태도 취할 수 있다. 신디케이트는 부동산의 취득, 개발, 운영, 관리, 마케팅 등의 역할을 수행하기 위하여 구성한다.

신디케이트는 자신이 제공하는 용역에 대한 수수료 및 지분참가를 통해 수익을 얻는다. 신디케이트업체들은 부동산을 취득해서 관리하고 매각하는 사업에 종사한다. 부동산을 취득하기 위해서는 다른 투자가를 영입하여 부동산취득을 위한 자본을 형성한다. 신디케이트들은 일반적으로 자기

---

[1] 합명회사(合名會社)는 2인 이상의 무한책임사원(無限責任社員)(상법 제212조)만으로 구성되는 일원적 조직(一元的 組織)의 회사로서 전 사원이 회사채무에 대하여 직접·연대(連帶)·무한(無限)의 책임을 지고(상법 제212조), 원칙적으로 각 사원이 업무집행권(業務執行權)과 대표권(代表權)을 가지는(상법 제207조) 회사이다. 합명회사(合名會社)는 2인 이상의 사원이 공동으로 정관을 작성하고(상법 제178조), 설립등기(設立登記)를 함으로써 성립한다(상법 제172, 178조).

자금을 많이 투자하지 않고, 자본을 투자한 투자가의 소유하에 있는 부동산을 취득, 관리, 매각 대행하기도 한다.

관광(단)지개발에 참여하는 사업시행자(SI)는 신디케이트형식으로 건설출자자(CI)와 금융출자자(FI) 그리고 그 밖의 회사들을 컨소시엄으로 구성하여 공동사업형식으로 사업에 참여하게 된다.

관광(단)지는 대규모 개발사업으로 어느 특정인이 개발에 필요한 모든 자금과 인력을 구성할 수 없다. 따라서 대부분의 관광(단)지개발을 위해서는 컨소시엄을 구성하여 사업의 안정성과 투자의 범위를 확대하여 투자에 대한 리스크도 줄이고 담당 업무별 전문성을 제고하기 위하여 사업을 시행하는 전략적 출자자와 건설에 필요한 자금을 담당하는 금융출자자 그리고 관광시설을 안전하게 책임시공할 건설출자자가 필요하다.

관광(단)지개발사업에 있어 민간투자 유치를 통해 민간사업자를 선정하는 경우 공공단체는 사업 추진에 필요한 시행사, 자금조달 업무를 지원하는 금융회사, 책임준공의 안정성, 판단에 가장 많은 점수를 배정하는데 이유는 개발과정에서 전체 컨소시엄을 대표하여 사업을 추진할 수 있는 시행사 와 자금의 부족 등으로 불안전한 사업을 성공적으로 완성할 수 있는 금융기관 등이 필요하기 때문 이다.

따라서 대규모 투자에서는 어느 개인이 아닌 컨소시엄을 구성하여 다수가 투자에 대한 보증을 원한다. 특히 대형건설사나 신뢰할 수 있는 금융기관이 사업에 참여할 경우 가장 많은 점수를 배정 하고 있다.

사업에 참여하는 SI(전략적 출자사)의 경우 관광(단)지개발사업을 주관하는 사업시행사 역할을 하며 실제적으로 관광(단)지개발에 있어 건설되는 건축물에 대한 책임시공(분양과 관계없이 공사를 완성하는 행위)을 담당할 CI(건설출자사)와 사업비와 토지비 그리고 건설에 필요한 자금조달 업무를 담당할 FI(금융출자사)들을 선정하여 주주들을 구성하게 된다.

건설출자사(CI)의 경우 개발사업에 참여하는 목적은 건설공사와 관련하여 공사를 수주받기 위함 이며, 금융출자사(FI)의 경우 토지대금 및 공사에 필요한 자금을 조달하고 금융수수료와 이자를 받을 목적으로 사업에 참여하게 된다. 이렇게 투자개발사업을 위하여 구성된 주주사들을 컨소시엄 의 구성원이라 하고 이들로 구성된 회사를 SPC(special purpose company 또는 PFV(project financing vehicle)라고 한다. 즉, SPC나 PFV는 관광(단)지개발사업을 위하여 특별히 만든 목적법인이라고 할 수 있다. PFV의 경우 「지방세법」에 따라 토지매입에 따른 취, 등록세의 50%를 감면받는다고 하여 프로젝트금융회사라고도 한다.

2) 관광(단)지 투자참여자 및 역할

관광(단)지개발과 관광시설투자에는 다양한 이해관계자가 존재할 수 있으며, 관광(단)지나 시설 투자 규모가 클수록 또는 기간이 길수록 이해관계자의 수가 증가할 수 있다. 투자와 관련된 다양한 이해관계자를 "투자참여자"라고 하며, 이들 투자참여자들은 "투자에 영향을 미치는 자"라고도 한다. 따라서 투자 초기에 투자에 대한 타당성을 분석하기 위해서는 이들 각 참여자의 역할이나 각 참여 자에 의해 발생할 수 있는 위험, 각 참여자에 대한 수익 배분 등에 대한 이해가 필요하다

일반적으로 관광(단)지개발 및 시설투자에 대하여 논의되는 투자참여자는 투자자(지분투자자) 외에도 금융투자자(금융기관), 간접투자자(펀드, 증권, 채권매입), 정부나 지방자치단체, 기타 투자 관련 전문가(감정평가사, 회계사, 변호사, 세무사, 법무사 등)가 있다.

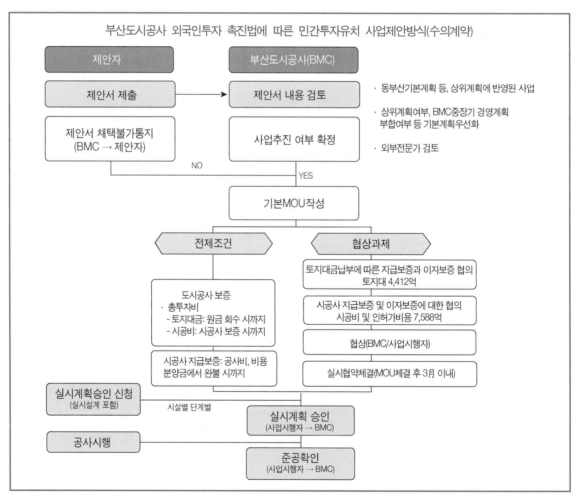

[그림 2-1] 투자참여자

(1) 사업시행자(SI: 전략적 투자자)

사업자는 지분투자자(Equity)를 말하며, 직접적으로 투자를 통하여 사업을 추진하는 주체를 말한다. 즉, 컨소시엄으로 구성된 주주사 혹은 단독으로 사업을 추진할 경우 법인을 말한다. 일반적으로 관광(단)지에 대한 투자는 그 투자규모가 크고 투자에 대한 리스크 분담 등을 고려해 다수의 회사들이 사업에 참여하게 된다.

결국 사업시행사란 컨소시엄을 구성하여 투자에 참여하고 의사결정을 하는 주체이기도 하다. 지분(Equity)이란 자기자본(自己資本)을 의미하며, 지분투자자를 자기자본투자자라고 부르기도 한다.

지분투자자는 중소법인(부동산개발회사)이나 기업(금융회사, 건설회사 등), 부동산투자회사(Reits), 부동산펀드, 기타 각종 법인 등 권리를 향유할 수 있는 주체이다. 관광(단)지개발사업에 있어 지방자치단체나 공공기관(토지공사, 농어촌공사 등)이 사업의 안정성과 지역경제발전의 활성화를 위하여 투자사업에 참여하기도 한다.

지분투자자는 부동산(관광시설)으로부터 연유하는 여러 가지 이익을 향유할 수 있다. 투자자가 부동산(관광시설)에 대하여 가지는 권리는 부동산(호텔이나 콘도, 골프장 등)으로 대상부동산을 사용·수익할 수 있는 소유권이나 매각(분양), 관리운영을 통한 수익권 등이 모두 포함된다.

지분투자자의 투자활동 범위는 그 활동 내용에 따라 ① 구입한 토지를 개발 또는 분양하거나 ② 개발 완료된 관광시설(호텔, 콘도, 골프장, 컨벤션 등)을 통하여 운영하거나 ③ 일정한 기간 후 내외국인을 통하여 관련 시설에 대해 매각하는 것으로 구분된다. 최근에는 제주도와 같이 중국 투자자들에 의하여 특정지역 관광시설들이 매각되고 있다.

민자유치공모사업에 있어 사업시행자는 사업에 참여하기 위하여 사전 공모에 따른 제안서 접수 전에 미리 사업계획서를 만들어 사업타당성 분석을 통하여 사업성이 있는지를 사전검토하고, 사업성이 있을 경우 공동으로 사업을 추진할 지분투자자(SI)를 모집하여 사업에 참여할 시공사(CI)와 금융기관(FI)을 사업에 참여시키는 역할을 수행한다. 그리고 사업에 참여하여 우선협상대상자로 선정된 이후에는 실제 개발사업에 필요한 대부분의 모든 업무를 수행하게 된다. 위에서도 언급했듯이 금융회사(FI)와 시공사가 지분을 투자할 경우 이들은 모두 사업시행자가 되며, 전략적 투자자(SI)라고 말하기도 한다.

〈표 2-1〉 사업시행자(SI)의 역활

참여사	담당업무	구성
사업시행자의 역활	사업계획서 등 사업타당성분석 및 사업수지분석 업무를 통한 민간사업자공모 및 사업협약서 체결업무	개별컨소시엄이란 SI, CI, FI 개개인의 회사를 말한다.
	사업지 사업권 확보 및 저당권, 지상권 등 법적, 사실적 장애의 말소 및 행정처리에 대한 협조	
	착공 전 대상부지에 대한 토지대금 납부에 대한 협상	
	사업계획에 따른 설계 및 인허가 등 관청 인허가 업무	
	PFV의 개발사업에 대한 자금관리에 대한 대리사무 위임	
	신탁관리통장 및 부속업무를 통한 공사비 지급 등 업무를 신탁회사 및 PFV에 위임	
	주간사로서의 대출금융기관과 대출계약 체결 및 차입금에 대한 채권확보(담보신탁 등) 및 우선 상환 책임	
	AMC(자산관리를 통한 개발, 기획 및 경영지원업무 일체를 추진하며, 특히 분양 및 공사 진행 시 자금 과부족 발생 시 보존에 관한 업무를 총괄한다.	

(2) 대출자(FI: 금융출자자)

관광(단)지 시설투자에 참여하는 금융회사를 흔히 금융투자자 또는 대출자라고 부른다. 금융투자자가 지분을 투자할 경우, 사업시행자(SI) 역할과 개발사업에 따른 필요자금을 조달해 주는 대출자 역할을 동시에 수행할 경우 '금융출자자'라고 부르기도 한다. 따라서 금융회사는 지분투자의 주체가 될 수도 있고, 반면에 사업자의 신용이나 부동산담보를 통하여 개발사업에 투자 자금을 융통해 주는 경우 대출자의 역할을 동시에 수행하는 자를 말한다.

그러나 지분투자에 참여하지 않으면서 단지 개발에 필요한 자금을 빌려줄 경우도 대출자라고 하기도 한다. 대출자로는 은행, 증권회사, 자산운용사, 신탁회사, 보험회사, 투자기금, 공제조합 등이 있으며 개인도 은행이나 증권사 그리고 보험회사를 통해 부동산투자상품을 구입할 경우, 대출자라고 할 수 있다.

일반적으로 관광(단)지개발에 따른 시설투자에는 고액의 자금이 소요되고, 타인자본을 동원할 경우, 기대되는 레버리지 효과2)로 인해 투자자들은 담보대출이나 신용공여를 통하여 자금을 차입하여 투자

---

2) 레버리지 효과란 차입금 등 타인 자본을 지렛대로 삼아 자기자본이익률을 높이는 것으로 '지렛대 효과'라고도 한다. 그리스의 철학자이자 수학자였던 아르키메데스는 많은 일화를 남긴 인물이다. 그중 하나가 바로 사라쿠사 왕 히에론 앞에서 "긴 지렛대(leverage · 레버리지)와 지렛목만 있으면 지구라도 움직여 보이겠다"고 장담했던 일화이다. 과학에서 지레는 일의 원리를 설명할 수 있는 중요한 도구이다. 일을 할 때 지렛대를 이용하면 힘의 크기를 줄일 수 있어 적은 힘으로도 같은 일을 할 수 있기 때문이다. 경제에서 '레버리지 효과'가 갖는 의미도 과학에서 말하는 지레의 원리와 크게 다르지 않다. 일반적으로 레버리지 효과는 타인으로부터 빌린 자본을 지렛대 삼아 자기자본이익률을 높이는 것을 말한다.

재원의 일부로 활용하고 있으므로 대출자는 관광(단)지시설투자에 있어 중요한 참여자라고 할 수 있다.

대출자의 경우 대출금에 대한 선회수를 목적으로 하거나 수익을 우선 배당받을 수 있는 선(先)순위채권을 보유하게 되며, 대출원리금상환담보를 위하여 관광(단)지나 시설물이 들어설 대지에 담보신탁(1)을 통해 대출금에 대한 우선적 수익권을 확보하기도 한다.

관광(단)지나 시설물의 경우, 대출자금 없이 자기자본만으로 개발이 이루어지는 경우는 거의 없다. 따라서 토지비와 공사비에 대한 대출금 이자율이나 원리금상환방식 등과 같은 대출조건은 관광(단)지나 시설물투자의 현금흐름과 수익구조에 큰 영향을 미치는 중요한 변수가 된다.

금융기관은 크게 여신업무를 주로 하는 일반금융회사와 대규모 프로젝트사업에 투자하거나 파생상품을 취급하는 금융투자회사로 구분된다. 금융투자회사란 기존의 증권회사를 지칭하는 것으로, 자산운용회사는 제외된다.

현재 국내에서 사업을 영위하는 금융투자회사는 총 60개사로, 이 중 19개는 외국계 금융투자회사이며 국내 금융투자회사는 41개사이다.

〈표 2-2〉 국내 금융투자회사 개황

분류	회사 수	회사명
국내사	41	교보, 굿모닝신한, 대신, 대우, 동부, 동양종합금융, 리딩, 메리츠, 미래에셋, 바로, 부국, 브릿지, 비엔지, 삼성, 솔로몬, 신영, 애플, 우리, 유진, 유화, 이트레이드, 코리아 RB, 키움, 토러스, 푸르덴셜, 하나대투, 하이, 한국투자, 한국SC, 한양, 한화, 현대, 흥국, HMC, IBK, ING, KB, KTB, LIG, NH, SK
외국사	19	골드만삭스, 노무라, 다이와, 도이치, 리먼브라더스, 맥쿼리, 메릴린치, 모건스탠리, 바클레이즈, 씨티그룹글로벌마켓, 크레디아크리콜슈브르, 크레디트스위스, 홍콩상하이, ABN암로, BNP파리바, CLSA코리아, JP모간, SG, UBS
합계	60	-

주: 각 분류별 회사명은 가나다순으로 나열
출처: 금융감독원

금융기관이란 일반은행과 투자금융회사를 모두 포함하는 개념이며, 이들은 개발사업에 있어 자금의 공급원으로서 사실상 관광(단)개발에 있어 가장 중요한 역할을 수행하고 있다.

이들이 개발사업에 참여하는 이유는 이자수익률과 배당수익률, 그리고 금융주선에 따른 수수료에 대한 기대 때문이다. 여신업무에 따른 이자수익보다 대규모 개발금융에 투자하는 경우 대출금리도 높고, 지분투자를 할 경우 높은 사업수익에 대한 배당도 받을 수 있기 때문이다.

〈표 2-3〉 금융회사의 역할

참여사	담당업무	구성
금융사(FI)	프로젝트 파이낸싱에 의한 대출금지원	금융사(FI)는 토지비와 건설에 필요한 자금을 조달하기 위해 사업에 참여한 주주사의 일원
	신탁관리 계좌 개설을 통한 분양자금관리업무	
	수분양자에 대한 중도금 대출의 우선협상대상자	
	기타 필요할 경우 운영비 등 자금지원과 관련된 일체의 금융조달과 지원업무	

3) 시공사(CI; 건설출자자)

시공사란 사업에 참여한 PFV(프로젝트금융회사)의 구성원으로서 주주사로서의 역할과 관광(단)지개발사업에 있어 건축시공과 관련된 업무를 담당한다.

민자유치공모사업의 경우 시공사는 SPC의 설립에 있어 의무적 참여사로서 금융기관의 공사대금 대출에 있어 직접적인 수급자로서 책임준공의무를 부담한다.

〈표 2-4〉 시공사의 역할

참여사	담당업무	구성
시공사(CI)	건물의 책임 준공 및 사용 승인	시공사(CI)는 건설공사를 하기 위해 사업에 참여한 주주사의 일원
	공사도급계약에 따른 공사 수행, 관청 행정업무, 시공관련 민원 처리업무 및 비용 부담	
	대상 건물의 준공 후 정해진 기간 내의 하자보수 책임	
	모델 하우스 건립 및 운영	
	분양 대행 및 분양 광고 등 홍보 판촉에 대한 지원업무	

② 특별목적법인

1) 특별목적법인(SPC: Special Purpose Company)

(1) SPC의 개념

SPC란 컨소시엄으로 구성된 사업자가 사업의 추진을 위해 별도로 설립한 독립적인 실체회사로 관련법에 따라 구체적인 형태는 달라질 수 있으나 자사 자산보유자 혹은 프로젝트사업주와는 회계상 그리고 법률상 절연된 구조를 취하고 있는 회사라고 말할 수 있다.

SPC는 사업의 형태나 목적에 따라 별도로 설립하는 특별목적법인이라고 하며 본 책에서는 관광(단)지개발사업을 추진하기 위해 구성된 컨소시엄의 공동체를 말하며, 금융유동화와 관련하여 설립하는 SPC에서는 별도 금융조달부분에서 설명하기로 한다.

SPC는 공동사업을 위하여 각기 다른 회사들이 주주사로 참여하여 사업의 목적을 달성하기 위하여 구성된 특별목적법인(special purpose company)이라고 할 수 있으며, SPC는 사업추진을 위한 전반적인 업무를 진행한다. 주요 업무를 살펴보면, SPC는 사업에 참여할 주주사로서 가장 중요한 건설사(CI)와 금융사(FI)를 사업에 참여시켜 책임준공과 건설에 필요한 공사비 확보를 최우선 과제로 한다.

그리고 혹시나 있을 시공사의 부도나 파산 등에 대비하여 대체사업자를 선정하기도 하고, 준공 시까지 공사비산출과 설계, 감리, 분양과 관련된 일체의 업무를 진행하며, 사실상 전체 주주사들이 모여, 사업착공부터 준공까지 일체의 업무를 처리한다.

〈표 2-5〉 SPC의 업무

참여사	담당업무	구성
SPC(특별목적법인)	사업 추진을 위한 전반적인 업무	사업에 참여한 SI, FI, CI가 파견한 직원들로 구성
	대상 부지에 대한 금융기관 대출 확보	
	도급 계약, 사업 약정 등 계약에 따른 지원 업무	
	시공사 산출 공사내역서 및 공정표 검증 업무	
	시행사 또는 시공사 부도 등 대체 사업자 선정이 가능토록 관련 서류 청구	
	신탁관리계좌의 통장 및 자금 관리와 부속 업무	
	준공 시까지 시행사의 차입 원리금 및 공사비 잔존 시 미분양 물건에 대한 할인 분양, 임대	
	분양 계약서 및 계약자 관리업무 지원	
	CM을 통한 공사 기성 확정 및 하청대금 지불	
	시공사 부도 시 타절금액 산정 및 대체 시공사 선정에 따른 지원 업무	
	시행사 부도 시 대체 사업자 선정 지원 업무	
	감리업체의 선정	
	개발사업과 관련된 제세금의 납부 등 세무처리	
	기타 시행관련 민원 처리	

(2) SPC의 설립목적

① 사업위험의 분산 및 자금조달부담의 분담

사업자가 사실상의 소유주로서 실질적인 차입자이지만 형식적으로 SPC를 별도로 설립하여 법률상 SPC가 차입의 주체가 된다. 만약 프로젝트의 영업이 부진하여 SPC가 원리금의 상환을 지체하여 채무불이행에 빠질 경우 사업자에게는 직접상환청구의 대상이 되지 않는다. 즉, 사업을 위하여 특별한 목적으로 만든 회사를 말하며, 책임은 유한 책임을 진다.

② 회계처리상 대차대조표의 금융이점

종래의 기업금융방식의 경우 자금 차입은 대차대조표상 부채로 계상되어 재무구조의 악화 및 신용등급 저하 등의 원인이 되지만 SPC는 비소구가 원칙이므로 사업주의 대차대조표에 계상되지 않는다.

③ 부채수령능력의 확대

종래의 기업금융방식에 의한 기업의 자금조달은 재무구조나 기존사업의 수익력의 제한을 받았지만 SPC를 통한 PF(project financing)의 경우 그 같은 제약을 회피하여 신규 프로젝트를 통한 부채 수용 능력의 확대가 가능하여 차입수준을 초과하여 타인자본 조달이 가능하다.

④ 사업의 단일화

법규상 SPC회사는 다른 사업을 병행할 수 없고 본사업을 위해 만들어진 목적법인이므로 대상프로젝트 이외의 타 사업추진이 불가능하다. 그리고 여러 회사가 지분을 출자하여 설립한 SPC의 단독 이름으로 사업을 추진하며 사업에 필요한 여러 용역회사(건설사, 분양대행사, 설계사 등)들과 SPC의 이름으로 계약을 추진하여 사업주체의 단일화 확보가 가능하다.

(3) SPC의 종류와 관련법

① 민간투자법에 의한 SOC

일반적으로 SPC를 구성하여 사업을 추진하는 경우 그 목적에 따라 상이하나 관광(단)지개발사업의 경우는 「민간투자법」에 의한 SOC사업과 직결된다. 관광(단)지는 관광자원의 활성화 차원에서 필요한 자금을 조달하기 위하여 국가 및 지자체가 발주하는 사업에 속하므로 「민간투자법」에 의한 개발사업이라고 할 수 있다.

민간투자사업이란 주무관청이 사회기반시설(SOC)의 추진을 위하여 민간부분의 투자가 필요하다고 인정하는 때에는 당해 연도 대상사업으로 지정된 후 1년 이내 민간투자사업기본계획에 의하여 민간투자사업기본계획을 수립하여 추진하는 사업 또는 민간부분이 법 제9조제2항에 의하여 사업을 제안하는 사업을 말한다.[3]

사회기반시설사업(SOC)에 대한 투자는 국가경쟁력 강화에 필요한 인프라구축을 위해 우선적으로 추진되어야 할 국가적 과제라 할 수 있다. 그러나 사회기반시설(SOC) 투자에 소요되는 막대한 투자자원을 모두 국가재정으로 부담하는 것은 한계가 있다. 또한 낙후된 관광자원의 개발을 위해 관광지 활성화를 위한 복합단지개발, 역사개발, 운동휴양지구개발 등 다양한 분야에서 민간자본의 필요성은 심화되고 있다. 서울 잠실 마이스사업이나 서울 상암동 대관람차 및 복합문화시설 공모 사업이 대표적이다.

② 「신탁법」에 의한 개발신탁사업

「신탁법」에 의한 개발신탁의 경우 신탁회사가 SPC의 역할을 하며, 자금조달부터 자금관리까지 업무를 총괄한다. 개발되는 토지는 신탁회사의 소유로 이전하게 된다. 단, SPC 역할의 신탁사는 수수료만을 목적으로 하며 모든 이윤은 자금 공여자의 이윤과 토지출자자의 이윤으로 환원된다.

개발 프로젝트의 사업성에 근거하여 대출/개발/이익분배를 하는 구조가 토지공사 PF사업과 유사하고 공공성을 확보하기 위해 필요한 부분에 대해 신탁사를 활용할 경우 사업의 신뢰도를 높일 수 있다.

③ 신탁금융의 부동산투자신탁

금융사가 다수의 투자자로부터 자금을 모집하여 부동산의 매입/개발/임대사업, 부동산 관련 유가증권의 매입, 부동산 관련 프로젝트에의 대출 등을 시행함에 있어서 부동산투자신탁이라는 별도의 자금관리를 위한 SPC를 운용하는 사업을 말한다. 사업에 대한 가능성을 보고 투자자가 신탁계정에 투자하는 기본적인 구조가 주택공사의 PF사업과 유사하고 토지공사 PF사업의 자원금으로 활용 가능하다.

④ 「부동산투자회사법」에 의한 REIT's 사업

다수의 투자자로부터 자금을 조달받아 부동산을 매입/관리/운영하여 발생하는 수익을 투자자에게 배분하는 사업 방식을 말한다. 부동산과 금융의 결합 형태로서 「부동산투자회사법」에 의한 SPC는 그 역할이 토지공사의 PF사업과 매우 유사하다.

---

3) 「사회기반시설에 대한 민간투자법」(약칭: 「민간투자법」) 제9조제2항

〈표 2-6〉 SPC를 구성하는 개발사업의 종류

구성	사업구도
「민간투자법」에 의한 SOC 사업	- 사회간접자본의 건설에 필요한 자금을 조달하기 위해 국가 및 지방자치단체가 발주하는 사업 - 사업계획서 등에 대한 평가를 바탕으로 컨소시엄을 선정 - 기반시설의 설치에 사용 - 토지공사 PF사업과 매우 유사 - 기본적인 구조와 단계별 과정을 차용/활용 가능
「신탁법」에 의한 개발신탁사업	- 부동산신탁회사가 신뢰관계를 바탕으로 토지를 신탁받아 금융권으로부터 자금을 융통하여 개발하고, 그로부터 발생하는 현금흐름을 상환재원 및 이익분배에 사용 - 신탁사가 SPC의 역할 담당 단, SPC 역할의 신탁사는 수수료만을 목적으로 하며 모든 이윤은 자금 공여자의 이윤과 토지출자자의 이윤으로 환원 - 개발 프로젝트의 사업성에 근거하여 대출/개발/이익분배를 하는 구조가 토지공사 PF사업과 유사 - 공공성을 확보하기 위해 필요한 부분에 신탁사를 활용한다면 사업의 신뢰도를 높일 수 있음
신탁금융의 부동산 투자신탁	- 금융사가 다수의 투자자로부터 자금을 모집하여 부동산의 매입/개발/임대사업, 부동산 관련 유가증권의 매입, 부동산 관련 프로젝트에의 대출 등을 시행함에 있어서 부동산투자신탁이라는 별도의 자금관리를 위한 SPC를 운용하는 사업 - 사업에 대한 가능성을 보고 투자자가 신탁계정에 투자하는 기본적인 구조가 주택공사의 PF사업과 유사 - 토지공사 PF사업의 자원금으로 활용 가능
「부동산투자회사법」에 의한 REIT's 사업	- 다수의 투자자로부터 자금을 조달받아 부동산을 매입/관리/운영하여 발생하는 수익을 투자자에게 배분하는 사업 방식 - 부동산과 금융의 결합 - 「부동산투자회사법」에 의한 SPC는 그 역할이 토지공사의 PF사업과 매우 유사 단, 투자의 목적이 크며, 설립요건 및 규제 정도가 강함 - 사업 초기 금리가 저렴한 일반 투자자의 여유자금을 활용할 수 있으며, 사업 청산 시 매각대상으로 활용할 수 있음

(4) SPC 설립과 관련한 「법인세법」 내용

① 주요 내용

「법인세법」은 소득이 있을 경우 그 소득에 대하여 법인세를 납부하는 사항을 규정하고 있다. 이 「법인세법」은 PF사업에 따라 향후 설립될 SPC 법인의 법인세와 투자사의 투자수익에 대한 법인세라는 이중과세의 성격을 포함하고 있어 이러한 문제점을 해결할 수 있는 개정안들이 만들어지고 있다.

가. 납세의무(법 제2조)

- 내국 법인
- 국내 원천소득이 있는 외국법인
- 토지 양도소득이 있을 경우 법인세 납부
- 내국법인 중 국가, 지자체는 법인세를 부과하지 못함

나. 과세소득의 범위(법 제3조)

- 각 사업연도의 소득
- 청산소득
- 비영리 내국법인의 각 사업연도의 사업 또는 수입이 생기는 소득(수익사업)
- 외국법인의 각 사업연도의 소득은 국내원천 소득

다. 토지 등 양도소득에 대한 과세특례(법 제55조의2)

- 법인이 토지 등을 매각한 경우 양도소득을 법인세로 납부(해산에 의한 청산 소득)
- SPC 법인이 목적을 달성하고 청산할 경우 청산소득에 대한 「법인세」 납부(법 제79조)

라. PF(project financing) 사업에의 적용

'유동화 전문회사 등에 대한 소득 공제(법 제51조의2)'가 PF사업 시 적용되며 내용은 아래와 같다.

- 유동화 관련 전문회사가 배당가능이익의 90% 이상을 배당한 경우 그 금액은 소득금액 계산에서 이를 공제한다.
  1. 「자산유동화에 관한 법률」에 의한 유동화 전문회사
  2. 「간접투자자산운용업법」에 의한 투자회사
  3. 「기업구조조정투자회사법」에 의한 기업구조조정투자회사
  4. 「부동산투자회사법」에 의한 기업구조조정 부동산투자회사
  5. 「선박투자회사법」에 의한 선박투자회사
  6. 상기와 유사한 투자회사로 다음의 요건을 갖출 것
     • 설비투자, 사회간접자본시설투자, 자원개발 등에 투자목적으로 주식회사 설립
     • 한시적인 명목회사로 존립기간이 2년 이상일 것
     • 발기인 중 1인은 금융기관이며 5% 이상 지분 출자
     • 자본금이 50억 원 이상일 것
     • 별도의 자산관리회사가 필요하며, 금융기관이 자금관리를 담당

이처럼 소득공제를 명목회사(Paper Company)에만 적용하기 때문에 별도의 자산관리회사를 설립하여야 하는 불합리한 면을 내재하고 있어 실제회사에도 소득공제를 할 수 있는 제도가 필요하다.

② 기업회계기준

가. 외부감사의 대상: 「주식회사 등의 외부감사에 관한 법률 시행령」 제5조

제5조(외부감사의 대상)
1. 직전 사업연도 말의 자산총액이 500억 원 이상인 회사
2. 직전 사업연도의 매출액(직전 사업연도가 12개월 미만인 경우에는 12개월로 환산하며, 1개월 미만은 1개월로 본다. 이하 같다)이 500억 원 이상인 회사
3. 다음 각 목의 사항 중 2개 이상에 해당하는 회사
   가. 직전 사업연도 말의 자산총액이 120억 원 이상
   나. 직전 사업연도 말의 부채총액이 70억 원 이상
   다. 직전 사업연도의 매출액이 100억 원 이상
   라. 직전 사업연도 말의 종업원(「근로기준법」 제2조제1항제1호에 따른 근로자를 말하며, 다음의 어느 하나에 해당하는 사람은 제외한다. 이하 같다)이 100명 이상
      1) 「소득세법 시행령」 제20조제1항 각호의 어느 하나에 해당하는 사람
      2) 「파견근로자보호 등에 관한 법률」 제2조제5호에 따른 파견근로자

③ 연결재무제표의 적용

「주식회사 등의 외부감사에 관한 법률」에 의거 연결재무제표의 작성과 그 적용대상을 규정하고 있다.

제2조(정의) 이 법에서 사용하는 용어의 뜻은 다음과 같다.
1. "회사"란 제4조제1항에 따른 외부감사의 대상이 되는 주식회사 및 유한회사를 말한다.
2. "재무제표"란 다음 각 목의 모든 서류를 말한다.
   가. 재무상태표(「상법」 제447조 및 제579조의 대차대조표를 말한다)
   나. 손익계산서 또는 포괄손익계산서(「상법」 제447조 및 제579조의 손익계산서를 말한다)
   다. 그 밖에 대통령령으로 정하는 서류
3. "연결재무제표"란 회사와 다른 회사(조합 등 법인격이 없는 기업을 포함한다)가 대통령령으로 정하는 지배·종속의 관계에 있는 경우 지배하는 회사(이하 "지배회사"라 한다)가 작성하는 다음 각 목의 모든 서류를 말한다.
   가. 연결재무상태표
   나. 연결손익계산서 또는 연결포괄손익계산서
   다. 그 밖에 대통령령으로 정하는 서류
4. "주권상장법인"이란 주식회사 중 「자본시장과 금융투자업에 관한 법률」 제9조제15항제3호에 따른 주권상장법인을 말한다.

5. "대형비상장주식회사"란 주식회사 중 주권상장법인이 아닌 회사로서 직전 사업연도 말의 자산총액이 대통령 령으로 정하는 금액 이상인 회사를 말한다.

6. "임원"이란 이사, 감사[「상법」 제415조의2 및 제542조의11에 따른 감사위원회(이하 "감사위원회"라 한다)의 위원을 포함한다], 「상법」 제408조의2에 따른 집행임원 및 같은 법 제401조의2제1항 각호의 어느 하나에 해당하는 자를 말한다.

7. "감사인"이란 다음 각 목의 어느 하나에 해당하는 자를 말한다.
   가. 「공인회계사법」 제23조에 따른 회계법인(이하 "회계법인"이라 한다)
   나. 「공인회계사법」 제41조에 따라 설립된 한국공인회계사회(이하 "한국공인회계사회"라 한다)에 총리령으로 정하는 바에 따라 등록을 한 감사반(이하 "감사반"이라 한다)

8. "감사보고서"란 감사인이 회사가 제5조제3항에 따라 작성한 재무제표(연결재무제표를 작성하는 회사의 경우에는 연결재무제표를 포함한다. 이하 같다)를 제16조의 회계감사기준에 따라 감사하고 그에 따른 감사의견을 표명(表明)한 보고서를 말한다.

2) 프로젝트금융회사(PFV: Project Financing Vehicle)

(1) PFV의 개념

부동산 개발사업을 효율적으로 추진하기 위해 설립하는 서류형태로 존재하는 명목회사(페이퍼 컴퍼니)다. 일명 프로젝트금융투자회사라 한다. PFV는 Project Financing을 위해 금융기관과 프로젝트 참여기업 등으로부터 자금 및 현물을 받아 해당 프로젝트를 수행하고 자산의 관리업무는 전문지식을 가진 자산관리자에게 위탁한다. PFV는 개발사업 추진을 위한 법인설립 시 법인세 및 등록세 등을 감면받을 수 있다. 2015년 12월 31일 「지방세특례제한법」 개정으로 취득세 50% 감면은 종료되었으며, 2개 이상의 특정사업 운용은 불가하다.

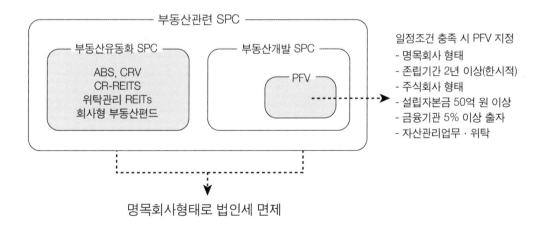

(2) 프로젝트 금융투자회사법

'2001년 11월 국회의원 입법으로 제안된 프로젝트 금융투자회사법(안)은 프로젝트 금융투자회사의 설립과 운영에 관한 사항을 규정하여 관련사업의 활성화를 기하기 위하여 제안되었으나 이후, 2003년 동 법안은 폐기되었다가 부동산활성화를 위하여 2015년까지 연장되었다. 중요내용을 중심으로 살펴보면 다음과 같다.

① 주요 내용

먼저 '프로젝트 금융투자회사'는 명목회사(paper company)로 규정하고 있다. 즉 '프로젝트금융회사(Project Financing Vehicle: PFV)란, 프로젝트 금융이라는 금융기법을 통하여 사회간접자본시설, 주택건설, 플랜트건설 등의 사업 활성화를 위하여 한시적으로 설립한 회사를 의미한다.

이러한 PFV는 주로 장기적으로 높은 수익이 예상되는 대규모 단위사업을 추진하기 위해 설립되며, 이를 통해 특정 프로젝트 수행을 위한 자금조달 및 지원을 하게 된다. 이러한 PFV는 금융회사가 회사와 공동으로 출자한 법적으로 분리된 별도 특수목적회사(SPC)로, 특정 사업에 당해 회사와 분리하여 추진함으로써 특정사업이 당해회사의 부실 등과 관계없이 안정적으로 추진될 수 있고 금융기관도 동일인 여신한도 등 자산운용상의 제한을 받지 않아 특정사업에 대한 자금지원 등이 자유로워질 수 있다.

또한 프로젝트를 수행할 목적으로 자산의 매입, 취득 업무, 보유자산의 관리, 운용 및 처분의 업무 등을 영위하기 위해 한시적으로 설립된 프로젝트금융투자회사(PFV)는 본점 외의 영업소를 설치할 수 없으며 직원을 고용하거나 상근임원을 두지 못한다. 이러한 PFV의 설립 및 운영에 대해 다음과 같은 몇 가지 제약을 하고 있다.

가. 납입 자본금 50억 원 이상인 주식회사로 설립하고 금융감독위원회에 등록(채권 금융기관 5% 이상)하여야 한다.

나. 프로젝트를 원활히 추진하기 위하여 자기자본의 10배를 초과하지 않는 범위 내에서 사채를 발행할 수 있다.

다. 금융감독위원회는 건전한 운영을 위하여 필요할 경우 프로젝트금융 투자회사, 자산관리회사, 자금관리사무수탁회사에 관리할 수 있도록 하고 금감위는 심사결과 등록취소, 업무정지 등의 조치를 취할 수 있다.

라. 금융기관은 은행법, 보험업법, 종합금융회사에 관한 법률, 금융산업의 구조개선에 관한 법률 등에 규정된 출자한도, 투자한도 등을 초과하여 프로젝트금융투자회사의 주식을 소유할 수 있다.

② 프로젝트 금융투자회사(PFV)의 사업추진

가. 자산운영업무를 자산관리회사에 위탁하도록 하고 자산관리회사는 위탁받은 자산을 그 고유 재산과 분리하여 관리하도록 하고 있다(자산관리회사의 자격은 프로젝트 금융회사의 출자자 및 그 출자자가 설립한 회사와 부동산 투자회사 등이 포함).

나. 프로젝트 금융투자회사는 신탁법에 의한 신탁업을 겸업하는 금융기관에 자금관리업무를 위탁한다(프로젝트 금융의 특성인 결재관리구좌(escrow account)를 설치 관리).

③ 프로젝트 금융투자법인(PFV)에 대한 지원정책

프로젝트금융투자법인은 민간자본을 유치함에 있어 세제상 혜택과 금융상의 지원을 통하여 프로젝트금융을 활성화하고 이를 통해 설비 및 건설추자 등을 촉진하기 위하여 제정되었다.

지원책으로는 세법상 이익의 90% 이상을 배당하는 경우 법인세 면제와 현물출자의 경우 취득세(2%), 등록세(3%)의 50% 면제, 대도시에 설립되는 경우 등록세 3배 중과 규정을 일반세율에 적용하였다. 그 후 2015년 「지방세특례제한법」 개정으로 종료되었다.

〈표 2-7〉 프로젝트 금융투자법인의 지원책

분류		내용	비고
제정목적		프로젝트 금융에 대한 세제(세법에 반영 필요) 및 금융상의 지원 등을 통하여 프로젝트 금융을 활성화하고 이를 통해 설비 및 건설투자 등을 촉진	
지원책	세제지원 (세법)	- 이익의 90% 이상을 배당하는 경우 법인세 면제 - 현물출자의 경우 취득세(2%), 등록세(3%) 50% 면제 - 대도시에 설립되는 경우 등록세 3배 중과 규정 일반세율 적용	2003.12.31. 2015년 개정 50% 면제 종료
	금융 등 규제완화	- 금융기관 출자제한 규정 배제 · 은행의 타 회사 의결권 주식 15% 초과소유 금지 배제(은행법) · 보험사의 비상장주식 원칙적 취득금지 배제(보험업법) · 종금사의 유가증권 투자한도(자기자본 범위 내) 배제(종금법) - 은행의 자회사 신용공여한도 배제 - 공정거래법상 출자총액한도 규정 적용 배제 - 프로젝트 금융회사를 자산유동화 법률상 자산보유자로 보아 ABS 발행이 가능토록 함 - 설립 또는 현물 출자 시 국민주택채권매입규정 배제	각 개별법에서 적용배제
	상법 이외의 특별규정	- 2년 이상 존립기간 및 정관에 존속기간 명시 - 발기인 중 1인 이상의 금융기관 참여 - 직원이나 상근 임직원을 둘 수 없도록 함 - 발기 설립만 인정하고 주식공모를 금지 - 금감위 등록 및 감독 - 공인회계사를 감사로 함 - 사채 발행한도 확대 및 이익참가부 사채 발행 허용 - 자산관리 및 자금관리업무의 위탁	특별규정 이외 상법 적용

이 밖에도 금융 등 규제완화 차원에서 금융기관 출자제한 규정 배제, 은행의 타 회사 의결권 주식 15% 초과소유 금지 배제(은행법), 보험사의 비상장주식 원칙적 취득금지 배제(보험업법), 종 금사의 유가증권 투자한도(자기 자본범위 내) 배제(종금법), 은행의 자회사 신용공여 한도 배제, 공정거래법상 출자총액한도 규정 적용 배제, 프로젝트 금융회사를 자산유동화법률상 자산보유자 로 보아 ABS 발행이 가능토록 하였다. 이외에도 설립 또는 현물 출자 시 국민주택채권매입규정을 배제하였다.

④ 지방세법의 검토

지방자치단체가 부과하는 지방세는 보통세와 목적세로 구분되는데, SPC에 부동산을 현물출자하 는 경우 보통세인 취득세와 등록세를 납부토록 되어 있다. 그러나 이와 같은 PF사업의 경우는 동일 사업자가 사업주체를 조정하는 것으로 기존에 취득세와 등록세를 납부하였음에도 이중으로 과세 되는 문제점이 있어, 한시적으로 면제를 하고 있으며 수도권지역에 건설업자가 설립하는 SPC에 대하여 등록세의 3배 중과를 면제하고 있다.

가. 주요 내용

지방세의 세목(법 제5조)은 다음과 같다.

- 보통세: 취득세, 등록세, 레저세, 면허세, 주민세, 재산세, 자동차세, 종합토지세 등
- 목적세: 도시계획세, 공동시설세, 사업소세, 지역개발세, 지방교육세

나. PF사업에의 적용

다음과 같은 법인 합병 등에 대한 감면(법 제283조2항)에 관한 사항이 PF사업 시 설립되는 SPC에 적용된다.

- 건설산업 기본법에 의하여 등록된 건설업자가 건설공사별 회계처리를 목적으로 설립한 별도 법인이 당해공사를 수행하기 위하여 출자한 건설업자로부터 취득하는 부동산에 대하여는 취득 세와 등록세를 면제
- 대도시 안에 소재하는 건설업자가 대도시 안에 설립하는 별도법인의 설립등기에 대하여 등록 세를 3배 중과세 면제
- 동 조항은 2001.1.1.부터 2006.12.31.까지 적용

향후 개발사업은 SPC를 이용한 사업이 주류를 이룰 것으로 판단되므로 안정적인 사업 유지를 위하여 한시적 적용보다는 지속적으로 하여야 할 것으로 판단된다.

⑤ AMC의 설립요건

AMC(asset management company)란 자산관리회사를 말하는 것으로 프로젝트 금융투자법인(PFV)이 사실상 명목회사이기 때문에 업무를 대신할 회사가 필요하여 회사가 추진하는 개발사업에 대한 자산관리, 운영관리 등에 대하여 용역계약을 통해 업무를 대행하는 회사를 말한다.

참고할 것은 부동산투자회사에 대한 인가 및 등록지침에 따른 자산관리회사(AMC)의 경우는 자기자본 70억 원 이상을 요구하고 있다. 일반적으로 SPC 출자자에 의하여 합의된 자산관리회사(AMC)는 별도 자본금 규정을 두고 있지 않지만 통상 5억 원 이상으로 하고 SPC에 출자한 출자들에 의해 설립하고 있다. AMC는 PFV의 주주사들이 참여하여 만든 회사이며, 개발 이후 PFV가 청산한 이후 개발된 부동산에 대해 관리, 운영에 대한 업무를 대행하게 된다.

사례

□ **제3자 공모사업의 형태**

지방자치단체 혹은 정부는 관광(단)지 조성을 통한 지역관광 활성화를 추진하기 위하여 민간자원을 이용 관광(단)지개발사업을 추진하기 위하여 사전 민간제안사업들에 대한 내부 사업타당성분석(KDI)을 거친 후 사업성이 타당하다고 판단되면 민간투자자를 대상으로 제3자 민자공모를 통해 사업자를 모집한다. 그리고 민간제안자들에 의해 접수된 사업제안서에 대하여 서류심사와 공개발표를 통해 우선협상대상자를 선정하게 된다.

사업신청자는 국내외에 있는 법인으로서 2개 이상의 컨소시엄으로 구성되며, 주로 전략적 출자사(Strategic Investors), 금융출자사(Finance Investors), 건설출자사(Construction Investors)로 구성한다. 자본금은 제한이 없으나 통상 전체사업비의 5% 이상으로 구성되며, 자본금의 경우 자기자본으로 주로 컨소시엄을 구성하는 법인들이 각자 지분만큼 납부하여 자본금을 구성하게 된다. 민투법에 의한 민간투자사업(BOT, BTO)의 경우 통상 사업비의 15% 이상을 자기자본조달 금액으로 하고 있어 일반 민간공모사업과는 다르다. 금융출자사(FI)의 경우 사업비 조달을 책임지는 금융사들로 구성되며, 주로 공사비 조달에 참여하고 금융이자와 금융수수료 때문에 사업에 참여한다. 민간제안사업의 경우 주로 PFV(명목상 페이퍼컴퍼니)를 설립하여 추진하게 되는데 최소 자본금은 50억 원이며, 금융기관은 전체 지분의 5%를 넘어야 한다.

민간제안 사업이 아닌 사업시행사가 토지를 확보하고 관광(단)지를 개발하는 경우는 통상 SPC형태의 회사를 만들어 사업을 제안하게 된다.

PFV 형식으로 사업에 참여한 경우, 지방자치단체가 제시한 제3자 공모지침서에 의거하여 사업계획서를 제출하고 지방자치단체는 사업제안서에서 최고의 점수를 받은 컨소시엄을 우선협상대상자로 선정하게 된다.

지방자치단체라 함은 부산도시공사를 말하는데 부산도시공사는 부산시에서 각종 개발과 관련 업무를 대행시키기 위해 부산시가 전액 출자한 공사이다.

제안자는 당시 (주)오션앤랜드를 비롯하여 2곳이 컨소시엄에 참여하였으나 포기하고 그 결과 (주)오션앤랜드 컨소시엄이 우선 협상대상자로 선정되어 부산도시공사와 토지매매계약을 체결한 후 개발에 착수했다.

3) 부동산 개발법인

(1) 부동산개발업의 제도화 필요성

부동산개발업은 토지를 택지·공장용지·상업용지 등으로 조성하거나 토지에 건축물을 건축하여 해당 부동산을 일반에게 판매·임대 등의 방법으로 공급하는 업종이다. 과거에는 종합건설업체가 시행과 시공을 모두 전담하여 수행했으나 외환위기 이후 기업의 재무건전성 제고, 리스크관리 등 부동산시장의 변화에 적응하기 위해 건설업자들이 모기업에서 개발사업 부문을 분리하여 시행사를 설립하고 이를 통해 신규 개발사업을 추진하게 되면서부터 시행사가 본격적으로 활동하게 되었다.

현재는 시공을 제외한 기획, 부지 매입과 인허가 취득, 분양 업무 등은 시행사·분양대행사 등이 업무를 추진하는 형태로 분업화되었다. 이는 개발사업의 위험확대 차단, 전문성·효율성 제고 등 부동산개발 산업구조를 개선하는 효과가 있어 새로운 개발사업구조로 정착되어 진행하는 과정에 있다고 할 수 있다.

(2) 부동산개발업의 문제점

① 영세하고 전문성이 부족한 개발업자의 난립

건산법·주택법 등 약 40여 개의 법률에서 인허가, 건설공사, 분양 및 관리 등 개별 사업별·목적별·단계별로 각각 규율하고 있다. 개발업에 대한 종합적이고 체계적인 사업자 관리제도가 없기 때문에 자본금 3억 원만 있으면 부동산 개발·임대 등의 업종으로 주식회사를 설립하여 활동할 수 있어 개발사업의 규모에 비해 영세하고 전문성이 부족한 부동산개발업자가 난립하였다.

② 허위·과장광고에 의한 소비자피해

시행사는 사업규모에 비해 자기자본 규모가 작아, 건축물 준공 전에 수분양자를 모집하는 선분양 방식을 통해 개발에 필요한 자금을 조달하여 금융기관 대출금액을 상환하거나 이후 개발자금으로 사용하고 있다. 이와 같은 선분양으로 인해 소비자는 완공된 건축물을 보지 못한 채 광고나 모델하우스만 보고 구매하게 되므로 허위·과장 광고 등에 의해 소비자 피해가 문제되고 있었다.

최근에는 허위개발정보를 유포하여 개발가능성이 거의 없는 토지를 고가로 판매하는 기획부동산(사기부동산매매업자)이 급증하고 있어 더욱 사회적 문제가 되고 있다.

기획부동산은 부동산 매매업·개발업·컨설팅 등 다양한 형태로 존재하고 있어 소비자나 투자자가 건전한 부동산개발업자와 사기 부동산매매업자를 구별하기 어려운 실정이다.

③ 시공사에 의존하는 사업구조

외환위기 이후 시공사로부터 시행사가 분리되었지만, 시행사는 주로 소수의 전문인력을 중심으로 개발사업을 추진해 나가는 특성이 있어 영세하고 기업의 신용도가 낮은 반면, 종래 사업기획과 부지매입, 시공, 분양 등 부동산개발의 전 분야를 전담하면서 쌓아 온 시공사의 브랜드 가치가 자금조달이나 분양성공 등에서 중요한 역할을 하게 되었다.

또한 금융기관은 프로젝트 파이낸싱 여부 결정 시 수익성 평가 외에 시공사의 지급보증 등 채권 확보가 용이한 방법을 선호하고 있어, 시행사가 시공사에 의존하는 개발사업 구조로 전환되고 있다.

(3) 부동산개발업의 제도화 필요성

① 부동산개발업에 대한 종합적 · 체계적 관리제도 필요

개발업자는 개발사업 전체를 책임지고 수행하는 자로서 소비자에 대한 관계에서는 부동산상품의 공급자, 시공사에 대해서는 발주자, 금융기관에 대하여는 자금조달에 대한 주체의 지위를 갖는다.

그러나 제도적으로는 주택법, 국토계획법, 건선법, 건분법 등 40여 개 법률에 의해 개발행위 인허가, 건설공사, 분양 및 관리 등 사업 · 목적 · 개발 단계별로 규율하고 있을 뿐이다. 부동산개발업자의 지위와 역할에 대한 체계적 · 종합적인 규정이 없다는 점이 문제점으로 지적되고 있다.

② 건전한 부동산개발업의 육성

외환위기 이후 건설업자의 재무건전성 확보의 필요성과 새로운 부동산금융상품의 출현 등 시장 변화에 따라 시행사와 시공사가 분리되는 추세이고 독립된 업종이라는 인식이 확산되고 있으나, 영세하고 전문성이 부족한 시행사의 난립과 일회성 개발사업의 폐해 등 독립된 전문업종으로 발전하기에는 장애가 많았다.

따라서 부동산개발업 등록제와 같은 관리 · 감독 제도를 도입하여 개발업자가 법률상 책임과 의무를 다할 수 있도록 하는 한편 부동산개발 및 개발업을 제도화함으로써 부동산개발 영역의 새로운 업종으로 성장 · 발전할 수 있는 기반을 마련하는 것이 건전한 부동산개발업 육성을 위해 시급한 과제라고 할 수 있다.

③ 소비자 보호

기획부동산 · 부동산매매업자 · 부동산컨설팅 등 다양한 형태의 사업자들이 개발사업에 참여하고 있으나, 영세시행자들의 토지 확보를 위한 과당 경쟁과 사업주체(발주자)가 시공사(수급인)의 브랜드나 지급보증에 의존하는 개발사업구조로 인하여 오히려 분양가가 상승한다는 지적이 있고, 테마상가 · 오피스텔 등의 사업 시행과정에서 사기분양 · 허위광고로 다수의 소비자가 피해를 보는 사례마저 발생하였다.

또한 무분별한 부동산개발과 허위과장광고로 인한 소비자 피해를 방지하기에는 형법 또는 표시광고법에 의한 제재에는 한계가 있다.

이에 개발업 관리제도를 도입하여 일정 기준에 미달하는 사업자의 부동산개발을 제한하고 개발업자가 소비자 보호를 위하여 필요한 정보를 제공하도록 의무화함으로써 소비자가 건전개발업자와 부실개발업자를 구별할 수 있도록 하는 것이 필요하다.

이에 따라 소비자 보호 및 부동산개발업자의 난립 방지를 위해 부동산개발업 등록제를 주요 내용으로 하는 「부동산개발업의 관리 및 육성에 관한 법률」이 제정(2007.04.27.)되어 2007년 11월 18일부터 시행 중에 있다.

(4) 부동산개발업 등록제

부동산개발업을 영위하고자 하는 자는 「부동산개발업의 관리 및 육성에 관한 법률」에 의거 부동산개발업 등록을 하여야 한다(법 제2조).

① 개발업의 등록

전문성이 부족한 개발업자의 난립으로 인한 소비자 피해 방지 및 부동산개발업의 체계적인 관리 육성을 위해 등록제가 도입되었으며, 만약 등록하지 않고 부동산개발업을 하는 경우 3년 이하의 징역 또는 5천만 원 이하의 벌금에 처하도록 되어 있다.

〈표 2-8〉 부동산개발업 등록대상

건축물(연면적)	주상복합(비주거용 연면적)	토지(면적)
3,000㎡(연간 5,000㎡) 이상	3,000㎡(연간 5,000㎡) 이상이고 비주거용 비율이 30% 이상인 경우에 한정	5,000㎡(연간 10,000㎡) 이상

개발업자의 난립 방지라는 등록제 취지를 고려 국가 · 지자체 등 공공사업주체, 주택건설사업자 등은 등록을 예외로 한다.

구분	등록 예외 이유
국가 · 지자체 · 지방공기업 · LH 등	공공사업주체 ▷ 난립 문제 없음
주택 사업을 하는 경우로서 주택법 제9조에 따라 등록한 주택건설사업자 등	이미 등록제로 관리(주택법)

등록 규모 미만의 부동산개발을 하는 개발업자는 등록 없이도 자유롭게 개발을 할 수 있도록 하여 영업의 자유를 보장하고 개발업법상 등록대상 면적이나 주택법상 등록대상이 아닌 주택과 대지는 등록에서 제외된다.

〈표 2-9〉 부동산개발업의 등록 요건(시행령 제4조)

구분		등록 요건
자본금	법인	자본금 3억 원 이상(2011.8.19.까지는 5억 원 이상)
	개인	영업용자산평가액 6억 원 이상(2011.8.19.까지 10억 원)
부동산개발 전문인력		상근 2명 이상
시설		사무실 전용면적 33㎡ 이상(2010.11.11. 면적규정 실효)

부동산개발업의 등록을 위해 법인의 경우에는 ① 자본금, 출자금 또는 총자산에서 총부채를 뺀 금액이 3억 원 이상, 개인인 경우에는 영업용자산평가액이 6억 원 이상이어야 하고, 그 밖에 ② 사무실 및 ③ 상근하는 부동산개발 전문인력 2인 이상을 확보하여야 하며 전문인력은 법에서 정하는 사전 교육을 이수하여야 한다(법 제4조, 시행령 제4조).

개발법에 따른 개발행위의 인허가 절차에서 개발 목적에 따라 등록 사업자인지 여부를 확인하도록 지침을 마련하여 지자체에서 시행한다. 개발행위의 인허가(변경인허가 포함) 시 부동산개발업의 등록사실 확인을 위한 업무처리 지침을 마련했다.

상근 임직원이 없는 특수목적법인의 등록(시행령 제6조)을 위해서는 상근하는 부동산개발 전문인력을 확보하여야 하나, 특수목적법인의 경우 이를 충족할 수 없는 구조이므로 등록요건을 별도로 설정하였다. 이 경우 특수목적법인을 등록대상으로 하고, 자산관리회사 등이 부동산개발 전문인력·시설 등의 요건을 갖추도록 하고 있다.

구분		등록조건
특수목적법인		위탁관리부동산투자회사, 기업구조조정부동산투자회사 - 부동산투자회사법 제2조 제1항, 나·다목 - 자본시장과 금융투자업에 관한 법률 제22조제2항 - 법인세법 제51조의 제2항
		부동산투자기구 중 투자회사 (자본시장과 금융투자업에 관한 법률 제229조제2호)
		프로젝트금융투자회사 (법인세법 제51조의2 제1항제9호)
자본금		자본금 5억 원 이상
자산관리회사 등	부동산개발 전문인력	상근 5명 이상
	시설	사무실 전용면적 33㎡ 이상(2010.11.18. 면적규정 실효)

(5) 부동산개발업 등록신청에 필요한 서류

부동산개발업 등록신청에 필요한 구비서류는 다음과 같다.

1. 재외국민인 경우에는 재외국민등록부등본 및 여권 사본

2. 법인의 경우에는 대차대조표·손익계산서, 개인인 경우에는 영업용자산액명세서와 그 증빙서류

3. 대표자 및 임원(개인은 대표자를 말한다)의 성명·주민등록 번호 및 주소

4. 부동산개발 전문인력의 확보를 증명하는 다음과 같은 서류

　　가. 해당 자격 또는 학위를 증명하는 서류

　　　　- 변호사: 사법연수원수료증 사본, 변호사등록증 사본 등

　　　　- 공인회계사: 금감위원장이 발급한 공인회계사등록증 사본

　　　　- 자산운용전문인력: 자산운용전문인력등록확인서

　　　　- 감정평가사·공인중개사·건축사 자격증 사본

　　　　- 건설기술자: 한국건설기술인협회 발행 건설기술자경력증명서

　　　　- 학위증명서류: 학위수여증명서 또는 졸업증명서

　　나. 경력을 증명할 수 있는 서류: 해당기관의 경력증명서

　　다. 부동산개발 전문인력 사전교육수료증 사본

　　라. 부동산개발 전문인력에 대한 고용계약서 사본

　　마. 부동산개발에 필요한 전문성이 있다고 인정되는 자로서 국토교통부장관이 고시하는 기준에 해당하는 자(부동산개발인력의 자격인정방법 및 절차기준 제10조 참조)는 이를 증명할 수 있는 서류

5. 사무실을 갖추었음을 증명하는 임대차계약서 사본

② 부동산개발 전문인력과 사전교육제

부동산개발 전문인력은 종전 전문성과 자질이 부족한 인력이 개발사업에 참여하거나 부동산개발 전문교육기관 부족과 체계적인 교육과정이 이미 정립되었으나, 현행은 변호사, 감정평가사 등 자격을 갖춘 자나 건설기술인 등으로 전문인력의 범위로 한정하고 교육기관, 교과과정 등에 관한 기준을 마련하여 전문인력 사전교육을 실시하고 있다.

부동산개발 전문인력의 범위를 법률금융개발실무 등의 분야로 세분하고 해당분야 경력 등을 갖춘 자로 한정하여 부동산개발의 전문성 제고 및 소비자 보호를 도모하고 있다.

이와 더불어 부동산개발 전문인력은 부동산개발업 등록 전에 자격을 갖춘 교육기관이 실시하는 부동산개발에 관한 교육과정을 이수하도록 의무화하였다(2008.11.17까지는 선등록 후 교육 가능).

교육기관은 대학, 부동산개발 및 관련 분야의 교육에 관한 전문성이 있는 공공기관 등 중에서 국토교통부장관이 지정하는 기관으로 하고 교육과정에는 부동산개발업의 운영에 관련된 사항, 법률·조세 및 회계 등 제도에 관련된 사항 등이 포함되어야 한다. 교육시간은 60시간(60~80시간)의 범위에서 국토교통부장관이 정한다.

사례

□ **부동산개발전문인력의 범위**

(영 별표 1, 부동산개발전문인력의 자격인정방법 및 절차기준 제3조제11조)

구분	부동산개발전문인력의 범위
법률	「변호사법」에 따른 변호사 자격을 취득한 이후 국가, 지방자치단체, 공공기관 및 그 밖의 법인 또는 개인사무소에서 법률에 관한 사무에 2년 이상 종사한 자
부동산개발 금융	1. 「공인회계사법」에 따라 금융위원회에 공인회계사로 해당 분야에서 3년 이상 종사한 자 2. 「부동산투자회사법」에 따른 자기관리부동산투자회사, 자산관리회사, 부동산투자자문회사의 등록신청에 따라 자산운용전문인력으로 국토교통부장관에게 등록된 자 또는 3년 이상 등록된 경력이 있는 자 3. 「은행법」에 따른 은행에서 10년 이상 근무한 자로서 부동산개발 금융 및 심사 업무에 3년 이상 종사한 자
부동산개발실무	1. 「감정평가 및 감정평가사에 관한 법률」에 따라 국토교통부장관에게 등록을 한 이후, 감정평가사의 업무에 속하는 분야에서 3년 이상 종사한 자 2. 법무사, 세무사 또는 공인중개사 자격이나 부동산 관련 분야의 학사과정 이상 소지자로서 부동산개발업을 하는 법인 또는 개인사무소, 「부동산투자회사법」에 따른 부동산투자회사·자산관리회사 및 그 밖에 이에 준하는 회사·기관에서 부동산의 취득·처분·관리·개발 또는 자문 관련 업무에 3년(부동산 관련 분야의 석사학위 이상 소지자는 2년) 이상 종사한 자 　※ 부동산개발업을 하는 법인의 사업실적 또는 매출액 　　- 최종근무일로부터 5년 이내 건축연면적 5천 제곱미터 또는 토지면적 1만 제곱미터 이상 　　- 최종근무일로부터 5년 이내 부동산개발부문 매출액 159억 원 이상 　※ 부동산관련분야: 경영학, 경제학, 법학, 부동산학, 지리학, 도시공학, 토목공학, 건축학, 건축공학, 조경학의 10개 학과와 그 외에 국립대학에 개설된 10개 동일학과의 전공필수 과목 중 16개 과목(48학점)을 이수한 경우 3. 삭제 《2015.12.15.》 4. 「건설기술진흥법」 제2조제8호에 따른 토목·건축·도시·교통·조경 분야의 고급기술자 또는 특급기술자(단, 도시교통분야의 교통 전문분야는 제외) 5. 건축사 6. 다음 각 목의 어느 하나에 해당하는 기관 등에서 부동산의 취득·처분·관리·개발 또는 자문 관련 업무에 종사한 자로서 국토교통부장관이 정하여 고시하는 기준에 해당하는 자 　가. 국가 　나. 지방자치단체: 일반직 5급(7급) 이상 공무원으로 부동산개발에 필요한 제도의 수립, 운용, 인가 등에 관한 업무에 3년(5년) 이상 경력자 　다. 법 제4조제1항제2호에 따른 공공기관 　라. 법 제4조제1항제3호에 따른 지방공사 및 지방공단: 개발관련업무에 10년 이상 종사한 자 　마. 영 제9조제2항제4호 및 별표 1 부동산개발 실무 제6호에서 부동산개발에 관한 사업실적·매출액이 국토교통부장관이 정하여 고시하는 규모 이상인 부동산개발업을 하는 법인 또는 개인사무소에서 부동산의 취득·처분·관리·개발 또는 자문 관련 업무에 7년 이상 종사한 자

③ 부동산개발업자 등의 금지행위(법 제20조)

소비자 피해를 예방하기 위해 부동산개발업자(그 임직원, 부동산개발업자로부터 업무를 위탁받아 처리하는 자와 그 임직원 포함)의 허위개발정보 유포, 텔레마케팅을 통한 부동산 구매 강요행위 등을 금지한다.

〈표 2-10〉 부동산개발업자의 금지행위 유형

구분	금지행위 주요 내용
등록 사항	① 허위과장된 사실을 알리거나 속임수를 써서 타인으로 하여금 부동산 등을 공급받도록 유인하는 행위(시정조치, 영업정지, 시정조치 불응의 경우 형벌)
	② 부동산 등을 공급받도록 유인할 목적으로 부동산개발에 대한 거짓 정보를 불특정다수인에게 퍼뜨리는 행위(시정조치, 영업정지, 시정조치 불응의 경우 형벌)
	③ 상대방의 반대의사에도 불구하고 전화·컴퓨터·통신 등을 통하여 부동산 등을 공급받을 것을 강요하는 행위(시정조치, 영업정지, 과태료 시정조치 불응의 경우 형벌)
기타	①②의 규정에 위반하는 행위는 형벌, ③은 과태료

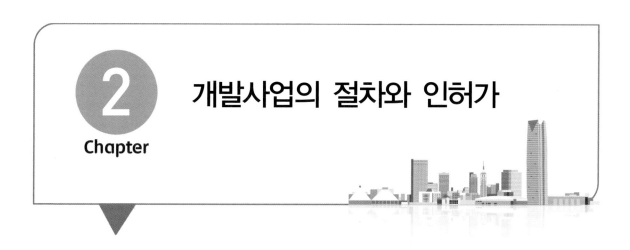

① 개발사업 절차

1) 일반적인 부동산개발사업의 업무흐름(Flow)

관광(단)지개발사업은 허가절차상 부동산개발사업과 사실상 거의 유사하다. 통상 개발 절차는 사업을 시행하고자 하는 시행새공모사업의 경우 PFV(특별목적법인)나 SPC(자산유동화회사나 컨소시엄)가 되며, 일반개발의 경우는 회사가 사업의 시행자가 된다.

부동산개발사업의 일반적 절차를 살펴보면, 우선 사업시행사는 토지를 매입하고 매입되는 토지에 대한 관련 법령을 참고하여 실제 사업부지 내에 설치될 건축물에 대하여 가설계를 통해 사업성을 검토한다. 사업수지분석상 사업성이 확인되면 개발에 필요한 토지비나 공사비를 확보하기 위해 건설사(책임준공)와 금융주간사(브릿지대출과 본 PF 대출)를 선정하고 본 설계를 통하여 각종 인·허가절채관광(단)지 지정, 도시결정 고시, 실시계획 승인, 조성계획, 사업자 지정, 환경영향평가, 문화재영향성 검토, 건축허가 등를 밟는다. 인허가가 완료되면 분양할 시설물에 대한 분양승인을 취득하고 모델하우스나 샘플하우스를 건립한 후 준공하기 전까지 청약이나 분양을 시작한다. 준공후 실제 건립된 시설물에 대한 운영에 들어가기 전에 사업참여자(금융사, 건설사, 신탁사 등)에 대한 청산을 하며, 대출금에 대한 회수가 마무리되지 않을 경우, 건립된 시설물에 대한 자산유동화또는 미분양분에 대한 담보대출 방법 등을 통해 대출금이나 투자비를 청산한다. 만약 사업이익이 발생할 경우 90% 범위 내에서 청산(PFV의 경우) 후 시행자 또는 별도로 만든 자산관리회사에 의한 운영이 시작된다.

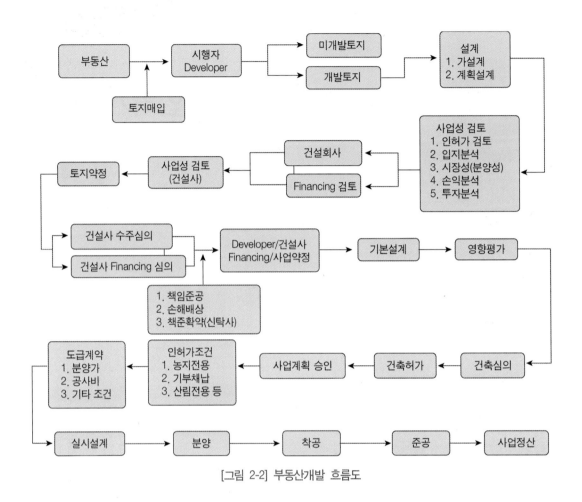

[그림 2-2] 부동산개발 흐름도

2) 관광(단)지개발사업의 업무흐름(Flow)

부동산개발절차와 달리 관광(단)지개발 절차는 조금 더 복잡하다. 관광지는 사업시행자가 관광지 지정을 직접 신청할 수 없기 때문이다. 결국 지역경제 활성화 차원 및 관광객 유치 차원에서 특정 지역을 관광(단)지로 지정받기 위해 신청자는 기초 지자체(시·도지사)가 되기 때문에 관할 지자체 단체장은 관광(단)지 지정요청, 관광지 지정 및 고시, 조성계획 승인 및 고시, 사업자 지정까지의 업무를 총괄한다. 따라서 관광지 지정계획 시행단계에서부터 지자체의 역할이 대부분 이어지게 된다. 다만, 기반시설 공사 후 조성토지를 처분하여 개별시설을 설치하는 과정에서는 공공단체뿐만 아니라 민간사업자의 개별시설 설치 및 운영이 시작되게 된다. 이때 사전계획 단계에서는 개발대상지 선정, 종합분석 및 계획과제 도출, 개발컨셉 도출, 관광수요 및 규모 산정, 사업타당성 검토를 실시하며, 사업자 지정단계에서는 시·도지사의 관광지 지정 또는 고시가 진행된다.

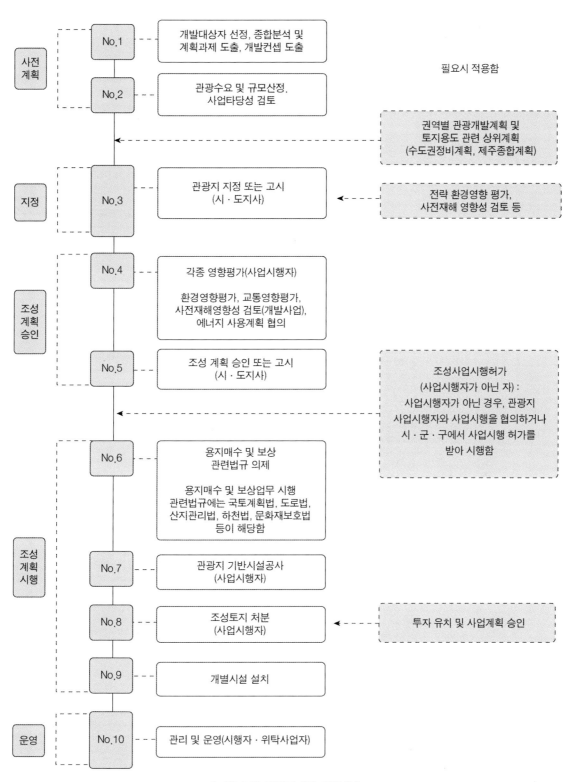

사전계획

No.1 — 개발대상자 선정, 종합분석 및 계획과제 도출, 개발컨셉 도출

No.2 — 관광수요 및 규모산정. 사업타당성 검토

필요시 적용함

권역별 관광개발계획 및 토지용도 관련 상위계획 (수도권정비계획, 제주종합계획)

지정

No.3 — 관광지 지정 또는 고시 (시 · 도지사)

전략 환경영향 평가, 사전재해 영향성 검토 등

조성계획승인

No.4 — 각종 영향평가(사업시행자)

환경영향평가, 교통영향평가, 사전재해영향성 검토(개발사업), 에너지 사용계획 협의

No.5 — 조성 계획 승인 또는 고시 (시 · 도지사)

조성사업시행허가 (사업시행자가 아닌 자) : 사업시행자가 아닌 경우, 관광지 사업시행자와 사업시행을 협의하거나 시 · 군 · 구에서 사업시행 허가를 받아 시행함

조성계획시행

No.6 — 용지매수 및 보상 관련법규 의제

용지매수 및 보상업무 시행 관련법규에는 국토계획법, 도로법, 산지관리법, 하천법, 문화재보호법 등이 해당함

No.7 — 관광지 기반시설공사 (사업시행자)

No.8 — 조성토지 처분 (사업시행자)

투자 유치 및 사업계획 승인

No.9 — 개별시설 설치

운영

No.10 — 관리 및 운영(시행자 · 위탁사업자)

[그림 2-3] 관광지개발 프로세스

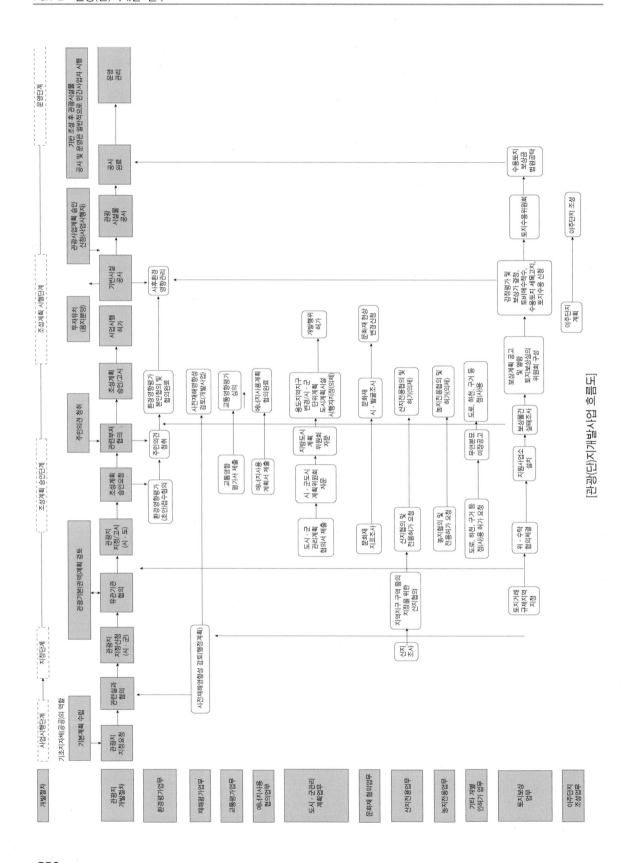

[관광(단)지개발사업 흐름도]

사업자가 제출하는 조성계획 승인에서는 각종 영향평가를 시행한 후 조성계획 승인 또는 고시가 이루어지게 된다. 조성계획 시행단계에서는 용지매수 및 보상, 관련 법규 의제처리와 함께, 관광지 기반시설 공사가 진행된다. 그리고 민간사업자가 관광시설을 개별적으로 설치한 후 비로소 관광지의 각 관광시설은 관리 및 운영단계를 거치게 된다.

이해를 돕기 위해 조금 더 보충설명을 하자면 '춘천 위도관광리조트개발사업'의 경우 관할 지자체는 춘천시였다. 춘천시는 지역경제 활성화 차원 및 관광객 유치를 위해 1969년에 위도를 관광지로 지정하였다. 그리고 사업자 지정 후 사업자가 제출한 개발에 관한 기본 계획 즉 조성계획에 대하여 공사 시 및 운영 시 환경영향 및 저감대책, 사후 환경영향조사계획 등에 관한 환경영향평가 (전략적 환경영향평가) 등을 거치게 한 후 조성계획을 승인하였다.

이후 사업자는 건축허가신청을 통해 경관심의와 역사문화환경 보존지역 내 건축행위 등에 관한 허용기준 관련 문화재보존에 관한 심의를 거쳐 건축허가를 득한 후 사업을 착수할 수 있었다.

각 세부적인 인허가 과정에 대해서는 이론편을 통해 상세하게 설명하였으므로 실무에서는 생략한다.

② 개발사업의 인허가

1) 개발컨셉

제품 개발컨셉의 의미는 일반적으로 마케팅을 통해 새로운 상품이나 서비스를 기획하는 단계에서 해당 상품이나 서비스의 특장점과 가치의 핵심을 소비자에게 이해하기 쉬운 언어로 간단하게 정리한 것이다. 이를 통해 소비자들에게 해당 상품이나 서비스가 얼마나 매력적인지를 평가받을 수 있어 마케팅은 큰 의미를 갖는다.

이와 마찬가지로 관광개발에서 개발컨셉은 개발되는 사업부지 전체에 대한 이미지와 배치도를 통해 실제 개발되는 부지에 대한 개발방향을 제시하는 단계라고 할 수 있다. 이러한 개발컨셉을 기본 방향으로 개발에 필요한 인허가여부, 사업의 전망, 투자의 적절성, 사업규모여부 등을 종합적으로 판단하게 된다.

예를 들어 춘천 위도관광리조트개발사업의 컨셉은 호수와 산으로 둘러싸인 천혜의 자연환경과 특별한 관광콘텐츠가 결합된 국내 최초 내수면 마리나 리조트개발이었다. 춘천시민의 소풍 장소였던 위도에서만 느낄 수 있는 특별한 공간, 디자인이 강조된 건축물과 시설을 설치하고 리조트 완공 후 운영을 통한 장기적이고 안정적인 지속 가능한 리조트 운영을 위한 프로그램을 개발함으로써 관광, 숙박, 여가, 레저의 융복합화를 실현하는 미래형 럭셔리 리조트를 개발하고자 하였다.

□ 개발의 컨셉

- 숙박시설(940실): 생활형 숙박시설, 럭셔리호텔, 한옥호텔, 콘도
- 휴양/문화관광시설: 유원지 내 야외 공연장, 수영장, 수로공원(인공해변), 가족공원
- 하천부지를 활용한 놀이시설: 마리나, 글램핑장, Family Park(Walkroad, 운동시설, 페스티벌 stage)
- 상업시설: Waterside F&B(Food&Beverage) 시설, 판매시설, 초콜릿체험관, 지역특산물을 이용한 식당가
  (닭갈비, 감자요리, 민물고기 매운탕, 횡성한우갈비 등)

(1) 사업부지에 대한 시설배치

사업부지 내 배치될 각 용도별 건물의 배치와 녹지공간의 비율 등을 고려하여 기본적인 건축개요를 설정해 본다. 초기단계의 건축개요는 사업자의 의도에 따라 수시로 변하지만 배치도는 한번 설정하면 쉽게 바꾸기 어렵다.

■ 배치도

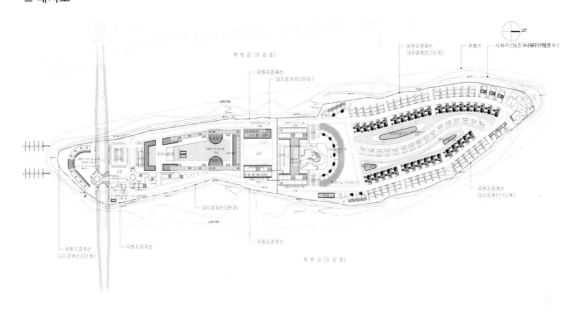

(2) 건물의 입면

사업지 주변 호수와 산으로 둘러싸인 천혜의 아름다운 자연경관을 중심으로 이와 관련된 시설물들을 구성하여 럭셔리 체류형 관광지로 탄생시키고자 계획하였다.

① 입면계획(동측 풍경)

입면의 경우 위도관광리조트는 춘천의 주변 산들과 조화를 이루기 위해 박스형 건물이 아닌 산들과 어울리는 건물형태를 고려하였다.

② **입면계획(서측 풍경)**

건물이 완공되었을 경우 리조트단지는 주변 산들과 어울리는 형태를 갖출 것을 설계에 반영하였다.

(3) 시설별 개발방향

① **단독형 럭셔리 풀빌라 및 부대시설**

단독형 럭셔리 풀빌라는 공공시설(워터파크, 마리나, 글램핑장)과는 반대방향으로 배치하여 쾌적하고 아늑한 분위기를 조성하였다.

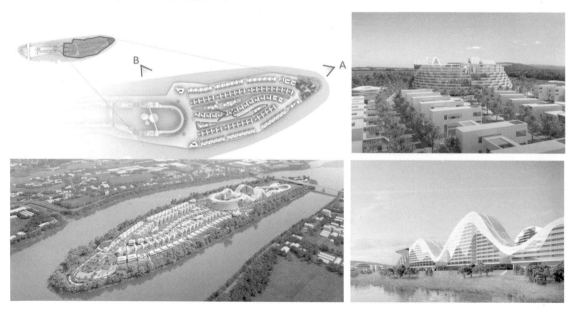

② 판매시설(상업시설)

상가부분은 리조트진입 출구 주변으로 실내·외 형태로 구성하였다. 실내의 안쪽으로 대규모
워터파크가 있어 많은 사람들이 상가를 이용할 수 있게 하였으며, 공원과 쇼핑을 위해 리조트를
찾는 사람들은 외부에서 직접 필요상가를 찾도록 동선을 확보하였다.

③ 말굽형 콘도와 워터파크(인공해변과 주변공원)

콘도는 가운데 워터파크를 구성하고 그 주변을 콘도로 배치하여 언제든 워터파크를 이용할 수
있게 하였다. 워터파크의 경우 비수기에는 각종 물놀이 쇼가 펼쳐지고 겨울에는 스케이트장과 설
빙축제가 개최되도록 배치하였다.

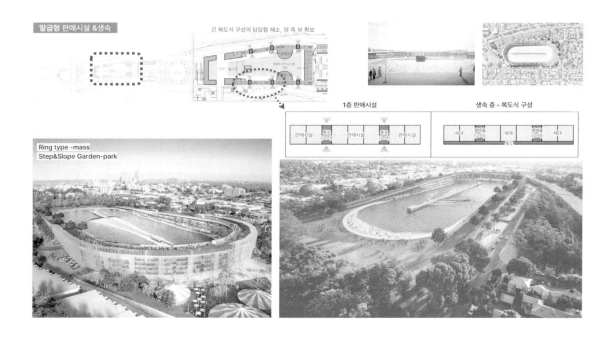

④ 콘도의 형태

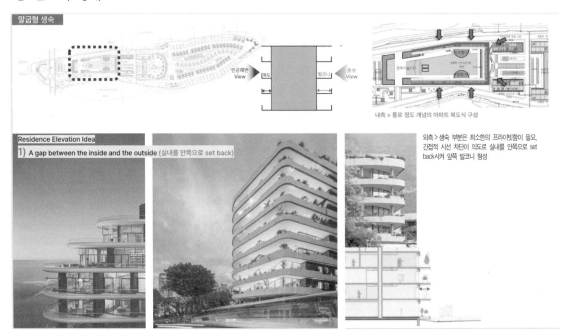

⑤ 콘도의 위치도

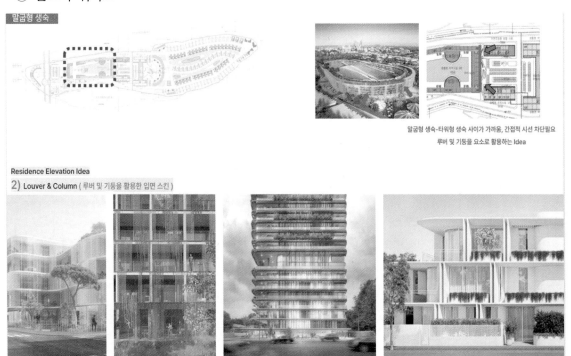

⑥ 콘도정면 폭포와 수변공간

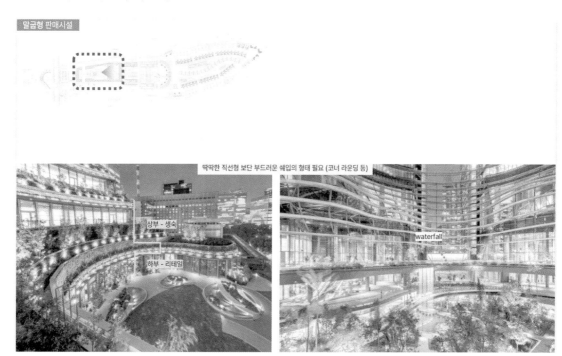

⑦ 워터파크 옆 판매시설

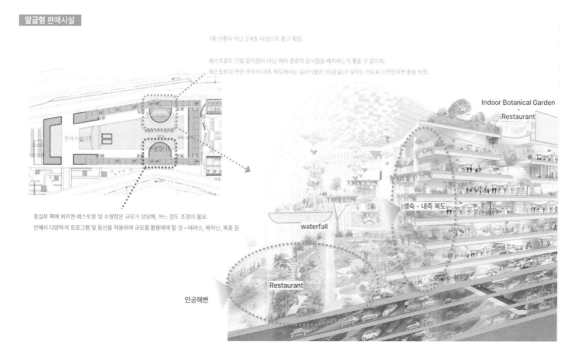

⑧ 수공간에 설치된 레스토랑

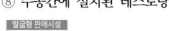

⑨ 타워형 호텔과 생숙

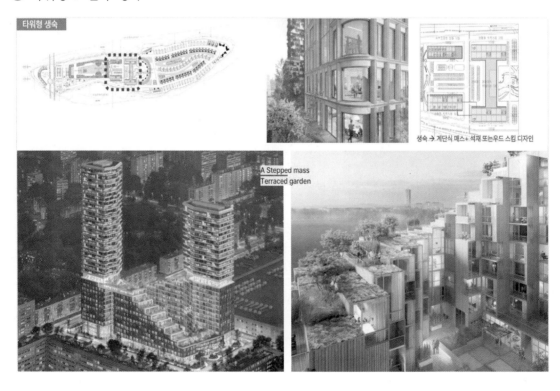

⑩ 타워형 호텔

A Stepped mass
Terraced garden

호텔 (생숙과 차별화된 특화포인트의 매스디자인 필요)
→ 계단식 매스+ 커튼월 디자인 + 유기적 형태 등

⑪ 타워형 생숙 하단 그라운드 브릿지

타워형 생숙 – 그라운드 미들 브릿지

1층 → 공원을 끼고 활용가능한 상가 및 부대시설 배치필요
(마켓이나 추후 용도에 맞는 리테일)

Bridge void space idea

스카이 브릿지 → 인피니티풀

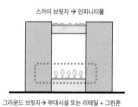

그라운드 브릿지→ 부대시설 또는 리테일 + 그린존

⑫ 공원의 형태

⑬ 공원 하부에 설치된 부대시설

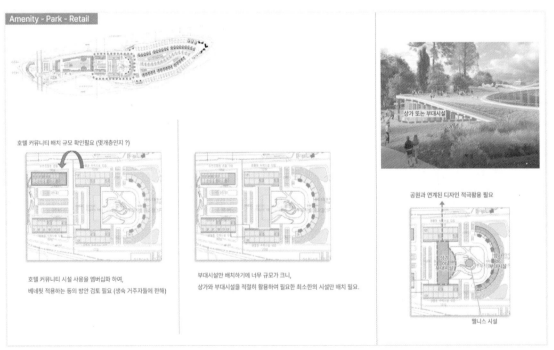

⑭ 중앙공원에 설치된 커뮤니티시설

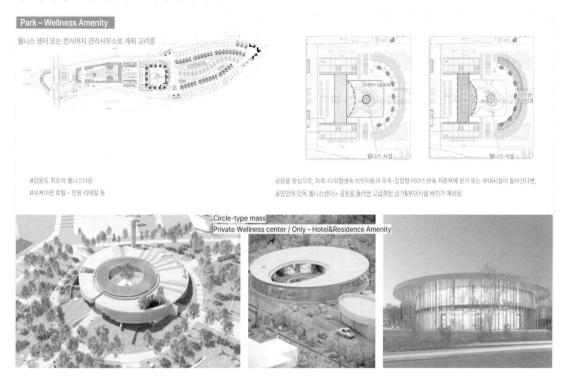

Park – Wellness Amenity

웰니스 센터 또는 컨시어지 관리사무소로 계획 고려중

Green space

웰니스 시설

웰니스 시설

#강원도 최초의 웰니스타운
#워케이션 호텔 – 전용 리테일 등

공원을 중심으로, 좌측-타워형생숙 브릿지동과 우측-집합형 테라스생숙 저층부에 상가 또는 부대시설이 들어간다면,
공원안에 단독 웰니스센터+ 공원을 둘러싼 고급화된 상가&부대시설 배치가 예상됨.

Circle-type mass
Private Wellness center / Only – Hotel&Residence Amenity

⑮ 한옥호텔의 형태

▶ **영빈관**

오직 위도에서만 경험할 수 있는 150칸 한옥 호텔은 중요무형문화재 최기영 대목장님이 시공하고,
전통 한옥 건축양식에 맞게 설계하되, 고객 편의성을 확보한 시그니처 공간

사례

□ 개발컨셉에 대한 사례

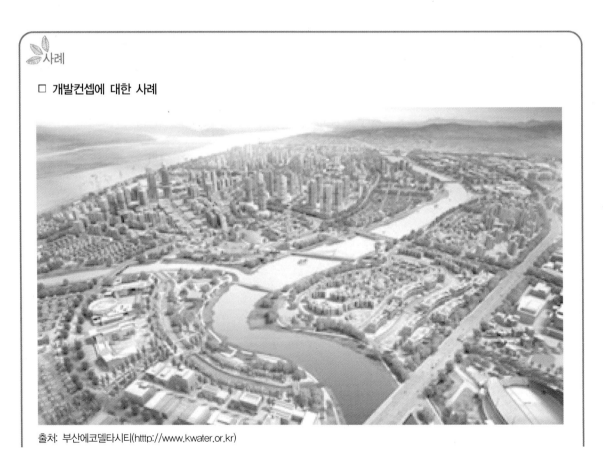

출처: 부산에코델타시티(htttp://www.kwater.or.kr)

1. 부산에코델타시티의 개발컨셉

부산에코델타시티는 부산신항만, 김해국제공항, 신항 배후철도, 남해고속도로 등 우수한 광역 교통체계와 지정학적 위치를 활용한 거점지역 육성으로 '부산권 경제 활성화 및 미래 신성장 동력을 구축하여 수변중심의 고품격 천수 주거환경과 주거·상업·업무·예술·문화가 어우러지는 복합수변공간 조성으로 하천 중심의 다양한 미래 여가·문화공간을 제공하며, 정부의 '포트비지니스밸리' 계획과 부산 '국제산업물류도시' 계획을 반영한 복합물류·산업중심 글로벌 거점도시를 조성하여 국가 경쟁력을 제고하고자 추진되었다.

□ **3개의 강을 활용한 다양한 문화·관광·레저 도시구현**

- 리버프론트(River-front)형 열린 수변공간을 조성
  - 마리나, 수변카페, 캠핑장 등 레저문화공간을 조성
- 강 중심의 Green-Network 구축
- 합류부의 문화·레저 특화구역 도입

□ **강, 생태 Amenity가 조화되는 자연감성 생태도시 구축**

- 친환경 녹색도시 조성
  - LID, 탄소저감형 에너지, 녹색교통 도입 등
- 수변생태도시 구현
  - 생태습지공원, 자연·인간 Healing Zone 구현
- 수변·주거·생태교감도시 조성

□ **국제 물류, 첨단산업 중심 동북아 거점 미래첨단도시 육성**

- 국제물류, 첨단산업 기반 접목
  - R&D특구, 다기능형 복합물류체계 도입 등
- 글로벌 비즈니스 환경 구축

2) 환경영향평가

(1) 환경영향평가의 개요

환경영향평가(環境影響評價, environmental impact assessment)는 정부기관 또는 민간에서 대규모 개발사업 계획을 수립하는 경우 「환경영향평가법」에서 규정하는 환경영향평가대상사업의 시행이 환경에 미치는 영향을 미리 조사, 예측, 평가하여 해로운 환경영향을 피하거나 줄일 수 있는 방안을 강구하기 위해 수행되는 법률에 의한 평가절차이다.

환경영향평가는 환경적으로 건전하고 지속 가능한 개발이 되도록 함으로써 쾌적한 환경을 유지하고 조성하기 위해 도입하였다. 산업사회의 진전에 따른 개발사업의 시행으로 환경오염이 점차

심화되자 환경영향평가는 사업계획을 수립·시행함에 있어서 해당사업의 경제성·기술성뿐만 아니라 환경성까지 종합적으로 고려하여 환경적으로 건전한 사업 계획안을 모색하는 과정이자 계획기법이라 할 수 있다.

(2) 추진절차

환경영향평가를 해야 하는 대상사업은 도시개발사업, 산업입지 및 산업단지 조성사업, 에너지 개발사업, 항만 건설사업, 도로 건설사업, 수자원 개발사업, 철도(도시철도 포함) 건설사업, 공항 건설사업, 하천의 이용 및 개발사업, 개간 및 공유수면매립사업, 관광단지개발사업, 산지 개발사업, 특정지역 개발사업, 체육시설 설치사업, 폐기물처리시설 설치사업, 국방·군사시설의 설치사업, 토석·모래·자갈·광물 등의 채취사업, 환경에 영향을 미치는 시설로서 대통령령으로 정하는 시설의 설치사업이 있다.

환경영향평가의 일반적인 과정은 첫째, 제안된 조치들이 환경에 미치는 영향을 파악하고 환경적인 영향을 회피 혹은 완화할 수 있는 대안들을 정부가 충분히 검토하여 고려토록 한다. 둘째, 영향을 받는 시민들이 제안된 계획이나 정책들을 이해하고 정책입안자들에게 그들의 견해를 사전에 제시할 수 있는 기회를 갖도록 하고 있다.

환경영향평가 항목은 크게 자연환경, 생활환경, 사회·경제 환경 등 3분야로 나뉜다. 자연환경에는 기상·지형·지질·동식물상·해양환경 등이, 생활환경에는 토지의 이용·대기질·수질(지표·지하)·토양·폐기물·소음·진동·악취·전파장해·일조장해·위락·경관·위생·공중보건 등이, 사회·경제 환경에는 인구·주거·산업·공공시설·교육·교통·문화재 등이 규정되어 있다.

환경영향평가의 기본원칙은 첫째, 경제적·기술적으로 실행할 수 있는 범위에서 환경영향평가 대상사업의 시행에 따른 해로운 환경영향을 피하거나 줄일 수 있는 방안을 강구한다. 둘째, 환경보전방안은 과학적으로 조사·예측된 결과를 근거로 한다. 셋째, 환경영향평가 대상사업에 충분하게 정보를 제공하여 환경영향평가 과정에 주민 등의 참여가 원활히 이루어질 수 있도록 노력해야 하는 것이다.

환경영향평가를 할 때 환경영향평가 분야 및 세부항목, 환경영향평가서의 작성 및 의견수렴과 환경영향평가서의 협의 및 협의내용의 관리 등 평가절차, 그 밖에 필요한 사항은 해당 시·도의 조례로 정하며 근거법은 「환경영향평가법」이다. 사업자가 환경영향평가를 실시하려는 경우에는 평가항목 및 그 범위 등을 정하여 규정에 따라 환경영향평가계획서를 작성하고 주민 의견수렴 등을 포함하는 환경영향평가를 실시한 다음 환경영향평가서를 제출해야 한다.

환경영향평가는 환경부에 등록된 환경영향평가대행자로 하여금 대행하게 할 수 있으며, 환경영향이 작은 사업으로서 「환경영향평가법 시행령」에서 규정된 사업인 경우 평가계획서심의위원회의 심의를 거쳐 간이화된 환경영향평가를 실시할 수도 있다.

환경영향평가의 대상인 개발사업의 행정계획 수립단계에서 「환경정책기본법」에 따른 사전환경성 검토에서 결정된 평가항목, 범위 및 의견수렴이 환경영향평가계획서의 평가항목, 범위 등의 결정을 대체할 수 있다고 인정되는 경우에는 평가계획서의 작성 및 평가항목, 범위 등의 결정절차를 생략할 수 있다.

사전환경성 검토는 개발계획이나 개발사업을 수립 시행함에 있어 입지 타당성 및 주변 환경과의 조화 여부, 그리고 환경친화적인 대안을 제시하고자 계획 초기단계에서 환경에 미치는 영향을 고려하여 환경친화적인 개발을 도모하기 위해 2000년 제정된 「환경정책기본법」을 통해 도입된 제도이다. 춘천 위도관광리조트개발사업에 따른 환경영향평가의 추진절차는 아래와 같다.

근 거 법 령	사업계획(변경) 수립추진	주 요 사 항
	환경영향평가 평가준비서 작성, 제출 (켐핀스키춘천-> 춘천시)	※ 평가준비서 작성: 평가대행자
환경영향평가법 제8조 및 제24조, 시행령 제4조 및 제5조, 제32조	환경영향평가협의회 심의(승인기관) (춘천시-> 강원도) - 위원회구성: 10인 내외 - 심의방식: 서면 또는 위원회 개최	※ 평가협의회 심의: 강원도 ※ 협의회 개최기간: 30일 - 공휴일 및 토요일 미산입
시행령 제33조	환경영향평가협의회 심의결과 공개(승인기관) - 환경영향평가협의회 항목 등의 결정내용 공개 (결정된 날부터 20일 이내 주민 공개)	※ 관할하는 도 홈페이지 및 환경영향평가 정보지원 시스템에 14일 이상 공개(공휴일 포함)
법 제25조, 시행령 제34조	환경영향평가서 초안의 작성, 제출	※ 평가서 초안 작성: 평가대행자
법 제25조2항 및 시행령 제35조~제42조 ※ 관계행정기관: 관할시장, 시도지사, 승인기관, 협의기관, 지방환경청 ※ 의견 제출 - 주민: 공람 만료 후 7일 이내 - 관계기관: 초안접수 30일 이내	주민 등의 의견수렴(주관시장) [춘천시(켐핀스키춘천)] - 신문공고: 초안 접수 후 10일 이내 1회 이상 공고 (일간·지역신문) - 공람기간: 20~60일 (공휴일 및 토요일 미산입) - 공람게시: ① 관할 행정기관의 정보 통신망 ② 환경영향평가 정보시스템	주민설명회 및 공청회 - 설명회 개최: 초안 공람기간 내 - 설명회 신문공고: 주민설명회 개최 7일 전 일간·지역신문에 1회 이상 공고 - 공청회: 30인 이상 개최요구 시 및 5인 이상 요구한 경우로 전체 의견제출 주민의 50% 이상인 경우
시행령 제43조	주민 등의 의견수렴 결과 공개(주관시장) (춘천시)	※ 관할하는 시 홈페이지 및 환경영향평가정보지원 시스템에 14일 이상 공개(공휴일 포함)
법 제27조, 시행령 제46조	환경영향평가서의 작성, 제출 (켐핀스키춘천-> 춘천시-> 강원도)	※ 평가서 작성: 평가대행자
법 제27조, 시행령 제47조	환경영향평가서 협의요청 승인기관(강원도) → 협의기관(원주지방환경청)	
법 제29조 및 시행령 제50조	환경영향평가서의 검토(협의기관) 및 협의내용통보기간 - 협의기간: 45일(최대 60일까지) - 협의기관 → 승인기관 → 사업시행자	※ 아래 사항에 해당할 경우 기간 미산입 - 평가서 보완 시 - 전문위원회 검토를 거치는 데 걸린 기간 (최장 45일로 한정) - 공휴일 및 토요일
법 제30조3항, 시행령 제51조	협의내용의 이행결과 통보 - 사업계획 승인 확정일로부터 30일 이내 반영결과 통보 (사업시행자-> 승인기관-> 협의기관)	재협의대상(법 제32조) - 협의내용에 반영된 사업규모보다 30% 이상 증가하는 경우 - 원형대로 보전하거나 제외하도록 한 지역의 30% 이상 토지이용계획 변경하는 경우

(3) 환경영향평가 초안작성(실무사례)

환경영향평가 요약서는 환경영향평가 본 보고서를 만들기 전에 주민 공청회나 허가 관청과 협의하기 위해 만드는 환경영향평가의 초안이라고 할 수 있다.

환경영향평가서 초안 요약서

1. 사업의 개요

1.1 사업의 배경

- 본 사업은 1969년 1월 21일 관광지로 최초 결정된 춘천호반(위도)관광지이며 의암댐의 준공으로 만들어진 섬으로 춘천지역발전과 지역홍보, 국민복지의 증진, 국제친선 등의 역할을 수행해 옴
- 춘천호반(위도)관광지는 지역 특성상 호반 위에 조성된 관광지로 주변 자연경관이 우수하며 최근 사회여건과 관광·휴양가치관 변화로 가족 중심의 단일형 리조트보다 숙박, 휴양주거 및 인공물놀이시설 등이 갖추어진 복합형 리조트를 선호하는 추세로 바뀌어가고 있음
- 이에 국민의 여가 및 주거에 대한 새로운 욕구에 부응할 수 있는 공간조성이 필요하며, 위도만의 특별한 콘텐츠(건축물, 시설, 운영프로그램 등)를 구성함으로써 관광, 숙박, 여가의 융·복합화가 실현되어 관광산업 전반에 걸친 고부가 가치 창출이 가능함
- 따라서 위도관광지에 관광, 숙박, 여가가 어우러진 양질의 관광시설을 확보함으로써 4계절 종합 Resort를 개발하여 춘천시민이 사랑하던 예전의 위도, 그 이상의 위도를 만들고자 하며 강원도와 춘천시의 지역브랜드 가치를 높이고 신성장 동력으로서 지역경제 활성화에 기여할 수 있는바 본 사업을 추진하고자 함

1.2 사업의 목적

- 변화하는 국민의 관광, 숙박, 여가의 욕구에 부응할 수 있는 개념의 공간 조성
- 산업과 자원의 효율적인 연계 개발을 통해 강원도와 춘천시 가치를 반영한 고품격 리조트 개발과 지역 신성장동력으로서 지역경제 활성화에 기여
- 관광, 숙박, 여가시설의 집적을 통한 효율성 확보
- 환경, 관광·숙박·여가 산업 간 복융합화(Convergence) 기반 관광·숙박산업 구조의 고도화 및 고부가 가치화를 통한 신성장동력을 창출하여 지역경제 활성화 및 국가녹색 성장에 기여

1.3 사업 추진현황

○ 1969.01.21. (관광지 최초 지정)	:	• 관광지명: 춘천호반관광지(교통부 공고 제2326호) • 면적: 44.9km^2
○ 1971.07.15. (관광지 조성계획 최초 승인)	:	• 풀장 2개소, 분수대 2개소, 전망대 1개소, 공동변소 5개소, 관상수조림 10,000주
○ 1977.04.19. (도시계획시설(유원지)결정)	:	• 도시계획시설(유원지) 최초 결정(강고 제56호)
○ 1984.03.30. (관광지 조성계획 변경 1차)	:	• 면적: 486,671m^2 시설내용: 매표소, 요트하우스, 국민숙사, 방갈로, 오락장, 상가, 휴게소, 위락시설, 운동시설, 토속음식점, 매점, 관리실, 공중변소

○ 1998.11.10.	:	• 휴양문화시설지구 내 야영장 신설
(관광지 조성계획 변경 2차)		– 야영장 면적: 26,800m²
○ 2001.08.06.	:	• 국민숙사 시설배치 변경
(관광지 조성계획 변경 3차)		– 건축동수: 1동→7동
		• 세부시설배치 변경
		– 야영장 면적: 4,410m²→18,780m²(증: 14,460m²)
○ 2002.05.08.	:	• 국민숙사 명칭변경: 국민숙사→가족호텔
(관광지 조성계획 변경 4차)		– 건축동수: 1동→15동, 6동→16동
		• 면적 변경: 2,600m²→7,200m²
○ 2002.10.19.	:	• 가족호텔 동수 변경 및 위치 변경
(관광지 조성계획 변경 5차)		– 건축동수: 15동→3동
		• 야영장 일부 면적 제3숙박시설지구로 변경
○ 2009.12.11.	:	• 면적 변경: 415,819m²→415,733m²(감소 86m²)
(관광지 조성계획 변경 6차)		• 레저시설 등을 도입한 종합휴양, 관광레저 관광지로 조성 변경
○ 2010.11.12.	:	• 건축연면적 변경: 327,898m²→682,389m²(증 354,491m²)
(관광지 조성계획 변경 7차)		• 규모(동) 변경: 106동(962실)→146동(1,526실)(증 40동(564실))
○ 2011.12.09.	:	• 관광지면적: 415,733m²(변경없음)
(관광지 조성계획 변경 8차)		• 공공편익시설지구 관리동(경비실 안내소) 분산배치 및 전망탑설치
		• 숙박/운동오락실 시설지구 건축계획 변경
		• 휴양·문화시설지구 소공원 및 수로공원 위치 변경
○ 2013.01.31.	:	• 착공신고(관광숙박업: 콘도미니엄) 수리통보(춘천시 건축과 993)
○ 2014.01.17.	:	• 착공연기 처리: 2014.06.30.까지(춘천시 건축과 993)
○ 2014.09.26.	:	• 도시계획시설(공간시설: 유원지)사업: 실시계획인가 고시
		– 부지면적: 242,500m², 건축면적: 66,654.57m²
		– 건축연면적: 656,474.87m²
○ 2016.10.	:	• 건축허가 취소
○ 2017.03.24.	:	• 관광숙박업(럭스/버즈/퀄즈) 사업계획 승인취소 통보
		– 착공기간 등 위반(관광정책과 3289)
○ 2018.07.	:	• 사업재추진(토지소유권 이전완료: (주)씨씨아이에이치에스)
○ 2020.09.18.	:	• 조성계획 변경(9차) 승인
(관광지 조성계획 변경 9차)		
○ 2023.03.22.~04.12.	:	• 환경영향평가협의회 심의
○ 2023.04.12.~26.	:	• 환경영향평가협의회 항목 등의 결정내용 공개

1.4 사업내용

가. 사업명: 호반(위도) 유원지 조성사업

나. 사업범위: 강원도 춘천시 서면 신매리 36-1번지 일원

다. 사업면적: 242,500m²(유원지)

라. 주식회사 켐핀스키춘천
마. 춘천시장
바 승인 시~2026년
사. 1조 1,515억 원

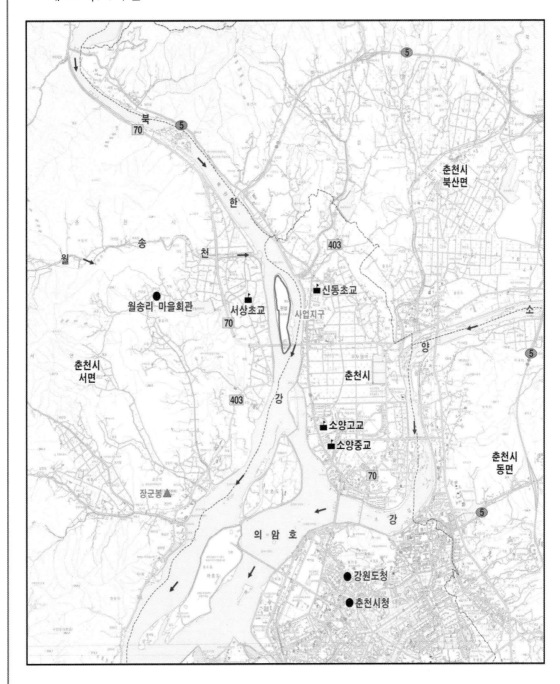

아. 사업내용
1) 유원지 사업계획
　◆ 토지이용계획표

구분	부지면적(m²)	건축연면적(m²)	규모(동)	비고
위 도 관 광 지 합 계	415,733	218,444.96	118	
유 원 지 합 계	242,500	218,444.96	118	
공공 · 편익시설지구	74,587	4,050.00	1	
숙 박 시 설 지 구	124,965	189,977.94	118	
휴양 · 문화시설지구	40,377	-	-	
상 가 시 설 지 구	2,571	24,417.02	1	
기 타 시 설 지 구	173,233			-

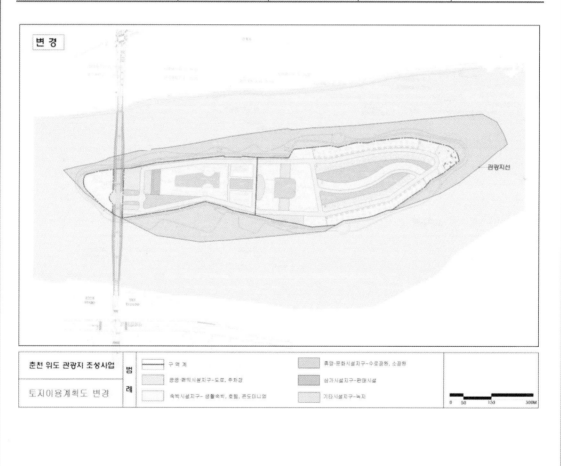

◆ 유원지 세부 조성 계획

구분	부지면적(m²)	건축연면적(m²)	규모(동) 객실 수(실)	비고
계	242,500	218,444.96	118	
(객실 수)			1,008	
공공·편익시설지구	74,587	4,050.00	1	
도로	62,432	4,050.00	1	교량하부 포함
주차장	12,155			파워플랜트, 공중화장실, 하수처리시설, 관리동 포함
숙박시설지구	124,965	189,977.94	116	
			1,008	
콘도미니엄	17,933	23,217.55	1	말굽형 - 지하1/지상6
			165	
호텔	3,561	17,814.79	1	수변형 - 지하1/지상15
			184	
한옥호텔	5,336	2,509.99	9	지하1/지상1
			10	
생활형 숙박시설	98,135	146,435.61	105	
			649	
타워형(1~3)	12,775	80,217.56	3	타워형1,2 - 지하1/지상13
			404	타워형3 - 지하1/지상15
테라스형(1~3)	18,068	27,793.05	4	테라스형1 - 지하1/지상5
			128	테라스형1 - 지하1/지상9
단독형	1,355	31,181.31	2	지상2
			2	
단독형	19,347		38	지상2
			38	
단독형	9,829		16	지상2
			16	
단독형	24,705		38	지상2
			38	
단독형	2,385		3	지상2
			3	
마리나형	9,671	7,243.70	1	지하1/지상5
			20	
휴양·문화시설지구	40,377	-	-	
소공원	13,944	-	-	
수로공원	26,433	-	-	
상가시설지구	2,571	24,417.02	1	
판매시설	2,571	24,417.02	1	지하1/지하2

◆ 전체 건축개요

구분			내용	비고
공사개요	공사명		춘천 호반(위도)관광지 조성사업	
유원지 면적	면적		242,500m²	
대지개요	대지위치		춘천시 서면 신매리 36-1번지 일원	
	지역지구		자연녹지지역, 유원지지구	
	대지면적		236,838.68m²	
	주요 시설		콘도미니엄, 호텔, 한옥호텔, 생활형 숙박 시설(타워형·테라스형, 단독형, 마리나형), 판매시설, 수로공원 등	
건축개요	규모	주용도	숙박시설, 판매시설 등	
		규모	지하 1층, 지상 15층	
		건축면적	52,549.43m²	
		연면적 · 합계	218,444.96m²	
		연면적 · 지하층면적	51,765.54m²	
		연면적 · 지상층면적	166,679.42m²	
		용적률산정면적	166,679.42m²	
		건폐율	22.19%	
		용적률	70.38%	
	구조	주요 구조	철근콘크리트조, 한식목구조	
	높이	최고높이	49.5m(지상 15층)	
	주차	법정주차대수	2,038대	
		계획 주차대수 · 합계	2,214대(법정주차 대비 108%)	
		계획 주차대수 · 지하주차대수	2,042대	
		계획 주차대수 · 지상주차대수	172대	
	기타			

◆ 세부 건축계획

단계별		단독형 1단계					집합형 2단계				마리나 3단계	소계
대지면적(㎡)		150,648.00					76,520.00				9,670.68	236,838.68
시설명		한옥 호텔	단독형 (A-E)	테라스형 1, 2	타워형 1, 2	기반 시설	타워형3	호텔	콘도 미니엄	기반 시설	마리나형	
주용도		숙박 (부대 시설)	숙박 (부대 시설)	숙박 (부대 시설)	숙박 (판매, 부대 시설)	하수 처리 시설, 수처리 시설 등	숙박 (판매, 부대 시설)	숙박 (판매, 부대 시설)	숙박 (판매 시설)	파워 플랜트, 수처리 시설 등	숙박 (판매, 부대 시설)	
규모		지하1층 지상1층	지상2층	지하1층 지상9층	지하1층 지상13층	지하1층 지상1층	지하1층 지상15층	지하1층 지상16층	지하1층 지상6층	지하1층 지상1층	지하1층 지상5층	
건축면적(㎡)		36,443.00					13,486.43				2,620.00	52,549.43
연면적 (㎡)	합계	117,661.42					89,771.84				11,011.70	218,444.96
	지하층면적	21,694.25					25,915.49				4,155.80	51,765.54
	지상층면적	95,967.17					63,856.35				6,855.90	166,679.42
용적률산정면적(㎡)		95,967.17					63,856.35				6,855.90	166,679.42
건폐율(%)		24.19					17.62				27.09	22.19
용적률(%)		63.70					83.45				70.89	70.38
주요구조		한식 목구조 철근 콘크리트조	철근콘크리트조									
최고높이(m)		49.50					49.50				20.00	
법정주차대수(대)		1,247.55					700.41				90.39	2,038.35
주차 대수 (대)	합계	1,310					795				109	2,214
	지하 주차대수	1,310					623				109	2,042
	지상 주차대수	-					172				-	172

2) 시설물 배치계획

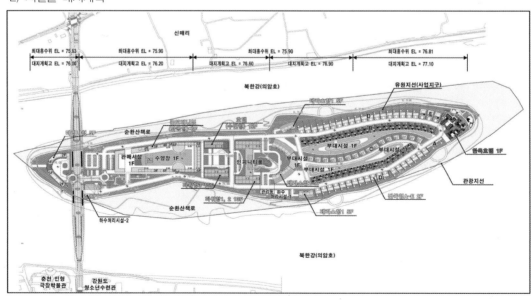

2. 지역개황

- 사업지구가 위치한 강원도 춘천시에 대하여 환경관련지역·지구 지정현황, 환경규제 및 보전에 관한 사항, 환경피해유발시설물 현황, 주요보호대상시설물 현황, 환경기초시설 현황 등을 조사하였음

구분	관련법규	조사결과
■ 환경관련지역 · 지구 지정현황		
• 생태자연도	• 자연환경보전법	• 2~3등급
• 야생생물보호구역	• 야생생물 보호 및 관리에 관한 법률	• 사업지구(서면): 1개소 - 우두동 산5: 사업지구 남서측 약 2.1km 이격
• 겨울철새도래지	• 생태자연도 작성지침 환경부예규 제684호	• 북한강(청평댐, 화천교), 소양호 하류 2개소 - 사업지구 포함됨
• 상수원보호구역	• 수도법	• 2개소(소양, 용산) - 용산 상수원보호구역: 사업지구 상류 약 1.8km 이격
• 수산자원보호구역	• 국토의 계획 및 이용에 관한 법률	• 3개소(소양호, 춘천호, 청평호) - 춘천호: 사업지구 상류 약 5.9km 이격
• 중권역별 수질 및 수생태계 목표기준과 달성기준	• 환경부고시 제2018-6호	• 의암댐: 매우 좋음(Ia)
• 배출시설 설치제한 지역	• 수질 및 수생태계 보전에 관한 법률	• 사업지구(춘천시 서면): '청정' 지역
• 수변구역	• 한강수계 상수원수질개선 및 주민지원 등에 관한 법률	• 면적: 15,712km²(서면 안보리 당림리) - 사업지구 하류 약 15.5km 이격
• 수질오염총량	• 한강수계 상수원수질개선 및 주민지원 등에 관한 법률	• 북한C
• 저황유의 공급 · 사용지역	• 저황유의 공급지역 및 사용시설의 범위	• 경유 0.1% 이하, 중유 0.5% 이하
• 내륙습지	• 환경부	• 골미나루 습지: 사업지구 북측 약 0.6km 이격
• 습지보호지역	• 습지보전법	• 해당사항 없음
• 생태 · 경관보전지역	• 자연환경보전법	• 해당사항 없음
• 백두대간보호지역	• 백두대간 보호에 관한 법률	• 해당사항 없음
• 자연공원	• 자연공원법	• 해당사항 없음
• 대기, 수질보전특별대책지역	• 환경정책기본법	• 해당사항 없음
• 토양환경보전특별대책지역	• 토양환경보전법	• 해당사항 없음
■ 환경피해 유발시설물 현황		
• 도로현황	-	• 총 연장 891,811m, 포장률 97.0%
• 산업 및 농공단지	• 산업입지 및 개발에 관한 법률	• 총 16개소(일반 5개소, 도시첨단 5개소, 농동 6개소)
• 환경오염물질 배출시설	-	• 총 136개소 - 대기 152개소, 수질 251개소, 소음진동 33개소
■ 환경피해 유발시설물 현황		
• 문화재	-	• 춘천시: 46점(서면: 12점) - 춘천신매리유적(사적): 사업지구 서측 약 200m 이격
• 취수장	-	• 취수장: 2개소(소양, 용산) - 용산취수장: 사업지구 북측 상류 약 2.3km 이격
• 정수장	-	• 정수장: 2개소(소양, 용산) - 용산정수장: 사업지구 북측 상류 약 1.3km 이격
■ 환경기초시설 현황		
• 공공하수처리시설	-	• 500m²/일 이상: 4개소 - 서면공공하수처리시설: 사업지구 남서측 약 3.0km 이격 - 춘천공공하수처리시설: 사업지구 남측 약 4.5km 이격
• 분뇨처리시설	-	• 1개소(시설용량: 300m²/일)
• 매립시설	-	• 1개소(총 매립용량: 2,209,956m²)
• 소각시설	-	• 1개소(시설용량 170톤/일)
• 기타시설	-	• 1개소(시설용량 60톤/일)

3. 평가항목 · 범위 설정

- 사업시행으로 인하여 영향이 있거나 예상되는 사업지구 및 주변지역을 대상으로 각 항목별 평가 방법 및 대상지역을 환경영향평가협의회 심의의견을 수렴하여 결정하였음

구분		규모(동)	비고
자연생태 환경	동 · 식물상	사업지구 경계로부터 0.5km	• 사업시행으로 인한 동 · 식물의 영향이 예상되는 지역
	자연환경 자산	사업지구 경계로부터 0.5km	• 사업시행으로 인한 자연환경자산에 영향이 예상되는 지역
대기환경	기상	춘천시	• 사업지역이 위치한 지역의 기상현황을 파악
	대기질	사업지구 경계로부터 2.0km	• 공사 시 장비기동 및 토사 이동에 따른 비산먼지 및 대기오염물질 발생으로 인하여 대기오염 영향이 예상되는 지역 • 운영 시 시설의 연료사용 및 이용차량에 의한 배기가스 발생에 따른 영향 예상 지역
	온실가스	사업지구 및 주변지역	• 공사 시 및 운영 시 연료사용으로 인한 온실가스의 영향이 예상되는 지역
수환경	수질	사업지구 경계로부터 5km	• 공사 시 강우로 인한 우수 및 토사유출로 인하여 수용하천의 오탁도 증가 예상 • 운영 시 오수 발생 및 비점오염원 발생에 따른 직 · 간접적 영향 예상 수계
	수리 · 수문	사업지구 주변지역(수계)	• 사업시행으로 인한 수리 · 수문의 변화가 예상되는 지역 - 공사 시 강우로 인한 우수 및 토사유출 변화 - 운영 시 단지조성에 따른 우수유출 변화
토지환경	토지이용	사업지구	• 사업시행으로 인한 토지편입 및 이용변화 발생
	토양	사업지구	• 공사 시 공사장비 기동으로 인한 폐유발생 및 지장물 철거 등으로 인한 토양오염 우려 • 운영 시 특정토양오염유발시설물 설치 · 운영으로 인한 토양오염 우려
	지형 · 지질	사업지구 및 주변지역	• 공사 시 절 · 성토에 따른 지형 및 지질 변화가 예상되는 지역
생활환경	친환경적 자원순환	사업지구 및 주변지역	• 공사 시 인력투입 및 공사장비 운용에 따른 폐기물 발생이 예상되는 지역 • 운영 시 시설이용에 따른 폐기물 발생
	소음 · 진동	사업지구 경계로부터 0.5km	• 공사 시 장비투입에 따른 소음 · 진동 영향이 예상되는 지역 • 운영 시 이용차량에 의한 소음 발생 지역
	위락 · 경관	사업지구 및 주변지역	• 사업시행으로 인한 위락영향 및 경관 변화 예상지역
	일조장해	사업지구 및 주변지역	• 사업시행으로 인한 일조장해 예상지역
사회경제환경	인구 및 주거	사업지구 및 주변지역	• 사업시행으로 인한 인구 및 주거 변화 예상지역

4. 대안의 비교 · 검토

4.1 계획비교

- 계획을 수립하지 않았을 경우(No action) 발생 가능한 상황과 계획을 수립했을 때(Action) 발생 가능한 상황을 선정하여, 장 · 단점을 비교하였음

구분	대안 1(Action)	대안 2(No Action)
장점	• 유원지 조성에 따른 지역민의 소득증대 및 지역경제 활성화 • 개발과 보전이 조화되는 친환경적인 유원지 시설 조성 • 기개발지역과 연계되어 시너지효과 발생	• 현재 상태의 환경질 유지 가능 • 식생 및 수변지역에 분포하는 자연환경(생태계) 유지 가능
단점	• 공사로 인한 자연환경의 훼손 • 토공작업에 따른 지형변화 • 일시적 생활환경 변화(분진, 소음 · 진동 등)	• 관광수요에 따른 관광시설 제공 미흡 • 토지의 합리적 이용방안 배제 • 지역경제 활성화 및 지역균형발전 저해
선정안	◎ (기시설지역과 연계된 관광 휴양지 조성)	

4.2 수단 · 방법

- 유원지 내 시설사업으로 추진하여 민 · 관 · 기업이 사업에 참여하여 지역 일자리 및 이윤 창출이 가능한 1안으로 선정하였음

구분	1안(유원지 조성사업)	2안(관광단지 조성사업)
방향	• 공공기관, 지방공사, 민간 투자자가 사업가능	• 시장 제안
장점	• 상위계획(강원권 관광개발계획) 반영 가능 • 민 · 관 · 기업이 참여하는 새로운 비즈니스 모델로 민간투자 활성화	• 상위계획(강원권 관광개발계획) 반영 가능 • 공공기관 주도적 개발계획 수립
단점	• 민간 토지소유자의 개발	• 도시기본계획 반영 필요 • 토지소유자의 보상 등 민원 예상
선정	◎	

4.3 입지(토지이용계획) 비교

- 계획을 수립했을 때(Action)의 토지이용계획을 대안으로 선정하고, 유원지 내에서의 시설계획이므로 토지이용계획(시설배치계획)에 따른 장·단점을 비교하였음

구분	대안 1(Action)	대안 2(Action)	대안 3(Action)
기본 방향	• 유원지 내 시설의 집중 배치와 이용성을 향상시킬 수 있는 토지이용	• 유원지 내 시설의 집중 배치와 수로공원을 중심으로 한 토지이용 계획	• 숙박시설과 운동·오락시설을 중심으로 한 토지이용 계획
토지 이용 계획	• 유원지면적: 242,500m² - 공공편익시설지구: 74,587m² - 숙박시설지구: 124,965m² - 휴양문화시설지구: 40,377m² - 상가시설지구: 2,571m²	• 유원지면적: 242,500m² - 공공편익시설지구: 74,342m² - 숙박시설지구: 105,809m² - 휴양문화시설지구: 50,255m² - 상가시설지구: 11,094m²	• 유원지면적: 231,851m² - 공공편익시설지구: 62,780m² - 숙박시설지구: 86,193m² - 휴양문화시설지구: 18,933m² - 상가시설지구: 63,945m²
장점	• 공공편익시설을 증대하고, 숙박시설을 다양한 형태로 조성 • 주변 수변공간과의 중복성을 최소화하여 수로공원 조성 • 숙박시설지구를 고층과 저층으로 구분하여 저층 위주의 구성으로 지역 경관 고려 • 숙박시설지구에 한옥호텔을 도입하여 외국인의 유입 유도	• 공공편익시설을 증대하고, 숙박시설을 다양한 형태로 조성 • 휴양·문화시설을 증대하고 주변 하천변을 고려한 수로공원 조성 • 공공편익시설 개선	• 숙박시설 동수 최대한 확보 • 운동오락시설 반영하여 숙박과 오락성 강화 • 휴양·문화시설 규모 확대
단점	• 숙박시설 면적 및 건축연면적 증가 • 숙박시설지구의 증가	• 상가시설 규모 최대 확보 • 의암호 내 시설로서 주변 수변공간과 중복성이 큼 • 수로공간(라군) 규모 증가로 수질관리 어려움 • 휴양문화시설이 수로공간(라군)에 집중되어 주민 이용성 감소	• 획일적인 숙박시설 배치계획으로 주변 공간과의 조화성 부족
	◎		
선정	• 기관광지 및 유원지로 지정된 구역 내에서의 개발로서, 유원지 내는 과거 공사가 진행되었던 지역이며, 대안 결정 시에는 의암호 수변 공간에 위치하므로 지역주민이 실질적으로 이용할 수 있는 공간 확보(내부의 수변공간 최소화)로 지역주민이 이용할 수 있는 휴양문화공간을 확보하며, 숙박시설의 다양화와 경관을 고려한 배치계획으로 선정함		

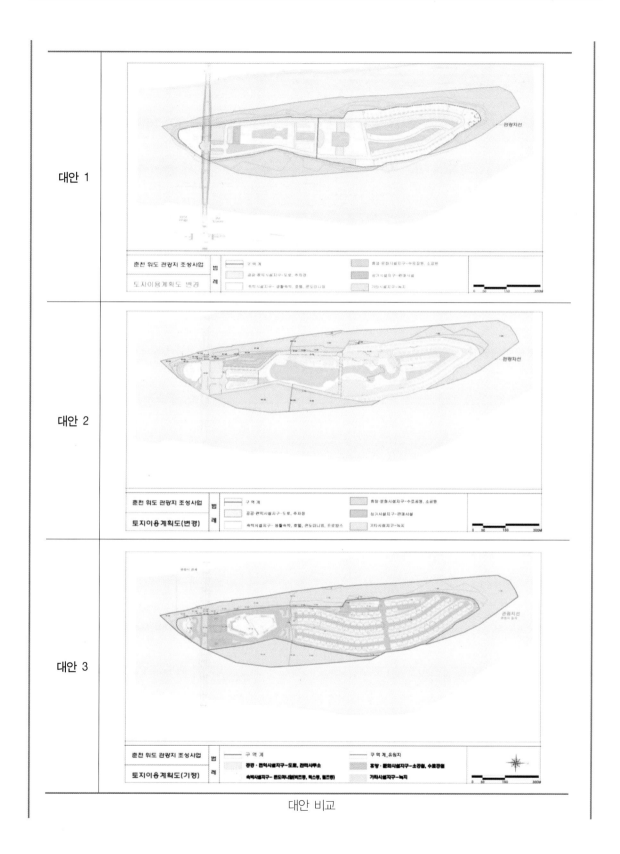

대안 비교

5. 영향예측 및 저감방안

항목		환경오염피해	저감대책
자연상태환경	동·식물상	• 공사 시 - 부지정지에 따른 현존식생 변화 - 장비투입에 따른 소음·진동 발생으로 일시적 서식환경 교란	• 공사 시 - 주변환경을 고려한 식재계획 수립 - 장비분산투입 및 공회전 금지 등
대기환경	대기질	• 공사 시 - 공사장비 가동 및 부지정지에 따른 대기오염물질 발생 • 운영 시 - 난방·취사에 따른 연료사용 및 교통량에 따른 대기오염물질 발생	• 공사 시 - 세륜·측면살수시설 설치, 주기적 살수 및 공사차량 속도규제 등, 운반차량 배출가스 저감대책 등 • 운영 시 - LNG 등 청정연료 사용 및 식재계획 수립 시 정화수종 식재
	온실가스	• 공사 시 - 공사장비 가동에 따른 온실가스 발생 • 운영 시 - 난방·취사에 따른 온실가스 발생	• 공사 시 - 공회전 금지, 노후장비 사용 지양 등 • 운영 시 - 녹지 및 식재계획 수립
수환경	수질	• 공사 시 - 강우에 의한 토사유출 발생 - 공사인부에 의한 오수 발생 • 운영 시 - 이용객에 의한 오수 발생 - 비점오염원 발생	• 공사 시 - 임시침사지, 가배수로 설치 - 간이화장실 설치 • 운영 시 - 오수처리시설 2개소 설치 - 초기우수처리시설 3개소 설치
	수리·수문	• 공사 시 - 홍수 및 토사유출 발생	• 공사 시 - 침사지 4개소 설치
토지환경	토지이용	• 사업계획 수립에 따른 토지이용 변화	• 입지환경을 고려한 유원지 조성이 가능하도록 관광수요예측을 통한 시설지별 적정 규모 선정
	토양	• 공사 시 - 건설장비 투입 및 공사인부에 의한 폐유 등 폐기물 무단투기 시 토양오염 영향	• 공사 시 - 정비업소 이용, 분리수거 및 춘천시 폐기물 처리체계 의거 처리
	지형·지질	• 공사 시 - 절·성토 작업에 의한 지형 변화 - 사토 발생	• 공사 시 - 비탈면 기울기 적용, 옹벽 계획 - 토공처리: 토석공유정보시스템

항목		환경오염피해	저감대책
자연 상태 환경	친환경적 자원순환	• 공사 시 - 건설장비 운용에 따른 폐유 발생 - 공사인부에 의한 생활폐기물 및 분뇨 발생 - 건설폐기물 • 운영 시 - 이용객 및 상근인구에 의한 생활폐기물 발생	• 공사 시 - 정비업소 이용, 지정폐기물의 보관기준·방법 준수 - 성상별 분리·보관 후 적정처리업체 위탁 처리 - 올바로 시스템에 연계하여 관리 • 운영 시 - 춘천시 폐기물 처리대책에 의거 처리
	소음·진동	• 공사 시 - 장비투입에 의한 소음·진동도 발생 • 운영 시 - 교통류에 의한 소음·진동도 발생	• 공사 시 - 주간작업 실시 - 투입장비 분산투입 - 필요 시 이동식가설방음판넬 설치 등 • 운영 시 - 속도제한 - 효율적인 교통체계 수립
	위락·경관	• 운영 시 - 건축물 신축에 따른 경관변화 발생	• 공사 시 및 운영 시 - 녹지 및 식재계획 수립 - 주변 자연환경과 조화로운 색채계획 수립
	일조장해	• 운영 시 - 건축물로 인한 일조장해 발생	• 운영 시 - 하천수변의 온도변화는 미미
사회 · 경제 환경	인구 및 주거	• 공사 시 - 공사인부 투입 시 일시적 인구증가 예상 • 운영 시 - 이용객 및 상근인구에 의한 인구증가 예상	• 공사 시 - 신호수 등으로 배치 • 운영 시 - 조경관리, 경비업무 등으로 배치

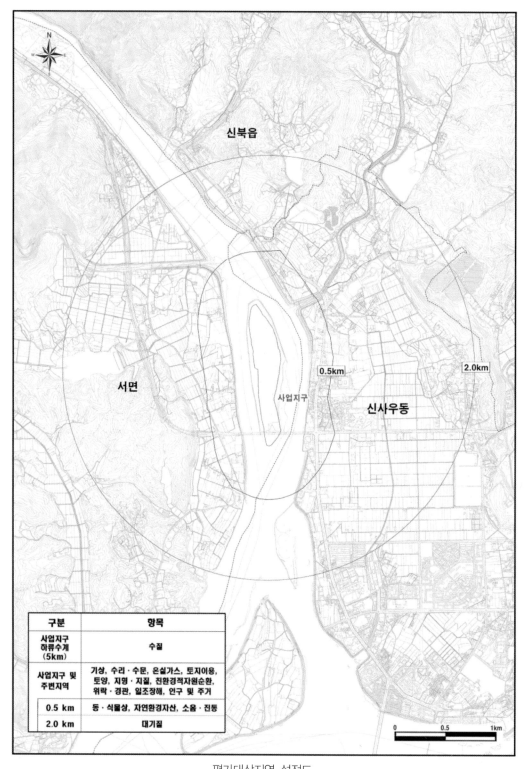

구분	항목
사업지구 하류수계 (5km)	수질
사업지구 및 주변지역	기상, 수리·수문, 온실가스, 토지이용, 토양, 지형·지질, 친환경적자원순환, 위락·경관, 일조장해, 인구 및 주거
0.5 km	동·식물상, 자연환경자산, 소음·진동
2.0 km	대기질

평가대상지역 설정도

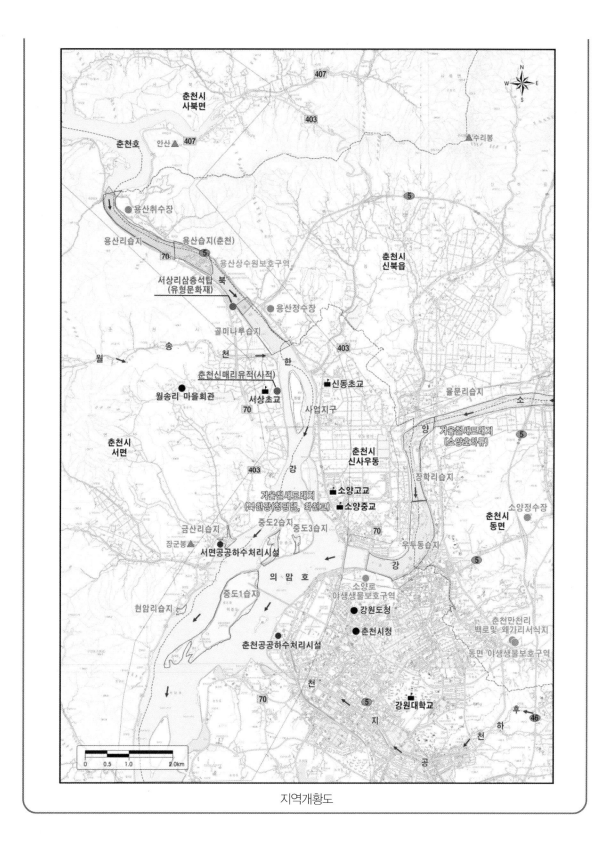

지역개황도

3) 환경영향평가서 초안 주민공람 및 주민설명회 개최 공고

환경영향평가서 초안 주민공람 및 주민설명회 개최는 초안 접수 후 10일 내 1회 이상 신문(일간지나 지역신문)에 공고하여야 한다. 공람기간은 20~60일(공휴일 및 토요일 미산입)이며 공람게시는 관할 행정기관의 정보 통신망이나 환경영향평가 정보시스템이다.

춘천시 공고 제2023-1335호

호반(위도) 유원지 조성사업
환경영향평가서 초안 주민공람 및 주민설명회 개최 공고

'호반(위도) 유원지 조성사업'에 따른 환경영향평가서 초안을 「환경영향평가법」 제25조 및 같은 법 시행령 제36조, 제38조, 제39조에 따라 아래와 같이 주민공람 및 주민설명회 개최계획을 공고하오니 의견이 있으신 경우 의견을 제출하여 주시기 바랍니다.

2023년 6월 8일

춘천시장

1. 사업개요
- 사 업 명 : 호반(위도)유원지 조성사업
- 위   치 : 강원도 춘천시 서면 신매리 36-1번지 일원
- 규   모 : 242,500m²
- 사업시행자 : 주식회사 켐핀스키춘천

2. 주민공람 기간 및 공람 장소
- 공람기간 : 2023.6.8~2023.7.6.(29일간)
- 공람장소 : 춘천시 관광개발과, 해당 행정복지센터(서면, 신사우동, 신북읍)
- 자료게시 : 춘천시 홈페이지(http://www.chuncheon.go.kr)
  환경영향평가 정보지원시스템(https://www.eiass.go.kr)

3. 주민설명회 개최일시 및 장소
- 개최일시 : 2023.6.20.(화) 14:00
- 개최장소 : 춘천시공연예술창업지원센터(舊 춘천시 청소년 여행의 집) 지하 1층
  ※ 주소 : 춘천시 영서로 3035

4. 의견제출
- 제출기간 : 공람시작일~공람기간 종료 후 7일 이내
- 제출방법 : 주민의견 제출서(붙임 1) 작성 후 춘천시 관광개발과(FAX : 033-250-4119)
  이메일(kwon89@korea.kr)로 제출하거나 환경영향평가 정보지원시스템
  (http://www.eiass.go.kr)에 의견 등록

※ 기타 자세한 내용은 춘천시 관광개발과(☎033-250-3716)로 문의하시기 바랍니다.

---

4) 주민공람 및 의견수렴

호반(위도) 유원지 조성사업

4장. 주민공람, 의견수렴 절차

01. 환경영향평가서(초안) 공람 및 주민설명회
02. 환경영향평가 추진현황 및 향후 계획

01 환경영향평가서(초안) 공람 및 주민설명회

☑ 환경영향평가서(초안) 공람 및 주민의견 제출

구분	내용
공람 기간	• 2023년 06월 08일~07월 06일(29일간)
공람 장소	• 춘천시 관광개발과, 서면 · 신사우동 · 신북읍 행정복지센터
정보통신망 게시	• 춘천시 홈페이지(http://www.chuncheon.go.kr) ≪ 행정정보 ≪ 알림정보 ≪ 공시/공고 • 환경영향평가 정보지원시스템(http://www.eiass.go.kr) 　≪ 국민참여 ≪ 평가서 초안 공람 ≪ 환경영향평가

☑ 환경영향평가서(초안) 공람 및 주민의견 제출

구분	내용
주민설명회 개최 장소	• 춘천시 공연예술창업지원센터(舊 춘천시 청소년 여행의 집) 지하 1층
주민설명회 개최 일시	• 2023년 06월 20일(화) 14시

☑ 환경영향평가서(초안) 공람 및 주민의견 제출

구분	내용
주민의견 제출기간	• 2023년 06월 08일~07월 13일(공람기간 종료 후 7일 이내)
주민의견 제출방법	• 주민의견 제출서 작성하여 춘천시 관광개발과(팩스 033-250-4119), 　이메일(kwon89@korea.kr) 제출 • 환경영향평가 정보지원시스템(http://www.eiass.go.kr) 의견 등록

02 환경영향평가 추진현황 및 향후 계획

☑ 환경영향평가 추진현황 및 향후 계획

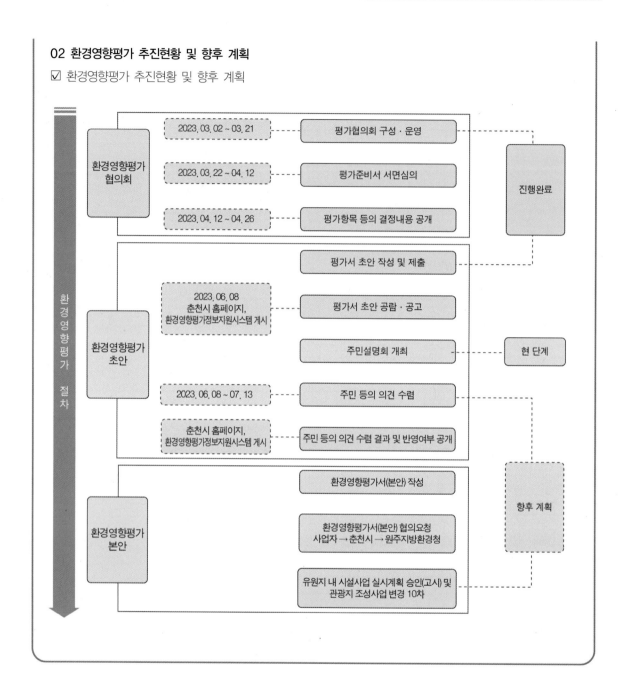

사례

□ 실무에서 문제가 된 환경영향평가 대상여부

환경영향평가 미대상이었던 위도관광지개발사업지는 환경영향평가를 주관하는 원주지청환경청에서 환경영향평가 대상이 아니라는 공문을 받았음에도 인허가승인을 주관하는 춘천시 담당 주무관이 환경영향평가 대상이라고 판단하면서 문제가 된 경우이다. 이와 같은 사례는 관광(단)지개발뿐만 아니라 부동산개발사업에 있어서 수시로 발생하는 대표적인 경우이다. 이로 인해 사업자는 환경영향평가를 다시 받음으로써 수십억이 넘는 사업비가 소비되었고 착공 기간까지 1년 이상 지체되었다. 따라서 본 사례를 통하여 환경영향평가에 대한 전반적인 이해가 필요하다.

□ 관할기관과의 환경영향평가 대상여부 협의에 대한 결과

구분	협의기관	협의내용	협의결과
2011년 7월	춘천시 ⇔ 원주청	환경보전대책 수립 보고서 제출	환평 미대상
2012년 4월	춘천시 ⇔ 환경부	민원 질의·회신 및 방문협의	환평 미대상 건축허가(完)
2020년 1월	사업자 ⇔ 환경부	민원(환평 용역회사) 질의·회신[4]	환평 미대상
2020년 7월	춘천시 ⇔ 강원도	환경성 검토서 제출	환평 미대상

□ 원주지방환경청 환경영향평가 대상여부 질의에 대한 회신내용

• 귀하께서 질의한 바와 같이 해당 사업이 최초 승인 등을 받은 이후 법령의 개정으로 환경영향평가 대상사업에 해당하게 되었고 사업계획에 대한 승인 등의 효력이 계속하여 유효한 경우 동일 영향권역에서 사업규모가 15% 이상 증가하지 않는다면 환경영향평가 대상에 해당하지 않는 것이 타당하다고 판단됩니다.
또한 소규모 환경영향평가 역시 소규모 환경영향평가(구 사전환경성 검토) 제도 신설 이전에 도시계획시설 결정 등 사업계획의 승인이 이미 이루어졌음에 따라 소규모 환경영향평가 대상에도 해당되지 않는다고 판단됩니다.

• 귀하의 질의 내용에 대해 검토한 의견에 대해 말씀드리자면, 환경영향평가법 시행령 [별표 3] 비고 4. 다목 2)에 따르면 사업의 승인 등이 이루어진 후 법령의 개정으로 새로 환경영향평가 대상 사업에 해당하게 된 사업이 동일 사업계획이 변경되어 증가하는 규모가 환경영향평가 대상 규모의 15% 이상인 경우 환경영향평가를 하도록 규정되어 있습니다.
따라서, 귀하께서 질의한 바와 같이 해당 사업이 최초 승인 등을 받은 이후 법령의 개정으로 환경영향평가 대상사업에 해당하게 되었고 사업계획에 대한 승인 등의 효력이 계속하여 유효한 경우 동일영향권역에서 사업규모가 15% 이상 증가하지 않는다면 환경영향평가 대상에 해당하지 않는다고 판단됩니다.

---

4) 환경영향평가법 이전에 승인 등을 받은 사업부지 내에서 이루어지는 사업이거나 승인 등의 면적이 감소되는 경우 환경영향평가 대상에서 제외될 것이나, <u>관광단지 지정이 취소되어 새로운 승인 등을 받는 경우라면 환경영향평가 대상에 해당함</u>

□ **사업자 질의와 춘천시 환경정책과의 의견**

	춘천시(환경정책과)	사업자(켐핀스키춘천)
질의 사항	관광지 조성계획의 (변경)승인 시 도시계획시설 실시계획 인가가 의제 처리가 되지 못한 경우 기존의 승인(건축허가 등)이 취소됨에 따라 새로운 승인 등을 하는 것으로 보아 환평을 진행해야 하는지?	최초 도시계획시설 결정 및 도시계획시설사업에 대한 승인 등이 이루어져 도시계획시설(유원지)에서 사업이 실제로 운영된 이후에 비로소 환평 대상 사업이 된 경우 환평 대상규모의 15% 이상 증가하지 않은 때에는 환평 대상에 해당하지 않는지
회신 내용	도시계획시설(유원지 시설) 실시계획의 인가가 의제 처리가 되지 못한 경우로서, 금회 유원지 시설에 대한 실시계획 인가를 받아야 한다면 환평 대상에 해당됨	해당사업의 최초 승인 등을 받은 이후 법령의 개정으로 환평 대상사업에 해당하게 되었고, 사업계획에 대한 승인 등의 효력이 계속하여 유효한 경우 동일영향권역에서 사업규모가 15% 이상 증가하지 않는다면 환평 대상에 해당하지 않는다고 봄이 타당하다고 판단됨

□ **춘천시 환경정책과 답변에 대한 사업시행자의 주장**

• 환경영향평가법의 제정 취지 및 일반 해석

본 사업은 환경영향평가제도 시행 이전(1993년)에 사업승인되었고 그 후 2022년 새로운 사업자가 인허가를 추진하던 도중 담당 주무관에 의해 실시계획인가가 전 사업자였던 시절 실효되었기 때문에 새로이 환경영향평가 대상사업이라고 판단하는 것은 같은 환경부 소속 원주지청소관청과 다른 의견으로 문제가 있다. 환경영향평가법 제22조제1항제11호, 동법 시행령 [별표 3] 제11호에서는 '관광단지의 개발사업'을 환경영향평가 대상으로 명시하고 있으며, 본 사업의 경우 「관광진흥법」에 따른 관광지 조성사업과 「국토의 계획 및 이용에 관한 법률」에 따른 도시·군계획사업이 동시에 해당하는 사업이다.

본 사업의 경우는 2개 사업 모두 환평제도 시행 이전(1993년)에 승인되었고, 현재까지 유효함에도 환경영향평가 대상이라는 인허가 기관의 판단은 잘못된 것이다.

• 실시계획 인가의 존부 또는 그 효력 여부로 환평 대상사업 여부를 결정하는 것은 타당하지 않다

사업자는 환경영향평가의 대상은 '관광단지의 개발사업'이지 실시계획 인가가 아니다라고 주장했으며, 아울러 도시·군계획사업이란 도시·군계획시설을 설치·정비 또는 개량하는 사업을 말하는 것이고, 실시계획은 도시·군계획시설사업의 시행을 위한 후속절차에 불과하다. 실시계획 인가가 실효된다 하더라도 본질적인 환평 대상 사업인 관광단지의 지정이 취소되고 그에 따라 도시·군계획시설사업을 새롭게 받아야 하는 경우가 아니라면 환평 대상에서 제외된다.

위도개발사업은 관광지 조성사업 계획 범위 내에서 도시계획시설사업을 영위하는 것으로 관광지 조성사업과 도시·군계획시설사업은 동일한 하나의 사업이고 관광지 지정과 도시군계획시설사업의 신청은 시가 했다.

위도 관광지 조성사업의 전체면적 415,733m² 중 242,500m²는 도시계획시설(유원지)이고, 나머지 173,233m²는 자연녹지이다.

본 사업 관련 관광지 조성계획과 도시계획시설 사업 실시계획, 도시관리계획결정조서를 살펴보면, 관광지 조성계획에 포함되지 않는 사업내용이 도시계획시설 실시계획이나 도시관리계획결정조서에 존재하지 않는다.

따라서 하나의 사업에 대하여 '관광지 조성사업' 승인 등을 받아 이미 시행되었음이 분명함에도 불구하고, 동일한 사업에 대하여 '실시계획의 인가'의 효력을 이유로 환평 대상여부를 별개로 판단하는 것은 환경영향 평가법령의 취지에 부합하지 않는다.

□ **최종 환경영향평가 대상여부**

소관청인 원주지청에서는 해당사업에 대해 환경영향평가 대상이 아니라고 판단했지만 유권해석 기관인 환경부 본부에서는 담당 주무관의 일방적 질의에 대해 절차상 환평의 대상이라고 판단하였다.

이에 환경부는 이미 발송된 공문을 변경해 줄 수는 없어 법제처로부터 어느 주장이 맞는지 유권해석을 받아오면 공문을 변경해 준다고 하여 사업자는 법제처에 유권해석을 의뢰하였다. 그 결과 환경영향가는 받아야 하는 것으로 결정됐다. 결국 사업자는 1년이라는 시간을 소비하였고 금융비용만 50억 이상 손해를 봐야 했다.

5) 문화재 보존 영향검토

(1) 문화재 보존 영향검토의 개요

「문화재보호법」[5] 제13조(역사문화환경 보존지역의 보호)에 의하여 ① 시·도지사는 지정문화유산(동산에 속하는 문화유산을 제외한다. 이하 이 조에서 같다)의 역사문화환경 보호를 위하여 국가유산청장과 협의하여 조례로 역사문화환경 보존지역을 정하여야 한다.

② 건설공사의 인가·허가 등을 담당하는 행정기관은 지정문화유산의 외곽경계(보호구역이 지정되어 있는 경우에는 보호구역의 경계를 말한다. 이하 이 조에서 같다)의 외부 지역에서 시행하려는 건설공사로서 제1항에 따라 시·도지사가 정한 역사문화환경 보존지역에서 시행하는 건설공사에 관하여는 그 공사에 관한 인가·허가 등을 하기 전에 해당 건설공사의 시행이 지정문화유산의 보존에 영향을 미칠 우려가 있는 행위에 해당하는지 여부를 검토하여야 한다. 이 경우 해당 행정기관은 대통령령으로 정하는 바에 따라 관계 전문가의 의견을 들어야 한다.

③ 역사문화환경 보존지역의 범위는 해당 지정문화유산의 역사적·예술적·학문적·경관적 가치와 그 주변 환경 및 그 밖에 문화유산 보호에 필요한 사항 등을 고려하여 그 외곽경계로부터 500미터 안으로 한다. 다만, 문화유산의 특성 및 입지여건 등으로 인하여 지정문화유산의 외곽경계로부터 500미터 밖에서 건설공사를 하게 되는 경우에 해당 공사가 문화유산에 영향을 미칠 것이 확실하다고 인정되면 500미터를 초과하여 범위를 정할 수 있다.

---

5) 시행 2023.08.08.

④ 제27조제2항에 따라 지정된 보호구역이 조정된 경우 시·도지사는 지정문화유산의 보존에 영향을 미치지 않는다고 판단하면 국가유산청장과 협의하여 제3항에 따라 정한 역사문화환경 보존지역의 범위를 기존의 범위대로 유지할 수 있다.

⑤ 국가유산청장 또는 시·도지사는 문화유산을 지정하면 그 지정 고시가 있는 날부터 6개월 안에 역사문화환경 보존지역에서 지정문화유산의 보존에 영향을 미칠 우려가 있는 행위에 관한 구체적인 행위기준을 정하여 고시하여야 한다.

⑥ 제5항에 따른 구체적인 행위기준을 정하려는 경우 국가유산청장은 시·도지사 또는 시장·군수·구청장(자치구의 구청장을 말한다. 이하 같다)에게, 시·도지사는 시장·군수·구청장에게 필요한 자료 또는 의견을 제출하도록 요구할 수 있다.

⑦ 제5항에 따른 구체적인 행위기준이 고시된 지역에서 그 행위기준의 범위 안에서 행하여지는 건설공사에 관하여는 제2항에 따른 검토는 생략한다.

⑧ 제6항에 따른 자료 또는 의견 제출절차 등에 필요한 세부 사항은 문화체육관광부령으로 정한다.

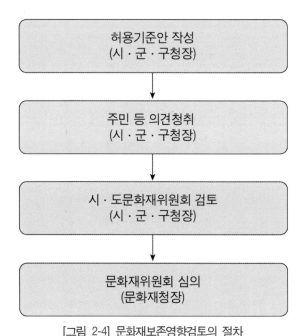

[그림 2-4] 문화재보존영향검토의 절차

아울러 「문화재법 시행규칙」[6] 제2조의2에서는 역사문화환경 보존지역 내 행위기준의 수립을 명시하고 있는데 이를 살펴보면 ① 문화재청장은 「문화재보호법」(이하 "법"이라 한다) 제13조제6항에 따라 특별시장·광역시장·특별자치시장·도지사·특별자치도지사(이하 "시·도지사"라 한다) 또는 시장·군수·구청장에게, 시·도지사는 시장·군수·구청장에게 다음 각호의 자료 또는 의견을 제출하도록 요구할 수 있다.

1. 별표 1에 따른 역사문화환경 보존지역 현황조사 결과

2. 제1호의 조사 결과를 반영한 행위기준안 및 이를 작성한 시·도지사 또는 시장·군수·구청장의 의견

3. 제2호의 행위기준안에 대한 지역 주민 및 관리단체의 의견

4. 그 밖에 문화재청장 또는 시·도지사가 행위기준 수립에 필요하다고 인정하여 요청한 자료

② 문화재청장 또는 시·도지사는 제1항 각호의 자료 또는 의견을 검토하기 위하여 필요한 경우 다음 각호의 전문가에게 조사를 실시하도록 할 수 있다.

1. 법 제8조에 따른 문화재위원회(이하 "문화재위원회"라 한다)의 위원 또는 전문위원

2. 법 제71조에 따른 시·도문화재위원회(이하 "시·도문화재위원회"라 한다)의 위원 또는 전문위원

3. 「고등교육법」 제2조에 따른 학교의 문화재 관련 학과의 조교수 이상인 교원

4. 문화재 업무를 담당하는 학예연구관, 학예연구사 또는 나군 이상의 전문경력관

5. 「고등교육법」 제2조에 따른 학교의 건축, 토목, 환경, 도시계획, 소음, 진동, 대기오염, 화학물질, 먼지 또는 열에 관련된 분야의 학과의 조교수 이상인 교원

6. 제5호에 따른 분야의 학회로부터 추천을 받은 사람

7. 그 밖에 문화재 관련 분야에서 5년 이상 종사한 사람으로서 문화재에 관한 지식과 경험이 풍부하다고 문화재청장 또는 시·도지사가 인정한 사람

③ 문화재청장 또는 시·도지사는 법 제13조제5항에 따른 행위기준의 고시일부터 10년마다 역사문화환경 보존지역의 토지이용 현황, 지형의 변화 등 해당 지역의 여건을 조사하여 필요하다고 인정되는 경우에는 행위기준을 변경하여 고시할 수 있다.

④ 제3항에 따른 행위기준 변경에 관하여는 제1항 및 제2항을 준용한다.

---

6) 시행 2023.12.26.

(2) 문화재 보존 영향검토 사례

① 문화재청 관보고시

◉ **문화재청고시 제2013-110호**

문화재보호법 제25조 및 제34조 규정에 따라 사적 제489호 「춘천 신매리 유적」 사적 추가지정 및 사적 제2호 「김해 봉황동 유적」·사적 제261호 「김해 예안리 고분군」 사적 보호구역 추가 지정하는 사항을 같은 법 시행령 제28조 규정에 따라 고시하고, 토지이용규제기본법 제8조 규정에 따라 지형도면을 다음과 같이 고시합니다.

2013년 12월 5일

문화재청장

1. 고시명 : 「춘천 신매리 유적」 사적 추가지정 및 「김해 봉황동 유적」·「김해 예안리 고분군」 사적 보호구역 추가지정 및 지형도면 고시

2. 고지사항

　가. 사적 제489호 「춘천 신매리 유적」 추가지정
- 소재지 : 강원도 춘천시 서면 신매리 302번지 일원
- 문화재구역 추가지정 : 1필지 403m²(지번별 면적조서 붙임)
    - 추가지정 후 면적 : 51필지 91,236m²
- 추가지정 사유
    - 신매리 유적은 신석기시대부터 삼국시대에 이르는 복합유적으로 우리나라 동북지역과 한강 유역을 연결하는 중요한 유적이며, 신매리 311-6번지는 신매리 유적과 연접하여 유적의 체계적인 보존관리를 위해 문화재구역으로의 편입 필요
- 관리단체 : 강원도 춘천시(춘천시장)

　나. 사적 제2호 「김해 봉황동 유적」 보호구역 추가지정
- 소재지 : 경상남도 김해시 봉황동 253번지 일원
- 보호구역 추가지정 : 8필지 1,923m²(지번별 면적조서 붙임)
    - 추가지정 후 지정면적 : 68필지 99,301m²
    - 추가지정 후 보호구역면적 : 73필지 11,025m²
- 추가지정 사유
    - 발굴조사 결과 봉황동 유적의 구릉 하단부에 위치한 유적 등으로 사적지의 체계적이고 효율적인 보존관리 필요
- 관리단체 : 경상남도 김해시(김해시장)

　다. 사적 제261호 「김해 예안리 고분군」 보호구역 추가지정
- 소재지 : 경상남도 김해시 대동면 예안리 369-6번지 일원

- 보호구역 추가지정 : 7필지 2,151m^2(지번별 면적조서 붙임)
  - 추가지정 후 지정면적 : 46필지 11,004m^2
  - 추가지정 후 보호구역면적 : 12필지 3,407m^2
- 추가지정 사유
  - 농경지 경작 등으로 인한 훼손 방지를 위하여 사적 보호구역으로 확대 지정하여 유적의 체계적이고 효율적인 관리 필요
- 관리단체 : 경상남도 김해시(김해시장)

3. 추가지정일 : 관보 고시일

4. 특기사항

가. 토지이용규제기본법 제8조에 따른 지형도면 등은 문화재공간정보시스템(http://www.gisheritage.go.kr) 에서 열람이 가능하고, 강원도 문화예술과, 춘천시 문화체육과, 경상남도 문화예술과, 김해시 문화재과, 문화재청 보존정책과에 관계도서를 비치하여 이해관계인에게 보이고 있습니다.

5. 연락처

가. 문화재청

- 문화재청 보존정책과 : 전화 042-481-4843, 4836/팩스 042-481-4849
  - 주소 : (우 302-701) 대전광역시 서구 청사로 189 정부대전청사 문화재청 문화재보존국 보존정책과
  - 홈페이지 : http://www.cha.go.kr

나. 지방자치단체

- 강원도 문화예술과 : 전화 033-249-3315/팩스 033-249-4052
  - 주소 : (우 200-700) 강원도 춘천시 중앙로 1(봉의동)
- 춘천시 문화체육과 : 전화 033-250-3086/팩스 033-250-3646
  - 주소 : (우 200-708) 강원도 춘천시 옥천동 시청길 11(옥천동 111)
- 경상남도 문화예술과 : 전화 055-211-4745/팩스 055-211-4719
  - 주소 : (우 641-702) 경상남도 창원시 의창구 중앙대로 300(사림동)
- 경상남도 김해시 문화재과 : 전화 055-330-3925/팩스 055-330-3929
  - 주소 : (우 621-701) 경상남도 김해시 김해대로 2401(부원동 623)

「춘천 신매리 유적」 사적 추가지정 지번별 면적조서

연번	소재지	지번	지목	지적면적 (m^2)	지정면적(m^2)		소유자	
					문화재구역	보호구역	성명	주소
1	강원도 춘천시 서면 신매리	311-6	대	403	403		박○○	강원도 춘천시 서면 보가터길 71

「김해 봉황동 유적」 사적 보호구역 추가지정 지번별 면적조서

연번	소재지	지번	지목	지적면적 (m²)	지정면적(m²) 문화재구역	보호구역	소유자 성명	주소
1	경상남도 김해시 봉황동	163-2	전	246			박○○	경상남도 양산시 평산로 116
2	경상남도 김해시 봉황동	177	전	80			안○○	경상남도 창원시 중앙동 2가 중앙우방@ 102동 506호
3	경상남도 김해시 봉황동	178	대	177			전○○	경상남도 김해시 분성로 155 경원마을한국@ 315동 1004호
4	경상남도 김해시 봉황동	238-2	대	119			손○○	경상남도 김해시 봉황동 241
5	경상남도 김해시 봉황동	241	대	109			손○○	경상남도 김해시 봉황동 241
6	경상남도 김해시 봉황동	242-1	대	380			손○○	경상남도 김해시 봉황동 241
7	경상남도 김해시 봉황동	247-4	대	512			이○○	경상남도 김해시 외동 1225-3
8	경상남도 김해시 봉황동	284	대	300			김○○	경상남도 김해시 분성로 155 경원마을한국@ 322동 506호
계	8필지			1,923		1,923		

「김해 예안리 고분군」 사적 보호구역 추가지정 지번별 면적조서

연번	소재지	지번	지목	지적면적 (m²)	지정면적(m²) 문화재구역	보호구역	소유자 성명	주소
1	경상남도 김해시 대동면 예안리	366-2	도	159		159	이○○	경상남도 김해시 대동면 예안리 810
2	경상남도 김해시 대동면 예안리	377-7	대	326		326	조○○	부산광역시 연제구 연수로 117번길 24
3	경상남도 김해시 대동면 예안리	381-7	전	390		390	장○○	경상남도 김해시 대동면 예안리 384-1
4	경상남도 김해시 대동면 예안리	382-1	전	17		17	김○○	경상남도 김해시 대동면 덕산리 735-3
5	경상남도 김해시 대동면 예안리	382-7	대	66		66	김○○	경상남도 김해시 대동면 초정리 612
6	경상남도 김해시 대동면 예안리	384-1	대	271		271	장○○ 외 5	경상남도 김해시 대동면 예안리 384-1
7	경상남도 김해시 대동면 예안리	384-3	전	933		922	장○○	경상남도 김해시 대동면 예안리 384-1
계	7필지			2,151		2,151		

(1) 춘천시 공고

춘천시는 춘천 위도리조트개발을 함에 있어 본 사업지가 「국가지정문화재(사적) 제489호 춘천 신매리 유적」 500m 이내에 위치함에 따라 춘천시가 문화재보호법 제13조 및 동법 시행 규칙 제2조의2 등에 의거, 역사문화환경 보존지역 허용기준을 조정하기 위한 절차를 진행 중에 있으므로 조정(안)이 그대로 확정될 경우, 위도 관광지 1, 2단계 부지가 역사문화환경 보존지역 1단계에 추가되어 현상변경 허용기준에 따라 건축물 개별 심의(층수 제한 등 설계변경 발생 가능성 존재)를 받아야 한다고 결정했다.

가. 관련 공고

춘천시 공고 제2021-1823호

춘천시 소재 국가지정문화재 역사문화환경 보존지역 내 건축행위 등에 관한 허용기준 조정관련 주민 등 의견청취 공람·공고

「문화재보호법」제13조 및 같은 법 시행규칙 제2조의2 등에 따라, 기고시되어 운영 중인 국가지정문화재 역사문화환경보존지역 내 건축행위 등에 관한 허용기준에 대하여 현지여건 등의 변화를 반영한 허용기준(안)을 조정하고 이와 관련하여 「행정절차법」제46조 규정에 따라 이해관계인, 일반인 등의 의견을 수렴하고자 다음과 같이 공고하오니, 귀 기관의 홈페이지 및 게시판 등을 활용하여 널리 홍보하여 주시기 바랍니다.

2021. 9. 9.

○○○ 시 장

나. 대상문화재(2개소)

연번	종별	지정번호	명칭	소재지
1	보물	제76호	춘천 근화동 당간지주	강원도 춘천시 근화동 793-1 외
2	사적	제489호	춘천 신매리 유적	강원도 춘천시 서면 신매리 302 외

다. 조정사유

　　문화재의 유형 및 특성과 개별 문화재의 입지·지역 여건 등을 반영하여 역사문화환경 보존지역을 합리적으로 관리·개선하기 위함

라. 조정내용 : 붙임의 허용기준 조정안 참고

마. 공고기간 : 2021. 9. 9.~2021. 9. 30.(21일간)

바. 허용기준 조정안 마련에 따른 업무처리

　• 허용기준 내 건설공사(개발 및 건축행위 등) : 춘천시청 문화콘텐츠과 협의를 거쳐 처리
　• 허용기준을 초과하는 건설공사 : 문화재청 문화재위원회 심의를 거쳐 허가를 득한 후 행위 가능

사. 의견제출

　• 제출기간 : 공고기간 만료일(2021년 9월 30일) 17:00까지
　• 제출방법 : 서면제출(붙임 의견서 이용)
　　– 성명(법인 또는 단체명, 대표자 성명), 전화번호 및 주소 기재
　• 제출장소
　　– 방문 : 춘천시청 문화콘텐츠과
　　– 우편 : 강원도 춘천시 시청길11(옥천동)

〈붙임 1〉

국가지정문화재 역사문화환경 보존지역 내 건축행위 등에 관한 허용기준 조정안

1) 춘천 근화동 당간지주(보물 제76호)

가. 도면

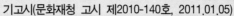

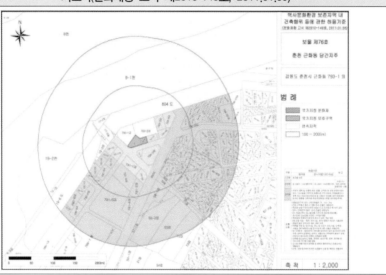

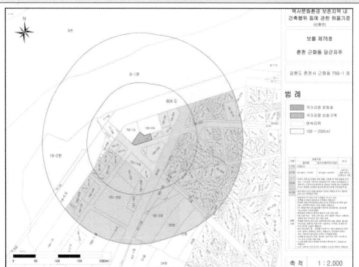

2) 춘천 신매리 유적(사적 제489호)

가. 도면

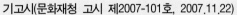

기고시(문화재청 고시 제2007-101호, 2007.11.22)

↓

조정안(신천)

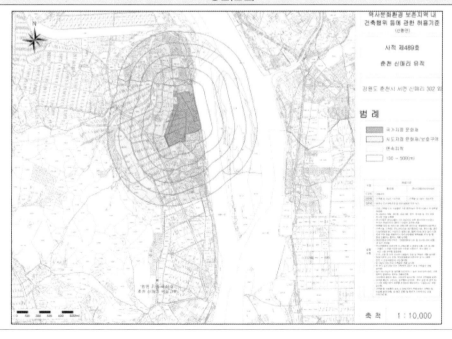

나. 허용기준 조정 내용

기고시(2007.11.22.)		
구분	**허용기준**	
	평스라브	경사지붕(3:10 이상)
1구역 0m~200m	• 11m 이하(3층)	• 15m 이하(3층)
1구역 200m~500m	• 14m 이하(4층)	• 18m 이하(4층)
기타 구역 (매장문화재 포장 인정지역)	• 14m 이하(4층)	• 18m 이하(4층)
공통 사항	• 사업시행 시 발굴조사 선행 • 지하층 훼손이 수반되는 경작행위 금지(예: 마 경작 등) • 건물 최고높이는 옥탑, 계단탑, 승강기탑, 망루, 장식탑 기타 이와 유사한 것 포함	

⬇

조정안(신청)		
구분	**허용기준**	
	평지붕	경사지붕(10:3 이상)
1구역	• 개별심의	
2구역	• 최고높이 11m 이하	• 최고높이 15m 이하
3구역	• 춘천시 도시계획조례 등 관련 법령에 따라 처리	
공통 사항	• 기존 건축물 또는 시설물은 기존 범위(높이·면적) 내에서 개·재축을 허용함 • 최고높이는 옥탑, 계단탑, 승강기탑, 망루, 장식탑 등 기타 이와 유사한 것을 포함함 • 경사지붕은 경사비율의 10:3 이상으로 양쪽 경사이면서 비경사면적이 전체면적의 8분의 1 이하인 경우에 한함 • 위험물 저장 및 처리시설, 자원순환 관련시설, 동물관련시설(축사, 가축시설, 도축장), 분뇨처리시설, 폐기물처리시설, 장사시설, 발전시설(태양광 등), 산업단지, 물류시설, 물류터미널 등과 같이 소음·진동·악취 등을 유발하거나 대기오염물질·화학물질·먼지·빛·열 등을 방출하는 행위는 개별 심의함 • 매장문화재 유존지역은 「매장문화재 보호 및 조사에 관한 법률」에 따라 처리함 • 역사문화환경 보존지역 내 사업시행 시 발굴조사를 사전 실시함 - 미출토 시 허용기준에 따라 사업을 시행하고, 유구출토 시 사업시행 여부를 재검토함 • 도로, 교량 등 이와 유사한 시설물의 신설 및 확장은 개별 심의함 • 허용기준의 고시 이후, 역사문화환경 보존지역 내 도시계획 변경 시 문화재청장과 사전 협의함 • 최고높이 32m 이상 건축물은 개별 심의함 • 한 변의 길이 25m 또는 건축면적 330m² 초과 건축물은 개별 심의함 • 높이 3m 이상의 절·성토를 수반하거나, 높이 3m 이상의 법면, 석축, 옹벽이 발생하는 경우는 개별심의함(지하층의 절토는 제외, 지반선의 높이산정 기준은 건축법에 따름) • 지하층 훼손이 수반되는 경작행위 금지(예: 뿌리 깊은 마 경작 등) • 고시된 허용기준의 범위를 초과하여 행하여지는 건설공사는 개별 심의함 • 건축물 및 시설물의 설치 시 동 허용기준의 적용경계는 건축선 및 시설물 설치(지형, 성·절토 포함) 등 행위가 이루어지는 선을 기준으로 함	

〈붙임 2〉 국가지정문화재 주변 허용기준 조정안 1부

국가지정문화재 주변 역사문화환경 보존지역 내
건축행위 등에 관한 허용기준 조정안에 대한 의견서

□ **의견 제출자**

- 주소 :
- 성명(법인, 단체명) :
- 생년월일(법인등록번호) :

□ **의견내용**

- 의견사항

상기 본인은 국가지정문화재 주변 역사문화환경 보존지역 내 건축행위 등에 관한 허용기준 조정안에 대한 의견을 위와 같이 제출합니다.

2021.   .   .

의견제출자 :   (인)

춘천시장 귀하

6) 조성계획 (변경)승인

(1) 조성계획수립의 목적

조성계획은 대부분 변화하는 국민의 관광, 숙박, 여가의 욕구에 부응할 수 있는 개념의 공간을 조성하고, 산업과 자원의 효율적인 연계 개발을 통해 지방자치단체의 가치를 반영한 고품격 리조트 개발과 지역 신성장동력으로서 지역경제 활성화에 기여하고자 관광·숙박·여가시설의 집적을 통한 효율성을 확보하고 환경, 관광·숙박·여가 산업 간 융복합화(convergence) 기반 관광·숙박 산업 구조의 고도화 및 고부가가치를 통한 신성장동력을 창출하여 지역경제 활성화 및 국가녹색성장에 기여하고자 만들어졌다.

시장·군수·구청장은 「관광진흥법」 제52조제1항에 따른 관광지 등의 지정신청 및 법 제54조제1항 본문에 따른 조성계획의 승인신청을 함께 하거나, 관광단지의 지정신청을 할 때 법 제54조제1항 단서에 따라 관광단지개발자로 하여금 관광단지의 조성계획을 제출하게 하여 관광단지의 지정신청 및 조성계획의 승인신청을 함께 할 수 있다. 이 경우 특별시장·광역시장·도지사는 관광지 등의 지정 및 조성계획의 승인을 함께 할 수 있다.

관광지로 지정을 받은 도지사는 그 지정을 받은 날로부터 2월 내에 국토교통부장관에게 당해 관광지조성계획승인을 신청하여야 한다. 이를 변경하고자 할 때도 또한 같다.[7]

관광지조성계획(변경)을 승인받고자 하는 경우에는 다음 각호의 사항이 기재되어야 한다.

가. 도로 및 교통시설에 관한 사항

나. 관광시설에 관한 사항

다. 녹지지역의 조성 및 환경미화에 관한 사항

라. 개발조성을 위한 재원에 관한 사항

마. 관광지조성계획의 조감도

바. 기타 필요한 사항

도지사는 법 제16조제2항의 규정에 의한 관광지조성계획의 승인을 얻었을 때에는 그 관광지조성계획의 주요 사항을 일간신문에 2회 이상 공고하여야 한다.

---

7) 「관광진흥법 시행령」 제5조

조성계획은 대부분 다음과 같은 목적으로 추진된다.

- 변화하는 국민의 관광, 숙박, 여가의 욕구에 부응할 수 있는 개념의 공간 조성
- 산업과 자원의 효율적인 연계 개발을 통해 강원도와 춘천시 가치를 반영한 고품격 리조트 개발과 지역 신성장동력으로서 지역경제 활성화에 기여
- 관광·숙박·여가시설의 집적을 통한 효율성 확보
- 환경, 관광·숙박·여가 산업 간 융복합화(convergence) 기반 관광·숙박산업 구조의 고도화 및 고부가가치를 통한 신성장동력을 창출하여 지역경제 활성화 및 국가녹색 성장에 기여

(2) 조성계획 절차

사업자는 전문 용역사들을 통해 만든 관광지조성계획서를 작성하여 관할시 관광개발과에 제출하며 시는 도시관리계획에 대한 전반적인 계획(도시계획시설 유원지의 세부조성계획 등을 살펴보고, 관련부서들과의 협의를 받아 주민열람공고를 거쳐)도 관광정책과에 제출한다.

도는 각종 제 영향평가 등을 검토한 후 관련부서와 협의를 거쳐 관광지조성계획 승인을 하며 시는 이를 토대로 관광지개발사업에 대한 사업계획 또는 변경계획을 승인한다. 조성계획에 따른 승인(변경)절차는 다음 표와 같다.

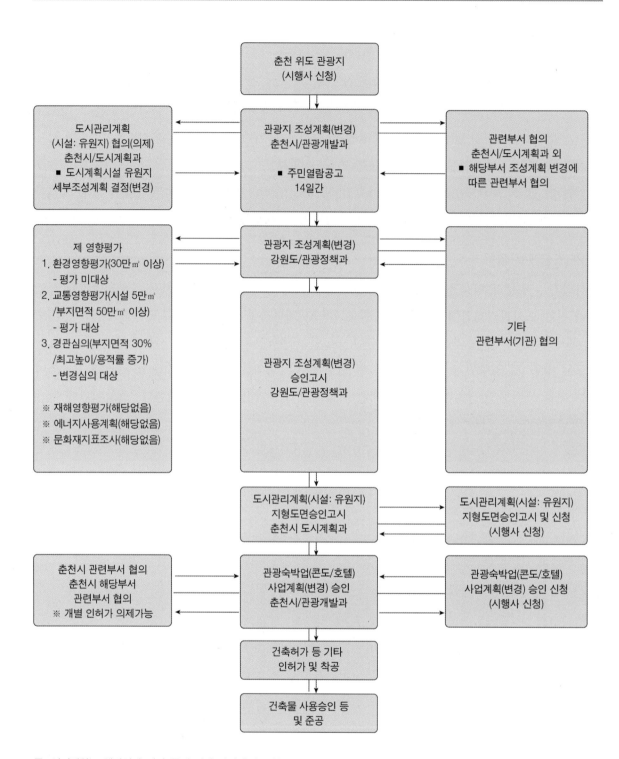

주: 상기절차는 행정처리 기간 등에 따라 변경될 수 있음

(3) 조성계획(변경) 승인신청서 사례(춘천 위도 관광지)

① 목차

조성계획승인신청서의 목차는 대체적으로 관광지의개요에 따른 조성계획(변경)수립배경과 조성계획 변경이 있을 경우 그 사유, 상위계획 및 관련법규검토, 계획대상지현황, 관광시설계획에 따른 토지이용, 교통, 시설배치, 건축, 조경, 공급처리시설계획 순으로 작성된다.

② 조성계획(변경)신청서

**춘천호반(위도) 관광지
조성계획(변경) 승인신청서**

목 차

Ⅰ. 관광자의 개요
　① 조성계획(변경)수립의 배경

Ⅱ. 조성계획 변경 내용
　① 조성계획 변경내용 및 사유
　② 조성계획 변경내용

Ⅲ. 상위계획 및 관련법규 검토
　① 상위계획검토
　② 관련법규검토

Ⅳ. 계획대상지현황
　① 춘천시현황
　② 계획대상지현황

Ⅴ. 관광시설계획
　① 토지이용계획
　② 교통계획
　③ 시설배치계획
　④ 건축계획
　⑤ 조경계획
　⑥ 공급처리시설계획

Ⅵ. 투자계획 및 관리계획
　① 투자계획
　② 관리운영계획

Ⅶ. 세부시설계획조서
　① 지역별 세부 시설계획조서
　② 편입토지조서

주: 위는 일반적인 조성계획신청서의 목차이며 본 책에서는 중요부분만 기재하였음

Ⅰ. 관광자의 개요

1 조성계획(변경)수립의 배경

- 1969년 1월 21일 관광지로 최초 결정된 춘천호반(위도)관광지는 의암댐의 준공으로 만들어진 섬으로 춘천 지역발전과 지역홍보, 국민복지의 증진, 국제친선 등의 역할을 수행해 옴
- 춘천호반(위도)관광지는 지역 특성상 호반 위에 조성된 관광지로 주변 자연경관이 우수하여 최근 사회여건 과 관광·휴양가치관 변화로 리조트도 가족중심의 단일형 리조트보다는 숙박, 휴양주거 및 상업시설, 각종 위락시설 등이 갖추어진 복합형 리조트를 선호하는 추세로 바뀌어가고 있음
- 이에 국민의 여가 및 주거에 대한 새로운 욕구에 부응할 수 있는 공간조성이 필요하며, 위도만의 특별한 콘텐츠(건축물, 시설, 운영프로그램 등)를 구성함으로써 관광, 숙박, 여가의 융복합화가 실현되어 관광산업 전반에 걸친 고부가 가치 창출이 가능함
- 이는 관광, 숙박, 여가가 어우러진 양질의 관광시설을 확보함으로써 4계절 종합 Resort를 개발하여 춘천시 민이 사랑하던 예전의 위도, 그 이상의 위도를 만들고자 하며 강원도와 춘천시의 지역브랜드 가치를 높이고 신성장 동력으로서 지역경제 활성화에 기여할 수 있는바 본 사업을 추진하고자 함

2 조성계획수립의 목적

- 변화하는 국민의 관광, 숙박, 여가의 욕구에 부응할 수 있는 개념의 공간 조성
- 산업과 자원의 효율적인 연계 개발을 통해 강원도와 춘천시 가치를 반영한 고품격 리조트 개발과 지역 신성 장동력으로서 지역경제 활성화에 기여
- 관광, 숙박, 여가시설의 집적을 통한 효율성 확보
- 환경, 관광·숙박·여가 산업 간 융복합화(Convergence) 기반 관광·숙박산업 구조의 고도화 및 고부가 가치화를 통한 신성장동력을 창출하여 지역경제 활성화 및 국가녹색 성장에 기여

3 사업 추진경위

일자	내용
1969.01.21. 관광지 최초 지정	• 관광지명 : 춘천호반관광지(교통부 공고 제2336호) • 면적 : 44.19km²
1971.07.15. 관광지 조성계획 최초 승인	• 풀장 2개소, 분수대 2개소, 전망대 1개소, 공동변소 5개소, 관상수조림 10,000주
1977.04.19. 도시계획시설(유원지) 결정	• 도시계획시설(유원지) 최초 결정(강고 제56호)
1984.03.30. 관광지 조성계획 변경 1차	• 면적 : 484,671m² • 시설내용 : 매표소, 요트하우스, 국민숙사, 방갈로, 오락장, 상가, 휴게소, 위락시설, 운동시설, 토속음식점, 매점, 관리실, 공중변소
1990.07.09. 관광지 지정 변경	• 면적 : 415,819m²(감 68,852m²) • 춘천호반관광지 축소에 따른 구역조정(하천부지제척)
1998.11.10. 관광지 조성계획 변경 2차	• 휴양문화시설지구 내 야영장 신설 - 야영장 면적 : 26,800m²

2001.08.06.
관광지 조성계획 변경 3차
	• 국민숙사 시설배치 변경
	  - 건축동수 : 1동 → 7동
	• 세부시설배치 변경
	  - 야영장면적 : 4,410m² → 18,780m²(증 : 14,460m²)

2002.05.08. 관광지 조성계획 변경 4차	• 국민숙사 명칭변경 : 국민숙사 → 가족호텔 - 건축동수 : 1동 → 15동, 6동 → 16동 • 면적변경 : 2,600m² → 7,200m²

일자	내용
2002.10.19. 관광지 조성계획 변경 5차	• 가족호텔 동수변경 및 위치변경 - 건축동수 : 15동 → 3동 • 야영장 일부면적 제3숙박시설지구로 변경
2009.12.11. 관광지 조성계획 변경 6차	• 면적변경 : 415,819㎡ → 415,733㎡ (감소 86㎡) • 레저시설 등을 도입한 종합휴양, 관광레저 관광지로 조성 변경
2010.01.22. 관광지 조성계획(변경)승인 정정	• 관광지 지정 지형도면 및 지정면적 : 조성계획(변경)승인 정정고시 • 도시계획시설 유원지 면적결정 : 231,000㎡ → 242,500㎡(증 11,500㎡)
2011.11.12. 관광지 조성계획 변경 7차	• 건축연면적 변경 : 327,898㎡ → 682,389㎡(증 354,491㎡) • 규모(동) 변경 : 106동(962실) → 146동(1,526실)(증 40동(564실))
2011.12.09. 관광지 조성계획 변경 8차	• 관광지 면적 : 415,733㎡(변경없음) • 공공편익시설지구 관리동(경비실 안내소) 분산배치 및 전망탑 설치 • 숙박/운동오락 시 시설지구 건축계획 변경 • 휴양·문화시설지구 소공원 및 수로공원 위치 변경
2013.01.31.	• 착공신고(관광숙박업 : 콘도미니엄) 수리통보(춘천시 건축과 993)
2014.01.17.	• 착공연기 처리 : 2014.06.30.까지(춘천시 건축과 993)
2014.09.26.	• 도시계획시설(공간시설 : 유원지)사업 : 실시계획인가 고시 - 부지면적 : 242,500㎡, 건축면적 : 66,654.57㎡ 건축면적 : 656,478.87㎡
2016.10.	• 건축허가 취소
2017.03.24.	• 관광지숙박업(럭스/버즈/퀄즈) 사업계획 승인취소 통보 - 착공기간 등 위반(관광정책과 3289)
2018.07.	• 사업재추진(토지소유권 이전완료 : (주)씨씨아이에이치에스)
2019.11.	• 강원도 업무 양해각서(MOU) 체결완료
2020.03.09. 조성계획 변경(9차) 접수	• 조성계획 변경(9차) 춘천시 접수[(주)씨씨아이에이치에스 → 춘천시]
2020.06.03.	• 조성계획 변경(9차) 강원도 접수[춘천시 → 강원도]
2020.07.08.	• 강원도 경관위원회 심의완료(강원도 건축과)
2020.07.17.	• 재해영향평가 심의완료(조건부 협의, 강원도 방재과)
2020.07.21.	• 환경성 검토서 검토의견 통보(강원도 환경과)
2020.07.22.	• 교통영향평가 심의완료(조건부 의결, 강원도 교통과)
2020.09.18.	• 조성계획 변경(9차) 승인
2021.12.31. 조성사업 시행허가	• 관광지 조성사업 시행허가
2022.08. 시행자 지정 및 실시계획인가 신청	• 춘천 도시계획시설 시행자 지정 및 실시계획인가 신청
2022.10.13. 1차 산업 춘천시 경관심의	• 관광지 생활형 숙박시설 신축공사(1차 사업) 경관심의(춘천시 도시계획과)
2023.04.12.~04.26. 환경영향평가 항목 등의 결정내용 공개 공고	• 환경영향평가 항목 등의 결정내용 공개 공고(춘천시 관광개발과)
2023.06.08.~07.06. 주민공람 및 주민설명회 개최공고	• 환경영향평가 초안 주민공람 및 주민설명회 개최 공고(춘천시 관광개발과) - 공람기간 2023.06.08.~07.06.(29일간) - 주민설명회 2023.06.20.

□ 관광지 조성계획 변경 절차

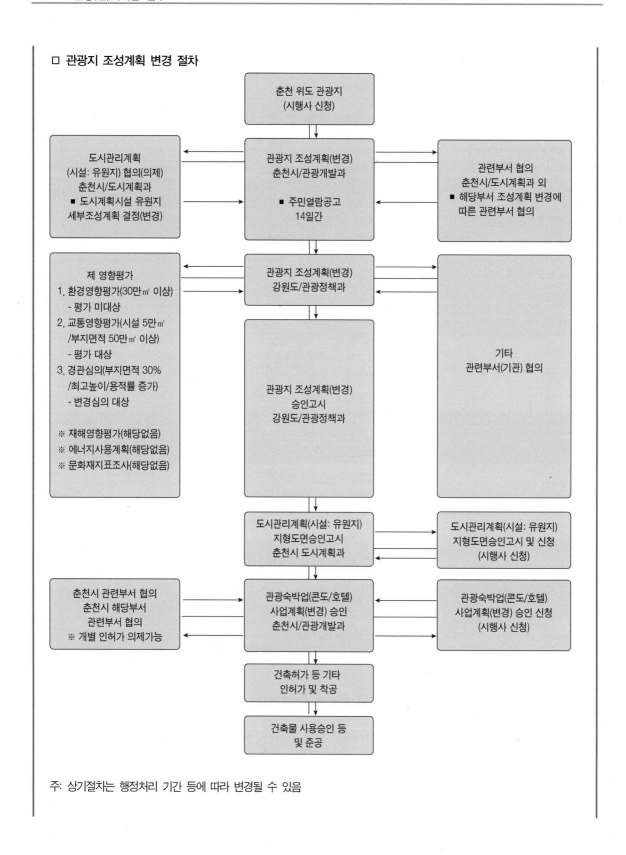

주: 상기절차는 행정처리 기간 등에 따라 변경될 수 있음

Ⅱ. 조성계획 변경 내용

1 조성계획 변경내용 및 사유

- 위도 관광지는 2020년 최종(9차 변경) 조성계획 변경이 이루어졌으며 2013년 이후 사업추진이 장기간 중단된 사업으로 여건변화에 따른 최근 관광수요 변화에 대응하고자 기수립된 조성계획을 변경하여

- 강변과 어우러지는 단지 내 인공 물놀이시설과 관광숙박시설, 판매시설 및 부대시설, 춘천 호반과 연결되는 수변공원에서 펼쳐질 각종 축제와 이벤트를 주축으로, 체험과 놀이, 문화와 휴식이 한곳에서 이루어질 수 있는 4계절 종합리조트를 개발하고자 함

- 시설지구 내 건축계획은 당초 건축연면적 대비 48.4% 증가하여 변경 계획하였고 숙박시설지구 내 총 숙박 객실 수 또한 당초 대비 10.7% 증가하여 계획하여 관광객의 다양한 요구에 친환경적인 관광지로 조성하고자 함

[변경 내용 및 사유]

구분	변경 내용	변경 사유
관광지	• 전체면적 : 415,733m²(변경없음)	
공공·편익 시설지구	• 면적 : 75,342m² → 70,122m²(감 5,220m²) - 도로 및 주차장 변경	• 교량면적 포함 • 토지이용계획 변경에 따른 도로 및 주차장 면적 변경
숙박 시설지구	• 면적 : 105,809m² → 138,790m²(증 32,981m²) - 생활형 숙박시설 변경 - 건축연면적 38.8% 증가 (129,554.96m² → 179,883.58m², 증 50,328.62m²) - 객실수 14.5% 증가(849실 → 940실/증 123실)	• 다양한 유형의 숙박시설을 조성하고 수로공원, 상가시설 등과 연계된 외부공간 등을 유기적으로 조성하여 다양한 이용객들의 수요에 대응, 차별화된 관광지를 조성하고자 함
휴양·문화 시설지구	• 면적 : 50,255m² → 33,588m²(감 16,667m²) - 소공원 10,304m² → 4,364m²(감 5,940m²) - 수로공원 39,951m² → 24,171m²(감 15,780m²)	• 소공원계획을 확대하여 단지 내 야외휴식 공간의 증가 및 수변공간인 수로공원을 축소하여 관광지의 운영관리를 고려한 특화된 호반관광지를 조성하고자 함
상가 시설지구	• 면적 : 11,094m² → -m²(감 11,094m²) - 생활형 숙박시설, 호텔시설 하층부 등으로 판매시설 복합화	• 관광지 진입 초입에 조성, 차별화된 판매시설 등을 조성하고 숙박시설과 연계한 시설 복합화로 방문객 이용편의를 증대시키고자 함
기타 시설지구	• 면적 : 173,233m²(변경없음)	• 변경없음

Ⅲ. 상위계획 및 관련법규 검토

① 관련법규 검토

1. 관광진흥법

구분	관련 내용	검토 결과
법 제54조	〈조성계획의 수립 등〉 ① 관광지등을 관할하는 시장·군수·구청장은 조성계획을 작성하여 시·도지사의 승인을 받아야 한다. 이를 변경(대통령령으로 정하는 경미한 사항의 변경은 제외한다)하려는 경우에도 또한 같다. 다만, 관광단지를 개발하려는 공공기관 등 문화체육관광부령으로 정하는 공공법인 또는 민간개발자(이하 "관광단지개발자"라 한다)는 조성계획을 작성하여 대통령령으로 정하는 바에 따라 시·도지사의 승인을 받을 수 있다. ② 시·도지사는 제1항에 따른 조성계획을 승인하거나 변경승인을 하고자 하는 때에는 관계 행정기관의 장과 협의하여야 한다. 이 경우 협의요청을 받은 관계행정기관의 장은 특별한 사유가 없는 한 그 요청을 받은 날부터 30일 이내에 의견을 제시하여야 한다. ③ 시·도지사가 제1항에 따라 조성계획을 승인 또는 변경승인한 때에는 지체 없이 이를 고시하여야 한다. ④ 민간개발자가 관광단지를 개발하는 경우에는 제58조제13호 및 제61조를 적용하지 아니한다. 다만, 조성계획상의 조성 대상 토지면적 중 사유지의 3분의 2 이상을 취득한 경우 남은 사유지에 대하여는 그러하지 아니하다. ⑤ 제1항부터 제3항까지에도 불구하고 관광지 등을 관할하는 특별자치시장 및 특별자치도지사는 관계 행정기관의 장과 협의하여 조성계획을 수립하고, 조성계획을 수립한 때에는 지체없이 이를 고시하여야 한다.	• 금회 변경은 경미한 변경에 해당되지 않음에 따라 강원도지사 승인 대상임 • 조성계획 토지면적 중 사유지 3분의 2 이상 취득 완료
시행령 제47조	〈경미한 조성계획의 변경〉 ① 법 제54조제1항 후단에서 "대통령령으로 정하는 경미한 사항의 변경"이란 다음 각 호의 어느 하나에 해당하는 것을 말한다. 1. 관광시설계획면적의 100분의 20 이내의 변경 2. 관광시설계획 중 시설지구별 토지이용계획면적(조성계획의 변경승인을 받은 경우에는 그 변경승인을 받은 토지이용계획면적을 말한다)의 100분의 30 이내의 변경(시설지구별 토지이용계획면적이 2천200제곱미터 미만인 경우에는 660제곱미터 이내의 변경) 3. 관광시설계획 중 시설지구별 건축 연면적(조성계획의 변경승인을 받은 경우에는 그 변경승인을 받은 건축 연면적을 말한다)의 100분의 30 이내의 변경(시설지구별 건축 연면적이 2천200제곱미터 미만인 경우에는 660제곱미터 이내의 변경) 4. 관광시설계획 중 숙박시설지구에 설치하려는 시설(조성계획의 변경승인을 받은 경우에는 그 변경승인을 받은 시설을 말한다)의 변경(숙박시설지구 안에 설치할 수 있는 시설 간 변경에 한정한다)으로서 숙박시설지구의 건축 연면적의 100분의 30 이내의 변경(숙박시설지구의 건축연면적이 2천200제곱미터 미만인 경우에는 660제곱미터 이내의 변경)	• 금회 변경은 경미한 변경에 해당되지 않음(시설지구별 토지이용 계획면적 및 건축 연면적의 100분의 30 이내의 변경에 해당되지 않음)

구분	관련 내용	검토 결과
	5. 관광시설계획 중 시설지구에 설치하는 시설의 명칭 변경 6. 법 제54조제1항에 따라 조성계획의 승인을 받은 자(같은 조 제5항에 따라 특별자치시장 및 특별자치도지사가 조성계획을 수립한 경우를 포함한다. 이하 "사업시행자"라 한다)의 성명(법인인 경우에는 그 명칭 및 대표자의 성명을 말한다) 또는 사무소 소재지의 변경. 다만, 양도·양수, 분할, 합병 및 상속 등으로 인해 사업시행자의 지위나 자격에 변경이 있는 경우는 제외한다. ② 관광지등 조성계획의 승인을 받은 자는 제1항에 따라 경미한 조성계획의 변경을 하는 경우에는 관계 행정기관의 장과 조성계획 승인권자에게 각각 통보하여야 한다.	
시행령 제46조	〈조성계획의 승인신청〉 ① 법 제54조제1항에 따라 관광지등 조성계획의 승인 또는 변경승인을 받으려는 자는 다음 각 호의 서류를 첨부하여 조성계획의 승인 또는 변경승인을 신청하여야 한다. 다만, 조성계획의 변경승인을 신청하는 경우에는 변경과 관계되지 아니하는 사항에 대한 서류는 첨부하지 아니하고, 제4호에 따른 국·공유지에 대한 소유권 또는 사용권을 증명할 수 있는 서류를 조성계획 승인 후 공사착공 전에 제출할 수 있다. 1. 문화체육관광부령으로 정하는 내용을 포함하는 관광시설계획서·투자계획서 및 관광지등 관리계획서 2. 지번·지목·지적·소유자 및 시설별 면적이 표시된 토지조서 3. 조감도 4. 법 제2조제8호의 민간개발자가 개발하는 경우에는 해당 토지의 소유권 또는 사용권을 증명할 수 있는 서류. 다만, 민간개발자가 개발하는 경우로서 해당 토지 중 사유지의 3분의 2 이상을 취득한 경우에는 취득한 토지에 대한 소유권을 증명할 수 있는 서류와 국·공유지에 대한 소유권 또는 사용권을 증명할 수 있는 서류 ② 법 제54조제1항 단서에 따라 관광단지개발자가 조성계획의 승인 또는 변경승인을 신청하는 경우에는 특별자치시장·특별자치도지사·시장·군수·구청장에게 조성계획 승인 또는 변경승인신청서를 제출하여야 하며, 조성계획 승인 또는 변경승인신청서를 제출받은 시장·군수·구청장은 제출받은 날부터 20일 이내에 검토의견서를 첨부하여 시·도지사(특별자치시장·특별자치도지사는 제외한다)에게 제출하여야 한다.	• 규정에 따라 관련서류 첨부함
시행규칙 제60조	〈관광시설계획 등의 작성〉 ① 영 제46조제1항에 따라 작성되는 조성계획에는 다음 각 호의 사항이 포함되어야 한다. 1. 관광시설계획 　가. 공공편익시설, 숙박시설, 상가시설, 관광휴양·오락시설 및 그 밖의 시설지구로 구분된 토지이용계획	• 관광시설계획, 투자계획, 관리계획 등을 작성하여 첨부함

구분	관련 내용	검토 결과
시행규칙 제60조	나. 건축연면적이 표시된 시설물설치계획(축척 500분의 1부터 6 　천분의 1까지의 지적도에 표시한 것이어야 한다) 다. 조경시설물, 조경구조물 및 조경식재계획이 포함된 조경계획 라. 그 밖의 전기·통신·상수도 및 하수도 설치계획 마. 관광시설계획에 대한 관련부서별 의견(지방자치단체의 장이 　조성계획을 수립하는 경우만 해당한다) 2. 투자계획 　가. 재원조달계획 　나. 연차별 투자계획 3. 관광지등의 관리계획 　가. 관광시설계획에 포함된 시설물의 관리계획 　나. 관광지등의 관리를 위한 인원 확보 및 조직에 관한 계획 　다. 그 밖의 관광지등의 효율적 관리방안 ② 제1항제1호가목에 따른 각 시설지구 안에 설치할 수 있는 시설은 별표 19와 같다.	
법 제58조	〈인·허가 등의 의제〉 ① 제54조제1항에 따라 조성계획의 승인 또는 변경승인을 받거나 같 은 조 제5항에 따라 특별자치시장 및 특별자치도지사가 관계 행정기 관의 장과 협의하여 조성계획을 수립한 때에는 다음 각 호의 인·허 가 등을 받거나 신고를 한 것으로 본다. 1.「국토의 계획 및 이용에 관한 법률」제30조에 따른 도시·군관리 　계획(같은 법 제2조제4호다목의 계획 중 대통령령으로 정하는 시 　설 및 같은 호 마목의 계획 중 같은 법 제51조에 따른 지구단위계 　획구역의 지정 계획 및 지구단위계획만 해당한다)의 결정, 같은 법 　제32조제2항에 따른 지형도면의 승인, 같은 법 제36조에 따른 용 　도지역 중 도시지역이 아닌 지역으로 계획관리지역 지정, 같은 법 　제37조에 따른 용도지구 중 개발진흥지구의 지정, 같은 법 제56 　조에 따른 개발행위의 허가, 같은 법 제86조에 따른 도시·군계획 　시설사업 시행자의 지정 및 같은 법 제88조에 따른 실시계획의 　인가 2.「수도법」제17조에 따른 일반수도사업의 인가 및 같은 법 제52조 　에 따른 전용 상수도설치시설의 인가 3.「하수도법」제16조에 따른 공공하수도 공사시행 등의 허가 4.「공유수면 관리 및 매립에 관한 법률」제8조에 따른 공유수면 점 　용·사용허가, 같은 법 제17조에 따른 점용·사용 실시계획의 승 　인 또는 신고, 같은 법 제28조에 따른 공유수면의 매립면허, 같은 　법 제35조에 따른 공유수면매립실시계획의 승인 5.「하천법」제30조에 따른 하천공사 등의 허가 및 실시계획의 인가, 　같은 법 제33조에 따른 점용허가 및 실시계획의 인가	• 도시·군관리계획(도시계획시설: 유원지) 세부조성계획 결정(결정)은 의제처리 하며 실시계획 인가는 추후 별도 협의 처리하겠음

구분	관련 내용	검토 결과
법 제54조	6. 「도로법」 제36조에 따른 도로관리청이 아닌 자에 대한 도로공사 시행의 허가 및 같은 법 제61조에 따른 도로의 점용 허가 7. 「항만법」 제9조제2항에 따른 항만개발사업 시행의 허가 및 같은 법 제10조제2항에 따른 항만개발사업실시계획의 승인 8. 「사도법」 제4조에 따른 사도개설의 허가 9. 「산지관리법」 제14조·제15조에 따른 산지전용허가 및 산지전용 신고, 같은 법 제15조의2에 따른 산지일시사용허가·신고, 「산림 자원의 조성 및 관리에 관한 법률」 제36조제1항·제4항 및 제45 조제1항·제2항에 따른 입목벌채 등의 허가와 신고 10. 「농지법」 제34조제1항에 따른 농지 전용허가 11. 「자연공원법」 제20조에 따른 공원사업 시행 및 공원시설관리의 허가와 같은 법 제23조에 따른 행위 허가 12. 「공익사업을 위한 토지 등의 취득 및 보상에 관한 법률」 제20조 제1항에 따른 사업인정 13. 「초지법」 제23조에 따른 초지전용의 허가 14. 「사방사업법」 제20조에 따른 사방지 지정의 해제 15. 「장사 등에 관한 법률」 제8조제3항에 따른 분묘의 개장신고 및 같은 법 제27조에 따른 분묘의 개장허가 16. 「폐기물관리법」 제29조에 따른 폐기물 처리시설의 설치승인 또 는 신고 17. 「온천법」 제10조에 따른 온천개발계획의 승인 18. 「건축법」 제11조에 따른 건축허가, 같은 법 제14조에 따른 건축 신고, 같은 법 제20조에 따른 가설건축물 건축의 허가 또는 신고 19. 제15조제1항에 따른 관광숙박업 및 제15조제2항에 따른 관광객 이용시설업·국제회의업의 사업계획 승인. 다만, 제15조에 따른 사업계획의 작성자와 제55조제1항에 따른 조성사업의 사업시행 자가 동일한 경우에 한한다. 20. 「체육시설의 설치·이용에 관한 법률」 제12조에 따른 등록 체육 시설업의 사업계획 승인. 다만, 제15조에 따른 사업계획의 작성 자와 제55조제1항에 따른 조성사업의 사업시행자가 동일한 경 우에 한한다. 21. 「유통산업발전법」 제8조에 따른 대규모점포의 개설등록 22. 「공간정보의 구축 및 관리 등에 관한 법률」 제86조제1항에 따른 사업의 착수·변경의 신고 ② 제1항에 따른 인·허가 등의 의제를 받고자 하는 자는 조성계획의 승인 또는 변경승인 신청을 하는 때에 해당 법률에서 정하는 관련 서 류를 제출하여야 한다. ③ 시·도지사는 제1항 각 호의 어느 하나의 사항이 포함되어 있는 조성계획을 승인 또는 변경승인하고자 하는 때에는 미리 관계 행정기 관의 장과 협의하여야 하며, 그 조성계획을 승인 또는 변경승인한 때 에는 지체 없이 관계 행정기관의 장에게 그 내용을 통보하여야 한다.	

2. 도시 · 군계획시설의 결정 · 구조 및 설치기준에 관한 규칙

구분	관련 내용	검토 결과
제56조 (유원지)	제4절 유원지 제56조(유원지) 이 절에서 "유원지"라 함은 주로 주민의 복지향상에 기여하기 위하여 설치하는 오락과 휴양을 위한 시설을 말한다.	• 주민의 복지향상 기여하기 위한 오락과 휴양을 위한 시설설치
제57조 (유원지의 결정기준)	제57조(유원지의 결정기준) 유원지의 결정기준은 다음 각호와 같다. 1. 시 · 군내 공지의 적절한 활용, 여가공간의 확보, 도시환경의 미화, 자연환경의 보전 등의 효과를 높일 수 있도록 할 것	• 공지를 활용하여 여가공간 및 도시환경미화, 자연보전 등을 계획함
	2. 숲 · 계곡 · 호수 · 하천 · 바다 등 자연환경이 아름답고 변화가 많은 곳에 설치할 것	• 하천(섬)에 설치함
	3. 유원지의 소음권에 주거지 · 학교 등 평온을 요하는 지역이 포함되지 아니하도록 인근의 토지이용현황을 고려할 것	• 하천(섬)에 설치함

	4. 준주거지역 · 일반상업지역 · 자연녹지지역 및 계획관리지역에 한하여 설치할 것. 다만, 다음 각 목의 어느 하나에 해당하는 경우에는 유원지의 나머지 면적을 연접(용도지역의 경계선이 서로 닿아 있는 경우를 말한다)한 생산관리지역이나 보전관리지역에 설치할 수 있다.
	  가. 유원지 전체면적의 50퍼센트 이상이 계획관리지역에 해당하는 경우로서 유원지의 나머지 면적을 생산관리지역이나 보전관리지역에 연속해서 설치하는 경우
	  나. 유원지 전체면적의 90퍼센트 이상이 준주거지역 · 일반상업지역 · 자연녹지지역 또는 계획관리지역에 해당하는 경우로서 도시계획위원회의 심의를 거쳐 유원지의 나머지 면적을 생산관리지역이나 보전관리지역에 연속해서 설치하는 경우
		• 자연녹지지역에 설치함

	5. 이용자가 쉽게 접근할 수 있도록 교통시설을 연결할 것	• 간선도로인 신매대교에서 쉽게 진출입이 가능하도록 가감차로를 설치를 계획함
	6. 대규모 유원지의 경우에는 각 지역에서 쉽게 오고 갈 수 있도록 교통시설이 고속국도나 지역간 주간선도로에 쉽게 연결되도록 할 것	
	7. 전력과 용수를 쉽게 공급받을 수 있고 자연재해의 우려가 없는 지역에 설치할 것	• 홍수위 검토를 통해 자연재해가 없도록 계획고를 계획함

	8. 시냇가 · 강변 · 호반 또는 해변에 설치하는 유원지의 경우에는 다음 각목의 사항을 고려할 것
	  가. 시냇가 · 강변 · 호반 또는 해변이 차단되지 아니하고 완만하게 경사질 것
	  나. 깨끗하고 넓은 모래사장이 있을 것
	  다. 수영을 할 수 있는 경우에는 수질이 「환경정책기본법」 등 관계 법령에 규정된 수질기준에 적합할 것
	  라. 상수원의 오염을 유발시키지 아니하는 장소할 것
		• 하천에 설치하는 유원지로 경사, 수질기준, 오염유발 등에 대하여 기준에 적합하게 계획함

	9. 유원지의 규모는 1만 제곱미터 이상으로 당해 유원지의 성격과 기능에 따라 적정하게 할 것	• 유원지의 규모는 1만 제곱미터 이상임

구분	관련 내용	검토 결과
제58조 (유원지의 구조 및 설치기준)	제58조(유원지의 구조 및 설치기준) ① 유원지의 구조 및 설치기준은 다음 각 호와 같다.	
	1. 각 계층의 이용자의 요구에 응할 수 있도록 다양한 시설을 설치할 것	• 연령과 성별의 구분없이 이용가능한 친수공간, 편의시설 등 다양한 시설을 설치할 계획이며 토지의 효율적 이용을 도모하도록 계획함
	2. 연령과 성별의 구분없이 이용할 수 있는 시설을 포함할 것	
	3. 휴양을 목적으로 하는 유원지를 제외하고는 토지이용의 효율화를 기할 수 있도록 일정지역에 시설을 집중시키고, 세부시설 간 유기적 연관성이 있는 경우에는 둘 이상의 세부시설을 하나의 부지에 함께 설치하는 것을 고려할 것	
	4. 유원지에는 보행자 위주로 도로를 설치하고 차로를 설치하는 경우에도 보행자의 안전과 편의를 저해하지 아니하도록 할 것	• 친수공간 등 보행자 전용공간 확보
	5. 특색있고 건전한 휴식공간이 될 수 있도록 세부시설을 설치할 것	• 특색있는 친수공간을 확보하고 판매시설, 편의시설 등 확보
	6. 유원지의 목적 및 지역별 특성을 고려하여 세부시설 조성계획에서 휴양시설, 편익시설 및 관리시설의 종류를 정할 것	
	7. 하천, 계곡 및 산지에 유원지를 설치하는 경우 재해위험성을 충분히 고려하고, 야영장 및 숙박시설은 반드시 재해로부터 안전한 곳에 설치할 것	• 홍수위를 검토하여 재해위험성을 충분히 고려하여 숙박시설을 배치함
	8. 유원지의 주차장 표면을 포장하는 경우에는 잔디블록 등 특수성재료를 사용하고, 배수로의 표면은 빗물받이 폭 이상의 생태형으로 설치하는 것을 고려할 것	• 특수성재료사용 및 배수처리는 생태형으로 계획
	② 유원지에는 다음 각 호의 시설을 설치할 수 있다. 이 경우 제1호의 유희시설은 어린이용 위주의 유희시설과 가족용 유희시설로 구분하여 설치해야 한다. 　1. 유희시설 : 「관광진흥법」에 따른 유기시설·유기기구·번지점프, 그네·미끄럼틀·시소 등의 시설, 미니썰매장·미니스케이트장 등 여가활동과 운동을 함께 즐길 수 있는 그 밖에 기계 등으로 조작하는 각종 유희시설 　2. 운동시설 : 육상장·정구장·테니스장·골프연습장·야구장(실내야구연습장을 포함한다)·탁구장·궁도장·체육도장·수영장·보트놀이장·부교(받침기둥 없이 물에 띄우는 다리를 말한다)·잔교(구름다리)·계류장·스키장(실내스키장을 포함한다)·골프장(9홀 이하인 경우에만 해당한다)·승마장·미니축구장 등 각종 운동시설 　3. 휴양시설 : 휴게실·놀이동산·낚시터·숙박시설·야영장(자동차야영장을 포함한다)·야유회장·청소년수련시설·자연휴양림·간이취사시설 　4. 특수시설 : 동물원·식물원·공연장·예식장·마권장외발매소(이와 유사한 것을 포함한다)·관람장·전시장·진열관·조각·야외음악당·야외극장·온실·수목원·광장	• 휴양, 위락시설 등 다음 각호에 해당하는 시설설치하는 것으로 계획함

구분	관련 내용	검토 결과

제58조
(유원지의
구조 및
설치기준)
	5. 위락시설 : 관광호텔에서 부속된 시설로서 「관광진흥법」 제15조
	에 따른 사업계획승인을 받아 설치하는 위락시설
	6. 편익시설 : 다음 각 목의 시설
	  가. 「건축법 시행령」 별표 1 제3호(마목 및 아목은 제외한다)의
	     시설
	  나. 「건축법 시행령」 별표 1 제4호바목부터 자목까지·차목(동
	     물병원, 동물미용실 및 그 밖에 이와 유사한 것에 한정한
	     다)·하목(금융업소에 한정한다)·더목 및 러목(노래연습장
	     에 한정한다)의 시설
	  다. 「건축법 시행령」 별표 1 제10호바목의 시설
	  라. 「건축법 시행령」 별표 1 제11호가목(어린이집, 아동복지관
	     및 지역아동센터에 한정한다)·나목(노인여가복지시설에
	     한정한다) 및 다목(사회복지관에 한정한다)의 시설
	  마. 「건축법 시행령」 별표 1 제16호가목의 시설
	  바. 「건축법 시행령」 별표 1 제19호바목의 시설 중 「환경친화
	     적 자동차의 개발 및 보급 촉진에 관한 법률」 제2조제9호
	     에 따른 수소연료공급시설
	  사. 「건축법 시행령」 별표 1 제27호다목의 시설
	  아. 전망대, 의무실, 자전거대여소, 서바이벌게임장, 음악감상
	     실, 스크린골프장 및 당구장
	7. 관리시설 : 도로(보행자전용도로, 보행자우선도로 및 자전거전용
	  도로를 포함한다)·주차장·궤도·쓰레기처리장·관리사무소·
	  화장실·안내표지·창고
	8. 제1호부터 제7호까지의 시설과 유사한 시설로서 유원지별 목
	  적·규모 및 지역별 특성에 적합하여 도시·군계획시설결정권
	  자 소속 도시계획위원회(해당 도시·군계획시설결정권자에게
	  소속된 위원회를 말한다. 이하 제64조제2항제3호, 제101조제3
	  항 및 제119조제2호나목4)에서 같다)의 심의를 거친 시설	

	③ 유원지 안에서의 안녕질서의 유지 그 밖에 유원지 주변의 상황으 로 보아 특히 필요하다고 인정되는 경우에는 파출소·초소 등의 시설 을 제2조제2항의 규정에 의한 세부시설에 대한 조성계획에 포함시킬 수 있다.	• 해당없음
	④ 유원지 중 「관광진흥법」 제2조제6호에 따른 관광지 또는 같은 조 제7호에 따른 관광단지로 지정된 지역과 같은 법 제15조에 따라 같은 법 시행령 제2조제3호가목에 따른 전문휴양업이나 같은 호 나목에 따른 종합휴양업으로 사업계획 승인을 받은 지역에는 제2항에도 불 구하고 「관광진흥법」에서 정하는 시설을 포함하여 설치할 수 있다.	• 위도 관광지는 「관광진흥법」 제2조제 6호에 따른 관광지로 지정된 지역 「관 광진흥법」에서 정하는 시설을 포함하 여 설치할 수 있음에 따라 「공중위생 관리법」에 따른 숙박시설(생활)을 포 함하여 계획함

구분	관련 내용	검토 결과
관광진흥법 시행규칙 [별표 19]	□ **관광진흥법 시행규칙 [별표 19]** 관광지등의 시설지구 안에 설치할 수 있는 시설(제60조제2항 관련)	

시설 지구	설치할 수 있는 시설
공공 편익 시설 지구	도로, 주차장, 관리사무소, 안내시설, 광장, 정류장, 공중화장실, 금융기관, 관공서, 폐기물처리시설, 오수처리시설, 상하수도시설, 그 밖에 공공의 편익시설과 관련되는 시설로서 관광지 등의 기반이 되는 시설
숙박 시설 지구	「공중위생관리법」 및 이 법에 따른 숙박시설, 그 밖에 관광객의 숙박과 체재에 적합한 시설
상가 시설 지구	판매시설, 「식품위생법」에 따른 업소, 「공중위생관리법」에 따른 업소(숙박업은 제외한다), 사진관 그 밖의 물품이나 음식 등을 판매하기에 적합한 시설
관광 휴양 · 오락 시설 지구	1. 휴양·문화시설 : 공원, 정자, 전망대, 조경휴게소, 의료시설, 노인시설, 삼림욕장, 자연휴양림, 연수원, 야영장, 온천장, 보트장, 유람선터미널, 낚시터, 청소년수련시설, 공연장, 식물원, 동물원, 박물관, 미술관, 수족관, 문화원, 교양관, 도서관, 자연학습장, 과학관, 국제회의장, 농·어촌휴양시설, 그 밖에 휴양과 교육·문화와 관련된 시설 2. 운동·오락시설 : 「체육시설의 설치·이용에 관한 법률」에 따른 체육시설, 이 법에 따른 유원시설, 「게임산업진흥에 관한 법률」에 따른 게임제공업소, 케이블카(리프트카), 수렵장, 어린이놀이터, 무도장, 그 밖의 운동과 놀이에 직접 참여하거나 관람하기에 적합한 시설
기타 시설 지구	위의 지구에 포함되지 아니하는 시설

(비고) 개별시설에 각종 부대시설이 복합적으로 있는 경우에는 그 시설의 주된 기능을 중심으로 시설지구를 구분한다.

구분	관련 내용	검토 결과
공중위생 관리법 시행령	□ **공중위생관리법 시행령** 제4조(숙박업의 세분) 법 제2조제2항에 따라 숙박업을 다음과 같이 세분한다. 1. 숙박업(일반) : 손님이 잠을 자고 머물 수 있도록 시설(취사시설은 제외한다) 및 설비 등의 서비스를 제공하는 영업 2. 숙박업(생활) : 손님이 잠을 자고 머물 수 있도록 시설(취사시설을 포함한다) 및 설비 등의 서비스를 제공하는 영업	

3. 기타 관련법규

관련법규	내용	비고
환경영향평가법 (환경영향평가)	• 금회 협의 대상임 - 최초 1969.01.11. 지정된 관광지로 면적 변경이 없음 　(※ 환경보전방안 검토서 작성) • 환경서 검토서 검토의견 통보(2020.07.21. 강원도 환경과)	
도시교통정비촉진법 (교통영향평가)	• 금회 교통영향평가 심의 대상임(5년 이내 착공을 아니한 경우) - 교통영향평가 사전검토(2020.07.03. 강원도 교통과) - 교통영향평가 심의 완료(2020.07.22. 조건부 의결, 강원도 교통과)	
자연재해대책법 (재해영향평가)	• 해당없음 - 재해영향평가 심의 완료(2020.07.17. 강원도 방재과)	
에너지이용합리화법 (에너지사용계획)	• 해당없음 - 민간사업주관자 : 관광시설계획면적 50만㎡ 이상인 사업	
매장문화재보호 및 조사에 관한 법률 (문화재지표조사)	• 해당없음 - 기조사 완료지역	
경관법 (경관심의)	• 금회 경관심의 대상임 - '경관법' 제27조 및 같은 법 시행령 제19조 및 별표와 경관심의운영지침(국토교통부 　고시)에 의거 '관광진흥법' 제54조에 따른 관광지 조성계획의 승인 전 경관심의를 실 　시하여야 함 - 강원도 경관위원회 심의 완료(2020.07.08. 강원도 건축과)	

V. 관광시설계획

① 토지이용계획

1. 기본계획

- 대상부지의 부지특성, 기능적 상관관계, 장래변화에 대한 탄력성을 고려하여 효율적인 토지이용을 위한 기능을 적정하게 배분
- 각 공간별로 독자성을 부여하여 환경특성 및 행태유형별 이용성향과 공간수요를 고려하여 토지이용계획을 수립
- 토지이용계획은 유치시설의 기능에 따라 공공편익시설, 숙박시설, 상가시설 등으로 구분하여 각 시설 간 상호관계에 따라 계획을 수립
- 현황분석에서 나타난 대상지의 성격은 의암호의 풍부한 호반자원을 활용한 다양한 수상이벤트 및 여가활동이 일어날 수 있는 장소로 여가활동형의 인공적 관광시설 유치와 호반도시의 특색을 계획요소로 활용한 관광이미지 구현
- 관광지를 구성하는 토지이용에 따라 계획주제기능을 부여 공간적 상징화를 유도

2. 토지이용계획

가. 공공 · 편익시설지구

- 공공 · 편익시설지구는 관광이용 시설의 공공지원 성격이 강한 지구로서 대상지의 중심 및 이용객의 관광이용 시작지점에 두어 최대한 편의를 제고
- 관광지 전체의 종합 관리운영과 편의제공을 위하여 주차장을 배치

나. 숙박시설지구

- 숙박시설지구는 공간의 특성상 쾌적성과 안정성, 프라이버시 확보가 우선 고려되어야 하는 지구로서 계획가능공간에 우선 배치하되 다른 시설과의 연계성과 숙박시설들 간의 특성을 고려하여 분산 배치
- 각 숙박시설의 기능을 고려하여 이용객들을 위해 진입부 및 판매시설과 연계하여 배치하고, 체류객을 위한 독립공간으로 이용구분별 숙박시설을 배치
- 친수공간과 연계하여 여러 형태의 공원 · 녹지와 수경요소를 도입하고 산책로나 보행로 등의 동선의 결절부에는 벤치 등의 휴식공간 배치

② 교통체계 및 동선계획

1. 기본방향

- 교통체계상 대상지가 위치한 춘천은 국도 5호선(마산~중강진), 국도 46호선(인천~고성), 국도 56호선(철원~양양)과 대구~춘천 간 중앙고속도로가 개통되어 2, 3차 세력권 지역의 접근성이 양호한 지역이며, 대상지는 2001년에 개통된 신매대교에 의해 진출입
- 접근의 편리성과 시설이용의 편의를 위해 효과적인 관광지 내부동선을 계획하고 주차시설 적정배치
- 동선은 주접근도로, 진입도로, 내부연결도로, 보행자도로로 구분하여 시설 간 원활한 연결체계 구축

2. 교통체계 및 동선계획

가. 접근체계 개선

- 춘천시에서 국도 5호선을 통해 신동방면의 선착장에서 배편으로 계획대상지에 접근할 수 있으며, 2000년 신매대교의 개통으로 국도 5호선에서의 직접진입과 춘천댐과 의암댐을 잇는 지방도 70호선에서의 직접 진입이 가능함
- 서울~춘천 간 경춘선은 1시간 간격으로 운행되고 있어 단체 이용객 수송에 유리하고 인근 춘천역까지 GTX, KTX가 연장될 예정임
- 대상지로의 유일한 차량접근체계인 신매대교에서 대상지의 주 진출입동선을 계획하여야 하므로 광역적으로 교통체계를 분석하여 효율적인 진출입동선을 계획

나. 교통계획

- 지방도 70호선(신매대교)에서 위도 관광지 내로 진출입을 위한 진입도로(주진입부) 설치하여 관광지 내로의 원활한 진출입이 이루어질 수 있도록 계획
- 관광지 내 도로는 관광지 순환도로 및 숙박시설 단지 내 도로로 구분하여 도로의 특성 및 이용의 편의를 고려하여 계획

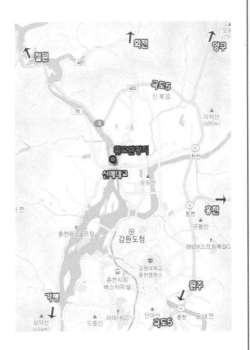

[교통종합개선안도 – 기정]

다. 진입로 계획
  1) 진입 교량 확장
    • 본 교량은 춘천시 서면 신매리와 신사우동을 연결하는 신매대교에 접속하여, 조성계획인 위도에 연결하는 구간에 설치되는 교량으로, 국가하천인 북한강을 횡단하므로 지장물의 안정된 횡단방안과 시공성, 경제성을 만족하는 합리적인 교량계획임

[위치 및 전경]

위치도	현장 전경

[교량선정 방향]

2) 사업추진 및 운영관리 주체 계획
- 진입교량 확장사업은 본 사업의 차량진입을 위한 기반시설로 사업시행자가 투자 및 시공 후 춘천시에 공공시설의 소유권 취득을 위해 무상귀속할 계획임
- 춘천시에 무상귀속 후 운영관리비는 사업주체에서 부담할 계획으로 운영관리비 부담계획을 위해 춘천시 관련부서와 협의함

3) 교량 유지관리 계획
- 효과적인 교량 유지관리는 결함, 손상 및 열화를 초래할 수 있는 요인들은 미리 발견하여 예방적 조치를 취함으로써 손상단계로의 진전을 미연에 방지하고
- 이미 결함, 손상 및 열화가 발생한 경우에는 초기에 대책을 강구함으로써 대규모의 보수·보강에까지 이르지 않도록 경제적인 유지관리를 행하여 교량의 공용수명을 연장하는 것임
- 이를 위해서는 설계 및 시공 단계에서부터 유지관리를 염두에 둔 계획이 이루어져야 하며 관련자료의 보존, 점검 및 진단, 일상적 예방 유지관리 계획수립과 시행결과에 따른 조치대책 수립 등의 일련의 과정이 적절히 수행되어야 함

구분	내용
설계 및 시공 자료	설계도서, 사진, 품질관리 자료, 시설물 관리대장, 보수·보강 이력
점검 및 진단 자료	기존 안전점검·정밀안전진단 실시결과, 사용제한 사항, 부대시설물, 환경조건, 보수·보강 이력, 기타(최고수위 등)
상태 및 안전성평가 자료	상태평가 자료, 안전성평가 기록, 계측결과평가 자료
안전점검 및 정밀안전진단	정기점검, 정밀점검, 긴급점검, 정밀안전진단, 초기점검

4) 교량 유지관리 및 대책
- 유지관리가 효율적으로 수행되기 위하여 가장 중요한 사항은 예방적 차원에서 일상적인 유지관리가 적기 적소에 이루어져야 하며, 향후에 큰 손상이 발생하기 전 즉, 많은 보수비용이 필요하기 전에 미연에 문제를 해소하는 능동적 유지관리가 필요함
- 그러므로 교량에 대한 일련의 유지관리 운영방침이 수립되어야 함

5) 연결로(교량) 유지관리비 산출
  가. 신매대교 확장구간 유지관리비용 집계
- 신매대교 확장구간 유지관리비용 산출 결과, 유지보수비 4,370백만 원, 안전점검비 1,333백만 원으로 총 5,704백만 원임

[유지관리비용 집계표]

사업명 : 춘천 위도 관광지 조성사업　　　　　　　　　　　　　　　　　　　　　(단위 : 원)

구분		규격	단위	수량	단가	금액	비고
유지보수							
관리운영비		매년	연	20	8,700,000	174,000,000	기본대가 :
수선유지비		1~10년차	연	10	33,800,000	338,000,000	20m * 1,000m
수선유지비		10~20년차	연	10	37,700,000	377,000,000	적용면적 : 32.5% "A" 램프 : 1,580m²
대수선	재포장	10년에 1회	회	2	106,600,000	213,200,000	"B" 램프 : 1,743m² "C" 램프 : 1,605m²
	교량보강	10년에 1회	회	2	1,643,100,000	3,268,200,000	"D" 램프 : 1,573m² 면적 계 : 6,501m²
소계						4,370,400,000	
안전점검							
정기안전점검		연 2회	회	30	13,044,000	391,320,000	기본대가 : 14,993,660 * 87%
정밀안전점검		2년 1회	회	8	64,550,000	516,400,000	기본대가 : 74,195,860 * 87%
정밀안전진단		5년 1회	회	2	212,823,000	425,646,000	기본대가 : 244,624,864 * 87% 10년 경과 후부터 시행
소계						1,333,366,000	
합계						5,703,766,000	

주: 1. 안전점검 비용 산출기준 : 시설물의 안전 및 유지관리에 관한 특별법 시행령
    2. 안전점검 기준금액의 87% 적용
    3. 유지관리비용 산출 기준 : 제5차 국도, 국지도 5개년 계획안 일괄 예비타당성조사(강원지역, 2021년 11월 KDI)
    4. 유지관리비용은 일반국도 4차로 제원(폭 : 20m, 길이 : 1,000m)을 신매대교 확장구간의 재원으로 환산하여 적용함

나. 유지보수비 연도별 집계
- 연간 유지보수비 산출 결과, 준공 5년차까지 213백만 원, 10년까지 2,166백만 원, 15년차까지 2,398백만 원, 20년차까지 4,370백만 원으로 산출됨

[유지보수비 연도별 집계표]

(단위 : 원)

| 연차 | 관리운영비 | 수선유지비 | 대수선 | | 연도별 계 |
			재포장	교량보강	
1년차	8,700,000	33,800,000			42,500,000
2년차	8,700,000	33,800,000			42,500,000
3년차	8,700,000	33,800,000			42,500,000
4년차	8,700,000	33,800,000			42,500,000
5년차	8,700,000	33,800,000			42,500,000
6년차	8,700,000	33,800,000			42,500,000
7년차	8,700,000	33,800,000			42,500,000
8년차	8,700,000	33,800,000			42,500,000
9년차	8,700,000	33,800,000			42,500,000
10년차	8,700,000	33,800,000	106,600,000	1,634,100,000	1,783,200,000
11년차	8,700,000	37,700,000			46,400,000
12년차	8,700,000	37,700,000			46,400,000
13년차	8,700,000	37,700,000			46,400,000
14년차	8,700,000	37,700,000			46,400,000
15년차	8,700,000	37,700,000			46,400,000
16년차	8,700,000	37,700,000			46,400,000
17년차	8,700,000	37,700,000			46,400,000
18년차	8,700,000	37,700,000			46,400,000
19년차	8,700,000	37,700,000			46,400,000
20년차	8,700,000	37,700,000	106,600,000	1,634,100,000	1,787,100,000
합계	174,000,000	715,000,000	213,200,000	3,268,200,000	4,370,400,000

◈ 유지관리비용 산정 기준

: 『제5차 국도, 국지도 5개년 계획안 일괄 예비타당성조사(강원도 지역)』(2021년 11월 KDI) 근거

일반국도의 유지관리비용 산정기준(2019년 기준)

(단위 : 원/km, 4차로)

유지관리비 적용방안		기초단가	주기	금액	본 과업 적용 금액
관리운영비(인건비 및 재경비)		1식	매년 투입	0.27억 원/km	0.087억 원/km
수선유지비		5,240원/m²	매년 투입	1.04억 원/km	0.338억 원/km
대수선비	재포장비	14,696원/m²(아스콘)	10년	3.28억 원/km	1.066억 원/km
	교량대수선	226,836원/m²	10년	50.28억 원/km	16.341억 원/km

주: 1. 기초단가, 주기 및 금액은 『도로 및 철도부문 비용 추정 지침』(2015년 3월 KDI) 근거함
   2. 금액 중 관리운영비는 소비자 물가지수 1.069, 수선유지비 및 대수선비는 GDP 디플레이터(가격변동지수) 1.116을 적용하여 환산한 수치임
   3. 본 과업 적용 금액은 일반국도 4차로 제원(20m, 1km)을 위도 진입교량 제원으로 환산한 수치임
      기준면적(20,000m²) : 위도 진입교량 4개 교량 면적(6,501m²) → 0.325

일반국도의 연차별 표준 유지관리비(2019년 기준)

(단위 : 원/km, 4차로)

일반국도			1년	2년	3년	4년	5년	6년	7년	8년	9년	10년
관리운영비			0.087	0.087	0.087	0.087	0.087	0.087	0.087	0.087	0.087	0.087
유지보수비	수선유지비		0.338	0.338	0.338	0.338	0.338	0.338	0.338	0.338	0.338	0.338
	대수선	재포장										1.066
		교량보강										16.341
합계			0.425	0.425	0.425	0.425	0.425	0.425	0.425	0.425	0.425	17.832

일반국도			11년	12년	13년	14년	15년	16년	17년	18년	19년	20년
관리운영비			0.087	0.087	0.087	0.087	0.087	0.087	0.087	0.087	0.087	0.087
유지보수비	수선유지비		0.377	0.377	0.377	0.377	0.377	0.377	0.377	0.377	0.377	0.377
	대수선	재포장										1.066
		교량보강										16.341
합계			0.464	0.464	0.464	0.464	0.464	0.464	0.464	0.464	0.464	17.832

③ 시설배치계획

1. 기본계획
- 위도의 자연환경과 연계되어 시설이 입지하는 장소는 대부분 녹지로서 인공시설을 도입하되 친환경적 시설배치를 원칙으로 하여 시설공간이 조성되도록 함
- 시설이 입지한 대상부지는 대부분 평지임을 감안하여 개성있는 배치계획을 수립하며 주변 자연환경과 조화를 강조
- 시설의 규모는 주변 자연과의 조화, 전망성, 일조권 등을 고려하여 평면적 배치를 유도하되 시설 상호 간 연결이 용이하도록 배치

2. 시설배치계획
  가. 공공·편익시설
  - 공공·편익시설의 계획은 이용객이 편리하게 이용할 수 있는 편리성, 접근성을 중시하여 계획하되 주변시설과의 조화를 고려하여 배치
  - 공공성이 강한 공공·편익시설로는 화장실과 주차장, 도로 등이 있으며 공간적 위계를 감안하여 계획의 질적 완성이 충족하도록 계획
  나. 숙박시설
  - 대상지 대표적인 이용시설로 호텔, 콘도미니엄, 생활형 숙박시설을 계획하여 주변경관과의 조화, 프라이버시의 보호를 위해 충분한 적정공간을 확보하고 전망과 향을 고려하여 배치
  - 각 숙박시설별 기능을 고려하여 이용객의 일반 이용객의 숙박 및 교육·연수를 위한 호텔 및 콘도미니엄은 대상지의 진입부에 배치 좌우로 배치
  - 대상지의 차별화된 관광자원인 친수공간을 활용한 숙박시설로 위도의 대표적인 관광자원이므로 휴양활동 중심공간을 제공한다는 기본전제하에 대상지 중심부에 배치
  다. 상가시설 및 기타시설지구
  - 상가시설지구에는 판매시설을 배치하여 이용객의 편의를 도모하여 기타시설지구는 녹지로 계획

④ 건축계획

1. 기본방향
- 지형의 단조로움을 해소하고 위도의 자연적 특성과 조화로운 경관을 구성할 수 있도록 건축물 계획
- 건축물의 옥내기능과 주변의 옥외기능을 유기적으로 연계시킴으로써 시설이용객에게 다양한 공간이용 패턴을 이용
- 기능의 다양화를 통한 특징적 건물형태를 구성함을 원칙으로 하고 건축물 규모는 시설규모 산정기준 범위 내에서 계획
- 건축물의 재료는 경제적이고 영구적인 것으로 사용하여 유지관리가 용이하도록 계획

2. 계획개념
- 토지이용계획의 범위 내에서 단위 개발 시 건축법에 준하여 건폐율, 용적률 범위를 결정하되 위도의 자연환경적 이미지를 살릴 수 있는 중·저밀도 개발이 이루어지도록 권장
- 숙박·위락시설이 복합적으로 구성되는 지구는 자연환경과 어우러지는 도시적인 이미지, 휴양의 기능이 강조되는 숙박시설은 전원적인 분위기를 연출하고 모든 건축물의 배치, 방향, 규모를 시설용도와 위도의 지역적 특성이 부각될 수 있도록 변화있는 형태로 계획
- 대상지 외부 하천의 수변공간 및 자연환경의 경관요소가 유지되고 이용객들에게 편안하고 안정감 있는 장소를 제공할 수 있는 색채 및 외벽소재를 고려하여 계획

3. 건축계획

　가. 건축물 배치계획
　　• 수변 경관을 훼손하지 않도록 배치
　　• 주변 공간을 고려한 획일적 배치를 지양하고, 자연과 어우러질 수 있도록 건축물 배치

　나. 건축물 형태
　　• 건축물의 형태는 주변지역과 조화를 이룰 수 있는 형태로 조성
　　• 건축물은 가로경관이나 옥상경관 향상을 위하여 가능한 경사지붕으로 처리
　　• 건축물의 형태는 획일적인 형태를 지양하고 지역의 특색과 이미지 잘 표출될 수 있는 형태로 계획하되, 시각통로 및 바람의 통로 등을 고려하여 결정

　다. 건축물 높이
　　• 기반시설용량 및 스카이라인을 고려하여 계획
　　• 보행공간 및 녹지공간의 적절한 확충을 감안하여 계획
　　• 주변 지역의 경관과 조화를 이루는 범위 내에서 계획

　라. 건축물의 건폐율 용적률 계획
　　• 계획대상지의 건축물에 대한 건폐율 용적률은 '국토의 계획 및 이용에 관한 법률' 및 '춘천시 도시계획 조례'에 따라 건폐율 30% 이하, 용적률 100% 이하로 계획

구분	관련법규	건폐율(%)	용적률(%)	비고
자연녹지지역	• 국토의 계획 및 이용에 관한 법률 • 춘천시 도시계획 조례	20% 이하	100% 이하	
유원지	• 춘천시 도시계획 조례 　※ 완화적용	30% 이하	100% 이하	※ 완화적용

춘천시 도시계획 조례
제54조(건폐율의 완화)
⑪ 영 제84조제9항에 따라 자연녹지지역에 설치되는 도시계획시설 중 유원지의 건폐율은 30퍼센트 이하로 하고, 공원의 건폐율은 20퍼센트 이하로 한다.

4. 전체 건축개요 – 기정

구분			내용	비고
공사개요	공사명		춘천 호반(위도)관광지 조성사업	
관광지 면적	면적		415,733.00m²	
대지개요	대지위치		춘천시 서면 시매리 36-1번지 일원	
	지역위치		자연녹지지역, 유원지지구	
	대지면적		238,292.00m²(교량하부면적 : 4,208.00m² 제외)	
	주요 시설		호텔, 콘도미니엄, 생활형 숙박시설, 판매시설 등	
건축개요	규모	주용도	숙박, 근생, 판매, 위락시설 등	
		규모	지하 2층 - 지상 12층	
		건축면적	41,681.47m²	
		연면적 / 합계	149,681.98m²	
		연면적 / 지하층면적	28,096.63m²	
		연면적 / 지상층면적	121,585.35m²	
		용적률 산정면적	121,585.35m²	
		건폐율	17.31%	
		용적률	51.02%	
	구조	주요 구조	철근콘크리트	
	높이	최고높이	39.9m(집합형 생활숙박)	
	주차	법정주차대수	1,622대	
		계획주차대수 / 합계	2,019대(법정대비 : 124.48%)	
		계획주차대수 / 지하주차대수	420대	
		계획주차대수 / 지상주차대수	1,599대	
		자전거 대수 / 법정대수	323대	
		자전거 대수 / 계획대수	407대	
	기타			

5. 세부 건축계획

가. 호텔 및 생활형 숙박시설

건축계획 개념	주요 도입 프로그램
수변공간의 쾌적한 숙박시설로 다양한 수요충족을 위해 단독형과 다양한 유형으로 구분하여 계획하며 이용자의 편의 제고를 위해 안내소, 관리동 및 친수공간의 수질관리를 위한 수처리시설을 계획함	호텔, 한옥호텔, 생활형 숙박시설(단독형, 테라스형, 집합형, 타워형, 마리나형), 콘도미니엄, 온천장, 초콜릿체험장, 수로공원 등

단계별	1단계					2단계				3단계	소계
대지면적 (㎡)	150,648.00					76,520.00				9,670.68	227,168
시설명	한옥호텔	단독형	테라스형	집합형	타워형 1	타워형 2	호텔	콘도미니엄	온천장, 초콜릿체험장	마리나형	
주용도	숙박 (부대시설)	숙박 (부대시설)	숙박 (판매, 부대시설)	숙박 (판매, 부대시설)	숙박 (판매, 부대시설)	숙박 (판매, 부대시설)	숙박 (판매, 부대시설)	숙박 (판매시설)	체험 등	숙박 (판매, 부대시설)	
규모	지하 1층 지상 1층	지상 2층	지하 1층 지상 9층	지하 1층 지상 3층	지하 1층 지상 12층	지하 1층 지상 15층	지하 1층 지상 15층	지하 1층 지상 6층	지하 1층 지상 2층	지하 1층 지상 5층	
건축면적 (㎡)	36,443.00					13,486.43				2,620.00	49,929.43
연면적 (㎡) 합계	113,159.38					98,122.06				10,702.69	211,281.44
연면적 (㎡) 지하층 면적	18,313.20					40,965.19				4,659.64	59,278.39
연면적 (㎡) 지상층 면적	94,846.18					57,156.87				6,043.04	152,003.05
용적률 산정면적 (㎡)	94,846.18					56,976.87				6,043.04	151,823.05
건폐율 (%)	24.19					17.62				27.09	22.19
용적률 (%)	62.96					74.46				62.49	66.66
주요 구조	한식 목구조, 철근 콘크리트조	철근콘크리트조									
최고높이	49.5					49.5				20.0	49.5
법정주차 대수(대)	564					597				47	1,161
계획주차 대수(대)	622					796				70	1,418
지하 주차	421					636				70	1,057
지상 주차	201					160				-	361

⑤ 조경계획

1. 기본방향
- 소양강 고유의 수려한 자연경관과 조화를 이룰 수 있도록 식재수법 및 수종을 선정
- 수변에 인접한 지역적 부지 특성을 감안하여 수목의 생태적 특성 및 시장성 반영 현실 가능한 식재계획 수립
- 대상지 내 기존 식생의 상태가 미약한 부분에는 이식이 용이하고 생장속도가 빠르고 척박지에 잘 견디는 수종 선정
- 상록·낙엽수를 혼식하여 계절적 변화를 줄 수 있도록 하고 공간 기능별로 다양한 변화감을 추구하되 공간별 고유이미지를 유지하면서도 공간 간에 연속성이 유지될 수 있도록 함
- 중요한 경관자원인 소양강경관이 조망 가능하도록 식재의 높이 등 형태를 결정
- 각 시설부지별 옥외공간의 기능에 적합한 양질의 환경조성을 적극 유도하여 조화를 추구하며, 공공적 이용에 제공되는 시설 공간별로 휴게, 휴식, 감상, 조망 등의 활동을 보조할 수 있는 옥외시설물을 적정배치
- 대지경계선 주위에는 다 자란 나무를 심어 인접대지와 차단하는 수림대를 조성(관광진흥법 시행령 제13조)

2. 식재계획

가. 수종선정
- 수종은 자연생태적 특성을 살린 향토수종을 우선 선정하여 이식 및 관리가 용이한 수종을 선정
- 초기녹음효과를 최대한 살릴 수 있는 중·대형 수목으로서 지형적 적응력이 강한 수종을 선정

[변경 내용 및 사유]

구분	변경 내용	변경 사유
관광지	• 전체면적 : 415,733㎡(변경없음)	
공공·편익시설지구	• 면적 : 75,342㎡ → 70,122㎡(감 5,220㎡) - 도로 및 주차장 변경	• 교량면적 포함 • 토지이용계획 변경에 따른 도로 및 주차장 면적 변경
숙박시설지구	• 면적 : 105,809㎡ → 138,790㎡(증 32,981㎡) - 생활형 숙박시설 변경 - 건축연면적 38.8% 증가 129,554.96㎡ → 179,883.58㎡(증 50,328.62㎡) - 객실수 14.5% 증가(849실 → 940실/증 123실)	• 다양한 유형의 숙박시설을 조성하고 수로공원, 상가시설 등과 연계된 외부공간 등을 유기적으로 조성하여 다양한 이용객들의 수요에 대응, 차별화된 관광지를 조성하고자 함
휴양·문화시설지구	• 면적 : 50,255㎡ → 33,588㎡(감 16,667㎡) - 소공원 10,304㎡ → 4,364㎡(감 5,940㎡) - 수로공원 39,951㎡ → 24,171㎡(감 15,780㎡)	• 소공원계획을 확대하여 단지 내 야외유식 공간의 증가 및 수변공간인 수로공원을 축소하여 관광지의 운영관리를 고려한 특화된 호반광지를 조성하고자 함
상가시설지구	• 면적 : 11,094㎡ → -㎡(감 11,094㎡) - 생활형 숙박시설, 호텔시설 하층부 등으로 판매시설 복합화	• 관광지 진입 초입에 조성, 차별화된 판매시설 등을 조성하고 숙박시설과 연계한 시설 복합화로 방문객 이용편의를 증대시키고자 함
기타시설지구	• 면적 : 173,233㎡(변경없음)	• 변경없음

- 주변환경과 적응할 수 있고, 경관과 수림군이 조화를 이룰 수 있는 수종 선정
- 공간요구도에 적합한 수종 선정
- 이색적인 분위기를 풍길 수 있는 대형목을 정형화 열식
- 위도 관광지는 2020년 최종(9차 변경) 조성계획 변경이 이루어졌으며 2013년 이후 사업추진이 장기간 중단된 사업으로 여건변화에 따른 최근 관광수요변화에 대응하고자 기수립된 조성계획을 변경하여 강변과 어우러지는 단지 내 인공 물놀이시설과 관광숙박시설, 판매시설 및 부대시설, 춘천 호반과 연결되는 수변 공원에서 펼쳐질 각종 축제와 이벤트를 주축으로 체험과 놀이, 문화와 휴식이 한 곳에서 이루어질 수 있는 4계절 종합리조트를 개발하고자 함
- 시설지구 내 건축계획은 당초 건축연면적 대비 48.3% 증가하여 변경 계획하였고 숙박시설지구 내 총 숙박 객실 수 또는 당초 대비 10.7% 증가하고 계획하여 관광객의 다양한 요구에 친환경적인 관광지로 조성하고자 함
- 각 공간의 성격에 어울리는 수종을 선정하여 차별화된 식재
- 수변이라는 지역적 특색에 맞게 수변에서 잘 자랄 수 있는 친수성이 강한 수종을 선정
- 리조트의 유니크한 분위기에 맞게 특색화된 수종을 선정
- 인공지반을 고려하여 친근성이며, 지상부 및 지하부 생육이 너무 왕성하지 않은 식물 도입
- 심근성 도입 시 마운딩 조성 및 플랜터를 활용하여 계획

[식재수목의 선정]

구분		수종
교목	상록수	구상나무, 금송, 독일가문비, 소나무, 주목
	낙엽수	감나무, 계수나무, 공작단풍, 느티나무, 대왕참나무, 모과나무, 목련, 배롱나무, 산수유, 살구나무, 왕벚나무, 메타세쿼이아, 이팝나무, 자작나무, 청단풍
관목	상록수	회양목, 눈주목, 눈향나무, 영산홍, 사철나무, 자산홍 등
	낙엽수	개나리, 좀작살나무, 흰작살나무, 흰말채나무, 산철쭉, 진달래, 화살나무, 쥐똥나무, 박태기나무, 황매화, 명자나무, 수국 등
기타	만경류	능소화, 덩굴장미, 담쟁이덩굴, 인동덩굴, 등나무 등
	지피류	무늬맥문동, 잔디 등
	숙근 초화류	왜성아스타춘추, 돌단풍, 상록잔디패랭이, 감국, 하늘용담, 상록애기기린초, 억새-그린라이트, 억새-모닝라이트, 무늬억새

나. 기존 수목 활용계획
- 현재의 자생수종을 최대한 활용함으로써 향토미가 부여됨은 물론 환경 적응력이 높고 종의 생태적 안정이 유지될 수 있어 장기적으로는 관리상의 문제를 최소화시킬 수 있음
- 이식활용수목 선정의 적정성
  - 선정기간을 충분히 두고 생육이 양호한 수목, 조경수목으로서의 충분한 미적 요소를 갖춘 수목 선정
  - 암석 및 타 수목과의 거리, 운반 및 운반로 개설의 용이성 등을 고려하고 지하수위가 높지 않은 곳에서 선정

다. 인공지반 조성계획

- 인공지반 조성 시 토양하중에 따른 구조적 제한요인 및 급·배수처리, 방수처리, 도입식물재료 등에 대한 충분한 사전검토가 요구
- 보수성, 통기성, 배수성, 보비성 등을 지닌 경량토 이용
- 자연골재의 사용으로 인공지반에 구조적 결함이 발생할 우려가 있는 경우, 펄라이트 등의 경량재를 혼합하여 사용하거나 경량인공토양 사용
- 식물뿌리가 방수층을 파괴할 가능성, 방수층의 성능 및 내용연수에 대해 고려
- 천근성, 지상부 및 지하부 생육이 너무 왕성하지 않은 식물, 전지, 전정이 필요없고 관리가 용이한 식물 이용

라. 식재 및 이식시기 적정성

- 각 수목별 이식시기는 수목의 활착에 큰 영향을 미치게 되며, 식재해야 할 지역의 위도나 표고, 토질, 나무의 성상 등에 따라 이식시기가 달라짐
- 사업추진 일정을 감안하여 다음의 일반적인 수목성상별 이식시기를 고려하고 부득이한 경우 이식 부적기 식재요령에 따라 이식함
  - 낙엽수류 : 잎이 떨어진 휴면기간이 10월 말부터 이듬해 3월 하순
  - 낙엽침엽 : 늦가을보다 이른 봄
  - 상록활엽 : 3월 하순~4월 중순
  - 상록침엽 : 조경수목으로 쓰이고 있는 침엽수류는 거의 모두가 내한성이 강한 종류로서 이식적기는 해초 직후부터 9월 상순까지이나 9월 상순부터 10월 하순까지도 이식이 가능함

6 공급처리시설계획

1. 부지정지 및 토공계획

가. 기본방향

- 본 사업지구는 지형적 특성상 휴양시설물이 위치한 지역은 부지정지 및 각종 공사에 따른 자연지형의 변화는 불가피함
- 사업지구 내 자연지형 구배를 최대한 유지하여 시설물을 배치함으로써 절·성토에 따른 지형변화를 최소화시키고 지형훼손지역에서는 기존식생과 조화를 이루도록 생태복원공법에 의한 법면처리를 실시토록 계획

나. 부지조성

- 절토작업 시 사면구배를 완만하게 처리하고, 측구를 설치하여 우수의 자연배수를 유도하며 절토사면의 안정화 처리로 절토사면의 침식, 붕괴, 세굴 등을 방지하도록 계획
- 절토부에 있어서는 절토면의 구배를 완만하게 처리하여 사면의 안정을 기하고 절토지역 상단에 산마루 측구와 도수로를 설치, 우수 및 지표수의 자연배수를 유도하도록 계획
  - 절토면 구배: 표준구배보다 완만하게 처리
  - 산마루측구 및 도수로 설치
  - 소단설치: 지형여건을 고려하여 필요시 소단 설치
- 본 지구의 성토작업 시 사면구배의 완만한 처리, 충분한 다짐, 측구 설치, 소단 설치, 식생공 처리 등으로 성토사면의 침식, 침하, 붕괴 등을 방지하도록 계획
- 성토부에 있어서는 성토의 높이에 따라 구배를 단계적으로 변화시켜 사면의 안정을 기하고 충분한 다짐을 하며, 성토부의 요소에 수로를 설치하고 이 수로는 도수로에 연결, 우수의 배수를 유도

- 비탈면 안정대책으로는 비탈면 보강공과 보호공이 있으며, 비탈면 녹화공법의 경우는 비탈면 보호공에 속하며, 비탈면 보호공으로 여러 가지 공법을 적용할 수 있으나 비탈면의 공학적인 조건 및 현장여건 등을 비교·검토 후 생태복원형 녹화공법을 적극 반영하여 절취사면에 대한 자연상태를 회복하도록 계획
- 생태복원형 녹화공법은 훼손된 비탈면지역을 주변식생과 생태적, 경관적으로 조화된 자연으로 복구하며, 내침식성이 있는 생육기반을 조성하여 도입식물이 지속적으로 건강하게 생육할 수 있게 하는 식생기반이기 때문에 다양한 자연식물군락의 복원이 가능
- 부지정지 공사 중 발생하는 양질의 표토를 확보하여 건축시설용지에 가적치 후 성토재로 재활용하여 풍화 등을 방지하고 사업지구 내 조경지역에 재활용하여 식생의 생육촉진을 도모하도록 함
- 우기 시는 공사를 금지하고 발생사면에 사면안정공법을 적용하기 전에는 비닐 등을 포설하여 하류지역으로 토사가 유출되는 것을 최대한 방지토록 계획

[절·성토계획 – 기정]

공종	규격	단위	수량	비고
부지	성토	m³	824,831	다짐할증 1.06%
	절토	m³	44,229	
	터파기	m³		
	되메우기	m³		
공종별	터파기	m³		
	되메우기	m³		
	잔토	m³		
반입토	토사	m³	780,602	

다. 비탈면 보호공의 선정
- 비탈면 보호공법 비교

구분			공종	개요	특징
피복공	토사	식생보호공	Seed spray	• 고압펌프를 사용하여 뿜어 붙이기를 하는 기계화 시공방법	• 공사비가 저렴, 기계화로 시공성이 뛰어남 • 녹화가 완료되기까지 우수 중에 파종된 씨앗 노출로 건조 시 발아율 저조
			식생판공	• 식생토 또는 이탄을 판으로 성형, 표면에 씨앗 심은 것을 비탈면에 일정간격으로 수평 홈을 파서 길게 붙임	• 객토의 효과
			버들자연녹화공법	• 버드나무 가지와 토양안정제 이용 • 버드나무 뿌리에 의해 토양을 여러 가지 침식작용으로부터 보호	• 토양을 침식작용으로부터 보호 • 쌓기부터 적용 시 뿌리깊이에 따른 결속력을 높이고 시간경과에 따른 안정성 증가
			줄떼공	• 식생토를 사용해서 비탈면 하단부에서부터 줄떼의 장변을 비탈면에 따라 수평으로 펴고 흙을 씌워 두들겨 마무리 • 줄떼의 간격은 30cm 표준으로 함	• 쌓기비탈면에 사용

구분			공종	개요	특징
피복공	토사	식생보호공	평떼공	• 비탈면 어깨로부터 떼의 긴 변을 수평방향으로 놓고 떼와 비탈면이 밀착되도록 두들겨서 시공 • 평떼는 30cm 정도의 것을 사용	• 깎기비탈면에 일반적으로 사용 • 시공과 함께 피복되므로 침식되기 쉬운 토질 사용
			PCEC공	• P.V.C 코팅망을 앵커로 고정 또는 Coir Net 설치한 후 식생기반재인 PEC와 특수토양 안정제를 피복	• 식생기반재의 피복으로 전면녹화가능 • NET 또는 PVC코팅철망의 병행으로 전면적 표층부의 안정도모
	리핑암·발파암	녹화공	Coir 및 Jute Net	• 섬유질과 황마로 짠 NET를 비탈면에 앵커핀으로 고정 후 그 위에 종자 뿜어 붙이기에 의한 기계시공	• 토사의 세굴, 유실, 침식 방지 • 시공이 간편하고 공사비 저렴 • 토양이 척박한 곳에 효과가 있음 • 경질암에서는 녹화율이 떨어짐
			녹생토 공법	• 식생이 불가능한 암깎기면에 부착망을 앵커핀과 착지핀으로 복합유기질로 구성된 녹생토에 양잔디와 초목본류를 혼합하여 살포 녹화	• 암절개면에 녹화가능 • 풍화 및 낙석방지효과 • 시공지반, 기후조건에 영향이 없음 • 3년 이상 경과 시 고사 우려 낮음
			텍솔녹화토공법	• 토사 및 암반비탈면에 폴리에스터 섬유를 인공토양에 혼입, 양반표면에 취부하여 표면유실과 붕괴방지 및 녹화기반 조성	• 암절개면에 녹화가능 • 세굴, 유실방지, 낙석방지효과 • 토사 및 풍화암 지역에도 사용가능 • 공사비 고가
			배토습식공법	• 깎기·쌓기지역 및 암반비탈면에 PVC 코팅망, 보조 앵커, 주앵커로 지반을 안정, 인조토인 베토조성물 분무, 식물의 발아와 활착을 촉진하는 공법	• 암절개면에 녹화 가능 • 동결, 세굴, 풍화방지 효과 • 암절리가 많은 곳에서 록볼트로 비탈면 보강효과 • 보습력이 우수, 식생률 양호

• 비탈면 보호공법의 선정

공법명	줄떼	평떼
적용대상	토사	토사
시공사진		
공법개요	• 비탈면을 객토하며 30cm 간격으로 단을 형성 • 15~20cm의 줄떼를 이어가며 시공	• 비탈면 어깨로부터 떼의 긴 변을 수평방향으로 놓고 떼와 비탈면이 밀착되도록 두들겨서 시공
장점	• 기후 및 토착 적응력이 우수하여 친환경적임 • 시공비가 저렴	• 한국토착잔디로 친환경적임 • 기후 및 토양적응력이 우수함
단점	• 법면토질에 제약이 있음 • 줄떼 사이에 초기 발아가 안 되므로 미관이 나쁨	• 리핑암, 연암지역의 시공에 제약 • 강우에 의한 토양의 침식 현상 • 건조 시 수분증발로 인한 피해 발생
선정	• 토사 비탈면 쌓기부 적용	• 토사 비탈면 깎기부 적용

411

구분	철근콘크리트옹벽	조경석(돌쌓기)	석축
시공사진			
공법개요	철근과 콘크리트의 강성구조에 의한 외적 공법	자연석 돌쌓기로 단을 쌓아 보강 공법	친경적인 깬돌을 사용
구조			
시공성	- 복잡한 공정 - 양생에 의한 공기 깊 - 동절기 공사 제한 - 품질관리의 어려움	- 간편한 시공, 제한 적음 - 자재수급이 용이하고 시공이 간단함	- 공기가 짧음 - 동절기 시공 가능 - 부분적 보수가 가능함 - 돌의 연결과 뒷채움부의 다짐에 정밀시공 요함
미관성	- 콘크리트에 의한 획일화된 생삭 및 재질의 인위적인 구조물로 주변 환경과의 조화가 떨어짐 - 옹벽면이 거칠고 투박함 - 임의 곡선처리가 불가능	- 자연 친화적으로 주변 환경과의 조화가 비교적 양호	- 자연석 사용으로 주변 환경과의 조화 양호
배수성	- 일체 강성 구조물로 배수처리가 불리 - 수압으로 인한 bullging 현상	- 배수공 설치하여 배수 유도	- 뒷채움 잡석 배수성 매우 양호
내구성	- 강성구조로 매우 양호 - 부등침하나 지진 등 동적하중에 의한 안정성 떨어짐	- 배면토 중량에 의한 구조이므로 내구성 큼 - 충격과 지진에 강함	- 중력식 구조체로서 안정성 양호
장점	- 가장 높은 강성 구조체 - 가장 검증된 구조체 - 수직벽 설치로 토지 활용성 매우 양호	- 자연 친화적 재료 사용 - 경관양호 경사 적용	- 자연 친화적 자재 사용으로 재활용 가능
단점	- 현장 타설 콘크리트로 동절기 시공 불가능 - 유지보수비 많이 소요 - 기초에 의한 지장물 및 터파기에 의한 주변시설의 간섭 등 환경적 영향을 많이 받음	- 식생 활착이 다소 어려워 식생 삭재 - 시공(자재)품질이 균일하지 않음	- 깬돌의 구입이 다소 난이함. 크고 작은 석재의 배치로 시공성이 불리 - 숙력된 기능공의 필요
선정	절토면 건축접합 부지	절토면 하천 부지	절토면 하천 부지

412

2. 상수도계획

가. 기본방향
- 안정적인 용수량 공급을 위한 수자원의 확보 및 재활용수 적극 사용
- 상수원수의 수질개선 및 보급률 향상을 위한 상수도 기반시설의 확충
- 효율적인 상수도 관리

나. 계획의 개요
1) 용수전망 및 공급계획
- 각 시설별 면적으로 사용인원 및 1인당 사용량을 적용하여 1일급수량 산정
- 시설별 급수량산정 결과, 1일 총사용량은 약 5,452ton이며 단지 내에서 사용하는 사용량은 1,928ton, 소방용수 사용량으로 68ton, 시설물의 냉난방용으로 사용하도록 3,546ton으로 설정하여 총사용량은 5,452ton이며 여유분을 설정하여 1일 총사용량을 5,500ton으로 설정함
- 대상지 남측 청소년수련관 앞 대로변 용산배수지 간 배수관로(D300)에서 분기하는 상수도관(D150)을 신설하여 각 시설로 공급함

▌급수 사용량 – 기정

구분	용도	실수 (개소)	연면적 (m²)	유효면적 (m²)	유효면적당 재실인원 (인/m²)	재실인원 (인)	1일1인당 급수량 (ℓ/일)	1일 필요 급수량 (TON/일)	비고
숙박 시설 지구 (생활 숙박 시설)	단독형 생활숙박	97실	19,315.61	-	실당 9인	873.0	300	261.9	• 단독형 실당 연면적 기준: 199.13m²로 100m²까지 5인/30m²마다 1인 추가 → 9.0인 적용
	집합형 생활숙박	348실	43,950.13	-	실당 4인	1,392	300	417.6	
	관리동	1	2,923.27	1,909.48	0.15	286.0	100	28.6	• 전용면적 기준
	VIP라운지 (근생)	1	1,160.90	813.18	0.3	244.0	100	24.4	• 전용면적 기준 (휘트니스, 카페라운지)
	안내소	1	28.05	28.05	0.10	3.0	100	0.3	
	수처리실-1	1	164.93	-	-	-	-	-	• 크리스탈라군 보충수 (별도 확보 후 공급)
	오수처리장-1	1	350.0	-	-	-	-	-	• 1단지 전용
소계		-						732.8 ≒740	
숙박 시설 지구 (관광 호텔)	라군편의 (실내수영장)	1	5,134.66	2,648.64	0.5	1,324	50	66.2 ≒150.0	• 수영장 POOL의 순환수량 포함 1일 약 150TON 확보
	라군편의 (근생)			1,084.27	0.3	326.0	100	32.6	• 전용면적 기준(식음시설 고려)
	호텔(객실)	264실	30,646.23	-	실당 2~4인	792	400	316.8	• 실당 3인 적용
	호텔(부대)	1		7,859.27	0.17	1,336	50	66.8	• 전용면적 기준(식음시설 고려)
	라군 상가 (근생)	1	2,583.94	1,683.12	0.3	505.0	100	50.5	• 전용면적 기준(식음시설 고려)
	수처리실-2	1	194.93	-	-	-	-	-	• 크리스탈라군 보충수 (별도 확보 후 공급)
소계								616.7 ≒620.0	

┃ 소방용수 사용량 – 기정

구분	방사량 (lpm/개당)	동시사용 수량 (EA)	법적 방사시간 (min)	필요 소방용수 (11t)	비고
옥내소화전	130.0	5	20	13,000	• 단지별 적용
스프링클러	80.0	30	20	48,000	• 단지별 적용
옥외소화전	350	2	20	14,000	• 생활형 숙박시설 전체에 한하여 해당
합계	-	-	-	75,000 (≒75.0 Ton)	• 각 단지별 확보하여야 할 수량이나 소방용수는 화재 시 1개소 사용 기준이므로 1개소 기준으로 확보 • 보험 적용에 따른 소방용수량 증설 기준은 별도 확인 후 적용

┃ 냉각탑 보급수 공급 사용량 – 기정

구분	적용 용도	순환수량 (m²/hr)	비산율 (%)	보충수량 (m²/hr)	1일 운전시간 (hr/일)	1일 보급수량 (m²/일)	선정 수량 (m²/일)	비고
숙박시설지구 (관광호텔)	호텔 객실	720.0	0.02 (2%)	14.4	18	259.2	260	
	호텔 부대시설	900.0	0.02 (2%)	18.0	10	180.0	180	
상가시설지구 (판매시설)	판매시설	1,350.0	0.02 (2%)	27.0	10	270.0	270	
숙박시설지구 (콘도미니엄)	콘도미니엄	500.0	0.02 (2%)	10.0	18	180.0	180	콘도객실 및 부대시설에 한함
합계	-	-	-	-	-	-	890	

3. 하수도 계획

가. 기본방향

- 의암호 직상류 지역 입지로 인한 수질 영향의 최소화 계획 및 수질 보전을 위한 하수처리공정의 고도처리화
- 수요추정에 따른 하수관거 시설의 확충 및 정비
- 효율적인 하수도 관리 및 우·오수분류식 하수관거 개선, 중수도의 보급

나. 우수계획

1) 계획의 개요
- 하수도 계획은 도시의 기반시설로서 침수에 의한 재해방지는 물론 인접지역의 환경을 개선하는 데 있으며 지형적인 조건을 충분히 고려하여 합리적인 배제계획을 수립
- 배수구역을 조정하여 주변지역 배수시설을 최대한 활용하고 문화재나 지하매설물 설치 등을 감안하여 간선 관리의 위치를 결정

2) 비점오염원 처리계획
- 운영 시 지구 외에서 유입되는 우수는 사업지구 내 신설관로와 하천으로 유도하고, 지구 내부의 우수는 원형수로관. 측구 등을 설치하여 배제

- 또한 지구 내에서 발생하는 비점오염물질을 제거하기 위해 강우 시 초기우수는 비점오염물질처리시설을 설치하여 처리 후 방류토록 하고 후속강우는 By-Pass시킴
- 또한 강우 전 배수로 청소, 단지 내 청소, 폐기물의 적법처리, 유류오염물질 등을 철저히 관리하여 오염물질의 유출을 최소화시키며, 시설지구 내에 특수성 포장을 적용하여 초기우수의 양을 감소시킴으로써 하천에 미치는 영향을 저감시킬 계획

다. 오수계획
  1) 계획의 개요
  - 본 계획대상지에 HANT공법을 적용한 오수정화시설을 설치하여 자체적으로 오수처리하도록 계획
  2) HANT 공정의 원리 및 특성
  - HANT 공정 개요
    - 본 기술은 무산소, 혐기, 호기 및 탈기조로 구성된 생물반응조에서, 질산화·탈질 및 인 과잉섭취 등에 의해 유기물 및 질소·인을 제거하고, 침전조 대신 호기조 내에 침지식 중공사막을 설치하여 고·액분리 및 대장균을 제거하는 하수고도처리기술이다. 또한 중공사막 오염 시 호기조 내에서 차아염소산나트륨(NaOCl)을 이용하여 자동역세방식으로 세정하는 기술도 포함되어 있다.

[HANT 공정의 모식도]

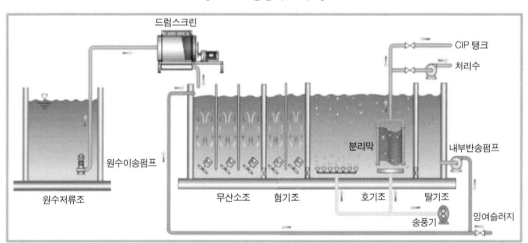

전처리 공정	생물학적 공정	HANT공법의 장점	공법 특징
■ 미세목스크린 원수에 존재하는 미세협잡물의 유입차단	■ 무산소조 유기탄소원의 효율적 이용 위해 전단배치 ■ 혐기조 인방출효과 극대화 ■ 호기조 침지식분리막에 의한 고액분리 ■ 탈기조 효율적 탈질을 위한 용존산소 제거	■ 운전제어 단순, 운전인자 최소화(흡인압력, 수위 제어) ■ 소요부지면적 최소화 ■ 슬러지발생량 감소 ■ 막오염방지기술 확립 및 분리막 자동세정 ■ 질소·인 제거효율 우수	■ 높은 처리효율 BOD, SS <5ppm 대장균 완벽제거 ■ 무인자동화제어 ■ 높은 MLSS유지 부하변동대응 용이 ■ 침전지/여과/소독 설비 불필요

- HANT 공정 원리
  - 본 공정은 고농도 미생물군을 무산소, 혐기 및 호기조건을 순환하게 하여 각의 미생물 특성에 맞는 최적 반응에 의해 폐·하수 중의 오염원, 즉 유기물뿐 아니라 질소와 인을 동시에 제거할 수 있는 공법이다. 먼저 혐기 및 호기 조건하에서 탈인 미생물의 인방출 및 인 과량흡수를 통해 수중의 인 농도를 저감시키고, 무산소와 호기 조건하에서 각각 탈질미생물에 의한 탈질과 질산화 미생물에 의한 질산화 반응을 유도함으로써 수중의 질산화물을 제거한다. 또한 이러한 무산소와 호기 조건의 반복 과정에서 탈질 미생물과 호기성 미생물에 의한 유기물 분해를 통해 수중의 유기물 농도를 저감시킨다. 본 공정의 가장 큰 특징은 침전조 대신 호기조 후단에 침지형 종공사 분리막을 설치, 고액분리함으로써 최종 유출수의 품질을 높인 점이며 나아가 증식률이 낮아 처리에 어려움이 있는 질산화 미생물의 유실을 방지하고 고농도로 유지함으로써 질소성분의 고율처리가 가능토록 한 것이다. 분리막에 대해 연속식 공기 세정방식과 간헐흡입운전을 통하여 안정된 막투과유속을 유도하였다.
- 단위 공정별 구성 및 기능, 특징
  - ① 스크린 설비(메쉬 드럼스크린)

    유입원수가 1차 침전조를 거치지 않고 스크린을 통과한 후 반응조로 직접 유입하므로 탈질에 필요한 유기물 분해 최소화

    유입수 내의 섬유성 유기물이 분리막의 막 표면에 부착되어 엉키는 것을 방지하기 위하여 미세목 스크린을 거친 후 생물반응조로 유입
  - ② 무산소조

    기존의 A2/0 공정과 달라 무산소조를 생물반응조 가장 전단에 두어 유입수 중의 탄소원 손실을 최대한 방지하여 유입된 유기물을 최대한 탈질과정에서 사용되도록 함으로써 탈질효율 극대화 유도
  - ③ 혐기조

    생물학적 처리에서 인을 제거하는 방법으로 활성스러지 내의 인을 고농도로 축적시킨 후 계외로 방출하는 Luxury Uptake(인 과잉섭취현상)를 이용함으로써 효과적인 인 제거가 가능
  - ④ 호기조 막 분리조

    호기성 미생물에 의해 잔여 유기물의 제거가 일어난다. 고액 분리용 중공사막(Hollow Fiber Membrane)이 침지되어 있으며, 침지된 분리막은 별도의 Housing이 없는 형태로 분리막 충진 면적에 비해 소요 용적이 적다. 침지식 분리막에 의한 고액분리로 MLSS농도를 5,000~12,000mg/l로 유지할 수 있으며 증식률이 낮은 질산화 미생물이 유실 또는 방지되므로 암모니아의 질산화율이 매우 높다. 또 호기조 내에서 인 축적 미생물에 의한 인 흡수가 일어나게 된다.
  - ⑤ 탈기조

    호기조 후단에 설치하여 내부 반송슬러지에 포함된 용존산소가 탈질조에서 저해작용이나 유기물을 소비하는 전자수용체로 작용하는 것을 최소화

    탈질 미생물은 호기 상태하에서 산소 호흡을 중단하고 무산소 상태하에서의 호흡체계로 전환, 무산소조로 반송 시 보다 빠른 활성화가 가능하며 농축기능도 있어 반송되는 슬러지의 MLSS를 높임으로써 유입수의 희석효과를 감소시키고 따라서 전반적인 탈질효율 향상
  - ⑥ 분리막(중공사막)

    중공사막이란 가운데가 비어 있는 섬유(中空絲膜)라는 의미이고, 실형태의 막 표면에 미세한 구멍(0.1~0.4㎛)을 통해 오수 중의 오염물질을 완벽하게 여과할 수 있는 첨단의 초정밀 필터를 말함

HANT분리막 운전 특성		분리막 세정 특성	
대장균 제거	막 재질	공기세정(상향류)	세정기술
• 분리막에 의한 대장균군 제거로 후단설비 불필요	• PVDF 재질 및 복합구조에 의한 내구성 확보	• 상시세정에 의한 막 오염 방지 • 안정적인 Flux 유지	• 반응조 내에서 직접 분리막 약품 세정

분리막 특성	분리막 유니트	

• 분리막 재질: PVDF(HYDROPHILIC)
• 여과방식: 흡입여과방식
• 세공경(Pore Size): 0.4㎛
• 외경: 2.8mm, 내경: 1.7mm
• 친수성 표면 코팅(반영구적 친수화 처리)
• 우수한 내구성
  - 비대칭 다층구조로 분리막 수명의 연장
   (내구연한: 최장 10~15년)
• 화학적 안정성
  - NaOCl, NaOH, 구연산 등으로 세정가능
  - 적정사용 pH: 3~11(분리막 사용 온도: 5~40℃)
	모듈(Module)	유니트(Unit)

분리막 기능	분리막 표면(전자현미경 사진)
• 슬러지와 처리수의 완벽분리(고농도미생물 확보) • 3중구조체인 분리막 구조로 인한 내구성 확보 • PVDF 재질에 따른 내약품성 강화 • 슬러지의 침전성과 무관한 처리수 안정화 • 대장균군의 완벽한 제거 • 긴 SRT 확보로 난분해성 하수에 대한 처리성 우수 • 낮은 F/M비로 인한 슬러지 발생량 감소	

분리막 사양	분리막 표준 모듈

• 모듈 재질
  - 분리막: PVDF
  - 집수부: ABS 수지 또는 STS304
• 인장강도: 25kgf/fil
• 신장률: 50%
• 표준 모듈 규격
  - 2,000mm(높이)×1,250m(폭)×30mm(두께)
  - 25㎡/모듈
	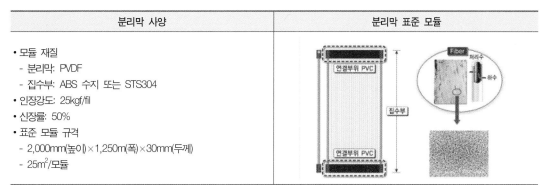

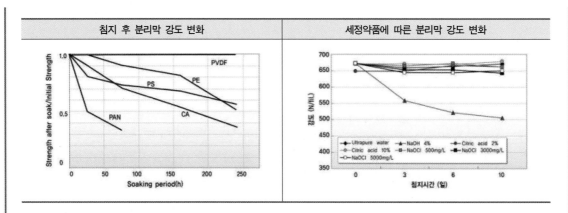

침지 후 분리막 강도 변화	세정약품에 따른 분리막 강도 변화

• HANT 공법의 장단점

구분	주요 내용
장점	• 처리수질의 안정성 　뛰어난 분리, 분획특성을 가진 분리막 적용으로 입자물질유출을 원천봉쇄, Washout(슬러지 유실) 현상 해소로 　처리수질을 분리유입수의 부하변동에 관계없이 BOD.SS 3mg/l 이하 유지 • 기술적 　- 낮은 C/N비를 가진 하수처리에서 효율적이고 경제적인 N, P처리기술 확보로 상수원 보호에 기여 　- 개발공정의 적용을 통한 수처리 관련 환경기술수준 향상 　- 고강도 분리막을 적용하여 완전자동화 역세운전 가능 　- 중수도 관련 기술개발 촉진 및 중수도 보급 확대 • 경제적 　- 분리막을 직접 폭기조에 투입하여 적은 소요부지 및 시설물 필요 　- Out-In방식의 흡인여과방식을 채택함으로써 전량 여과가 가능하여 동력비가 저렴함 　- 자동화 운전 및 시설이 간단하며, 무인화 운전(분리막역세 자동화)이 가능하여 인건비 절감 　- 고강도 분리막의 긴 내구연한으로(최장 10~15년 이상) 교체비 감소 　　(타 분리막에 비해 1.5~2배 이상 긴 수명)
단점	• 전처리로 미세스크린이 필요함

• 중수재 이용 방안
  – 하수처리장 내 청소수, 스커린, 탈수기 등의 설비 세척수
  – 화장실 세척수
  – 조경용수
  – 내부 수로 유지용수

3) 계획 오·폐수량 산정 및 오수처리계획 – 기정
  • 각 시설별 면적으로 사용인원 및 1인 발생오수량을 적용하여 1일 오수량 산정
  • 시설별 오수량 산정 결과, 1일 총예상 발생량은 2,950m²임
  • HANT 공법 적용으로 자체처리시설에 의해 오수처리를 실시하되, 조성사업 시 춘천시 하수처리 관련
    부서와 협의하여 세부계획을 수립함

사업명		용도	계획오수량	BOD부하량	유입수 BOD	
춘천호반(위도)관광지 조성사업			2,950m²/일	KG/일	200PPM	
건물 용도	세부용도	면적(m²)	오수량 산출근거 (m²/ℓ)	오수발생량 (m²/일)	BOD농도기준 (mg/ℓ)	BOD부하량 (kg/일)
[숙박시설 지구] 단독형 생활 숙박시설	■118 A타입-76세대					
	지상 2층 단독형 생활형 숙박시설	6,078.48	20	121.57	140	17.02
	지상 1층 단독형 생활형 숙박시설	9,055.40	20	181.11	140	25.36
	지상층 소계	15,133.88		302.68		42.37
	■118 B타입-21세대					
	지상 2층 단독형 생활형 숙박시설	1,679.58	20	33.59	140	4.70
	지상 1층 단독형 생활형 숙박시설	2,502.15	20	50.04	140	7.01
	지상층 소계	4,181.73		83.63		11.71
	소계	19,315.61		386.3		54.1
[숙박시설 지구] 집합형 생활숙박	지상 12~지상 1층 집합형 생활형 숙박시설	42,723.41	20	854.47	140	119.63
	지하 1층 지하저수조	1,226.72	5	6.13	100	0.61
	소계	43,950.13		860.6		120.2
[숙박시설 지구] 관리동	지상 3층 라운지/휘트니스센터	803.20	35	28.11	100	2.81
	지상 2층 근린생활시설(일반음식점)	401.60	70	28.11	330	9.28
	지상 2층 그린생활시설(소매점)	401.60	15	6.02	250	1.51
	지상 1층 관리동/근린생활시설	679.28	35	23.77	100	2.38
	지하 1층 기계/전기실	637.59	5	3.19	100	0.32
	소계	2,923.27		89.2		16.3
[숙박시설 지구] VIP 라운지	지상 2층 근린생활시설(휘트니스센터)	498.28	15	7.47	100	0.75
	지상 1층 근린생활시설(카페라운지)	498.25	35	17.44	100	1.74
	지하 1층 기계/전기실	164.37	5	0.82	100	0.08
	소계	1,160.90		25.7		2.6
[숙박시설 지구] 기타시설	지상 1층 안내시설 - 1, 2	31.16	15	0.47	100	0.05
	지하 1층 하수처리시설	498.96	5	2.49	100	0.25
	지상 1층/지하 1층 수처리실 - 1, 2	694.53	5	3.47	100	0.35
	소계	1,224.65		6.4		0.6
[숙박시설지구(생활형 숙박시설) 소계]		68,574.56		1,368.3		193.8
[숙박시설 지구] 라군 편의시설	지상 2층 근린생활시설(일반음식점)	1,142.56	70	79.98	330	26.39
	지상 1층 근린생활시설(소매점)	3,111.92	15	46.68	250	11.67
	지상 1층 운동시설(실내수영장)	167.82	15	2.52	100	0.25
	지하 1층 기계/전기실	712.36	5	3.56	100	0.36
	소계	5,134.66		132.7		38.7

[숙박시설 호텔동	지상 10층 ~4층	호텔	12,820.40	20	256.41	70	17.95
	지상 3층 ~1층	부대시설(소매점)	9,170.23	15	137.55	250	34.39
	지하 1층	부대시설(휴게음식점)	2,761.10	35	96.64	100	9.66
	지하 1층	주차장	5,894.50				
소계			30,646.23		490.6		62.0
[숙박시설 지구 라군상가	지상 3층	근린생활시설(소매점)	803.09	15	12.05	250	3.01
	지상 2층	근린생활시설(휴게음식점)	803.09	35	28.11	100	2.81
	지상 1층	근린생활시설(일반음식점)	818.09	70	57.27	330	18.90
	지하 1층	기계/전기실	159.67	5	0.80	100	0.80
소계			2,583.94		98.2		24.8
[숙박시설 지구 기타시설	지상 1층/ 지하 1층	수처리실 - 3	525.95	5	2.63	100	0.26
소계			525.95		2.6		0.3
[숙박시설지구(관광호텔) 소계]			38,890.78		724.2		125.7
[숙박시설 지구 프로방스	지상 2층	생활형 숙박시설	2,357.44	20	47.15	140	6.60
	지상 1층	근린생활시설(휴게음식점)	2,438.40	35	85.34	100	8.53
	지하 1층	지하저수조	107.55	5	0.54	100	0.05
[숙박시설지구(프로방스) 소계]			4,903.39		133.0		15.2
[공공·편익 시설지구 지원동/오 수처리시설	지상 4층	지원동/공중화장실	41.20	15	0.62	100	0.06
	지상 3층	파워플랜트	284.92	5	1.42	100	0.14
	지상 2층	하수처리시설	509.96	5	2.56	100	0.25
[공공편익시설지구(지원동) 소계]			836.08		4.6		0.5
[상가시설 지구 판매시설	지상 4층	판매시설	3,022.34	15	46.34	250	11.33
	지상 3층	판매시설	3,660.37	15	54.91	250	13.73
	지상 2층	판매시설	3,379.35	15	50.69	250	12.67
	지상 1층	판매시설	3,606.85	15	54.10	250	13.53
	지하 1층	기계/전기실	756.44	5	3.78	100	0.38
	지하 1층	주차장	4,865.59				
[상가시설지구(판매시설) 소계]			19,290.94		208.8		51.6
[숙박시설 지구 콘도미니엄	지상 1층	콘도미니엄	7,688.47	20	153.77	140	21.53
	지상 1층	근린생활시설(휴게음식점)	1,309.93	35	46.85	100	4.58
	지상 1층	근린생활시설(일반음식점)	1,661.01	70	116.27	330	38.37
	지상 1층	주차장	2,198.64				
	지상 1층	기계/전기실	1,001.10	5	5.01	100	0.50
	지상 1층	주차장	3,018.62				
[숙박시설지구(콘도미니엄) 소계]			16,877.77		320.9		66.0
소계			149,373.52		2,759.81	163.72	451.83
여유분					190.19	36.28	
합계			149,373.52		2,960.00	200	

4. 전기 · 통신계획

가. 전기공급계획

- 계획대상자의 전기 인입은 인접 북춘천 변전소로부터 하며, 대용량 회선으로 계획하며 인입선 설비는 부지 내의 전력 사용시설의 수요량을 감안하여 3상 4선식 22.9KV 60HZ 특고압 선로로 인입함
- 각 건물별 시설부지에 인접한 도로의 적절한 위치에 맨홀을 설치하여 각 건물에 필요한 전력을 수전할 수 있도록 계획
- 계획부지 내 관로는 지하매설관로를 구성하며 증설 등을 대비 예비 관로를 확보
- 배전전압 및 방식
  - 특고압 수전설비: 22.9KV, 3상 4선식, 60HZ
  - 저압 수전설비: 380/220V, 3상 4선식, 60HZ
  - 동력설비: 380V, 3상 4선식, 60HZ
  - 전등, 전열설비: 220V, 1상 2선식, 60HZ
- 전선로 규격
  - 사용전선과: 폴리에틸렌 전선과(FEP)
  - 특고압 케이블: FR-CNCO-W(저독 난연성 케이블)
  - 저압 케이블: F-CV(난연성 케이블)
- 지중매설의 깊이
  - 차도횡단의 경우: 지표면하 1.0m 이상
  - 기타의 경우: 지표면하 0.6m 이상

나. 통신계획

- 전기통신공사의 인입점으로부터 지중관로방식으로 계획하고 전력용 관로설비와 최소이격거리를 유지하도록 하고 맨홀 사이는 지하매설 예비배관을 확보. 차후 통신환경 변화, 증설 등에 대비
- 각 건물에 근접한 도로의 적절한 위치에 통신용 맨홀을 설치. 각 동의 통신 공급이 가능하도록 구성하며 증설 등에 대비하여 예비관로 확보
- 각 동의 선로용량 구성은 구내선로 기술기준에 적합하도록 설치
- 방송설비는 관리동(공공시설 내)에 AMP를 설치하고 비상방송, 안내사항 및 공지사항 전달, BCM (BACK GROUND MUSIC)방송을 할 수 있도록 함
- 방송설비는 SPEAKER는 COLUMN형(5WATT×2)의 방수 및 방충형의 외관으로 가로등주에 설치
- 선로단자형 및 분기방식은 통신공사의 선로계획에 준함

[춘천호반위도 전기 · 통신설비 계획]

공종	시스템 계획	비고
옥외전력간선	• 한전 인입점으로부터 특고압(22.9KV) • 배전방식: 저압(380/220V) 배전방식 • 포설방식: 지중 매설방식	
수변전설비	• 변압기 종류: 저소음 고효율 몰드 변압기 • 수배전반 형태: 표준형	
예비전원설비	• 발전기 형식: 디젤엔진, 공랭식 - 공용부 전등/전열 - 엘리베이터, 지하주차장 전등, 전열 - 급, 배수 동력, 급 · 배기휀 - 소방동력, 전산동력, 교환기 등 - 통신장비 및 CCTV 등 보안관련 동력 - 워터파크 동력	
피뢰, 접지 설비	• 피뢰: 돌침피뢰침 + 피뢰도선설치(회전구체법피뢰4등급 적용) • 접지: 에쉬접지방식 + 일반봉접지	
주차관제 설비	옥외주차장 입구, 주차차단기 설치	
초고속 정보통신	특등급 기준적용(엠블럼인증 해당 안 됨)	
CATV 설비	• SMA, CA, 위성 안테나 설치(Buz 상부) • 스카이라이프용 예비배관 설치 • HEADEND 설치, 문자자막기 설치	
객실관리	추후 설치 가능하도록 배관배선 설치	
무선랜 설비	거실 무선용 AP 설치(1개소~2개소)	
디밍시스템	LIAING ROOM 디밍 시스템 적용	
조명기구	고효율 에너지 기자재 밍 LED조명기구	
비상방송 설비	소방법에 준하는 비상방송 설비	
통합방법	단계별 통합 방범시스템 적용	

VI. 투자계획 및 관리계획

① 투자계획 – 기정

1. 투자계획(소요자금) – 기정

- 투자비 산정은 토지 관련비, 건축공사 관련비, 기타비용(제세공과, 판매관리비, 금융비)으로 구분하여 산정
- 본 사업의 자금조달은 사업시행자의 자체자금과 금융(P/F Project Financing) 그리고 일부 분양 등으로 조달하여 시행함
- 총사업비는 4,032억 원

▌현황

(단위: 천 원)

구분	총소요자금	기투입비	향후투입비
총계	403,179,000	37,815,000	365,365,000
토지관련비	23,012,000	23,012,000	-
건축공사	281,482,000	-	281,482,000
기타 비용	98,685,000	14,803,000	83,883,000

가. 토지매입 관련 투입비

항목		산출근거	금액(천 원)
계			23,012,000
	토지매입	• 249,062m²	22,000,000
	취·등록세	• 토지매입비×4.6%	1,012,000

나. 건축공사 관련 투입비

항목		산출근거	금액(천 원)
계			281,482,008
설계/감리비	소계		9,519,377
	건축	• 연면적 44,770평×10만 원	4,477,432
	교량	• 일식	500,000
	인테리어	• 연면적 44,770평×1만 원	447,743
	감리비	• 건축, 교량	4,094,202
건축공사	소계		271,962,631
	건축공사	• 건축/인테리어 공사	256,356,664
	인입공사	• 상·하수도, 오배수, 가스, 설비 등	1,119,358
	미술장식비	• 44,770평×표준건축비×0.6	1,186,609
	라군공사	• 11,000평	8,800,000
	단지內 성토공사	• 85만 루베	3,400,000
	인허가비용	• 조성계획변경 및 교평, 환평, 재해 등	1,000,000
	허가조건이행비	• 단지 외 공사, 인허가 조건부 공사 등	100,000

주: 건축공사비는 에너지관련 공사비, 하수종말 & 공동구 공사비 등 포함

다. 부대비용(사업비)

항목	산출근거	금액(천 원)
계		98,685,325
판매관리비	• 분양 - MH 설치운영, 분양수수료, 광고비 등	55,156,277
사업부대비용	• 준공 보존등기, 시행사관리비, 입주관리비 등	17,989,510
신탁 및 금융비용	• 신탁수수료, 금융수수료 및 이자 등	25,539,538

2. 연차별 투자계획 – 기정

• 위도 관광지개발의 조속하고 원활한 사업추진을 위하여 3단계의 연차별 투자계획에 의거 제1단계는 토지매입 및 보상, 각종 인허가 이행을 실시하고, 제2단계는 토목공사, 교량공사 등을 진행하며, 3단계는 건축 제반시설 완료 단계로서 총공정상 1단계 10.50%, 2단계 55.66%. 3단계 33.84%, 투자계획 공정에 의하여 사업의 원활한 추진을 도모

(단위: 백만 원)

구분		사업량 (면적)	총계	공사비				비고
				기투자	1단계 (21~22)	2단계 (22~23)	3단계 (-23)	
계		-	403,179	37,815	66,937	173,297	125,130	
	1. 토목공사비	247,276	46,032		15,207	18,944	11,881	
	• 부지조성비	238,292	4,629		3,815	814		
	• 상수도	2,825	8,475		3,390	3,390	1,695	
	• 하수도	6,159	32,928		13,057	13,342	6,529	
	2. 전기·통신공사비	-	20,891		2,546	12,057	6,288	
	3. 조경공사비	-	6,172			386	5,796	
	4. 부대공사비	-	17,144		6,678	8,924	1,543	
	5. 시설공사비	340,391	181,243		12,901	93,513	84,829	
	공공편익시설지구	75,342						
	• 도로	38,315						
	• 주차장	37,027						
민간부문	숙박시설지구	105,809	165,441		9,044	82,352	74,046	
	콘도미니엄	5,277	21,259			8,358	12,901	
	호텔	17,858	53,318			20,084	33,234	
	생활형 숙박시설	75,302	72,863		9,044	41,137	22,682	
	프로방스	7,372	18,001			12,772	5,229	
	휴양·문화시설지구	50,255	8,572		3,857	4,715		
	• 소공원	10,304						
	• 수로공원	39,951	8,572		3,857	4,715		
	상가시설지구	11,094	17,230			6,446	10,784	
	• 판매시설	11,094	17,230			6,446	10,784	
	기타 시설지구	173,233						
	• 보전녹지	173,233						
	6. 토지매입비 및 기타	242,500	121,697	37,815	29,606	39,474	14,803	
	• 토지매입비		23,012	23,012				
	• 기타		98,685	14,803	29,606	39,474	14,803	

3. 자금조달계획 – 기정

(단위: 천 원)

구분	합계	2020년	2021년	2022년	2023년
계	403,179,333	102,527,959	226,583,877	74,067,497	0
자기자본	101,067,497	27,000,000	-	74,067,497	-
외부차입금	302,111,836	75,527,959	226,583,877	-	-

4. 분양(회원)모집 계획

가. 분양모집 계획

(단위: 천 원)

구분		분양/평(평)	객실 수	모집구분	연간 사용일수	모집구좌	총구좌	비고
숙박시설	단독형	7,009	97	분양/운영		1실 1구좌	97	분양/운영 혼합형
	집합형	12,047	323	분양/운영		1실 1구좌	323	분양/운영 혼합형
	콘도미니엄	4,220	133	회원제	22일	1/16구좌	2,128	멤버쉽/회원제 혼합형
	소계	23,276	553				2,573	
근린생활시설		9,664		분양				지분등기 분양형
계		32,940					2,573	

주: 1. 숙박시설은 분양은 분양제/회원제 혼합형으로 관광진흥법 및 건축물의 분양에 관한 법령에 준함
    2. 콘도미니엄 분양은 등기제/회원제 혼합형으로 관광진흥법에 준함

나. 상환계획(분양분 상환)

(단위: 천 원)

구분	합계	2020년	2021년	2023년	비고
계	403,179,332	111,080,712	251,102,198	40,996,422	
숙박시설	266,524,590	76,917,026	189,607,564	-	
근린생활시설	136,654,742	34,163,686	61,494,634	40,996,422	

② 관리운영계획

1. 관광지등의 관리계획

가. 기본방향
- 관광개발사업 특성에 부합되도록 관리운영계획을 수립하고, 전체적인 개발사업주체에 의해 통합·조정되는 효율적인 체계를 구축하도록 유도
- 우수한 자연환경자원과 역사 문화적 가치가 있는 인문자원은 보존, 활용하는 것을 원칙으로 하며, 효율적 관리체계의 확립과 관리요원의 전문화를 통하여 이용객의 편의를 증진
- 변화하는 관광수요에 원활히 대처할 수 있도록 관리운영체계의 융통성을 확보
- 본 계획에서는 부분별 관리운영방안, 관리운영비 조달방안을 구분하여 그 기본지침을 제시

나. 부분별 관리운영계획

1) 관광자원 및 시설관리
- 관광지 내의 자원과 시설은 관광지 내 관리주체가 통합관리
- 청정한 자연환경의 유지관리는 관광객 이용의 합리적인 조절과 관리자의 교육 및 자질 향상이 우선되어야 함
- 본 관광지의 식생과 하천의 관리는 오물의 침투를 막는 등의 지속적인 관심이 요구되며, 자연환경과 경관훼손이 방지되어야 할 것임
- 부지 내의 훼손부분을 복구하고 관광객의 활동으로부터 자원 및 시설을 보호하여 아름다운 환경을 유지할 수 있도록 조치

2) 환경오염관리
- 관광지 내에서 발생되는 쓰레기는 가연성과 불연성으로 구분하여 수거하고, 분리수거운동 등의 계몽활동을 통하여 폐기량의 감소를 유도
- 관광지 내 오물수거는 관련사업체와 공동으로 담당토록 함
- 관광지 내에 환경오염 방지시설을 설치하여 관광객 이용에 따른 오염과 환경훼손을 최소화하도록 함
- 관광자원 파괴 등 환경오염발생 예상지역을 설정하고 집중적인 환경보전 및 자원보호체계 확립

3) 안전관리
- 관광지 내부의 안전사고 발생가능지역에 보호시설, 접근 금지시설을 설치하고 사고위험 장소를 사전에 제거토록 함
- 본 권역의 특성상 수상안전에 안전을 기하도록 하며, 수목에 대한 병충해 및 화재방지대책을 강구

4) 이용자관리
- 관광지의 과밀이용은 쾌적성 감소, 환경오염, 자원훼손 등의 원인이 되므로 적정 수용능력을 고려하여 관광객을 유치하는 것이 바람직함
- 쾌적한 이용을 도모하기 위해 관광객에 대한 입장규제, 시설이용의 제한 등의 방법을 도입함
- 주차장을 진입부에 배치하여 목적지에 도달하기 위해서는 일정거리를 보행하게 함으로써 교통체증을 방지함
- 홍보매체를 통한 관광지 질서의식, 환경보전에 대한 집중적인 교육과 안내를 지속적으로 실시함
- 관련사업체를 통해 관광지 내 순찰, 관광객의 보호활동, 금지행위의 적발 등 감시관리체제를 강화하도록 함

5) 관리운영비 조달방안
- 관광지 관리운영비 조달의 기본적인 원칙은 관광지의 자체수입에서 지출하는 것으로 함
- 관리운영비는 시설이용요금으로 충당하도록 함

2. 관광지 등의 관리를 위한 인원확보 및 조직에 관한 계획

가. 관리기구
- 관리기구는 총지배인 아래 종합상황실, 재무관리 및 경영관리부서와, 영업관리부서, 운영관리부서를 두고 부서별로 구체적인 업무를 분담하도록 함
- 재무관리 및 법인관리 담당은 예산의 수립과 시행 등의 업무를 담당
- 영업관리부서는 단지 내의 운영기획 및 분석, 판촉, 회원서비스관리, 광고홍보 등의 관리를 담당
- 시설안전관리부서는 단지內 시설물의 관리 및 청소 보안관리 등을 담당

나. 관리인원계획

- 사업특성상 계절적으로 이용객의 변동이 클 것으로 예상되므로 신뢰성 있게 대처할 수 있는 관리계획을 수립함
- 이용객이 많은 성수기에는 정직원 외에 인근지역의 주민들이나 아르바이트 학생 등의 임시직을 고용하여 이용객의 불편이 없도록 함
- 지역주민의 고용을 우선으로 하며, 전문직을 양성함은 물론 단순고용부분과 간단한 훈련을 통해 안전부분과 청소부분 등 다양한 분야에 종사할 수 있도록 계획함

■ 지역주민의 고용

구분	내용
단순고용부분	• 조경관리, 내·외부 청소관리 및 분리수거 등 • 관광지 내 및 관련시설内 청소 • 안내, 경비업무 및 시설의 단순한 유지관리 부분
훈련고용부분	• 시설안전요원 • 스포츠시설内 전문 서비스 보조인원 • 시설안내요원 등 • 고객 접전지점의 단순 접객요원 양성 및 고객 서비스직원 양성 • 객실 내부 ROOM MAID 및 주방부분의 Pantry부분 • 고객 접전지점의 단순 접객요원 양성 및 고객 서비스직원 양성 • 지역민을 대상으로 전문교육을 개장 전에 시행하여 운영인력의 부족현상 미연 방비

다. 조직구성도

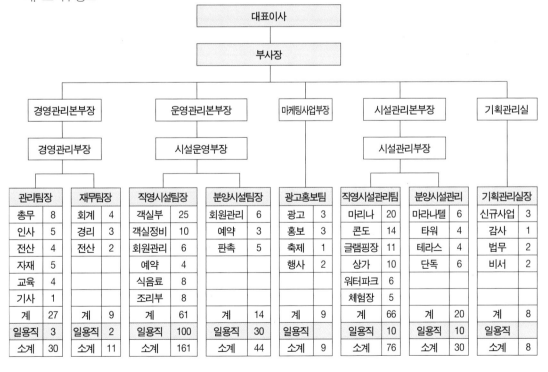

• 편입토지조서

번호	위치	지번	지목	면적(m²)		소유자 및 관계인	
				공부	편입	성명	주소
합계				253,600	242,500		
1	신매리	1-1	원	111,213	109,638	우리자산신탁(주)	서울특별시 강남구 테헤란로 301, 13층(역삼동)
2	신매리	1-6	원	11,614	5,500	우리자산신탁(주)	서울특별시 강남구 테헤란로 301, 13층(역삼동)
3	신매리	1-7	원	876	264	우리자산신탁(주)	서울특별시 강남구 테헤란로 301, 13층(역삼동)
4	신매리	1-8	원	106	106	우리자산신탁(주)	서울특별시 강남구 테헤란로 301, 13층(역삼동)
5	신매리	2-1	원	1,349	1,349	우리자산신탁(주)	서울특별시 강남구 테헤란로 301, 13층(역삼동)
6	신매리	2-3	원	314	314	우리자산신탁(주)	서울특별시 강남구 테헤란로 301, 13층(역삼동)
7	신매리	3	원	41,732	41,732	우리자산신탁(주)	서울특별시 강남구 테헤란로 301, 13층(역삼동)
8	신매리	5-1	원	3,131	3,131	우리자산신탁(주)	서울특별시 강남구 테헤란로 301, 13층(역삼동)
9	신매리	5-3	원	5,855	5,855	우리자산신탁(주)	서울특별시 강남구 테헤란로 301, 13층(역삼동)
10	신매리	6-1	원	1,388	572	우리자산신탁(주)	서울특별시 강남구 테헤란로 301, 13층(역삼동)
11	신매리	36-1	원	57,846	56,927	우리자산신탁(주)	서울특별시 강남구 테헤란로 301, 13층(역삼동)
12	신매리	36-9	원	11,740	10,681	우리자산신탁(주)	서울특별시 강남구 테헤란로 301, 13층(역삼동)
13	신매리	36-16	원	689	689	우리자산신탁(주)	서울특별시 강남구 테헤란로 301, 13층(역삼동)
14	신매리	640	원	332	327	우리자산신탁(주)	서울특별시 강남구 테헤란로 301, 13층(역삼동)
15	신매리	4	대	1,207	1,207	우리자산신탁(주)	서울특별시 강남구 테헤란로 301, 13층(역삼동)
16	신매리	36-8	도	4,208	4,208	춘천시	

사례

□ 관광트렌드 변화를 반영한 관광지 조성계획

최근 모든 분야에서 트렌드 변화가 일어나고 있다. 관광(단)지의 개발이나 부동산개발 역시 마찬가지이다. 관광지의 모든 시설들은 시대의 변천에 따라 빠르게 변화해야 한다. 특히 미래 세대를 겨냥한 트렌드는 관광지가 성공할 수 있느냐 없느냐의 성공과 실패를 좌우한다고 할 만큼 중요하다.

최초 관광지에 대한 조성계획승인으로 진행하던 관광지가 개발하는 과정에서 변화가 필요하다면 사업자는 과감하게 트렌드를 반영한 관광지조성계획변경을 통해 개발하여야 한다. 아래는 예산군의 관광지조성계획변경에 대한 내용이다.

예산군은 관광트렌드 변화를 반영해 덕산온천 관광지 조성계획을 일부 변경 추진한다고 밝혔다. 예산군은 덕산온천 관광지 조성계획의 지구단위계획 중 숙박시설, 여관에 해당되는 82동에 대해 '일반숙박시설'을 '일반 및 생활형 숙박시설'로 변경했다.

이번 관광지 조성계획 변경은 취사시설·설비 등의 서비스 제공이 불가능한 일반숙박시설을 관광트렌드 변화에 따라 숙박시설 내 취사행위, 조식, 야외 바비큐장 등의 행위가 가능한 생활형 숙박시설로 변경해 추가 지정한 것이다.

또한 군에서 역점 추진하는 덕산온천 휴양마을 조성사업과 복합문화체육센터 부지는 조성을 위해 용도를 변경했고, 일부 녹지는 공원으로 변경해 특색 있는 공원으로 새 단장하는 등 덕산온천 관광지가 보다 활성화될 전망이다.

덕산면 사동리와 신평리 일원에 조성된 덕산온천 관광지는 1987년 관광지로 지정됐으나, 환지방식으로 개발해 대부분이 사유지인 까닭에 덕산온천 활성화를 꾀하는 자치단체가 주도적으로 개발하는 데 어려움을 겪는 실정이다.

군 관계자는 "이번 덕산온천 관광지 조성계획 변경으로 기존 숙박업체 서비스 개선을 통한 관광객 유치는 물론 신규 숙박시설 형태가 다양화돼 민간투자가 용이하게 됐다"며 "앞으로도 덕산온천 관광지 활성화를 위해 최선을 다하겠다"고 밝혔다.

개발사업의 위험(Risk)요인 분석

3 Chapter

① 위험(Risk)요인

부동산개발사업이나 관광(단)지개발사업의 특성은 다음과 같다.

첫째, 개발과정이 장기간 소요된다는 것이다. 통상 부동산개발의 경우 3년 이상인 경우가 대부분이고 공동주택의 경우 준비기간 포함 5년 이상이 소요된다. 특히 관광(단)지개발의 경우 적게는 5년에서 길게는 10년 넘게 소요되는 경우가 허다하다.

둘째, 개발규모가 큰 만큼 대규모 자금이 소요되고 전문지식이 필요하다. 관광개발사업은 개발에 따른 많은 자금을 효과적, 지속적으로 조달이 가능하여야 하며, 건축분야, 토목분야, 상하수도, 전기, 인테리어 조경, 조명 등 다양한 분야의 전문가가 필요하다. 이들에 대한 높은 인건비는 개발비용 상승의 원인이 된다. 특히 개발사업자가 리조트에 대한 전문지식이 없을 경우 설계사무실과 시공에 의존하므로 특색 없는 일반적 형태의 디자인과 시설이 배치되어 관광객으로부터 좋은 반응을 얻기 힘들어진다.

셋째, 관광개발은 사회·경제적 파급효과를 불러온다. 개발사업이 성공할 경우 투자자, 기업, 금융기관, 정부(지자체)기관 및 지역주민들이 직간접적 경제적 효과를 누릴 수 있다. 게다가 낙후된 주변지역의 토지, 건물에 대한 부가가치가 상승하게 된다. 이로 인해 지역개발을 촉진하고, 도시개발을 활성화시키는 역할을 한다.

넷째, 관광개발은 시기와 전략이 중요하다. 개발사업은 시기와 전략에 따라 분양위험, 경기변동과 정부정책, 금리인상 등 외부적인 환경변화에 민감하다. 따라서 외부환경 변화를 고려하여, 적정한 분양시점을 정하는 것이 핵심요소로 작용한다. 따라서 관광(단)지개발에 있어 위험요소는 사업준비에서부터 종료 시까지 항상 존재하기 때문에 리스크요인 분석은 매우 중요한 과정이라 할 수 있다.

1) 개발사업 위험(Risk) 개념

개발사업의 리스크란 기대한 것을 얻지 못할 가능성, 기대와 현실 사이의 차이, 불확실성 자체 또는 그 불확실성의 결과 등으로 표현할 수 있는 손해, 손상, 불확실성 위험을 말한다. 개발사업 측면에서 일반적으로 사업위험과 재무위험으로 구분되며 사업위험은 시행위험, 시공위험, 시장위험으로 분류할 수 있다. 이외에도 시행사 부도, 우발채무, 자금관리, 소유권, 인허가지연 등의 위험, 인허가 기간의 장기화에 따라 인허가 전 대출 발생 시, 금융기관과 건설회사의 위험이 증가하는 것이 보편적이다.

(1) 위험(Risk)의 분류

개발사업의 리스크는 크게 예측분야와 관리분야로 나눌 수 있다.

예측 가능한 리스크로는 사고의 빈도가 높은 리스크를 말하며, 예측 불가능한 리스크로는 부동산시장과 금융시장의 내외적 변수로 인한 이자 상승과 P/F 대출 규제, 과학기술로 새로운 시스템 등장 등과 같이 갑자기 발생하여 예상할 수 없는 리스크를 말한다.

관리분야에는 관리 가능한 리스크와 관리 불가능한 리스크가 있다. 관리 가능한 리스크에는 경영 내적 리스크로 주로 경영부재, 사내기술수준 저조, 시장잠재력 결여, 신용도 저하, 유동성 저하, 안전관리 결여 등이 있다. 관리 불가능한 리스크에는 경영외적 리스크로서 부동산정책의 변화, 수요동향의 변화, 금융여건의 변화, 경제정세의 변화 불균형 등이 있다.

(2) 개발사업 리스크 관리요인

사업시행자는 Risk 발생의 빈도나 강도 등을 고려하여 적절한 리스크관리 기법을 선택 필요가 있다. 또한 관리주체가 당면하고 있는 리스크의 처리와 관련하여 정확한 의사결정이 필요하다. Risk 관리기법은 Risk 발생 전 선택하는 손해제어적 기법과 Risk 발생 이후 손해의 경제적 필요를 충족시키기 위해 선택하는 손해재무적 기법으로 구분한다.

[손해의 빈도와 강도에 따른 리스크의 분류 및 대응방안]

2) 위험(Risk)의 구분

개발사업의 위험(Risk)은 수도 없이 많다. 특히 예측할 수 없는 위험은 개발사업에 치명타를 입히는데 대표적인 것이 우크라이나와 러시아의 전쟁, 미국의 금리인상으로 인한 국내 대출이자의 상승과 이로 인한 P/F시장의 동결이다. 이런 상황이 벌어지면 국내 금리 역시 춤을 추듯 상승하고 분양시장은 사실상 폐업 수준에 머물게 된다. 이때를 놓치지 않고 금융기관들은 대출이자를 올리고 심지어는 사업의 지분까지 요구하게 된다.

1997년부터 2001년 8월까지 약 4년간 지속된 IMF 사태는 개발에 종사했던 모든 회사는 물론 건설사 금융기관에게도 치명적인 경제적 고난을 안겨주었고 2022년 8월부터 계속되고 있는 금융사태는 IMF시기보다 더 힘들어 대부분의 부동산개발시장은 파산지경에 이르렀다. 게다가 문민정부는 대출 한도를 줄이고 1가구 2주택자에게 세금을 과하게 부과시키는가 하면, 일정한 가격 이상이 넘으면 중도금대출까지 막아버렸다. 다행히 새로운 정부에 의해 급하게 진화는 했지만 이미 얼어붙은 부동산개발 시장은 좀처럼 풀리지 않았다. 이 때문에 건설사의 수주는 밑바닥을 쳤으며, 금융시장은 반토막 나고 말았다. 이로 인해 건설사의 책임준공을 전제로 공사비를 조달하는 P/F시장은 얼어붙었고 금융기관 중 P/F시장에서 30~40%를 차지하는 새마을금고가 부도 직전까지 가는 상황이 벌어지자 사실상 개발사업은 전무한 상태가 되어버렸다. 개발사업에 있어 위험은 시장위험, 신용위험, 유동성위험, 사무위험, 평판위험, 법률위험 등이 있다.

구 분	내용
시장위험	금리, 환율, 원자재가격 등이 변동됨에 따라 경제상황, 부동산시장 금융상품의 자산가치가 변화함에 따라 발생하는 손실위험
신용위험	차주, 임차인, 공사수급인 등 거래상대방의 계약지연이나 불이행으로 발생하는 위험
유동성위험	상품을 시장가격으로 거래하지 못하여 발생하는 위험 및 현금지급의무액을 확보하지 못하여 발생하는 위험
사무위험	거래발생 지급 시 회사의 착오, 전산장애, 기타 관리능력 부족으로 발생하는 위험
평판위험	시장에서 회사의 평판이나 나빠짐으로 발생하는 위험
밥률위험	계액을 집행하지 못하거나 법적 환경변화로 발생하는 위험

(1) 거시적인 위험(Risk)

거시적 리스크는 광범위한 리스크를 말하는데, 시장환경 리스크와 회사내적 리스크, 건설업계 리스크가 있다.

① 시장환경 위험(Risk)

시장환경 리스크에는 동종업계 리스크, 소비자 민원리스크, 개발사업용 토지유한 리스크, 주택사업 제도변화 리스크, 금융시장불안 리스크가 있다. 동종업계 리스크란 리조트개발을 주도하는 회사들 간의 경쟁을 말하는데 예를 들어 리조트개발을 전문으로 시행하는 대명콘도 외에 아난티, 반얀트리에 대항하는 소규모 개발업체들 간의 브랜드유치나 분양전략상품의 출시(켐핀스키, 베르샤체, 포시즌, 럭셔리컬렉션 등)에 대한 경쟁을 말한다. 최근에는 국내 리조트개발법인의 브랜드보다는 세계적인 리조트나 호텔브랜드를 도입하여 리조트를 고급화하는 전략을 구사하기 때문에 누가 더욱 훌륭한 브랜드를 유치하느냐에 따라 사업의 성패가 좌우되는 시대에 접어들었다.

주택사업의 제도변화 리스크란 1가구 2주택에 대한 양도세와 종부세 등의 영향을 받아 리조트(생활형 숙박시설, 콘도 등)가 1가구 2주택에 해당되는지의 여부가 분양에 영향을 받는지 혹은 받지 않는지에 대한 리스크를 말한다. 금융시장불안 리스크는 리조트개발에 있어 가장 큰 리스크로 대표적인 것이 금리인상이나 P/F대출시장의 변화를 말한다.

내용	세부내용	대응방안
동종업계 Risk	경영 열위업체 Risk	경쟁우위요소방안 수립 마케팅, 상품력 강화
소비자 민원 Risk	민원비용증가 Risk	시공능력 차별화
개발사업용 토지 유한 Risk	Portfolio 부재 Risk	사업다각화, BTL, T/K시장 등 노크
주택사업 제도변화 Risk	적절한 대응 부재 Risk	틈새시장 진출
금융시장 불안 Risk	Project Financing Risk	해외시장 개척

② 회사내적 위험(Risk)

회사내적 리스크란 경영자 리스크, 내부시스템 리스크, 회사평판 리스크를 말한다. 리조트개발에서 회사내적 리스크란 관광(단)지개발에 있어 경험을 얼마나 많이 가지고 있느냐의 문제이다. 관광(단)지개발은 호텔, 콘도, 생활형 숙박시설, 상가, 글램핑장, 마리나, 골프장 등 수많은 시설들이 설치되고 운영되어야 한다. 그리고 이들 시설들 중 사전분양을 통해 공사비 조달 등 사업비를 확보하여야 하는데 이에 필요한 업무 즉, 상품개발에 따른 단지배치, 브랜드 유치, 분양전략 등 수도 없이 많은 전략들이 필요하다. 만약 이런 경험 없이 회사가 사업을 진행한다면 인허가에 대한 리스크까지 겹쳐 많은 시행착오를 거칠 것이고 그에 따른 또 다른 리스크들이 존재하여 비용은 물론이고 시기를 놓쳐 사업의 성패까지 영향을 받게 된다.

내용	세부내용	대응방안
경영자 Risk	최고경영자의 의사결정 Risk	위기관리 전담조직 운영
내부 System Risk	Cash flow Risk	유동성 위기대비 관리 System 혁신
회사평판 Risk	신용등급 하향 Risk	정기적 IR 실시
	어음할인율 상승 Risk	
	사채시장 유언비어 Risk	

③ 건설업계 위험(Risk)

건설업계 리스크란 주택경기 사이클에 대한 리스크와 국내외 시장리스크, 수익성 악화리스크가 있는데 가장 큰 리스크는 물가상승(건설과 관련된 자재비 상승)으로 인한 공사비 증가에 따른 리스크이다. 예기치 않은 전 세계 코로나 사태로 선박, 항공기요금이 급등하고 우크라이나 전쟁으로 인한 유가와 가스비 상승으로 금리가 상승하고 그에 따라 건축자재비 등이 동시에 상승함에 따라

2022년 국내 건축비는 30% 이상 상승하였고 2023년부터는 코로나 이전 건축비보다 2배나 상승하였다.

결국 이로 인해 국내 건설수주는 전무한 상태가 되었고 이미 진행했던 공사들이 중단되는 사태가 벌어졌다.

내용	세부내용	대응방안
주택경기 Down Cycle Risk	포트폴리오 재구축 (주택개발 이원화)	토목, M&A 등 Portfolio 개선
국내외시장의 Red Ocean화 Risk	Global화 전개 블루오션사업 모델 개발	자체사업 및 공동시행 지분참여구도 사업비중 확대
수익성 악화 Risk	사업채산성 극대화	PFV, SPC 등 개발형태 변경

(2) 미시적인 위험(Risk)

미시적인 위험은 거시적인 위험을 제외한 리조트개발에 있어 발생하는 대부분의 위험에 해당한다. 아래 명시된 위험 외에도 수많은 위험들이 개발과정에 발생한다.

특히 가장 주의해야 할 위험은 인허가지연 위험이다. 인허가 전에는 P/F가 일어나지 않고 분양도할 수 없어 토지대를 비롯하여 기대출받은 이자지급문제 등이 발생하고, 브릿지 대출의 경우 상환기일이 통상 1년으로 선금리를 공제하기 때문에 이 기간이 만료되도록 인허가를 취득하지 못할경우 기존 대출금을 대환하여야 하는데 이를 처리하지 못할 경우 심각한 상황에 직면하게 된다.

인허가 리스크는 사전에 충분히 검토를 하더라도 시나 도의 담당 주무관이 법대로 하지 않고자신의 책임을 회피할 목적으로 필요 없는 인허가 서류를 요청하는 경우를 말한다. 대표적인 것이필요없는 환경영향평가와 문화재영향성 검토에 관한 사항들에 대한 요구를 말한다.

만약 받지 않아도 되는 위 평가와 검토를 요구할 경우 적게는 1년에서 많게는 2년이 넘게 인허가기간이 연장된다고 보면 된다. 게다가 그에 따른 용역비 또한 수억을 지불해야 하고 기존 계획에도없는 환경영향평가나 문화재영향 검토로 인해 건폐율과 용적률이 삭감되어 사업을 중단해야 하는상황까지 직면할 수 있다.

따라서 인허가 리스크 중 환경영향평가와 문화재영향성 검토는 반드시 짚고 넘어가야 한다.

(3) 단계별 사업위험(Risk)

개발사업의 단계는 크게 사업구상단계와 사업성 분석단계, 브릿지대출단계, 인허가단계, P/F단계, 약정단계, 분양단계, 시공단계, 하자보수단계로 구분할 수 있다. 각 단계별 사업위험은 다음 표와같다.

개발사업	Risk 종류	내용
사업구상단계	사업자 위험	• 사업자의 능력, 신용부족 • 사업자의 사업에 대한 이해부족 • 사업구성자의 책임, 권한, 의무 불분명
	시장동향 위험	• 불확실한 부동산시장의 동향 (금융시장 흐름, 소비자의 수요변화, 주택금융변화, 정부부동산정책변화 등)
	사업특성 위험	• 사업기간의 적정성, 사업추진방식의 적합성, 개발규모의 적정성
사업성 분석단계	사업성분석 위험	• 사업성 분석 오류(비체계적, 비계량적 사업성 분석)
브릿지대출단계	자금조달, 신용부족 위험	• 제2금융권의 자체위험, 자금조달 실패, 조기상환 및 상환 불능 위험, 금리변동 • 토지담보가치의 하락이나 처분제한물권
인허가단계	인허가지연 및 실패 위험	• 인허가 지연 및 실패
PF단계	자금조달, 신용부족 위험	• 낮은 신용도, 자금조달 실패, 조기상환 및 상환 불능 위험, 금리변동
약정단계	협상력 결여 및 법률적 위험	• 이해관계인과의 계약과정에서 불리한 약정 및 계약체결
분양단계	분양 위험	• 예측에 미달하는 분양률
시공단계	착공지연 위험	• 이주 및 명도지연 → 착공지연, 시공사·시행사 부도, 문화재 출토 등
	공사비 초과 위험	• 공사비 초과(물리적 위험)
	안전사고 위험	• 안전사고 위험
	민원 위험	• 민원, 환경위험
하자보수단계	사후고객관리 및 하자담보책임 위험	• 하자책임, 입주자 불만에 따른 회사 신뢰도 하락

(4) 사업시행 시 리스크 검토요소

개발사업에 대한 인허가가 완료되면 사업시행사는 금융기관과 공사비 P/F 조달에 대한 협의를 거치게 된다. 이 과정에서 건설사는 공사비지급에 대한 전제 조건으로 책임준공확약을 해야 하며 확약에 따른 책임준공이행보증과 하자담보이행보증을 담보하고 착공에 들어가게 된다. 사업시행사는 공사비조달이 마무리됨과 동시에 시설별 분양승인을 받아 분양에 들어가게 되며, 분양에 따른 분양대금은 최우선순위로 금융사의 P/F대금과 금융주간사의 수수료, 간접공사비와 운영비 등을 지급하게 된다. 사업시행에 따른 단계별 위험검토 사항은 다음 표와 같다.

구분	검토내용
시행/시공사 사업능력	시행사의 사업수행능력 및 시공사의 시공능력 검토
시행/시공사 부도위험	재무제표, 향후 계획 등을 통한 부도위험 검토
시장 위험	개발컨셉 검토 및 관련 부동산시장 분석
분양/임대 위험	유사개발사례 조사 및 분양시장의 분양/임대금액 계획(안) 검토
인허가 위험	진행상황 검토 및 향후 계획 가능성 검토
금융구조 위험	• 기계획 금융구조의 가능성 검토(자금확보 등) • PF 금융기관 대출약정서(안)의 위험 검토
법무구조 위험	사업구조의 법적 현실성 검토(법무법인 협업가능)
세무구조 위험	사업구조의 세무적 현실성 검토
사업관리 위험	시행사의 시공/분양 관리조직 및 관리계획 검토
기타 위험	사업(실버주택 등)의 특수성으로 인해 발생 가능한 위험 검토

(5) 위험 제거를 위한 부동산 개발사업 자료 검토사항

일반적으로 관광(단)지개발사업 진행과정에서 처리되는 자료는 크게 기초행정자료와 사업시행 과정에서 작성되는 자료로 구분할 수 있다. 기초행정자료는 주로 사업을 시행하는 사업자와 관련된 자료이며 사업시행과정에서 작성되는 자료는 사업성을 판단하는 사업계획서와 인허가 과정에서 발생하는 계약서 그리고 분양업무에서 발생하는 분양계획서와 계약서이다.

〈표 2-11〉 위험 제거를 위한 부동산 개발사업 자료 검토사항

구분	자료명	주요 내용	주요 검토사항
기초 행정 자료	사업자등록증, 등기부등본, 정관	주요 사업내용, 임원변동, 조직내용	사업시행자에 대한 전반적인 이해
	경영진현황, 주주현황, 자본금변동내역	경영진 이력사항, 주주내역, 자본금 조달내역	주요 사업 확인 등
	최근연도 재무제표(B/S, I/S, C/F 등)	재무상태, 현금흐름규모, 비용규모	시행사 현금 및 재산보유상황 파악
사업 시행 자료	사업계획서	사업개요, 입지여건, 주변환경 조건, 건축개요, 일정 등	사업에 대한 전반적 이해 및 현재 추진상황 파악
	토지매매계약서, 토지대장, 등기부등본, 지적도, 토지조서	사업부지 매매계약, 지번, 소유자 등	토지소유권 이전 여부파악, 지번확인을 통한 토지의 실재성 확인 등
	인허가서, 확인서 등	관공서 및 관련기관 발행 각종 평가서, 승인서 등	법규절차 이행준수 여부, 사업수행에 필요한 행정절차상의 문제점 파악
	설계도, 감리계약서	예정설계도, 감리내용 및 관련비용	설계 및 감리의 적정성, 사업계획과의 일치성 및 비용
	도급계약서	시공사, 시공일정, 평당 공사비 및 기타 내용	공사비의 적정성, 실현가능성 파악, 공사위험 파악
	분양용역계약서	분양대행 업체, 일정, 비용	분양마케팅 타당성 및 관련 비용의 적정성 파악

3) 잠재우발 위험(Risk) 관리내용

(1) 배경

리조트 개발에 있어 드러나지 않는 우발적 리스크는 가장 큰 위험이 될 수 있다. 우발적 리스크는 결국 재정적 부담을 증가시키거나 사업기간의 연장으로 직결되기 때문이다. 우발적 리스크의 원인은 부동산시장 사업환경 다변화 및 리스크 폭 확대와 부동산 금융시장의 경색으로 인한 사업비조달의 어려움 그리고 리조트 구입자에 대한 금융규제 강화 및 경제상황 변화 등을 들 수 있다.

(2) 관리내용

보다 성공적인 리조트개발을 위해서는 기본적으로 다음의 사항들을 기본적으로 체크하고 이행하여야 하는데 이는 부동산개발과 관련된 관리내용과 일치한다.

① 토지소유권의 완전한 확보
② 풍부한 경험이 있고 재무적으로 건전한 건설업체 및 설계업체와의 계약
③ 자재, 인력 등 건설공사의 지연가능성에 따른 비상계획
④ 공사비 증감에 대한 대책강구
⑤ 공사계획 중 주요 공정경로상의 시간 지연, 비용증가에 대한 계획유무
⑥ 건설사 부도 및 계약 파기 시, 대체 시공사 선정을 통한 계속 사업진행능력 및 과정상 합리적 수준의 비용부담 가능성
⑦ 금융조달의 기간 연장에도 영향을 받지 않을 정도의 예비비 확보
⑧ 금융기관의 이익을 해치지 않도록 자금을 관리할 수탁능력이 있는 독립된 제3자의 신탁자
⑨ 자금관리(Escrow)계정의 관리 및 계획된 지급조건에 따른 자금의 집행
⑩ Developer 부실화에도 제반 계약구조의 지속성(신탁사의 관리형신탁, 책준 및 개발신탁)
⑪ 개발업체 사업이익 조정을 통한 프로젝트 성공을 위한 유인의 제공
⑫ 금융사와 시공사를 사업의 출자자로 참여시켜 사업의 지속성 보장
⑬ 전체 사업을 이끌어갈 수 있는 사업구도 작성과 전담반 배치

(3) 사업부지 권리분석

사업부지 권리분석 중 사업부지 외관의 분석은 토지나 건물에 대한 공부를 보지 않고 사업부지 답사만을 통한 권리 분석방법을 말하는데 이에는 ① 진입도로는 있는가 또는 확보 가능여부 ② 인근에 가스충전소 또는 주유소 인접여부 ③ 고속도로 등의 소음시설 여부 ④ 지상에 고물상, 고압

선, 변전소 등 혐오시설 부분 ⑤ 지하 지장물 여부 ⑥ 부지 주변 문화재 존재 여부 ⑦ 하천부지와 인접여부가 있다.

사업부지 관련 공부의 분석은 현행법 체계하에서 확인 가능한 공적 장부를 발급받아 토지 및 건물의 권리관계 분석으로 ① 토지 및 건물등기부 ② 토지이용계획확인서 ③ 토지 및 건축물대장 ④ 지적도 ⑤ 공시지가 확인원 ⑥ 주변지 공시지가 확인원 ⑦ 유치권(타인의 물건 또는 유가증권을 점유한 자가 그 물건이나 유가증권에 관하여 생긴 채권을 가지는 경우에 그 채권의 변제를 받을 때까지 그 물건이나 유가증권을 유치할 수 있는 권리(민법 제320조)가 있다.

 사례

□ **유치권 법정지상권, 분묘기지권**

① 유치권자의 권리
- 경매권: 채권의 변제를 받기 위하여 유치물을 경매할 수 있다. 그러나 우선변제권은 없으며, 환가를 위한 경매로서의 성질을 가질 뿐이다.
- 간이변제 충당권: 감정인의 평가에 의하여 유치물로 직접 변제에 충당할 것을 법원에 청구할 수 있으며, 법원의 허가가 있으면 유치물의 소유권을 취득한다.
- 과실수취권: 천연과실 및 법정과실을 다른 채권자보다 먼저 그 채권의 변제에 충당할 수 있다.

② 유치권의 소멸 사유
- 목적물의 멸실
- 피담보 채권의 소멸(유치권의 행사는 채권의 소멸시효 진행에 영향을 미치지 않음)
- 점유의 상실
- 유치권자의 의무(소유자, 채무자의 승낙없이 사용, 대여 담보제공 못함) 위반

□ **법정지상권**

① 법정지상권의 발생 조건(관습법상 법정지상권)
- 토지와 건물의 소유자가 같았을 것
- 매각 또는 기타 원인으로 토지소유자와 건물소유자가 다를 것
- 건물 철거에 관한 약정이 없을 것

② 지상권의 최단 존속기간
- 견고한 건물이나 수목의 소유 목적일 경우: 30년
- 기타 건물: 15년
- 건물 이외의 공작물: 5년

□ **분묘기지권**

관습상의 물권으로 타인의 토지에서 분묘라는 특수한 공작물을 설치한 자가 그 분묘를 소유하기 위하여 분묘의 기지 부분인 토지를 사용할 수 있는 지상권

① 성립요건(다음 세 가지 중 하나에 해당하면 됨)
- 토지소유자의 승낙을 얻어 그 토지에 분묘를 설치한 때
- 타인 소유의 토지에 소유자의 승낙 없이 분묘를 설치한 때에는 20년간 평온, 공연하게 그 분묘의 기지를 점유함으로써 분묘기지권을 시효 취득한 때
- 자기 소유의 토지에 분묘를 설치한 자가 그 분묘를 이장한다는 특약이 없이 그 토지를 매매 등에 의해 처분한 때

(4) 잠재우발 위험(Risk) 관리내용

관광개발사업은 사업이 종료되기 전까지 항시 위험이 존재하지만 가장 대표적인 잠재우발 위험이 있으며, 이러한 위험으로부터 사업 초기부터 대응방안을 강구하여 대처해야 한다. 잠재우발에 대한 대응방안은 아래 표와 같다.

특징	대 응 방 안
• 과거 진행사업의 복합적, 반복적 위험 발생 • 인허가, 토지확보 지연으로 인한 금융비용 등 추가발생 요인 • 시행사와 당초 약정 불이행 초래(공사비증액, 불량자재 사용) • 사업 장기지연 시 금융위험 확대 • 집단민원 증대, 비용과다 요구 • 사업당사자 간 의사 결정 반복 시행 착오 발생 • 준공 후 입주위험 장기화(잔금지연, 소유권이전 해태) • 준공 후 운영관리 미숙	• 예측가능사업 분석능력 강화(장기 CF분석 강화) • 시행사 적극 협상으로 기회비용 최소화 • 약정 시 안전장치 강화(신탁사 관리형신탁, 책준확약 등) • 장기적 관점 PF 금융기법 적용(이자후불제, 해외펀드 조성) • 사업당사자간 협의(합의)에 의한 위험 관리시스템 정착 • 세대별 소유권이전 관리 강화 • 입주 전 소유권이전 등기 시 잔금 • 전문 관리, 운영사를 통한 관리

4) 리스크헤지(Risk Hedge) 방안

일반적으로 리조트개발이나 부동산개발에서의 위험을 헤지하는 방법은 그때그때 발생하는 상황에 따라 대응하기 때문에 따로 정해진 것은 없다. 위험이란 예상하는 것이지 미리 확정된 것이 아니기 때문이다. 아래 사항은 그동안 많은 리조트개발이나 부동산개발에 있어서 예측된 위험들이고 그러한 위험을 보완하기 위한 대책을 설명한 것이다.

예측되는 위험의 종류에는 시행, 시공사 사업능력 부족이나 시행, 시공사의 부도위험, 급변하는 부동산시장에 대한 위험, 분양되는 부동산에 대한 가격변동위험, 인허가위험, 금융위험, 세법의 변화에 대한 위험. 사업관리에 대한 위험 등이 있다.

시공사나 시행사에 대한 시행능력이나 부도위험을 방지하기 위한 최적의 방법은 PFV나 SPC와 같은 개발법인을 별도로 만들어 관리운영하며, 시공사에 대한 위험을 방지하기 위해 신탁회사에 의한 책임준공(책준형)을 원칙으로 하거나 1군 시공사 중 책임준공에 따른 보증능력이 되는 건설사를 선정하여 시공권을 부여하는 것이다.

리조트개발이나 부동산개발에 있어 시공사나 시행사의 위험보다 가장 중요한 위험 중 하나는 금융위험이다. 국내 금융시장은 국제 금융시장에 의해 급변하기 때문에 예측할 수 없는 위험 중 하나이다. 대표적인 경우가 IMF나 코로나 위기시기에 발행한 금리인상과 우크라이나전쟁으로 인한 물가상승과 금리인상이다. 당시 시중은행의 금리는 6% 이상으로 상승했고 개발자금으로 사용되는 제2금융권의 금리는 8~15%를 상회하였다. 이로 인해 불안전한 부동산개발시장의 위기로 사실상 대출이 정지된 상태가 되었다.

시행사의 위험 중 분양에 대한 위험은 사실상 사업의 성공과 실패를 가름하는 중요한 위험이다. 분양시장은 부동산시장에 의해 급변하기 때문에 부동산시장의 변화는 곧 분양시장의 변화와 직결된다. 예를 들어 금융이자가 높아짐에 따라 아파트분양시장이 어려워지면 리조트시설에 대한 분양성도 같이 하락한다. 통상 아파트나 콘도, 생활형 숙박시설에 대한 분양 물건에 대해서는 계약금과 잔금을 제외하고 중도금의 경우 대부분 중도금 대출을 통해 납부하게 된다. 따라서 금융이자가 상승하면 대출을 받기 어려워지고 이자에 대한 부담을 느끼므로 사람들은 분양을 받지 않을 것이다.

부동산개발시장에서 성공하는 사람이 하늘의 별을 따는 것보다 어렵다는 말이 있듯이 자신의 노력도 중요하지만 부동산개발은 운때가 맞아야 한다. 사업에 성공하면 사업가이지만 실패하면 사기꾼 소릴 듣는 곳이 개발시장인 것이다. 하지만 개발업무에 얼마나 경험이 많은가에 따라 위험을 헤지하는 능력도 좌우되기 때문에 시행자의 위험도 무시 못 할 위험 중 하나이다. 아래 표는 위험에 대한 신용을 강화하는 방안이다.

구분	신용 강화 구조
시행사, 시공사 사업능력 위험	• 시행/시공사의 현재 인지도 조사, 시행/시공 능력검토 • 신탁회사를 통한 시행사의 리스크 완화 및 보험
시행사, 시공사 부도위험	• 공사 미지급금 유보금 계정의 설정: 건설위험(건설기술과 설계, 공사비 증액) • 하도급 직불 등에 관한 협의 및 시공권 포기조항 　※ 신용도 우수한 개발사 선호(대기업소속 시공사)
시장위험	• 차입금 인출선행조건으로 목표 분양물의 설정, 분양보험 등
분양/임대위험 (가격변동위험)	• 미분양 시 대처방안 강구(할인분양 등) • 분양 후, 경기변동 위험에 따른 수분양자의 잔금납부 지연 시 금융대책(담보가액)
인허가 위험	• 사전 정밀 검토를 통한 적정성 파악(금융을 위한 전제)
금융구조 위험	• 실현가능성 여부 검토를 통한 세밀화 작업(사업성 검토) • 선순위/후순위 구조의 도입 • 조기상환 설정 및 분양 완료 시 대환구조 설정
법무구조 위험	• 적법성 검토(사업성 검토)
세무구조 위험	• 적법성 검토 및 누락부분 파악(사업성 검토 시 당해세 및 법인세 지급 등에 관한 사항)
사업관리 위험	• 프로젝트 계정(E/A) 설정, PM 용역사 선정 등 • 사업기간 종료 시까지 신탁사와 우선수익자 간 협의
기타	• 준공 후 담보전환 또는 담보신탁(신탁사) • 초과담보 또는 신규사업제한 등

② 사업성 분석

1) 사업성 분석의 단계

일반적으로 사업타당성 분석은 사업자가 투자를 하기 전에 반드시 실시하는 전반적인 사업에 대한 예비분석을 말한다. 일반적으로 사업타당성 분석의 범위는 다음과 같다.

(1) 1단계: 사업에 대한 이해

사업의 개요, 적정분양가 검토, 운영수입산정, 입지환경검토, SWOT분석, 유사사례분석

(2) 2단계: 총사업비 산정과 재원조달계획

① 총투자비 산정

회사의 사업계획 및 회사로부터 입수한 투자비에 대한 검토. 단, 본 검토가 투자비의 적정성이나 항목의 완전성을 확인하는 것은 아니다.

② 재원조달계획

총투자비 규모에 따른 재원조달 가정 검토, 차입원리금의 상환구조 검토

(3) 3단계: 재무적 타당성 분석

① 재무타당성 분석의 일반가정

- 재무타당성 분석의 기초자료가 되는 주요 거시경제지표에 대한 가정 검토
- 분석기간 및 방법에 대한 가정 검토

② 미래현금흐름의 추정

- 주요 관광통계자료를 이용한 수요예측자료 검토
- 사업계획서에 의한 매출액 및 각종 제반비용의 적정성 검토

③ 추정 재무제표의 작성

- 추정 현금흐름표 검토
- 추정 손익계산서 검토
- 추정 대차대조표 검토

④ 재무적 타당성 분석의 결과 도출

- 본 사업의 수익성 검토
- 금융기관 차입 원리금의 상환가능성 평가

단계별 사업타당성 검토에 관한 절차는 아래와 같다.

〈표 2-12〉 단계별 사업성 분석

구분	목적	절차
1단계 (사업에 대한 이해)	프로젝트에 대한 이해 및 시장분석	• 사업의 개요, 적정분양가 검토, 운영수입산정, 입지환경검토, SWOT 분석, 유사사례분석
2단계 (총사업비 산정과 재원조달계획)	총투자비 산정	• 회사의 사업계획 및 회사로부터 입수한 투자비에 대한 검토, 단, 본 검토가 투자비의 적정성이나 항목의 완전성을 확인하는 것은 아님
	재원조달계획	• 총투자비 규모에 따른 재원조달 가정 검토, 차입원리금의 상환구조 검토
3단계 (재무적 타당성 분석)	재무타당성 분석의 일반가정	• 재무타당성 분석의 기초자료가 되는 주요 거시경제지표에 대한 가정 검토 • 분석기간 및 방법에 대한 가정 검토
	미래현금흐름의 추정	• 주요 관광통계자료를 이용한 수요예측자료 검토 • 사업계획서에 의한 매출액 및 각종 제반 비용의 적정성 검토
	추정 재무제표의 작성	• 추정 현금흐름표 검토 • 추정 손익계산서 검토 • 추정 대차대조표 검토
	재무적 타당성 분석의 결과 도출	• 본 사업의 수익성 검토 • 금융기관 차입 원리금의 상환가능성 평가

2) 사업성 분석 항목

사업성 분석에 있어서 가장 먼저 검토할 사항은 토지에 대한 현황이다. 토지현황을 확인하기 위해서는 관할 구청을 방문하여 토지의 현황도와 지적도를 참고로 전체 관광(단)지개발사업에 대한 도시계획결정도면을 작성하게 된다. 또한 토지이용계획확인원과 개별공시지가를 통하여 사업부지의 지가와 주변부지에 대한 개별지가를 확인할 필요가 있다. 이러한 이유로는 관광(단)지 조성과 관련하여 해당부지 및 인근부지에 대한 지가를 비교, 향후 토지보상을 준비하기 위해서이다. 건물에 대해서는 건축물관리대장을 통하여 개발 전 건축물의 현황 등을 알 수 있다. 이러한 기본자료를 통하여 개발 기본계획 및 지구단위계획 등 토지이용 용도, 각종 규제사항과 지구의 제약(건폐율, 용적률, 건물 높이), 계획유도사항 등을 확인할 수 있다. 다음으로 사업지 주변 현황조사를 통하여 전반적인 사업을 구상한다. 그리고 관광(단)지개발에 대한 컨셉을 설정하고 설정된 컨셉을 가지고 토지용계획을 세우고 토지 위에 건축될 호텔, 콘도, 골프장 등 관광시설에 대한 기본설계를 바탕으로 분양시설과 운영시설에 대한 규모(건폐율과 용적률)를 검토하며, 분양시설에 대한 분양가산정 예비적 사업계획서 작성을 진행하게 된다.

(1) 건축계획 구상에 필요한 조사

현황도와 지적도, 그리고 상위계획의 검토는 사업지 주변에 대한 현황파악과 개발하고자 하는 관광시설에 대한 층수 및 건물의 바다면적 등을 확인하기 위하여 필요한 자료이며, 일반적으로 관광 개발사업에 있어 설계를 담당하는 설계회사가 이러한 자료를 참고로 계획설계와 기본설계를 하게 된다. 개별공시지가의 경우 개발되는 지역 내 주민들에 대한 보상차원에서 참고할 자료이며, 건출물 관리대장의 경우 개발부지 내 주민들의 건축물 현황을 파악하기 위해 필요한 자료이다.

현황도/ 지적도	사업지구 주변을 포함한 도면(도시계획결정도면)	관할구청
토지이용계획확인원	표준지 위치 및 지가/사업지와 관련한 개별지가 확인	관할구청
개별/공사지가	지장물 보상액 및 철거비 추정을 위한 자료수집	
건축물관리대장	사업계획상 장애요인이나 건축계획 시 필요사항 확인	관할구청/인터넷
상위계획 검토	• 개발 기본계획 및 지구단위계획 등 토지이용 용도, 각종 규제사항 • 지구의 제약(건폐율, 용적률, 건물 높이), 계획유도사항 등 확인	관할구청

(2) 사업지 주변 현황조사

인근 주요 시설과 토지이용 및 입지동향, 주변 공공시설 그리고 주변 공동주택과 상가, 오피스텔의 분양가와 임대가 현황은 새롭게 개발되는 관광시설에 대한 매각(분양)이나 분양 시 참고될 중요한 자료가 된다.

인근 주요 시설	동서남북의 주 토지이용 및 인근지역 시설물 입지동향	현황조사
주변 건물현황	주변 주요 시설, 공공시설, 기피시설 입지현황(주요 시설물 거리), 건축물 현황(건축물관리대장 참조)	현황조사
간선/공공시설	진입도로(폭원 및 개설여부) 교통시설물(지하철 위치, 출입구, 버스정류장 위치, 노선 수 등)	현황조사 교통지도 참조
지가현황	인근 부동산 등을 활용 지목별 실거래 가격 및 동향조사	인근 부동산 인터넷
분양/거래/임대가	공동주택, 오피스텔, 오피스 및 근린생활시설 등 필요시설물에 대한 시설별, 층별 거래가, 임대가조사, 최근 분양자료 등	인근 부동산 신규분양사 자료 인터넷

(3) 토지현황조사

개발되는 사업부지에 대한 대지면적과 공공부지 즉, 사업부지에 포함할 부지 또는 도로로 편입 되는 부지에 대한 자료는 계획설계와 기본설계 시설물에 대한 건폐율과 용적률을 결정하는 데 중요한 역할을 한다.

대지면적	사업을 추진하는 면적	
제외면적	기존 사업을 위한 토지면적에서 각종 공공시설 등을 위하여 제외한 토지	관할구청, 시청
기존공공용지	개발 토지대장 확인 등으로 파악(도로, 구거 등)	토지대장 등

(4) 용적률 산정을 위한 자료조사

현행 「건축법」은 개발되는 사업부지의 용도를 지정하고 있고 그러한 용도에 따라 건축물의 연면적(용적률)과 바닥면적(건폐율)을 법적으로 명시하고 있다. 이러한 건폐율과 용적률은 사업성 분석 시에 가장 중요한 기초자료가 된다.

용도 계획	지구단위계획 등 지침 등으로 지정용도, 사업주의 Concept에 따라 설정	각종 계획 참조
용적률산정	관련상위계획에 따른 기준용적률 및 인센티브 등을 감안 산정	
사업연면적	용적률로 산정한 연면적과 지하면적을 추정한 지상/지하 전체 연면적 시설별로 지정용도를 충족하는 면적으로 구분(주차장 등을 포함)	계산식에 의한 산출 인근사례 참조 등
용도별 면적	계획 최대면적/적정면적 등 Mass Study 필요 *지하층, 주차장 등 면적은 별도 표시 필요	

(5) 인근 분양가조사

인근지역의 분양가는 새로 개발되는 관광시설에 대한 매각(분양)과 임대가격을 산정하는 기초가 되며, 이러한 조사방법을 거래사례비교법이라고 한다. 이외에도 분양가 산정방식에는 수익환원법과 헤도닉모형을 사용한 매각추정방식이 있다.

| 분양가
- 아파트
- 오피스텔
- 근린생활시설
- 오피스 | • 인근지역의 분양가, 거래가격, 전·월세 가격 등을 조사
 - 시장 수요공급에 의해 형성되는 가격을 대상물건과 비교 산정(위치, 물적 특성을 파악 지역개발요인 비교)
 - 당해 물건의 장래가치를 현재가치로 자본 환원한 분양가격으로 봄
 - 토지 매입가격에 건축물 공사원가를 더한 후 층별 효용지수 배분(시행자 입장에서의 가격설정)
* 인근 최근 분양가 및 거래사례, 임대사례 등을 참고하여 종합적인 내용을 참조하여 결정하되
 - 분양금액이 금리 등을 감안한 임대수입 등을 보장할 수 있는 가격반영
 - 인근지역과의 교통, 환경 등 입지요인, 시설규모, 편리성 등 반영
 - 건축물의 전용률, 선호도 등을 감안한 지수반영
 - 분양시기, 건축물의 마감수준 및 경쟁관계 등을 고려한 가격설정 | 수익환원법
복성식평가법(원가법)
거래사례비교법 |

관리처분/지분율	• 사업의 종류에 따라 토지 또는 기타 권리의 소유자가 대물 등의 지분제를 요구할 경우(재개발, 구획정리, 일 단지사업 등) - 시설물별 분양가(공급단가) 등을 추정 후 토지비와 분양수입에서 상계처리 - 평균 지분율은 주 용도를 기준으로 산정하며 타 용도도 선택가능(각 용도별 분양가 산정으로 변경적용) 　* 지분율(%) = 건축 후 지주에게 제공되는 시설물 면적/사업지에 포함된 토지 면적	- 지분제의 경우 관리처분의 가격을 (−)로 표시 - 지분율 검토 시 유의사항(제시 지분율은 현 보상기를 기준으로 공사 완료 시까지의 이자를 감안할 때 수익성 확보 미흡 시 설득력 없음)

(6) 공사비지출 항목조사

공사비는 총비용 중 가장 많은 비중을 차지하는 항목으로서 직접공사비와 간접공사비가 있다. 직접공사비의 경우 공사에 필요한 직접적인 도급공사비를 말하고 그 외 공사와 관련하여 소모되는 설계비, 감리비, 용역비, 모델하우스비용, 현장관리유지비, 미술장식품비, 간접비 등이 모두 간접공사비에 해당한다,

도급공사비	도급공사비는 용도, 마감수준, 도급사업, 자체사업 등에 따라 견적과 협의 후 결정	
설계감리비 평가용역비	용도에 따라 차등 적용 교통영향평가, 환경영향평가, 재해영향평가 등	
물가연동	일반적으로 비적용, 국가기관의 경우 물가상승률로 적용	도급액의 5%
모델하우스	모델하우스 건립비+토지임차료 (건립비) Model 평형×250%(홀면적+사무실+휴게실+화장실+유아놀이터 등) (토지임차료) 일반적으로 1년, 초과의 경우 등록세 납부 필요	
현장관리, 장식품 (미술장식품) (하자충당금) (현장개소, 유지비) (도시기반)	문화예술진흥법에 의거 주거, 비주거로 구분 적용 직접공사비의 0.1% (현장개소비) 연면적×6천 원/평 (현장유지비) 현장 인력의 운영비 지구 외의 도로, 공원 도시기반공사 또는 예치금	
건설간접비	필요 항목에 따라 적용	

(7) 기타 공사비 항목조사

공사비에 해당하지는 않지만 통상적으로 공사비를 기준으로 비용을 산출하는 항목이 있는데 여기에는 제세공과금(취·등록세 등), 토지 및 건물등기수수료, 각종 분담금, 과밀분담금, 광역교통시설부담금등이 있다. 각 항목별 비용산출에 대해서는 별도 사업수지분석항목에서 살펴보기로 한다.

제세공과금 (보존등기)	직접공사비의 3.16%	
등기수수료	보존등기건수(실별)×100천 원/건	(일반) 100천 원/건
각종 부담금	관련법에 근거한 부담금 산정이라고 표기할 것	
과밀부담금	수도권정비계획법에 의거 시행령 별표 1에서 정한 과밀억제권역 내에서 인구집중유발시설 중 업무용, 판매용 건축물 및 공공청사 및 대통령이 정하는 건축물 신·증축 용도변경 시 부과 (산식)주차장과 기초공제면적을 제외한 면적에 표준건축비 적용 부과	
광역교통시설 부담금	대도시권 광역 교통관리에 관한 특별법에 의거 대도시권 내의 택지개발사업, 도시개발사업, 아파트지구개발·대지조성 주택건설사업, 주택재개발사업 등	(기준) 부담금×0.5

(8) 금리비용 항목조사

개발사업자는 토지비의 일부를 제외하고는 모두 금융회사의 대출금으로 사업비와 공사비를 충당한다. 따라서 대출금에 대한 이자부분은 개발사업자 입장에서 가장 고려하여야 할 사항이기도 하다. 대부분의 경우 계획했던 기간보다 한참 후에 공사가 준공되어 공사연장으로 인한 금융비용의 문제는 사업의 성패와도 관련이 있을 만큼 중요하다.

기간이자	연차별 자금수지(수입-지출)에 의한 이자 적용 *지불이자: 4~9% 적용, 일반적으로 수입, 지불이자를 동일하게 적용하나 필요에 따라 차등적용 (수입이자와 지불이자는 매년 경기변동률이나 금융시장의 변화에 따라 달리 적용됨)
	시설물 용도별 일반분양계획 수립 - 분양시기 및 분양대금납입시나리오(목표수준 결정)/ 분기별 회수 금액표 연도별 지출계획 - 지출항목별 지출계획 수립 수입 지출 차이에 의한 연간 누계 이자 부담을 산출하여 최종 지출금액 확인 - 사업기간 내 매년 수입과 지출의 차에 대한 이자부과로 기간 중 발생이자를 추가지출로 계산함 - 연도별 수입총액 산정 - 연도별 지출총액 산정 - 수입, 지출이자율 산정(기준 설정/시공사의 경우 금융기관 차입이자 적용)

(9) 분양계획 수립

개발사업에 있어 매각(분양)시기는 사업의 성패를 좌우할 만큼 매우 중요하다. 개발사업자는 가능하면 토목공사를 하면서 조기 분양하기를 원한다. 만약 조기분양이 성공할 경우 금융회사로부터 공사비에 대한 대출금을 조달할 필요가 없어 금융비용을 줄일 수 있으며, 금융비용을 줄일 경우 사업이익은 늘어날 수밖에 없기 때문이다.

분양시기 결정 분양목표 설정	- 관광시설에 대한 분양시기는 생활형 숙박시설의 경우 건축허가 후 분양승인과 동시에 분양이 가능하며, 콘도의 경우 전체 기성률의 20%를 달성할 경우 매각(분양)이 시작되고, 골프장회원권의 경우 전체기성률의 30%에 도달하게 되면 분양을 할 수 있다. - 아파트는 분양승인 후, 오피스텔의 경우는 건축허가 후가 일반적이며 재개발, 재건축은 보통 관리처분 인가 이후 시행하여 조합원 지분을 확정한 후에 분양시행 - 분양목표 설정/분양대금 회수시나리오 설정 - 오피스텔 분양은 사업착수 후 가능하나 근린생활시설 및 업무용도는 입주 일정기간 전(약 12월)에 분양이 가능한 것이 일반적이다.

(10) 연차별 지출계획

개발사업자는 사업을 착수하기 전에 필요한 총비용을 산정하게 된다. 총비용은 개발사업에 있어 모든 분야에서 지출되는 항목을 말하며, 이러한 지출항목은 공사진척도와 사업수행기간을 정하여 수입이 되는 매각(분양)수입에 맞추어 지출시기를 결정하게 된다. 이러한 수입과 비용에 따른 지출시기에 따라 부족한 부분은 금융회사로부터 차입을 통해 보충하게 된다.

지출항목별 지출시기 설정	- 지출 시기는 착공시기의 결정이 우선 필요하며 행정처리 기간 등을 감안하여 착공기간 전후에 항목별로 지출시기의 차이가 있으므로 총비용의 연차별 배분으로 종합 지출액을 산출 - 착공 전 선투입 비용: 용지비, 철거비, 설계비, 분양관련 비용(모델하우스, 광고, 홍보, 분양대행 등) - 공사기간 중 투입비용: 공사비, 인프라 인입비, 감리비, 작품설치비 등 - 기타 종료시점 투입: 부담금, 등기비 등

(11) 수요(매각) 추정방법

개발사업의 성패는 매각(분양)되는 시설물(콘도, 골프회원권 등)이 조기에 얼마나 분양되느냐에 달려 있다. 매각시설물에 대한 수요를 예측하기 위해서는 전문가에 의한 수요추정이 필요하며, 대부분 개발사업에 있어서는 용역기관에 의뢰한다.

구분	방법	절차
관광 시설/ 주거	전출입자료에 의한 방법	① 지역별 전출입자료 활용 ② 지역별 잠재 이전 수요 추정: 설문조사에 의한 콘도와 골프장회원권에 대한 매입 의향률 적용 ③ 모델에 의한 관련시설수요 추정
	설문조사＋수요함수에 의한 방법	① 설문조사에 의해 이전수요의 추정 ② 시설수요함수에 의한 추가이전수요의 추정 ③ 유형별 희망면적 및 용적률에 의한 매각 면적 추정
	인구비례에 의한 방법	① 매각대상 보급률을 고려한 실수요 가구 수 추정 ② 멸실률을 고려한 총수요 추정

상업	복합경쟁변수기법	① 상권의 잠재력(MP: Market Potential) 분석: 지역별, 상품군별 판매액 증가율 추정 ② 설문조사에 의한 상권별 유출률 추정 ③ 모델에 의한 상권의 잠재력 추출: 상권별 유출률과 거리변수의 적용 ④ 매장면적당 평균매출액, 전용률, 용적률, 건폐율 등을 적용하여 역추산
	상권구매력 추정에 의한 방법	① CST(Customer Spotting Test)에 의한 상권범위(세력권) 추정 ② 세력권별 상권규모(구매력) 추정: 소비지출액 ③ 시장점유율(MS: Market Share) 추정: 설문조사에 의해 추정 ④ 사업시설면적 추정: 영업일수, 평당효율, 용적률 등이 필요
	경쟁구조를 고려한 MP 추정방법	① 기존 방법에 의한 상권 MP의 MS 산출 ② 상권 구성의 시나리오에 따라 상권의 MP 추정
업무	다지역투입산출 모형 (MRIO)에 의한 방법	① 다지역투입산출표 작성(투입산출모형): 지역경제 구조 변화를 전망 ② 생산수요의 변화 전망: 생산승수 산출 ③ 토지투입계수 결정: 산업별 단위생산액당 필요 토지(원단위) 추출 ④ 토지규모 추정
	설문조사에 의한 방법	① 이전희망 기관 및 단체에 대해 설문조사 실시(공공업무용지로 특수경우에 한함)
	사무직 종사자 수 추이와 원단위에 의한 방법	① 사무직 종사자 수 증가추이 분석: 유입인구 1인당 사무직 종사자 수 사례 적용 ② 1인당 업무시설 필요면적 원단위 적용 ③ 업무시설 면적 추정
	전략적 도입기능 유치에 의한 방법	① 대규모 전략적 도입기능에 대한 유치 가능성 타진 ② 관련 업종 규모 추정 ③ 이전율을 적용하여 관련업종의 규모 추정

③ 사업성 분석의 산출근거

1) 사업수지분석의 개념

사업수지분석은 개발사업에 있어 가장 중요한 의미를 갖는다. 사업수지분석은 개발사업에 있어 분양의 대상이 되는 매출액이 직, 간접공사비를 포함한 비용에 대비해 수익이 얼마나 되는지를 확인할 수 있는 결과표라고 할 수 있다. 사업수지분석을 위해서는 가장 먼저 해당지역「건축법」등을 적용한 기초적인 건축개요가 나와야 하고 분양되는 물건에 대한 분양가가 산정되어야 한다. 아울러 시공되는 건축물의 정도에 따른 건축공사비와 인허가비용 등에 대한 정확한 산출을 통해 사업성이 있는지 없는지를 판가름하는 가장 중요한 자료라고 할 수 있다. 사업수지분석표는 정해진 것이 아니라 회사마다 약간씩 다른 도표를 사용하고 있다. 하지만 크게 차이가 나지는 않는다.

사업수지분석표에 들어갈 사항은 크게 5가지로 분류한다. ① 사업개요, ② 수입과 관련된 각 시설별 분양금액, ③ 비용과 관련된 직·간접공사비, ④ 판매관리비, ⑤ 부대비용, ⑥ 금융비용으로 분류되며 이를 바탕으로 세전이익을 산출하게 된다.

2) 사업수지분석 실무

춘천 위도관광단지에 대한 건축개요를 참고로 사업수지분석표를 만들어보면 다음과 같다. 수지분석표에는 기본적으로 건축개요, 매출총액, 비용이 들어가는데 건축개요에는 지번, 토지면적, 사업지면적, 건축면적, 연면적과 용도지구, 세대 수, 주차대수 등이 개략적으로 들어간다.

(1) 건축개요

(단위: 천 원)

부지대표지번		강원도 춘천시 서면 신매 강변길 84번지 일원	
토지면적		242,500,000m²	73,356.25평
사업면적(토지)		127,906.11m²	38,691.60평
건축면적		22,002.77m²	6,655.84평
연면적	지하층	1,824.63m²	551.95평
	지상층	64,998.98m²	19,662.19평
	계	66,823.61m²	20,214.14평

용도지구		관광지, 유원지구, 자연녹지		P/F 금액	340,000,000
건폐율	용적률	17.20%	61.72%	P/F 수수료	1.5%
주건축물(관광 숙박시설)	지하	1	지상	12	P/F 이자율	6.0%
세대 수		420	세대	공사기간	36개월
토지대		27,000,000(천 원: 평당)	368천 원	매출액	520,942,150
건축비		228,952,521(천 원: 평당)	11,326천 원	세전이익	110,594,790
주차대수		법적: 993대/실제 1,083대		수익률	21.2%

(2) 매출총액

매출총액은 분양되는 부동산에 대해 평당 분양가에서 면적을 곱한 금액이 산출되어야 한다.

(단위: 천 원)

구분		금액	산출내역	비고 (평당분양가)	비율
분양	단독형 생숙(100평형)	364,636,220	97세대×9,595.69평×38,000	38,000	29.7%
	테라스형 생숙(67평형)	257,122,500	128세대×8,570평×30,000	30,000	21.0%
	타워형 생숙(63평형)	500,005,800	268세대×16,666.86×30,000	30,000	40.8%
	한옥형 호텔	-	-	직영	
	커뮤니티시설	-	-	직영	
	상가시설	-	-	수수료매장	직영
	합계	1,121,763,220			

(3) 지출총계

지출 즉 비용에 들어갈 세부항목은 크게 토지대와 직접공사비, 간접공사비, 판매관리비, 부대비용, 금융이자가 포함된다. 직접공사비에는 각 시설별 공사비와 공사에 필요한 각종 인입비, 예술장식품, 성토공사, 소방시설공사, 통신공사, 조경공사, 조명공사비 등이 포함되며, 간접공사비에는 설계비, 감리비, 인테리어설계비 등이 포함된다.

판매관리비에는 M/H건립비, M/H운영비/임차비용, P/M수수료, 광고비, 선박 구입비, 분양수수료가 포함되며, 부대비용에는 일반부대비용 중 시행사 운영비, 신탁수수료, 입주관리비, 보험/보증보험료, 하자보수비가 포함되며, 분담금에는 기반시설분담금, 광역교통시설분담금, 상하수도 원인자분담금, 제세공과금에는 보존등기비, 주택채권 매입비, 재산세, 종합부동산세, 기타 예비비가 포함되며, 금융비용에는 P/F이자(Tr.A), P/F이자(Tr.B), P/F이자(Tr.C), P/F 수수료, 금융자문수수료, 중도금무이자 등이 포함된다.

(단위: 천 원)

구분		세부내역	산출내역	비고	비율
토지대	토지매입비	45,500,000	73,356평	평당 586	
	등, 취득세	2,093,000			
	소계	47,593,000			4.9%
직접공사비 (1)	단독형 생숙	115,148,280	9,595.69평×12,000		11.8%
	테라스형 생숙	85,707,500	8,570.75평×10,000		8.8%
	타워형 생숙	150,001,740	16,666.86평×9,000천 원		
	한옥호텔	20,,500,290			
	커뮤니티시설	6,400,000	800.00평×800천 원		0.7%
	1단계 수처리시설	1,696,980	339.40평×5,000천 원		0.2%
	1단계 안내소	37,055	7.41평×5,000천 원		
	1단계 하수처리실	1,360,010	272.00평×5,000천 원		0.1%
	소계	380,851,855	37,011.38평		39.1%
직접공사비 (2)	각종 인입비	9,178,822	37,011평×248천 원	전기공사 28.6억 원, 수도공사 33.2억 원	0.9%
	예술장식품비	980,876	37,011평×4,417천 원×0.60%	주거 0.1, 기타 0.7%	0.1%
	교량(ramp)	25,000,000	4램프(1개 램프길이 180미터 88미터) +공사용 가교	기투입 가교 공사비 20억 차감	2.6%
	말굽형 수변공간 조성비용	8,800,000	11,000평×800천 원	설비 포함	0.9%
	성토공사	15,000,000	루베×천 원	성토운반비, 다짐공사 등	1.5%
	소방시설공사		시공비에 포함(평당 400천 원)		
	통신공사			시공비에 포함	
	조경공사(법적 조경 제외)	20,000,000	예상비용 일체(단지 조성)		
	조명공사(법적 조경 제외)	20,000,000	예상비용 일체(수변공간, 다리조명)		
	1단지 외 단지 내 부대공사	6,000,000	일식×천 원	단지 내 도로. 관로, 부대공사 등	0.5%
	건축허가 기간 조건이행공사비	200,000	진입로, 단지 외 공사, 주변도로 개설, 공원조성 등 인허가조건부	일식	
	소계	105,159,698			10.8%

간접 공사비	설계비	건축설계	7,402,276	37,011평×200천 원		0.8%
		특화조경			시공비에 포함	
		특화조명			시공비에 포함	
		한옥설계	800,000	하천점용허가조건(일식)	시공비의 10% 내외	0.1%
	감리비	건축감리	3,701,138	37,011평×100천 원		0.4%
		교량감리	960,000	보통 상주감리 4천만 원×24개월	일식	
		소방감리	1,700,000	상주감리 3명×36개월		0.2%
	인테리어 설계비용		5,551,707 (베르샤체 21억)	37,011평×150천 원	평면유닛개발, 인테리어 설계	0.6%
	특화공사비		132,072,000	베르샤체가구, 주방가구 등 특화 공사 일체	가구/건축자재/가전/비품	13.6%
	한옥특화공사비		3,000,000	한옥특화공사; 자개 등		
	기타 용역(인허가비용)		3,000,000	관광지조성계획변경수립/변경사업승인/측량/환경성 검토/교평 등	일식	0.3%
	소계		158,187,121			16.3%
	공사비 합계		644,198,673			66.2%
판매 관리비	M/H건립비		6,000,000	400평×200천 원		0.8%
	M/H운영비/임차료		600,000	12개월×50,000천 원		0.1%
	P/M 수수료		7,500,000	잔액 45억		0.8%
	광고비		16,826,468 (브랜드사용료 28억)	총매출액 1,121,764,520×1.5%	광고홍보(베르샤체 모델료)	1.5%
	선박구입비		5,000,000	직영요트 10대		
	분양수수료		89,000,000 (독점사용료 13억)	매출액의 8%		9.2%
	소계		125,667,629			12.9%
부대 비용	민원처리비(일반)		100,000	일식		
	시행사운영비		4,800,000	40개월×120,000천 원		0.5%
	신탁수수료		4,487,000	총매출액×0.4%		0.5%
	입주관리비		226,000	452실×500천 원		
	보험/보증보험 등					
	하자보수비		1,904,259	직접공사비×0.5%		0.2%
	소계		11,517,317			1.2%

분담금	기반시설분담금	100,000			
	광역교통시설분담금	150,000			
	상하수도 원인자 분담금	200,000	영업장 면적×하루배출량×금액×1,000		
	소계	450,000			
제세 공과금	보존등기비	15,357,965	직간접공사비 486,011,553×3.16%	일식	1.6%
	주택채권 매입	50,000	기준면적×전용률×금액×할인율 적용		
	재산세				
	종합부동산세				
	기타 예비비	4,860,116	총공사비 486,011,553×10%		0.5%
	소계	20,268,081			2.1%
	합계	32,235,398			2.1%
금융 비용	PF이자(Tr.A)	40,833,333	350,000,000×7%×3.33×50%		4.2%
	PF이자(Tr.B)	20,000,000	60,000,000×10%×3.33		2.1%
	PF이자(Tr.C)	10,000,000	20,000,000×10%×3.33		
	PF수수료(Tr.A)	7,000,000	350,000,000×2%		
	PF수수료(Tr.B)	3,000,000	60,000,000×5%		
	PF수수료(Tr.C)	2,000,000	20,000,000×10%		
	금융자문수수료	4,300,000	주선금액 430,000,000	1%	
	중도금 무이자	36,342,158	매출액 757,128,300×40%×6%×2년(단독형 제외)		3.7%
	소계	123,475,492			12.7%
	비용지출 합계	973, 170,192			100%
	세전이익	141,617,665			

주: 브랜드 사용료는 각 항목에 포함/각 용역비는 용역업체로부터 제출받은 견적가의 90%/분담금은 지자체가 정한 기준을 적용

3) 수지분석상 적용되는 항목 설명

(1) 용적률

용적률이란 대지면적에 대한 지상건축연면적의 비율을 말하는 것으로, 관련 법률에서도 각 용도지역에 따라 용적률을 일정 비율로 제한하고 있다. 이처럼 용적률에 제한을 두는 이유는 토지를 효율적으로 이용토록 함은 물론 쾌적한 도시환경을 조성하여 균형 있는 도시 발전을 기하기 위해서이다.

용적률은 사업시행사나 시공사가 임의로 결정할 수 있는 사항이 아니고 관련 법률이 인정하는 범위 내에서 인허가 관청의 재량에 따라 결정되는 요소이며, 최고 한도를 두고 공개 공지를 얼마나 기부채납하는지, 용도·용적제는 어떻게 적용되는지, 도로사선제한은 어떻게 받는지 등 다양한 요소에 따라 결정되고 있다. 따라서 사업성 검토 시 크게 비중을 두고 있지는 않으나, 사업성에 미치는 영향이 크기 때문에 이하에서 간략하게나마 용적률을 언급키로 한다.

먼저 용도지역별로 용적률이 어떻게 제한을 받고 있는지 「국토의 계획 및 이용에 관한 법률」과 서울시 도시계획조례에 규정된 용도지역별 건폐율과 용적률을 살펴보면 아래 표와 같다.

지역에 따라 이처럼 용적률이 법정되어 있기는 하지만 지방자치단체, 주변민원, 관할관청의 주택정책 등에 따라 용적률이 하향 조정되는 경우가 많다. 통상 실제 인·허가 시에는 법정 용적률보다 낮은 용적률을 적용받기 때문에 법정 용적률에 근접하는 용적률을 확보하기 위해 시행사 및 인·허가 대행업체들(주로 설계사무소)의 다양한 노력이 이루어지고 있으며, 어느 정도의 용적률을 확보하느냐가 이들 대행업체들의 업무능력 평가기준이 되기도 한다.

[용도지역별 건폐율 및 용적률]

용도지역		건폐율(%)		용적률(%)		비 고
		법규	서울시조례	법규	서울시조례	
주거 지역	제1종전용주거지역	50	50	50-100	100	
	제2종전용주거지역	50	40	100-150	120	
	제1종일반주거지역	60	60	100-200	150	4층 이하
	제2종일반주거지역	60	60	150-250	200	12층 이하(서울시)
	제3종일반주거지역	50	50	200-300	250	
	준주거지역	70	60	200-500	400	
상업 지역	중심상업지역	90	60	400-1500	1000(800)	( )는 사대문안
	일반상업지역	80	60	300-1300	800(600)	
	근린상업지역	70	60	200-900	600(500)	
	유통상업지역	80	60	200-1100	600(500)	
공업 지역	전용공업지역	70	60	150-300	200	( )는 공동주택 및 주거복합
	일반공업지역	70	60	200-350	200	
	준공업지역	70	60	200-400	400(250)	

녹지 지역	보전녹지지역	20	20	50-80	50	
	생산녹지지역	20	20	50-100	50	
	자연녹지지역	20	20	50-100	50	
보전관리지역		20	20	50-80		
생산관리지역		20	20	50-100		
계획관리지역		40	40	50-100		
농림지역		20	20	50-80		
자연환경보전지역		20	20	50-80		

(2) 건폐율

건축물의 건폐율은 대지면적에 대한 건축면적(대지에 2이상의 건축물이 있는 경우에는 이들 건축면적의 합계로 한다)의 비율을 말한다.

용도지역별로 어떠한 건축물을 건축할 수 있는지에 관한 자세한 내용은 「국토의 계획 및 이용에 관한 법률 시행령」 제71조제1항 각호의 별표를 참조하기 바란다.

(3) 분양가 및 예상분양률

분양가 및 예상분양률은 개발사업에 있어 사업성에 가장 큰 영향을 미치는 요소 중 하나라고 할 수 있다. 아무리 여건이 좋은 사업지라고 할지라도 적정 분양가 책정에 실패할 경우, 미분양으로 인한 사업시행사의 자금압박과 추가비용 발생은 물론 시공사의 공사비 지급에도 상당한 지장을 초래하여 정상적인 사업진행이 어렵게 될 수도 있고, 사업성이 악화될 수도 있기 때문이다. 이하에서 적정분양가 산출방법과 예상분양률을 사업성 검토 시 어떻게 반영하는지 등을 알아본다.

① 분양가

적정분양가 산출을 위해 가장 중요한 참고자료가 되는 것은 사업부지 주변 유사 건축물의 시세이며, 그 다음으로는 사업부지가 있는 지역의 발전 가능성, 선호도, 교통여건 및 교육환경 등도 중요한 참고자료가 된다. 통상 사업시행사는 분양가를 높게 책정하려 하고, 시공사는 분양가를 낮게 책정하려는 경향을 가지고 있다. 왜냐하면 분양가는 사업시행사의 사업수지에 직접적인 영향을 미치며, 분양불 공사에 있어서 분양률은 시공사에게 직접적인 영향을 미치기 때문이다. '분양불' 이라는 말이 독자에게는 다소 생소할 수 있으므로 여기서 잠깐 분양불을 포함한 공사비 지급방법에 대해 언급하고 넘어갈까 한다.

시공사의 공사비를 지급하는 방법에는 분양불, 기성불 및 약정불이 있다. 분양불이란 분양률과 공사비의 지급을 연계시켜 분양수입금 중 사업추진비를 제외한 잔액을 공사비로 지급하기로 하는 것을 말하며 민간 도급공사에서 가장 일반적인 공사비 지급방법이다. 기성불은 공사를 어느 정도 했느냐에 따라 공사를 한 만큼만 공사비를 지급하는 것이고, 약정불은 분양률이나 공사의 진척도에 상관없이 당사자 간 합의된 일자에 공사비를 지급하는 방법이다. 여기서 약정불이나 기성불은 분양률과 상관없이 공사비를 지급하는 방식이기 때문에 시공사에서는 분양가나 분양률에 큰 관심을 갖지 않을 수도 있지만 시행사의 입장에서는 어느 경우나 마찬가지로 심혈을 기울여 분양가를 책정하지 않으면 안 된다. 통상적으로 적정분양가가 산출되기 위해서는 다음과 같은 절차를 거친다.

우선 시행사의 입장에서 직접 현지를 답사하여 주변시세를 조사함과 동시에 인터넷을 통해 사업부지 주변 유사 건축물의 분양가 및 주변 여건, 주변 공인중개사 및 인근 주민들과의 상담, 갤럽조사 등을 통해 부동산을 면밀히 조사하여 분양가에 관한 기초 자료를 입수한다. 다음은 분양 대행업체 또는 시장성 조사팀에 의뢰하여 적정평형, 적정분양가, 마감수준 등을 잠정적으로 결정한다.

최종적으로 시공사와 협의를 거쳐 분양가 및 제반 분양가 관련 사항들을 결정하게 되며, 이 수치를 사업성 검토 시 반영하면 된다. 분양가 책정 시 유의해야 될 점이 있다. 아파트나 오피스텔 등 주거시설의 경우 분양 초기에 분양이 완료되지 않아도 입주시점까지 미분양으로 남아 있는 경우는 드물지만 상가나 오피스 등 비주거시설의 경우 초기에 분양이 완료되지 않을 경우 장기적으로 미분양분이 쉽게 소진되지 않는 속성이 있다. 따라서 비주거시설의 경우 욕심을 부리지 말고 분양가를 약간 낮게 책정하여 초기에 분양을 완료하는 것이 사업성에 더욱 긍정적인 영향을 미치는 경우가 많다.

② 예상분양률

분양가도 중요하지만 분양률 또한 사업성 검토 시 무시할 수 없는 요소이다.

예상분양률과 사업성과의 관계를 잠깐 살펴보면, 분양개시 후 1개월 이내에 분양이 완료되는 것으로 분양률을 예상했는데 6개월이 걸렸다면 사업성에 어떤 변화가 올까. 분양불이라면 금융비용의 증가와 공사비 지급의 지연 외에는 달리 문제가 없을 것으로 예상되지만, 기성불이나 약정불이라면 당장 문제가 발생된다. 수입은 차질이 생긴 반면 지출은 거의 고정되어 있기 때문이다. 따라서 수입에 차질이 생긴 금액만큼은 차입을 해야 하며, 그만큼의 금융비용을 감수해야 한다. 실제로 이런 일이 발생된다면 시행사는 그야말로 곤란한 입장에 처하게 될 것이다. 최악의 경우 사업이익이 제로가 될 수도 있고 심지어 마이너스가 될 수도 있기 때문이다.

통상 분양 개시일로부터 3개월 단위로 예상분양률이 책정되고, 최장 12개월을 넘지 않는 기간 내에 분양을 완료하는 것을 목표로 하며 인접지역 타사 분양률, 분양가, 분양조건 및 경기동향 등을 감안하여 탄력적으로 조정하고 있긴 하나, 예상분양률은 가능하면 보수적으로 책정하는 것이 좋다. 왜냐하면 예상분양률을 근간으로 하여 Cash Flow가 작성되는데 예상보다 분양이 잘 되어 Cash 잉여가 발생되면 문제될 게 없지만, 예상보다 분양이 저조하여 Cash 부족 상태가 되면 위에 언급한 여러 가지 문제들이 발생되기 때문이다.

□ **분양률 향상을 위한 방법**

거의 모든 개발사업에 분양률 향상을 위한 여러 가지 방법들이 동원되고 있다. 어떠한 방법들이 있는지 하나씩 살펴보자.

① 중도금 무이자

분양대금 중 중도금의 대출을 금융기관으로부터 알선해 주고 입주할 때까지의 대출이자를 시행사가 부담하는 조건으로 분양을 하는 방법으로 가장 일반적으로 사용되는 분양 촉진책이다. 중도금 무이자 조건의 경우 분양계약자는 중도금 납부일에 중도금을 마련하지 않아도 되므로 자금부담이 경감되며, 시행사나 시공사의 입장에서는 은행 및 수분양자와의 약정에 따라 중도금 납부일에 연체 없이 일괄적으로 중도금이 납부되므로 당초 현금흐름표(Cash Flow)에 따라 사업을 차질 없이 진행할 수 있다는 장점이 있다. 무이자 대출에 따른 금융비용은 분양가에 거의 그대로 반영된다고 보면 된다. 무이자 조건으로 분양할 경우 약간의 분양가 인상요인이 되긴 하나 그럼에도 불구하고 이 방법이 분양률 제고에 가장 큰 효과가 있기 때문에 가장 많이 사용되고 있는 방법이다.

중도금 무이자 조건 분양의 경우 분양가는 어느 정도 인상되어야 하는지 잠깐 살펴보면 다음과 같다. 32평형에 분양가가 평당 500만 원이고 공사기간이 24개월인 아파트를 예로 들면, 총분양가의 60%에 대해 중도금 무이자 조건으로 분양을 하고, 사업시행사가 부담하는 금리가 연 6%라고 할 때 평당 금융비용은 약 20만 원 내외이며 분양가 또한 평당 20만 원 내외로 인상된다고 보면 될 것이다. 이 금융비용은 중도금률, 이자율 및 공기에 따라 차이가 있음은 물론이다. 최근에는 정부의 부동산투기 억제 정책에 따라 이 중도금 대출비율이 점차 줄어들고 있는 추세이기 때문에 사업시행사의 입장에서는 금융비용을 절감할 수 있다는 유리한 면이 있으나 수분양자의 입장에서는 자금부담이 점차 가중되고 있다고 볼 수 있다.

② 중도금 이자 후불제

중도금 무이자의 경우 사업성이 애매하거나 중도금 무이자를 하지 않아도 분양성이 양호한 경우 종종 중도금 이자 후불제가 사용되고 있다. 말 그대로 대출받은 중도금의 이자를 입주 전까지는 시행사가 대납하고, 입주할 때 수분양자는 시행사가 그동안 대납한 이자를 시행사에 납부하는 조건의 분양 촉진책이다. 중도금 무이자와 비슷한 구도를 가지고 있긴 하나 금융비용을 분양가에 반영하지 않고 우선 시행사가 부담한 후 입주시점에 수분양자로부터 직접 받는다는 점이 다른 점이다.

③ 중도금 융자알선

분양계약자의 중도금 대출을 알선함과 동시에 시행사 또는 시공사가 동 대출금에 대해 지급보증을 하는 방식으로 분양이 이루어지며, 시행사 또는 시공사의 지급보증은 보통 건물 사용 승인 후 분양계약자 명의로 소유권이 이전될 때 중도금 대출은행을 1순위로 하는 근저당권을 설정함과 동시에 지급보증채무가 해소되는 조건으로 이루어진다. 집단적으로 중도금 대출이 이루어지기 때문에 수분양자가 개별적으로 대출을 받는 것보다는 낮은 금리를 적용받을 수 있다는 장점이 있다.

④ 계약금 비율 조정

'주택공급에 관한 규칙 제26조에 의하면 계약금은 분양가격의 20% 범위 안에서 받도록 되어 있으며, 통상 분양가격의 20%를 계약금으로 하고 있으나, 분양촉진을 위해 계약금을 10%씩 2회로 분할하여 납부토록 하거나 아예 계약금을 10% 또는 5%로 낮추어 분양계약자의 계약 시 자금부담을 완화시키는 방식으로 분양이 이루어진다.

⑤ 분양권 전매 허용

과다한 미분양을 해소하기 위하여 정부가 분양권 전매를 허용한 것은 1998.8.26이며, 시 · 군 · 구의 전매동의 없이 계약금만 납입한 상태여서 언제든 분양권을 전매할 수 있도록 허용한 것은 1999.3.1부터이다. 다만 주택법 시행령 제39조제1항에 의해 지역주택조합이나 직장주택조합의 경우 그 설립인가를 받은 후에는 당해 조합의 구성원을 교체하거나 신규로 가입하게 할 수 없으며, 다음과 같은 예외적인 사유에 해당하는 경우로 결원이 발생한 범위 안에서 충원할 수 있도록 허용했다.

가) 조합원의 사망

나) 사업계획승인 이후 입주자로 선정된 지위가 양도 · 증여 또는 판결 등으로 변경된 경우

다) 조합원이 확정판결 등의 사유로 다른 주택을 소유하게 되어 조합원 자격을 상실하는 경우

라) 조합원이 전산조회 등으로 무자격자로 판명되어 자격을 상실하는 경우

분양권을 전매할 경우 투기가 과열되고 전매를 금지할 경우 부동산부양책에 영향을 미치므로 정부는 분양권전매와 금지를 통하여 부동산수급정책을 시행하고 있다.

⑥ 기타

기타 분양률 제고를 위한 방법으로 중도금 회차 조정이나 장기 미분양의 경우 분양대금 연부제 등의 방법이 활용되고 있다.

(4) 공사비

공사비는 획일적으로 규정할 수 있는 요소가 아니다. 건물의 구조, 종류, 층수, 마감수준, 사업부지의 상태 등 많은 변수에 따라 매우 유동적이기 때문이다. 공사비는 직접비와 간접비로 나누어지며, 직접비에는 건축 · 전기 · 설비 · 토목 등의 공사비가 포함되고 간접비에는 공통비 · 산재보험료 · 민원처리비 등이 포함된다.

개략사업성 검토 시에는 시공사의 공사비를 예상하여 사업성을 검토할 수 있으나, 최종 사업성 검토를 위해서는 시공사가 제시한 공사비 견적서를 적산업체나 CM(건설관리)회사로부터 검증된 공사단가를 적용하여야 한다.

시공사가 공사단가를 산출하는 절차는 다음과 같다. 시행사로부터 기본서류를 접수한 영업부에서는 공사 견적팀에 견적을 의뢰하게 되며, 견적팀에서는 토목, 전기, 설비 등 각 분야별 전문팀에 물량견적을 재의뢰한다. 재의뢰를 받은 팀에서는 현장방문 등 정확한 물량산출을 위한 절차를 밟은 후 물량산출 결과 및 해당 공사금액을 견적팀에 송부하게 되며, 견적팀에서는 그 결과를 집계한 후 최종 공사원가를 산출하여 영업부 담당직원에게 통보하는 절차를 거친다.

이렇게 산출된 공사원가에 시공사의 마진을 붙여 최종 공사비가 책정되는데 시공사의 마진은 원가의 10~15%선에서 결정되는 것이 보통이며, 사업규모, 공사비 지급조건, 공개경쟁 입찰여부 또는 시공사의 정책적인 수주방침 등에 따라 마진율이 조정되기도 한다.

시공사마다 공사비를 책정하는 방식은 다양하며, 책정방식에 따라 공사비에 상당한 차이가 있을 수 있다. 따라서 도급계약 당시의 공사비만을 비교해 보고 시공사를 선정할 경우 자칫 손해를 볼 수도 있으므로 도급계약 조건을 자세히 살펴보고 시공사를 선정하는 것이 바람직하다.

마감수준은 모두 같다는 가정하에 공사비 책정에 관한 몇 가지 사례를 들어보면 다음과 같다.

A건축회사	평당 공사비는 1,200만 원이며, 이 공사비가 분양경비와 토목공사비 및 사업승인조건 공사비를 포함한 일괄도급 공사비일 경우
B건축회사	평당 공사비는 1,000만 원이며, 이 공사비가 순수 공사비만일 경우
C건축회사	평당 공사비는 1,000만 원이며, 일괄도급 공사비이고, 실제 분양 시의 분양가가 사업성 검토 시의 책정 분양가보다 인상될 경우에는 인상분에 대해 시행사와 시공사가 50% : 50%로 분배하는 조건인 동시에 물가인상분에 대한 공사비 가산조건이 있는 경우
D건축회사	일괄도급 공사비 1,000만 원에 일정 금액의 이익금을 보장하고 추가이익이 발생할 경우 시공사가 가진다는 조건일 경우

또 다른 여러 가지 공사비 책정방법이 있겠지만 우선 위에 예를 든 네 가지 공사비 중 어느 회사의 공사비가 시행사에게 제일 유리할까를 살펴보자. 이 네 가지 중 어느 회사의 공사비가 시행사에게 가장 유리한가를 판단하기 위해서는 많은 요소들에 대한 검토가 이루어져야 하기 때문에 단정해서 말할 수는 없다.

B회사는 순수 공사비를 도급단가로 책정했기 때문에 달리 검토할 사항이 없다. A회사의 경우는 우선 철거비, 토목공사비, 분양경비, 광고선전비, 사업승인 조건 공사비의 합을 사업 연면적으로 나누었을 때 평당 10만 원 이상이 나온다면 적어도 B회사의 공사비보다는 저렴한 것이다. C회사의 경우 공사비는 저렴한 대신 사업시행사의 이익으로 돌아가야 할 분양가 인상분을 반분하는 조건에 물가인상분을 도급금액에 추가할 수 있도록 하는 조건이기 때문에 부동산 경기가 상승추세라면 시행사보다는 시공사에게 유리하고, 하향추세라면 시공사보다는 시행사에게 유리하게 작용할 것

이다. 하지만 이런 조건부 계약은 사업자에게 불리할 수 있고 건설회사가 "갑"질할 확률이 높다. D회사의 경우도 C회사의 경우와 비슷한 결과를 가져올 것이다.

이처럼 공사비를 책정하는 방식에 따라 공사비가 높거나 낮을 수 있으며, 공사비 협상을 하고 있는 현재 공사비가 저렴하다고 나중까지 저렴하리라는 예단을 하는 것은 옳지 않은 판단이다.

(5) 철거비

철거비는 철거대상인 사업부지상의 기존 건물의 건축연면적을 기준으로 평당 10~40만 원까지 다양하다. 쓰레기 매립지까지의 거리, 폐기물의 종류, 지하구조물 존재 여부, 철거규모 및 업체 등에 따라 단가가 다르나 사업성 검토 시에는 통상 평당 10~20만 원선을 적용하고 있다. 구체적인 철거비의 단가는 실제 철거를 담당할 업체들의 견적가의 90%를 적용하지만 실제 철거비는 입찰이나 수의계약을 통해 결정된다.

(6) 토지대 및 소유권이전등기비

① 근거법령

관광(단)지의 경우 조성계획승인이나 사업자의 지정 시 반드시 토지소유권을 확보하여야 한다. 마찬가지로 아파트개발사업에 있어서도 주택공급에 관한 규칙 제7조에서는 입주자를 모집하고자 할 때에는 반드시 토지의 소유권을 확보하도록 하고 있다. 주택조합의 경우 「주택법」 제37조에 의거 사업계획승인 신청 전에 해당대지의 소유권을 확보토록 규정하고 있다. 실제에 있어서는 입주자 모집 전 또는 사업계획 승인 전에는 토지사용 승낙서로 대체하여 사업진행을 추진하고 있는 실정이다.

② 토지대

토지대가 총사업비에서 차지하는 비중은 적게는 10%에서 많게는 50%를 넘는 경우도 있다. 이처럼 큰 비중을 차지하기 때문에 토지매입 단가가 어떻게 결정되느냐에 따라 사업성이 좌우되는 경우가 많다. 토지대가 주변 시세에 비해 낮을 경우에는 사업성 분석 시 여러모로 융통성을 가질 수 있지만, 토지대가 높을 경우 분양가를 높이거나 용적률을 높이는 방법 외에 달리 사업성을 개선할 만한 방법이 없으나, 용적률은 관련 법률의 제한을 받음은 물론 허가권자가 결정하는 사항으로 시행사 임의로 변경할 수 있는 요소가 아니며 분양가가 높을 경우 분양성에 영향을 미치기 마련이어서 결국 사업성이 악화될 가능성이 클 수밖에 없다. 따라서 수익성 있는 사업을 위해서는 무엇보다 토지대를 절감할 수 있도록 최선의 노력을 기울여야 할 것이다. 참고로 토지 매매계약 조건에 용적률과 토지 매매가격을 연동시켜 사업수지를 개선하는 방법도 있는데 합리적인 방법이라 생각한다.

③ 이전등기비

토지 소유권 이전등기는 토지 소유권을 확보하기 위한 절차이다. 「민법」 제186조에 규정된 바와 같이 부동산에 관한 법률행위로 인한 물권의 득실변경을 등기하여야 그 효력이 생기기 때문이다. 따라서 토지 매매대금을 전액 지급하였을지라도 우리나라의 「민법」 하에서는 동 토지의 소유권을 확보하였다고 할 수 없는 것이다. 물론 매매대금 전액을 지급하였다면 설령 소유권 이전등기를 하지 않았을지라도 사실상 소유자인 것은 분명하며 세법상으로는 실질과세의 원칙에 따라 소유자로 인정되어 잔금을 지불한 사람에게 과세하고 있다. 사업성 검토 시 이전등기에 필요한 비용은 각종 수수료를 포함하여 토지대의 6% 정도를 계상하고 있으며 세목을 보면 다음과 같다.

① 취득세	토지대×2%
② 농특세	취득세의 10%
③ 등록세	취득세의 10%
④ 교육세	등록세의 20%
⑤ 제1종 국민주택채권 매입비 및 수수료 등	토지대×0.2%

소유권 이전등기는 소유권 이전등기를 할 수 있는 날로부터 60일 이내에 해야 하나, 시행사의 입장에서는 가능하면 사업을 빨리 추진하는 것이 이익이므로 토지대금의 지불이 완료됨과 동시에 대부분 이전등기를 경료하고 있으며, 사업성 검토 시에도 분양 1개월 전에 사업부지의 취득세 및 이전등기비가 지출되는 것으로 예상하여 현금흐름표(Cash Flow)를 작성하고 있다.

(7) 설계비

① 근거법령

「건축사법」 제19조(업무내용)는 대통령령이 정하는 지역·용도·규모 및 구조의 건축물의 건축 등을 위한 설계는 건축사가 아니면 이를 할 수 없도록 명문으로 규정하고 있다.

② 건축사가 설계해야 하는 건축물

건축사는 다음 각호의 업무를 수행할 수 있다.
1. 건축물의 조사 또는 감정(鑑定)에 관한 사항
2. 「건축법」 제27조에 따른 건축물에 대한 현장조사, 검사 및 확인에 관한 사항

3. 「건축물관리법」 제12조에 따른 건축물의 유지·관리 및 「건설산업기본법」 제2조제8호에 따른 건설사업관리에 관한 사항

4. 「건축법」 제75조에 따른 특별건축구역의 건축물에 대한 모니터링 및 보고서 작성 등에 관한 사항

5. 이 법 또는 「건축법」과 이 법 또는 「건축법」에 따른 명령이나 기준 등에서 건축사의 업무로 규정한 사항

6. 「건축서비스산업 진흥법」 제23조에 따른 사업계획서의 작성 및 공공건축 사업의 기획 등에 관한 사항

7. 「건축법」 제2조제1항제12호의 건축주가 건축물의 건축 등을 하려는 경우 인가·허가·승인·신청 등 업무 대행에 관한 사항

8. 그 밖에 다른 법령에서 건축사의 업무로 규정한 사항

③ 설계비 산정기준

설계비 산정에 관한 법적 기준은 해마다 건교부가 발표하는 '건축사용역의 범위와 대가기준'에 따라 설계비를 책정하지만 실제 이 기준에 따라 설계비를 책정하는 경우를 접하진 못했다. 보통 시행사와 설계자 간의 계약 협상에 따라 설계비가 결정되고 있는 것이 현실이며, 건축물의 용도·설계의 난이도·신축 또는 증축 등의 종별 및 설계사무소에 따라 다양한 금액이 제시되고 있다. 일반적으로 건축규모가 클수록 평당단가는 낮아지며 건축규모가 작을수록 평당단가는 상승하게 되는데 규모가 작더라도 소요되는 인력은 크게 다르지 않기 때문이다. 현재 사업성 검토를 위해 적용되는 평당 설계비는 40,000원에서 200,000원대까지 다양하며, 고급아파트가 아닌 보통 아파트의 경우는 같은 평형기준이 반복되기 때문에 평당 설계비는 40,000~70,000원 선이다. 최근에는 아파트나 주상복합, 주거용 오피스텔의 경우 한 채에 100억 원이 넘는 상품이 출시되면서 설계비도 평당 200,000원이 넘는 경우도 있다. 그리고 호텔이나 생활형 숙박시설의 경우는 평당 100,000원을 상회하는 것이 일반적이다.

참고로 설계비를 산정하는 방식에는 다음과 같은 3가지 방식이 있다.

건설공사비의 비율로 정하는 방식	설계대상 건물의 설계계약 당시 예상공사비를 기준으로 그 일정비율을 설계비로 결정하는 방식이다. 이때의 비율은 건물의 설계 난이도와 도서의 양 및 공사비의 규모에 따라 정해진 기준에 의하며, 상기 언급된 건교부의 공고 내용을 보면 이 방식에 따라 설계비를 책정하고 있다.
Man-hour방식	실재 설계업무에 투입된 인력과 시간의 수에 일정비율을 곱한 금액을 설계비로 결정하는 방식으로 가장 합리적인 방식이긴 하나 시행사가 이를 확인하기 어려워 상호 신뢰를 바탕으로 하지 않으면 안 된다는 단점이 있다.
단위연면적당 설계비를 책정하는 방식	가장 흔히 사용되는 방식으로 건물의 연면적에 대하여 평당 설계비를 책정하는 방식이다.

④ 설계비 지급방법

통상 설계비는 계약 시 25%, 설계안에 대한 시행사의 최종 승인 후 허가 접수 시 25%, 허가처리가 종결되고 시공자가 결정된 다음 착공신고를 하기 전에 25%, 공사가 완료된 후 사용검사를 신청할 때 잔액 25%를 지급하고 있다. 당사자 간 계약에 따라 지급시기를 조정할 수 있음은 물론이다.

(8) 감리비

① 근거법령

「주택법」 제43조에 의하면 시·도지사는 주택건설사업계획을 승인하는 때에는 「건축사법」 또는 「건설기술관리법」에 의한 감리자격이 있는자를 대통령령이 정하는 바에 따라 당해 주택건설공사를 감리할 자로 지정토록 하고 있으며, 「주택법 시행령」 제47조에서는 아래와 같이 2분하여 감리자 자격을 규정하고 있다. 기타 리조트와 관련하여 감리비를 규정한 법은 없어 「주택법」에 근거하여 일반주택보다 높은 가격으로 책정한다.

> ① 300세대 미만의 주택건설공사: 「건축사법」에 의하여 건축사사무소개설신고를 한 자
> ② 300세대 이상의 주택건설공사: 「건설기술진흥법」에 따라 등록한 건설엔지니어링 사업자

② 감리자 선정기준

감리자의 선정기준에 대해서는 건설교통부 고시 제2023-105호(2023.2.28)에 자세히 명기되어 있는바, 그 개략을 보면 다음과 같다.

가. 감리자 모집공고: 감리자 지정권자는 주택건설사업계획을 승인한 날부터 7일 이내에 감리자 모집공고를 하여야 하며(다만 사업주체가 부득이한 사유로 감리자의 모집공고일을 별도로

정하여 요구한 경우에는 예외 인정), 모집공고는 7일 이상 일간신문에 게재하거나 게시판에 게시하는 방법 등으로 하여야 한다. 모집공고 내용에 포함되어야 할 사항은 상기 건교부 고시를 참조하기 바란다.

나. 감리자 지정신청: 감리자로 지정을 받고자 하는 자는 지정된 감리자지정 신청서에 지정된 서류를 첨부하여 감리자 지정권자에게 제출하여야 한다.

다. 감리자 지정: 감리자 지정권자는 감리자 적격심사에 의한 종합 평점 85점 이상인 자 중 최저 가격으로 입찰한 자를 감리자로 지정하여야 한다. 적격심사의 종합 평점 85점 이상인 자가 없는 경우에는 85점에 가장 근접한 가격으로 입찰한 자를 감리자로 지정하며, 감리자 지정 신청이 없는 경우에는 당해 설계용역 수행자를 감리자로 지정한다. 이러한 기준을 적용하였 음에도 감리자를 지정할 수 없을 때에는 사업주체가 지정한 자를 감리자로 지정하여야 한다.

③ 감리비 지급기준

가. 감리비 지급기준에 관해서는 그동안 20세대 이상의 공동주택 건설공사 감리비는 국토교통부 장관이 정하여 고시한 '주택건설공사 감리비 지급기준'을 적용하여 왔으나 2001.9.22일부 건 설교통부 고시 제2001-247호에 의거 상기 지급기준은 폐지되었다. 이에 따라 추후로는 민간 의 감리관련 단체와 주택사업자 단체가 상호 협의하여 정한 대가기준에 따르도록 하고 있다.

나. 상기 관련 단체가 협의를 통해 작성한 '주택건설공사 감리비 지급기준'은 다음과 같다.

총공사비	기준요율(%)	총공사비	기준요율(%)
20억 원 이하	3.15	300억 원	2.78
30억 원	3.05	500억 원	2.74
50억 원	2.98	1,000억 원	2.67
100억 원	2.90	2,000억 원	2.63
150억 원	2.86	3,000억 원 이상	2.57
200억 원	2.82		

다. 총공사비 산출방법: 감리대가를 산출함에 있어서 적용되는 총공사비는 사업계획 승인 시에 제출하는 총사업비에서 다음 공사비를 제외하되 입주자 모집공고 승인 시 공사비가 변경된 경우에는 이에 따른다.

㉮ 대지비

㉯ 부가가치세액

㉰ 간접비(설계비, 감리비, 일반분양시설경비, 분담금 및 부담금, 보상비, 기타 사업비성 경비)

  ㉣ 「주택건설촉진법 시행규칙」 제22조의5 제2항의 규정에 의한 감리제외 대상 공사비

  ㉤ 다른 법률(「전력기술관리법」, 「소방법」, 「정보통신공사업법」)의 규정에 의한 감리대상공사비

  ㉥ 상기 ㉣ 및 ㉤항의 규정에 해당하는 일반관리비 및 이윤

④ 감리비 지급시기

감리계약은 착공신고 전에 체결하여야 하며, 관련 법령에 규정되어 있지는 않으나 감리비는 통상 분기별로 지급하고 있으며, 당사자 간의 계약에 따라 지급시기를 조정할 수 있을 것이다.

참고로 「주택건설촉진법」 제33조의6 제6항의 주택건설공사 감리비 지급기준을 참고하면 된다. 다만 책정된 대가요율이 현실과 차이가 많은 듯하여 여기에 게재하지 않았으므로 혹시 자세한 내용을 원하는 독자가 있다면 상기 공고를 참조하기 바란다.

(9) 모델하우스(Model House) 건립비 등

① 비용 구성요소

M/H관련 비용은 크게 건립비와 운영비 및 토지임차료로 나눌 수 있으며, 아파트의 경우 마감수준에 따라 고급 아파트와 보통 아파트로 나눌 수 있을 것이다. M/H관련 비용의 계산은 마감수준이나 유니트(Unit) 수 및 분양성 등 여러 가지 변수에 따라 수억 원에서 수십억 원까지 투입되는 등 차이가 많아 획일적으로 비용 산출방식을 규정할 수는 없다. 따라서 여기에서는 기설립된 보통 수준의 아파트 M/H 2~3개를 샘플(sample)로 하여 투입비용 내역을 개략적으로 살펴보기로 한다.

② 운영비 및 토지임차료

M/H 운영비의 경우 분양률에 따라 유동적이며, 토지임차료의 경우 지역에 따라 차이가 크다. 현재 저자가 소속된 회사는 서울지역의 A동 M/H와 B동 M/H를 일괄 임차하여 여러 현장이 공동 사용하고 있으며, 운영비 및 토지 임차료를 현장별로 분배하고 있기 때문에 개별 M/H를 건립하는 것보다는 상대적으로 비용절감의 효과가 있다. 이 경우 통상 1개월간의 운영비 및 토지임차료를 약 5천만~1억 원 정도로 계상하여 사업성 검토를 하고 있는 실정이다. 서울을 제외한 지방의 경우 토지임차료가 서울에 비해 저렴하기 때문에 1개월간의 운영비 및 토지임차료를 5천만~1억 원 정도 계상하여도 크게 오차는 없다.

③ M/H 건립비

M/H 건립은 보통 가설공사, 철골공사, 목공사, 지붕공사, 창호공사, 유리공사, 수장공사, 도장공사, 전기공사, 설비공사, 타일공사, SIGN 조명공사, 세대별 마감공사 등 13~15개 공정으로 이루어진

다. 기존 M/H를 개보수하지 않고 개별 M/H를 건립할 경우 건축비는 서울지역의 경우 연면적을 기준으로 평당 500만~1천만 원 내외이고, 지방의 경우 500만 원 내외에서 공사가 이루어지고 있다. 모델하우스의 건축비용은 아파트와 상가, 생활형 숙박시설 등 시설의 종류, 분양가격, 인테리어수준 등에 따라 차이가 심하다.

④ M/H비용 계상

현재 사업성 검토 시 M/H비용은 신축 시의 경우 건립비 20~100억 원(공급되는 주택의 마감재에 따라 다름), 연간 운영비 4~5억 원 정도를 계상하고 있으며, 시공사가 보유하고 있는 기존 M/H를 개보수하여 사용하는 경우 건립비 10~20억 원 내외, 운영비 1~2억 원 내외를 계상하면 된다.

⑤ M/H 건축기준

가. 배치기준: M/H는 M/H가 건설되는 대지와 인접한 대지의 경계선으로부터 3미터 이상 이격해서 건축해야 하며, 견본주택의 외벽과 처마면이 내화구조 및 불연재료로 된 경우와 도로·공원·광장 등 건축이 금지된 공지인 인접대지에 접하고 있는 경우에는 1미터 이상 이격하여 건축할 수 있도록 되어 있다.

나. 구조형태: M/H에 설치하는 각 세대의 내부평면은 사업 계획승인 또는 건축허가를 받을 때 제출한 설계도서에 따라 설치하여야 하며, 내부평면의 발코니를 거실 또는 침실 등의 다른 구조로 변경하여 설치하지 못한다.

다. 자료의 제출: 사업주체 등은 입주자모집공고 승인신청을 하는 때에 M/H에 사용된 마감자재의 목록표와 M/H의 각실 내부를 촬영한 영상물을 제작하여 소개책자와 함께 승인권자에게 제출하여야 한다.

라. 자료의 보관: 사업주체 등은 입주예정자의 입주가 완료된 때로부터 1년 이상 M/H의 마감재료 목록표, 영상물 및 소개책자를 보관하고, 입주자의 요구가 있을 때에는 이를 열람할 수 있도록 하여야 한다.

마. 유지관리: M/H는 이를 다른 용도로 사용할 수 없으며, M/H의 각 세대에서 외부로 직접 대피할 수 있는 출구를 1개소 이상 설치하고, 직접 지상으로 통하는 직통계단을 설치하여야 하며, M/H의 각 세대 안에는 '소방기술 기준에 관한 규칙' 제2조의 규정에 의한 능력단위 1이상의 소화기를 2개 이상 배치하여야 한다.

M/H 건립을 위한 부지 임대차 계약서 샘플은 다음과 같다.

사례

□ M/H 건립부지 임대차 계약서(Sample)

임대인 ○○○(이하 "갑"이라 한다)과 임차인인 ○○○(주) 대표이사 ○○○(이하 "을"이라 한다)은 아래와 같이 임대차 계약을 체결하며, 이를 증명하기 위하여 본 계약서 2부를 작성하여 상호 서명날인한 후 각각 1부씩 보관키로 한다.

제1조(계약조건)

① 본 임대차계약의 목적물은 ○○도 ○○시 ○○동 ○○-○○번지 토지 ○○m²(○○평)로 한다.

② 본 임대차의 계약기간은 본 계약 체결일로부터 10개월로 하며, "갑"과 "을" 간 협의에 따라 그 기간을 단축 또는 연장할 수 있다. 단, "을"이 계약의 연장 또는 단축을 위해서는 1개월 전에 "갑"에게 통지하여야 한다.

③ 임차료는 일금일억원(부가세 별도)으로 한다.

④ 임차료 지급방법은 다음 각호와 같다.

1. 계약금(10%): 본 계약 체결 시 지급

2. 잔금(90%): 가설건축물 축조신고 완료 후 일괄지급. 단 가설건축물 축조 신고가 관할관청에서 수리되지 못할 때에는 "갑"은 기수령한 계약금을 "을"에게 즉시 반환키로 하며, 이 경우 상호 위약금의 청구를 할 수 없다.

3. "을"은 임차료와는 별도로 M/H 철거 보증금으로 일금 일천만 원을 "갑"에게 예치키로 하며, "갑"은 M/H 철거 완료와 동시에 동 예치금을 "을"에게 반환키로 한다.

⑤ "갑"은 계약금 수령과 동시에 본 임대차 목적물을 "을"에게 명도하여 "을"의 업무에 사용할 수 있도록 하여야 한다.

제2조(용도의 지정)

본 계약의 목적물은 "을"의 아파트 분양을 위한 M/H 건립 이외의 목적으로는 사용할 수 없다.

제3조(원상복구)

임대차 계약의 종료와 동시에 "을"은 15일 이내에 계약목적물상의 M/H를 철거하여 임대차 개시 전의 상태로 원상 복구하여야 한다.

제4조(처분에 관한 행위제한)

"갑"은 본 임대차 계약기간 동안 "을"의 동의 없이 본 계약의 목적물을 제3자에게 담보로 제공하거나, 지상권의 설정, 전대 또는 처분할 수 없다.

제5조("갑"과 "을"의 의무)

① "갑"은 본 계약과 동시에 "을"이 M/H건립 및 각종 인·허가에 지장이 없도록 토지사용승낙서 및 인감증명서 등 필요서류를 "을"에게 교부하여야 한다.

② 본 계약기간 동안 본 계약의 목적물상에 "을"이 축조한 건축물에 대해 "갑"은 어떠한 권리도 주장할 수 없다.

제6조(제세공과금)

① 본 계약의 목적물인 토지와 관련된 제세공과금은 "갑"의 부담으로 한다.

② 본 계약의 목적물인 토지상에 축조된 건물과 관련된 제세공과금은 "을"이 부담한다.

제7조(분쟁 등)

① 본 계약과 관련하여 당사자간 분쟁이 발생될 경우 관할법원은 목적 부동산의 소재지 관할법원으로 한다.

② 본 계약에 규정되지 아니한 사항은 "갑"과 "을"이 협의하여 결정키로 한다.

0000년 0월 00일

임대인(갑)

　　주소 :

　　상호 :

　　성명 :

임차인(을)

　　주소 :

　　상호 :

　　성명 :

(10) 광고 · 선전비

어떠한 종류의 광고든 광고의 목적은 대동소이할 것이라 생각되지만, 분양광고는 시행사가 판매하려고 하는 리조트, 아파트나 오피스텔 또는 오피스나 상가 등의 상품을 예비 고객들에게 널리 선전하여 분양률을 극대화시키는 데 가장 큰 목적이 있으며, 부수적인 목적으로는 시행사나 시공사가 보유하고 있는 브랜드를 예비 고객들에게 널리 알림과 동시에 그 가치를 상승시키는 데 있다.

다만 분양광고가 일반적인 상품광고와 다른 점이 있다면, 선분양제도가 실시된 이후부터는 고객은 구매하는 상품의 실물을 보지 못하고 분양계약을 체결한다는 점과 상품이 생산되어 소비자에게 전달되기까지 짧게는 1년에서 4년 가까이 되는 장시간이 소요된다는 점 때문에 접근방식이나 성격 및 종류 면에서 확연한 차이가 있다고 할 수 있다.

광고는 통상 전파광고와 인쇄광고로 나누어진다. 전파광고로는 TV, 라디오 등을 통한 광고가 대표적이며, 인쇄광고로는 신문과 전단 및 카탈로그 등을 통한 광고가 대표적이다.

대부분의 분양광고는 신문광고와 카탈로그, 전단지, DM(Direct Mail) 등의 인쇄물만으로 광고가 행해지고 있으나, 대형 프로젝트 특히 지방에 소재하는 대형 프로젝트의 경우 TV, 라디오, 인터넷, 잡지, 옥외광고(전광판, 와이드컬러, 현수막 등) 등의 홍보매체가 복합적으로 동원되어 대규모 분양

광고가 행해지는 경우가 잦다.

어떤 매체를 사용하며 어떠한 컨셉을 가지고 광고를 할 것인지 또는 어느 정도의 기간 동안 광고를 행할 것인지 등의 결정은 당해 사업의 분양성과 사업성 검토 결과에 따라 좌우되는 경우가 대부분이다. 분양성이 조금 저조할 것으로 판단되는 프로젝트의 경우, 분양 전에 TV 또는 인쇄매체를 통해 예비 고객들에게 상품이나 시공사의 브랜드를 충분히 인지시켜 초기 분양률을 높이기 위해 광고비를 늘릴 수밖에 없으며, 분양성이 양호하다고 판단될지라도 보다 짧은 기간 내에 분양을 완료하거나 시행사 또는 시공사가 보유하고 있는 브랜드 가치를 극대화하기 위해 광고비를 늘리는 경우도 있을 것이다.

기본적으로 광고·선전비는 특정 프로젝트의 분양성과 사업외형에 따라 결정되며 통상 전체 분양수입액의 1~2%선에서 결정되고 있다. 다만, 분양결과에 따라 분양예산이 절감되기도 하고 추가 집행되기도 하며 미분양이 장기화될 경우에는 사업성에 상당한 영향을 미칠 수밖에 없다.

이하에서는 분양광고의 전형이라 할 수 있는 인쇄매체를 통한 광고에 대해 알아보기로 한다.

인쇄광고의 대표적인 수단이라 할 수 있는 신문은 중앙지와 경제지, 스포츠지 및 지방지 등으로 나누어지며, 중앙지 중 조선일보, 중앙일보 및 동아일보를 흔히 3대 일간지라 일컫는다.

최근 전통적인 인쇄광고의 수단인 신문광고의 입지나 중요성이 다양한 광고수단의 등장으로 인해 점차 줄어들고는 있으나 광고 수용자(독자)의 질적 수준이 높고 실효성 있게 광고를 집행할 수 있기 때문에 광고 효과 면에서는 여전히 중요한 위치를 차지하고 있다고 할 수 있다. 또한 신문의 경우, 광고가 나가는 즉시 광고효과가 드러나며 그 측정 또한 매우 용이하고, 광고에 대한 응답자 중 상품의 구매와 직접적으로 연결되는 비율이 높은 편이다. 이러한 신문광고의 특성 때문에 시기별, 지역별, 신문의 종류별 광고효과에 따른 광고전략의 수립도 비교적 용이한 편이다.

신문광고 비용은 신문사별, 면별, 규격별로 상당한 차이를 보이고 있으며, 광고대행사와 신문사 간, 광고주와 신문사 간의 상호교류와 영향력, 당일 해당 신문사의 광고량과 기타의 사정에 따라 광고비에 차이가 있을 수 있다. 3대 일간지의 주요 지면별 광고료 및 기타 지면의 단가는 다음의 표와 같다.

[주요 지면 광고료]

(단위: 원, VAT 별도)

면별		색도	단가 (1칼럼×1단)	규격 번호 칼럼×단	광고료
본판	1면	컬러	1,272,000	12×4	61,056,000
	2, 3면 사회면	컬러	615,000	12×5	36,900,000
		흑백	555,000	12×5	33,300,000
	4, 5면	컬러	555,000	12×5	33,300,000
		흑백	460,000	12×5	27,600,000
	사회 2면	컬러	615,000	12×8	59,040,000
		흑백	555,000	12×8	53,280,000
	뒷면	컬러	585,000	12×15	105,300,000
		흑백	555,000	12×15	99,900,000
섹션	1면	컬러	615,000	12×5	36,900,000
	뒷면	흑백	460,000	12×15	82,800,000

주: 연도에 따라 가격은 변동될 수 있음

[기타 면 기본단가]

(단위: 원, VAT 별도)

면별		색도	단가
기타 면	지정	컬러	460,000
		흑백	275,000
	미지정	컬러	400,000
		흑백	230,000

신문광고의 전면규격은 가로 12칼럼과 세로 15단으로 구성되며, 기본 단위는 가로 1칼럼(3cm), 세로 1단(3.4cm)이다. 광고면의 지정은 5단통 이상의 광고규격에 한해 할 수 있으며, 일반적으로 많이 사용되는 신문광고의 규격은 5단 37cm(5단통), 8단 37cm(8단통), 10단 37cm(10단통), 15단 37cm (전면)이고 기타 변형규격은 광고 당일 면별, 상황별, 사정에 따라 협의하여 게재할 수 있다.

실제 분양광고 시에는 통상 3대 일간지와 경제지에 각각 1회 이상의 컬러 광고를 제재하고 있으며, 단지규모나 예상분양률 및 기타 상황에 따라 광고 게재 신문의 종류와 게재 횟수를 조정하고 있다.

최근 한국신문협회가 창립 40주년 기념사업으로 실시한 신문광고 조사연구에 의하면, 신문 독자들이 광고를 가장 많이 접하는 요일은 화요일→토요일→금요일 순인 반면 목요일의 신문광고가

노출비율이 가장 낮은 것으로 나타나고 있다. 광고 스케줄 조정 시 참조하기 바란다.

분양광고에 빠지지 않는 인쇄광고 수단인 카탈로그와 전단지는 그 활용 폭이 매우 넓고 가장 기본적인 광고수단이라 할 수 있다. 전단지 광고의 가장 큰 장점은 필요에 따라 저렴하고 신속하게 기획·제작하여 DM발송용, 상담용, 길거리배포용 또는 신문 삽지용 등 다양한 용도로 사용할 수 있다는 점이다. 전단지의 제작 및 배포는 통상 M/H Open 시점을 전후해서 전략적으로 이루어지며, 신문광고가 예비 광고→ 본 광고 → 감사 광고의 순으로 이루어지듯 전단지의 경우도 시기별로 나누어 제작하는 것이 효과적이다. 전단지 배포에 있어서 몇 가지 주의할 점은 다음과 같다.

첫째는 너무 오랜 시간 지속적으로 배포해서는 안 된다는 점이다. 너무 장시간 배포하다 보면 받아보는 사람의 입장에서는 자칫 '분양에 실패했구나'라는 인상만 줄 수 있기 때문이다. 둘째는 주요 광고 타깃지역을 명확히 하여 한정된 지역에 집중적으로 배포하여야 한다는 점이다. 실제 분양계약자의 지역별 분포도를 보면 특별한 예외를 제외하고는 인근지역에 주소지를 두고 있는 계약자가 많으며, 약 60~70%에 달한다. 광범위한 지역에 산만하게 전단지를 배포하는 것보다는 프로젝트의 인근지역에 집중적으로 배포하는 것이 더욱 효과적으로 광고가 이루어지며 비용도 절감된다.

전단지의 제작에 소요되는 비용은 보통 4절지 크기의 양면 컬러 100만 부 정도를 제작하는 데 약 6,000만 원 정도이며, 배포비용은 신문에 삽입될 경우 장당 20~40원 정도이고, 파트타임으로 직원을 고용하여 배포할 경우 일당 10~15만 원을 지급하는 게 보통이다.

카탈로그는 갈수록 고급화·대형화되어 가는 추세이다. 한번 보고 버려지는 홍보물이 아니라 소비자가 구매하려는 상품에 대한 모든 정보를 언제든지 한눈에 볼 수 있게 하려는 기획의도를 가지고 제작되는 추세임과 동시에 기업이미지 및 상품에 대한 고급스러운 이미지를 주려는 목적이 담겨 있기 때문이다.

카탈로그는 제본하는 방법에 따라 페이지 수가 달라진다. 제본을 중절로 할 경우에는 4의 배수로 잡아야 하고, 책자를 제본할 때 쓰이는 제본방식인 떡제본을 할 때에는 4의 배수가 좋긴 하나 굳이 맞출 필요는 없다. 페이지 수가 적을 때에는 보통 중절제본을 사용하나, 카탈로그가 갈수록 대형화되어가는 추세라 48~64p 정도의 분량으로 떡제본을 많이 사용하고 있다. 카탈로그의 제작비용은 52p 기준으로 3,000~5,000부를 제작하는 데 약 8,000만 원이 소요된다.

TV광고는 신문광고에 비해 절차가 복잡하고 시간과 비용이 많이 든다는 단점 때문에 활용 빈도가 떨어지기는 하지만, 노출시간이 매우 짧음에도 불구하고 광고효과가 크기 때문에 자주 이용되고 있다. 광고료는 다음 '등급별 판매금액'표와 같다. 이 광고료의 구성요소를 잠깐 살펴보면 다음과 같다. 광고료를 100으로 보면, 방송사 81, 광고대행 수수료 10, 방송발전기금 6, 한국방송공사 운영비 2, 기타 1로 나누어 갖게 된다.

참고로 우리나라의 경우 Cable TV와 유선방송을 제외한 전파매체를 통한 광고는 한국방송광고공사(KOBACO)를 통하도록 되어 있다. 왜냐하면 흔히 직접 광고방송을 행하는 방송국을 매체사라고 하는데 이들 매체사들이 KOBACO에 광고업무를 위탁해 놓고 있기 때문이다.

[등급별 판매금액]

(단위: 천 원, VAT 제외)

지역	구분	노출시간	SA급	A급	B급	C급
전국	토막	20초	7,673	5,085	1,890	885
		30초	10,230	6,780	2,520	1,140
	자막		1,539	1,012	376	172
서울권	토막	20초	4,027	2,595	897	420
		30초	5,369	3,460	1,197	557
	자막		808	518	178	85

(11) 분양대행 수수료

분양대행 수수료는 대행업체 및 부동산 경기에 따라 많은 차이를 보이고 있다. 장기 미분양이 많았던 IMF 때에는 상업용 건물의 분양대행 수수료가 총분양가의 10%를 상회하는 경우도 있었다. 부동산 경기가 회복되면 총분양가의 3~6% 범위 내에서 분양대행 수수료를 책정하고 있다. 아파트나 오피스텔의 경우는 수수료를 보통 세대당 50~150만 원으로 책정하고, 상가의 경우에는 총 분양가의 4~8%를 수수료로 책정하는 것이 보통이다.

「관광진흥법」에 적용되는 콘도의 경우는 콘도분양가의 5~19%, 골프장은 분양가의 2~5% 수준에서 결정되며 생활형 숙박시설의 경우 통상 분양가의 5~10%선에서 결정된다. 하지만 실제 지급되는 분양대행 수수료는 해당 사업에 참여할 대행업체를 상대로 Presentation 및 공개경쟁을 통해 결정되고 있기 때문에 통상 사업성 검토 시 책정되는 수수료보다는 낮은 수수료가 지급되고 있는 실정이다.

최근엔 분양대행업체의 수가 많아 업체 간 수주경쟁이 치열할 뿐만 아니라 분양대행 수수료 책정이나 분양대행 계약도 다양한 방법으로 이루어지고 있다. 참고로 분양대행 수수료의 과다지출의 방지 또는 시행사에게 유리한 분양대행 계약 체결을 위해 아래에서 수수료 책정에 실패한 사례와 분양대행 계약에 관한 사례를 각각 소개하고, 표준이 될 만한 분양대행 계약서 Sample 하나를 살펴볼 필요가 있다.

먼저 분양대행 수수료 책정에 관한 실패 사례를 살펴보면, 통상 시행사는 주택사업을 위한 사업부지를 선정한 후 분양성 및 분양가 책정을 위해 분양대행사에게 분양성 조사에 관한 용역을 주거나 협조를 요청하게 된다. 시행사의 입장에서는 단순한 협조 요청이라 할지라도 분양대행사의 입장에서는 이 프로젝트의 분양대행을 위한 사전 준비작업이라고 생각하기 십상이다. 이러한 오해를 없애기 위해서는 분양성 조사에 관한 용역계약을 체결한 후 조사보고서를 받고 용역비를 지급하는 것으로 시행사와 분양대행사 간의 관계를 청산하는 것이 가장 합리적이다.

일부 시행사의 경우, 사전에 분양대행사에게 분양성 조사를 시키면서 동 사업의 분양대행권 및 분양수수료 얼마를 주겠노라고 약정을 했다. 얼마 후에 또 다른 분양대행사에게 급전을 차용하면서 분양대행권 및 분양수수료 얼마를 주겠노라고 약정을 했다. 결국 한 물건의 분양대행에 관해 이중계약을 체결한 셈이다. 막상 사업을 시작하여 분양을 하려고 하는데 2개 대행업체가 서로 자기가 대행업체라고 주장하며, 소송까지 불사하겠다는 강경자세를 보였다. 결국 1개 업체에게 분양대행을 시키는 것으로 하고 분양대행 수수료는 2개 업체에게 약정한 대로 지급하는 참으로 어처구니없는 일이 일어났다. 실제 분양대행을 한 업체에게 지급한 분양대행 수수료도 문제였다. 공개경쟁을 통해 분양대행사를 선정했더라면 5억만 지급하면 충분했던 대행수수료를 별다른 생각도 없이 기체결한 약정에 얽매여 15억 이상 지급했으니 시행사로서도 많은 적자를 본 셈이다. 분양을 하기 전에 분양대행사를 활용하여 분양성 조사를 시키는 것은 바람직한 일이나, 분양대행사 선정 및 대행 수수료의 책정은 사업의 파트너인 시공사의 입장도 있기 때문에 가능하면 시공사와 협의하여 결정하는 것이 바람직하며, 대행 수수료도 최대한 절감할 수 있는 길이다.

성공적인 분양대행 계약에 관한 사례로 문래동 지역에 최근 입주한 어느 아파트 단지의 단지 내 상가 분양대행 계약에 관한 예를 들어보면, 문래동 상가 분양대행 계약은 공개경쟁입찰 방식으로 상가 분양이 이루어졌기 때문에 시행사로서는 내정가격 이상으로 분양이 100% 완료되기만 하면 만족스러운 상황이었다. 이때 분양대행사가 제시한 조건은 다음과 같다. 첫째, 분양률이 70%에 달하지 못할 경우에는 대행 수수료를 청구하지 않겠다. 둘째, 신문광고 및 초기 전단지 제작비 이외 일체의 홍보비용은 대행사가 부담하겠다. 셋째, 분양률이 70% 이상일 경우 대행수수료는 일시불로 지급키로 하며, 초기 1개월 내에 분양률이 100%에 달할 때에는 1억 원의 보너스를 지급키로 한다는 조건이었다. 이 조건으로 분양대행 계약이 체결되었고, 공개입찰로 분양한 결과 분양률 100%는 물론이고 입찰가격이 내정가격의 150%에 근접했다. 시행사나 분양대행사 모두에게 합리적인 계약 체결로 인해 상호 이익을 공유한 대표적인 경우이다.

사례

□ **분양대행 계약서(Sample)**

도급인인 ○○○(주) 대표이사 ○○○(이하 "갑"이라 한다)과 수급인인 ○○○(주) 대표이사 ○○○(이하 "을"이라 한다)은 아래와 같이 분양대행 계약을 체결하며, 이를 증명하기 위하여 본 계약서 2부를 작성하여 상호 서명날인한 후 각각 1부씩 보관키로 한다.

제1조(총칙)

"갑"과 "을"은 ○○시 ○○구 ○○동 ○○번지 외 ○○필지상에 신축예정인 ○○○신축공사의 분양업무와 관련하여 분양대행 계약을 체결하며, 본 계약조건을 상호 신의에 따라 성실히 준수키로 한다.

제2조(용역업무의 범위)

"을"의 용역업무의 범위는 상기 제1조에 명기된 공사의 일반분양분에 대한 분양대행 업무에 속한다.

제3조(계약기간 및 업무착수)

① 본 분양대행 용역의 계약기간은 ○○○○년 ○○월 ○○일부터 ○○○○년 ○○월 ○○일까지로 하며, 계약기간의 연장 또는 단축이 필요할 때에는 "갑", "을" 간의 협의에 따라 결정키로 한다.

② "을"은 본 계약 체결 후 1주일 이내에 "을"의 조직도, 분양대행을 행할 직원들의 인적사항 및 업무추진 계획을 "갑" 및 "갑"이 지정하는 자에게 서면으로 제출하여야 하며, 직원의 변동이 있을 때에는 즉시 "갑"에게 서면 통보하여야 한다.

제4조(분양대행 수수료)

"갑"과 "을"이 지급할 분양대행 수수료와 지급방법은 다음 각 호와 같다.

1. 분양실적은 본 계약 체결분에 한해 계산되며, 청약이나 가계약분은 분양실적에 포함되지 아니한다.
2. 분양계약서 및 분양대금 입금표는 시행사 및 시공사의 날인이 있는 것에 한해 유효하다.
3. 분양대행 수수료는 아파트는 세대당 150만 원으로 하고, 상가는 상가분양총액의 5%로 한다.
4. 분양대행 수수료는 매월 말에 결산하여 다음 달 15일 이내에 지급키로 하되, "을"이 제출한 분양계획상의 월별 분양 목표에 미달할 때에는 수수료의 지급을 1개월간 유보할 수 있다.

제5조("갑"의 의무)

① "갑"은 "을"이 M/H를 분양사무실로 사용할 수 있도록 공간을 제공하여야 한다.

② "갑"은 M/H 시설물의 유지 및 보수 책임을 진다.

③ "갑"은 "을"이 분양업무를 수행하는 데 지장이 없도록 사무실 집기 및 비품의 제공을 게을리해서는 안 된다.

제6조("을"의 의무)

① "을"은 "갑"과 시공사의 서면 동의 없이는 본 계약으로 인한 권리와 의무를 제3자에게 양도할 수 없다.

② "을"은 "갑"과 시공사의 지시 및 관계법령을 준수하여야 한다.

③ 분양업무 수행 중 "을"의 귀책사유로 인해 "갑" 또는 시공사에게 민·형사상 손해 및 행정적인 제재가 있을 경우, 그 책임은 "을"에게 있다.

④ 분양계약서 및 입금표, 자금관리 등 분양대행 본래의 업무 이외의 업무는 "을"이 행할 수 없다.

⑤ "을"은 본 계약의 이행을 담보하기 위하여 본 계약 체결일로부터 1주일 이내에 현금 2억 원을 "갑"이 지정하는 구좌에 예치하거나 보증금액을 2억 원으로 하는 보증보험증권을 "갑"에게 제출하여야 한다.

⑥ "을"은 분양 완료 또는 계약기간 만료 후 즉시 분양결과에 대한 분석자료를 "갑"에게 제출하여야 한다.

제7조(분양가격)

분양가격은 "갑"과 시공사가 결정한 금액으로 하며, "을"이 임의로 조정할 수 없다.

제8조(분양경비의 부담)

① "갑"은 다음의 경비를 부담한다.

1. 광고 · 홍보비(신문광고, 전단지, 현수막, 카탈로그 등)
2. 분양관련 인쇄물
3. 조감도 및 모형도
4. 고객 사은품
5. M/H 운영비 및 아래 2항에서 제외된 비용

② "을"은 다음의 경비를 부담한다.

1. 분양 대행에 소요된 인력의 인건비, 식대 등
2. "을"이 자체적으로 제작하여 배포한 광고 선전비용
3. "을"이 분양률 향상을 위해 자체적으로 개설한 상담소 및 기자간담회, 주변 공인중개업소의 소개비 등의 비용
4. 기타 "을"의 필요에 의해 발생된 비용

제9조(분양업무의 관리)

① "을"은 분양업무 수행 시 "갑"이 지정한 장소를 사용하여야 한다.

② "을"은 분양계약서 작성, 분양대금 수금 및 관리, 계약자의 명의변경, 계약의 해제 등의 업무를 행할 수 없다.

③ "갑"은 "을"의 분양업무를 관리하기 위해 "갑"의 직원 또는 시공사의 직원을 분양사무실에 상주시킬 수 있다.

④ 분양업무 수행 중 "을"의 귀책사유로 인해 발생되는 금융사고, 수분양자의 민원 등은 "을"의 책임으로 해결키로 한다.

제10조(계약의 해제 또는 해지)

① "갑"은 "을"이 다음 각호의 1에 해당하는 경우 본 계약을 해제할 수 있다.

1. "을"이 정당한 사유 없이 본 계약의 조건을 이행하지 아니할 때
2. "을"이 제출한 분양계획 대비 월별 분양실적이 50% 이하일 때
3. "을"이 업무수행 도중 고의 또는 과실로 "갑" 또는 시공사에게 재산적인 피해를 주거나 명예 훼손 등 무형적인 피해를 주었을 때
4. "을"이 "갑"과 시공사의 동의 없이 다른 업체의 분양대행을 행하여 "갑"의 신축건물 분양에 지장을 초래할 가능성이 있을 때

② "을"은 "갑"이 본 계약의 조건을 이행하지 아니할 때에는 본 계약을 해제할 수 있다.

③ "갑"의 귀책사유로 인해 본 계약이 해제될 경우, "갑"은 "을"의 분양실적에 따른 수수료를 지급함과 동시에 "을"이 독자적으로 집행한 분양 관련 비용을 지급하여야 하며, "을"의 귀책사유로 인해 본 계약이 해제될 경우, "을"은 본 계약조건에 따른 민 · 형사상의 책임을 짐과 동시에 "갑"에 대하여 수수료 등 제반 비용의 청구 및 민 · 형사상의 이의를 제기할 수 없다.

제11조(분양계약 해약분의 처리)

"을"의 분양실적으로 계산된 수분양자 중 해약자가 발생될 경우, 그 수분양자가 계약금만을 납부하고 해약을 할 경우에는 "을"의 분양실적에서 감하며 1차 중도금 이상을 납부한 후 해약을 할 경우에는 그대로 "을"의 분양실적으로 계상키로 한다.

제12조(홍보업무)

① "을"은 "갑" 또는 시공사가 제공한 분양관련 자료만을 사용하여 홍보업무를 하는 것을 원칙으로 하되, "을"이 자신의 비용으로 홍보물을 제작 또는 배포할 경우에는 사전에 기안내용에 대해 "갑"과 시공사의 검토를 받아야 한다.

② "을"은 관련 법규에 저촉되는 방법으로 홍보를 하여서는 안 된다.

③ "을"의 귀책사유로 인해 민·형사상 문제가 발생할 경우 그 책임은 "을"에게 있다.

제13조(안전관리)

"을"은 분양과 관련하여 안전사고가 발생치 않도록 사전에 충분한 예방조치를 취해야 하며, "을"의 과실로 인해 안전사고가 발생될 경우 그 책임은 "을"에게 있다.

제14조(계약의 효력 및 소송관할)

① 본 계약은 상호 서명날인 후 "을"이 제6조 5항의 의무를 이행한 때부터 그 효력이 있다.

② 본 계약과 관련하여 발생되는 분쟁은 "갑"의 본점 소재지를 관할하는 법원에서 해결키로 한다.

제15조(기타)

본 계약서에 명기되지 아니한 사항에 대해서는 "갑"과 "을"이 협의하여 처리키로 한다.

0000년 0월 00일

도급인(갑)
    주소 :
    상호 :
    성명 :

수급인(을)
    주소 :
    상호 :
    성명 :

(12) 분양보증 수수료

① 근거법령

'주택공급에 관한 규칙' 제15조는 입주자 모집시기 및 조건을 규정하고 있으며, 크게 2부류로 나누어 입주자 모집시기를 규정하고 있다. 이하에서 분양보증에 관한 관련 법규 이외 분양보증에 관한 사항은 주로 대한주택보증공사에서 정한 기준으로 작성하여 Homepage에 게재한 "업무안내서"를 참조하면 된다.

가. 사업주체가 다음 각호의 요건을 갖춘 경우에는 착공과 동시에 입주자를 모집할 수 있다.

가) 주택이 건설되는 대지의 소유권을 확보할 것

나) 주택법 제76조의 규정에 의하여 설립된 주택도시보증공사(HUG) 또는 국토교통부장관이 지정하는 보험회사로부터 분양보증을 받을 것

나. 사업주체가 대지의 소유권은 확보하였으나 분양보증을 받지 못한 경우에는 해당 주택의 사용검사에 대하여 등록사업자 2인 이상의 연대보증을 받아 이를 공증하면 일정 건축공정에 달한 후에 입주자를 모집할 수 있다. 여기서 일정 건축공정이라 함은 분양주택의 경우 전체동의 지상층 기준 2/3 이상에 해당하는 층수의 골조공사가 완성된 때를 말한다.

② 분양보증

분양보증이란 사업주체가 파산 등의 사유로 분양계약을 이행할 수 없게 되는 경우, 당해 주택의 분양이행 또는 납부한 입주금의 환급이행을 책임지는 보증으로, 보증채권자를 분양계약자로 하고 주채무자를 당해 주택사업의 사업주체로 한다.

③ 보증금액

입주자들이 보증을 받을 수 있는 금액은 계약금과 중도금이다.

④ 보증기간

당해 주택사업의 입주자 모집공고 승인일로부터 사건 물건의 소유권보존등기일(사용검사 포함)까지이다.

⑤ 보증수수료

보증수수료는 주택도시보증공사(HUG), 대한주택보증금융공사(HF)가 자체적으로 피평가자의 재무상태 및 경영능력에 대한 신용도를 평가하여 신용등급을 9단계로 나누어 부여하고 등급에 따라 수수료율에 차등을 두고 있다. 신용등급에 따른 수수료율을 보면 다음과 같다.

분양가	5억 원		
중도금대출한도	2억 원	40%	투기과열지구, 서민·실수요자 대출한도 미적용 기준
대출보증한도	1.6억 원	80%	대출한도의 80%
보증료율		0.10%	
보증수수료	16만 원		대출보증한도×보증료율

예를 들어 분양가를 5억 원으로 책정할 경우 중도금대출한도는 분양가의 40%인 2억이다. 투기과열지구의 LTV 40% 기준이며, 서민실수요자에게 추가로 부여되는 10,205의 대출한도는 제외했다. (요건이 되더라도 적용받을 수 있는지는 단지에 따라, 단지마다, 은행마다 다르다) 대출의 보증한도는 대출금액의 80%이다. 따라서 2억 원×80%는 1.6억 원이 된다. 보증요율은 해당 보험사에서 정한 보증요율을 적용하면 된다.

보증수수료는 1.6억 원×0.1%는 16만 원(1년 기준)이다.

⑥ **보증수수료의 정산**

분양보증기간은 입주자 모집공고 승인일로부터 사용검사일까지이나, 보증서 발급 시에는 정확한 사용검사일을 알 수 없어 보증서 발급일로부터 사용검사 예정 해당월의 말일까지의 기간에 대한 보증수수료를 우선 징수하고, 추후 보증기간 확정 시에 보증수수료를 추징하거나 환불하여 정산토록 하고 있다.

⑦ **사업부지에 대한 부기등기 등**

가. 「주택법」 제40조제3항 및 동법 시행령 제45조에 의하면 사업주체는 입주자 모집공고 승인신청 전에 당해 주택건설 대지에 대해 부기등기를 하여야 하며, 부기등기일 후에 당해 대지를 양수 또는 제한물권을 설정받거나 압류·가압류·가처분 등을 한 경우에는 그 효력을 무효로 하도록 규정하고 있다. 다만, 사업주체가 「택지개발촉진법」 등 관계 법령에 의하여 조성된 대지를 공급받아 주택을 건설하는 경우로서 당해 대지의 지적정리가 되지 아니하여 소유권을 확보할 수 없거나, 주택조합원이 대지를 주택조합에 신탁한 경우 또는 분양보증을 받을 때와 사업대지를 신탁하는 경우 등은 예외로 부기등기를 하지 않아도 되도록 규정하고 있다. 부기등기에 대해 잠깐 살펴보면, 보통 등기를 할 때에는 등기번호를 명기하는데 부기등기는 이 등기번호를 갖지 않고 기존의 등기에 부기번호를 붙여서 행하여지는 등기를 말하며, 단순한 부기가 아니라 그 자체가 하나의 등기이다.

나. 부기등기에는 "이 토지는 주택법에 따라 입주자를 모집한 토지로서 입주예정자의 동의를 얻지 아니하고는 당해 토지에 대하여 양도 또는 제한물권을 설정하거나 압류·가압류·가처

분 등 소유권에 제한을 가하는 일체의 행위를 할 수 없음"이라는 내용을 명기토록 하고 있다.

다. 부기등기 외에 대한주택보증(주)에서 분양보증을 행하면서 사업주체의 재무상황 및 금융거래상황을 고려하여 신탁등기를 하게 한 경우에는 대한주택보증(주)에 신탁등기를 하여야 한다.

(13) 상 · 하수처리 부담금

① 근거법령

「상수도법」 및 동법 시행령, 「하수도법」 및 동법 시행령

② 상수도설치 원인자 부담금

「수도법」에 의거 수도사업자는 수도공사를 하는 데 비용 발생의 원인을 제공한 자 또는 수도시설을 손괴하는 사업이나 행위를 한 자에게 그 수도시설의 유지나 손괴예방을 위하여 필요한 비용의 전부 또는 일부를 부담하게 할 수 있다.

수도사업자가 원인자 부담금을 부담하게 하고자 하는 경우에는 설계도서 또는 비용 산출근거를 첨부하여 이를 부담할 자에게 부담금의 납부를 서면으로 통지토록 하고 있다. 원인자 부담금액은 다음과 같은 사항의 비용을 합산한 금액이다.

가. 수도시설의 신설 · 증설비용

나. 시설물의 원상복구에 소요되는 공사비

다. 수도시설의 세척 등으로 인해 사용할 수 없게 된 수돗물의 요금에 상당하는 금액

라. 단수로 인한 급수차 사용경비

마. 도로복구비 및 도로결빙 방지비용

바. 복구작업에 동원된 차량 및 직원의 경비

사. 기타 홍보에 소요된 경비 등

기타 부담금에 관한 세부적인 기준은 당해 지자체의 조례에 의해 결정된다.

③ 하수처리 원인자 부담금

「하수도법」 제34조에서 "오수를 배출하는 건물 · 시설 등을 설치하는 자는 단독 또는 공동으로 개인하수처리시설을 설치"하도록 규정하고 있다. 발생되는 오수를 공급하수처리시설로 유입처리하는 경우에는 「하수도법」 제61조 규정에 따라 공공하수도 개축비용의 전부 또는 일부를 부담하도록 하고 있다.

가. 건축물 등을 신축·증축 또는 용도변경하여 오수를 하루에 10세제곱미터 이상 새로이 배출하거나 증가시키는 자

나. 공공하수도를 이설·보수·개수하게 하는 원인을 제공한 공공하수도 외의 상수도관, 가스관, 통신관, 전주 및 도로·철도 등의 설치공사자 등

다. 도시개발사업, 산업단지조성사업, 공항건설사업, 관광지·관광단지 등의 대규모 개발사업자 등

④ 부담금액

원인자부담금 부과 금액의 산정은 오수발생량(m^3)×원인자부담금 단가(원/m^3)이며, 원인자부담금의 단가는 톤당 2,665,000원이다. 오수발생량 산정방법은 개별건축물일 경우 「하수도법 시행령」에 따른 건축물의 용도별 오수발생량 및 정화조 처리대상인원 산정방법에 의하여 산정한다.

(14) 학교용지 부담금

① 근거법령

학교용지 부담금은 대규모 택지개발에 따른 인구 급증으로 교육여건이 이전보다 악화됨에 따라 안정적인 학교용지를 확보하고 교육환경을 개선하기 위해 제정된 「학교용지 확보에 따른 특례법」 규정에 의거하여 각 지방자치제별로 조례를 제정하여 부과하고 있다.

② 납부금액

개발사업지역의 공동주택 개발자에게 교부하는 학교용지 부담금은 100가구 이상 민영주택과 직장, 지역조합, 주상복합건물에 부과되며 분양가의 0.8%를 납부하여야 한다. 또한 개발사업지역 내에서 단독주택 건축용 토지를 분양받을 경우는 분양가의 0.7%를 학교용지 부담금으로 납부하여야 한다. 다만, 개발사업자가 학교용지를 기부체납하는 경우 취학인구의 지속적인 감소로 인하여 학교시설의 수요가 없는 지역에서 개발사업을 하는 경우 및 취학수요의 발생이 없는 특수용도로 개발사업을 하는 경우에는 학교용지 부담금 부과대상에서 제외할 수 있다.

③ 납부대상

개발사업지역에서 다음 각호의 어느 하나에 해당하는 법률에 따라 시행하는 사업 중 100가구 규모 이상의 주택건설용 토지를 조성개발하거나 공동주택(오피스텔 포함)을 건설하는 사업을 말한다.

가. 「건축법」

나. 「도시개발법」

다. 「도시 및 주거환경정비법」

라. 「주택법」

마. 「택지개발촉진법」

바. 「산업입지 및 개발에 관한 법률」

사. 「공공주택특별법」

아. 「신행정수도 후속대책을 위한 연기 · 공주지역 행정중심복합도시 건설을 위한 특별법」

자. 「혁신도시 조성 및 발전에 관한 특별법」

차. 「경제자유구역의 지정 및 운영에 관한 특별법」

카. 「기업도시개발특별법」

타. 「도청이전을 위한 도시건설 및 지원에 관한 특별법」

파. 「주한미군 공여구역주변지역 등 지원 특별법」

하. 「민간임대주택에 관한 특별법」

거. 「연구개발특구의 육성에 관한 특별법」

(15) 광역교통시설 부담금

① 근거법령

대도시권의 교통문제를 광역적인 차원에서 효율적으로 해결하기 위하여 필요한 사항을 정하고 있는 '대도시권 광역교통관리에 관한 특별법 및 동법 시행령'의 적용을 받는다.

② 적용지역

대도시권 중 대통령령으로 정하는 대도시권(동법 시행령 제15조 제1항에 의거 광역교통계획이 수립 · 고시된 대도시권에만 적용된다). 동법 시행령 제2조에 언급된 별표 1에 따르면 대도시권의 범위는 다음의 표와 같다.

[대도시권의 범위]

권역별	범위
수도권	서울특별시, 인천광역시 및 경기도
부산 · 울산권	부산광역시, 울산광역시 및 경상남도 양산시 · 김해시 · 진해시
대구권	대구광역시, 경상북도 경산시 · 영천시 · 군위군 · 청도군 · 고령군 · 성주군 · 칠곡군 및 경상남도 창녕군
광주권	광주광역시 및 전라남도 나주시 · 담양군 · 화순군 · 함평군 · 장성군
대전권	대전광역시, 충청남도 공주시 · 논산시 · 금산군 · 연기군 및 충청북도 청주시 · 보은군 · 청원군 · 옥천군

③ **적용사업**

「대도시권 광역교통 관리에 관한 특별법」제11조에 명기된 적용대상사업은 다음과 같다.

가. 「택지개발촉진법」에 의한 택지개발사업

나. 「도시개발법」에 의한 도시개발사업

다. 「주택법」에 의한 아파트지구개발사업·대지 조성사업

라. 「주택법」에 의한 주택건설사업(다만, 제1호 내지 제3호의 사업이 시행되는 지구·구역 또는 사업지역 안에서 시행되는 경우는 제외)

마. 「도시 및 주거환경정비법」에 의한 주택재개발사업과 주택재건축사업, 도시환경정비사업

바. 「건축법」제11조에 따라 건축허가를 받은 20세대 이상의 공동주택건설사업(주상복합건축사업)

④ **부담금의 면제**

다음 사업에 대해서는 부담금을 부과하지 않는다.

가. 「도시 및 주거환경정비법」에 의한 주거환경개선사업

나. 「대도시권 광역교통 관리에 관한 특별법」제11조제4호의 주택건설사업 중 5년 이상 임대하기 위하여 「임대주택법」에 의하여 국민주택규모 이하의 임대주택을 건설하는 사업

다. 「공공용지의 취득 및 손실보상에 관한 특례법」제8조의 규정에 의한 이주대책의 실시에 따른 주택지의 조성 및 주택의 건설

라. 「대도시권 광역교통 관리에 관한 특별법」제11조 각호의 사업 중 「사회간접자본 시설에 대한 민간투자법」제2조제1호가목 내지 다목의 1에 해당하는 시설을 신설·증설 또는 개량하는 사업을 시행하는 자가 동법 제21조의 규정에 의하여 부대사업으로 시행하는 사업

마. 부담금의 감액사업에 대해서는 부담금의 50/100을 경감한다.

　　가) 국가 또는 지방자치단체가 시행하는 사업

　　나) 「도시 및 주거환경정비법」에 의한 주택재개발사업

　　다) 「도시 및 주거환경정비법」에 의한 재건축사업

　　라) 「도시계획법」에 의한 도시계획구역 안에서 시행되는 상기법 제11조의 적용을 받는 사업 (법 제11조의2 제2항의 중복적용 규정에 의거 도시계획구역 안에서 「도시 및 주거환경정비법」에 의한 주택재건축사업과 주택재개발사업을 시행할 경우에는 상기 감면된 금액에 50/100을 추가 감면받게 되며, 도시계획구역에 포함되는지 여부는 각 구청에서 발급하는 토지이용계획 확인서로 확인할 수 있다)

⑤ **부담금의 산정기준**

가. 택지개발사업 · 도시개발사업 · 아파트지구 개발사업 · 대지조성사업의 경우

(1m²당 표준개발비 × 부과율 × 개발면적 × 용적률 ÷ 200) − 공제액

나. 주택건설사업 · 주택개발사업의 경우

(1m²당 표준건축비 × 부과율 × 건축연면적) − 공제액

다. 표준개발비: 표준개발비는 순공사비 + 조사비 + 설계비 + 일반관리비 + 기부채납액 + 부담금 납부액 + 토지개량비 + 제세공과금 + 보상비 + 양도소득세 또는 법인세(일정한 조건의 경우)로 계산하며, 표준공사비의 일부분을 차지한다.

라. 표준건축비: 표준건축비란 건물의 평가나 건축비에 대한 보조, 융자 등의 기준을 정하기 위하여 표준으로 삼는 건축비를 말한다. 표준건축비에는 공사비, 설계감리비, 부대비용 등이 포함되며 매년 국토교통부에서 공시하고 있다. 2024년도 표준건축비(2023.12.21. 공고)는 2,319,000원/평방미터이다.

마. 공공건설 임대주택 표준건축비: 2023년 2월 1일 국토교통부고시 제2023~64호, 2022.2.1., 전부개정에 따른 공공건설 임대주택 표준건축비는 다음 도표와 같다.

가) 부과율: 택지개발사업 등의 경우 일반적으로 15%이며 수도권인 경우에는 30%. 주택건설사업 등의 경우 일반적으로 2%이며 수도권인 경우에는 4%임. 본 부과율은 지방자치단체의 조례로 정하는 바에 따라 50% 범위 안에서 조정될 수 있다.

나) 공제액: 시행령 제16조의2 제3항에서 규정한 바에 따른다.

다) 건축연면적: 전체 연면적의 합계에서 지하층(주거용인 경우 제외)과 건축물 안의 주차장을 제외한 면적을 말하며, 주택재개발사업 및 주택재건축사업의 경우 조합원에게 분양되는 건축연면적을 추가로 공제한 면적을 말한다.

[공공건설 임대주택 표준건축비]

(단위: 천 원/m²)

구 분		건축비 상한가격 (주택공급면적에 적용)
5층 이하	40m² 이하	1,126.7
	40초과 50m² 이하	1,145.2
	50초과 60m² 이하	1,109.5
	60m² 초과	1,120.8
6~11층 이하	40m² 이하	1,209.8
	40초과 50m² 이하	1,226.1
	50초과 60m² 이하	1,185.5
	60m² 초과	1,192.3
11~15층 이하	40m² 이하	1,143.0
	40초과 50m² 이하	1,154.1
	50초과 60m² 이하	1,119.3
	60m² 초과	1,118.8
16층 이상	40m² 이하	1,162.6
	40초과 50m² 이하	1,173.8
	50초과 60m² 이하	1,139.2
	60m² 초과	1,138.4

⑥ 부담금의 부과·징수

사업이 시행되는 지역의 시·도지사는 사업시행사가 국가 또는 지방자치단체로부터 사업의 승인 또는 인가를 받은 날로부터 60일 이내에 부담금을 부과하며, 부과된 부담금은 부과일로부터 60일 이내에 납부하여야 한다. 시·도지사는 납부의무자의 신청을 받아 사업의 준공검사 또는 사용검사일까지 분할납부를 허용할 수 있다. 부담금을 납부기한까지 납부하지 아니할 때에는 부담금액의 5%에 해당하는 금액을 가산금으로 부과할 수 있다.

(16) 과밀부담금

① 근거법령

「수도권정비계획법」 및 동법 시행령의 적용을 받는 과밀부담금은 과밀억제권역 안에서 인구집중유발시설 중 업무용 건축물, 판매용 건축물, 공공 청사 등의 대형건축물을 건축하는 경우에 부과되는 부담금을 말한다.

과밀부담금제도는 수도권 안의 업무시설·판매시설 등의 인구집중유발시설의 신·증축을 물리적으로 억제하는 직접규제방식으로 야기되는 수도권의 공간기능 저하를 예방하고 수도권 입지에 따라 수반되는 집적경제에 의한 이득을 수익자로부터 환수하여 상대적으로 낙후된 지역의 개발에 투자하기 위한 목적과 대형건축물 입지에 따른 도시기반시설에 대한 수요증가 및 과밀유발 비용을 원인자에게 부담시키기 위한 목적으로 도입되어 운영되고 있다.

② 적용지역

부과 대상지역은 과밀억제권역(현재는 서울특별시만 부과)이며, 부과대상 건축물은 업무용 또는 복합 건축물로서 연면적 2만 5천m² 이상, 판매용 건축물로서 연면적 1만 5천m² 이상, 공공청사로서 연면적 1천m² 이상이다.

부과 대상행위는 건축물의 신축·증축 또는 용도변경 시 부과하며, 부담금은 부과대상면적(연면적−주차장면적−기초공제면적)에 표준건축비(2023년 기준 2,257천 원/평방미터)를 곱한 금액의 5~10%이다. 징수된 부담금의 50%는 「국가균형발전 특별법」에 따른 광역·지역발전특별회계에 귀속하고, 나머지 50%는 해당 시·도에 귀속한다.

③ 과밀부담금 계산방식(신축의 경우)

- 주차장면적+기초공제면적 ≤ 기준면적일 경우
  [(기준면적−주차장면적−기초공제면적)×1m²당 건축비×5%]+[기준면적 초과면적×1m²당 건축비×10%]
- 주차장면적×기초공제면적 > 기준면적일 경우
  (신축면적−주차장면적−기초공제면적)×1m²당 건축비×10%

가. 기준면적: 업무용 건축물은 25,000m², 판매용 건축물은 15,000m², 복합용 건축물로서 판매용 시설의 면적이 용도별 면적 중에서 가장 큰 건축물은 15,000m², 기타 복합용 건축물은 25,000m²이다.

나. 기초공제면적: 공공청사의 경우 3,000m², 기타 건축물의 경우 5,000m²

다. 1m²당 건축비: 건설교통부에서는 「수도권정비계획법」 제14조 및 동법 시행령 제18조 별표 2의 규정에 의거 과밀부담금 산정을 위한 표준건축비를 매년 말경, 고시하고 있으며 참고로 국토교통부 고시 연도별 표준건축비를 보면 다음 표와 같다.

[연도별 표준건축비]

연도	m²당 표준건축비	전년대비 상승률(%)
2010	1,575	
2011	1,627	103.3
2012	1,630	100.2
2013	1,664	102.1
2014	1,693	1101.7
2015	1,715	101.3
2016	1,762	102.7
2017	1,812	102.8
2018	1,859	102.6
2019	1,923	103.4
2020	2,000	104.0
2021	2,048	102.4
2022	2,130	104.0
2023	2,257	106.0

④ 부과·징수 및 납부기한

가. 부과·징수: 부담금은 부과대상 건축물이 속하는 지역을 관할하는 시·도지사가 부과·징수
하며, 건축물의 건축허가일 또는 신고일을 기준으로 산정하여 부과한다.

나. 납부기한: 부담금의 납부기한은 건축물의 사용승인일 또는 임시 사용승인일이며 납부기한까
지 납부하지 아니할 경우 부담금의 5%를 가산금으로 부과할 수 있도록 되어 있다.

(17) 농지부담금(농지전용부담금)

① 근거법령

「농지법」, 동법 시행령 및 시행규칙의 적용을 받는다. 「농지법」은 농지의 소유·이용 및 보전
등에 관하여 필요한 사항을 정함으로써 농지를 효율적으로 이용·관리하여 농업인의 경영안정 및
생산성 향상을 통한 농업의 경쟁력 강화와 국민경제의 균형있는 발전 및 국토의 환경보전에 이바
지할 목적으로 제정되었다.

② 농지전용부담금

「농지법 시행령」 제53조에 의한 부과기준은 농지전용부담금의 제곱미터당 금액은 부과기준일

현재 가장 최근에 공시된 해당 농지의 개별공시지가의 100분의 30으로 하며, 이에 따라 산정한 농지전용부담금의 제곱미터당 금액이 농림축산식품부령으로 정하는 금액인 5만 원을 초과하는 경우에는 이 금액을 농지전용부담금의 제곱미터당 금액으로 한다. 산식은 제곱미터당금액[개별공시지가×30%(상한 5만 원)]×제곱미터이다. 예를 들어 공시지가 30%의 금액이 5만 원 이하인 경우와 5만 원을 초과하는 경우 예를 들면, 예시 1(5만 원 이하)의 경우 공시지가 45,000원/㎥, 농지 350㎥의 경우, (45,000원×30%)×350=13,500원×350=4,725,000원이다. 예시 2(초과하는 경우)의 경우 공시지가 200,000원/㎥, 농지 350㎥의 경우, (200,000원×30%)×350〉50,000원=60,000원으로 50,000원 초과. 그러므로 50,000원×350=17,500,000원이다.

(18) 대체조림비 및 산림전용부담금

① 근거법령

「산지관리법」 제19조제8항 및 같은 법 시행령 제24조제4항에 따라 2023년도 「대체산림자원조성법」의 적용을 받는다.

「산림법」은 산림자원의 증식과 임업에 관한 기본적 사항을 정하여 산림의 보호·육성, 임업생산력의 향상 및 산림의 공익기능의 증진을 도모함으로써 국토의 보전과 국민경제의 건전한 발전에 이바지할 목적으로 제정되었다.

② 대체산림자원조성비

대체산림자원조성비는 산지전용허가 또는 산지일시사용허가를 받는 산지면적을 기준으로 부과되며 통상 산지전용부담금이라 부른다. 대체산림자원조성비는 전용허가산지일시사용허가면적에 단위 면적당 금액을 곱하여 산정한다. 산림청 고시 제2023-8호(2023.01.17)에 따른 대체조림비 부과기준 단가는 준보전산지의 경우 1㎡당 7.260원(상한)이며, 보전산지[8]는 1㎡당 9,430원, 산지전용일시사용제한지역은 1㎡당 14,520원이다.

③ 산림전용부담금

산림전용부담금(대체산림자원조성비)의 산식은 산지전용허가면적×단위면적금액(산림청이 고시한 산지 지역별 ㎥당 산출금액+해당산지개별공시지가의 1,000분의 10(1%)이다.

보전산지와 준보전산지 등 지구지역에 따라 다르게 적용되어 산출되는 금액은 정해진 상태이다.

---

8) 보전산지: 산지는 크게 보전산지와 준보전산지로 구분되는데 보전산지는 다시 임업생산 기능을 위한 임업용 산지와 재해예방, 생태계 보전, 보건휴양 증진 등 공익 기능을 위한 공업용 산지로 구분되며, 준보전산지는 보전산지 이외의 산지를 말한다.

산림청에서 정한 기준금액이 지역마다 다르기 때문에 지역별 금액을 검색하여 반영하면 된다. 예를 들어 임야의 공시지가가 726,000원/㎥ 이하인 경우와 이를 초과하는 경우를 구분하여 계산할 경우, 예시 1(이하인 경우)의 경우는 임야/보전산지, 면적 500㎥ 개별공시지가: 50,000원/㎥, 500㎥ ×[9,430원＋(50,000원×1%)]=4,965,000원이다. 예시 2(초과한 경우)의 경우는 임야/보전산지, 면적 500㎥ 개별공시지가: 730,000원/㎥, 500㎥×[7,260원＋(730,000원×1%) 7,260원)=500㎥×[(7,260원＋7,260원)]=7,260,000원이다.

(19) 지역난방부담금

① 근거법령

지역난방 공사비부담금이란 신축 아파트에서 지역난방을 공급받을 경우 단지 내 보일러, 보일러 부대설비, 보일러실에서 각 기계실까지의 배관과 보일러실 설치공간이 필요 없으므로, 지역난방공급에 따라 절감되는 공사비 상당 금액을 공사비부담금으로 산정하는 것을 말한다. 「집단에너지사업법」 제18조(건설비용의 부담금)는 사업자는 공급시설 건설비용의 전부 또는 일부를 그 사용자에게 부담하게 할 수 있다고 규정하고 있다. 한마디로 정의하면 지역난방 열공급시설을 건설하기 위하여는 초기에 막대한 투자비가 소요되므로, 건설비용의 일부를 수익자 부담원칙에 의거, 사용자에게 부담토록 하는 것이며, 이와 같은 필요성 때문에 수도·가스 등도 공사비부담금을 부과하는 것을 말한다.

② 공사비부담금 부과기준

「집단에너지사업법」 제13조의2(부담금의 산정기준), 법 제18조제1항에 따른 부담금은 용도별 부과 대상 단위에 단위당 기준단가를 곱한 금액으로 산정한다. 기준단가는 주택용과 업무용으로 구분되는데 주택의 경우 신축계약면적 ㎥당 14,040원이며, 기존주택의 경우 기존계약면적 ㎥ 당 7,050원이다.

금액 및 단가는 「집단에너지사업법」 내 미포함. 각 지역 지역난방 회사별 별도 단가 및 금액 제공(한국지역난방공사가 가장 대표적) 타사 금액도 한국지역난방공사 금액과 거의 비슷하다.

가. 계약면적 산정은 공부상의 세대별 전용면적의 합계와 공용면적 중 지역난방열을 사용하는 관리사무소, 노인정, 경비실 등의 건축연면적 합계로 한다. 간략히 말하면 전체 건축연면적에서 주차장면적을 제외한 면적이 계약면적이라고 생각하면 된다. 계약면적에서 제외된 부분에 열을 사용하는 경우에는 그때부터 계약면적에 산입하도록 되어 있다.

나. 연결열부하(열교환기 용량): 건물착공일로부터 14일 이내에 설계부하가 제시되지 아니한 경우, 다음 산식으로 산정한 추정치를 적용하며, 주차장에 혼재되어 있는 기타 용도의 면적 중 용도에 따른 면적 구분이 되지 않는 부분은 열사용 여부에 관계없이 주차장 면적에 포함

하도록 되어 있다.

* 산식 → 추정연결열부하 = (건축연면적 − 주차장면적) × 추정단위 연결열부하 × 0.8

③ 열 사용신청 및 공급승낙

지역난방을 이용하기 위한 열사용 신청은 「집단에너지사업법」 제5조에 의하여 집단에너지 공급 대상 지역으로 지정 공고된 지역 내 공동주택은 사업계획승인 또는 건축허가일로부터 14일 이내에 신청하여야 하며, 사업자는 열사용 신청이 있을 경우 열사용 신청을 거절할 사유가 있는 경우를 제외하고는 열의 공급을 승낙하여야 하고, 설계도서 접수일로부터 1개월 이내에 그 검토결과를 사용자에게 통지토록 되어 있다.

주택사업 영업을 하다 보면 시행자 중에 더러는 지역난방이 공급되는 지역임에도 불구하고 지역난방 공사비를 사업성 검토 시 빠뜨리는 경우가 있다. 지역난방 공사비가 몇천만 원 정도라면 문제가 되지 않겠지만 적어도 수억에서 많게는 수십억 원에 달하는 지역난방 공사비를 사업성 검토 시 감안하지 않았다면 추후 사업성에 상당한 영향을 미칠 수도 있음을 유의해야 할 것이다.

(20) 개발부담금

① 근거법령

「부담금관리 기본법」 제3조에 의하면 부담금은 별표에 규정된 법률에 따르지 않고서는 설치할 수 없다고 규정하고 있는데 별표(2024.1.1. 발표)에 해당하는 경우 부담금을 납부하여야 한다.

따라서 실무에서 관광(단)지개발과 관련한 부담금의 대상 여부는 반드시 별표를 확인하여야 한다. 이외에도 제5조(부담금 부과의 원칙)는 부담금은 설치목적을 달성하기 위하여 필요한 최소한의 범위에서 공정성 및 투명성이 확보되도록 부과되어야 하며, 특별한 사유가 없으면 하나의 부과대상에 이중으로 부과되어서는 아니 되며, 제5조의2(부담금 존속기한의 설정)에 따라 부담금을 신설하거나 부과대상을 확대하는 경우 그 부담금의 존속기한을 법령에 명시하여야 한다. 다만, 그 부담금을 계속 존속시켜야 할 명백한 사유가 있는 경우에는 그러하지 아니하다. 부담금의 존속기한은 부담금의 목 적을 달성하기 위하여 필요한 최소한의 기간으로 설정하여야 하며, 그 기간은 10년을 초과할 수 없다.

또한 법 제5조의3(가산금 등)에 따라 부담금 납부의무자가 납부기한을 지키지 아니하는 경우에 는 해당 법령에서 정하는 바에 따라 가산금 등을 부과·징수할 수 있다. 가산금 등을 부과하는 규정을 해당 법령에 정할 때에는 그 가산금 등이 다음 각호의 구분에 따른 금액을 초과하지 아니하 도록 하여야 한다. 〈개정 2015.12.29., 2021.6.15.〉

1. 부담금을 납부기한까지 완납하지 아니한 경우 부과하는 가산금 등: 체납된 부담금의 100분의 3에 상당하는 금액

2. 체납된 부담금을 납부하지 아니한 경우 제1호의 가산금 등에 더하여 부과하는 가산금 등: 체납기간 1일당 체납된 부담금의 10만분의 25에 상당하는 금액

② **부과대상**

개발부담금의 대상이 되는 개발사업이란 국가 또는 지방자치단체로부터 인허가·면허 등을 받아 시행하는 택지개발사업(주택단지 포함), 산업단지개발사업, 관광지조성사업, 도시환경정비사업, 물류시설용지조성, 온천개발사업, 여객자동차터미널사업, 골프장건설, 지목변경이 수반되는 사업, 기타 대통령령으로 정하는 사업(토지형질변경, 산지전용·농지전용·초지전용 등)이다. 즉 개발부담금이 부과하는 사업을 법령(시행령 제4조 제1항에 의한 별표1)에서 열거하고 있으므로(열거부의) 법령에 열거되지 않은 사업은 설사 개발이익이 발생하더라도 부과대상이 되지 않는다. 또한 부담금의 부과대상(법제5조)이 되는 개발사업의 규모는 관계법률의 규정에 의하여 국가 또는 지방자치단체로부터 인허가·면허 등을 받은 사업대상토지의 면적이 다음에 해당하는 경우로 한다(시행령 제4조)

가. 특별시 또는 광역시의 지역 중 도시계획구역인 지역에서 시행하는 사업(다의 사업을 제외한다)의 경우 660㎥ 이상

나. 위 가 외의 도시계획구역인 지역에서 시행하는 사업(다의 사업을 제외한다)의 경우 990㎥

다. 도시계획구역 중 개발제한구역 안에서 당해 구역의 지정 당시부터 토지를 소유한 자가 당해 토지에 대하여 시행하는 사업의 경우 1,650㎥

라. 도시계획구역 외의 지역에서 시행하는 사업의 경우 1,650㎥인 경우 부과종료시점 전에 「지적법」 제38조의 규정에 의하여 등록사항 중 정정이 있는 경우 정정된 면적을 기준으로 한다.

③ **개발부담금 부과기준**

개발부담금의 부과기준은 아래와 같이 개발이익에서 개발비용을 차감한 금액에 다음의 부담률을 부과한다.

가. 제5조제1항제1호부터 제6호까지의 개발사업(계획입지사업): 100분의 20

나. 제5조제1항제7호 및 제8호의 개발사업(개별입지사업): 100분의 25. 다만 개발제한구역 내의 토지로서 구역지정 당시부터 토지소유자가 개발사업을 시행하는 경우에는 개발이익의 20%를 부과한다(법 제13조).

개발부담금=(개발이익−개발비용)×부담률(25%)
*개발이익: 종료시점지가−(개시시점지가+개발비용+정상지가 상승분)
*개발비용: 순공사비, 조사비, 설계비, 일반관리비, 그 밖의 경비, 기부가액, 개량비

④ 부담금 부과의 기준시점

부담금의 부과 개시시점은 사업시행자가 국가 또는 지방자치단체로부터 개발사업의 인가 등을 받은 날로 한다. 다만, 인가 등을 받기 전에 토지이용계획 등의 변경이 있는 경우로서 그 토지이용계획 등의 변경 전에 취득한 토지의 경우에는 취득일을 부과 개시시점으로 한다(법 제9조제1항제1호). 부과종료시점은 관계법령에 의하여 국가 또는 지방자치단체로부터 개발사업의 준공인가 등을 받은 날로 한다. 다만, 부과대상토지의 전부 또는 일부가 다음 하나에 해당하는 경우 당해 토지에 대해서는 그에 해당하게 된 날을 부과종료시점으로 한다(법 제9조3항).

[유사부담금제도와 비교]

구분	광역교통시설부담금	개발부담금	교통유발부담금	과밀부담금
설치 목적	대규모 개발에 따른 교통난을 완화하기 위한 재원 확보	토지투기를 방지하고 토지의 효율적인 이용을 촉진	교통개선사업의 재원확보 및 교통수요의 간접억제	수도권의 과밀해소, 지역균형 개발
성격	원인자/수익자 부담	개발이익환수	원인자/수익자 부담	원인자/수익자 부담
부과 대상	개발사업 시행자	개발사업 시행자	교통시설 유발 시설물의 소유자	건축물의 신·증축 및 용도변경자
	택지개발, 도시개발, 아파트지구·대지조성, 주택건설, 주택재개발, 재건축, 중앙복합건물	택지개발, 공단조성, 관광단지조성, 도심재개발 유통단지 등	인구 10만 이상인 도시지역 안의 바닥면적 1,000㎡ 건축물	25천㎡ 이상 업무용, 15천㎡ 이상 판매용, 25천㎡ 이상 복합용, 1천㎡ 이상 공공청사
부과 시기	사업승인인가 등을 받은 날로부터 60일 이내 부과	전체 개발사업이 완료된 날로부터 3개월 이내	연 1회	건축허가 또는 신고일 기준

(21) 부가가치세

부가가치세율은 총분양가 중 건물 공급가액의 10%이다. 사업자가 면세대상인 토지와 과세대상인 건물 및 기타 구축물을 함께 공급하는 경우 그 건물 및 기타 구축물의 공급가액은 실지 거래가액에 의하도록 되어 있다. 다만 실지거래가액 중 토지의 가액과 건물 및 기타 구축물의 가액이 불분명한 경우에는 공급계약일 현재 감정평가액, 「소득세법」 제99조에 의한 기준시가 또는 장부가액에 비례하여 부가가치액을 안분계산하고 있다. 통상 사업성 검토 시에는 전체 분양금액의 5.5~7.0%를 부가가치세액으로 추정하고 있다.

이하에서 전체 분양금액에 대한 부가가치세율을 개략적으로 계산하는 방법을 예시코자 한다.

실제 특정 사업의 사업성을 검토한 자료가 있다면 그 자료에 나오는 숫자를 적용하면 되겠지만 여기서는 다음과 같은 임의의 숫자를 가정하여 부가가치세율을 구해보자.

- 토지매입비: 100억 원
- 토지 소유권이전등기 비용: 6억 원
- 토지상 존재하는 건물 철거비: 1억 원
- 설계 및 감리비: 2억 원
- 건축공사비: 180억 원
- 건물 보존등기 비용: 4억 원

전체 분양금액: 부가가치세를 포함하여 400억 원이라고 할 때, 개략적인 토지원가와 건물원가를 구해 보면,

- 토지원가＝토지 매입비＋토지소유권이전비용＋철거비
  ＝100억 원＋6억 원＋1억 원＝107억 원이고,
- 건물원가＝설계·감리비＋건축공사비＋보존등기비
  ＝2억 원＋180억 원＋4억 원＝186억 원이 된다.

이를 바탕으로 건물 및 토지의 공급가액을 산출해 보면,

- 고건물공급가액＝분양금액×{건물원가÷[토지원가＋건물원가＋(건물원가×10%)]}
  ＝400억 원×{186억 원÷[107억 원＋186억 원＋(186억 원×10%)]}＝238.8억 원이 되며,
- 토지공급가액＝분양금액－건물공급가액－부가가치세
  ＝400억 원－238억 원－23.88억 원＝137.32억 원이 된다.

부가가치세율은 건물공급가액의 10%이므로 상기 238.8억 원의 10%인 23.88억 원이 본 예시 사업의 총분양가에 포함된 부가가치세액이 되며, 전체 분양금액에 대한 부가가치세율은 5.97%(23.88억 원/400억 원의 백분율)가 된다. 다만 아파트의 경우 전용 면적 $85m^2$(25.7평) 이하는 부가가치세가 면제되므로 위의 산식에서 부가가치세를 제외하고 계산하면 된다.

시공사의 입장에서는 사업성 검토 시 공사비 견적가에 매입부가세가 반영되었다.

(22) 기타 부담금(분담금)

부담금(負擔金)이란 지방자치단체 또는 그 기관이 법령에 의하여 실시해야 할 국가와 지방자치단체의 공동관심사무로서 국가에서 부담하지 않으면 안 될 경비를 국가가 그 전부 또는 일부를 부담

시키는 경비이다. 반면 분담금(分擔金)이란 주민이나 자치단체가 부담하는 것으로서 넓은 의미에서 목적세의 일종인데, 지방자치단체의 재산 또는 공공시설의 설치로 인하여 주민의 일부가 현저한 (특별한) 이익을 받을 때 그 비용의 전부 또는 일부를 지변(地變)하기 위해 그 이익을 받은 자로부터 그 수익의 정도에 따라 징수하는 공과금으로서 특별부과금이라고도 한다.

그러나 분담금을 부담금이라고 부르는 학자도 있으며 실무적으로도 분담금을 부담금이라고 칭하는 경우가 많아서(환경개선부담금, 농지전용부담금 등) 혼선이 따르고 있다. 환수금, 분담금, 부담금 등 다양한 명칭들이 사용되고 있으므로 주의가 필요하다.

① 부담금의 종류

부담금액	소관부처	관련근거
시설부담금	지역도시가스사업자	도시가스사업법
공사부담금	한국지역난방공사	집단에너지사업법
상수도 시설부담금	지방자치단체	수도법
하수도 원인자부담금	지방자치단체	하수도법
한전인입분담금	한국전력공사	한전공급인입규약
농지보전부담금	농림축산식품부	농지법
대체산림자원조성비	산림청	산지관리법
개발부담금	국토교통부	개발이익환수에 관한 법률
광역교통시설부담금	국토교통부	대도시권 광역교통관리에 관한 특별법
과밀부담금	국토교통부	수도권정비계획법
기반시설부담금	국토교통부	기반시설부담금에 관한 법률(2008년 삭제)
재건축부담금	국토교통부	재건축 초과이익환수에 관한 법률

② 관련용어

타공사	공공하수도를 이설, 보수 개수하게 하는 원인을 제공한 공공하수도 외에 상수도관, 가스관, 통신관, 전주 및 도로, 철도 등의 설치공사
타행위	공공하수관에 영향을 미치는 공사 외의 행위로 도시개발사업, 주택법, 도시 및 주거환경정비사업, 택지개발촉진법, 도시개발사업 등에 따른 개발사업의 수행, 관광지, 관광단지 개발사업 그 밖의 하수처리 구역에 포함되지 아니한 지역의 개발행위자가 하수처리구역으로 포함되는 것을 요청하여 공공하수도의 신설, 증설이 필요한 행위
환지방식	도시를 개발하는 방법에는 수용방식, 환지방식, 혼용방식(수용＋환지)이 있다. 시·도지사나 국토교통부장관이 도시를 개발하기로 결정하고 구역지정을 하게 되면 토지의 소유자에 대한 보상, 수용계획을 어떤 방법과 절차에 따라 할 것인가를 정할 때 위 3가지 방법 중 하나를 택하여 시행한다. 간단하게 말하면 수용방식은 지정된 구역의 토지를 모두 사들여서 개발하는 방식이며 환지방식은 토지소유자에 구역을 개발 후 다시 토지를 나눠주는 방식이다.

기간시설 또는 인프라구조 (Infrastructure)	경제활동의 기반을 형성하는 기초적인 시설들을 말하며, 도로나 하천, 항만, 공항 등과 같이 경제활동에 밀접한 사회자본을 말한다.
	• 대통령에 의한 주요 기간(기반)시설
	  - 도로(인근의 간선도로로부터 기반시설부담구역까지의 진입도로 포함)
	  - 공원, 녹지, 학교(고등교육법에 의한 학교 제외)
	  - 수도(인근의 수도로부터 기반시설부담구역까지 연결하는 수도 포함)
	  - 하수도(인근의 하수도로부터 기반시설부담구역까지 연결하는 하수도 포함)
	  - 폐기물처리시설
	  - 그 밖에 시장·군수가 개발사업의 특성상 필요하다고 정하는 시설

간선시설 (幹線施設)	도로·상하수도·전기시설·가스시설·통신시설 및 지역난방시설 등 주택단지(둘 이상의 주택단지를 동시에 개발하는 경우에는 각각의 주택단지를 말한다) 다만, 가스시설·통신시설 및 지역난방시설의 경우에는 주택단지 안의 기간시설을 포함한다(주택법 제2조제17항).
무상귀속	새로이 설치되는 정비기반시설은 정부에 무상귀속되고, 그 범위 내에서 무상양도 한다. 이 규정은 그동안 잘 준수되고 있었으나 최근에 기부채납에 대한 용적률을 완화해 준다는 이유로 기존의 기반시설을 무상양도하지 않고 관할행정관청은 조합에 현금납부를 요구하고 있다. 이러한 요구는 법원으로부터 정당성을 인정받지 못하고 있다. 그럼에도 불구하고 일부 지자체는 이런 요구를 계속하고 있어 행정권남용이라는 비난을 면키 어려울 것이다. 급기야 기존의 기반시설에 대하여 도시관리계획에 편입되지 않는 부분은 무상양도대상에서 제외하는 일이 벌어지고 있어 조합부담이 늘어나고 있다. 이러한 사건은 무상귀속과 무상양도에 대한 본질적인 법적 성격을 오해해서 발생하는 문제로 보인다. 무상양도는 개발이익환수차원이 아니다. 이런 의미에서 정부는 법률과 제도를 만들어주고 있고 무상귀속과 무상양도도 이러한 제도 중의 하나이다. 도시정비법은 주민들의 개발이익이 어느 정도 있기 때문에 시행하는 것이지, 없다면 할 이유가 없을 것이다. 그래서 개발이익이 있다고 해서 무상귀속을 개발이익환수차원으로 판단하여 무상양도를 하지 않는 것은 무리가 있다. 무상귀속이 정당하다면 무상양도의 범위를 정비사업구역 내의 공공청사 등을 제외하고 모든 국공유지로 해야 할 것이다(도시 및 주거환경정비법 제97조)
무상양도	공유재산관리지침에서는 현행 「도시 및 주거환경정비법」 제97조제2항은 "시장·군수 또는 주택공사 등이 아닌 사업시행자(조합)가 정비사업의 시행으로 새로이 설치된 정비기반시설은 그 시설을 관리할 국가 또는 지방자치단체에 무상으로 귀속되고, 정비사업의 시행으로 인해 용도가 폐지되는 국가 또는 지방자치단체 소유의 정비기반시설은 그가 새로이 설치된 정비기반시설의 설치비용에 상당하는 범위 안에서 사업시행자에게 무상으로 양도한다"고 규정하고 있다.
기부채납	도시계획에서는 주로 용도지역의 변경, 용적률 증가, 층수완화 등 건축물 규모를 완화하기 위하여 토지의 일부를 해당 지방자치단체나 국가에 기부하는 것을 말한다. 예를 들면 공원을 조성하여 공공기여를 하면, 공원 제공으로 인하여 짓지 못하는 건축물 면적 이상을 추가로 건축할 수 있도록 하여, 시민들에게는 공원을 제공하면서 건축주에게는 재산상 손해가 가지 않도록 한다.

③ 간선시설의 시행주체

가. 법규별 간선시설 시행주체

구분	내용	시행주체
사업승인조건	-	사업시행자
하수도법 시행령 (제35조제2항 1, 2호)	타공사(간선시설 설치의무자), 타 행위(각 사업법에 따른 행위), 이설, 보수, 개수를 하게 하는 원인 제공자	원인자부담금 부과
도시개발법(제55조제1항)	도로와 상하수도시설의 설치는 지방자치단체	지방자치단체
주택법(제28조)	사업계획 승인 후 간선시설 설치; 의무자에게 통지, 사업시행자와 간선설치의무자 별도로 규정	간선설치 의무자 (시행자와 별개)
도시재정비특별법(제27조제1항)	재정비지구의 기반시설 도로 및 상하수도 설치	지방자치단체
도시주거환경 정비법 (제92조2항, 동 시행령 제77조)	대통령령의 주요 기반시설 지자체 부담(주요 기반시설: 도로, 상하수도, 공동구 등)	지방자치단체
국토의 계획 및 이용에 관한 법률(제69조)	대통령령의 주요 기반시설은 지자체 부담	지방자치단체
서울시 물재생기획팀	하수도조례에 불분명한 문구가 있어 논란의 여지가 있음(관할구청과 협의하여 해결함이 바람직함)	부담금에 간선관거 공사비 포함되어 있음
국민권익위원회	- 시행자의 주장(원인자분담금 내 하수관로 포함) 내용이 하수법 취지에 적합함 - 공식문건으로 접수 시 상세히 검토 후 중재처리	부담금을 징수하여 지자체에서 수행함
각종 대법원 판례	원인자부담금을 부과시키거나 공사수행을 시키는 것으로 타 행위에 의한 공사수행을 시키는 것임	원인자부담금으로 지자체에서 수행함

나. 간선시설의 시행주체에 관련된 법률

가) 「주택법」

사업주체가 대통령령으로 정하는 호수 이상의 주택건설사업을 시행하는 경우 또는 대통령으로 정하는 면적 이상의 대지조성사업을 시행하는 경우 다음 각 호에 해당하는 자는 각각 해당 간선시설을 설치하여야 한다. 다만, 제1호에 해당하는 시설로서 사업주체가 제16조제1항에 따른 주택건설사업계획 또는 대지조성사업계획에 포함하여 설치하려는 경우에는 그러하지 아니하다. 사업주체가 지방자치단체로서 도로 및 상하수도시설을 설치하여야 한다.

1. 해당 지역에 전기·통신·가스 또는 난방을 공급하는 자: 전기시설·통신시설·가스시설 또는 지역난방시설

2. 국가: 우체통

제1항 각호에 따른 간선시설은 특별한 사유가 없으면 제29조제1항에 따른 사용검사일까지 설치를 완료하여야 한다.

- 제1항에 따른 간선시설의 설치 비용은 설치의무자가 부담한다. 이 경우 제1항제1호에 따른 간선시설의 설치 비용은 그 비용의 2분의 1의 범위에서 국가가 보조할 수 있다.

- 제3항에도 불구하고 제1항의 전기간선시설을 지중선로(地中線路)로 설치하는 경우에는 전기를 공급하는 자와 지중에 설치할 것을 요청하는 자가 각각 100분의 50의 비율로 그 설치비용을 부담한다. 다만, 사업지구 밖의 기간시설부터 그 사업지구 안의 가장 가까운 주택단지(사업지구 안에 1개의 주택단지가 있는 경우에는 그 주택단지를 말한다)의 경계선까지 전기간선시설을 설치하는 경우에는 전기를 공급하는 자가 부담한다.

- 지방자치단체는 사업주체가 자신의 부담으로 제1항제1호에 해당하지 아니하는 도로 또는 상하수도시설(해당 주택건설사업 또는 대지조성사업과 직접적으로 관련이 있는 경우로 한정한다)의 설치를 요청할 경우에는 이에 따를 수 있다.

- 제1항에 따른 간선시설의 종류별 설치 범위는 대통령으로 정한다.

간선시설 설치의무자가 제2항의 기간까지 간선시설의 설치를 완료하지 못할 특별한 사유가 있는 경우에는 사업주체가 그 간선시설을 자기부담으로 설치하고 간선시설 설치의무자에게 그 비용의 상환을 요구할 수 있다.

- 제7항에 따른 간선시설 설치비용의 상환방법 및 절차 등에 필요한 사항은 대통령령으로 정한다.

나) 「도시개발법」

(가) 도시개발법 제55조: 도시개발법 개정 2008.03.28.(도시개발구역의 시설 설치 및 비용부담 등)

(나) 도시개발구역의 시설의 설치는 다음 각호의 구분에 따른다.

1. 도로와 상하수도시설의 설치는 지방자치단체

2. 전기시설·가스공급시설 또는 지역난방시설의 설치는 해당 지역에 전기·가스 또는 난방을 공급하는 자

(다) 통신시설의 설치는 해당 지역에 통신서비스를 제공하는 자

1. 제1항에 따른 시설의 설치비용은 그 설치의무자가 이를 부담한다. 다만, 제1항

제2호의 시설 중 도시개발구역 안의 전기시설을 사업시행자가 지중선로로 설치할 것을 요청하는 경우에는 전기공급하는 자와 지중에 설치할 것을 요청하는 자가 각각 2분의 1의 비율로 그 설치비용을 부담(전부 환지 방식으로 도시개발사업을 시행하는 경우에는 전기시설을 공급하는 자가 3분의 2, 지붕에 설치할 것을 요청하는 자가 3분의 1의 비율로 부담한다)한다.[신설 2008.3.28., 시행일 2008.6.29.]

2. 제1항에 따른 시설의 설치는 특별한 사유가 없으면 제50조에 따른 준공검사 신청일(지정권자가 시행자인 경우에는 도시개발사업의 공사를 끝내는 날을 말한다)까지 끝내야 한다.

3. 제1항에 따른 시설의 종류별 설치 범위는 대통령령으로 정한다.[개정 2008.3.28., 시행일 2008.6.29.]

4. 제4항에 따라 대통령령으로 정하는 시설의 종류별 설치 범위 중 지방자치단체의 설치 의무 범위에 속하지 아니하는 도로 또는 상하수도시설로서 시행자가 그 설치비용을 부담하려는 경우에는 시행자의 요청에 따라 지방자치단체가 그 도로 설치 사업이나 상하수도 설치 사업을 대행할 수 있다. [개정 2008.3.28., 시행일 2008.6.29.]

다) 「도로법」 제34조(부대공사의 시행)

(가) 도로공사로 인하여 필요하게 된 타 공사의 비용이나 도로공사를 시행하기 위하여 필요하게 된 타 공사의 비용은 제61조에 따른 허가에 특별한 조건이 있는 경우 외에는 그 필요를 생기게 한 한도에서 이 법에 따라 도로에 관한 비용을 부담하여야할 자가 그 전부 또는 일부를 부담하여 직접 시행한다. 다만, 제68조 제3호에 따라 점용료를 감면받은 자는 도로의 관리청(「고속도로법」에 따라 국토교통부장관의 권한을 대행하는 한국도로공사와 「사회기반시설에 대한 민간투자법」에 따른 사업시행자로서 도로에 관한 민간투자법을 시행하는 자를 포함한다)이 도로공사를 시행하는 경우 점용으로 인하여 필요하게 된 타공사의 비용전부를 부담하여 직접 시행하여야 한다.[개정 2024.01.09.]

(나) 제1항의 도로공사가 타공사나 타행위로 인하여 필요하게 된 경우 그 타공사의 비용에 관하여는 제76조를 준용한다.[본조제목개정 2009.5.27.]

④ **사업승인 인허가조건의 종류와 내용**

가. 일반조건: 관계규정에 의한 서류제출, 민원발생에 대한 원상복구 및 보상처리

나. 분야별 조건

주택과	정밀시공, TV 시청장애방지, APT내부구조 변경불가 등
재무과	국유지 점용료납부, 무상귀속 무상양도 종류 통지
사회복지과	장애인편의시설 설치사항
토목과	기부 체납도로 조성에 관한 사항
치수방재과	하수관 신설, 개량 및 원인자부담금에 관한 사항
소방서	소화전 이설 및 소화활동에 관한 사항
수도사업소	급수공급조건, 아리수 음수대 설치(보육시설, 경로당, 관리사무소)
한국전력공사	지장배선설비 철거 및 이설에 대한 공사비
도시가스	공급가능 조건 등
SH공사	재개발 임대APT시설물 설치, 발코니, 복도 샤시 설치 등

다. 사례

청량리 3, 4구역, 동부청과시장	공공하수관로	• 용적률 완화조건인 공공기여도 항목에 공공하수관 약 56억 원 공사비 분담요구	60억 원 절감 (진행 중)
	도로확장공사	• 답십리길 확장공사 약 10억 원	5억 원 절감 (진행 중)
구로 넷마블 지스퀘어	부담금	• 과밀억제 부담금 214억 원(사업인가조건 기준) • 개발부담금 절감 200억 원(미확정계산추정금액)	검토 중
	공공하수관로 한전 지중화	• 우·오수 확대개량 410미터 약 20억 원	검토 중
장위 5구역 조합아파트	시공사계약	• 이사비, 이주비 금융비용 등 시공사와 계약내용 검토	180억 (민사조정)
고덕 7단지 조합아파트	부담금 및 기반시설	• 하수 원인자부담금 및 공공하수관로 • 기부체납도로 도로개설 공사비 절감 지자체 협의 • 학교용지부담금(학교시설 증축 협약)	약 8억 약 1억 소송 중
	한전/지역난방	• 한전, 통신 등 간선시설 이설	0.5억 원
과천 6단지 조합아파트	부담금 및 기반시설	• 하수원인자부담금 및 공공하수관로/한전이설(진행 중) • 학교용지부담금(학교시설 증축 협약서) 재검토(진행 중) • 복개천 암거이설 175미터	8억 원 46억 원 25억 원
인천효성1구역 조합아파트	한전/지역난방	• 한전, 지역난방 이설	1억 원
인천청라시티타워	도시재생시설	• 기간시설 교량 3개소(약 220억 원)에 대한 공사주체	진행 중
	한전/지역난방	• 한전, 지역난방 간선시설 공사비 약 15억 원	진행 중

(23) 미술장식품비

① 근거법령

미술장식품 설치에 관해서는「문화예술진흥법」및 동법 시행령에 자세한 규정을 두고 있으며, 각 지자체별로 관련 조례를 두고 있으므로 사업성 검토 시 이를 참조하면 될 것이다.

② 설치대상

미술장식품을 설치해야 하는 건축물은 연면적이 10,000㎡ 이상인 것으로 한다. 대상 건축물은 공동주택, 제1종 및 2종 근린생활시설, 문화 및 집회시설 중 공연장·집회장 및 관람장, 판매 및 영업시설, 의료시설 중 병원, 업무시설, 숙박시설, 위락시설, 공공용 시설 중 방송국·전신전화국 및 촬영소, 기타 이와 유사한 것과 통신용 시설이다.[「문화예술진흥법 시행령」제12조제1항제2호부터 제10호까지의 건축물(건축주가 국가 또는 지방자치단체인 건축물은 제외한다)]

건축물 소재지	미술작품 사용금액
가. 시(자치구가 설치되지 아니한 시설을 말한다)·군·구 지역에 소재하는 건축물	건축비용의 1천분의 5 이상, 1천분의 7 이하의 범위에서 시·도의 조례로 정하는 비율에 해당하는 금액
가목 외의 지역에 소재하는 건축물	1) 연면적 1만 제곱미터 이상 2만 제곱미터 이하인 건축물: 건축비용의 1천분의 7에 해당하는 금액 2) 연면적 2만 제곱미터 초과 건축물: 연면적 2만 제곱미터에 사용되는 건축비용의 1천분의 7에 해당하는 금액 + 2만 제곱미터를 초과하는 연면적에 대한 건축비용의 1천분의 5에 해당하는 금액

설치대상 연면적의 경우 최종 설계변경시점의 연면적을 말하며, 지하층, 주차장, 기계/전기실, 변전실, 발전실, 공조실 등을 제외한 면적을 말한다.

③ 미술장식품비 산식

건축물의 미술장식에 사용하여야 할 금액에 대해서는「문화예술진흥법 시행령」제12조제5항의 〈별표 2〉에 명기되어 있으며, 이를 살펴보면 다음과 같다.

가. 공동주택의 경우

건축비용의 1/1,000~7/1,000 이하의 범위 안에서 지자체의 조례로 정하는 비율에 해당하는 금액, 보통 사업성 검토할 때 1/1,000을 기준으로 하고 있는데 지자체에 따라 1/1,000인 경우도 있으므로 반드시 해당 지자체 조례를 확인하여야 한다.

나. 기타 건물의 경우

자치구가 설치되지 아니한 시·군 지역에 소재하는 건축물의 경우 건축비용의 5/1,000~7/1,000

이하의 범위 안에서 지자체의 조례로 정하는 비율에 해당하는 금액이며, 기타 지역에 소재하는 건축물의 경우 연면적 $10,000m^2$ 이상 $20,000m^2$ 이하인 건축물은 건축비용의 7/1,000에 해당하는 금액을, 연면적 $20,000m^2$를 초과하는 건축물은 연면적 $20,000m^2$에 사용되는 건축비용의 7/1,000에 해당하는 금액+$20,000m^2$를 초과하는 연면적에 대한 건축비용의 5/1,000에 해당하는 금액으로 한다.

- 건축비용:「수도권정비계획법」제14조제2항의 규정에 의하여 국토교통부장관이 고시하는 표준건축비를 기준으로 연면적에 대하여 산정한 금액을 말하며, 특별시 및 광역시 지역을 제외한 지역의 경우에는 표준건축비의 95/100를 기준으로 연면적에 대하여 산정한 금액을 말한다. 연도별 표준건축비는 앞서 살펴본 '과밀부담금' 부분을 참조하기 바란다.
- 연면적:「건축법 시행령」제119조제1항제4호에 규정된바, 하나의 건축물의 각층의 바닥면적의 합계를 말하며 주차장·기계실·전기실·변전실·발전실 및 공조실의 면적을 제외한다.

④ 미술장식품 설치계약 및 비용지급

각 지자체의 문화예술진흥 조례에 따라 다양하게 규정하고 있으나 통상 사업계획승인 또는 착공 후 일정기간 내에 미술장식품 설치계약서 사본을 첨부하여 미술장식심의위원회의 심의를 받도록 되어 있으므로, 동 심의 전에 설치계약이 체결되어야 함은 물론이다. 미술장식품의 최종 설치는 대부분의 지자체 조례에서 당해 건축물의 사용승인 신청 6개월 전까지 해당 지자체의 미술작품심의위원회 심의를 완료해야 하며, 심의를 문제 없이 통과할 경우 지방 예술인에게도 일정비율 정도는 용역을 주는 것이 좋다. 미술장식품의 설치 계약 Sample을 보면 다음과 같다.

□ **미술장식품 제작·설치 계약서(Sample)**

도급인인 ○○○(주) 대표이사 ○○○(이하 "갑"이라 한다)과 수급인인 조각가 ○○○(이하 "을"이라 한다)은 아래와 같이 미술장식품 제작 및 설치에 관한 계약을 체결하며, 이를 증명하기 위하여 본 계약서 2부를 작성하여 상호 서명 날인한 후 각각 1부씩 보관키로 한다.

*계 약 명: ○○○○신축공사 미술장식품 제작 및 설치 용역
*설치장소: ○○시 ○○구 ○○동 ○○번지상
*계약기간: ○○○○년 ○○월 ○○일 ~ ○○○○년 ○○월 ○○일
*계약금액: 일금 ○○억 원정(부가가치세 별도)
*작품내용: 조각 1: ○○(제목), 크기- ○○mm×○○mm×○○mm, 작가명 - ○○○

제1조(총칙)

"갑"과 "을"은 ○○시 ○○구 ○○동 ○○번지 외 ○○필지상에 신축예정인 ○○○○신축공사의 미술장식품 제작 및 설치 용역계약을 체결하며, 본 계약조건을 상호 신의에 따라 성실히 준수키로 한다.

제2조(작품의 제작)

"을"은 상기 작품의 제작 및 설치 계획안을 "갑"에게 제출하여야 하며, 본 계획안에 따라 작품을 제작하고 설치하여야 한다. 단 조형 및 기능적인 면의 가치를 높이기 위해 필요하다고 판단할 때에는 "갑"과 협의하여 계획안을 수정할 수 있다.

제3조(대금의 지급)

"갑"은 "을"에게 다음과 같이 계약금액을 지급키로 한다.
1. 계약금: 계약금액의 10%를 계약일에 지급한다.
2. 중도금: 계약금액의 40%를 미술장식품 심의위원회의 심의가 완료된 날 지급한다.
3. 잔금: 계약금액의 50%를 미술장식품의 설치가 완료된 날 지급키로 한다.

제4조(예술품 심의)

① 본 계약의 목적물은 관할관청으로부터 '환경조형물'로서 인정받을 수 있는 참신한 작품이어야 하며, '환경조형물' 심의를 통과하지 못할 때에는 "을"의 책임으로 재제작하여 심의를 통과하여야 한다.
② "을"은 상기 계약 목적물을 준공 전에 설치 완료하여야 하며, "갑"의 준공서류 준비에 지장을 주어서는 안 된다.

제5조(권리 의무의 양도)

"을"은 본 계약으로 인해 발생되는 권리 또는 의무를 제3자에게 양도할 수 없다. 단, 사전에 "갑"의 서면 승낙을 받을 경우에는 예외로 한다.

제6조(계약의 효력)

본 계약은 쌍방이 본 계약서에 서명 날인한 날로부터 그 효력이 발생한다.

제7조(계약의 해석)

본 계약의 문구에 관한 해석상의 이의 또는 본 계약에 명기되지 아니한 사항에 대한 분쟁은 쌍방 합의에 의해 해결키로 한다.

제8조(저작권)

본 계약의 목적물인 조형물의 저작권은 "을"이 조형물의 설치를 완료하고 "갑"으로부터 계약금액을 전액 수령한 시점부터 "갑"에게 귀속된다.

0000년 00월 00일

도급인(갑)
    주소 :
    상호 :
    성명 :

수급인(을)
    주소 :
    상호 :
    성명 :

(24) 보존등기비

① 근거법령

「부동산등기법」 제65조에 따라 미등기의 부동산에 대하여 그 소유자의 신청에 의해 처음으로 행하여지는 소유권에 관한 등기를 보존등기라 하며, 사람으로 말하면 출생신고에 해당된다고 보면 된다. 어떤 부동산에 대하여 보존등기를 하게 되면 그 부동산의 등기용지가 새로이 개설되며, 이후 그 부동산에 관한 권리변동은 이 보존등기를 기초로 하여 이루어지게 된다.

② 보존등기 비용

보존등기 비용에 포함되는 세금은 등록세, 교육세, 취득세 및 농어촌특별세이며, 등록세와 취득세의 과세표준은 원칙적으로 전체 공사원가와 그 부대비용(일반관리비)이다. 통상 사업성 검토 시에는 설계비, 감리비 및 도급공사비를 합산한 금액 또는 도급공사비만을 과세표준으로 하여 비용을 산출하고 있으며, 아래 세목에서 보는 바와 같이 과세표준의 약 3.16%를 보존등기 비용으로 계상하고 있다.

- 신축: 2.8%(원시취득세율)
- 지방교육세: (취득세율 2.8%-2%)×20%=0.16%
- 농어촌특별세: 취득세액(세율 2.8%))×10%=0.2%

③ 등기신청권자 및 납부대상자

미등기건물의 소유권보존등기는 단독으로 다음 중 어느 하나에 해당하는 자가 신청할 수 있다.

가. 건축물대장에 최초의 소유자로 등록되어 있는 자 또는 그 상속인, 그 밖의 포괄 승계인

나. 확정판결에 의해 자기의 소유권을 증명하는 자

다. 수용 등으로 인해 소유권을 취득하였음을 증명하는 자

라. 특별자치도지사, 시장, 군수, 또는 구청장(자치구의 구청장)의 확인에 의해 자기의 소유권을 증명하는 자(건물의 경우 한정)

④ 납부기한

취득세의 경우 부동산 취득일로부터 30일 이내에 납부토록 되어 있으며, 신축건물의 경우 사용승인일을 취득일로 본다.

등록세의 경우 지방세법에서는 납부시기를 명확히 언급하지 않고 등기 신청 전에 납부하면 되도록 되어 있으나, 「부동산등기특별조치법」 제2조에 의하면 소유권 보존등기를 신청할 수 있게 된

날로부터 60일 이내에 소유권 보존등기를 신청하도록 되어 있으며, 만약 등기권리자가 상당한 사유 없이 등기신청을 해태한 때에는 그 해태한 날 당시의 그 부동산에 대한 등록세액(등록세가 비과세·면제·감경되는 경우에는 지방세법의 규정에 의한 부동산가액에 부동산 등기세율을 곱한 금액)의 5배 이하에 상당하는 금액의 과태료에 처하도록 되어 있다.

(25) 소유권이전등기 및 관련비용

① 근거법령

"부동산 소유권이전등기"란 부동산의 소유권에 변동이 생기는 경우 이를 부동산등기부에 등기하는 것을 말한다. 매매계약으로 인해 부동산의 소유자가 변경되는 경우 이를 등기해야 소유권의 변동 효력이 생긴다(「민법」 제186조).

부동산 매매계약이 체결된 경우 매도인은 매수인에게 부동산 소유권을 이전할 의무를 지게 된다. 부동산 소유권이전등기는 매도인과 매수인이 서로의 채무를 모두 이행한 60일 이내에 등기의무자인 매도인과 등기권리자인 매수인이 함께 등기소에 신청해야 한다(「부동산등기법」 제23조제1항 및 「부동산등기 특별조치법」 제2조제1항).

부동산 소유권 이전등기를 신청할 수 있는 대리인은 변호사나 법무사(법무법인·법무법인(유한)·법무조합 또는 법무사법인 법무사법인(유한)을 포함하며, 이하 "자격자대리인"이라 함)의 사무원 중 자격자대리인의 사무소 소재지를 관할하는 지방법원장이 허가하는 1명으로 한다(「부동산등기법」 제24조제1항제1호 단서 및 '부동산등기규칙' 제58조제1항 본문).

② 수수료

부동산 소유권이전등기를 하는 경우 신청인은 매 부동산마다 15,000원의 수수료를 내야 한다(「부동산등기법」 제22조제3항 및 '등기사항증명서 등 수수료규칙' 제5조의2제1항제2호)

③ 소유권이전등기 시 납부할 세금

소유권이전등기 시 납부할 세금은 취득세와 등록세면허세로 구분한다. 취득세는 재산에 대한 취득 행위 및 등기를 담세력으로 판단하여 부과하는 지방세이다. 취득한 재산을 과세객체로 하고, 재산을 취득한 사람 또는 법인을 납세의무자로 지정한 후 지방자치단체(광역자치단체)에 신고납부한다. 취득물건가액의 2%이다. 등록면허세는 소유권이전등기 시 유상일 경우 20/1,000(농지 10/1,000)이며, 무상의 경우 일반은 15/1,000이고 비영리법인 경우 8/1,000이다. 이와 별도로 상속의 경우는 8/1,000(농지 3/1,000)이다. 지방교육세는 취득세의 20%이다.

(26) 시행사 운영비(업무대행비)

시행사 운영이라 함은 시행사가 프로젝트를 추진하는 과정에서 소요되는 비용 즉, 사무실 임대료, 직원급여, 사무실 운영비 등의 비용을 말하며, 조합 시행대행사의 업무대행료는 조합사무실 운영비와는 별개로 시행대행사가 가지는 업무대행 수수료라고 보면 된다.

조합의 경우 시행대행사의 업무대행료를 분양가와는 별도로 책정하고 있으며, 세대당 500~1,000만 원 정도까지 다양하게 책정되고 있다. 조합이 아닌 일반도급의 경우에는 사업의 규모 등에 따라 사업관련 비용 이외 순수하게 시행사의 사무실 등의 운영비로 월 2천만~2억 원 정도를 책정하여 분양수입금에서 매월 분배하고 있다. 상기 금액이 일률적인 것은 아니므로 사업규모에 따라 시행사 또는 시행대행사와 협의하여 적절하게 조정하면 될 것이다.

(27) 금융비용

금융비용은 시행사 금융비용과 시공사 금융비용으로 나눌 수 있다. 시행사 금융비용은 주로 초기 사업추진비, 토지대 및 시공사로부터의 차입금에 대한 금리를 말하며 중도금 무이자 조건으로 분양할 경우에는 무이자분에 대한 금리까지 포함된다. 시공사의 금융비용은 월별 기성실적과 취하실적과의 차이에 대한 금리를 말하며 기성보다 취하가 많을 경우에는 역금리가 발생되고, 기성보다 취하가 적을 때에는 순금리가 발생되는데 공사기간 동안 발생된 역금리와 순금리의 총합이 시공사의 금융비용이 된다.

① 시행사 금융비용

시행사의 금융비용 중 가장 큰 부분을 차지하는 것은 토지대 차입금 금리이며, 그 다음이 중도금 무이자분에 대한 금리이다. 이자율은 대여한 금융기관의 금리에 따라 결정되며, 통상 시행사의 금융비용은 단리로 계산된다. 브릿지대출의 경우 주로 제2금융권인 새마을금고나 농협, 신협, 저축은행, 자산운용사나 증권사의 펀드를 통해 조달하는데 금융시장의 변동에 따라 최하 6%대에서 최고 15%를 상회하는 경우가 있다. 금융시장이 좋지 않을 경우 금리에다 지분까지 요구하고 있어 금융당국의 관리가 필요하다고 하겠다. 일반 P/F대출의 경우 금리와는 별도로 주간사수수료 등이 지불된다.

② 시공사 금융비용

시공사의 금융비용은 시행사와는 무관하게 시공사의 내부적인 참조 자료이며 단리로 계산하는 방식과 복리로 계산하는 방식이 있고, 이자율도 회사에 따라 다양하다. 시공사가 자체적으로 금융비용을 계산할 때 적용하는 이자율은 그 회사의 조달금리이다. 부채비율이 높은 회사일수록 조달금리의 이자율이 높으며, 이 금융비용을 충당하기 위해서는 공사원가 대비 마진율도 높게 책정될 수밖에 없어 공사단가가 높아지게 된다.

(28) 기타 Factors

이상 언급한 여러 가지 Factor 이외에도 사업성 검토 시 영향을 미치는 요소들이 많이 있으며, 정확한 사업성 검토를 위해서는 이들 요소들 또한 간과되어서는 안 될 것이다. 이하에서 간략하게 이들은 살펴보기로 한다.

① 대여금

가. 일반도급의 경우 사업을 시행코자 하는 시행사는 통상 사업부지의 소유권을 확보하지 못한 상태에서 시공사를 선정하게 된다. 왜냐하면 대부분의 시행사들이 자금력이 충분하지 못한 영세한 사업자들이어서 토지대 중 중도금 및 잔금을 지급할 여력이 없을 뿐만 아니라 자신의 신용만으로는 제1또는 제2금융권의 대출을 일으킬 수도 없기 때문이다. 따라서 시공자로서는 중도금의 전부 또는 일부를 대여하거나 미지급 토지대 전부에 대해 지급보증을 서는 것이 보통이다.

나. 분양성이 좋은 사업의 경우 대여금 또는 지급보증이 크게 사업성에 영향을 미치는 경우는 적으나, 분양률이 당초 사업성 검토 시 예상했던 것보다 저조할 경우 대여금의 상환이 지연될 뿐만 아니라 지급보증 금액이 증가되기 때문에 사업성에 심각한 영향을 줄 수도 있으며, 최악의 경우 부실채권이 될 가능성도 배제할 수 없다.

다. 따라서 시공사의 입장에서는 분양성, 사업시행사의 자금력 및 성향, 사업부지의 담보가치 등을 종합적으로 판단하여 채권보전이 가능한 범위 내에서 대여금집행 및 지급보증이 이루어질 수 있도록 하여야 할 것이다.

② 채권보전비용

가. 사업추진을 위해 시공사의 대여금이 집행되거나 지급보증이 이루어지는 경우 시공사의 입장에서는 장래 채권 확보를 위한 채권보전 조치를 취하는 것이 보통이다. 가장 확실한 채권보전책이라 하면 물적 담보(사업 시행사의 책임재산 또는 물상보증)를 확보하는 것이 되겠으나, 일반도급 아파트의 경우 관련 법률에 의한 제한으로 인해 사업부지에 근저당을 설정하는 등의 행위는 사실상 불가능하게 되어 있으며, 업무용 시설 또는 상업용 시설의 경우도 분양성을 고려하면 사실상 물적 담보를 확보하기란 쉽지 않은 일이다.

나. 따라서 통상 금전소비대차계약서를 작성함과 동시에 약속어음을 공증하는 방식의 채권보전책을 사용하고 있다. 공증이란 공정증서의 약어로 공증인 또는 법무부장관의 인가를 받은

합동법률사무소 및 법무법인이 작성한 증서를 말한다. 약속어음을 공증하는 이유는 채무자의 재산을 소송 없이 강제집행하기 위함이다. 보통 채무자의 재산을 강제집행하기 위해서는 채무명의를 득해야 하나,「민사소송법」제519조제4호 및「공증인법」제56조의2에 따라 공증된 약속어음은 채무명의로 보기 때문에 채무자의 재산에 대해 소송절차를 거치지 않고 바로 강제집행을 할 수 있다. 공증비용은 금액에 따라 차이가 있으나 최대 200만 원이므로 크게 사업성에 영향을 미치는 비용은 아니다. '공증인수수료규칙' 제2조에 규정된 공증수수료를 보면 다음과 같다.

[공증수수료]

법률행위의 목적 또는 어음 및 수표의 가액	수수료
200만 원까지	1만 1천 원
500만 원까지	2만 2천 원
1천만 원까지	3만 3천 원
1천500만 원까지	4만 4천 원
1천500만 원 초과 시	초과액의 2천분의 3을 가산

③ 각종 인허가비용

각종 면허세, 사업승인 수수료, 지역개발 공채, 교통영향 평가비용, 감정평가비 등 인허가 관련 비용이 있으나 금액이 적고 영수증 처리가 곤란한 비공식적인 비용들이 간혹 발생되기도 하여 통상 예비비 항목에 포함시키고 있다. 참고로 교통영향평가를 받아야 하는 시설물의 기준면적을 살펴보면 다음과 같다.

[지방교통영향 심의위원회 협의대상시설]

구분	시설	심의대상(건축연면적 기준)
주거시설	공동주택	6만㎡ 이상
업무시설	일반 업무시설	2만 5천㎡ 이상
	국가 또는 지방자치단체 청사	6천㎡ 이상
관람집회시설	공연장·집회장·관람장	1만 5천㎡ 이상
	예식장	1천 3백㎡ 이상
판매시설	시장·도매센터	1만 1천㎡ 이상
	대형(할인)점·백화점·쇼핑센터	6천㎡ 이상
근린생활시설	정수장·양수장·변전소	3만 7천㎡ 이상
	제1종 및 제2종 근생시설	1만 2천㎡ 이상

교통영향평가에는 중앙교통영향심의위원회 심의대상과 지방교통영향심의위원회 심의대상이 있으나, 본 책자의 연구대상인 주택사업의 경우엔 지방교통영향심의위원회의 평가대상이 대부분이므로 이에 한정키로 한다.

교통영향평가서 제출 시기는 「건축법」 제8조의 규정에 의한 허가 전, 개별법에 의하여 시행하는 시설의 경우에는 동 시설의 설치를 위한 해당 법령에 의한 인·허가 전이며, 대행 비용은 실비정액 가산방식을 적용하도록 되어 있으나, 계약 당사자 간 협의에 따라 결정된다고 보아야 할 것이다. 복합용도의 시설물일 경우에는 다음 산식에 의하여 계산한 건축연면적의 합계(Swa)가 1만m² 이상인 복합용도 시설물의 신축은 지방교통영향심의위원회의 심의대상이다.

$$Swa = \Sigma(Pa \div Ma) \times 10,000$$
Pa: 각 시설물의 용도별 건축연면적(m²)
Ma: 각 시설물의 최소 교통영향평가대상 규모(m²)

④ 각종 인입비

전기시설, 가스시설, 수도시설 및 지역난방이 시행되고 있는 지역의 경우 지역난방시설 등의 인입공사에 소요되는 비용을 말하며, 통상 평당 1만 5천~2만 5천 원 정도가 소요된다. 사업성 검토 시에는 견적 관련 부서에 의뢰하여 산출된 금액을 반영하거나 평당 2만 5천 원을 반영하고 있으며 실제 이 범위를 초과하지 않는 범위 내에서 인입공사가 이루어지고 있다.

⑤ 예비비

예비비는 사업성 검토서류에 일일이 나열하기가 곤란하거나 사업진행 과정에서 예기치 않게 발생될 수 있는 비용을 충당하기 위한 예비적 비용항목이다. 예비비에는 민원, 추가 분양촉진비, 전봇대 또는 상·하수도 이설비, 사업승인조건 공사비 등의 비용이 이 항목에 포함되는 경우가 많다. 통상 전체사업의 1~2%의 예비비를 책정한다.

⑥ 기타

기타 사업지역이나 부지상태 및 분양성, 민원여부, 공사의 난이도 등에 따라 별도의 항목 또는 예비비 항목으로 비용을 책정할 수 있을 것이다.

(29) 분양가

① 문제점

적정분양가를 어떻게 책정할 것인가? 개발사업을 영위하는 업체라면 모두가 이 문제로 한번쯤은 고민해 본 경험이 있을 것이다. 주택영업을 담당하고 있거나 리조트개발에 있어 분양가를 담당하고 있는 대부분의 담당자들은 사업성 검토를 할 때마다 적정분양가를 얼마로 해야 하는가 하는 문제로 고민한다. 그만큼 분양가가 사업성에 미치는 영향이 크기 때문이다.

가장 간단하고 안전한 분양가 책정방법은 주변 유사건물의 분양가 또는 시세와 마감상태를 조사하여 그보다 분양가를 약간 낮추면 된다. 통상 분양성 조사 용역을 맡기거나 마케팅 조사를 의뢰하면 이와 유사한 결과가 도출되고 있음을 자주 볼 수 있다.

그러나 위와 같은 방식만으로 영업을 하여서는 발전성이 없을 뿐만 아니라 타 건설업체와 차별성이 없어 분양에 성공할 수 없을 것이다. 분양가 산정은 단순히 주어진 물건에 대한 분양의 대가로만 지급하는 것이 아니라 분양대행사들의 마케팅 또는 자신들이 관리하고 있는 수분양자들을 이용한 조기분양 전략이나, 고급브랜드 사용을 통해 일시에 분양을 하거나 통분양에 따른 성과 등을 고려하여 책정되어야 한다.

② **해결방안 모색**

가. 우선 분양가에 영향을 미치는 요소가 무엇인지에 관해 영업직원, 마케팅조사 담당직원 및 상품개발팀의 연구가 선행되어야 한다.

나. 각지에서 많은 사업들이 시행되고 있으며, 성공사례도 있고 실패사례도 있다. 분양가의 책정도 다양하다. 분양가가 주변시세에 비해 월등하게 높음에도 불구하고 분양률이 높은 경우도 있고 분양가가 낮음에도 불구하고 분양률이 낮은 경우도 있다.

다. 분양가에 영향을 미치는 요소를 간략히 보면 사업부지가 속한 지역, 위치, 평면 및 마감, 향, 부지주변 여건, 쾌적성, 자연친화성, 건물의 용도 등이다. 이들 중 인위적으로 변경할 수 있고 동시에 분양가에 가장 큰 영향을 미칠수 있는 요소는 평면과 마감 정도일 것이다. 평면과 마감에 대한 연구가 전혀 없는 것은 아니지만 개인이나 부서차원의 연구가 아닌 회사차원의 강도 높은 연구가 이루어져 동종 타사보다 월등히 앞서 나갈 수 있는 수준이 되지 않으면 분양가 차등화에 Risk가 따를 수밖에 없을 것이다.

라. 따라서 영업직원과 마케팅팀은 끊임없이 타사의 설계도서 및 M/H뿐만 아니라 소비자의 인식 변화에 대해 연구하고, 그 연구결과를 함께 토론하여 그들의 장단점을 분석 및 Data base화 하고 소비자의 선호도에 부응할 수 있는 평면 등을 실무에 적용하여야 할 것이며, 상품개발 팀에서는 국내는 물론 해외 선진업체들의 평면 및 마감을 지속적으로 Follow Up하여 타사 대비 차별화된 상품이 출시될 수 있도록 하여야 할 것이다.

(30) 토지대

① 문제점

가. 사업부지의 매매계약을 체결하고 소유권을 확보하는 일은 전적으로 사업 시행사의 책임사항이다. 그럼에도 불구하고 시공사의 입장에서 사업부지 및 토지대에 관심을 가지지 않을 수 없는 것은 이들이 사업성과 직결될 뿐만 아니라 사업의 성패와도 관련되는 중요한 요인이기 때문이다.

나. 토지매매계약의 기초가 되는 자료는 토지대장과 토지등기부등본 및 건축물대장과 건물등기부등본이다. 이들에 대한 정확한 검토 없이 매매계약을 체결할 경우, 토지대 인상은 물론 공기지연 등 시행사와 시공자 모두에게 상당한 금전적 피해를 초래할 수 있다.

다. 유의해야 할 사항을 나열해 보면 등기부등본상 압류, 가압류, 가처분, 예고등기, 공유지분, 사업권, 건물의 경우 부전지 및 별도등기 등이다.

② 해결방안 모색

가. 압류 등: 압류의 경우 보통 세금체납에 따른 경우이며 압류금액이 등기부등본상 표기되지 않는다. 따라서 실제 체납된 금액이 얼마인지를 해당 세무서 및 관할관청 세무담당에게 확인하여 매매계약 조건에 명기하여야 한다. 가처분의 경우 왜 가처분이 이루어졌는지를 파악해야 하며 매매대금을 지급하기 전 당사자 간 합의가 이루어질 수 있도록 조치하고 반드시 서면으로 확인하지 않으면 안 된다. 예고등기는 소유권에 관한 분쟁이 발생하여 사건이 법원에 계류 중이라는 경고성 등기이므로 가처분과 같은 조치가 필요할 것이다.

나. 제소전화해조서: 사업부지 매입과정에서 자주 발생하는 문제점 중 하나는 매매가를 계속해서 높이거나 매매 자체를 거부하는 지주들을 어떻게 처리할 것인가 하는 문제이다. 매매계약을 체결할 수 있도록 유도하는 데까지는 사실상의 문제로 설득을 지속할 수밖에 없지만 매매계약을 체결하기에 이르렀다면 추후 매도인이 임의로 매매가를 인상하거나 또다시 매매 자체를 거부하지 못하도록 제소전화해조서를 작성하여 두는 것이 좋을 것이다. 화해조서는 판결과 동일한 효력을 가진 채무명의이며 매도인이 매매계약상 의무를 위반할 경우 반대급부로 매수인의 의무를 이행하고 즉시 강제집행할 수 있기 때문에 사업진행 과정에서 상당한 시간 및 비용절감을 가져올 수 있다.

① 금융대출 시 검토사항

부동산 개발금융은 사업성에 의해 좌우되고 사업성이란 분양하고자 하는 분양 대상 부동산이 얼마나 잘 판매되는가에 달려 있다. 결국 금융기관 입장에서는 빌려주는 대출금에 대하여 충분한 담보력이 있는지, 그리고 사업성은 충분한지를 보고 대출을 결정한다. 그 외 부가적으로 인허가의 여부나 사업시행사의 신용도나 개발경험과 능력 등을 따져보고 최악의 경우 위험(Risk)이 무엇인지 그리고 채권회수 방법이 무엇인지를 검토하게 된다.

1) 심사보고서 작성 시 분석사항

금융기관은 대출 전 사업자 즉 차주에 대한 개발능력이나 실적 등을 보지만 가장 중요시하는 것은 대출금에 대한 회수 불가능(Risk)을 분석하는 것이다. P/F대출에 대한 위험(Risk)은 내부적으로 검토하는 인플레이션 위험이나 유동성 위험, 법적 위험 등이 있으며, 외부적으로는 사업성에 역점을 둔다. 일단 사업성이 어느 정도 있다고 판단되면 만일의 사태에 대비해 투자회수 및 채권보전방안 등을 설립한 후 대출을 고려한다. 일반적인 금융기관에서 P/F대출 시 분석하는 사항은 다음과 같다.

구분	내용	주요 확인사항
거래상대방	• 거래상대방 위험분석 • 거래구조	• 시행사, 시공사의 신용도, 실적 • 계약내용협의서(Term Sheet) 작성 등
위험(Risk)	• PF 위험(Risk) 분석	• 금융적 위험 • 법적 위험 • 인플레이션 위험 • 유동성 위험
사업성	• 개발타당성 확인 • 수익성 분석	• 부지매입가 적정성, 공사비 타당성 • 기대수익률 · 요구수익률 • 현금흐름, 내부수익률 • F/S 보고서, Stress Test 등 • 순현재가치, 부채상환능력계수 • 분양가격 및 예상분양률
투자회수계획 (Exit Plan)	• 투자회수계획(Exit Plan)	• Risk & Return 적정성 • Exit 계획의 실현가능성
	• 채권보전방안	• 담보권 확보 및 보증인의 신용도 • 부보범위의 적정성
기타	• 안정적 토지확보 가능여부	• 시행사 자금투입 여부 • 계약률/계약기간 경과여부
	• 안정적 인허가 가능여부	• 개발규제, 계획구역지정여부 • 지방자치단체 입장 확인 등
	• 신용보강 여부	• 담보가치 평가 • 추가 제공가능 담보 및 연대보증 확인
	• 관련법률 제도	• 토지, 인허가, 신용보강 등 • 각종 부동산 정책
	• 부동산 관련 정보	• 경기동향, 부동산가격동향 등 • 대상지 인근 유사사례 등

2) 부동산 PF 총액 한도관리 사례

금융기관이 개발에 필요한 P/F를 결정하기 위해서는 여신위원회나 리스크관리협의회를 거치는데 본 협의를 통과하기 위해 발생할 수 있는 위험 및 위험에 대한 대책방안 등을 심도있게 체크하게된다. 개발사업은 P/F규모가 커서 단 한 건의 사고로 인해 금융기관이 파산할 수 있기 때문에 대부분 부동산세목별로 대출허용한도를 규정하여 총량제를 두고 있다.

아파트의 경우 위험요인이 리조트보다는 적지만 예기치 않은 사태로 부동산 가격이 하락하면서 많은 금융기관들이 P/F대출금을 회수하지 못하는 사태가 발생했다. 이와 반대로 아파트시장이 무너지면서 일부 리조트상품(콘도, 골프장회원권, 생활형 숙박시설 등)들이 호황을 누리면서 금융기관들은 리조트분야에 대출을 확대하는 경향이 나타나기도 했다.

구분	부동산 PF 한도관리	업종(건설, 부동산업) 한도관리
목적	실질적인 부동산 PF 관리를 위한 한도설정	부동산 PF를 포함한 관련 업종의 총량을 일정범위 이내로 제한
설정방법	부동산 PF에 대한 위험 허용한도를 인지하고 Exposure 한도 설정	위험 허용한도를 감안하여 편증리스크를 방지하기 위한 업종별 Exposure 한도 부여
관리방법	• 리스크관리협의회, 여신위원회 등 경영진 의사결정기구에서 결정 • Exposure 운영현황을 정기적으로 모니터링하여 경영진에 보고	

3) 시공사 간접 Exposure 관리 사례

구분	간접 Exposure 한도관리	Total Exposure 한도관리(간접 Exposure 포함)
목적	시공사가 신용보강한 간접 Exposure 관리를 위한 통제	건설사의 실질 Exposure 관리를 위한 직/간접 Exposure 통합 관리
설정방법	간접 Exposure에 대하여 합리적인 한도 관리	회사의 상환능력 등을 감안하여 통합한도 설정
관리방법	• 부동산 PF 대출 시 한도 확인 및 승인절차 구성	

② 부동산개발사업별 위험성과 수익성

1) PF빈도와 검토 주안점

관광(단)지개발의 위험성은 주거단지, 업무용 부동산개발의 경우보다 높다. 이러한 이유로는 관광(단)지에 개발되는 레저시설 대부분 즉, 호텔, 콘도, 생활형 숙박시설, 단지 내 유통이나 상가시설들은 사람들이 어느 정도 여유가 생겼을 때 구입하는 상품이며 투자 후 투자이익도 주거시설만큼 크지 않기 때문에 보다 세밀한 사업성 분석이 이루어져야 한다. 각 시설별 사업성 검토 시 주안점은 다음과 같다.

구분			위험성 (Risk)	수익성 (Return)	PF 빈도	PF(사업성) 검토 시 주안점
주거	아파트	분양	낮다	낮다	대	주택정책 및 법률 변화에 따른 영향
		임대	낮다	낮다	소	임대 관련 법률
	주상복합아파트		중간	중간	대	비주거 부문 분양성 등
	고급빌라		높다	높다	소	잠재 투자자 관리상태 등
	전원주택		높다	높다	소	주변 인프라, 수도권 내 거리 등
	오피스텔	주거용	낮다	중간	대	제도변화
업무	오피스텔	업무용	높다	높다	대	주거 상품화 여부 또는 업무 입지 여부
	오피스		중간	중간	중	잠재 투자자 및 통 매각 대상 유무
상업	상가	단지내상가	낮다	중간	소	이용 가능 배후 세대 규모
		근린상가	높다	높다	중	상층부 통매각 여부, 주변 경합상황 등
		전문상가	높다	높다	대	사업자의 유통업 경험 유무
		아울렛	중간	중간	중	1급 의류 브랜드 유치능력(KEY TENANT)
		역사/터미널	중간	높다	중	초기 자금 회수 방안(선수임대료 등)
공업	공장		중간	중간	소	기존 입지, 주변 공장 수요
	아파트형 공장		낮다	낮다	대	실수요(벤처업계 등) 동향
레저 및 숙박	콘도미니엄		높다	높다	소	회원 혜택의 질, 연계상품 구성 등
	펜션		높다	중간	소	지역 관광 특성 등
	온천/사우나		높다	중간	중	거리, 도심 내 사우나 증가 영향
	골프장		중간	중간	대	인허가, 수도권 접근거리, 골프텔 등
	호텔		중간	중간	중	분양 가능성, 운영 손익분기점 등
	여관		높다	높다	소	타 시설 연계 여부
기타	묘지(납골묘)		높다	높다	소	인허가 가능성, 수도권 접근거리 등
	실버타운		높다	낮다	소	운영주체의 관리능력
	단지개발		중간	중간	소-대	인허가 절차 및 소요기간, 관련 법 규정 등

2) 일반적인 부동산개발 리스크

일반적인 부동산개발의 리스크는 리조트개발의 리스크와 별반 다르지 않다.

부동산개발의 리스크는 통상적으로 사업인허가의 위험, 정부정책의 변동위험, 부동산경기변동으로 인한 위험, 분양에 대한 위험, 부동산가격의 폭락으로 인한 분양가 하락 및 부동산금융시장의 변화로 인해 부동산수요와 공급의 위험, 금리인상으로 인한 사업비조달 위험 등 수도 없이 많다. 일반적인 부동산개발의 리스크는 다음과 같다.

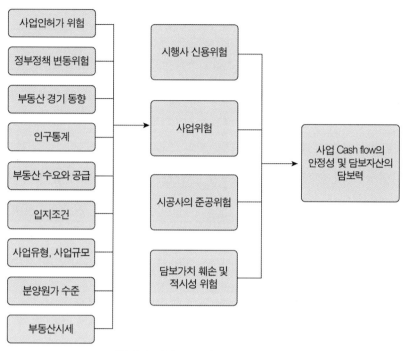

[부동산 개발 프로젝트 Risk Factors]

③ 부동산 개발금융의 사업성 평가

어떤 사업이던지 사전에 사업성 판단이 선행되어야 하는데 사업성을 판단하는 작업에 대해 사업성 분석, 평가 또는 검토란 용어를 사용한다.

사업자의 관점에서 판단할 경우 사업성 분석이라 하고, 금융기관이 사업자가 제시한 사업성 분석을 포함한 사업계획을 심사할 때는 사업성 검토(feasibility review/study) 또는 사업성 평가라는 단어를 사용한다.

금융기관의 사업성 검토가 사업자가 작성한 사업성 분석 간의 차이는, 그 분석 과정에 금융기관의 구체적인 금융조건이 반영된다는 것이다. 사업자가 사업성을 분석하는 목적은 사업의 미래 수익성을 예상하지만, 금융기관의 목적은 대출금이 반영된 사업의 수익성을 토대로, 대출금의 상환 가능성을 판단한다.

통상 사업성 검토자료는 외부 전문 회계법인(삼일, 태평양 딜로이트 등)에 의하여 작성된 자료를 근거로 하는데, 전문기관의 사업성 검토서는 사업의 수익성 및 대출금의 상환가능성에 대해 객관적, 독립적 검토의견을 제시한다. 금융기관은 사업시행자가 제출한 사업성 분석과 사업계획서 등을 토대로 자체적인 판단과 비교검토 후 최종 의사결정을 한다.

부동산개발사업에 대한 사업성 검토의 주요 내용은 ① 토지, 입지 및 시설계획 검토, 시장분석, 분양가격 및 분양성 검토 ② 수익 추정, 비용 분석, 자금수지작성, 수익성/차입금 상환가능성 평가 ③ 민감도 분석, 최종의견(정성적 요인 포함) 작성 등이다.

부동산개발사업은 선분양을 하는 경우가 대부분이기 때문에 건설기간 중 매출이 발생하는 특징이 있다. 매출 추정에서는 시기별 누적분양률 추정, 시설별 분양단가의 적정성 판단 등이 핵심 관건이 된다. 사업성 분석에 필요한 각 항목별 유념할 사항은 아래와 같다.

1) 비용분석에 있어서는 토지비 및 사업기간 중 발생할 수 있는 건설비, 경비 등의 적정성과 발생일정을 검토한다.

2) 수익과 비용을 토대로 자금수지를 작성하고, 각종 판단 지표를 통해 수익성 및 차입금 상환가능성을 평가한다.

3) 주요 변수들의 변화 관련 민감도 분석 역시 금융구조 설계 및 금융 의사결정에 필수적인 요소이다.

4) 외형 매출액의 총량도 중요한 요소이지만, PF 검토 시 사업기간별 원리금 상환구조를 설계해야하므로, 기간별 현금 유입액에 대한 판단 기준으로서 해당 사업의 기간별 누적분양률 추정이 필요하다.

① 기간별 누적분양률은 부동산 유형 및 지역별로 차이가 있고, 또한 당해 경기 및 관련 정책 변화 등 사업 외적인 요인에 의해서도 차이를 보인다.

② 사업성 검토 시 사업에 대한 시장성 판단은 궁극적으로 기간별 누적분양률을 도출하기 위한 것이며 이에 대한 추정은 사업지 입지분석, 주변 동일 또는 유사 시설의 분양실적, 시세 및 분양가격 비교, 잠재수요의 의향 파악 등을 종합적으로 검토한 후 판단한다.

③ 사업성에 대한 1차적인 평가요소는 수익성

④ 2차적인 평가요소는 안전성(차입금 상환 가능성 등)

선순위차입금이 사업 종료 시까지 안전하게 회수될 수 있는지가 중요한 판단 기준

⑤ 이를 위하여 사업 종료 시 미지급 비용, 후순위차입금 등 선순위차입금 미회수 위험에 대한 완충역할을 하는 재원에 대한 분석 필요

⑥ 또한, 사업기간 중 현금흐름은 이자 및 원금 상환에 부족함이 없는지, 일시적인 유동성 위험에 빠질 가능성은 없는지 등이 중요한 판단 기준

[주요 사업성 분석항목 및 활용도구]

구성요소		분석내용	검토방법
기초 분석	입지분석	• 부동산 자체 내부환경 분석 • 주변 환경 분석	• 문헌분석 • 개발대상 부동산 현지답사
	법규분석	• 부동산관련 법규 조회 분석	• 관련 법규 조사분석 • 설계법인 및 인허가 주체 문의
	시장분석	• 주변 부동산 거래가격 분석 • 지역동향 분석/개발 추진현황 분석	• KB부동산시세 등 통계자료 조회
	기타	• 인구, 주택보급률, 도시계획 등 제반 인구지리 통계 분석, 환경영향평가 실시 여부 등	• 각종 통계자료 조회
마케팅 분석	분양평형분석	• 지역 주택평형 구성, 소득수준 분석 • 수요자 성향 분석	• 각종 통계자료 분석 • 중개업소 탐문
	분양가격분석	• 기존 주택 · 상가 거래가격 • 최근 분양가격 분석	• 중개업소 면접 · 전화 인터뷰 • 통계자료 분석
	분양률 추정분석	• 주택경기 동향 분석 • 최근 분양사례 분양율 분석	• 통계자료 분석 • 업체 문의
재무 분석	수입산정	• 분양가격	• 자체 현금흐름표 작성을 통한 재무적 분석
	비용산정	• 토지관련비용, 공사비, 각종 제세공과금 • 분양관련 비용, 일반 관리비 등	
	수익성 분석	• 현금흐름, 순현재가치, 내부수익률, 매출이익률	
	민감도 분석	• 분양률, 분양가격, 비용상승, 금융비용	

④ 사업성 분석

금융기관에서 사용하는 사업성 분석은 총매출액에서 총투입비를 뺀 것으로 사업수익(세전)을 산출하여 개발계획에 대해 최종 의사결정하는 것을 말한다. 즉 사업성 분석은 사업을 성립시키는 투자비, 자금조달조건, 목표치를 확정하는 데 최종 정보를 제공하며 수익성 분석에는 일반적으로 사업수지분석과 Cash flow 분석 두 가지를 많이 사용하고 있다.

[사업수지 분석구조]

매출액	−	매출원가	=	경상이익
(+)분양수입 (+)임대수입 (+)기타수입		토지비 공사비 설계감리비 분양홍보비 인허가비용 각종 수수료 기타 비용		(+)매출이익 ──────── (−)일반관리비 (−)영업 외 손익 • PF이자(Bridge Loan 이자) • 중도금대출 이자 • 공사비연체이자 • 예금이자 수입

[사업수지 분석표 예시]

구분	항목	산출내역	지급 시기
수입 매출 (A)	분양수입	평당분양가×분양면적	분양 시기
	임대수입	평당임대가×임대면적	임대 시기
	단지 내 상가	평당분양가×분양면적	분양 시기
	부가세공제	(분양금액−토지비)÷1.1×0.1(아파트 25.7평 이하 제외)	납부 시기
	수입계(A)		
지출 매출 원가 (B)	부지관련		
	토지매입비	계약서상의 금액	약정 시기
	취득세 등	토지비의 2%(공시지가 기준)+농특세(취득세의 10%)	사업 초기
	등록세 등	토지비의 2%(공시지가 기준)+교육세(등록세의 20%)	사업 초기
	담보신탁비	대출금×130%×0.3%(평균)	사업 초기
	중개수수료	실제 지불한 금액	사업 초기
	직접공사비		
	토목공사비		
	공사비		
	부대시설공사비		
	간접공사비		
	설계비, 인테리어설계비	설계단가(각종 평가 및 진단비 포함)×규모	사업 초기
	감리비	규모×단가	공사 기간
	철거비	규모×단가(10~30만 원)	공사 기간
	인입비	시설인입(통상공사비+설계비의 1% 수준)	공사 기간
	예술품장식비	조형물 장식(통상 0.5%~1% 수준)	공사 기간
	분양제비용(영업비)		
	M/H 건립비	건축면적×건축비	사업 초기
	M/H 임대비/관리비	임대비: 임대면적×임대월수 관리비: 월간 운영비×운영월수	사업 초기
	광고선전비	광고료/판촉료(사업계획상/통상 2% 내외)	사업 초기
	분양대행수수료	계약에 의함(아파트: 세대당 300~500만 원, 생숙: 분양금액의 4~8%)	분양 시기

구분	항목	산출내역	지급 시기
지출 매출 원가 (B)	제세공과금		
	종합토지세	보유기간×공시지가×05%~5%(누진세/중과세)	연 1회 기간
	보존등기비	공사비의 취득세 2.2%+등록세 0.96%(0.8+0.16)	준공 시
	과밀부담금	1) 부과대상지역: 서울시 2) 대상건축물: 업무용 25,000㎡ 이상, 상업용 15,000㎡ 이상 복합건축물 중 업무용+상업용의 합이 25,000㎡인 경우 3) (주차장면적+기초공제면적(5,000㎡)가 기준면적 초과하지 않을 때 = (기준면적-주차장면적-기초공제면적)×단위당건축비×0.1 4) (주차장면적+기초공제면적(5,000㎡)가 기준면적 초과할 때 = (신축면적-주차장면적-기초공제면적)×단위당건축비×0.1	공사 기간
	광역교통시설부담금	20가구 이상 주택건설 표준건축비(㎡당 평균 2,257,000원)의 4%(대도시권은 2%) 택지개발의 경우 수도권은 표준건축비의 30%, 지방의 경우 15%(지방조례로 50% 범위 내 가감 가능)	
	학교용지부담금	분양가의 0.8%(300가구 이상)/단독 1.5%	
	농지전용부담금	전용면적×공시지가의 20%	사업 초기
	대체농지조성비	전용면적×평당 논 11,900, 밭 7,141원(지역별 차이)	사업 초기
	산림전용부담금	전용면적×공시지가의 20%	사업 초기
	대체조림비	전용면적×평당 논 1,920원(지역별 차이)	사업 초기
	부가가치세	(분양금액-토지비)÷1.1×0.1(아파트 25.7평 이하 제외)	납부 시기
	각종 수수료		
	분양보증수수료	분양금×0.31%~0.64%(시공사 신용등급별 차등)	분양 시기
	사업성평가수수료		사업 초기
	대출수수료	PF 약정에 의거 결정	사업 초기
	기타(사업추진비)		
	민원예비비	사업예비비 공사비의 1~2%(변수가 많을 경우 3~5%)	공사 기간
	시행사운영비	PF 약정에 의거 결정(대략 월 5천만~2억 원 내외)	공사 기간
	지출계(B)		
	영업이익(C)	C = A-B	
	영업외손익(D)	금융비용(중도금 이자 기타)	
	경상이익(E)	E = C-D	
	특별손익		
법인세 (F)	특별부가세	개인: 양도세(22%~44%, 주민세 포함) 법인: 15%	양도 시
	개발부담금	토지개발부담금: 개발이익의 25%	
	법인세 등	법인소득의 30%(28%+주민세 등)	사업결산 시
	당기순이익(G)	G = E-F	

[사업성 분석지표(금융기관용)]

요소		지표	산식
수익성		매출액 대비 이익률	경상(영업)이익÷매출액
		투하자본대비 연평균이익률	[경상(영업)이익÷(선순위차입금+후순위차입금)]÷사업기간
		NPV, IRR(수익률)	아래 표 참조
안정성	차입금 상환력	자체 상환계수	(경상이익+선/후순위차입금)÷선순위차입금
		공사비유보 시 상환계수	(경상이익+선/후순위차입금+공사비 10%)÷선순위차입금
		누적 DSCR	(기초현금+당기상환재원)÷당기원리금 상환액
	현금 담보력	후순위차입금 비중	후순위차입금÷최대(초기) 선순위차입금

구분		산식	
NPV (순현재가치)	NPV	$$\sum_{t=1}^{n}(CI_t - CO_t)/(1+r)^t$$ CIt: t기에 기대되는 사업의 현금 유입 COt: t기에 기대되는 사업의 현금 유출 r: 할인율(WACC 사용)	
IRR (내부수익률)	ROI (사업수익률)	$$\sum_{t=1}^{n}CI_t/(1+r)^t = \sum_{t=1}^{n}CO_t/(1+r)^t 가 되는 r$$	$\sum_{t=1}^{n}CI_t$: 총사업 현금유입 $\sum_{t=1}^{n}CO_t$: 총사업 현금유출
	ROE (자기자본수익률)		$\sum_{t=1}^{n}CI_t$: 배당 및 청산금 $\sum_{t=1}^{n}CO_t$: 자본금

[민감도분석]

개발사업 특성상, 사업초기 수익과 비용이 약정(또는 계획)에 의하여 고정화(확정)

↓ 정부정책, 경기침체, 주택시장규제, 공급과다, 사업지연, 분양저조, 금리인상, 원자재파동 등 예기치 못한 시장변화로 계약변경 가능성 상존

사업계획에 결정적 영향을 미치는 변수 추출

↓ 예) 분양률 하락 시: 차입금 이자율 상승, 공사비 증가 ⇒ 변동요인 분석(시뮬레이션)

민감도 분석 결정변수의 기본 추정치 변동시켜 기간별 자금수지, 누적 DSCR 변동요인 파악

↓ 예) 각 변수를 각각 3%, 4% 하락 or 증가시켜 변동요인 검토

Risk 관리방안 (헤지방안) 제시	⇨	• 금융사 입장: 공사비 분양을 연계지급 or 후순위 지급, 준공 시 미분양물량 대위변제 등 신용보강조치 제시 • 시행사 입장: 대출상황 스케줄 탄력 조정, 대출기간 만기 일정 조절

⑤ 부동산개발사업 투자(대출)의 종류와 투자(대출) 수익률

부동산개발사업에 대한 금융사의 투자조건은 위험도가 높을수록 이자율과 수익률은 높아진다. 이러한 금융기관의 비정상적인 요구에도 불구하고 사업시행자가 이를 수용하는 경우가 있는데, 이는 사업시행자가 선투자(운영비, 이자, 금융주선수수료 등)를 할 수 없어 금융기관이 브릿지 자금을 투입할 경우를 말한다. 금융기관은 많은 리스크를 부담하고 브릿지 자금을 투자하고 금융시장이 불안한 경우에 대비해 높은 이자율과 사업이익을 요구하는 것이다.

〈표 2-13〉 각 단계별 비용의 지급시기

개발 사업단계	필요자금	투자 (대출) 기간	위험 정도	투자(대출) 수익률	투자금(대출금) 회수 방안
약정단계 (지주작업 마무리 시점)	약정금	6개월~1년	고	200%+α	약정서에 참여, 어음공증 등
계약단계	계약금	6개월~1년	고	수수료: 10~30% 이자: 10~15%	계약서 공동명의, 담보제공, 어음공증, 일부 부지 매입처리, 시행사 주식 양도담보, 시 행사의 임원으로 참여
	계약금 제외 초기사업비 : 설계비, 인허가비, 각종 부담금, 사무실유지비 등	6개월~4년		50~100% 또는 사업이익금 배분(지분참여)	
PF단계	사업부지의 120~130%	1~4년	중	4~24% (금융기관)	분양대금, 시공사의 지급보증 또는 채무인수
공사단계	공사비	1~3년	중	4~24% (금융기관)	분양대금, 분양보험, 시행사의 사업이익금
	분양저조로 인한 사업비 부족금	1~3년	고	10~100%	분양대금, 분양보험, 시행사의 사업이익금
완공단계	분양저조로 인한 PF 상환부족금, 공사비 미지급금	1년	고	50~100%	분양대금, 분양보험, 시행사의 사업이익금

⑥ 부동산 개발금융의 주요 채권보강수단

1) 채권보강수단의 주요 내용

구분	주요 내용
책임준공	시공사가 분양여부나 기성고에 따른 기성금 수령여부에 무관하게 사업약정서나 도급계약서 등에 의하여 무조건 정해진 기간 내에 건물을 준공할 것을 시공사가 확약하는 것
연대보증	시행사의 채무 불이행 시 보증인의 자금으로 상환하기로 하는 근보증
채무인수	시행사의 채무 불이행 시 채무인수인이 대출채무를 인수하기로 하는 계약
책임분양	약정서에 의하여 총분양대금의 일정부분을 일정시점까지 분양키로 약정하고 분양률 미달 시 미달금액을 자금관리계좌로 입금하거나 남아 있는 채무를 인수하기로 하는 계약
자금보충	사업을 진행하면서 시행사의 자금에 부족이 발생하면 보충시키기로 하는 계약
매매예약	사업부지 이전 후 일정조건 발생 시 시공사 등이 사업부지를 인수하고 관련 PF는 상환
후순위대출	토지담보 취득순위를 선, 중, 후 등으로 구분하여 담보력을 변동시키는 금융구조
미분양물건 담보대출 확약	PF취급 시 미분양 발생을 염려하여 사전에 담보대출 금융회사로 하여금 미분양 물건의 일정비율을 담보대출하겠다는 확약을 받는 계약
상환순위 차별화	PF금융사별로 분양대금에서 우선 상환받는 구조를 차등화하여 Risk를 다르게 설정
자금관리	Escrow Account를 통한 프로젝트의 현금흐름 관리와 출금 시 동의절차 수행
Syndicated Loan	단일 금융회사의 PF에 따른 위험을 분담하기 위해 2개 이상의 금융사와 공동으로 취급
Mezzanine 파이낸싱	재원의 성격이 지분과 차입의 중간적인 성격의 자원으로서 "부동산 담보대출보다 상환 후순위인 신용대출"로 풀이할 수 있음
AVI	분양실패로 인하여 실제 건축물 매도(처분)가격이 PF금액을 상환하지 못할 경우 손해보험회사가 보상한도액 범위 내에서 보상하는 보험(현재는 보험상품이 사실상 판매 중단된 상태)

12

사례

□ AVI(Assured Value Insurance, **부동산보장가액보상보험**)의 제한사항

분양실패로 인하여 실제 건축물 매도(처분)가격이 PF금액을 상환하지 못할 경우 손해보험회사가 보상한도액 범위 내에서 보상하는 보험으로 그 특징은 아래와 같다.

(1) 회수 및 처분방식(경매, 공매, 할인판매, 임의매각 등), 처분과관련된 모든 절차의 수행에 앞서 보험회사의 사전 서면 동의를 받아야 함

(2) 사전 서면 동의 없이 행한 손해에는 부담보

(3) 기분양대금의 정의에서 계약금과 중도금을 납입한 경우 분양이 완료된 것으로 간주하여 산정
  • 지급보험금 = {(보장가액−기분양대금−실제매도가격)×(1−공동보험비율)}−자기부담금−기타 피보험자 회수금액

(4) 배상청구기준 전제조건 미행시 손실 부담보
  • 사업의 위험 증가나 중요한 변경사항의 14일 이내 통지 및 사전 서면 동의 필요
  • 보험계약의 보험조건이 대출약정서, 사업약정서에 우선하여 적용

(5) 면책사항 과다
  • 대출 연체이자는 보장가액에서 제외
  • 보험목적물 처분비용 등은 보상하지 아니함
  • 보험계약자, 피보험자 및 기타 보험목적물의 대출관련 이해관계자들의 사기, 허위진술, 사실 은폐, 임대, 또는 분양수입금의 유용, 횡령, 분양에 대한 허위 또는 과장광고 등으로 발생한 손실은 부담보
  • 보험목적물의 설계, 감리상의 하자, 시공사의 시공하자 및 이에 따른 보험목적물의 결함, 하자 등에 의해 발생한 가치하락 손실은 부담보
  • 보험목적물에 발생한 화재, 도난 및 운영자, 소유자의 고의, 과실, 부주의 등으로 인해 발생한 가치하락 손실은 부담보

2) 부동산 PF의 새로운 흐름

부동산개발금융은 시간이 흐르거나 사고가 발생할수록 새로운 리스크헤지 방안들이 개발되어 운영되고 있다. 대표적인 부동산 PF 시장의 흐름은 아래와 같다.

[부동산 PF의 새로운 흐름]

구분	내용
책임준공 + 미담확약	• 준공책임 및 담보유지 의무는 시공사, 시장위험은 담보대출 확약기관이 분담 • 시행사 위험은 관리형 토지신탁, 책임준공 범위는 건축물 보존등기 경료시점 • 책임준공 및 담보유지의무 미이행 시 채무인수로 연결

책임준공 + 책임매각	• 책임준공 및 담보유지 의무는 시공사, 시장위험은 투자자가 분담 • 시행사 위험은 관리형 토지신탁, 책임준공 범위는 건축물 보존등기 경료시점 • 시장위험은 LTV 및 강제처분 스케줄에 따른 만기설정으로 통제
증권사 신용보강	• 차환발행에 따른 유동성 공여에서 벗어나 매입확약을 통하여 유동화 자산 매입의무 부담(신탁을 통한 수익권 매입의무 부담하는 유동화 구조도 활용)
PF DLS	• 증권사가 인수한 PF 대출채권 기초자산과 시공사 신용보강(채무인수 등)을 연계한 파생상품을 증권사 명의로 발행하여 자금조달(증권사 신용등급 발행) • 우량건설사가 자금조달비용 감축과 대출 선호 시 사용 가능
GAP FUND	• 분양수익금이 공사비용을 감당하지 못할 경우 차액만큼 조달해 주고, 준공 이후 담보부 대출을 통하여 자금 회수 • 우량시행사가 자체자금으로 토지확보 후 건설자금만을 필요시 활용 가능
공기업 활용	• 주택도시보증공사(HUG): 표준 PF대출, 유동화 보증 등 • 한국주택금융공사(KFHC): 프로젝트금융보증

3) 연대보증, 채무인수, 이자보증

연대보증이란 대출채권에 대하여 차주와 함께 PF대출에 대한 보증인을 말하는 것으로 대부분 차주의 대표이사나 계열사, 혹은 개발되는 부동산에 대한 시행사의 지분을 보유하고 있는 자가 채무를 보증하는 것을 말한다. 채무인수란 PF자금을 조달하는 차주가 대출자금을 변제하지 못할 경우 대신 채무를 변제하거나 인수하는 자를 말하는데 개발사업에 있어서는 책임준공을 확약한 시공사를 채무인수자라고 말한다.

구분	연대보증	채무인수	이자보증
계약서	근보증서	사업약정서	사업약정서
편의성	간편, 저렴 (기존양식 사용)	약정서 작성 및 법률 검토 필요	약정서 작성 및 법률 검토 필요
효력	원금 및 이자 전액에 대하여 보증채무 이행	시행사에서 시공사로 차주 변경	대출원금 청구 불가 • 원금연체 지속(원금 결산기 정해지지 않음) • 시효관리, 대손상각 등 어려움
채권보전	채무명의 취득 무난	약정서상 다양한 권리, 의무로 법적 쟁점 발생 시 많은 시간과 비용 발생(채무인수 청구 시 부인하면 소송을 통하여 채무명의 취득 필요)	미이행 시 누적된 이자에 대하여 반복적인 소송을 통하여 회수 (예: 3개월 연체 → 소송 → 회수→ 3개월 연체 → 소송 → 회수)
기타	-	기한의 이익 상실 시 조건 없이 채무인수 확약 등 연대 보증에 근접한 사업약정서 체결 필요	-

4) 건설업종의 특성에 따른 금융위험부담

개발사업에 대한 책임준공을 확약하고 공사에 참여하는 시공사는 사업초기 단계에서 신용상에 문제가 있거나 적자기업은 대부분 없다. 하지만 2022~2023년 말까지 진행된 금융위기로 인해 책임준공확약을 조건으로 공사에 참여한 대부분의 건설사들은 공사를 중도에 포기하거나 부도를 당했다. 포기한 건설사들은 책임준공에 따른 책임으로 그 손해를 보상하거나 법적 분쟁으로 이어져 대부분의 개발사업이 중단되는 사태가 벌어졌다.

하지만 개발사업은 그 규모가 커서 하나의 현장이 잘못될 경우 아무리 재무건전성이 좋은 건설사라고 하더라도 버티기는 힘들다. 마찬가지로 금융위기는 부동산경기의 장기 침체로 이어지고 분양시장은 사실상 중단되는 경우 개발사업자는 물론 시공사, 금융기관들이 줄줄이 도산하는 사태가 발생한다.

건설업종의 보수적인 시각에 따른 금융위험부담에 관한 내용은 아래와 같다.

[건설업종의 특성에 따른 금융위험부담]

특성	내용
재무재표상 적자 기업이 거의 없음	• 공사원가 진행 기준 매출액 산정으로 회계상 적자기업은 거의 없음 • 다수의 공사현장 및 현장 단위 장부 작성으로 건자재 및 인건비 투입량 등 원가확인이 어려워 매출액 및 이익의 분식 가능성이 높음 • 건설업체가 적자상태일 경우 이미 한계기업 상태임
자산의 내용 및 질이 미흡한 경우가 많음	• 자산 중 매출채권, 투자자산, 재고자산의 비중이 큼 • 매출채권은 원가진행률에 따른 계산상의 공사미수금으로 확정채권이 아닌 경우 많음 • 재고자산의 경우 분양가능성이 떨어지는 자산과 원가기준 평가로 시세보다 과다 계상된 사례가 많으며, 위장분양 등으로 실제 재고자산이 매출로 전환된 경우도 있음 • 분양사업 등 별도 사업추진, 관급공사 수주 목적으로 자회사를 설립하는 경우가 많아 지분법 적용 투자자산이 많은바 관계사 현황에 대한 검토가 필요함 • 현금, 단기금융상품은 금융기관 자금관리를 받거나 담보제공하여 제한 있는 경우 많음
우발채무 부담이 큼	• 공사대금 회수기간이 길고, 약속어음 결재로 타 업종 대비 어음할인 비중이 큼 • 분양사업의 경우 시행사와 공동사업의 형태로 사업추진하고 있어 차입금(PF대출)과 재고자산은 시행사 명의로 전가되어 있으며, 시공사인 건설업체는 우발채무만 부담 • 공사불이행, 하자보수 등 영업상의 우발채무 보유
채무 변동성이 큼	• 사업의 규모가 커 개별 공사 또는 개별 분양사업의 실패가 재무상의 큰 위험으로 연결될 수 있음 • 사업 추진기간이 장기간 소요되어 기간별로 재무 및 영업실적의 변동성이 큼 • 일반적으로 사업 초기 선투자비용으로 재무내용이 저하되고 사업진행에 따라 개선되는 추세이나, 경우에 따라 사업 실패 시 급격히 부실화될 수 있음 • 인허가 지연, 정부의 정책, 민원 등 영업환경의 변화에 민감하게 반응
차입금 의존도가 높고 자금운영 투명성 미흡	• 선투자비용 등의 운용자금 부담이 커 항상 자금수요가 있음 • 이면계약, 담합, 리베이트 등 고질적인 불투명 경영이 있을 수 있음

⑦ 금융기관의 PF 취급에 따른 확인사항

금융기관의 PF취급에 따른 확인사항으로는 사업위험분석, 인허가위험분석, 시공위험분석, 분양성 분석, 관리위험분석, 수익성 분석, 사업성과 각종 계약, 대출약정, 자금관리, 담보취득, 관리형 토지신탁에 의한 PF취급, 사업부진 관리, 승인조건 이행사항 관리, 기타 운영리스크관리 등이 있다. 각종 확인사항은 아래 표와 같다.

〈표 2-14〉 금융기관의 PF 취급에 따른 확인사항

확인 대상	확인 내용
사업위험 분석 • 사업 시행자의 사업추진 능력 및 도덕성 등 분석	• 주주구성 및 주요 주주의 Back Ground, 실사주 과거이력, 성품 • 토지 매입 시 자기자금의 투입규모, 자기자금 조달내용 • 부동산 개발사업 경험, 업계의 평판
• 사업부지에 대한 안전 장치 강구 • 명도 위험	• 주택도시보증공사 분양보증 대상사업: 근저당권 혹은 담보신탁 후 분양보증 취득 시 부기등기로 전환 • 주택보증공사 분양보증 대상외사업: 근저당권 혹은 담보신탁 • 세입자 등에 대하여 명도이행 확약 등 확인
• 분양수익금 관리	• Escrow Account: 시행사 및 시공사의 공동명의, 공동인감 • 분양계약서상의 분양금 입금계좌 명시 • 업무협약서에 분양수입금 인출순서 명시 • 인출 시마다 자금관리 은행의 자금용도 심사 후 인출
인허가위험 분석	• 인허가 완료 후 대출취급 검토 • 인허가 완료 전 대출취급 시 채권보전 대책 강구(시공사의 신용보강) • 현 인허가 단계 및 향후 인허가 절차(예상 소요기간 포함) 검토 • 인허가 전문가의 소견서 청구 및 확인
시공위험 분석	• 시공사의 신용등급 및 브랜드 인지도 검토 • 책임준공 부담여부 및 시공능력 보유여부 검토 • 시공사의 신용도가 미흡한 경우 보증기관의 해제 조건부 보증서 청구 • 공사비(도급단가), 신용보강 부담여부 • 인허가 지원여부, 분양능력, 금융기관 차입알선 능력
분양성 분석 • 자료수집 등 • 사업후보지 • 여건분석 • 시장성분석 • 상품기획	• 경기동향, 시장동향, 사업부지 정보수집, 관련 법률 및 지자체 조례 등 • 토지입지, 용도, 각종 행위 제한사항 분석, 건물의 용도와 규모 분석 • SWOT분석, 개발방식 검토: 단순개발/환지방식 등 • 지역특성, 소비자 Needs 조사, 사업지 주변 부동산시세 동향 등 • 개발컨셉 설정(샤워효과, 분수효과 등) • 단지 배치, 평형, 조경, 평면, 디자인, 동선, 내장재, 가격 등

확인 대상	확인 내용
• 개발타당성 분석	• 부동산 개발의 3요소: Location, Product, Timing • 상품의 종류와 개념, 법규 한도 내에서의 최적규모 산정 • 고객 특성에 따른 분양률 추정 후 사업성 검토 　※ 사업부지 입지분석 요령 　　☞ 교통 및 접근성: 도로 현황(전면, 이면, 연계도로 및 향후 계획도로), 지하철 및 버스 등 대중교통 및 쇼핑, 공공, 공익시설과의 거리 및 접근성 등 　　☞ 주변 환경: 주거의 쾌적성, 조망권 등(공원, 강, 산, 호수 등), 신축상황 및 나대지 현황 　　☞ 학군: 초·중·고 통학거리, 명문학교 및 유명학원 등 소재 　　☞ 분양여건: 업종 분포/특성, 상권의 성쇄 형태, 상권의 발전성 및 장래성, 임대현황(주요 빌딩현황, 임대료/공실률), 지원시설 확인(공공시설, 유통시설, 금융기관 등)
관리위험 분석 • 사업부지 매입 • 가격의 적정성 • 대출음 유용 • 분양 및 민원	• 은행 차입금 극대화 목적으로 부풀려진 부분은 없는가? • 감정평가원의 감정가, 공시지가, 주변 시세 등 검토 • 대출금의 용도 외 유용 우려: 대주단 자금관리 및 인출 시 자금용도 심사 철저 • 건물 철거 시 세입자들의 집단 민원 제기 • 시공관련 민원: 일조권 침해, 소음 및 먼지공해, 토목공사관련 주변 건물 침하 등
수익성 분석	• 대출이윤, 중도상환수수료 및 취급수수료 • 금융자문 및 주간사 수수료 • 자금관리 수수료 등
사업성/감정평가, 각종 계약서	• 대외 신인도가 높고 검증된 외부전문기관 앞 의뢰
Terms Sheet, 대출약정	• T/S에 포함되어야 할 주요 내용 　☞ 일반금융조건, 대출금 인출조건, 담보, 자금관리, 공사비 지급 　☞ 주요 약정(분양가격, 할인분양, 기한의 이익 상실 및 부활 등) • 대출약정서 표준화 범위: 이자계산방법, 대주단 의결사항, 준수사항, 대리은행 면책조항 등
자금관리 • 공사비 등 제반사업 경비 지급 • 기성비용 청구관리 • 자금유용 관리	• 대출원리금 및 금융수수료의 경우 시행사/시공사의 인출요청서 없이 인출 및 집행이 가능하도록 사전 약정 • 계약서에 첨부된 CF에 반영되지 않은 지출내역은 자기자금 선투입토록 유도 • 공사비는 감리사로부터 기성고 확인서 등을 청구하여 지급하며 유보약정이 있는 경우 이행 • 과기성 청구가능성을 사전에 억제(문제사업장은 1개월 단위, 정상 사업장은 3개월 단위 현장방문) • 하도급 지급여부 점검: 예정공정율 대비 10% 이상 공기지체 시 하도급업체 현장 징구 및 사후적으로 입금확인서 징구 • 증빙으로 제출되는 세금계산서 공급자의 국세청 휴폐업 조회 • 부가세 신고 적정 진행여부 확인(1, 4, 7, 11월) • 부가세 환급 적정 진행여부 확인(2, 8월) • 법인인감증명서와 사용인감계는 매 3개월마다 제출받음 • 계약자 현황과 중도금대출 신청자의 실수요자 여부 파악
담보취득 • 사업부지 담보취득	• 사업부지 담보취득은 인출선행조건으로 명시 • 택지지구인 경우 반환청구권 양도통지 및 승낙 이행

확인 대상	확인 내용
• 시행사 주식 담보취득 • 공사보험 담보취득 • 준공 후 담보취득	• 사업부지 분할매입 및 추가 사업부지 확보 시 즉시 담보 제공토록 인출후행조건으로 관리 (기한이 있는 경우 기일관리) • 공사보험 필수 가입대상기준 확립(가입 시 대주에 1순위 근질권) • 담보신탁 수익권을 제3자에게 담보 제공함으로써 선순위권리자인 대주의 권리침해가능성을 사전방지(후순위 권리양도나 담보 제공 시 금지 또는 사전동의 약정) • 분양보증서 발급 시 사업부지 이외 제척부지 관리 (사업부지 분필 후 제척부지는 다시 담보신탁, 사업부지 외 신탁해지 요청 시 대주 동의받도록 대주보와 약정체결) • 대주보의 분양보증 이행 후 잔여수익금에 대한 대주의 처분우선권 확보(채권양보통지서를 시행사로부터 징구하여 확정일자 날인하여 대주보에 내용증명으로 발송) • 대주보 이전 후 학교용지 관련 기부채납 등으로 사업주의 재산권 재회복 시 대주 앞 통지의무를 대주보 협약서에 반영 • 준공 후 담보 취득과 관련하여 보존등기, 담보취득 불가능한 경우 예방을 위한 예정 준공 1개월 전부터 특별관리 실시 ☞ 분양보증 해제예정일 파악, 채권자 대위등기 방안 등
관리형 토지신탁에 의한 PF취급	• 금융사 또는 시공사의 요청에 의한 사업관리 차원 • 향후 사업중단 등의 사유 발생 시 원활한 사업진행
사업부진 관리 • 인허가 지연 관리 • 사업주체 간 갈등 관리 • Cash Flow 관리 • 시공사 부도 등으로 인한 공사지연 관리 • 대주보 사업장 관리	• 약정서에 인허가 지연 대응방안 마련: EOD 및 예정 인허가 지연에 대한 Penalty조항(Event of Default: 채무불이행 사유) • 사업주체 갈등 시 금융상환금은 인출요청서 없이 인출토록 약정 • 사업주체 갈등 시 시행사/시공사 변경 관련 법률/행정서류 징구를 계약서에 명시 • CF 항목과 금액을 참고하여 수입지출항목 관리 및 집행 • 시공사 신용등급 일정단계 이하 하락 시 EOD 사유로 약정 • 시공사 부도 등 경영리스크 발생 시 EOD 사유로 약정 • 시공사 부도 등 대비하여 시공권 및 유치권 포기각서 징구 ☞ 시공사 부도관련 EOD: 부도, 파산, 또는 회생절차 개시, 금융거래정지, 부실징후기업, 관리절차 개시, 해산 등 • 대주보 사업장 관리를 위하여 약정서상에 예상공정률과 실제 공정률이 15% 이상 차이가 날 경우 기한의 이익 상실조항 명기 또는 시공사 교체 조항으로 명기
승인조건 이행사항 관리	• 사업진행 시한 부여, 인허가, 부지매입 이행 승인조건 부여, 기한이익 상실 사유 등 • 미이행 시 Demarketing, 감축 등을 통한 부실사업장 전이 사전 방지
기타 운영리스크	• 기일관리(금리변경주기, 각종 수수료 수취일, 주요 준수사항의 이행일 등), 마케팅 정보, 프로세스 개선, 계약서 등 정형화, 서류보관 등

8 금융기관의 부동산개발 프로젝트 평가표

금융기관은 부동산개발 프로젝트별로 평가를 하기 위해 평가표를 만들어 사용하고 있다. 하지만 평가가 절대적인 것은 아니며, 브랜드 사용을 통한 초기 분양성이 양호하다는 판단이 있거나 수요는 많고 공급이 적은 지역, 엑스포나 올림픽 등이 개최되는 지역, GTX나 KTX가 통과하는 지역으로 지정되는 지역, 순환도로나 외곽도로가 개통됨으로써 수도권에서 접근이 용이한 지역 등에 의해 평가표 이외의 요소들을 종합적으로 검토하여 결정하기도 한다.

일반적으로 사용하는 금융기관의 평가표는 아래 표와 같다.

〈표 2-15〉 금융기관의 부동산개발 프로젝트 평가표

대항목	중항목	세부항목		점수
사업성 (30%)	소재지 (40%)	① 서울소재 ③ 광역시 소재	② 수도권소재 ④ 기타 지역	3~12점
	세대 규모 (30%)	① 1,000세대 이상 ③ 500세대 미만	② 500세대 이상~1,000세대 미만	4~9점
	건물 종별 (30%)	① 아파트 ③ 오피스텔 ⑤ 기타	② 주상복합아파트 ④ 복합상가	1~9점
소계				30점
시공사 (30%)	신용등급 (100%)	① 3등급 이상 ③ 5(0)등급 이상~5(+)등급	② 4등급 이상 ④ 5(−)등급 이하	8~30점
채권보전 (30%)	연대보증 또는 업무협약 (60%)	① 4등급 이상 시공사 연대보증 ② 4등급 이상 시공사 업무협약 체결 ③ 5(0)등급 이상 시공사 연대보증 ④ 5(0)등급 이상 시공사 업무협약 체결 ⑤ 5(−)등급 이상 시공사 연대보증 ⑥ 5(−)등급 이상 시공사 업무협약 체결		4~18점
	담보 제공 (40%)	부지대금 대비 60% 미만~부지대금 대비 100% 이상		4~12점
수익성: 수수료 포함 (10%)		1.0% 이하~4.0% 초과		3~12점
총합				100점

⑨ 부동산 개발 파이낸싱의 주요 위험(Risk)과 위험회피 방안

금융기관이 PF대출을 하기 전에 점검할 주요 위험과 위험회피방안은 크게 사업위험과 재무위험으로 나눌 수 있다. 사업위험은 시행위험과 시공위험, 시장위험으로 구분되며, 재무위험은 설계변경 등으로 사업수지가 악화되거나 사업기간 중 중도에 추가적인 사업비나 공사비가 필요할 경우 새로운 대출약정을 하는 과정에서 발생하는 위험으로부터의 방안이다.

〈표 2-16〉 개발 파이낸싱의 주요 위험(Risk)과 위험회피 방안

구분		위험요인	위험회피 방안
사업위험	시행위험	시행사 부도 및 우발채무	• 사업추진을 위한 SPC 설립 • 사업기간중 신규사업 제한 • 시공사의 시행업무 인수 약정
		자금관리	• 사업 자금관리를 위한 Escrow Account 개설
		소유권 방어	• 사업부지 및 미래 완공건물에 대한 신탁 설정
		인허가 지연	• 인허가 전제 대출 • 인허가 단계별 금융구조 재조정 • 일정기간까지 인허가 미완료 시 시공사 채무인수
	시공위험	시공사 부도	• 시공권 포기각서 • 연대 시공보증 • 유치권 양도담보
		완공지연	• 책임준공보증 • 지체보상금
	시장위험	분양실적 저조	• 목표 분양률 설정 • 분양률 미달 시 공사비 유보지급 • 분양가 할인 • 시공사의 사업권 인수 • 시공사의 원리금 지급보증 • 분양손실보험 가입
재무위험		사업수지 악화	• 시행사의 후순위 대출 설정 • 공사비 지급 유보
		기간중 자금부족	• 사업주 또는 시공사의 자금보충 약정 • 공사비 지급 유보 • 최소 현금보유 의무화 • 추가대출(Credit Line) 약정

⑩ 부동산개발 프로젝트 파이낸싱 관련 제출서류 목록

개발사업자가 금융기관으로부터 P/F 자금을 신청하기 위해서는 금융기관이 요구하는 아래와 같은 서류들을 제출하여 검토를 받아야 한다.

구분	서류명	세부내용
1. 사업계획서	• xx 신축사업 사업계획서	사업개요, 일정, 입지, 주변시장, 사업성 검토, 사업부지 사진, 지도, 분양가 산정근거 등
2. 설계도면	• 배치도 • 층별 설계도면	
3. 분양계약서	• xx 신축사업 분양계획서	분양대행업체 소개 및 분양 세부계획
4. 자금계획표	• 자금수지표 • 월별 자금계획표	총괄 사업손익 현황 월별 자금 Cash Flow
5. 관련 공부	• 토지조서(필지별 지주 및 매입현황 등) • 부동산 매매계약서 사본 • 토지/건물 등기부등본, 공시지가 서류 • 지적도, 토지이용계획확인원	
6. 인허가 서류	• 건축심의신청서 • 건축허가서, 사업승인서 등	
7. 시행사 현황	• 회사 개요/현황, 재무제표, 사업현황(지명원) • 경영진 및 주주현황, 경영진 이력서 • 사업자등록증 사본, 법인 등기부등본	
8. 조감도(필요시)	• 건물외관 조감도 및 미니어처	Board 부착(프레젠테이션用)

사례

□ **부동산 개발 프로젝트 파이낸싱 관련 "업무협약서"(사업약정서)**

1. 업무협약서 약정 목적
   - 부동산 개발사업 필요사업비의 조달에 따른 각 당사자 간의 업무분담, 투자자금의 회수, 사업추진 세부사항 규정

2. 협약당사자: 시행사, 시공사, 금융기관, 필요시 부동산 신탁사(대리사무와 자금관리 개입 시)

3. 주요 내용

   1) 역할분담
      • 시행사: 사업부지 확보, 명도, 사업계획 승인 등 인허가, 차입의 주체, 설계계약, 분양 등
      • 시공사: 공사도급계약에 따른 공사수행, 책임준공, 하자보수, 모델하우스 건립, 분양협조, 수분양자에 대한 중도금대출 입보, 시행권 인수 등
      • 금융기관: 대출실행, 자금관리 등

   2) 개발사업 금융조건
      • 대출금액, 기간, 이자율, 담보 또는 보증, 취급수수료율, 중도상환수수료율, 분할상환금액 등

   3) 분양수입금 관리: E/A명의, 관리점포, 자금관리사무 내용 등

   4) 자금관리계좌의 인출과 충당
      • 인출요령: 감리회사의 적정성 검토를 거친 인출요청서 첨부 등
      • 자금집행순서: 필수 사업추진비(사업부지 확보자금, 설계비 등), 대출금, 도급공사비, 개발이익 등
      • 공사비 지급요령: 예정공정률에 의한 기성률의 xx%

   5) 수분양자 앞 중도금대출

   6) 시공사의 건물 책임준공보증

   7) 시행사의 사업시행권 이전

   8) 분양가 결정 · 할인분양 조건 · 손해배상 조항 등

⑪ 대출승인을 받기 위한 은행의 IM자료

1) IM자료의 개념

IM이란 Information Memorandum의 약자로 금융개요, 사업개요, 입지분석, 산정근거 등으로 구성된 금융기관의 대출을 위해 필요한 보고서이다. 부동산을 담보로 대출을 받고자 할 때 은행의 여신 담당자가 제일 먼저 요구하는 게 IM보고서다.

IM보고서 하나로 이 사업지의 기본 금융 개요 파악이 가능하기 때문이다.

이렇듯 사업수지분석표와 더불어 부동산 대출 시 없어서는 안 될 자료가 바로 IM자료이다.

IM자료는 대출 종류나 회사에 따라 형식은 조금씩 달라지지만, 기본 틀은 모두 비슷하다. 그리고 IM자료의 작성은 통상 사업자가 만든 사업계획서를 바탕으로 금융기관에서 자체적으로 대출심의를 받기 위해 직접 작성하는 게 일반적이다. 일반적인 IM자료의 순서는 다음과 같다.

2) IM자료의 구성: 요약(Summary)

표지를 제외한 IM자료의 첫장은 통상 해당 사업지의 기본 요약본이다. 전반적인 사업구도를 이해하기 위하여 만든 내용을 집약해서 정리한 내용이라고 보면 된다. 금융기관은 통상 요약(Summary)을 통해 1차 사업지에 대한 현황을 이해할 만큼 중요하기 때문에 사업의 장점을 어필하는 데 초점을 맞추고 있다.

3) 금융조건(Terms & Conditons)

이 부분에서는 금융조건에 전반적인 내용이 기재된다. 금융구도, 대출금액, 차주, 신탁사, 금융주관사 및 대출금융기관, 자금용도, 대출기간, 대출금리, 자금사용용도, 이자지급방법, 연체이자 대출상환, 중도금상환수수료, 인출선행조건, 인출동시조건, 인출 후 이행조건, 자금집행, 채권보전, 진술보장, 차주준수사항, 기한이익상실, 비용부담 등의 내용이 들어간다. IM자료의 형식은 금융기관마다 다르고 대출의 종류마다 다르지만 일반적인 형태는 다음과 같다.

춘천 위도 관광지 조성사업
(VERSACE Mystic Island)
토지 담보대출 Refinancing
Information Memorandum

0000년 00월 00일

○○○자산운용

부동산개발금융사업본부

□ **Executive Summary**

[개요]

본 건은 (주)켐핀스키춘천(시행법인)이 춘천시 서면 신매리 [1-1]번지 일원에 시행하는 춘천 위도 관광지 조성 사업과 관련한 토지담보 대출이며, (주)켐핀스키춘천은 토지담보대출 리파이낸싱 금원 및 금융비용, 초기 사업비를 확보하여 본PF를 준비하고자 함

[Equity 및 사업비 투자]

차주는 본건 사업 진행을 위해 Equity 00억 원을 기투입하였으며, 금융주간사인 ○○투자증권(주)는 본건의 00억 원을 출자하였다. 아울러 사업자는 기 사업비(운영비, 용역비)로 00원을 투자하였음

[토지소유권]

현재 사업대상부지 100%를 확보하였으며, 전체 나대지 상태로 명도 이슈는 없음

[인허가]

본건은 춘천호반(위도) 관광지에서 「관광진흥법」에 의거하여 춘천시가 시행하는 관광지 조성사업으로 (주)켐핀스키춘천은 2021년 12월 조성사업 시행허가 및 사업자로 지정되었고, 현재 환경영향평가, 관광지 조성계획 변경 승인, 1단계 사업 사전 건축심의 절차를 동시에 진행하고 있음. 2024년 5월까지는 모든 인허가 완료 예정임

[시공사]

시공사는 현재 ○○건설(주), ○○건설(주)와 협의 중에 있음

[사업단계]

	1단계	2단계	3단계
예상매출액	1조 1,025억 원	5,632억 원	969억 원
주요 시설물	• 단독형 생숙 91세대 • 집합형 생숙 8세대 • 타워형 생숙 224세대 • 테라스 생숙 152세대 • 한옥호텔 10실	• 타워형 생숙 127세대 • 말굽형 콘도 164세대 　(구좌분양) • 켐핀스키 호텔 184실 • 워타파크 상업시설 등	• 마라니 생숙 20세대 • 워터프런트 • 글램핑장/운동시설

I 금융개요

■ Terms & 0000000

구분	내용
금융 구조도	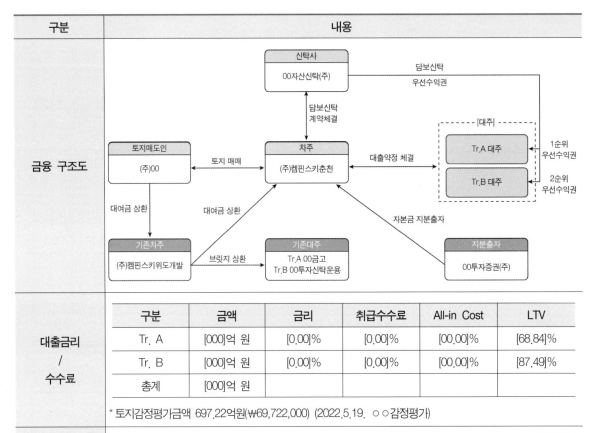

구분	금액	금리	취급수수료	All-in Cost	LTV
Tr. A	[000]억 원	[0.00]%	[0.00]%	[00.00]%	[68.84]%
Tr. B	[000]억 원	[0.00]%	[0.00]%	[00.00]%	[87.49]%
총계	[000]억 원				

대출금리 / 수수료

* 토지감정평가금액 697.22억원(₩69,722,000) (2022.5.19. ○○감정평가)

자금사용용도

Cash-In		Cash-Out	
항목	금액(천 원)	항목	금액(천 원)
Tr. A 대출금	48,000,000	기대출상환	33,425,918
Tr. B-1 대출금	13,000,000	3/4순위 우선수익자 잔금 등	15,459,767
		금융비용	
		인허가 용역비	3,372,875
		일반관리비	2,998,553
		샘플하우스 공사비	2,865,423
		취등록세	2,000,000
		시행사 운영비	720,000
		기타 예비비	
합계	61,000,000	합계	60,856,851

신탁사	• OO자산신탁(주)
금융주관	• OO투자증권(주)
자금용도	• 토지비, 명도비(3순위 채권자 합의금), 금융비용 및 초기사업비(인허가 용역비) 등
대출만기	• 2024년 3월(약 6개월)
이자지급방법	• 1개월 단위 선(후)취 가능
연체이자	• 대출금리 + 0%
대출상환	• 만기 일시 상환 • 상환 방법: 본건 1단계 사업 본 PF로 상환 예정
중도상환수수료	• 조기상환수수료 0.0%
인출선행조건	• 대출약정서를 포함한 각종 담보계약 및 금융계약의 체결 • 대주가 만족할 수준의 법무법인 법률의견서 제출 • 기한의 이익 상실 사유 부존재 • 기타 대주가 합리적으로 요청하는 사항
인출동시조건	• 최초인출일에 담보신탁 우선수익권 취득 • 기대 대주가 합리적으로 요청하는 사항
인출후행조건	• 최초 인출선행 및 동시조건이 계속하여 완전한 효력을 가질 것 • 담보신탁 소유권 이전 및 신탁등기 완료할 것 • 본건 대출의 자금용도에 따른 사용 • 준수사항의 이행 • 매 3개월 시행사 인감증명서 제출 • 기타 대주가 합리적으로 요청하는 사항
자금집행	• 최초인출일: 대출금실행계좌를 통한 자금집행(대리금융기관 집행) • 기타 집행은 자금관리 대리사무기관인 OO자산신탁을 통하여 집행
채권보전	• 부동산담보신탁 우선수익권 설정 • 대출기간 전기간 이자유보 • (주)켐핀스키춘천 법인 및 대표이사 연대보증 • 차주 보통주식에 대한 근질권 설정 • 시행권 포기 및 양도각서 제출 • 대출금실행계좌 예금 근질권 설정 • 기타 대주가 합리적으로 요구하는 사항
진술보장 등	• 본건 차입에 대한 차주 내부 수권절차 이행 • 차주 기한이익 상실사유 부존재
차주준수사항	• 진실 및 보장사항의 유치 • 담보권 유지 • 인감증명서, 재무제표 등 대주가 요청하는 자료 제출 • 소송사건, 분쟁 등 차주의 영업 또는 재정상태에 부정적 영향 발생 시 대주 앞 통지 • 추가 차입 등 기타 채무부담 행위 금지(대주 동의하 가능)

기한이익 상실	• 대출 원리금 등 금융계약에 따라 지급될 금액이 지급되지 아니한 경우 • 차주에 부도사유 발생 • 본건 약정이 효력을 잃거나 위법하게 된 경우 • 차주가 본건 사업수행을 이행할 수 없을 것으로 대주가 판단하는 경유 • 기한이익 상실의 효력 - 대출 원리금을 포함하여 본 약정에 따른 일체의 채무 상환 의무 도래
준거법 및 관할	• 대한민국 법률/서울중앙지방법원
비용부담	• 본건 금융자문, 법률검토(약정서 작성비용), 재무실사, 사업타당성 검토, 유동화대출 관련하여 발생한 비용 등 대출제비용과 기타 불가피하게 지출된 비용 등 차주 부담
기타	• 수수료 항목에 대해서는 동일한 %에 대하여 수수료 수취방법 선택 가능

주: 이상 Terms & Conditions는 향후 Feasibility Study, Legal Due Diligence, Documentation 과정 또는 대주의 요구사항을 반영하여 변경될 수도 있다.

Ⅱ   토지현황

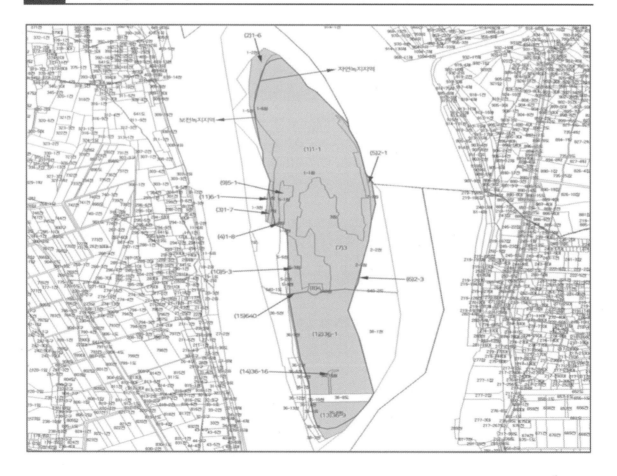

■ 지번상세

No.	위치	지번	지목	면적(m²)		소유자
				공부	편입	
1	신매리	1-1	원	111,213	109,638	(주)00000
2	신매리	1-6	원	11,614	5,500	
3	신매리	1-7	원	876	264	
4	신매리	1-8	원	106	106	
5	신매리	2-1	원	1,349	1,349	
6	신매리	2-3	원	314	314	
7	신매리	3	원	41,732	41,732	
8	신매리	4	대	1,207	1,207	
9	신매리	5-1	원	3,131	3,131	
10	신매리	5-3	원	5,855	5,855	
11	신매리	6-1	원	1,388	572	
12	신매리	36-1	원	57,846	56,927	
13	신매리	36-9	원	11,740	10,681	
14	신매리	36-16	원	689	689	
15	신매리	640	원	332	327	
16	신매리	36-8	도	4,208	4,208	춘천시
합계				253,600	242,500	

■ 토지담보 설정 계획

구분	대출금액	LTV	참여 기관	토지담보평가금액
선순위 대출	00,000,000,000	[00.00]%	○○은행	00,000,000,000
2순위 설정	00,000,000,000	[00.00]%		(인허가 前)
계	00,000,000,000			00,000,000,000

주: 본 사업부지 평당가격(00,000,000,000/00,000평−개발면적)=000,000원

　　인근 중상도(래고랜드내 생숙 부지) 토지가격 평당 3,200,000원/의암호 인근 토지(생숙) 평당 280만 원

■ 예상 리스크 분석

구분	내용
토지	• 본건 사업부지 총 16필지 중 15필지는 최초 BL대출을 통해 (주)00소유권 확보 및 담보대출 물상보증 형태로 취득 완료 이외 국유지 1필지는 도로이기 때문에 매입할 필요 없음 • 현재 15개 필지에는 제한물권이 일체 말소된 상태이며, 담보신탁등기가 완료된 상태로 대주기관 담보신탁 우선수익권 발급 가능함

인허가	• 춘천 위도 관광지 조성사업 허가, 사업자 지정이 완료된 상태임 • 환경영향평가 대상으로 관련 인허가 2024년 1월 완료된 상태임 • 관광지 조성계획 변경(10차, 1단계 사업 건축허가 의제처리) 등 각종 인허가는 춘천시와 사전협의하여 검토하였으며, 특이사항 및 이슈 없을 것으로 예상 되어 최종 인허가 2024년 3월 완료 예정(과거 사업자인 000아일랜드는 2012년 건축허가 완료, 2013년 착공계까지 제출한 바 있기 때문에 유사한 사업 구도로 계획)
시공	• (주)00건설, 00건설(주) 등 1군 시공사 Tapping 중
분양	• 대상지 사면이 북한강(의암호)에 둘러싸인 천혜의 수변 관광환경을 갖춘 지역이며 　1) ITX 및 서울~춘천 간 고속도로 이용시 1시간 내외 소요/GTX, KTX춘천역까지 연장 예정 　2) 제2경춘국도(남양주 금남리~춘천 당림리, 2023년 착공) 개통 시 서울로부터 본건 사업지로의 접근성이 한층 강화될 예정(50분 이내) 　3) 춘천 도심권역으로부터 약 5km 정도 이격, 대중교통(춘천역, 버스터미널) 이용을 통해서도 접근 용이 • 레고랜드 개장(2022.05/연간 200만 명) 및 삼악산 케이블카 운행개시(2021.10/연간 120만 명) 및 의암호 마리나베이 개발 등으로 춘천이 체류형 관광지로서의 면모를 점차 갖춰가고 있음 • <u>관광지로서의 주변환경 우수, 서울과의 교통 편리, 춘천 도심으로부터 접근 용이함. 춘천 인근 관광 인프라 확충 등으로 수요가 풍부하여 분양성이 양호할 것으로 판단됨</u>

Ⅲ 사업 개요

■ 사업 개요

구분	내용
프로젝트	춘천 위도 관광지 조성사업(VERSACE Mystic Island)
위치	춘천시 서면 신매리 36-1번지 일원
시행사	(주)켐핀스키춘천
지역/지구	자연녹지지역, 유원지지구
관광단지면적	415,733.00m² (125,759평)
사업부지면적	242,500.00m² (73,356평)
건축면적	49,779.02m² (15,058평)
연면적	240,995.90m² (72,901평)
용적률/건폐율	66.73% / 21.02%
규모/용도	• 단독형 생활형 숙박시설 91세대 • 타워형 생활형 숙박시설 331세대 • 호텔 194실(타워형 184실＋한옥호텔 10실) • 인공해변 및 판매시설 • 테라스하우스 132세대 • 마리나형 생활형 숙박시설 20세대 • 말굽형 콘도미니엄 164세대 • 휴양 레저시설 : 마리나 요트장, 글램핑장 등

■ 조감도

■ 배치도

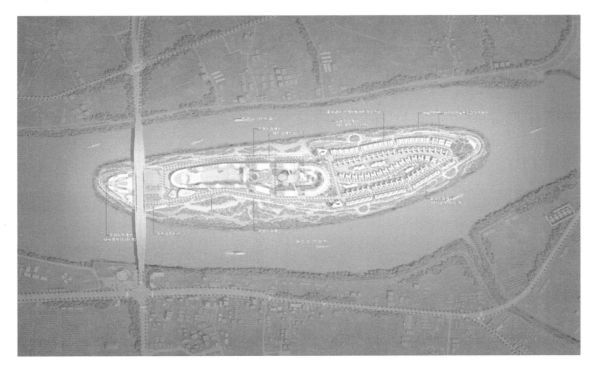

■ Architectural Design I(단독형 생활형 숙박시설 단지 전경)

■ Architectural Design II(테라스형 생숙 후면 아트리움 & 중앙공원)

■ Architectural Design III(타워형 생활형 숙박시설 및 Sky Infinity Pool)

■ Architectural Design IV(인공해변_워터파크)

■ Architectural Design V(마리나형 생활형 숙박시설)

■ 예상 사업 일정

구분	일자	내용
진행 완료	2013.01	착공신고(관광숙박업: 콘도미니엄) 수리통보/춘천시
	2014.09	도시계획시설(공간시설: 유원지) 사업, 실시계획인가
	2016.10	건축허가 취소
	2017.03	관광숙박업 사업계획 승인 취소
	2018.10	한국자산신탁, 신탁부동산 공매공고
	2019.07	토지매입 및 소유권 이전등기((주)씨씨아이에이치에스)
	2020.09	호반(위도) 관광지 조성계획(변경_9차) 승인 고시
	2021.07	사업권 양수도 계약 체결 : (주)씨씨아이에이치에스 → 오앤엘 코리아
	2021.11	출자 및 토지담보대출 기표
	2021.12	춘천 호반(위도)관광지 조성사업 허가 및 사업자 지정 완료
	2022.01	토지담보대출(2차)기표
	2022.05	1단계 사업 건축허가 접수 → 경관심의 완료
	2022.11	토지담보대출 6개월 연장
	2023.03	환경영향평가 착수
	2023.05	토지담보대출 12개월 연장(6개월 이자 후취 조건)
	2023.08	호반(위도) 관광지 조성계획 (변경 10차) 신청
	2023.08	환경영향평가서 본안 제출

향후 일정	2023.10	토지담보대출 Refinancing 기표
	2024.01	환경영향평가 협의 완료
	2024.01	관광지 조성계획 변경(10차) 승인
	2024.03	1단계 사업 건축허가 및 도시계획시설 실사인가
	2024.04	공사도급계약 체결 및1단계 사업 본PF 기표
	2024.05	1단계 사업 착공
	2026.10	1단계 사업 준공

주: 본 일정은 인허가 상황에 따라 일부 변동 가능하며, 현재 인허가관청 협의하여 단축노력 중임

■ 현장사진

■ 항공촬영 전경

◎ 상중도 → 사업지 방면 전경(南 → 北)

◎ 신매리 → 사업지 방면 전경(南西 → 北東)

■ 조망권

Ⅳ 개발방향 및 컨셉

■ 개발방향

- 호수와 산으로 둘러싸인 천혜의 자연환경과 특별한 관광컨텐츠가 결합된 국내 최초 내수면 마리나 리조트 개발
- 춘천시민의 소풍 장소였던 추억의 공간 기억을 현대적으로 재해석하여 지역과 상생하고, 다양한 액티비티를 즐기며 관광객들이 로컬을 경험할 수 있는 더 나은 삶의 활력소로 업그레이드
- 위도에서만 경험할 수 있는 특별한 공간, 디자인이 강조된 건축물과 시설, 운영 프로그램 등을 구성함으로써, 관광, 숙박, 여가, 레저의 융복합화 실현

■ 개발컨셉

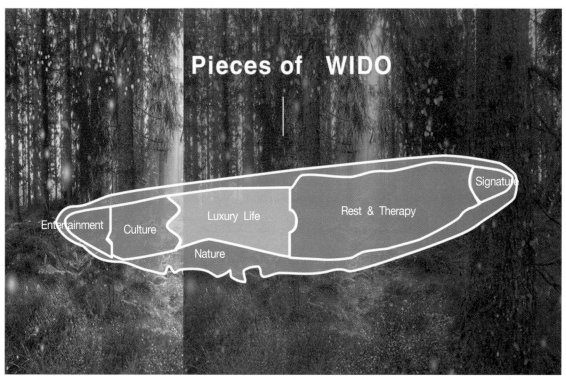

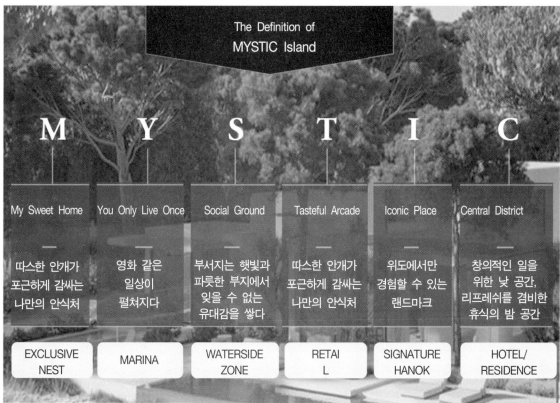

V 단계별 사업내용

■ 1단계

〈단독형 생활형 숙박시설 특화방안〉

■ 단독형 생숙(91세대)
- 고객 라이프 스타일에 따라 다양하게 선택할 수 있는 Unit Scale(5 Type)
- 수경 시설을 통한 Private 강화, High-End급 Second-House Town 조성

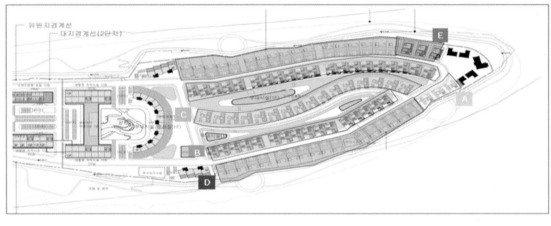

	A Type / 72py		B Type / 75.5py		C Type / 84.6py		D Type / 97.9py		E Type / 116.1py

- 세계적 명품 브랜드 「VERSACE」와 Collaboration
  ① "Interior design By Versace Home" 문구 및 베르사체 상표권을 마케팅 및 홍보에 적극 사용, ② 국내 Residential Project에 대한 독점권 확보, ③ 베르사체 가구 및 소품 배치

■ 단독형 럭셔리빌라(Design by VERSACE) 단지 전경

● 실내 인테리어

〈커뮤니티 시설〉

- 수변공간과 조화를 이루는 자연 중심 감성의 시설 & Community 프로그램 운영
- 전문 위탁 운영사에 의한 주거/특화 서비스 제공

〈테라하우스 & 타워형 생활형 숙박시설 특화방안〉

■ 테라하우스(152세대) & 타워형 생숙(224세대)

- 전 세대 Lake view 가능. 지형과 풍경(물에 초점)에 연결된 건축 디자인
- 실내/야외 생활을 최상으로 제공하는 넓은 발코니, 자연 채광 최대화를 위한 특화 설계

1. MASTER ROOM

- 연관 기능의 조합으로 럭셔리한 시퀀스 제공
- 실의 깊이에 대응하는 해법
- 순환동선으로 선택의 여유가 넓은 공간

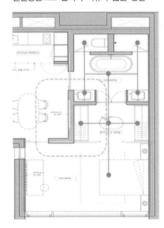

2. 2nd HOUSE PLAN

- 호텔 같은 별장, 거주 가능한 평면형
- CLOSET 특화, 수납공간 제공
- 허든 주방/일반 주방

3. ALPHA ROOM/CABANA/ALCOVE

- 주간에 거실의 일부로 사용하고 야간에 침실 기능 수행
- 타워형: Alcove(팬트 세대에 적용하지 않음)
- 테라스형: Aapha room, Cabana, Multi-room, bay window

〈한옥호텔〉

- 사업지 내 최상의 입지에 위치한 한옥 영빈관(최기영 대목장 시공)
- 전통 한옥양식에 고객 편의성을 고려한 건축설계, 한국의 전통미와 고즈넉한 정서가 깃든 휴식공간

[건축 개요]
- 건축면적: 1,431.40m^2(433.00평)
- 연면적: 2,705.71m^2(818.47평)

■ 2단계

〈유럽 오랜 역사를 지닌 Kempinski 호텔〉

Geneva, Swiss

Berlin, Germany

Bali, Indonesia

Singapore

- Kempinski는 유럽에서 가장 오래된 럭셔리 호텔그룹으로 1897년 독일 베를린에서 설립되었고 총 34개국에 78개의 5성급 호텔 체인을 보유하고 있음

- 본건은 Kempinski 브랜드를 채택하고 전문 위탁운영사에게 시설 관리 및 커뮤니티 시설 운영을 맡겨 최고급 브랜드에 걸맞은 최고급 운영 시스템을 갖출 계획임
- 현재 (주)00000, 00플랫폼 등으로부터 위탁운영 참여 제안을 받은 상태이며, 철저한 수요 추정에 근거한 특화 서비스 및 시설 운영계획을 수립할 예정임

〈상업시설 및 리테일〉

- 최신 트렌드와 사이트 특성을 감안한 상업시설
- Acade Center, 저층부 F&B, 대규모 실내수영장/사우나, 초콜릿체험관

◉ 휴식형 워터파크 및 문화/예술 전시관

■ 3단계

〈마리나 조성案〉

- 호반에서 즐기는 가장 여유로운 낭만, 일상을 벗어난 휴식처가 되는 곳
- 의암호의 아름다운 풍광과 다양한 수상레저를 즐길 수 있는 공간

〈글램핑장 및 웨딩 야외 공연장〉

Ⅵ 사업수지(1단계)

(1) 공급개요

구분	총세대 수	전용면적(평)	계약면적(평)	세대당 가격(천 원)	계약 평당가(천 원)
단독형(C타입)	91	100.4	109.5	3,832,500	35,000
집합형(D타입)	8	88.8	97.7	2,931,000	30,000
테라스형	132	31.2	73.7	2,211,000	30,000
타워형(A타입)	204	27.0	60.7	1,821,000	30,000
합계	435	-	-	-	-

(2) 사업수지

(단위: 천 원, %)

구분		금액	비중	비고
수입	단독형 생숙	375,191,250	30.4%	계약 평당 35,000천 원
	집합형 생숙	38,628,900	3.1%	계약 평당 30,000천 원
	테라스형 생숙	325,217,400	26.4%	계약 평당 30,000천 원
	타워형 생숙	363,485,400	29.5%	계약 평당 30,000천 원
	담보대출(한옥호텔, 토지)	131,327,740	10.6%	
	부가세 차액	(110,252,295)	(8.9%)	약식: 10.0% 추정
합계		1,123,598,295		-
지출	토지비(전체 부지)	47,593,000	4.6%	평당 586천 원
	직접공사비 단독형	128,637,000	12.4%	12,000천 원/평
	직접공사비 집합형	12,876,300	1.2%	10,000천 원/평
	직접공사비 테라스형	108,405,800	10.4%	10,000천 원/평
	직접공사비 타워형	109,045,620	10.5%	9,000천 원/평
	직접공사비 한옥호텔, 기반시설	18,585,045	4.4%	
	직접공사비 교량, 성토, 특화공사	108,320,226	10.5%	
	간접공사비	157,958,481	15.2%	특화공사비, 설계, 감리 등
	판매비	120,809,596	11.6%	분양수수료, 광고비 등
	제세공과금, 부대비	33,942,229	3.3%	각종 분부담금, 예비비 등
	금융비	165,322,725	15.9%	PF 금융비, 중도금무이자 등
합계		1,038,982,832	100.0%	-
세전 시행이익		88,478,453	7.2%	-

Ⅶ 사업성 검토

■ 입지분석

◉ 광역교통망

- 춘천~서울 간 1시간대 생활권 ☞ 서울~양양고속도로 이용 ↔ 춘천 1시간 20분, ITX이용 時 용산 ↔ 춘천 1시간 15분 소요
- 제2경춘국도 개통(2028년)에 따라 서울에서의 접근성 크게 개선(50분 이내)
- 2027년 동서고속화철도(인천~서울~춘천~속초, 1시간 51분) 개통, GTX B노선 마석 ↔ 춘천 구간 연장 (검토 중)

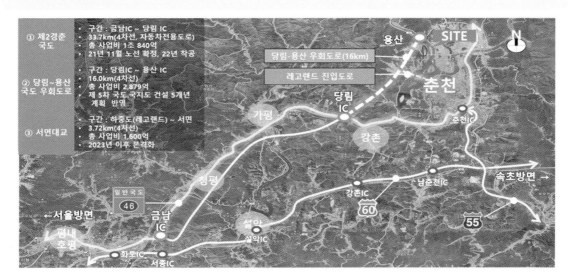

◉ 주변 관광 인프라

- 사업지가 속한 의암호는 수변을 활용한 관광 및 체험형 레저의 최적지
- 레고랜드: 영국 멀린社가 3,500억 투자, 전 세계 2위(디즈니 1위) 테마파크 ☞ 연간 230만 명 입장객 예상
- 삼악산 로프웨이: 의암호 상공을 가로지르는 국내 최장 케이블카(3.6km) ☞ 연간 120만 명 입장객 예상
- 마리나 & 관광유람선: 국내 최초 내수면 요트마리나 시설(2027년 사업 개시 예정)

◎ 레고랜드

◎ 삼악산 케이블카

◎ 의암호 내수면 마리나

■ 유사 거래사례 분석(High-End Resorts)

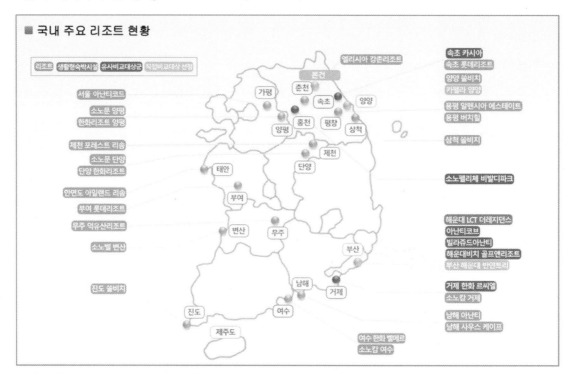

구분		본건	부산 해운대 반얀트리	카펠라 양양
위치		춘천시 서면 신매리	부산 기장군 오시리아	강원 양양군 송전리
착공 및 준공(예정)		2024년 4월/2027년 3월	2022년 6월/2024년 11월	2023년/2025년 하반기
상품 형태		호텔, 생활형 숙박시설, 콘도	콘도미니엄	콘도미니엄
대지면적		242,500㎡(73,356평)	41,280㎡(12,487평)	58,000㎡(16,161평)
연면적		240,995㎡(72,901평)	94,427㎡(28,564평)	132,000㎡(40,406평)
개발사업 규모		1조 1,811억 원	5,700억 원	8,300억 원
객실구성(전용)	단독형: 84~159평		22평/41평/45평/65평/94평/	41평/60평
	테라스형: 31평		100평/110평/142평/197평	107평/114평
	타워형: 27평 등			
평균 분양가격(전용)		3,817만(단독형)	6,150만 원~6,790만 원	4,645만 원~5,030만 원
		6,744만(타워형)	(평균 6,611만 원)	(평균 4,908만 원)
평균 분양가격(세대당)		38억(단독형 C타입 기준)	23.7억 원	31억 원
1구좌당 분양가격			2.7억 원(6/9/12구좌)	2.6억 원(12구좌)
전용률		단독형 92%/타워형 45%	타워형 51%/빌라형 64%	-
총객실 수		940실	195실	261실
구좌 수(개)			2,340개	2,772개

별첨 1. 시행법인((주)켐핀스키춘천)

(1) 기업개요

업체명	(주)켐핀스키춘천	대표자	○ ○ ○
설립연월	2021.10.05	법인등록번호	000000-0000000
업종	부동산업, 사업시설 관리 등	자본금	00억 원
소재지	강원도 춘천시 서면 시매강변길 84		

(2) 주주명부

주주명	주식의 종류	비율	비고
(주)000000	보통주	00%	0,000원/400,200주
(주)000	보통주	00.0%	0,000원/400,200주
00투자증권(주)	의결권부 상환우선주	00.0%	0,000원/200,000주
합계		100%	

(3) 대표자 시행이력

연도	사업명	규모	내용
2007.12	해운대관광리조트 개발사업	관광시설용지 11,681평 공공시설용지 3,446평	컨소시엄 참여
2008.04	상암동 DMC 랜드마크빌딩 PF사업	총 11,277평	컨소시엄 참여
2010.04	동부산관광단지 운동, 휴양지구 개발사업	총 327,371평	컨소시엄 참여
2022.09	금천구 시흥 첨단물류단지 조성사업	총 520,000평	컨소시엄 참여
2023.12	서울시 대관람차 및 복합문화시설 조성 민간투자사업 건물	건물 20,000평 대관람차 180미터	컨소시엄 참여

(4) 사업자 現진행 프로젝트

■ 서울 대관람차(트윈아이) 개발사업

■ 시흥유통상가 도시첨단물류 조성사업

13

별첨 2. 호반(위도) 관광지 조성사업 시행허가 통보 및 사업자지정

• 농업과 그 관련 산업이 지역경제의 중심이 되는 도시 •

춘 천 시

수신　(주 켐핀스키춘천 대표이사　○○○)
(경유)
제목　춘천 호반(위도)관광지 조성사업 시행허가 통보

『1. 귀 사의 무궁한 발전을 기원합니다.

2. 귀 사의 「춘천 호반(위도)관광지 조성사업 시행허가」 신청 건에 대하여 「관광
　 진흥법」 제55조 제3항 및 동법 시행령 제48조의 규정에 의거, 붙임과 같이 허가
　 하오니 승인조건의 성실한 이행과 사업추진에 만전을 기하여 주시기 바랍니다.

3. 또한 조성사업 추진 시 관련 개별법에 따라 시행하여야 하며, 위반 시 조성사업
　 시행허가를 취소할 수도 있으니 유의하여 주시기 바랍니다.

붙임　춘천 호반(위도)관광지 조성사업 허가 및 승인조건 1부.　끝.』

춘 천 시

주무관	관광개발담당		관광과장 전접 2021. 12. 31.
○○○	○○○		○○○

협조자

시행 관광과-17699　　　(2021. 12. 31.)　　　접수

우 24347　강원도 춘천시 시청길 11, 춘천시청 6층 (육천동)　/　www.onunoneon.go.kr

전화번호 00-0000-0000 팩스번호 000-000-0000 /SUDOX2014@kores.kr　/비공개(7, 8)

별첨 3. Brand Marketing Point(Versace)

■ 마케팅포인트

- Versace는 Capri Holdings Limited.의 대표적인 브랜드로서, 글로벌 럭셔리 패션브랜드임
- Versace Home은 자체적인 가구, 리빙스타일을 추구하고 있으며 글로벌 최고의 럭셔리 리빙 포인트로 전 세계적으로 시드니, 런던 등 주요 대도시에 위치하고 있음

■ Versace Home 예시(Damac Tower, London, England)

별첨 4. 조선호텔앤리조트 운영제안서

춘천 위도 휴양지 조성 사업 운영제안서

㈜조선호텔앤리조트

2021. 07

---

5. 기술지원서비스 R&R

호텔 건축, 인테리어 설계 등에 지속 참여하기 PJT의 상품성 및 운영 효율성을 확보하고
인테리어 PM을 통한 투자비 절감 및 원활한 오픈을 위한 각종 지원업무 수행 예정입니다.

참여범위	생활형 숙박시설	콘도미니엄	호텔
주요 개발계획	• 420세대 ※ 분양 - 단독형 97세대+집합형 323세대 • 커뮤니티센터 • 상업시설 및 커뮤니트 및 전용 수영장	• 133실 ※ 등기분양 or 회원모집 • 요트장	• 264실 ※ 위탁운영 • 인공수변공원 ※ 워터파크 • 판매시설
사업참여범위(안)	• 생활형 숙박시설(커뮤니티센터) 위탁운영 • 수익형 / 별장형 포함	• 콘도미니엄 위탁운영	• 호텔 위탁운영

주요 지원 업무	설계	• 건축 / 인테리어 설계 지원
		  - [건축] Space Program 제안 / Operation Requirement 제공 ※ 건축, MEP 주요 Spec 등
		  - ([인테리어] Brand Standard 기반의 Interior Design 제안 / 기본, 실시설계 도서 리뷰 등
		  - [기타] 특수장비 설계(주방, 조명, IT 등) 제안 및 리뷰

	PM	• 인테리어 시공 지원
		  - 인테리어설계 / FF&E / OS&E 투자비 리뷰
		  - 인테리어 시공계획 수립 지원 ※ 업체선정, 시공계획 수립, 마감재 선정 및 VE 등
		  - 인테리어 시공품질관리 ※ 목업, 시공 품질관리 및 Defect check 등

	운영 지원	• 운영계획 수립 및 Open 지원 업무
		  - OS&E 구매 지원
		  - 인력채용 및 직무교육 및 Service 품질 지원
		  - 영업인허가 등 Open 前 인허가 업무 지원

5 Chapter

부동산 개발금융 취급 사례

① 고속도로 프로젝트 파이낸싱

1) 서울춘천고속도로 사업

(1) 사업개요 및 출자현황

사업개요	• 사업시행자: 서울춘천고속도로 주식회사  • 출자자구성: 현대산업개발(29.0%), 현대건설(24.4%), 롯데건설(17.0%) 한국도로공사(10.0%), 고려개발 (9.8%), 한일건설(9.8%) • 소요자금: 18,763억 • 소요자금 조달: 차입금 10,426억(55%) 　　　　　　　　　국고보조금 5,100억(27%) 　　　　　　　　　자기자본 3,237억(18%)

P/F 내용	• 취급금액: OOO억 • 금리: 1년 만기 무보증회사채(AA-) 수익률 + 1.65%(1년마다 재산정) 　※ 금리감면(Step-Down)조건: 부채상환충당비율(DSCR)이 2회 연속 　　① 1.4 이상: 0.1% 감면 　　② 1.6 이상: 0.2% 감면 　　③ 1.8 이상: 0.3% 감면 • 만기: 최초 인출 후 17년(6년 거치 후 11년 점증불균등분할상환) • 자금용도: 서울춘천고속도로 민간투자사업의 설계, 건설 등에 필요한 자금 • 채권보전 　① 차주가 발행한 모든 주식에 대한 근질권 　② 예금계좌에 대한 근질권 　③ 보험금지급청구권에 대한 근질권 　④ 사업서류에 대한 양도담보 등 • 재무약정 　① 부채비율을 운영기간 동안 350% 이하로 유지 　② 누적부채상환비율을 운영기간 동안 1.0 이상 유지

(2) 사업성 및 상환가능성/수익성 평가

사업 타당성	• 강동구 하일동에서 강원도 춘천시 동산면까지 총연장 61km의 4~6차로 고속도로를 건설하는 민간투자사업 • 현재 평균 70분 이상 걸리는 서울~춘천 간 소요시간이 40분대로 단축되어 기존 경춘국도의 심각한 주말정체 해소와 경기 동부 및 강원지역 개발에 기여할 것으로 기대됨 • 건설교통부는 본 노선과 병행하여 춘천~양양까지의 구간을 별도의 재정사업으로 건설하여 서울에서 강원도 양양에 이르는 총연장 152km의 도로를 2011년까지 완공할 예정임
지원규모의 적정성	• 총소요자금 18,763억 원 중 자기자본 3,238억과 국고보조금 5,100억으로 외부차입금은 10,426억임. 외부 차입비율은 55%로 양호한 수준임
상환재원 및 채권보전	• 향후 운영수입(통행료수입)으로 본건 원리금 상환예정이며, 국가에서 운영개시 후 15년간 추정 운임수입의 70% 수준을 보장하고 있음 • 출자자들의 기술력과 인지도, 자기자본 선투입 후 자금인출이 일어나는 점 감안 시 원리금 상환은 무난시됨 • 차주사가 발행한 모든 주식에 대한 근질권 설정, 사업서류에 대한 양도담보 확보 등으로 채권보전에 만전을 기하고 있음
BIS 반영 및 수익성	• 실시협약상 건설기간 및 운영기간 중 P/F 대출금은 상환이 보장되므로 BIS비율 0%가 적용되어 BIS 위험가 증자산수익률이 매우 양호함(∞) • 참여수수료 0.5%, 약정수수료 0.2%, 금리마진 0.3%

② 복합단지개발 프로젝트 파이낸싱

1) 미단시티 개발사업

출처: https://mail.naver.com/v2/new

- 사업지: 인천 경제자유구역 운복동 일원
- 사업내용
  - 1단계: 사업부지 조성 후 용지별 매각(104만㎡: 대출의 상환재원)
  - 2단계: 용도별 건물 신축 후 분양
- 용지 분양규모: 주택용지 372,960㎡, 상업/업무용지 173,914㎡, 관광시설용지 209,924㎡, 기타 287,202㎡
- 도시개발 컨셉: 미래형 복합레저단지, 동북아 경제중심국가 실현의 거점지역
- 개발목표: 주거, 상업, 레저, 교육, 비즈니스 등의 각종 문화가 집적되는 복합 레저단지, 문화교감의 장, 문화/비즈니스 "장벽 없는 문화교역의 중심지"
- 계획인구: 13,575명(세대 수 4,730세대)
- 사업기간: 2006~2014년
  (기반시설 2009년 준공, 단지개발 2014년 준공)
- 총사업비: 1조 6,872억 원
- 시행사: LIPPO컨소시엄(LIPPO그룹, 인천도시개발공사 등)

- 시공사: 추후 선정
- 금융취급: PF 8,000억 원(우리은행과 공동주관)
- 대출금리: 3개월 CD + 2.1%
- 대출기간: 8년(3년 거치, 5년 분할상환)
- 금융조건
  - 인수확약 4,000억 원에 대하여 대출실행 전 3,000억 원 이상 Sell Down하여 최종 참여금액은 1,000억 원 이하로 취급
  - 사업부지가 차주사 앞 소유권 이전 시 후취담보 취득

2) 판교 알파돔시티 개발사업

- 사업지: 경기도 성남시 분당구 삼평동 일대 중심상업지구
- 사업목표: 판교역을 중심으로 주상복합아파트와 백화점, 할인점, 쇼핑센터, 호텔, 갤러리 등의 상업시설이 조성되는 수도권 최대규모의 복합쇼핑몰을 조성하는 초대형 프로젝트

- 사업내용
  - 1단계: (2011.11~2015.4) 공동주택, 업무/상업시설(백화점 포함)
  - 2단계: (2015.1~2018.12) 업무/상업시설, 오피스텔
- 사업규모: 주거 931세대 44,450평, 상업 24,254평, 업무 69,361평, 백화점 등 65,949평
- 사업기간: 2008년~2018년
- 총사업비: 5조 171억 원
- 시행사: (주)알파돔시티(POBA, LH공사, KEB, KDB, 롯데건설 등)
- 시공사: 컨소시엄 내 건설사(롯데건설, GS건설, SK건설, 두산건설 등)
- 금융취급: PF 4,600억 원(KEB, KDB 공동주관), 금리스왑 60억 원
- 대출금리: All-In-Yield 6.5%(3개월 CD + 2.45%)
- 대출기간: 36개월 일시상환
- 금융조건
  - LH공사 앞(2단계 사업부지) 토지대금반환청구권 양도담보 취득
  - 분양관리신탁계약 체결 및 1순위 우선수익권 취득(2단계 사업)

3) 마산 해양신도시 개발사업

- 사업지: 경상남도 창원시 마산합포구 가포, 월영, 월포동 1~2번지 일원(대지면적 322,016평)
- 사업내용
  - 서항지구: 매립지/해양테마파크, 공공청사, 호텔 등
  - 가포지구: 마산신항, 항만배후시설 등

- 사업기간: 2007년 2월~2019년 12월(약 13년)
- 총사업비: 4,344억 원
- 시행사: 마산해양신도시(주)(창원시, 현대산업개발 등)
- 시공사: 현대산업개발
- 금융취급: 총 1,837억 원 - KEB 금융주선
  - KEB 700억 원, 경남은행 524억 원, 광주은행 263억 원, 전북은행 200억 원, 대구은행 150억 원
  - Tr-A 1,400억 원(뮤체, 공사비 등), Tr-B 437억 원(금융-비용 및 유보이자 등)
- 대출금리: 3개월 CD 유통수익률 + 2.0%(4.89%)
  ※ 수수료: 주선수수료 1.0%, 신탁보수 0.5% 등
- 대출기간: 7년(불균등원금분할상환)
- 금융조건
  - 민간사업비채권, 보상금선수금채권 등 금전채권신탁 1순위 수익권 담보 취득
  - 준공사업부지 부동산담보신탁 대주단 공동 1순위 수익권 담보 취득
  - 실시협약에 따른 창원시의 해지 시 지급금 및 시공사의 이자보충 확약 등

③ 관광(단)지개발사업

1) 부산엘시티(관광특구 내 복합개발프로젝트)개발사업

(1) 계획사업의 개요

구분	내용
사업명	엘시티 복합리조트개발사업
위치	부산해운대구 중동 1058~2번지
지역지구	일반상업지역, 지구단위계획구역
시행사	트리플스퀘어 피에프브이(주)에서 엘시티피에프브이(주)로 변경
시공사 주간	롯데건설에서 포스코건설로 변경
사업의 규모	랜드마크타워 101층, 레지던스타워A 85층, 레지던스타워B 83층 워터파크 및 힐링스파 3, 4, 5, 6층, 일반상가, 호텔(롯데호텔) 등

- 사업기간: 2013년 10월~2019년 12월(약 6년)
- 총사업비: 17,000억 원
- 금융취급: 총 1,837억 원 - KEB 금융주선
  - KEB 700억 원, 경남은행 524억 원, 광주은행 263억 원, 전북은행 200억 원, 대구은행 150억 원
  - Tr-A 1,400억 원(부채, 공사비 등), Tr-B 437억 원(금융비용 및 유보이자 등)
- 대출금리: 3개월 CD 유통수익률 + 2.0%(4.89%)
  ※ 수수료: 주선수수료 1.0%, 신탁보수 0.5% 등
- 대출기간: 7년(불균등원금분할상환)
- 금융조건
  - 민간사업비채권, 보상금선수금채권 등 금전채권신탁 1순위 수익권 담보 취득
  - 준공사업부지 부동산담보신탁 대주단 공동 1순위 수익권 담보 취득
  - 실시협약에 따른 부산시의 해지 시 지급금 및 시공사의 이자보충 확약 등
- 자금조달방식
  - 브릿지대출: 군인공제조합, 부산저축은행 등
  - 공사자금P/F: BNK, KEB, 경남은행 등(포스코건설이 책임준공 및 지급보증)
  - 워터파크매각: 매각에 따른 구조: 새마을금고, 지방재정공제조합, 파라다이스유토피아

2) 부산 동부산관광단지개발사업

- 사업명: 동부산관광단지 조성사업
- 위치: 부산광역시 기장군 기장읍 대변 시랑리 일원
- 면적: 3,638,310m^2
- 주요 도입시설: 한국형 영화영상 테마파크, 운동휴양시설, 해양관람시설, 호텔 및 휴양콘도미니엄, 의료관광시설, 휴양체류시설, 테마파크 등
- 개발컨셉: 건강하고 행복한 삶을 꿈꾸는 모든 이들을 위해 자기만의 스타성을 발견하고 체험하는 공간
- 사업기간: 2005~2017
- 사업규모: 약 8조
- 사업의 특징: 토지수용 후 10년간 방치되었다가 사업의 범위를 4섹터로 나누어 사업자를 모집한 후 4섹터 운동휴양시설(골프장, 기업연수원, 골프빌리지, 호양콘도미니엄) 지구의 사업자공모를 거쳐 단계별로 개발사업 진행

- 사업시행자: 동부산골프앤리조트PFV(주)/오션앤랜드, 서희건설, C%S자산관리, 중앙디자인 등
- 대출기관; 브릿지: 신한저축은행 등(ABCP발행 등을 통한 자금조달)

3) 춘천 위도 관광리조트개발사업

- 사업명: 호반(위도) 유원지 조성사업
- 사업범위: 강원도 춘천시 서면 신매리 36-1번지 일원
- 사업기간: 2021~2026년
- 관광단지면적: 415,733m^2(125,759평)
- 사업면적: 242,500m^2(73,356평)
- 건축면적: 52,549m^2(15,896평)
- 사업시행자: 켐핀스키춘천 SPC(주)
- 사업비: 1조 3천억 원
- 자금조달주관사: ○○투자증권
- 사업추진방식: 총 3단계(숙박시설-호텔/사업시설-마리나)로 진행
- 주요 사업시설
- 생활형 숙박시설: 호텔, 한옥호텔, 콘도, 테라스하우스, 타워형 숙박시설(1008실)

- 휴양/문화관광시설: 야외공연장, 수영장, 수로공원(인공해변), 가족공원, 마리나, 글램핑장, 패밀리파크, 운동시설
- 상업시설: 워터파크, 식음료시설, 판매시설, 초콜릿체험관

④ 아파트 개발사업

1) 서울광장동 아파트 개발사업

- 사업지: 서울시 광진구 광장동 한국화이자 부지
- 사업규모
  - 대지면적 24,271m², 건축연면적 83,712m²
  - 아파트 6개동 282세대, 24층
  - 매출액 4,152억 원, 사업이익 305억 원
- 사업기간: 2007년 8월~2010년 5월
- 차주사: 한원광장프로젝트금융투자(주)
  - PFV 주요 주주: 한원 76%, 현대증권 19%, 삼소 5%

- 시공사: (주)○○
- 금융취급: PF 600억 원(총 2,350억 원 중 일부참여)
- 대출금리: 3개월 CD + 1.12%, 취급수수료 0.5% 별도
- 대출기간: 3년
- 금융조건
  - 사업지에 부동산담보신탁 2순위 설정
  - 시공사의 책임준공보증
  - 시공사의 연대보증
- 인허가: 2007.11 교통영향평가, 2008.4 사업승인 추진 중으로 인허가 무난시됨
- 주변여건
  - 동서울터미널, 지하철 2호선 강변역, 5호선 광나루역 역세권으로 대중교통, 올림픽대교, 천호대교, 강변북로 등 시내외 접근성 탁월
  - 사업지 주변 양지초등학교, 양지중학교, 광남고 등 교육여건 양호
  - 광장동, 구의동 등에 대규모 아파트단지 입지하고 테크노마트 롯데마트, 홈플러스 등 생활편의시설 충분함
- 가격조건
  - 평당 2,400만 원대로 주변의 광장동 현대아파트나 극동아파트의 2,500만 원대와 유사하며, 2010년 중반 입주예정 감안 시 분양가 적정시됨

⑤ 호텔 개발사업

- 대출취급금액: 125억
- 대출기간: 취급 후 24개월
- 취급 및 상환방법: 기성에 따른 분할취급/일시상환(준공 후 부동산펀드(혹은 REITs) 앞 매각자금)
- 자금용도: 브릿지론 상환 및 신축공사비 지원
- 자금조달 구조도
  - Tr1 325억: 관리형토지신탁 1순위
  - Tr2 200억: 관리형토지신탁 2순위
  - 롯데호텔과 장기임대차계약 체결(20년)

- 울산지역 호텔 사업성 평가 무난함
- 본 사업 착공 위한 인허가 및 명도 완료
- 시행사 신용도 미흡한 점 감안 관리형토지신탁 제도를 활용한 시행위험 헤지
- 시공사 대저건설(86위) 책임준공 무난

  ※ 중소건설사이나 차입금 전무한 신용도 우량한 재무구조(AA-) 보유함
- 호텔준공 후 부동산펀드(또는 리츠사) 매각을 통하여 매출금 상환

  ※ 현대증권 등의 수익증권 투자확약 230억으로 매각 가능성 무난함
- 호텔매각 장기 지연 시에도 연간 최소보장 임대료 37억 원 감안 시 매년 이자비용 지급 및
  관리비용 차감 후 임대기간 내 대출금 상환 무난함

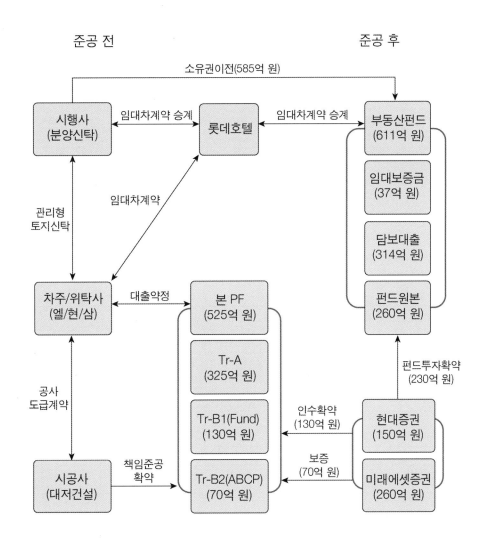

⑥ 서울시 대관람차 및 복합문화시설 조성 민간투자사업

[서울대관람차 조감도(평화공원)]

- 사업기간: 2026.04~2030.10
- 사업방식: BOT(30년 운영 후 기부체납방식)
- 사업참여 컨소시엄: (주)더리츠, SH공사, SK에코플랜트, KB자산운용 등

구분	내용	
사업명	서울시 대관람차 및 복합문화시설 조성 민간투자사업	
위치	서울특별시 마포구 하늘공원로84 일대(월드컵공원 부지 내)	
대지면적	119,883㎡(36,264.61평)	
연면적	전체 연면적 68,654.694㎡(20,768.04평)	지상 42,314.014㎡(12,799.99평)
		지하 26,340.680㎡(7,968.06평)
규모	지상 3층, 지하 1층	
용적률·건폐율	35.30% · 18.59%	
사업수행주체	특수목적법인(SPC)	
예상 사업비	1조 3천억 원	

⑦ 교육·상업시설 및 오피스 개발사업(판교 테크노밸리)

- 사업지: 경기도 성남시 판교 테크노밸리
- 사업규모: 지하 3층, 지상 8층, 매출액 1,897억 원, 사업이익 240억 원
- 시공사: ○○건설
- 금융취급: PF 600억(주선 300억 포함)
- 금융조건
  - 시공사 책임준공 및 연대입보
  - 경기지방공사 앞 토지매매대금 반환청구채권 양도담보 취득
  - 토지소유권 이전 즉시 부동산담보신탁 후 수익권 질권취득

수지내역		금액(백만원)	비고
용지비		39,700	
	토지매입비	36,200	토지매입비 = 3,003평 x 12백만 원
	이전비용/부대비용	3,500	취득세, 등록세, 신탁처리비
공사비		113,500	
	도급공사비	94,400	도급공사비 = 19,428평 x 4.85백만 원
	간접공사비	19,100	간접공사비 = 분양경비, 설계감리비, 기타
금융비용		12,500	금융비용 = 본건 차입금 이자 및 수수료
총원가		165,700	
분양수입		189,700	상업시설 802억, 교육시설 615억, 업무시설 480억
사업이익		24,000	매출이익률 12.6%

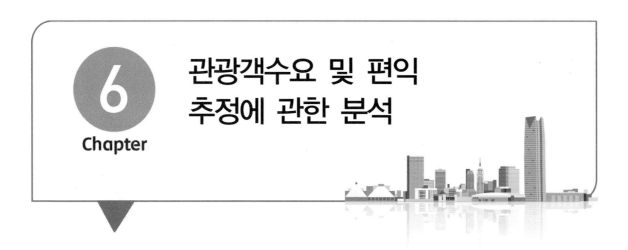

관광객수요 및 편익 추정에 관한 분석

Chapter 6

① 입장객 수요추정 방법

1) 관광수요 측정방법

수요예측기법은 크게 정량적(quantitative), 정성적(qualitative), 혼합형(combined), 사례조사(bench marking)로 구분할 수 있다.

정량적 예측기법은 과거 자료만을 이용하는 시계열 모형(time series models) 및 종속변수와 독립변수 간의 관계를 이용한 인과 모형(causal models)으로 구분된다. 정성적 예측기법은 수학적 모형에 의존하지 않고 전문가나 그룹의 의견을 기반으로 수요를 예측하는 기법으로서, 델파이 기법(delphi methods)과 시나리오 설정법(scenario writing methods)이 있다. 혼합형 예측기법은 다양한 수요예측기법을 결합하여 수요를 예측하는 방법이며, 사례조사는 기존 유사 사례의 실제 수요를 분석하여 수요를 예측하는 방법이다. 관광시설이 기존 운영 중인 시설인 경우, 예를 들어 뮤지컬 공연장이나 콘서트장이나 수족관시설, 짚라인시설, 케이블카시설 등은 이미 국내 많은 관광지에서 운영 중이기 때문에 수요조사가 용이하다. 이러한 시설에 대한 수요예측방법은 주로 거리와 인구를 중심으로 분석하는 중력모형이나 준거시설에 대한 사례조사를 통하여 유사한 수요를 예측하는 유사사례기법을 사용한다. 제주해양박물관(대형수족관)의 경우 기존 서울 코엑스 수족관이나 부산 해운대 수족관, 경기 일산 수족관이 이미 운영되고 있어 중력모형이나 유사사례비교법을 사용할 수 있지만 똑같은 수족관을 제주도에 건설할 경우에는 섬이라는 특수성 때문에 중력모형을 사용하는 데 한계가 있다. 따라서 이 경우에는 제주도민과 기타 지역에 대한 관광객 비율과 외국관광객에 대한 비율을 혼합하여 사용하는 혼합형 예측기법을 주로 사용한다. 2026년 착공되는 서울대관람차 수요의 경우 저자는 혼합예측기법을 사용하여 수요예측을 하고 이와 더불어 국내에 대관람차가 없는 점을 보강하기 위해 해외 유사 대관람차 탑승객 수요를 반영하였다. 그리고 마지막으로 이렇게 나온 수요를 중력모형을 사용하여 확인하는 새로운 수요예측기법을 개발하여 사용하였다. 이같이 수요예측은 관광시설에 따라 새롭게 개발하거나 기존 사례를 사용하기도 한다. 대부분의 개발 사업시행자들은 전문기관에 의뢰하여 수요분석을 하고 있다.

관광개발에서는 이와 같은 관광수요의 특성을 고려하여 시설의 구성과 규모를 정해야 한다. 관광개발은 미래의 수요에 대응해야 하기 때문에, 관광상품의 가격 및 소비자의 소득과 관광수요의 탄력성을 이해하고, 경제적·정책적 변화와 같은 외부적인 요인에 따른 수요변화를 예측하며, 계절적 영향 요인 등을 고려하여 해당 관광개발의 성격, 규모, 시설 특성 등을 구성해야 한다. 관광수요분석은 관광지를 방문하는 예상방문객의 수치와 그러한 수치를 수용할 수 있는 관광시설의 규모와 일치해야 한다. 결국 관광수요분석은 리조트가 개발되기 전 예상 방문관광객을 추정하는 작업이다. 따라서 관광수요분석에 대한 개념은 "관광(단)지가 완성되기 전 관광지를 찾고자 하는 관광객의 방문욕구를 수치로 표시한 예상 관광객의 수"라고 정의할 수 있다.

2) 수요추정 실무(제주해양박물관 사례를 중심으로)[9]

(1) 수요추정 기본전제

기본 방향	• 수요추정은 제주해양과학관의 입장객을 기준으로 하며, 내부 시설에 대한 중복 이용객을 제외한 순수요객을 추정 • 입장객의 기본수요는 제주도 관광객에 있으므로 관광객 대상 설문조사 결과를 보정하여 수요산출비율로 활용함(설문조사보고서는 부속서류Ⅶ에 첨부) • 통계적 분석방법, 유사사례 비교법, 선행 연구자료의 활용을 통하여 과학적이고 정확한 수요를 추정하도록 함

(2) 입장객 수요추정 기본가정

구분		내용
분석대상 기간		• 2012년 4월~2042년 3월(30년간)
수요에 영향을 주는 요인	① 접근성(위치)	• 섬이라는 특수성 및 제주특별자치도가 관광지라는 점으로 인해 수요와 직결됨을 전제로 함
	② 인구, 소득, 의식수준 등의 변화	• 추세적 관점에서 시계열분석 결과에 반영되어 있다고 가정함
	③ 기타 거시경제 변수(환율변동 등)	• 30년간의 예측은 매우 어려우므로 고려하지 않음
과거 통계수치의 활용		• 공신력 있는 국가기관 및 연구기관의 조사·추정치는 신뢰함

---

9) 「제주해양과학관 민간투자사업 본보고서」(2008), pp.267-282

(3) 수요추정 절차

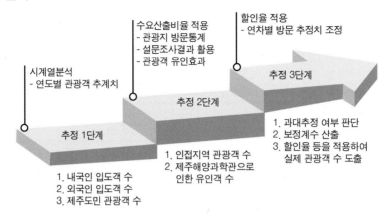

3) 수요추정 방법

(1) 추정 1단계

- 제주해양과학관의 잠재고객 대상 전체의 추정치 도출

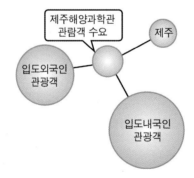

- 제주해양과학관의 잠재고객 종류
  ① 입도내국인 관광객 ② 입도외국인 관광객 ③ 제주도민
- 제주 입도 관광객에 대한 과거 19년 동안의 자료를 토대로 시계열 예측기법을 통해 내국인 및 외국인 관광객 추정치 도출
- 제주도민은 시도별 장래인구추계(통계청, 2007)와 시계열 예측기법을 사용하여 도출한 2042년까지의 제주도 인구를 토대로 관광객 수요를 추정

(2) 추정 2단계

- 제주해양과학관의 잠재고객 유형별 방문자 수 추정

① 입도 내국인 관광객

- 인접지역(성산일출봉) 내국인 방문자 수
  = 입도 내국인 관광객 수 × 인접지역(성산일출봉) 입도 내국인 방문객 비율
  − 인접지역(성산일출봉) 입도 내국인 방문객 비율 = 19.8%
  : '관광지식정보시스템'(문화체육관광부, 2008)의 연도별 방문객 통계 활용
  방문객 수치에는 입도 내국인과 제주도민 관광객이 모두 포함되어 있으나 제주도민 관광객의 수가 매우 적을 것으로 추정되므로 인접지역(성산일출봉) 내국인 방문객 비율을 인접지역(성산일출봉) 입도 내국인 방문객 비율로 설정함

② 성산일출봉 내국인 방문객 수 3년 평균비율

구분	단위	2005	2006	2007	3년 평균
제주 입도 관광객 (①)	명	4,641,552	4,852,638	4,887,949	4,794,046
성산일출봉 방문객 (②)	명	1,015,567	882,127	948,560	948,751
성산일출봉 방문비율 (②/①)	%	21.9	18.2	19.4	19.8

- 제주해양과학관으로 인한 유인객 수 = 입도 내국인 관광객 수 × 유인비율 10% − 유인비율 = 10%
  : 제주해양과학관 건립은 사업비 약 1,000억가량이 투입되는 대형 사업으로써 기존의 해양과학관과는 규모나 서비스 면에서 차원을 달리하므로 인접지역 관광객 이외의 유인효과가 있을 것임. 그러나 이러한 국제적 규모의 시설에 대해 발생하는 유인비율에 관한 적절한 통계자료가 존재하지 않으므로 입도 내국인 관광객의 10%를 가정한 후 '추정 3단계' 과정을 통해 수치를 통합 보정함(단, 유인객의 현시선호 유형은 강선호를 가정하지 않으며 인접지역(성산일출봉) 관광객의 제주해양과학관 선호도와 같다고 가정함)

③ 입도 외국인 관광객

- 인접지역(성산일출봉) 외국인 방문객 비율＝46.3%
  : '관광지식정보시스템'(문화체육관광부, 2008)의 연도별 방문객 통계활용

④ 성산일출봉 외국인 방문객 3년 평균비율

구분	단위	2005	2006	2007	3년 평균
제주 입도 관광객(①)	명	378,723	460,360	541,274	460,119
성산일출봉 방문객(②)	명	194,396	209,970	234,886	213,084
성산일출봉 방문비율(②/①)	%	51.3	45.6	43.4	46.3

⑤ 제주도민

- 제주도민의 제주 관광객 수＝제주도 인구수 × 제주도민의 제주도 여행 선택확률
  - 제주도민의 제주도 여행 선택확률＝98.9%
  : '국민여행실태조사'(한국관광공사, 2007)의 '거주지역별 국내 당일여행 방문지선택' 확률을 이용함. 즉, 제주
  도민이 국내당일여행에서 제주도를 목적지로 선택할 확률

- 인접지역(성산일출봉) 제주도민 방문객 수 = 제주도민의 제주 관광객 수 × {인접지역(성산일출봉) 내국인
  방문객비율 × 1/15} − 인접지역(성산일출봉) 내국인 방문객 비율 × 1/15 = 1.32%
  : '관광지식정보시스템'(문화체육관광부, 2008)의 연도별 방문객 통계활용
  '국민여행실태조사'(한국관광공사, 2007) 결과 국내당일여행 방문지 활동 중 박물관 선택확률이 1.5%이고,
  교육/체험프로그램 참가 확률이 1.6%인 것과 비교해 보았을 때, 제주도민의 성산일출봉 방문비율 1.32%는
  제주해양과학관 방문비율로 적절함
- 제주해양과학관으로 인한 유인객 수 = 제주도민의 제주 관광객 수 × 유인비율 − 유인비율 = 20%
  : 입도 내국인 유인비율(10%)로부터 제주도민의 접근성을 감안한 초기 유인비율 설정 '추정 3단계' 과정을
  통해 연차적으로 유인비율을 할인함

(3) 추정 3단계

- 제주해양과학관의 잠재고객으로부터 실제 관람객(입장객) 수 추정

① 입도 내국인 관광객

* 제주해양과학관 관람의사가 있는 관광객 수 = {인접지역(성산일출봉) 내국인 방문객 수 + 제주해양과학으로
  인한 유인객 수} × 관람비율−관람비율 = 77.8%
  : 제주도 내국인 입도 관광객을 대상으로 한 설문조사 결과 제주해양과학관 관람의사가 있는 사람의 비율이
  82.0%로 매우 높게 나타남. 이 조사결과로부터 관람비율을 도출하기 위하여 설문조사 대상자의 관광형태
  (단체여행, 개별여행)를 '제주특별자치도관광협회'의 관광객입도현황 자료에서의 내국인 관광객 5년 평균
  구성비와 일치하도록 수치를 보정함

② 제주해양과학관 관람의사

구분	제주해양과학관 관람의사		설문조사 대상자의 관광형태별 구성비	내국인 입도관광객의 관광형태별 구성비(5년 평균)
	관람의사 없음	관람의사 있음		
단체여행	147	311	34.3%	34.3%
	32.0%	68.0%		
개별여행	150	728	65.7%	65.7%
	17.1%	82.9%		
전체	297	1,039	100.0%	100.0%
	22.2%	77.8%		

③ 제주해양과학관 실제 관람객 수

* 할인한 실제 관람비율
  : 제주해양과학관 관람의사가 있는 관광객 수로부터 초기 3년까지는 90%, 4년차부터는 매년 2%씩 감소시
  켜 적용하며, 적용비율이 60%가 되는 18년차 이후로부터는 1.5%, 20년차 이후는 1%씩 감소시켜 적용함

④ 할인율 적용

* 할인율 적용의 주된 이유는 인접지역(성산일출봉)의 방문객이 모두 제주해양과학관의 방문객으로 이어진다고
  는 볼 수 없으며, 방문객의 성향, 장기간 영업활동에 따른 특성(시설의 노후화, 방문객의 이용 빈도) 등의 내·
  외적 환경을 보정하기 위함

구분	내용
유인비율 감소경향	• 제주해양과학관으로 인한 관광객 유인비율이 일반적으로 시설노후화 등으로 시간 흐름에 따라 감소하는 경향이 있으므로 감가상각률을 활용함
과대추정 우려	• 설문조사에 의하여 관람의사가 있다고 응답한 사람의 비율만으로 관람비율을 적용하게 되면 과대추정 우려가 있음
재방문자 비율	• 개장 초기는 관람의지 및 주변 관광지로부터의 유입 영향력이 강하다고 가정하여 제주해양과학관 관람의사가 있는 관광객의 90%를 실제 관람객으로 계산 • 시간이 흐를수록 재방문자의 비율(설문조사 결과 1년 이내 재방문 의사가 있는 사람의 비율이 53%로 높게 나타남)이 높아짐에 따라 실제 관람으로 이어지는 비율이 감소할 것을 가정함

⑤ 입도 외국인 관광객

- 관람비율 = 38.9%
  - 입도 내국인 관광객(77.8%)의 절반으로 가정함
    : 인천해양과학관 건립사업 예비타당성보고서(한국개발연구원, 2003)의 외국인 관람수요 추정 시 외국인 해양박물관 방문확률을 내국인 해양과학관 관람확률의 절반이라고 가정하여 활용한 바 있음

⑥ 제주도민

- 할인한 유인비율
  - 초기연도에는 20%의 유인비율을 설정하고, 이후 11년차까지는 1%씩 감소시켜 적용하며, 12년차부터 0.4%, 27년부터는 0.2%씩 감소시킴. 할인율 적용 시 접근 용이성으로 인한 유인력을 심하게 왜곡시키지 않도록 조정함

⑦ 할인율 적용

- 할인율 적용의 주된 이유는 방문객의 성향, 장기간 영업활동에 따른 특성(시설의 노후화, 방문객의 이용빈도) 등의 내·외적 환경을 보정하기 위함

구분	내용
제주도민 인구추이	• 초기 유인비율이 접근 용이성으로 인해 높다 하더라도 도민의 구성원이 급격히 변하지 않는 이상 초기연도와 동일하다는 것은 현실성이 없음
유인비율 감소경향	• 제주해양과학관으로 인한 관광객 유인비율이 일반적으로 시설노후화 등으로 시간 흐름에 따라 감소하므로 감가상각률을 활용함
유사사례 비교	• 부산아쿠아리움이나 코엑스아쿠아리움의 경험치로 볼 때 개장 초기 3년 정도의 관람수요에 비해 일정기간 동안 수요가 하락하는 경향을 보이므로 제주해양과학관도 비슷한 양상을 보일 것을 가정함

4) 수요추정 결과

연도	내국인		외국인	총계	증감률
	입도 관광객	제주도내 관광객			
2012	847,277	86,608	76,011	1,009,896	-
2013	1,153,425	110,082	103,440	1,366,947	-
2014	1,177,161	104,651	105,758	1,387,570	1.5%
2015	1,174,216	99,187	108,250	1,381,653	-0.4%
2016	1,170,217	93,701	110,877	1,374,795	-0.5%
2017	1,165,163	88,203	113,608	1,366,974	-0.6%
2018	1,159,054	82,698	116,418	1,358,170	-0.6%
2019	1,151,890	77,196	119,289	1,348,375	-0.7%
2020	1,143,671	71,702	122,208	1,337,581	-0.8%
2021	1,134,396	66,213	125,164	1,325,773	-0.9%
2022	1,124,067	60,733	128,148	1,312,948	-1.0%
2023	1,112,681	58,486	131,153	1,302,320	-0.8%
2024	1,100,241	56,247	134,175	1,290,663	-0.9%
2025	1,086,745	54,016	137,210	1,277,971	-1.0%
2026	1,072,194	51,790	140,255	1,264,239	-1.1%
2027	1,056,588	49,567	143,307	1,249,462	-1.2%
2028	1,039,926	47,349	146,365	1,233,640	-1.3%
2029	1,022,210	45,133	149,428	1,216,771	-1.4%
2030	1,012,088	42,917	152,495	1,207,500	-0.8%
2031	1,001,174	40,713	155,564	1,197,451	-0.8%
2032	989,470	38,741	158,635	1,186,846	-0.9%
2033	976,974	36,822	161,708	1,175,504	-1.0%
2034	963,686	34,879	164,781	1,163,346	-1.0%
2035	949,607	32,914	167,856	1,150,377	-1.1%
2036	944,178	30,925	170,932	1,146,035	-0.4%
2037	938,222	28,914	174,008	1,141,144	-0.4%
2038	931,738	27,973	177,085	1,136,796	-0.4%
2039	924,726	27,020	180,162	1,131,908	-0.4%
2040	917,187	26,056	183,239	1,126,482	-0.5%
2041	909,120	25,080	186,316	1,120,516	-0.5%
2042	225,131	6,025	47,349	278,505	-
평 균	1,018,529.77	54,920.68	138,425.61	1,211,876.06	-0.7%

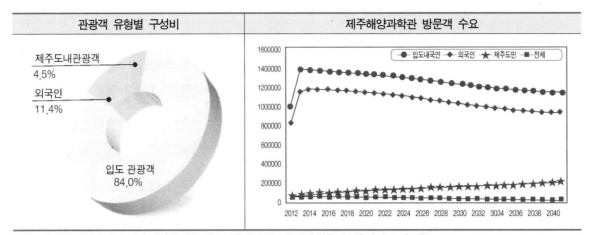

| 관광객 유형별 구성비 | 제주해양과학관 방문객 수요 |

주: 1. 제주해양과학관 내의 여러 시설에 대한 중복 이용객 수를 포함하지 않은 순이용객 수로 추정함
　　2. 수요추정기간은 2012년 4월~2042년 3월이며, 증감률 평균은 2014년부터 2041년의 증감률을 기준으로 계산함

② 이용객 편익추정

1) 편익의 정의 및 산정방법

(1) 정의

편익이란 방문객이 시설이용을 통해 얻는 효용의 가치를 말한다.

(2) 산정방법

• 제주도 내국인 관광객을 대상으로 실시한 설문조사((재)한국경제조사연구원, 2008.8) 결과를 활용함

• '제주해양과학관 시설(해양과학체험관, 해양생태수족관, 해양공연장) 이용에 대한 지불가능 최대금액' 평균을 1인당 편익금액으로 사용함

(3) 산정방법의 적정성 검토

• 유사시설에 관한 선행연구

선행연구보고서	분석방법
한국개발연구원 2003년~2005년 연구보고서	유사사례법 및 CVM
문화시설 가치추정 연구 2004년 보고서의 박물관 가치추정	컨조인트 분석법

- 편익수준을 결정하기 위한 다양한 연구방법들이 제시되고 있으나, 접근성, 전시내용, 인지도, 시설규모 등이 모두 비슷한 시설과의 비교분석 및 관련자료 확보의 어려움 등이 있어 본 조사에서는 유사사례비교법은 산정방법에서 제외하였으며, 설문조사 시의 한계점을 최대한 보완하는 차원에서 설문을 구성하여 최근 많이 이용되고 있는 CVM을 통해 1인당 편익수준을 결정함

조건부가치측정법(CVM)의 활용

· 설문을 통한 지불의사(WTP) 측정문항구성
- 최근 지불의사 측정을 위한 질문 설계 시 양분선택형 질문법을 사용하고 있으나 다음과 같이 질문법에 따른 장단점을 보완하여 사용

사전조사	본조사	
개방형 질문	· 사전조사에서 가장 빈도가 높았던 금액을 보기항목으로 구성 · 기타 항목만 개방형 질문	· 사전에 금액범위를 설정하여 무응답이나 극단치가 발생하는 단점을 줄임 · 본조사에서 기타항목으로 개방형을 설정, 보기항목 중 선택할 사항이 없을 경우 금액을 직접 작성할 수 있도록 해 개방형 질문의 장점을 취함

▶ 따라서 1인당 편익기준을 설정하기 위한 근거로써 설문조사 결과를 활용하는 것은 적절하다고 할 수 있음

---

2) 1인당 편익수준

- 시설별 1인당 편익수준
- 제주해양과학관 시설 이용에 대한 지불가능 최대금액 평균을 근거로 다음과 같이 산정함

구분	설문조사 결과	1인당 편익수준
해양과학체험관	4,030원	4,000원
해양생태수족관	18,988원	19,000원
해양공연장	13,749원	13,700원

3) 총편익

- 시설별 수요추정
- 시설별 수요는 본 장의 '2. 수요추정결과'에서 도출된 제주해양과학관 최종수요에 각 단위시설별 구성비를 적용하여 추정함

구분	해양과학체험관	해양생태수족관	해양공연장	합계
순수요비율 (중복수요비율)	28.6% (52.7%)	39.8% (73.3%)	31.5% (58.0%)	100.0% (184.0%)

주: 중복수요란 제주해양과학관 내 시설에 대한 중복이용객 수요를 의미함

- 총편익추정
- 총편익 = 사업별 1인당 편익수준 × 사업별 수요 추정치

연도	총편익	연도	총편익(백만 원)
2012	24,216	2028	29,582
2013	32,779	2029	29,177
2014	33,273	2030	28,955
2015	33,132	2031	28,714
2016	32,986	2032	28,460
2017	32,779	2033	28,188
2018	32,570	2034	27,896
2019	32,334	2035	27,585
2020	32,075	2036	27,481
2021	31,792	2037	27,364
2022	31,484	2038	27,260
2023	31,230	2039	27,144
2024	30,950	2040	27,013
2025	30,645	2041	26,870
2026	30,317	2042	6,678
2027	29,962	-	

③ 경제적 타당성 분석

1) 경제성 분석의 기본전제

(1) 경제성 분석의 기본전제 및 용어 정의

구분		내용
기본전제	분석대상 기간	• 2012년 4월~2042년 3월
	사회적 할인율	• 6.5%
	물가 상승률	• 불변
	이전지출	• 제외(보조금, 은행이자비용 등)
용어정의	경제적 편익	• 사업별 편익수준 추정치 × 사업별 수요 추정치
	경제적 비용	• 투자비 + 운영비

주: 1. 할인율의 경우 '예비타당성조사 수행을 위한 일반지침 수정·보완 연구(제4판)'(한국개발연구원 2004)에서 적정범위를 5.2~6.5%로 제시하고 있음
2. 이전지출은 한 곳에서 다른 곳으로 이전하는 지출이므로 재무성분석만 산정하며, 경제성분석에서는 국가재원에 영향이 없으므로 제외함이 원칙임
3. 경제적 편익항목 구성에 있어 관람에 대한 편익만 고려하기로 하며, 식음료 및 기념품 판매에 따른 부속사업 편익은 고려하지 않기로 함

(2) 분석방법

① 비용/편익비율(B/C)

$$\text{B/C Ratio} = \frac{\sum\limits_{t=0}^{n} \dfrac{B_t}{(1+r)^t}}{\sum\limits_{t=0}^{n} \dfrac{C_t}{(1+r)^t}}$$

② 순현재가치(NPV)

$$\text{NPV} = \frac{B_0 - C_0}{(1+r)^0} + \frac{B_1 - C_1}{(1+r)^1} + \ldots + \frac{B_n - C_n}{(1+r)^n} = \sum_{t=0}^{n} \frac{NB_t}{(1+r)^t}$$

③ 내부수익률(IRR)

$$\text{IRR: } \sum_{t=0}^{n} \frac{NB_t}{(1+r)^t} = 0$$

※ B_t: t차연도에 발생하는 편익
C_t: t차연도에 발생하는 비용
NB_t: 1차연도에 발생하는 순편익 $= B_t - C_t$
n: 분석기간
r: 할인율

2) 분석결과

• 비용편익비율분석, 순현재가치, 내부수익률 방법 적용결과 경제성이 있다고 판단됨

구분	경제성 분석결과	판단기준	경제성 유무
비용편익비율분석(B/C)	1.5073	B/C Ratio 〉 1	경제성 있음
순현재가치(NPV)	108,782백만 원	NPV 〉 0	경제성 있음
내부수익률(IRR)	19.86%	IRR 〉 6.5%	경제성 있음

연도	수입(백만 원)				비용(백만 원)				현금 흐름	현가계
	보조금	관람 수입	합계		건설비	운영비	합계			
			할인 전	할인 후			할인 전	할인 후		
2009	-	-	-	-	15,707	-	15,707	13,848	-15,707	-13,848
2010	5,719	-	5,719	4,734	23,726	-	23,726	19,642	-18,008	-14,908
2011	7,625	-	7,625	5,927	48,066	-	48,066	37,363	-40,441	-31,436
2012	1,906	24,216	26,122	19,066	10,219	10,490	20,709	15,115	5,413	3,951
2013	-	32,779	32,779	22,465	-	12,625	12,625	8,652	20,154	13,813
2014	-	33,273	33,273	21,411	-	12,914	12,914	8,310	20,359	13,101
2015	-	33,132	33,132	20,019	-	12,625	12,625	7,628	20,507	12,391
2016	-	32,968	32,968	18,705	-	13,581	13,581	7,705	19,387	11,000
2017	-	32,779	32,779	17,462	-	13,032	13,032	6,942	19,747	10,520
2018	-	32,570	32,570	16,292	-	13,145	13,145	6,575	19,425	9,717
2019	-	32,334	32,334	15,187	-	12,625	12,625	5,930	19,709	9,257
2020	-	32,075	32,075	14,146	-	12,914	12,914	5,695	19,161	8,451
2021	-	31,792	31,792	13,165	-	14,060	14,060	5,822	17,732	7,343
2022	-	31,484	31,484	12,242	-	13,053	13,053	5,075	18,431	7,167
2023	-	31,230	31,230	11,402	-	12,924	12,924	4,719	18,306	6,683
2024	-	30,950	30,950	10,610	-	12,625	12,625	4,328	18,325	6,282
2025	-	30,645	30,645	9,864	-	13,145	13,145	4,231	17,500	5,633
2026	-	30,317	30,317	9,163	-	19,110	19,110	5,776	11,207	3,387
2027	-	29,962	29,962	8,503	-	12,742	12,742	3,616	17,220	4,887
2028	-	29,582	29,582	7,883	-	12,625	12,625	3,364	16,957	4,519
2029	-	29,177	29,177	7,300	-	12,914	12,914	3,231	16,263	4,069
2030	-	28,955	28,955	6,803	-	12,625	12,625	2,966	16,330	3,837
2031	-	28,714	28,714	6,334	-	22,707	22,707	5,009	6,007	1,325
2032	-	28,460	28,460	5,895	-	13,862	13,862	2,871	14,598	3,024
2033	-	28,188	28,188	5,482	-	12,635	12,635	2,457	15,553	3,025
2034	-	27,896	27,896	5,095	-	12,625	12,325	2,306	15,271	2,789
2035	-	27,585	27,585	4,730	-	12,914	12,914	2,215	14,671	2,515
2036	-	27,481	27,481	4,425	-	18,690	18,690	3,009	8,791	1,416
2037	-	27,364	27,364	4,137	-	12,742	12,742	1,926	14,622	2,211
2038	-	27,260	27,260	3,870	-	12,914	12,914	1,833	14,346	2,037
2039	-	27,144	27,144	3,618	-	13,145	13,145	1,752	13,999	1,866
2040	-	27,013	27,013	3,381	-	12,625	12,625	1,580	14,388	1,801
2041	-	26,870	26,870	3,158	-	22,035	22,035	2,590	4,835	568
2042	-	6,678	6,678	737	-	3,152	3,152	348	3,526	389
합계	15,250	900,873	916,123	323,211	97,718	419,820	517,238	214,429	398,584	108,782

3) 민감도 분석

(1) 인당 편익수준 변동에 따른 민감도 분석

- 5% 간격으로 1인당 편익수준을 할인하여 분석한 결과 국내 소규모 해양박물관 등의 유사시설 이용단가보다 낮은 수준임에도 불구하고 경제적 타당성이 있었음

(단위: 백만 원)

구분	1안(80%)	2안(85%)	3안(90%)	4안(95%)	5안(100%)
NPV	46,546	62,103	77,667	93,223	108,782
IRR	13.00%	14.84%	16.58%	18.25%	19.86%
B/C	1.2171	1.2896	1.3622	1.4347	1.5073

1인당 편익수준 변동에 따른 민감도

(2) 수요 변동에 따른 민감도 분석

- 경제적 타당성을 기초로 사업의 안전성을 확보하기 위하여 1인당 편익수준을 80%로 할인한 후 나타난 수요를 변동시켜 추가적으로 민감도를 분석함
- 2차적인 민감도 분석을 실시한 결과, 1인당 편익수준 80% 적용에 수요는 85% 이상이 되어야만 경제적 타당성이 있었음

(단위: 백만 원)

구분	1안(80%)	2안(85%)	3안(90%)	4안(95%)	5안(100%)
NPV	-3,238	9,204	21,653	34,099	46,546
IRR	5.94%	7.97%	9.78%	11.44%	13.00%
B/C	0.9849	1.0429	1.1010	1.1590	1.2171

수요변동에 따른 민감도(1인당 편익수준 80% 기준)

(3) 민감도 분석의 종합 결과

- 민감도 분석에서는 경제성 분석결과에 크게 영향을 미치는 변수들에 대한 수익성 증감요인을 주어 경제성 유무를 판단함
- 1인당 편익수준과 수요는 편익항목에 직접적이고, 동일한 수준의 민감도를 보이고 있으므로, 종합적인 경제성분석결과 1인당 편익수준과 수요가 책정된 기준 대비 약 85% 이상의 수준일 경우 경제적 타당성이 있는 것으로 분석됨

4) 파급효과 분석

(1) 분석방법

- 본 사업의 파급효과에 대하여 경제, 사회문화, 정책적 파급효과로 구분하여 분석함
- 경제적 파급효과는 사업투자 및 운영에 대한 초기 4개년간의 생산, 소득, 고용, 부가가치유발, 순간접세유발, 수입유발효과로 분석하며, 분석을 위한 유발승수는 한국문화관광정책연구원의 '관광산업의 지역경제 기여효과 분석(2003)'과 한국은행 '2000년 산업연관표'를 기준으로 함
- 사회문화적 · 정책적 파급효과는 계량화에 한계가 있으므로 문헌연구, 관계자 및 전문가 인터뷰에 기초하여 관련효과를 제시함

■ 파급효과분석 개념도

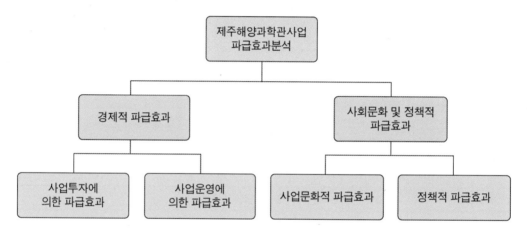

5) 경제적 파급효과

(1) 사업투자에 의한 효과

- 사업투자에 따른 지역 내 총파급 효과는 288,072,000원으로, 고용유발 인원은 연평균 약 457명으로 분석됨
- 고용유발 효과의 경우 제주시 전 산업 취업자 수인 289,000명('통계청'의 경제활동인구 중 취업자 수, 2006년 기준)의 약 0.016%로써 본 사업투자를 통한 지역 내 고용창출의 기여도는 0.16%임

(단위: 백만 원, 명)

구분		1차년	2차년	3차년	4차년	합계(평균)
연차별 투자비		15,707	23,726	48,066	10,219	97,718
사업투자에 의한 효과	생산유발	21,209	32,038	64,903	13,799	131,949
	소득유발	8,242	12,451	25,223	5,363	51,278
	부가가치유발	14,386	21,732	44,025	9,360	89,503
	순간접세유발	1,146	1,730	3,506	745	7,127
	수입유발	1,320	1,995	4,041	859	8,215
	총파급효과	46,303	69,945	141,697	30,126	288,072
	고용유발	294	443	898	191	(457)

(2) 사업운영에 의한 효과

- 사업운영에 따른 지역 내 경제적 파급효과는 매년 발생하는 운영비용(인건비, 제경비, 보험료 등)을 기준으로 분석하게 되는데, 제주해양과학관 운영사업은 총 30년간 이루어지며, 30년간 연평균 운영비가 약 13,994백만 원으로 추정됨. 그러나 본 운영에 따른 효과 분석에서는 초기 4년간의 효과를 분석하였음

- 사업운영에 따른 지역 내 총 파급효과는 34,561천 원, 고용유발 인원은 평균 약 417명으로 분석됨

- 고용유발 효과의 경우 제주시 전산업 취업자 수인 289천 명('통계청'의 경제활동인구 중 취업자 수, 2006년 기준)의 약 0.14%로써 본 사업투자를 통한 초기 4년간의 지역 내 고용창출의 기여도 는 0.14%임

(단위: 백만 원, 명)

구분		1차년	2차년	3차년	4차년	연평균
연차별 운영비		10,490	12,625	12,914	12,625	12,164
사업운영에 의한 효과	생산유발	14,753	17,756	18,162	17,756	17,107
	소득유발	3,792	4,564	4,668	4,564	4,397
	부가가치유발	8,586	10,334	10,571	10,334	9,956
	순간접세유발	771	928	949	928	894
	수입유발	1,904	2,291	2,344	2,291	2,207
	총파급효과	29,806	35,873	36,694	35,873	34,561
	고용유발	360	433	443	433	417

(3) 사회문화 및 정책적 파급효과

- 대규모 해양전시시설 공급으로 지역민의 문화수준이 향상되고, 관광개발 사업으로 지역편의시설 확대 및 고용증대효과가 있을 것으로 기대됨
- 국제적 규모의 해양과학관은 일부 선진국에만 분포하므로, 본 사업 추진 시 국제적 위상 및 자부심 진작 효과가 있음
- 제주도 관광객 설문조사((재)한국경제연구원, 2008) 결과 제주해양과학관이 관광객 유치에 도움을 주는 정도에 관한 의견조사에서 61.9%가 도움이 된다고 응답하여 내국인 관광객 유인에 긍정적 효과가 기대됨
- 제주국제자유도시 건설을 목표로 하고 있는 국토종합계획의 기본방향에 부합함
- 본 사업을 통해 부가가치 및 조세증대 등 지역경제 활성화와 재정자립도 건실화에 이바지함
- 시설규모 대비 저렴한 가격에 다채로운 해양생물을 전시하며, 학생들의 교육 체험의 장을 공급함으로써 복지증진 도모

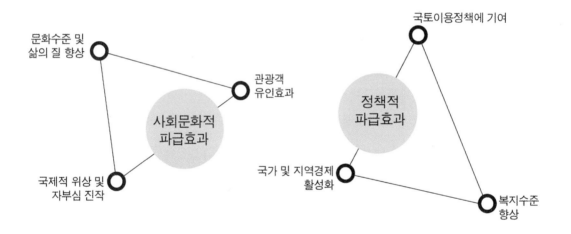

① 이미지와 브랜드 호텔이 주목받는 이유

1) 이미지와 브랜드의 가치와 서비스

이미지 메이킹이란 처음 광고분야에서 등장한 말인데 '제품이 소비자 마음에 새겨지는 것'이라는 뜻이다.[10] 그 후 상품이 아닌 사람의 이미지가 이슈가 되면서 국내 대부분의 연구논문이나 서적들은 사람을 대상으로 하는 이미지메이킹에 집약되어 왔다. 이미지 메이킹의 과정을 살펴보면 개개인의 이미지를 분석, 진단하여 호감도를 높이고, 직업과 개성에 맞는 가장 바람직한 이미지를 만들어 비즈니스 경쟁력을 향상시키며, 상황에 따른 대인관계 능력 및 신분과 역할에 어울리는 자기표현 기법을 체득하여 성공적인 자기실현과 삶과 질을 높이기 위한 자기변화 과정이라고 할 수 있다.

이를 요약하면 이미지는 상품에 대한 이미지를 통해 개인에게 어떠한 영향을 미치는지를 살펴보는 과정이거나 개인의 옷차림, 말투, 제스처, 직업, 자주 사용하는 말투 등이 타인에게 느껴지는 감정, 느낌이 바로 이미지메이킹을 뜻한다.

이처럼 이미지메이킹은 단순히 눈에 보이지 않는 허상으로 '어떤 것을 머리 속에 재현하는 이미지와 달리 실체가 있는 어떤 대상이 개인에게 영향을 미쳐 이 영향을 기반으로 자신의 목적에 활용하여 소기의 목적을 달성하는 것'이라고 할 수 있다.

반면에 브랜딩이란 '특별하고 감동적인 경험을 바탕으로 어떤 대상에 대한 강력한 인식이나 신념

---

10) 박혜정(2020), 서스맨의 이미지메이킹, 백산출판사, p.22

이 될 정도로 강력한 이미지를 만들어내고 유지하는 것'을 말한다.[11]

결국 브랜딩은 특정 대상을 상징하는 것에 대한 신뢰, 충성도, 편안함, 사랑, 필요성, 욕구, 행동 등의 감정을 느끼고 그런 감정들을 수반하는 적절한 경험을 통해 그 대상(사람이나 물건에 붙여진 그 무엇)에 대한 신념이나 신뢰를 말하는 것이다.

이와 같이 이미지메이킹이나 브랜딩에 대한 의미는 약간의 차이가 있지만, 사람과 상품이라는 대상에 따라 달리 적용할 뿐 그 원뜻에는 큰 차이가 없다.

결국 이미지메이킹과 브랜딩은 인간이나 제품에 그 이미지를 부각시켜 개인 또는 상품의 격을 상승시켜 판매를 촉진시키는 일련의 활동 즉 마케팅을 하기 위한 방안이라고 할 수 있다. 마케팅이 생산자가 상품 혹은 소비자에게 유통시키는 데 관련된 경영활동, 더 정확하게는 개인 및 조직의 목표를 만족시키는 교환의 창출을 위해 아이디어나 상품 및 용역의 개념을 정립하고, 가격을 결정하며, 유통 및 프로모션을 계획하고 실행하는 과정이라고 말한다면, 이미지메이킹을 통한 브랜딩은 모든 기업들이 상품을 판매하기 위해 반드시 활용해야 하는 전략 중 하나인 것이다.

과거의 마케팅은 소비자의 욕구를 발견해서 그것을 상품으로 만들어 알리는 것이었다. 즉 상품을 만들어 판매만 하려고 이를 알리는 것이 마케팅의 핵심 논리였다. 그래서 마케터들은 소비자가 원하는 것 혹은 해결하지 못하는 것이 무엇인가를 찾고 욕구를 해결하는 제품을 만들었다. 하지만 현재의 시장 상황은 전혀 다르다. '브랜드는 마케팅을 불필요하게 만든다' 이제 마케터들은 소비자의 욕구를 찾는 것이 아니라 소비자가 미처 생각하지 못한 욕구를 만들어 소비자가 제품을 찾게 해야 한다.

예를 들어 만약 커피맛을 보고 선택하는 제품이라고 가정해 보자. 실제 소상공인이 만드는 커피맛이 스타벅스 커피숍에서 만든 커피보다 맛있다고 스타벅스를 이길 수는 없다.

이처럼 브랜드는 믿고 사용할 수 있다는 신뢰 차원도 있지만, 내가 최고급 브랜드를 이용하고 있다는 자긍심이나 남을 의식하는 자부심과 같은 심리적 작용도 함께 반영되기 때문이다. 마찬가지로 고급호텔을 찾는 대부분의 고객들은 특급호텔만이 갖고 있는 차별화된 서비스에 만족한다.

다음의 사진은 럭셔리호텔 돌체가바나 호텔로비에 설치된 돌체가바나의 가구들이다. 고객들은 호텔로비 하나만으로도 호텔에 대한 품격과 그러한 품격을 갖춘 호텔로부터 서비스를 받는 것에 대하여 자부심과 자긍심을 갖는다.

---

11) 권민(2010), 브랜딩, Unitas BRAND, p.35

출처: 돌체앤가바너 본사 홈페이지

2) 고품격 서비스를 동반하는 명품브랜드호텔에 불황은 없다

코로나를 통해 우리가 배운 교훈은 지금까지 고정적이고 고리타분한 생각들은 모두 내던져야 한다는 것이다. 현재 우리가 처한 상황은 완전히 새로운 경제상황이며, 이는 새로운 사고와 급진적인 행동을 요구하고 있다. 즉 그 어떤 때보다도 소비의 욕구를 알아내기 위해 노력해야 한다. 소비

595

자들은 예전에 기업이 그려 놓았던 모습과는 상당히 많이 달라졌음을 느낄 것이다. 과거처럼 큰 카테고리로 그들을 구분해서는 안 된다. 그들은 새로 등장한 신종 부족의 한 객체로 진화했다.

예를 들어 어느 기업이 이런 불황 속에 저가호텔을 신축하여 요즘 인기가 있다는 로봇을 통해 최첨단 서비스를 한다며 홍보를 했다고 가정하자. 이 호텔은 성공할 수 있을까, 결론부터 말하면 많은 투자비도 건지지 못하고 머지않아 대부분의 중저가 호텔처럼 모텔로 전락하거나 문을 닫게 될 것이다. 특급호텔의 강점은 중저가 호텔에서 볼 수 없는 최고의 서비스와 관련되어 있다. 거기에다 다른 호텔들이 흉내 낼 수 없는 최고의 브랜드에 어울리는 시설을 갖추고 있다.

특급호텔을 한번쯤 이용한 경험이 있다면 고급브랜드 호텔에서의 서비스와 시설에 감탄했을 것이다. 이것은 누구나 흉내 낼 수 없는 오랜 전통과 고객들의 신뢰에서 쌓인 브랜드와 서비스 때문이다. 호텔운영자는 대부분 소비자만을 바라보고 모든 전략과 브랜딩을 새롭게 구축할 것인지 고민한다. 사실상 급한 상황에서는 본능과 직관이 이성과 전략보다 더 빠르게 작동한다. 급하게 소비자의 변화만을 좇다가는 인간의 고질적인 낙관적 혹은 주관적 판단으로 엉뚱한 결론을 내리곤 한다.

『부의 패턴』을 저술한 세계 경제 예측 전문가 해리 덴트[12]는 보다 전략적인 법칙을 이렇게 이야기했다.

"불황기에 기업들이 세워야 할 목표는 이윤을 증가시키는 것이 아니라 살아남아서 무너지는 경쟁자들의 시장 점유율을 얻어내는 것임을 깨달아야 한다. 그러기 위해서는 베스트 브랜드와 고객에게 집중해야 한다. 한마디로 불황기에는 소비 패턴이 변하기 때문에 이에 따른 경쟁자의 실패를 염두에 두라는 것이다.

따라서 CEO가 반드시 해야 할 일은 전략 보드 앞으로 돌아가 기회를 돌아보고 현재 경쟁 게임의 규칙을 뒤집는 것이다. 소비자의 변화를 읽어 기회를 찾는 것도 중요하지만 기업의 변화를 읽는 방법도 중요하다. 기업은 갑자기 닥친 불경기라는 거대한 시련 속에서 최고의 획기적인 아이디어를 발견하기도 한다.

호황일 때 기업은 주로 기술적인 제품혁신과 대중적인 마케팅 활동에 집중한다. 그러나 불황일 때는 과거의 관습적인 사고 패턴을 부수고, 심지어 전혀 다른 비용을 들이지 않고도 기존 경험을 자본 삼아 살아갈 수 있는 혁신적인 아이디어를 생각해낼 수 있는 환경이 조성된다. 바로 이럴 때 과거에는 불가능하다고 생각하던 경쟁 우위를 발견할 수 있는 것이다. 대표적인 예가 바로 브랜드호텔인 것이다.

---

12) 해리 덴트(Harry Dent), 『부의 패턴』, Vol. 9, 2001, p.55

그렇다면 브랜드는 불황 속에서도 통할 수 있을까? 많은 사람들이 궁금해 하는 질문 중 하나이다. 불황이 되면 사람들은 더이상 돈을 쓰지 않고, 그동안 소비영역에서 전혀 사용하지 않던 머리를 쓰려고 한다. 『경제학 콘서트』의 저자 팀 하포드[13]는 이렇게 말한다.

"불황이 되면 '소비자들의 소득은 줄어들지만 어떻게 하면 소비를 통해 편안함을 느낄까' 혹은 싸지만 럭셔리한 것을 구매할 수 없을까"에 대해 많이 고민하게 된다.

『퓨처파일』을 쓴 미래학자 리처드 왓슨[14]은 오히려 현실적인 대안을 이렇게 제시해 주었다. 사람들은 불황에 안전성과 안도감, 통제를 원한다. 그래서 그들은 이미 알고 있고, 믿고 있는 브랜드를 고수하려는 경향을 보인다.

또 대부분의 사람들은 '어리석은' 소비를 하지 않으려 할 것이다. 그런데도 여전히 '허용할 만한 탐닉(per-missible indulgences)'을 채워줄 것이다. 안정감을 주거나 스트레스를 완화해 주는 제품들 역시 이러한 경쟁 상황에서는 또 다른 기회시장이다. 그러한 상품들이 얼마나 효용이 있는가를 기술력이나 통계를 통해 설명할 수 있지만, 더 효과적인 방법은 실제로 그 상품을 사용한 뒤에 사람의 표정을 어떻게 변화되는지 보여주는 것이다.

최근 코로나 영향으로 소비지출이 줄어들었지만 유독 사람들이 아끼지 않고 가계지출을 확대하는 것이 있다. 그것은 바로 특급호텔의 사용과 고급 명품제품을 구매하는 행위였다. 불황에서 명품 브랜드의 성장을 이끄는 제품들을 살펴보면 부피가 크고 고가인 상품보다는 작고 실용성이 있는 작은 사치라고 불리는 것들이다. 이와 더불어 인간의 욕구를 충족시킬 수 있는 자기만족할 수 있는 상품 즉 일반호텔보다는 특급호텔 이용을 더 즐긴다.

불황 속에서도 소비가 사라지지 않고 매출이 올라가는 이유는 간단하다. 불황일수록 명품브랜드들은 오히려 더 성장하는데 이는 사람들의 새로운 욕구의 출현과 같이 성장하기 때문이다. 반대로 진정한 브랜드는 불황인데도 더 큰 '성장'을 이끌어낼 수 있어야 한다는 것과 동일한 말이기도 하다.

---

13) 팀 하포드(Tim Harford): 영국의 경제학자이자 저널리스트며, BBC의 TV 시리즈 'Trust Me I'm an Economist'의 진행자로도 유명하다. 저서로는 우리나라에서도 베스트셀러에 이름을 올린 『경제학 콘서트』가 있다.
14) 리처드 왓슨(Richard Watson): 컨설턴트이자 연설가로, 글로벌 기업과 정부 단체에서 미래에 관한 강연활동을 주로 한다. 퓨처익스플로레이션 네트워크(Future Exploration Network)의 수식 미래학자로 버진아틀랜틱 항공 IEM, 도요타 등과 함께 미래의 각종 시나리오를 예측하는 일을 해왔다.

② 불황을 넘어 호황을 이끄는 브랜드의 가치

불황에서 활황의 경쟁 우위를 발견하고, 규칙을 변경하여 경쟁에서 승리하기 위한 전략은 무엇일까? 그것은 성공한 브랜드를 찾아 브랜딩을 통한 사업의 영역을 늘리는 것이다. 우선 성공한 브랜드를 찾는 방법은 이렇다.

첫째, 코로나위기 상황과 비슷한 IMF 외환위기를 이겨내고 지금까지 꾸준히 성장한 브랜드를 찾는다. 둘째, 불황일 때 오히려 호황하는 브랜드 속성 값을 찾는다.

셋째, 이번 불황이 끝나도 계속 성장할 수 있는 활황의 DNA를 가진 브랜드를 찾는다. 물론 이런 브랜드는 그 역사도 길 것이다. 불황이 되면 불황 전까지 기업이 주도적으로 소비자들을 이끌던 '거만한 마케팅 법칙'들은 사라진다. 오직 고객 중심, 고객의 이익증대, 고객 우선, 고객 가치창조와 같은 '고객원칙'만 존재한다. 불황 속에 우리는 시장의 세 가지 모습을 살펴보아야 한다. 바로 현실, 사실, 그리고 진실이다. '현실'적으로 호텔시장 전체가 얼어붙어야 하는 것이 '사실'이지만 '진실'은 그렇지 않다. 불황 속에서 우리가 전혀 예상하지 못하는 시장이 만들어지고 불황에서 활황의 인자를 가진 수많은 요인들이 발생한다. IMF나 코로나 상황에서도 꾸준히 매출이 늘어나는 명품브랜드 호텔이나, 명품 핸드백, 명품 자동차가 바로 그것이다. 이것이 불황의 '현실'이며, '호황'에서 '사실'로 드러나는 브랜드의 진실이다.

"불황에서 성공의 법칙은 고객 가치라는 원칙뿐이다."라는 말은 누구나 할 수 있다. 하지만 이것의 '실행'은 아무나 하지 못한다. 또한 이 아무나에 꼭 대기업만이 포함되는 것도 아니다. 브랜드를 활용한 성공방법은 수도 없이 많다. 그러므로 속력으로 신기록을 세우려고 하지 말고 오히려 타이밍을 잡아야 한다. 불황에서 탈출하려 하지 말고 이용해야 한다. 불황에서는 날카로운 전략보다는 세심하게 심리를 들여다보아야 한다. 1%의 남다른 관심이 99%의 성공을 가려올 것이다.

불황을 이기는 명품브랜드는 가치와 철학을 품고 있으며, 불황에 내성이 생겨 좀처럼 쓰러지지 않는다. 즉, 어려운 IMF나 코로나사태에서도 전혀 영향을 받지 않는다. 미국의 금융위기를 예언한 책으로 잘 알려진 『블랙스완』의 저자 나심 니콜라스 탈레브[15]도 특이점과 비슷한 '극단값 이론'을 설명하고 있다. 명품브랜드 즉 불황 속에서도 잘 나가는 이유는 다음과 같다.

첫째, 불황 속에서도 활황하는 브랜드의 공통점을 한 단어로 정의한다면 '일관성'이다. 이들은

---

15) 나심 니콜라스 탈레브(Nassim Nicholas Taleb): 철학가, 역사가, 수학자이자 월가의 투자전문가이다. 회의주의 철학과 증권가 경험을 바탕으로 1987년 '블랙먼데이'를 겪으면서 떠올린 아이디어로, 블랙스완을 썼으며, 최근 불황으로 그가 예측한 이론이 현실이 되면서 탁월한 학자로 평가받고 있다.

불황에도 어떠한 환경에도 영향을 받지 않는 '영생불멸의 브랜딩'[16]을 하고 있다.

"가장 위대하고 심오한 진리는 가장 단순하고 소박하다"라는 톨스토이 말처럼 그들의 입을 통해 듣게 된 결론은 지극히 소박하고 겸손한 '태도'에 관한 것들이다.

저자는 춘천 위도 관광리조트개발사업을 추진하면서 특급호텔 브랜드를 리조트와 호텔에 적용했다. 그 누구도 따라 할 수 없는 전통과 브랜드에 내재된 역사, 문화, 그리고 그들만의 철학이 함축되어 있는 명품브랜드의 가치를 비싼 가격을 지불하고 브랜드를 사용한 것이다. 고급브랜드는 오랜기간 동안 고객의 신뢰에서 더 빛을 발하기 때문에 많은 돈을 지불할 가치를 가지고 있다.

둘째, 가공할 만한 위력을 가진 이들 브랜드의 장점은 불황과 활황 속에서도 고객을 위해 오직 좋은 제품과 유행에 맞는 제품을 연구하면서 꾸준히 가격을 올리며, 내년에는 더 많은 돈을 지불하고 명품을 구매해야 한다는 욕구를 자극한다.

호황기에는 무엇을 팔 것인가에 집중했다면, 지금은 어떻게 팔 것인가를 가지고 접근해야 한다. 그러나 종전 상품과 종전 방식을 고수하려 한다면, 결국 불황을 견디다 매출 저하 압박에 못 이겨 가장 치명적 실수인 '할인'을 함으로써 빨리 그 상황에서 벗어나고 싶은 본능을 참을 수 없게 되는 것이다. 당장 실적을 내지 않으면 경쟁사회에서 도태되고 직원들 또한 정리해고 대상이 되니 먼 미래를 바라보기보다는 당장의 매출이 우선 과제인 것이다.

국내 중저가 호텔들이 불황에 시달리자 객실요금을 절반으로 줄여 인터넷 판매를 시작했다. 그 결과 젊은층이 몰렸고 그럭저럭 문을 닫지 않아도 현상유지에는 문제가 없었다. 이러한 전략을 지켜보던 국내 특급호텔 일부에서도 너도나도 같은 전략으로 객실 할인대책을 내놓았고 울며 겨자 먹기로 코로나상황만 하루빨리 지나가길 기다리고 있었다.

하지만 국내 진출한 럭셔리호텔(5성급 이상의 시설을 갖춘 호텔)들은 활황시절에 받았던 객실요금을 고수했다. 그러자 주변에 있던 많은 호텔들은 그들을 향해 '자본력이 대단하거나 아니면 얼마 못 가서 문을 닫을 것'이라고 손가락질을 했다.

하지만 그들 브랜드호텔들은 이미 100년도 넘는 역사를 가지고 있는 호텔들이었고 명품호텔로서의 자존심을 지켜 나갔다. 그 결과 코로나상황은 장기로 접어들었고 사람들의 생각도 바뀌기 시작했다.

'철저한 코로나 방역에 대한 대책도 저 호텔은 다를 것이다', '괜히 그 비싼 방값을 받겠어?', '오랜 전통을 지닌 호텔은 달라도 뭐가 다를 거야'라는 생각들로 인해 고객들은 몰려들었고, 특히 부유한 고객들은 남과 다른 특별한 서비스와 대접을 받기 원하기 때문에 럭셔리호텔을 찾았다. 그렇게

---

16) 레이 커즈와일(Ray Kurzweil), 영생불멸의 브랜드(The Immortal Brand), 2009.03, Vol. 9

럭셔리호텔들은 불황이나 활황에도 큰 변화 없이 버틸 수 있었다.

그뿐만 아니다. 명품브랜드를 사용하는 제품이나 호텔의 객실료는 해마다 물가상승률만큼 가격을 높여 받는다. 그 결과 '루이비통'과 '샤넬'은 없어서 못 팔고 '벤츠'는 이 조그만 나라에서 판매율이 전 세계 탑이라고 한다. 호텔도 리조트도 마찬가지다.

서울에 있는 해외 명품호텔브랜드 '포시즌호텔'의 객실료와 식음료 값은 국내 특급호텔에 비해 거의 두 배나 되지만 예약을 할 수 없다고 한다. 명품브랜드사들은 자신의 제품과 서비스를 남보다 더 상승시키는 일밖에 하지 않는다.

셋째, 불황에 활황하는 브랜드들의 원칙 중 하나는 '단순함'이다. 결론적으로 '활황하는 브랜드들의 단순함이란 단순하지만 모방하기 쉽지 않은 원칙'이라고 할 수 있다. 그들이 단순함을 위해 포기하는 것은 바로 시간과 경쟁하지 않고 오히려 그것을 리드하기 위해서다. 불황의 경쟁자는 호황기의 경쟁자가 아니라 '시간'이다.

예일대학 부설 인간관계연구소의 심리학자 존 콜라드(John Collard)는 단순함에 대한 근본적인 두려움이 있다고 말한다. 그는 인간이 두려움을 갖는 원인을 일곱 가지로 구분하는데, 그중 '사고(thinking)에 대한 두려움'은 사람들이 왜 단순하지만 위대한 사고를 쉽게 하지 못하는지 알 수 있게 한다. 콜라드 박사는 사람들은 스스로 사고하여 문제를 해결하고 노력하기보다는 타인의 생각에 의존하려는 경향이 있기 때문에 단순한 해결책을 쉽사리 찾아내지 못한다고 한다. 단순한 진리, 단순한 해결책은 복잡한 사고의 결과이기 때문이다.

단순함에 대한 근본적 두려움에 대한 또 하나의 심리학적 접근으로, 캘러 모그 박사는 사람들이 '생략하는 것에 대한 공포'가 있다고 한다. 사람들은 실패에 대비하기 위하여 다양하면서도 가능한 많은 대안과 해법을 가지고 있어야 한다고 생각하기 때문에 단순한 사고와 아이디어만으로는 불안감과 불충분함을 느낀다는 것이다. 그래서 생략을 통해 만들어지는 단순함에 쉽게 이르지 못한다.

한국의 많은 기업들이 새로운 상품을 하루 걸러 쏟아내고 있지만 거의 대부분은 잊혀지거나 사라지고 남아 있는 건 사람들의 추억 속에 간직한 브랜드들뿐이다.

특히 불황을 처음 경험하는 마케터들은 뭔가 새로운 방법을 찾으려고 한다. 새로운 방법은 주로 성공한 해외 사례와 최신 전략으로 검증된 그 무엇이다. 그러나 그것을 찾았다고 하더라도 불황으로 인해 경쟁자가 사라지거나, 경쟁상황이 매우 단순해졌음에도 불구하고 복잡한 마케팅실행안을 들고 머뭇거리기 일쑤다.

불황이 되면 그때부터 시간과의 경쟁이다. 기업이 시간과 경쟁하는 상황이 되었다면 이미 진 게임이라고 말할 수 있다. 시간과 경쟁하면 반드시 쫓기고, 몰리면 몰릴수록 악수를 두게 된다.

시간에 쫓기는 것에서 벗어나고 싶은 충동 때문에 결국 브랜드에게 치명적인 해를 끼칠 수 있는 마케팅전략에 집중하게 된다.

넷째, 소비자는 돈을 주고 산 상품에 대해 '감동받을 만한' 품질을 원한다. 왜냐하면 소비자는 가격을 지불하고 물건을 산 것이 아니라 가치를 산 것이기 때문이다.

③ 외국 럭셔리브랜드호텔의 한국 진출

현재 5성급 해외 명품브랜드호텔을 살펴보면 〈표 2-17〉과 같다. 최고급 럭셔리급 명품호텔에는 불가리호텔, 포시즌, 그랜드하얏트, 인터컨티넨탈, JW메리어트, 켐핀스키, 럭셔리컬렉션, 리츠칼튼이 있으며, 그 아래급으로 힐튼, 하얏트, 메리어트, 쉐라톤 호텔이 있다. 이 중 대부분의 럭셔리호텔들이 모두 한국에 진출했으며, 특히 럭셔리 컬렉션호텔은 2020 조선호텔그룹과 브랜드 사용에 대한 협약을 통해 현재 강남구 선릉에 소재한 럭셔리 켈렉션 조선팰리스호텔이라는 이름으로 진출했다. 포시즌 역시 미래에셋 회사와 2013년 브랜드 사용 및 위탁운영 계약을 통해 2015 종로 세종문화회관 옆에 오픈한 상태이다. 그 외에도 2022년 켐핀스키호텔이 춘천 위도 리조트개발회사와 위탁운영 및 브랜드 사용에 대한 약정을 체결하고 2026년 최고급 럭셔리호텔을 준공할 예정이다. 반면 리츠칼튼이나 쉐라톤호텔은 한국에서 철수했으며, 세계 최고급 호텔급인 불가리나 베르샤체, 알마니 호텔들이 포시즌이나 켐핀스키 호텔과 같은 방식으로 한국시장에 진출하기 위해 준비 중이다.

포시즌의 경우 약 12,000평 규모의 대지에 지하 7층, 지상 25층, 317실의 객실과 최고급 레스토랑과 연회장 및 휘트니스센터 등을 갖추고 있으며, 조선팰리스호텔의 경우 지상 36층 규모에 객실은 254개이며 3개의 연회장과 수영장, 휘트니스시설, 5개의 식당 등으로 구성하여 서울에서 최고의 럭셔리호텔로 운영하고 있다. 또한 켐핀스키춘천의 경우 125,000평 춘천 위도 섬 가운데 리조트형 최고급 럭셔리호텔로 전 객실에 풀이 들어가 있는 스위트룸급으로 구성된다. 특히 켐핀스키호텔의 경우 세계적인 스파시설과 전통한옥으로 구성될 게스트하우스 등을 선보일 전망이다.

〈표 2-17〉 럭셔리호텔 및 5성급호텔의 현황

Luxury	Upper Upscale	swissotel	Radisson	ibis styles
Bulgari	Autograph Collection	Westin	Residence Inn	La Quinta Inns&Suites
Capella	Canopy by Hilton	Wyndham Grand	Sonesta Hotel	Ramada
Conrad	Embassy Suites		Wyndham	Red Lion Inn&Suites
Fairmont	Fraser Place	Upscale		
Four Seasons	Hard Rock	aloft Hotel	Upper Midscale	Economy
Grand Hyatt	Hilton	Best Western Premier	Best Western Plus	Americas Best Value Inn
InterContinental	Hilton Grand Vacations	Cambria hotel&suites	Comfort Inn	Days Inn
JW Marriott	Hotel Indigo	Courtyard	Comfort Suites	Extended Stay America
Kempinski	Hyatt	Crowne Plaza	Fairfield Inn	Formule 1
Langham	Hyatt Regency	Double Tree	Golden Tulip	Home Inn
Luxury Collection	Kimpton	Four Points by Sheraton	Holiday Inn	Howard Johnson
Mandarin Oriental	Le Meridien	Hilton Garden Inn	Lexington	ibis budget
Park Hyatt	Marriott	Homewood Suites	Mercure	JinJiang Inn
Raffles	Millennium	Hotel RL	Red Lion Hotel	Knights Inn
Ritz-Carlton	New Otani	Hyatt House	Sonesta ES Suites	Motel 6
Shangri-La	Okura	Hyatt Place		Red Roof Inn
St Regis	Pan Pacific	Jin jiang Hotel	Midscale	Toyoko Inn
The Peninsula	Radisson Blu	Novotel	Best Western	Travelodge
Waldorf Astoria	Renaissance	NYLO Hotel	Holiday Inn Express	
	Sheraton Hotel	Oakwood Residence	ibis	

STR Chain Scales - Global

▶ *Palazzo VERSACE* - Macau

▶ *Palazzo VESACE* - Dubai

출처: 세계적인 럭셔리호텔 베르샤체 마카오, 두바이호텔

이처럼 세계적인 명품브랜드 호텔들이 전 세계로 진출하고 있는데, 특히 한국시장을 상당히 매력적인 시장으로 판단하여 적극적인 진출을 검토하고 있다. 이들이 한국 호텔시장에 매력을 갖는 이유는 다른 나라에 비해 브랜드 사용료와 관리운영에 따른 위탁수수료가 높기 때문이다.

통상 외국의 경우 금리가 낮기 때문에 투자비 대비 호텔운영 수익률이 많아야 4%대인 데 반해, 한국의 경우는 최소 6%, 최고 8%대까지 내다본다. 우리나라 최고의 금융기관인 미래에셋의 경우 투자자들로부터 낮은 수익률을 배당하고 거액의 자금을 투자받기 때문에 호텔사업에 쉽게 진출할 수 있다. 예를 들어 미래에셋이 소유하고 있는 포시즌호텔의 경우 총 4,500억 원을 쏟아붓고 호텔 운영수익률을 4.5%로 낮게 잡아도 투자자들에게 투자수익을 보장할 수 있는 것이다. 그러나 대기업이나 중소기업이 운영하는 호텔의 경우는 미래에셋과 같은 금융기관을 통해 호텔공사비를 조달해야 하고 그에 대한 금융기관의 원금과 이자를 지불해야 한다. 게다가 자신들의 운영이익까지 챙기기 위해 많은 운영수익을 올려야 하기 때문에 최소 6% 이상의 호텔수익을 올려야 하는 것이다. 그런 이유로 대기업들은 단순히 호텔을 운영해서는 큰 수익을 올릴 수 없다고 판단하고 자신들의 고유브랜드를 이용하여 수익을 다변화하는 새로운 사업전략을 세우게 되었다.

④ 국내 고유브랜드 호텔의 영업전략

1) 서비스의 종류

외국의 유명브랜드 호텔기업들이 한국시장에 진출하면서 브랜드 로열티와 위탁운영권까지 독식하는 사태가 벌어지자 국내 유명 고유브랜드를 보유하고 호텔을 운영하는 기업들은 새로운 사업판로를 모색하기 시작했다. 즉 외국사례와 비슷한 방식으로 수익을 극대화시키겠다는 것이다.

그 대표적인 회사가 조선호텔이다. 이들은 호텔사업을 추진하려는 회사들을 상태로 자신들이 보유하고 있는 고유브랜드를 대여하고 관리, 운영에 대한 업무를 위탁받아 수익을 내겠다며, 관련 부서까지 만들어 영업을 시작했다. 이들의 전략은 "국내 최초 서비스오피스(Serviced Office)시장 개척, 프리미엄 다이닝 브랜드를 비롯한 Top-Tier 럭셔리 골프클럽의 어메니티 운영까지 다양한 사업경험과 역량을 보유하고 있습니다"라는 슬로건이다.

게다가 자신들이 현재 운영하고 있는 독자브랜드인 조선호텔, 그랜드조선, 그래비티, 레스카페(LESCAFE)와 글로벌브랜드(협업)로는 럭셔리컬렉션, 웨스틴, 포포인트(FOUR POINT), AUTOGRAPHY

COLLECTION HOTEL을 통한 차별화 서비스를 제공한다며 아래와 같은 서비스를 강조하고 있다.

⟨표 2-18⟩ 서비스의 종류

서비스의 종류	구체적인 서비스		
Luxury Hospitallity 운영 및 개발역량	• 등급별 독자브랜드 개발경험 • 오랜 기간 축적된 서비스운영 노하우		
쇼핑/라이프스타일 등 그룹사 연계 콘텐츠	• 강력한 유통/소비재 Channel 연계 • Starbucks, emart 24, 스타필드 등		
조선 통합 멤버십 플랫폼	• 9개 호텔, 50개 업장 사용가능 멤버십 플랫폼 • 현 4.6만 명, 3년 내 100만 명 확장 목표		
프로젝트 개발 기능별 전담조직 운영	• 신사업본부(60명), PJT직원(기획 6명, 디자인 7명, 브랜드 8명, PM 6명), 운영지원 (운영컨설팅 8명, 품질관리 25명)		
강력한 조선호텔 F&B 콘텐츠	• F&B서비스, 조리, 기획 전문조직 보유 • 다양한 Cuisine Style의 F&B 브랜드(스시조, 아리아, 홍록, 호경전, 호무란 등)		
기술지원서비스 R&R	설계	• 건축/인테리어 설계 지원 - [건축] Space Program 제안/Operration Requirement 제공*건축, MEP 주요 Spec 등 - [인테리어] Brad Standard 기반의 Interior Design 제안/기본, 실시 설계 도서 리뷰 등 - [기타] 특수장비 설계(주방, 조명, IT 등) 제안 및 리뷰	
	P/M	• 인테리어 시공 지원 - 인테리어 설계/FF&E/OS&E투자비 리뷰 - 인테리어 시공계획 수립 지원 *업체선정, 시공계획 수립, 마감재 선정 및 VE 등 - 인테리어 시공품질관리 ※ 목업, 시공 품질관리 및 Defect check 등	
	운영 지원	• 운영계획 수립 및 Open 지원업무 - OS&E 구매 지원 - 인력채용 및 직무교육 및 Service 품질지원 - 영업허가 등 Open 전 인허가 업무지원	
운영계획	• 체계화된 고품격 서비스 - 서비스 스탠다드 및 매뉴얼을 통한 고효율고품격서비스 • Membership Program - 국내 9개 Property 및 Membership을 활용한 광역 Marketing • 수준 높은 운영/관리체계 - 숙박시설의 인력통합운영을 통한 효율화 및 수준 높은 관리시스템		

이러한 전략은 조선호텔만이 아니다. 롯데호텔의 경우도 마찬가지다. 자신들의 호텔과 리조트 개발사업은 물론이고 위탁관리운영에 대한 위탁사업을 병행하고 있다. 대명콘도의 경우 케이블카 사업이나 고속도로 휴게소 관리운영 위탁사업에 뛰어들었고, 종로에 주거용 오피스와 생활형 숙박시설을 소유하고 있는 신영의 경우도 신설되는 리조트와 호텔에 대한 관리운영체계에 대한 통합시스템개발사업에 뛰어들었다. 이들은 자신들의 경험과 운영에 대한 노하우를 기반으로 사업자에게 일정한 수익률을 보장하겠다고 약속하지만 정작 수익률에 대한 개런티는 하지 않고 있다. 한마디로 운영하는 동안 매출액의 일정비율은 무조건 수수료로 공제하고 오픈 전, 오픈 후 집기와 인테리어비용은 호텔운영 전에 모두 챙기겠다는 전략을 세우고 있다.

2) 브랜드 사용 수수료

브랜드 사용료는 호텔 개관 전에 받는 수수료와 개관 후에 받는 수수료로 분류한다. 개관 전에 받는 수수료는 호텔마다 약간의 차이는 있지만 호텔 건축자문료, 호텔 개관자문료, 호텔개관 마케팅수수료가 있으며, 개관 후 수수료에는 라이센스로열티와 호텔운영 수수료, 세일즈 마케팅 수수료, 우수회원 관리수수료, 객실예약 수수료 등이 있다.

결과적으로 외국 유명 브랜드호텔을 한국에 입점시킬 경우 지불하는 수수료는 대략 개관 전 5억에서 10억 원 정도 소요되고, 개관 후 지불해야 하는 수수료는 수십억 원이 넘으며 매년 호텔운영을 하면서 20년에서 25년 동안 평균 매출액의 2%씩을 지불해야 한다. 국내유명 브랜드호텔의 경우도 외국브랜드호텔과 큰 차이가 나지 않는다.

이 정도 수입이라면 호텔을 운영해서 남는 운영 수익의 대부분을 위탁수수료로 지불해야 하는 금액이다. 고급 명품럭셔리 호텔브랜드 가치가 얼마나 대단한지 상상이 가고도 남을 일이다.

[첨부] 브랜드호텔 위탁운영 계약조건

[Hotel Management Agreement(위탁운영) 계약조건 비교]

구분	계약 내용		외국 브랜드호텔	국내 브랜드호텔
-	계약 기간		25년	5~10년
개관 전	호텔 건축자문료 (Technical Service Fees)		USD 225,000 계약 시 지불	USD 180,000 계약 시 지불
	호텔 개관자문료 (Preopening Service Fees)		USD 144,000 개관 1년 전 지불	
	호텔 개관 마케팅비 (Preopening Marketing Fees)		EUR 52,500 개관 1년 전 지불	
개관 후	라이선스/로열티 (License/Royalty Fees)		호텔 총매출의 1%	호텔 총매출의 2%
	호텔운영 수수료 (Management Fees)		기본 수수료(Base Fee) 호텔 총매출의 2%	기본 수수료(Base Fee) 호텔 총매출의 2%
			성과 수수료(Incentive Fee) 호텔 영업이익의 8%	성과 수수료(Incentive Fee) 호텔 영업이익의 7~8%
	세일즈&마케팅비 (Group Service Expense)		호텔 객실매출의 1%	호텔 총매출의 2%
	우수회원 관리시스템 수수료 (Loyalty Program Fees)		객실 이용 시 수수료 발생	객실 이용 시 수수료 발생
	객실예약 수수료 (Reservation Fees)		객실 예약 시 수수료 발생	객실 1박 예약 시 USD 6~7.5
	기타 서비스 수수료 (Hotel Specific Service Fees)		세일즈 프로그램, 직원교육, 전산지원 등 이용 시 수수료 발생	세일즈 프로그램, 직원교육, 전산지원 등 이용 시 수수료 발생
	장기수선 충당금 (FF&E Reserve/ CapEx Reserve)	Year 1	호텔 총매출의 1%	호텔 총매출의 2%
		Year 2	호텔 총매출의 2%	호텔 총매출의 3%
		Year 3	호텔 총매출의 3%	호텔 총매출의 4%
		Year 4	호텔 총매출의 4%	호텔 총매출의 4%
		Year 5	호텔 총매출의 5%	호텔 총매출의 4%

⑤ 미래는 브랜드파워시대

　국내에서 운영되는 호텔은 크게 5성급부터 1등급과 미등급호텔, 그리고 한국전통호텔과 가족호텔로 구분할 수 있다. 5성급호텔과 외국의 럭셔리브랜드호텔의 경우 대부분 대기업들이 장악하고 있고, 그 외 등급 호텔들은 중소기업들이 운영하고 있으며, 소형호텔들은 개인들이 운영하고 있다.

　따라서 외국 명품브랜드호텔의 브랜드 사용 추진은 국내 대기업이나 명품브랜드를 유치하고자 하는 개발사업자의 경우이다. 반면, 국내 유명 브랜드를 사용하고자 하는 사업자는 신규로 호텔업에 진출하려는 중소기업이나 부동산개발사업자이다.

　통상 국내의 경우 관광(단)지개발을 공공기관이 승인하면서 승인조건으로 일반호텔이나 특급호텔을 필수시설로 설치하는 조건으로 인허가를 해주다 보니 개발회사는 울며 겨자 먹기로 반드시 일반호텔이나 관광호텔을 의무적인 시설로 개발해야 다른 관광시설도 개발할 수 있다. 그렇다 보니 호텔운영에 경험 없는 개발회사는 외국이든 국내든 유명 브랜드호텔을 유치할 수밖에 없고, 관리운영까지 위탁시켜야 하는 상황에 직면하게 된다.

　그에 따라 최근 관광지를 개발하는 회사들은 호텔브랜드 사용부터, 관리운영 위탁, 시설집기 등 호텔과 관련된 일체의 운영, 관리업무를 브랜드 호텔을 가지고 있는 외국이나 국내 대기업에게 의지할 수밖에 없고 대기업이나 외국사는 사업부서까지 만들어 사업에 진출하면서 많은 수익을 올리고 있다. 이렇다 보니 국내외 유명호텔 브랜드를 가지고 있는 기업들은 많은 수익을 올릴 수 있는 반면, 호텔에 대한 운영, 관리업무를 위탁시켜야 하는 신규 호텔사업자의 경우 호텔운영을 통한 수익을 기대할 수 없다.

　이미 호텔운영을 통한 수익은 위탁회사가 대부분 수익을 가져가기 때문에 최근에는 위탁운영에 대한 계약기간을 변경, 요청하거나, 아예 위탁계약을 일방적으로 해지하여 법정문제까지 발생하고 있다. 따라서 호텔업에 진출하고자 하는 회사나 개발회사는 계약조건에 대하여 신중하게 변호사와 호텔 전문 운영업체에게 자문을 받아 회사에게 이익이 되는 방향으로 계약을 체결하여야 한다. 이에 대한 방법으로, 첫째, 위탁계약의 범위는 관리와 운영을 위탁하되 운영은 위탁기관에서 총괄 매니저만 파견하여 관리, 감독만 하도록 하고 나머지 직원들은 호텔사업자가 채용하며, 관리의 경우는 어차피 위탁받은 대기업에서도 별도 용역회사를 통해 관리하기 때문에 업체 선정은 위탁회사에게 일임하고 대신 실질적인 관리는 호텔사업자가 담당하여야 한다. 이는 향후 브랜드 사용기간이 끝난 후에 호텔에 대한 관리, 운영을 사업자가 직접 해야 하기 때문이다.

　아울러 호텔시설에 대한 전반적인 인테리어는 위탁회사에게 자문을 받되, 실제 자재에 대한 발주는 호텔사업자가 하여야 한다. 똑같은 제품이라도 위탁회사는 자신들의 마진을 붙여 발주하기 때문에 원가보다 더 많은 비용을 호텔사업자에게 부담시킨다. 아울러 관리, 운영 수수료로 지급하는 조건 중 호텔매출액대비 2~4%의 범위를 매출액이 아닌 호텔 운영수익에서 퍼센트를 지급하는 방식으로 바꿔야 한다. 매출액에서 지급할 경우 위탁회사는 매출액에서 호텔운영수익과는 상관없이 선공제하기 때문에 호텔운영회사는 적자를 볼 수밖에 없다. 이외에도 호텔공사의 착공과 준공 시 행사에 관한 업무를 위탁회사로부터 자문만 받고 사업자가 직접 행사를 발주하여야 한다.

이렇게 유명한 럭셔리호텔 브랜드를 소유하고 있는 기업의 이미지는 브랜드의 가치를 상승시키고 매출에도 많은 도움이 되지만 반대로 이러한 브랜드를 사용하고자 하는 신규 호텔사업자들에게는 많은 부담이 될 수밖에 없다. 물론 브랜드의 명성과 이미지는 하루 아침에 이루어지는 것이 아니기 때문에 충분한 가치에 대한 비용의 지불은 어쩌면 당연한 결과일 수도 있다. 하지만 이런 연유로 신규 호텔사업자는 같은 값이면 국내 대기업이 운영하고 있는 유명호텔브랜드를 사용하지 않고 외국의 유명 럭셔리급 호텔브랜드를 사용하고자 한다. 이는 국부유출이라는 문제도 있지만 세계적인 호텔브랜드가 한국에 진출하여 외국의 관광객을 증가시키는 장점도 있다.

아울러 '조선호텔'보다는 베르샤체호텔이나 '켐핀스키호텔'이라는 브랜드는 최고급 럭셔리브랜드호텔로서의 명성을 보유하고 있어 수준도 다를 뿐 아니라 고객 또한 차별성을 띠게 된다. 만약 단지개발에 있어 이런 브랜드를 사용할 수 있다면 분양에도 많은 도움이 될 것이다.

분양업무 실무

8 Chapter

① 분양실무의 중요성

분양실무란 법인이나 일반인에게 분양할 수 있는 시설물이나 회원권에 대하여 일정한 대가를 받고 판매하는 것으로 관광(단)지개발에 있어 가장 중요한 요소 중 하나이다. 예를 들어 A라는 개발사업자가 사업계획을 작성하면서 분양을 통해 사업비의 70%를 조달한다고 가정했을 때 만약 건축심의와 건축허가를 받아 연차적으로 분양을 했음에도 분양실적이 목표치에 도달하지 못하거나 목표치보다 50% 이하로 떨어질 경우 개발업무는 다시 검토할 수밖에 없는 지경에 이른다. 결국 사업에 참여한 시공사는 공사를 중단하고 금융기관은 P/F를 중단하는 사태에 이르게 된다. 이렇게 된다면 시행사업자는 도산할 수밖에 없고 시공사와 금융기관은 손해를 보더라도 공사를 강행할 건지를 고민하게 될 것이다. 사실 이런 이유로 공사가 중단된 현장은 전국 각지에 수도 없이 많다.

따라서 분양실무는 시공사와 금융기관 입장에서 분석하는 경우와 사업시행자가 분석하는 경우가 다를 수밖에 없다. 시공사와 P/F대출을 담당하고 있는 금융기관 입장에서는 보수적일 수밖에 없고 사업시행자 입장에서는 사업을 진행하는 데 역점을 두기 때문에 긍정적일 수밖에 없을 것이다.

하지만 분양은 다양한 요인들에 의해 영향을 받는데 대표적인 것이 국내 부동산시장의 변화와 금융시장의 변화라고 할 수 있다. 대표적인 경우로 IMF사태(1997년 12월~2001년 8월)와 코로나19사태(2019년 말~2022년) 및 우크라이나전쟁으로 인한 금융시장의 위기(2022년~현재)로 인해 사실상 국내 부동산시장은 문을 닫았다. 높은 금리로 인해 사업시행자들은 브릿지 자금대출과 개발에 필요한 P/F대출을 할 수 없어 줄줄이 도산했으며, 그나마 그 이전 개발이 진행되었던 프로젝트들도 금융기관의 대출 중단으로 사업이 중단되었으며, 이 기회를 엿보고 있던 일부 저축은행과 금융주간을 하던 증권사들은 사업자들의 사업권에 대한 지분을 요구하거나 높은 금리를 챙기면서 사업시행자들은 사실상 개발사업을 중단하는 사태에 직면했다.

이런 분양에 대한 위험은 언제 발생할지 아무도 예측할 수 없다. 그래서 어떤 학자들은 예측할 수 있는 위험과 예측할 수 없는 위험을 간파해야 한다고 주장하지만 그건 신만이 알고 있는 영역이다.

따라서 본 장에서는 일반적인 분양업무에 대해 어떻게 실무적으로 처리하고 있는지를 살펴보도록 하겠다.

② 시장분석과 시장성 분석

1) 시장분석

(1) 시장분석의 개념

시장분석이란 회사가 시장크기를 측정하고 시장특성을 판정하여 분양의 성공 여부를 판단하는 분석을 말하는데 수요측정과 판매예측을 중심으로 하고 있다. 다만 수요예측의 경우 분양을 받는 수분양자의 예측이나 리조트 준공 후 운영에 필요한 수요방문객에 대한 수요예측이 있으나 분양과 관련해서는 수분양자 예측만을 말한다.

판매예측의 경우 주변시장에 대한 과거부터 미래시점까지의 분석을 통한 분양의 가능성을 예측하는 것을 말하는데 예상되는 방문객에 대한 수요예측조사 외에 분양에 대한 판매예측은 대부분 경영자의 판단이나 주변시설에 대한 분양실적 등을 참고로 하며, 다만 기존 리조트시설보다 규모나 시설의 다양성, 브랜드 사용을 통한 판매가능성 등을 예측하게 된다.

부동산개발과 관련한 시장분석은 시장성 분석을 포함하는 개념으로 개발이나 투자와 관련된 의사결정을 하기 위하여 부동산의 특성상 용도별, 지역별로 각 시장의 수요와 공급에 미치는 요인들이 대상 부동산가치에 어떠한 영향을 미치는가를 조사·분석하는 것을 말한다.

리조트개발과 부동산시장에 있어 시장분석은 크게 다르지 않다. 예를 들어 콘도를 분양하기 위해 시장분석을 할 경우 지역적 입지에서 어느 정도 규모의 콘도가 공급되었으며, 수요는 어떻게 되었는지 등에 대한 내용을 파악하고 또는 몇 평의 규모가 적당한지를 검토하는 것이다. 그리고 가격조건이나 변동 등에 대한 내용도 포함된다. 이렇게 시장분석은 주로 과거와 현재상황에 대해 상품과 공급과 수요를 주된 것으로 하되 앞으로 또 얼마만한 수요가 있을 것이며 공급이 진행될 것인가도 포함된다.

시장분석에서 사용하는 주요 분석항목은 거시분석과 미시분석으로 구분하며, 거시분석은 사실상 분양전략에서는 동향만 살펴볼 뿐 크게 영향을 미치지 않는다. 다만 미시적 분석에 관한 사항은 대부분 전량보고서에 모두 반영한다. 시장분석에 대한 주요 분석항목은 아래 표와 같다.

〈표 2-19〉 시장분석에 대한 주요 분석항목

주요 항목		세부 분석내용
거시 분석	거시경제 분석	• 거시경제지표: 국가경제성장 및 실물경제 동향
		• 전체 부동산유형별(주택, 상가, 오피스텔) 수요·공급 동향
		• 지역 경기변동과 부동산 정책 환경 및 동향분석
미시 분석	인근지역 및 도시 분석	• 통계조사: 인구, 소득, 지역경제기반, 도시개발계획 등 조사 • 현장조사: 업종, 업태, 도로, 교통, 배후지, 주변지역의 인구특성, 분양가, 임대료, 공실률 등, 설문조사(소비자니즈 파악)
	수요영향요인 분석	• 인구특성, 소득수준, 고용상태, 소비특성, 구매형태, 지역관습 등 • 지역시장수요 추세분석
	공급영향요인 분석	• 주변분양가, 임대료, 공실률, 공급량(인허가량, 재고량 등) • 금리(이자율), 세금, 인플레이션 등, 도시 및 자연개발계획 등

(2) 시장분석의 필요성

부동산시장은 매수인과 매도인이 동일한 시장정보를 갖기 어려운 불완전시장이고, 수요와 공급도 눈에 보이지 않는 추상적 시장의 성격을 가지고 있다. 따라서 부동산의 가격을 측정하기 위해서는 지역분석을 통하여 지역의 특성 및 표준적인 이용상태를 파악한 후 대상 부동산의 최유효이용을 판정하여 수요자에게 맞는 최적의 부동산을 선택할 필요가 있다. 지역분석의 경우 부동산의 고정성이라는 특수성 때문에 부동산의 가격은 지역성에 영향을 받는다. 하지만 지역의 아파트 가격이 평당 2,000만 원이라고 해서 새로 건설하는 아파트의 분양가를 2,000만 원으로 할 경우 사업성이 없다고 가정한다면 결국 지역적인 가격의 한계를 극복하기 위해서는 상품의 질이나 단지의 규모, 브랜드 사용 등을 통하여 분양가를 상향조절하는 전략을 세워야 한다. 이렇게 대상부동산에 대해 개별화, 구체화시키는 것을 개별분석이라고 한다.

2) 시장성 분석

(1) 시장성 분석의 개념

시장성 분석은 시장분석을 좀 더 구체적으로 하는 분석을 말한다. 시장분석이 일반적이고 개별적인 내용이라면 시장성 분석은 구체적이고 개별적이다. 숙박시설 공급자가 자신이 신축하는 숙박시설을 만들었을 때 구체적으로 시장에서 얼마나 빨리 매매가 될 것인가를 살펴보는 것이 시장성 분석이다. 즉 시장이 그 숙박시설의 공급을 받아줄 수 있는 구체적인 수요가 존재하는가 하는 여부를 말한다. 따라서 시장성 분석은 마케팅과 밀접한 관련이 있으며 입지나 상권분석과 동시에 진행하기도 한다.

예를 들어 A가 가지고 있는 토지는 관광(단)지이며 이 관광지 내 부지에 리조트개발을 하고자 한다고 가정해 보자.

우선 사업자는 그 부지에 어떤 시설이 적합한지 구상을 할 것이다. 이는 바로 시장분석과 시장성 분석을 고려하고 있는 것이 된다. 이러한 분석의 목표는 어떤 상품을 만들어 어떻게 분양할 것인가, 얼마나 빨리 분양이 될 것이며, 수익성은 얼마나 될 것인가 하는 것이 사업자에게는 가장 중요한 일이며 이는 초기 신축을 하려고 마음을 먹었을 때 그러한 생각을 할 것이다. 사업자는 그것을 알기 위해 자신이 보유하고 있는 토지에 대한 구체적인 내용을 하나하나 파악해 나간다.

부지의 위치나 규모, 도로상황 등과 같은 요소를 검토해 보고 또한 지역적 특성이나 인구, 경제 등 여러 가지를 살펴볼 것이다. 그런 조사가 어느 정도 파악되면 구체적인 상권특성을 살펴보는 것인데 사실 여기서 이미 시장분석을 어느 정도 염두에 두고 진행하게 된다.

상권 내의 업종 특성이 어떻게 되며, 법적으로 몇 층까지 건축할 수 있는지, 층별 구조는 어떻게 되는지, 어떤 시설들이 들어서야 방문객을 유입시키고 분양에도 도움이 되는지 등을 검토한다.

이런 과정이 끝나면 주변에 숙박시설 공급은 어떻게 되고 규모는 얼마나 해야 하는지, 업종은 무슨 종목으로 해야 하는지, 시설의 공급과 수요의 현황을 파악하게 된다.

그런데 인근지역에 숙박시설이 최근 많이 공급되고 집적되어 최근에 그쪽으로 숙박시설들이 집중되고 있다는 것을 알게 되었다. 그렇다면 과연 이런 상황에서 숙박시설을 건축하여야 하는가 아니면 차별화를 통해 계속 밀어붙일 것인가를 고민하게 될 것이다. 이러한 것들을 구체적으로 알아보는 것이 시장성 분석이다.

참고로 고려할 것은 특정한 지역이 숙박시설로 밀집될 경우 그에 따른 장점도 있지만 단점도 반드시 존재하게 된다. 리조트의 경우 단순한 숙박만을 위해 숙박시설을 찾지 않는다. 인근 강원도 지역의 경우 바닷가를 배경으로 한 단일 숙박시설들로 구성된 리조트들이 밀집되어 있다. 반면에

춘천 의암호 주변 리조트의 경우 주변 환경이 수려하고 서울에서 도착거리도 1시간 반 이내에 있다. 게다가 섬이라는 특수한 환경으로 섬 안에서는 워터파크와 초콜릿박물관, 마리나와 글램핑장이 있으며, 주변 강 옆 산책로가 펼쳐져 1시간 이상을 걸을 수 있다. 이런 장점을 특화시키고 차별화시키는 전략은 일반적인 시장성 분석에 대한 결과치를 바꿀 수 있다.

아래 표는 시장성 분석에 사용하는 주요 분석항목이다.

주요 분석항목		세부 분석내용
대상지역 분석	1) 수요유형 규모분석	수요특성 및 규모분석, 한계수요분석, 미래수요동향 분석
	2) 공급현황분석	재고분석, 공급예정분석, 임대료, 공실률 분석
	3) 경쟁력분석	분양될 수 있는 가격(임대), 적정개발 규모, 경쟁상품 파악
흡수율 분석	1) 지역성장률 분석	지역인구, 고용량, 지역 성장성
	2) 수요매매변수분석	소득수준(구매량), 소비성향, 고용증가율, 임대상승률, 금리인상률
	3) 시장점유율 산정	잠재력 시장규모 추정, 경쟁상품 점유율 상권설정

(2) 수요예측조사

수요예측의 목적은 당해시설에 대한 인구수요는 충분한지, 그 수요는 잉여수요[17]인지, 아니면 경합수요인지, 다만 잉여수여는 괜찮지만 경험수요가 많은 경우 검토할 필요가 있다. 따라서 수요예측을 통해 수요예측에 따른 적정 투자규모를 설정하고, 시설규모 면적을 파악하여 개발컨셉을 설정한 후 개발사업으로서의 가능성을 파악하는 데 있다.

따라서 수요예측을 하고자 하는 자료를 수집하기 위해서는 전문가의 조언이나 설문을 통한 정성적 연구나 기존 시계열자료나 비교사례에 의한 통계자료를 분석하는 정량적 분석방법들이 많이 활용되고 있다.

---

17) 경제적 잉여(Economic surplus)란 경제학에서 쓰이는 양적 개념이다. 소비자 잉여와 생산사 잉여, 정부 잉여 등이 있다. 소비자 잉여(수분양자)는 소비자의 이득을 말하며, 생산자 잉여(개발사업자)는 생산자의 이익을 말한다. 수요곡선과 공급곡선이 만나는 점에서 시장가격이 형성된다면 수요자는 자신이 지불하고자 하는 최대금액과 시장가격 차이만큼(잉여)을 얻는 자. 공급자의 이익은 시장가격과 한계비용 차이다. 양측의 이익을 합한 것이 사회적 후생이다.

③ 분양가 산정

1) 분양가 산정을 위한 가격결정모형

건축인허가 후 분양을 하기 앞서 분양가를 산정하는 것은 매우 중요한 업무이다. 분양가 산정의 목적은 가장 적정한 분양가를 산정하는 것을 말하는데 분양가는 여러 가지 방법에 의해 산정되지만 딱히 이것이다 하는 방법이 없고 여러 가지 분석방법을 혼합하여 적정하게 산정한다.

분양가 산정은 원칙적으로 개발사업자가 1차적으로 하지만 시공사나 금융기관에서 전문기관인 회계사무실 등을 통해 재분석한 후 협의하여 최종결정한다. 아래 표는 분양가 산정을 위한 가격 결정모형의 변수를 나타낸 것이다

〈표 2-20〉 분양가 산정을 위한 가격 결정모형

구분		변수
종속변수		m^2당 분양가격
독립변수	지역특성	지역, 용적률 완화지역, 용도지역
	입지특성	지하철과 거리, 버스정류장과의 거리, 코너여부
	건축계획 특성	연면적, 코어유형, 인접개발여부, 2동 개발여부, 엘리베이터 수, 시공사, 지원시설 비율
	숙박특성	숙박 계약면적, 입지층, 엘리베이터와의 거리, 발코니 접면 수, 복도 유형, 전용면적의 비율, 브랜드 사용 여부, 풀설치, 부대시설의 종류, 기자재 고급유무 등
	시점특성	개발연도

2) 상가분양가격의 산정

분양가 중에서 가장 예민한 분석이 상가에 대한 분양가이다. 상가는 리조트와 아파트단지, 복합시설단지 내에서 반드시 설치되어야 할 관광객이나 주민들의 편의시설 중 하나이다. 그 때문에 상가분양가를 산정하는 것은 쉬운 일이 아니며 그 지역 특성을 파악하고 있는 사업시행자나 분양 전문가들이 일반적으로 분양가를 분석, 선정한다. 하지만 전문가에 의한 판단은 잘못하면 실수를 범할 수 있어 기본이 되는 원칙을 두고 있는데 그 내용은 다음과 같다.

① 상가의 분양가에 대한 적정가격은 1층 분양가를 기준으로 설정된다.
② 신도시의 경우 1층 분양가가 $3.3m^2$당 3,500만 원이라 하면 지하 1층은 30~35%인 1,050~1,125만

원선이 적당하다. 만약 평당 분양가를 높이고자 한다면 지하채관, 환기, 접근성, 선큰방식으로 설정하거나 지상에서 직통 에스컬레이터를 설치해 선호도와 활성화를 높이는 방법도 있다. 백화점이나 집단상가가 1층이 아닌 지하 1층으로 형성되어 있을 경우는 1층의 분양가와 큰 차이를 두지 않는다.

③ 지상 2층은 1층보다 저렴하고 넓은 면적을 활용할 수 있기 때문에 분양가는 1층의 35~40%로 1,225~1,400만 원이면 적당하다.

④ 3층은 1층 가격의 25~30%를 넘지 않아야 하므로 875~1,050만 원이 적정하며 이것을 활성화시키기 위해서는 1층을 통하지 않고 3층과 직결된 엘리베이터, 에스컬레이터 등을 설치하여 독점 테라스 등을 제공하는 경우가 늘고 있다.

⑤ 스카이층이 있는 경우 전망, 조망권 확보 등으로 4층 이상층보다 더 높은 가격 책정이 가능하다.

⑥ 스카이층을 제외한 4층 이상은 20% 범위 내에서 +/−로 형성된다.

⑦ 생활형 숙박시설이나 아파트의 경우 대부분 전망이 좋은 층들이 로열층으로 분류되는데 1, 2, 3층 정도를 제외하고는 대부분 분양가들이 비슷비슷하게 책정된다. 그리고 맨 위층의 경우 펜트하우스로 일반분양가보다 30~50% 이상 분양가를 올려 분양한다.

⑧ 단독주택이나 단독생활형 숙박시설의 경우 마당에 수영장의 유무나, 인테리어시설이 수입건축자재를 사용했는지에 대한 여부에 따라 상향되며, 편의시설과 부대시설의 규모나 종류에 따라 높은 가격으로 책정된다.

3) 임대가격의 산정

임대가 산정방법은 분양(매매)가의 60~70%를 임대가로 정하고 이 중 20~30%를 임대보증금으로 산정한 후 나머지 70~80%를 1%의 월세로 환산하여 산정하는 것이 일반적이다. 예를 들어 분양가가 5억이라면 임대가는 분양가의 60~70%인 3억~3억 5천만 원이 되며, 적정 임대가를 65%로 가정한다면 32,500만 원이며, 이 중 25%선인 8천만 원을 보증금으로 나머지 금액 24,500만 원에 대하여 1%로 계산하면 245만 원이 상가의 월세가 된다. 이때 수익률은 대략 7% 정도 된다.

④ 분양전략보고서(분양제안서) 작성

1) 사업의 개요

구분	내용
사업명	춘천 미스틱아일랜드 베르샤체
위치	강원도 춘천시 서면 신매리 1-6번지 일원
시행사	미스틱아일랜드 베르샤체
시공사	○○건설사
분양대행사	(주)오앤엘코리아
대지면적	247,935m²(75,000평)
건축면적	22,026m²(6,662평)
연면적	65,886m²(19,930평)
건축규모	지하 1층~지상 12층/지상 1층~지상 2층
준공예정	2026.03.01.

2) 분양대상 면적

구분	세대(호)	생활형 숙박시설(근린생활시설)					부대시설	계약면적			비고
		전용면적	벽체면적	코어공용	공급면적	평형	m²	m²	평		
94A(집합형)	323	94.50m²	8.44m²	18.48m²	121.42m²	36.73평	8.25	129.67	39.22	
199A(단독형)	43	188.22m²	11.63m²	35.87m²	235.72m²	71.31평	16.02	251.74	76.15	
199B(단독형)	54	188.22m²	11.63m²	35.87m²	235.72m²	71.31평	16.02	251.74	76.15	
근린생활시설 (관리동)	1	1226.64m²		220.15m²	1446.79m²	437.65평	98.33	1,545.13	467.40	
근린생활시설 (VIP동)	1	813.18m²		145.95m²	959.13m²	290.14평	65.19	1,024.31	309.86	
합계	422	50,820.97m²	3,854.30m²	9,812.84m²	64,488.11m²	19,507.65평	4383.07	68,871.18	20,833.53	

3) 위치도

춘천지역은 고속도로 ITX, 전철 등 수도권 접근성이 우수하고 서울 양양고속도로 서울~춘천 50분/ ITX 춘천역 청량리역~춘천역 1시간 소요

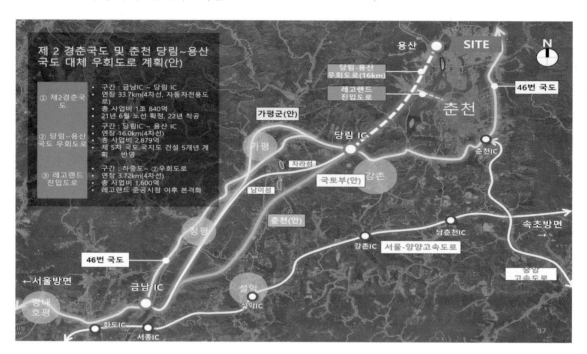

* 광역 범위

춘천⇔서울, 약 1시간대 생활권 1/3 광역교통망 확충
경춘선 ITX(속초 연장 예정)과 서울~양양고속도로, 춘천~대구중앙고속도로를 통한 접근 가능

• 춘천시 광역 교통망   • 춘천시 간선도로망

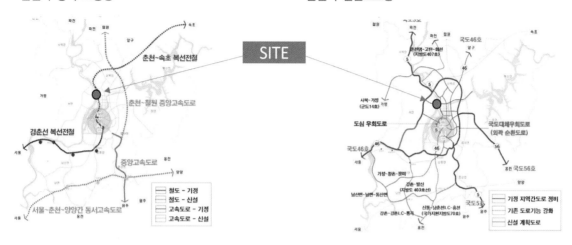

구분	연장(m²)		내용
철도	경축선 복선화	87.3	완료
	춘천~속초 간 복선	-	진행 중
	춘천~철원 간 단선	-	2020년 이후
	천천~원주 간 단선	-	
고속도로	중앙고속도로	63.0	남북 5축
	중앙고속도로 철원 연장	-	
	서울~춘천 간 고속도로	61.4	동서 2축
	춘천~양양 간	91.0	

구분	연장(m²)
도심 우회도로	호반순환로~대로 1~5호선~장학대교~ 대로 1~10호선~대로 1-1호선
근교 · 외곽 연결도로	남산면~남면~동산면 연결도로
	강천C~통곡연결도로
	가정~창촌~팔미연결도로
	춘천역~금산연결도로
	하이테크벤처타운 우두연결도로
	생물산업단지 산천연결도로
	소양교 외곽순환연결도로

제2경춘국도(강원도 예타 면제 사업 지정)

구분		내용
구간	시점	경기도 남양주시 화도읍 금남리
	종점	강원도 춘천시 서면 당림
사업주관		원주지방 국토관리청
노선확정 용역기간		2019.12.30.~2021.06.21.(540일, 전체)
총사업비		1조 840억 원
진행단계		지자체 협의회 구성 및 설계용역 발주
설계추진방향		남이섬~자라섬 관통구간 노선 배제
설계 개요	연장	33.7km
	차선	왕복 4차로, B=19.5M
	등급	지방지역 주 간선도로
	설계속도	V=80km

• 지자체 협의체 요구(안)

지자체	춘천시(안) 30.7km	가평군	남양주시
지자체 협의체 요구사항	최단거리, 최단시간 노선	기존 경춘국도 노선 인접(안) 제시	기존 경춘국도 4차로 → 6차로 확장
지자체 요구(안) 배경	기준 원주지방청 노선안보다 3.2km 단축	가평군 상권 저하 우려	

4) 입지분석

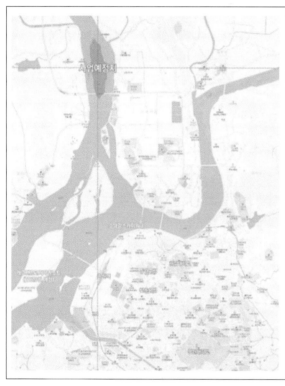

구분	내용
입지	• 춘천시 중심에서 북측에 위치 • 전 객실 강 조망 가능
교통	• 46번 지방국도 이용 • 서울양양고속도로 춘천JC 이용 춘천시에 접근 서울에서 1시간 소요 • 청량리역(용산역)에서 ITX 운행 1시간 소요 • 서울권에서 1시간~1시간 30분대에 이용 가능
주요 관광지	• 레고랜드(2022.05.05. 개장) • 소양강댐, 소양강스카이워크, 패러글라이딩, 강촌유원지 등 풍부한 관광자원 위치 • BNBK스릴베일, 라데나, 남춘천, 플레이어스, 베어크리크 등 체육시설 위치
편의시설	• 춘천시청까지 약 5km로 춘천시 도심권 진입 양호 • 춘천시청 앞은 춘천시 중심지로 편의시설 위치 • 춘천낭만시장, 명동닭갈비골목 등 위치
결론	• 서울 및 수도권에서 접근성이 우수 • 전 객실 북한강 조망으로 조망권 우수 • 인근 주요 관광시설 및 체육시설 다수 위치 • 관광지 여건 양호 입지

5) 상품환경분석

오피스텔 주택 수 포함, 대출규제 대상 포함에 따른
오피스텔 규제 적용 → 생활형 숙박시설 관심 급상승

구분	오피스텔		생활형 숙박시설	
	주거용 임대	일반임대	주거용 임대	숙박운영
사업자등록	면세사업 주택임대사업자 (잔금)취득 후 60일 이내	과세사업 일반임대사업자 (분양)계약 후 20일 이내	면세사업 주택임대사업자 (분양)취득 후 20일 이내	과세사업 일반임대사업자 (분양)계약 후 20일 이내
임대용도	주거 목적(월세 및 전세)	일반 임대 목적(법인임대, 세금계산서)	주거 목적(월세 및 전세)	일반 임대 목적(법인임대, 세금계산서)
전입신고	가능(확장일자 가능)	불가	가능	가능(주거임대료 간주)
주택 포함	주택 간주	전입신고 시 주택 간주	전입신고 시 주택 간주	전입신고 시 주택 간주
임대의무	4년, 8년	10년	없음	없음
부가세	건물분의 10% 환급 주거용 임대 시 환급분 추징	건물분의 10% 환급 주거용 임대 시 환급분 추징	건물분의 10% 환급 주거용 임대 시 환급분 추징	건물분의 10% 환급 주거용 임대 시 환급분 추징
취득세	전용면적 60m² 이하: 면제 (200만 원 이상 85% 감면)	4.6%	4.6%	4.6%
재산세	전용면적 60m² 이하: 50% 감면 (주택임대2호 이상)	과세표준액×0%×0.25%	과세표준액×0%×0.25%	과세표준액×0%×0.25%
종부세	전용면적 149m² 이하 합산배제 5년 미만 임대 유지 시 합산 과세	비과세	면제, 비과세	면제, 비과세
양도소득세	주택임대기간 5년 이전 매도 시 1세대 다주택 양도소득 과세	일반가세 세율 6~42%	일반가세 세율 6~42%	일반가세 세율 6~42%
임대제한	연간임대료 인상 상한 5%		준수사항 아님	없음
전매제한	4년	없음	없음	없음

(1) 주거트렌드의 변화

강북권역(신사우동) 평형분포 20~24평(9%), 25~29평(10%), 30~34평(50%), 34평형 초과(31%)

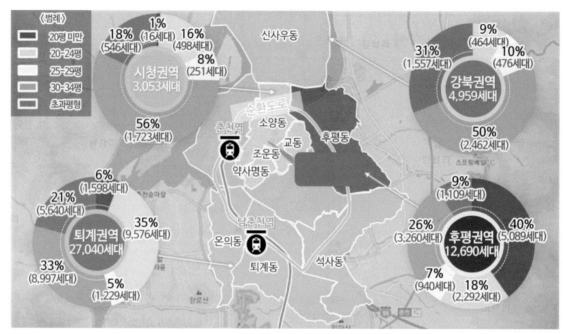

[춘천시장의 특성은 전용 84m² 초과 중대형 상품선호도 우수지역]

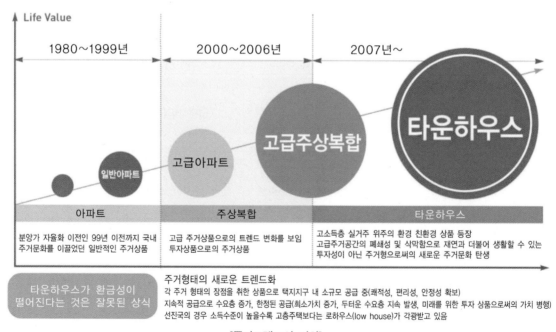

[주거트렌드의 변화]

622

(2) 지역 도시개발계획

의암호는 춘천 원도심권 생활권에 인접해 있으나 금산거점의 수변형 삼각 관광벨트 중심축이며 사업지가 속한 의암호는 수변을 활용한 관광 및 체험형 레저의 최적지

6) 유사상품 분석

사업지 주변은 의암호 상류에 있는 섬으로 1969년 관광지로 지정된 부지이다. 인근에는 레고랜드와 의암호 마리나부지가 있으나 아직 사업이 진행되지 못하고 있는 상황이라 생활형 숙박시설은 전무한 상태이다. 따라서 춘천시가 강원도 권역이므로 동해안 강원도 권역도 유사상품으로 포함하여 분석하여야 한다. 인근 생활형 숙박시설을 기준으로 유사상품을 비교하는 자체가 무리가 있지만 다른 사업부지에 대한 분양전략을 작성할 경우 인근지역 유사상품에 대한 분석은 필수적이라는 점을 감안하면서 참고하면 된다.

(1) 사업지 인근 고급빌라 시세

[구분 전용면적 공급면적 전용률 세대 수 분양가 비고]

구분	전용면적	공급면적	전용률	세대 수	분양가	비고
청평 라폴리움	203.73m²	236.21m² (71.4평)	86%	14	1,570,960,000	2009.12 입주 2014년 분양가 40% 할인분양
	213.04m²	247.86m² (74.9평)	86%	8	1,646,940,000	
	219.68m²	254.84m² (77.10평)	86%	6	1,692,360,000	
	273.30m²	318.42m² (96.3평)	86%	4	1,951,920,000	
계			86%	32	경기도 가평군 설악면 선촌리 292-2	
르메이에르 청평빌라	136.71m²	168.59m² (51평형)	81%	8	9,850,000,000	2006년 12월
	144.75m²	178.51m² (54평형)	81%	40	1,080,000,000	
계				48	경기도 가평군 설악면 회곡리 428-1	

(2) 고급빌라 유사상품

구분	단지구분	대지면적	건축면적	세대 수	분양가	평당가	비고
평창동 테라스형 단독주택 K-STAR Crowds	1단지	550.0m² (166.4평)	495.0m² (149.7평)	15세대	6,000,000천 원	40,070천 원	
	2단지	550.0m² (166.4평)	495.0m² (149.7평)	15세대	6,000,000천 원	40,070천 원	
	계	16,500.0m² (4,991.3평)		30세대			

- 한남더힐 공급 개요

  - 2008년 공급 당시 분양가 상한제를 피하기 위하여 5년 임대주택으로 공급 → 초기분양 성공

  - 2013년 1차 분양전환, 2016년 분양전환(2016.06. 일반분양가 8,400만 원/평)

위치	용산구 한남동 810번지 외 7필지	대지면적	111,582.5㎡	시행사	(주)한스자람
용도	공동주택, 부대복리시설	연면적	211,772.2㎡ (용적률: 120.47%)	시공사	금호건설(한스자람에 10% 지분투자)
규모	아파트 32개동/ 지상 12층	건축면적	32,399.5㎡ (건폐율: 29.04%)	사업비 규모	1조 원
평형대	26~100평형	기부체납면적	23,255.2㎡ (기부체납률: 17.25%)	준공 후 분양시점 (입주자 모집일)	2009년 2월
총세대 수	600세대	조경면적	40,259.6 (36.08%)	입주일	2011년 1월

(단위: 만 원)

전용면적		공급면적		전용률	임대가			매매 환산가	평당 환산가	실거래가(2020년 02월)		
m²	평	m²	평		보증금	월세	평당 보증금			금액	전용단가	평단가
59	17.85	87	26.32	68%	53,800	67	2,044	69,880	2,655	194,000	10,870	7,372
178	53.85	215	6504	83%	152,810	260	2,350	215,210	3,309	350,000	6,500	5,382
208	62.92	246	74.42	85%	177,660	298	2,387	249,098	3,347	410,000	6,516	5,510
235	71.09	284	85.91	83%	203,228	346	2,366	286,268	3,332	470,000	6,612	5,471
240	72.60	303	91.66	79%	227,250	386	2,479	319,890	3,490			
243	73.51	330	99.83	74%	250,770	426	2,512	353,010	3,536			
245	74.11	332	100.43	74%	252,070	249	2,510	355,030	3,535	700,000	9,445	6,970

(3) 춘천지역 아파트분양가 및 시세가

(단위: 원)

구분	Type(공급)	세대 수	분양가	현재시세	시세평당가	비고
온의동 롯데캐슬 스카이클래스로 (993세대)	34평 (112m²)	496	264,000,000	537,000,000	1,585만 원	2015.11 입주 2023년 8월 시세 (평당: 2,100만 원)
	39평 (132m²)	354	291,000,000	620,000,000	1,553만 원	
	50평 (166m²)	105	366,000,000	586,500,000	1,168만 원	
	60평 (201m²)	38	429,000,000	805,000,000	1,324만 원	
삼천동 춘천레이크시티 아이파크 (477세대)	19평 (63.01m²)	209	456,000,000	500,000,000	2,400만 원	2023년 7월 청약 1순위 마감(27.8대1) 2026년 입주
	23평 (76.28m²)	88	598,000,000	700,000,000	2,600만 원	
	27평 (88.33m²)	336 (191)	702,000,000	750,000,000	2,600만 원	
	32평 (105.67m²)	41	864,000,000	950,000,000	2,700만 원	
	42평 (137.14m²)	1	1,344,000,000	1,500,000,000	3,200만 원	
	43평 (138.41m²)	1	1,376,000,0000	1,500,000,000	3,200만 원	
온의동 삼부르네상스 (99세대)	28평 (84.46m²)	27	588,000,000	610,000,000	2,100만 원	2022.05 분양완료(316대1) 2027년 입주
	28평 (84.21m²)	27	588,000,000	610,000,000	2,100만 원	
	40평 (122.09m²)	18	848,000,000	850,000,000	2,120만 원	
	47평 (140.45m²)	27	1,034,000,000	1,100,000,000	2,200만 원	

(4) 생활형 숙박시설 최근 분양현장 분양가

구분	Type	전용면적	계약면적	세대 수	분양가격	평당가	회원혜택	비고
카시아 속초 반얀트리	A	11.84평	27.09평	100	406,800~1,005,800	15,000~17,850	• 반얀트리 호텔&리조트 체인 • 반얀트리 생추어리클럽 네트워크 그룹 • 카시아 - 레지던스 호텔 브랜드 - 전 세계 반얀트리 그룹 호텔&리조트 할인 혜택 - 사용 가능 15일 ADR (평균 객실요금)에 근거 교환 - 7개국 20개 지역 예약 사용 가능	전용률 43%
	B	24.59평	56.26평	228	484,100~9,883,300	17,850~18,200		
	C	9.56평	21.88평	114	350,500~398,700	16,000~18,200		
	D	13.58평	31.12평	18	497,900~529,100	16,000~17,000		
	E	23.85평	54.57평	18	953,700~992,000	17,450~18,150		
	F	24.40평	55.91평	19	975,600~1,140,500	17,450~18,150		
	G-1	38.79평	88.74평	15	1,014,700~1,612,900	17,450~18,150		
	G-2	64.71평	148.06평	2	1,595,100~2,632,100	17,750~17,950		
	H	27.42평	62.84평	19	1,005,800~1,115,400	17,450~18,150		
	I	28.55평	65.42평	19	1,141,600~1,187,800	17,450~18,150		
	J	18.56평	42.53평	19	742,200~772,000	17,450~18,150		
	K	22.11평	50.57평	64	876,300~1,990,800	17,300~39,300		
	L	26.94평	61.75평	17	1,006,500~1,897,800	16,300~18,000		
	M	36.55평	83.62평	1	1,700,100	20,300		
	N	24.39평	55.80평	1	958,400~1,218,200	17,150~21,800		
	O	61.07평	139.74평	1	1,218,200	21,800		
	R	15.91평	36.40평	19	488,500~514,000	13,400~14,100		
	S	18.24평	41.80평	19	668,700~710,500	16,000~17,000		
	PH1	48.73평	111.49평	2	1,391,800~4,068,500	16,150~20,000		

7) 리조트회원권 분양가 및 시세(Full구좌)

(1) 분양가 시세

(단위: 천 원)

구분	Type	분양가 (공유제 1/6)	분양가 (공유제 FULL)	회원혜택	비고
대명리조트 WIP 노블리안	실버 (85~156m², ROOM2)	178,500	1,071,000	• 골프: 델피노·비발디파크 CC, 소노펠리체 CC, 소노펠리체 PAR3 • 오션월드, 오션어드벤처, 오션플레이: 무료 • 비발디파크 스키 • 클럽하우스 • 승마클럽: 주중 50%, 주말 30% • 쿠폰제공 - 주중 무료(연10회), 주말 50%(연20회), PAR3 50% - 스키리프트 무료, 스키&보드 렌털 50% - 라운지 무료, 휘트니스·사우나·수영장 무료, 스파테라피 30% - 대중골프장 18H, 소노펠리체 PAR3, 골프장, 스키리프트, 스키&보드 렌털, 워터파크, 사우나, 곤돌라 등	
	골드 (110~185m², ROOM3)	235,200	1,411,200		
	로열 (128~291m², ROOM3)	276,500	1,659,000		
	프레지덴셜 (178~317m², ROOM4)	425,100	2,550,600		

(2) Full구좌 리조트회원권 분양가 및 시세(2022년 기준)

(단위: 천 원)

구분	Type	분양가	현재 시세	회원혜택	비고
웰리힐리 히든힐스 페어웨이빌라	41평형	1,046,500	25,524	• 골프: 웰리힐리cc, 정회 2명. 무기명 3명/주중·주말 회원요금 • 계열사골프장: 신안, 그린힐, 리베라cc, 제주에버리스, 월 1회 주중 예약 • 부대시설: 스키, 워터파크 4인 시즌권 무료발급, 동반 40~50% • 직영 식음료 10%	2019.10
	56평형	1,414,500	25,258		
	65평형	1,656,000	25,476		
	87평형	2,622,000	30,137		
	104평형	3,208,500	30,850		
	134평형	4,416,000	32,955		
알펜시아 트룬 에스테이트	87평형	2,900,000	33,333	• 트룬골프장(회원 제27홀): 정회원 1명+지정회원 1명 2년간 그린피 면제 • 알펜시아700 골프클럽(대중제 18홀): 정회원 2인 그린피 면제 • 골프빌리지 연관리비 2년 면제 • 2인승 전동카트 무료제공 • 스키장, 워터파크 무료혜택 • 호텔, 콘도 5년간 회원가 이용 혜택	2017년
	102평형	3,300,000	32,352		
	117평형	3,700,000	31,623		
	136평형	4,200,000	30,882		
	167평형	5,100,000	30,538		

8) 적정분양가 도출

(1) 적정분양가 도출

켐핀스키리조트는 춘천지역에서는 레고랜드를 제외한 유사한 시설이 없어 분양가를 비교할 수 없으나 최근(2022~2033) 춘천지역 아파트분양가(삼천동 아이파크 평당 3,000만 원)와 테라스하우스(온의동 삼부르네상스 더테라스) 분양가를 비교분석한 결과 평당 2,000만 원이 상회하여 춘천 위도 관광리조트의 경우 세계적인 브랜드를 사용하고 인테리어시설 역시 베르샤체홈을 적용했다는 점, 전용면적이 타 지역 생활형 숙박시설보다 높다는 점, 천혜의 환경과 부대시설 등이 풍부하여 테라스하우스의 경우 평당 3,000만 원을 적용하고 풀빌라 단독세대의 경우 전 세대 베르샤체 본사에서 디자인과 인테리어 시설을 직수입하여 설치하며, 전용면적이 90%가 넘는 점, 대지면적이 건축면적의 2배가 넘는다는 점들을 감안하여 평당 3,500만 원이 적정하다고 판단되었다.

[켐핀스키 호텔앤리조트(분양시기: 2024년)]

구분	단지 내 시설	테라스빌라 숙박시설	풀빌라형 단독 숙박시설
규모	• 지하 1층~지상 2층 4개동 • 호텔, 단독형 생숙, 미리나리조트, 워터파크, 한옥호텔, 글램핑장, 초콜릿 박물관 등	테라스빌라 숙박시설 분양가 900,000천 원 (계약면적 기준 평당 3,000만 원 도출)	테라스하우스대비 풀빌라 분양가 3,500,000천 원(공급면적 기준 3,500천 원) 적정가 도출
시설	• 국내 최대 섬 위에 설치되는 리조트 단지로 규모, 시설의 다양성, 천연적인 환경, 편의시설, 놀이시설 등을 갖춘 단지	테라스하우스의 부대시설 • 국내 최대 인피니트풀 • 단지 내 중앙광장 • 호수가 산책로, 글램핑 • 마리나, 워터파크 등	• 베르샤체 명품브랜드 사용(베르샤체 미스틱아일랜드) • 전 세대 수열방식(운영비 기존 리조트의 1/5 수준) • 집집마다 대형 수영장 • 녹지공간 세대당 200평 이상 확보

(2) 회원혜택

[유사시설]

상품명	구분	회원혜택	비고
웰리힐리 히든힐스 페어웨이빌라	골프	• 웰리힐리 골프장: 정회원 2명, 무기명 3명, 주중 60천 원, 주말 70천 원 • 계열사 골프장: 신안, 그린힐, 리베라 • 계열사 골프장: 제주 에버리스 - 정회원: 1명, 주중 60천원/무기명: 3명, 주중 97천 원, 주말 120천 원 - 정회원: 1명, 주중 60천 원, 주말 70천 원/무기명: 3명, 주중 82천 원, 주말 92천 원	계열사 골프장 월 1회 주중 예약 협조
	파크	• 파크콘도: 골프회원 대우, 잔여객실에 한하여 예약 가능 • 스키장, 워터파크: 시즌권 4인, 기명 50%, 무기명 40% 할인 • 부대시설: 회원 요금 • F&B: 파크/골프장 10%, 직영업장, 식사류만 적용(음료, 주류 제외)	
	특별혜택	• 동호수 지정 • 계약시점부터 골프 이용혜택, 파크 이용혜택 • 리프트 무료권(주간권) 30매, 워터파크 무료권(종일권) 30매 제공	

[켐핀스키 호텔&리조트]

마리나시설	요트, 제트스키 등 동력모터보트 및 낚시배 무료이용	관리비 별도
글램핑장	50% 할인(고기, 숯 등 개인적인 구매품은 별도)	가족, 청소년/관리비 별도
켐핀스키호텔	호텔객실 30% 할인, 식음료 30% 할인, 헬스장 및 회의장 무료이용	
원더써핑	이용요금 30% 할인, 워터파크 30% 할인	
골프	연계 골프장 3곳 주중 회원대우(무기명)	회원권 구입
리조트	연계 리조트 객실이용 회원대우 및 부대시설 이용 30% 혜택 온천장 30% 할인, 초콜릿박물관 30% 혜택	회원권 구입

(3) 단독형분양가 산정의 적정성(100평 기준)

구분	평당분양가	수분양자혜택	주요 시설
윌리힐리 히스힐스	31,000	• 골프 주중회원가격 • 스키, 워터파크 무료, 동반자 40% 할인권 • 식음료 10% 할인	• 골프장 • 스키장 • 워터파크
알펜시아	35,000	• 골프장 그린피 2년간 무료 • 골프빌리지 관리비 2년간 면제 • 스키장, 워터파크 무료이용 • 호텔, 콘도 회원가 이용	• 골프장 • 스키장 • 워터파크 • 호텔, 콘도
베르사체 럭셔리 풀빌라	35,000	• 마리나 자기소유 전동보트 무료정박 • 글램핑장 무료(식음료비 제외) • 워터파크 50% 할인 • 호텔 및 한옥호텔 50% 할인 • 온천장, 초콜릿발물관 50% 할인 • 식음료 20% 할인 • 각종 행사비용 30% 할인	• 마리나시설 • 워터파크 • 대규모 글램핑장 • 호텔, 콘도, 한옥호텔 • 온천장 • 대형상가/식품관 • 섬 • 마리나시설 • 섬 자체 산책길 • 하늘인피니트풀 • 하우스맥주 등 먹거리광장

(4) 베르샤체브랜드의 파워

□ DAMAC Tower, Nine Elms, London, UK(영국 런던 다막 베르샤체 분양가)

(단위: 백만 원)

비교 항목	DAMAC Tower With Versace Home	Nine Elms Average	London Average
평균 평형	35평	N/A	28.13평
최저 가격	1,115	352	N/A
최고 가격	20,107	6,333	N/A
평균 가격	4,011	1,611	1,118
평균 평당가	97	N/A	40
펜트하우스평당가	197	비고: 펜트하우스(100평형)	

비교 항목	DAMAC Tower With Versace Home	비교 항목	DAMAC Tower With Versace Home
최소 평형	15.63평	최저 평당가	71,322,721원
최대 평형	101.82평	최고 평당가	197,479,622원
평균 평형	35평	평균 평당가	97,106,863원
최저 가격	1,114,436,640원	평균 평당가 (펜트하우스 제외)	88,469,800원
최고 가격	20,106,816,120원	평균 가격 (펜트하우스 제외)	2,617,047,840원
평균 가격	4,010,419,728원		

(5) 수변 조망권의 경제적 가치 산정

수변 조망은 같은 단지 동일 평형에서도 수변 조망에 따라 시세 차이가 발생한다. 따라서 춘천 위도 베르샤체 럭셔리풀빌라의 경우 분양가 산정 시 수변 조망 보정치 120~140%까지 적용이 가능하다.

이촌동 한강자이 (한강 조망 프리미엄)	이촌동 래미안 첼리투스 (한강 조망 프리미엄)	광교 에일린의 뜰 (원천호수 조망 프리미엄)

평형	54평	65평	평형	50평	50평	평형	49평	46평
수변 조망	24.7억	24~26억	수변 조망	0		수변 조망	11~15억	8.5~9.5억
수변 비조망	17~18억	20~21억	시세	35.8억	26억	수변 비조망		
수변 조망 프리미엄	6~7억 비조망대비 141%	4~5억 비조망대비 120%	수변 조망 프리미엄	9~10억 비조망 대비 137%		수변 조망 프리미엄	비조망대비 127~148%	

주: 동일평형(50평, 124A)에서도 수변 조망권 가격 편차 137% 존재

□ 이촌동 래미안 첼리투스 조망권 프리미엄 약 9.8억(평당 @1,960만 원)

□ 공급 당시 분양가 @756만 원/평 → 현시세 @1,000만 원~@1,350만 원/평(0.7억~1.8억+P형성)

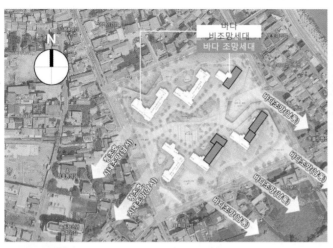

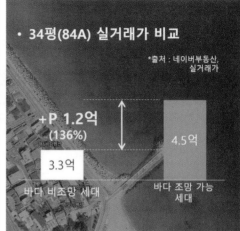

구분	일반 수변 조망 상품			바다 조망+백사장 함유 상품		
상품명	Portofino Tower	Yacht Club at Portfolio	Murano Grande	Ⅱ Villaggio	Continuum	The Setal
세대 수	289	361	270	127	318	148
완공	1997Y	1999Y	2003Y	1997Y	2002Y	2004Y
규모	44F	33F	37F	17F	42F	40F
초기매매가(평당)	₩26,471,346	₩23,365,833	₩35,519,340	₩49,023,236	₩45,299,434	₩75,703,662
현 매매가(평당)	₩23,570,037	₩20,910,579	₩31,509,092	₩51,519,411	₩47,887,451	₩81,473,508

가격편차 258.5%

조망권(View Point)에 따른 시세 형성
[마린시티 트럼프월드 마린, 포스코 아델리스]

사례분석의 경우 가장 큰 평형은 바다조망이 가장 뛰어난 곳에 배치되어 있으며,
수변조망에 따라 최고 2배 이상의 시세차를 형성하고 있음

수변 조망+대형평형=고급주거 → 수변 조망 120~156%의 가격편차 존재

상품 특성 및 수요층의 특성을 고려한 가격산정 Process당

PJ 2차, 3차 사업으로 호텔, 콘도미니엄 등이 계획(총 559실)되어 있어
공급평형 등을 고려할 때 운영 수익형 숙박시설의 한계점 존재

↓

인공해변 SEA SIDE+의암호 LAKE VIEW 프리미엄을 강조한 고품격 주거형 컨셉 필요

저층형 생활형 숙박시설	단독형 생활형 숙박시설	고층 생활형 숙박시설
인접시세, 유사사례 + 조망권 가치 산정(130%) + FGI 인터뷰	유사 공급사례 + 조망권 가치 산정(130%) + FGI 인터뷰	춘천 상업시설 공급사례 + 주거시설 전용평당가 반영

⑤ 적정분양가 제안

위와 같은 종합적인 분석에 의하여 춘천 위도 관광리조트에 대한 단독형, 타운하우스에 대한 분양가가 아래와 같이 분석되었다.

1) 단독형 생숙(풀빌라스타일)

[제1안]   (단위: 천 원)

평형	제안 분양가	평당 분양가	계약금 (10%)	중도금(40%)				잔금(50%)
			계약 시	1차	2차	3차	4차	중공 시
100	3,500,000	3,5000	350,000	350,000	350,000	350,000	350,000	1,750,000

[제2안]   (단위: 천 원)

평형	제안 분양가	평당 분양가	계약금 (10%)	중도금(40%)				잔금(50%)
			계약 시	1차	2차	3차	4차	중공 시
100	3,800,000	3,800	380,000	380,000	380,000	380,000	380,000	1,900,000

2) 타운하우스형 생숙(테라스하우스)

[제1안]   (단위: 천 원)

평형	제안 분양가	평당 분양가	계약금 (10%)	중도금(40%)				잔금(50%)
			계약 시	1차	2차	3차	4차	준공 시
50	1,500,000	30000	150,000	150,000	150,000	150,000	150,000	750,000

[제2안]

(단위: 천 원)

평형	제안 분양가	평당 분양가	계약금 (10%)	중도금(40%)				잔금(50%)
			계약 시	1차	2차	3차	4차	중공 시
50	1,750,000	3,500	175,000	175,000	175,000	175,000	175,000	875,000

⑥ 분양원가 계산

당 사업지에 대한 분양가를 산정하기 위해 유사시설 분양가 및 조망권에 대한 프리미엄 등을 반영한 분양가가 적당한지 이를 분석할 필요가 있다.

1) 분양가 분석에 의한 수지분석

주변지역 및 유사 리조트분양가 산정을 통한 해당 사업지의 분양가 분석 결과 단독세대는 평당 35,000천 원, 타워형 세대는 평당 30,000천 원, 테라스형 세대는 평당 30,000천 원으로 산정되었다. 다만 분석된 분양가 중 평당분양가를 각 500만 원씩 보정하여 하향조절한 후 이를 토대로 총분양가 대비 총지출 비용을 대입한 결과 세전수익은 아래와 같다.

(단위: 천 원)

구분		금액	내역	비고
비용	직접공사비(1)	380,851,855		
	직접공사비(2)	105,159,698		
	간접공사비	158,187,121		
	판매관리비	125,667,629		
	부대비용	32,235,398		
	금융비용	123,475,492		
	총계	973,170,192		
매출(제1안)	단독주택 평당 30,000	287,880,000	30,000×9,596(97실)	
	타워형 평당 25,000	416,650,000	25,000×16,666(268실)	
	테라스형 평당 25,000	214,250,000	25,000×8,570(128실)	
	소계	918,780,000		
세전이익		-54,390,192		

결론적으로 분양가 분석에 따라 도출된 분양가는 지역적 한계와 대규모 종합리조트시설에 대한 높은 공사비와 비용 등으로 인해 대폭 상향조절되어야 하는 것으로 분석되었다.

또한 분양가 상향 조정을 위한 전제조건은 고급 인테리어 시설이나 집기 제공 등을 통해 추진되는데 이런 시설에 대한 개선만으로 분양가를 상승시키는 데는 한계가 있다.

이에 따라 분양가 상승을 위해 이태리 베르샤체 측과 협의를 거쳐 아시아에서 최초로 베르샤체 브랜드 사용에 대한 계약을 통해 분양 상품을 고급화시키고 분양가를 아래와 같이 상승시켜 다시 수지분석을 통해 사업자의 마진을 11.5%로 상향조절하였다.

(단위: 천 원)

구분			금액	내역	비고
비용		직접공사비(1)	380,851,855		
		직접공사비(2)	105,159,698		
		간접공사비	158,187,121		
		판매관리비	125,667,629		
		부대비용	32,235,398		
		금융비용	123,475,492		
		총계	973,170,192		
매출 (제1안)	단독주택	평당 38,000	364,636,220	38,000×9,596(97실)	
	타워형	평당 30,000	500,005,800	30,000×16,666(268실)	
	테라스형	평당 30,000	257,122,500	30,000×8,570(128실)	
	소계		1,121,764,520,		
	부가세 차액		112,176,452		
세전이익			148,594,328		13.24%선

적어도 사업자의 개발마진은 10% 이상 되어야 하기 때문에 역으로 계산하면 분양가는 단독형의 경우 평당 3,800천 원, 타워형과 테라스세대는 평당 3,000천 원이 되어야 적정 수준이 된다. 다만 세전이익에는 다시 환급받을 부가세차액을 계산하지 않았다. 또한 사업시행자의 직영시설(워터파크, 호텔, 초콜릿체험관, 마리나, 글램핑장, 상가시설)에 대해서는 분양가를 산정하지 않았다.

(1) 매출총액

구분		금액	산출내역	비고 (평당분양가)	비율
분양	단독형 생숙(100평형)	364,636,220	97세대×9,595.69평×38,000	38,000	29.7%
	테라스형 생숙(67평형)	257,122,500	128세대×8,570평×30,000	30,000	21.0%
	타워형 생숙(63평형)	500,005,800	268세대×16,666.86×30,000	30,000	40.8%
	한옥형 호텔	-	-		직영
	커뮤니티시설	-	-		직영
	상가시설	-	-	수수료매장	직영
	합계	1,121,763,220			

(2) 지출총계

(단위: 천 원)

구분		세부내역	산출내역	비고	비율
토지대	토지매입비	45,500,000	73,356평	평당 586	
	등, 취득세	2,093,000			
	소계	47,593,000			4.9%
직접공사비 (1)	단독형 생숙	115,148,280	9,595.69평×12,000		11.8%
	테라스형 생숙	85,707,500	8,570.75평×10,000		8.8%
	타워형 생숙	150,001,740	16,666.86평×9,000천 원		
	한옥호텔	20,,500,290			
	커뮤니티시설	6,400,000	800.00평×800천 원		0.7%
	1단계 수처리시설	1,696,980	339.40평×5,000천 원		0.2%
	1단계 안내소	37,055	7.41평×5,000천 원		
	1단계 하수처리실	1,360,010	272.00평×5,000천 원		0.1%
	소계	380,851,855	37,011.38평		39.1%
직접공사비 (2)	각종 인입비	9,178,822	37,011평×248천 원	전기공사 28.6억 원, 수도공사 33.2억 원	0.9%
	예술장식품비	980,876	37,011평×4,417천 원×0.60%	주거 0.1, 기타 0.7%	0.1%
	교량(ramp)	25,000,000	4램프(1개 램프길이 180미터 88미터)+ 공사용 가교	기투입 가교 공사비 20억 차감	2.6%
	말굽형 수변공간 조성비용	8,800,000	11,000평×800천 원	설비 포함	0.9%
	성토공사	15,000,000	루베×천 원	성토운반비, 다짐공사 등	1.5%
	소방시설공사		시공비에 포함(평당 400천 원)		
	통신공사			시공비에 포함	
	조경공사(법적 조경 제외)	20,000,000	예상비용 일체(단지조성)		
	조명공사(법적 조경 제외)	20,000,000	예상비용 일체(수변공간, 다리조명)		
	1단지 외 단지 내 부대공사	6,000,000	일식×천 원	단지 내 도로, 관로, 부대 공사 등	0.5%
	건축허가 기간 조건이행공사비	200,000	진입로, 단지외공사, 주변도로개설, 공원 조성 등 인허가조건부	일식	
	소계	105,159,698			10.8%

간접공사비	설계비	건축설계	7,402,276	37,011평×200천 원		0.8%
		특화조경			시공비에 포함	
		특화조명			시공비에 포함	
		한옥설계	800,000	하천점용허가조건(일식)	시공비의 10% 내외	0.1%
	감리비	건축감리	3,701,138	37,011평×100천 원		0.4%
		교량감리	960,000	보통 상주감리 4천만 원×24개월	일식	
		소방감리	1,700,000	상주감리 3명×36개월		0.2%
	인테리어설계비용		5,551,707 (베르샤체 21억)	37,011평×150천 원	평면유닛개발, 인테리어설계	0.6%
	특화공사비		132,072,000	베르샤체가구, 주방가구 등 특화공사 일체	가구/건축자재/가전/비품	13.6%
	한옥특화공사비		3,000,000	한옥특화공사(자개 등)		
	기타용역(인허가비용)		3,000,000	관광지조성계획변경수립/변경사업승인/측량/환경성검토/교평 등	일식	0.3%
	소계		158,187,121			16.3%
	공사비 합계		644,198,673			66.2%
판매관리비	M/H건립비		6,000,000	400평×200천 원		0.8%
	M/H운영비/임차료		600,000	12개월×50,000천 원		0.1%
	P/M 수수료		7,500,000	잔액 45억		0.8%
	광고비		16,826,468 (브랜드사용료 28억)	총매출액 1,121,764,520×1.5%	광고홍보(베르샤체 모델료)	1.5%
	선박구입비		5,000,000	직영요트 10대		
	분양수수료		89,000,000 (독점사용료 13억)	매출액의 8%		9.2%
	소계		125,667,629			12.9%
부대비용	민원처리비(일반)		100,000	일식		
	시행사운영비		4,800,000	40개월×120,000천 원		0.5%
	신탁수수료		4,487,000	총매출액×0.4%		0.5%
	입주관리비		226,000	452실×500천 원		
	보험/보증보험 등					
	하자보수비		1,904,259	직접공사비×0.5%		0.2%
	소계		11,517,317			1.2%
분담금	기반시설분담금		100,000			
	광역교통시설분담금		150,000			
	상하수도 원인자 분담금		200,000	영업장 면적×하루배출량×금액×1,000		
	소계		450,000			
제세공과금	보존등기비		15,357,965	직간접공사비 486,011,553×3.16%	일식	1.6%
	주택채권 매입		50,000	기준면적×전용률×금액×할인율 적용		
	재산세					
	종합부동산세					
	기타 예비비		4,860,116	총공사비 486,011,553×10%		0.5%
	소계		20,268,081			2.1%
	합계		32,235,398			2.1%

금융비용	PF이자(Tr.A)	40,833,333	350,000,000×7% 3.33×50%		4.2%
	PF이자(Tr.B)	20,000,000	60,000,000×10%×3.33		2.1%
	PF이자(Tr.C)	10,000,000	20,000,000×10%×3.33		
	PF수수료(Tr.A)	7,000,000	350,000,000×2%		
	PF수수료(Tr.B)	3,000,000	60,000,000×5%		
	PF수수료(Tr.C)	2,000,000	20,000,000×10%		
	금융자문수수료	4,300,000	주선금액 430,000,000	1%	
	중도금 무이자	36,342,158	매출액 757,128,300×40%×6%×2년(단독형 제외)		3.7%
	소계	123,475,492			12.7%
	비용지출 합계	973, 170,192			100%
	세전이익	141,617,665			

2) 생활형 숙박시설의 법적 검토

(1) 생활형 숙박시설의 용도

「건축물의 분양에 관한 법률 시행령」에 따라 생활형 숙박시설에 대한 분양광고에는 반드시 아래와 같은 내용을 포함해야 한다.

> 지금 분양 모집 중인 ○○럭셔리 베르샤체는 「건축법 시행령」 별표 1 제15호 가목에 따른 숙박시설 및 「공중위생관리법」상의 숙박업(생활) 시설에 해당되어 주택용도로 사용할 수가 없습니다. 숙박업(생활)시설은 「공중위생관리법 시행령」 제4조에 따라 손님이 잠을 자고 머물 수 있도록 시설(취사시설 포함) 및 서비스를 제공하는 영업용 건축물입니다. 따라서 「공중위생관리법」에 따른 숙박업 영업신고 가능여부는 별도로 해당 ○○시청 위생정책과(전화번호: 00000000)로 확인하시기 바랍니다.

이러한 조치는 도심 내 생활형 숙박시설을 불법적으로 주택용도로 사용하는 사례가 빈번하여 불법 주택사용을 규제하기 위해서이다. 이에 따라 생활형 숙박시설 분양 공고 시 '주택 사용 불가, 숙박업신고 필요' 문구를 삽입하도록 「건축물의 분양에 관한 법률」을 개정하였다.

> ☐ 「건축물의 분양에 관한 법률」
>
> 제8조(분양 광고 등) ① 법 제6조제2항에 따라 분양 광고에 포함해야 하는 사항은 다음 각호와 같다. 다만, 두 번째 이후의 분양 광고로서 광고 문구에 제2호부터 제5호까지, 제5호의2, 제6호, 제10호의2 및 제16호의 사항은 분양사업장(분양 건축물의 견본 등을 설치하고 청약 안내 등을 하는 장소를 말한다. 이하 같다)에서 게시한다는 것을 밝히고 이를 포함하지 않을 수 있다. 〈개정 2013.3.23., 2017.10.17., 2018.1.23., 2019.10.8., 2020.2.18., 2021.11.2.〉

1. 분양신고번호 및 분양신고일
2. 대지의 지번(地番)
3. 건축물 연면적
4. 분양가격(면적별·용도별 또는 위치별로 구분할 수 있다)
5. 건축물의 층별 용도
5의2. 건축물의 내진(耐震)설계에 관한 다음 각 목의 사항
　　가. 「건축법」 제48조제3항에 따른 내진성능 확보 여부
　　나. 「건축법」 제48조의3제2항에 따라 산정한 내진능력
5의3. 건축물의 대지에 관한 다음 각 목의 사항
　　가. 「국토의 계획 및 이용에 관한 법률」에 따른 용도지역, 용도지구, 용도구역 현황 및 지구단위계획의 수립
　　　여부
　　나. 「교육환경 보호에 관한 법률」 제8조에 따른 교육환경보호구역 설정 여부

하지만 관광지 내 콘도나 상가, 그 밖의 시설물에 대한 사용은 분양을 받을 경우 등기부상의 소유나 공유 등기만 하고 그 관리는 사실상 관광사업자가 관리하기 때문에 큰 문제는 되지 않는다. 다만, 정년퇴직이나 인근에 사는 사람의 경우 주소를 이전하고 싶을 경우 1가구 1주택의 적용을 받아 관련 세금만 납부하면 가능하다. 아울러 우리 헌법에는 주소이전의 자유가 있어 이를 타 법률로 제지할 수 없기 때문에 이를 인정하는 대신 관련 세금을 납부토록 하는 수단으로 활용하고 있다.

(2) 인지세 납부

부동산거래로 인해 발생하는 인지세(가산세 및 제세공과금) 등은 계약자의 부담으로 납부하여야 한다. 따라서 분양에 따른 부동산계약서는 인지세 과세대상으로 수입인지(기재금액 1억 원 이상~10억 원 이하인 경우 15만 원, 10억을 초과하는 경우 36만 원)를 계약서 작성 시점에 계약서에 첨부하여야 하며, 해당 수입인지는 소유권이전등기 시 필수제출 서류로 계약서와 함께 보관하여야 한다. 기타 계약조건은 「건축물의 분양에 관한 법률」을 준용한다.

(3) 생활형 숙박시설 유의사항

수분양자들은 준공 전 사업주가 지정하는 업체와 숙박시설 운영에 관한 업무를 위탁하여야 하며 위 유의사항을 위반하여 생활형 숙박시설을 생숙 이외의 용도로 사용함에 따라 발생하는 불이익은 수분양자가 부담해야 한다. 수분양자는 결국 준공 전 사업주가 지정하는 업체와 위탁 운영계약을 체결하여야 하고 본 계약은 3년간 유지되어야 하며, 운영과 관련된 이의를 제기하지 않아야 하며, 사업주체 위탁사 및 시공사는 운영에 관련된 어떠한 책임을 부담하지 않는다.

□ **계약서상 생활형 숙박시설 유의사항**

- 본 건물은 주택이 아닌 생활형 숙박시설로서, 생활형 숙박시설 이외의 용도로 사용함에 따라 발생하는 불이익은 수분양자가 부담합니다.
- 본 생활형 숙박시설은 「건축물의 분양에 관한 법률」에 의한 분양신고 적용대상입니다
- 본건물은 「건축물의 분양에 관한 법률」 제6조의3에 따라 사용승인 전에 2명 이상에게 전매하거나 이의 전매를 알선할 수 없습니다.
- 분양계약자는 준공 전 사업주가 지정하는 업체(준공 후 숙박업등록 예정)와 생활형 숙박시설에 대한 위탁운영계약을 체결하여야 합니다.
- 본 생활형 숙박시설의 일관되고 효율적인 관리운영을 위하여 위탁사가 지정하는 관리운영회사가 영업개시 이후 3년간 본 생활형 숙박시설에 대한 관리운영 업무를 수행할 예정이며, 계약자는 이에 대하여 이의를 제기하지 않습니다. 영업개시 이후 3년이 지난 시점부터 수분양자들로 구성된 관리단의 의결에 따라 관리운영회사를 유지 또는 교체할 수 있으며, 이와 관련하여 사업주체, 위탁사 및 시공사는 어떠한 책임도 부담하지 아니합니다. 단 영업개시 이후 3년이 지난 시점에도 수분양자들로 구성된 관리단 등이 결성되지 못하여 관리운영회사의 교체 또는 유지에 대하여 의결이 불가능한 경우, 위탁사가 지정한 관리운영회사가 관리단 등이 결성되고 의결이 가능한 시점까지 본 생활형 숙박시설의 관리운영의 업무를 계속해서 수행할 수 있습니다.
- 계약자는 본 생활형 숙박시설의 관리운영 및 서비스 제공을 위하여 위탁사가 상기 관리운영회사와 준공 이전에 체결하는 관리운영 및 서비스 제공 관련 계약(관리운영계약)에 대하여 이의 없이 동의하고 승계합니다. 위탁사가 체결한 계약 내용은 추후 별도 통보하며, 관리운영계약에 따라 영업개시 후 상기 관리운영회사가 관리운영, 서비스제공 및 시설관리를 합니다.
- 관리운영계약과 관련된 일체의 사항은 상기 관리운영회사가 본 생활형 숙박시설을 관리, 운영, 서비스제공 및 시설관리를 하는 내용으로, 사업주체, 시공사 및 위탁사에게 관리운영계약과 관련하여 일체의 이의를 제기할 수 없으며, 사업주체 및 시공사는 관리운영계약에 대한 일체의 책임을 부담하지 아니합니다.

(4) 공유숙박업 운영불가

숙박업신고는 위탁사 또는 위탁사가 지정한 자에게 위임하며, 이에 대한 이의를 제기할 수 없다. 불법적으로 용도를 변경하거나 지정된 용도 외로 사용할 경우 관련법에 따라 행정처분 등 불이익이 있을 수 있다.

생활형 숙박시설에 대한 법규의 변경, 입법, 행정명령 등 정부의 규제가 있을 수 있음을 인지하고 이에 대해 시행사, 시공사, 신탁사에게 일체의 이의를 제기할 수 없다. 생활형 숙박시설의 성질, 특성 등에 의문이 있을 시 청약자 및 계약자가 사전에 확인하여야 하며, 향후 이에 대한 무지 등을 이유로 생활형 숙박시설의 성질, 특성 등으로 인하여 발생하는 사안에 대하여 사업주체에게 계약해지, 손해배상 등 일체의 이의를 제기할 수 없다.

(5) 생활형 숙박시설 관련 확인서 작성

2021년 11월 2일 신설된 「건축물의 분양에 관한 법률 시행령」 제9조의3에 의거 생활형 숙박시설 관련 확인서를 2부 작성하여 1부는 분양계약서에 첨부하고, 다른 1부는 건축물 사용승인권자에게 제출하여야 한다. 본인이 분양받은 건축물은 그 용도가 생활형 숙박시설인 건축물로서 「공중위생관리법」 제3조제1항 전단에 따른 숙박업 신고의무가 있다는 것과 이를 위반할 경우 같은 법 제20조제1항제1호에 따라 1년 이하 징역 또는 1천만 원 이하의 벌금에 처한다.

본인이 분양받은 건축물은 「건축법」 제2조제2항제15호의 숙박시설로서 주거용으로 사용할 수 없고, 같은 법 제19조 및 같은 법 시행령 제14조에 따라 단독주택, 공동주택 또는 오피스텔로 용도변경한 경우에만 주거용으로 사용할 수 있으며, 이를 위반할 경우 같은 법 제79조제1항에 따라 시정명령을 받을 수 있고, 시정명령을 받은 후 시정기간 내에 시정명령을 이행하지 않으면 같은 법 제80조제1항제2호, 같은 법 시행령 제115조제2항 및 별표 15제1호의2에 따라 시가표준액 100분의 10에 해당하는 이행강제금이 부과된다.

〈표 2-21〉 생활형 숙박시설 관련 확인서

1. 분양받은 사람	성명 또는 기관명	생년월일(사업자 또는 법인등록번호)
	전화번호	
	주소	
2. 분양받은 건축물	건축물소재지	
	건축물용도	
	분양받은 호실	
3. 확인사항	가. 본인이 분양받은 건축물은 그 용도가 생활형 숙박시설인 건축물로서 「공중위생관리법」, 제3조제1항 전단에 따른 숙박업 신고의무가 있다는 것과 이를 위반할 경우 같은 법 제20조제1항제1호에 따라 1년 이하 징역 또는 1천만 원 이하의 벌금에 처한다는 것	
	[ ]위 사항을 확인함	
	나. 본인이 분양받은 건축물은 「건축법」 제2조제2항제15호의 숙박시설로서 주거용으로 사용할 수 없고, 같은 법 제19호 및 같은 법 시행령 제14조에 따라 단독주택, 공동주택 또는 오피스텔로 용도변경한 경우에만 주거용으로 사용할 수 있으며, 이를 위반할 경우 같은 법 제79조제1항에 따라 시정명령을 받을 수 있고 시정명령을 받은 후 시정기간 내에 시정명령을 이행하지 않으면 같은 법 제80조제1항제2호, 같은 법 시행령 제115조의2제2항 및 별표 15 제1호의2에 따라 시가표준액의 100분의 10에 해당하는 이행강제금이 부과된다는 것	
	[ ]위 사항을 확인함	

「건축물의 분양에 관한 법률 시행령」 제9조제1항제9호의3에 따라 위와 같이 '생활형 숙박시설 관련 확인서' 2부를 작성하여 1부는 분양계약서에 첨부하고, 다른 1부는 분양받은 건축물에 대한 사용승인 신청 전 승인권자에게 제출하는 데 동의합니다.

년   월   일

확인자   (서명 또는 인)

(6) 비주택 상품대출 및 세금관련

생활형 숙박시설은 비주택상품으로 주택임대사업자 등록이 불가하고 전세자금 대출이 불가하다. 계약자는 사업자등록증에 따라 중도금 대출 및 준공 후 담보대출 등이 제한될 수 있음을 인지해야 한다.

- 본 상품은 비주택상품으로 주택임대사업자등록이 불가하여 주택임대사업자 등록 시 받을 수 있는 제세금 등의 혜택을 받을 수 없다.
- 부가가치세를 환급받으려고 하는 계약자는 사업자등록증사본(일반과세자)을 제출해야 하며, 부가가치세환급에 관한 자세한 사항은 관할 세무서에 문의하기 바라며, 또한 이를 해태함으로써 발생하는 불이익 등에 대해 이의를 제기할 수 없다.
- 계약자는 사업자등록(임대업, 숙박업 등)에 따라 중도금대출 및 준공 후 담보대출 등이 제한될 수 있음을 인지하고 이에 이의를 제기할 수 없다.
- 건물 취득세 시에는 4.6% 취득세가 발생합니다(세율은 법령개정에 따라 변동될 수 있음)
- 재산세 산정 시 분리과세가 적용되어 공동주택과 다른 세율이 적용된다.
- 본 상품은 비주택상품이므로 현재기준 전세자금보증이 불가하여, 향후 임차인이 전세자금을 대출받고자 할 때 전세자금 대출이 불가할 수 있다.
- 본 상품은 정부정책 및 규제의 변동에 따라 주택으로 인정될 수 있으며, 이로 인해 발생하는 불이익에 대하여 사업주체 및 시공사를 상대로 일체의 소송 및 민원을 제기할 수 없다.

3) 유사상품과 비교한 생활형 숙박시설

구분	휴양콘도미니엄	관광호텔	가족호텔	일반(생활)숙박시설	오피스텔	아파트/주복
적용법규	관광진흥법 공중위생법			건축법 공중위생관리법	건축법	건축법 주택법
사용형태	관광숙박시설			일반숙박시설(생활)	업무시설	주거시설
분양가능여부	등기분양(공유제)	회원모집	회원모집	등기분양	등기분양	등기분양
면허·등록	공중위생영업신고					

구분	아파트	주거용 O/T	숙박시설		일반숙박시설 특징
			관광숙박시설	일반숙박시설	
분양권전매	×	×	○	○	분양권전매 가능한 상품
등기여부	○	○	△	○	개인, 법인에 개별등기 가능
청약통장	○	×	×	×	청약통장 필요없음
다주택 보유	○	×	×	△	1가구 2주택, 종합부동산세 규제와 상관없음 (전입신고 시 다주택 간주)
담보대출제한	○	○	×	△	숙박업 사업자 신고 외 임대사업자 신고 시 대출 제한
상속 · 증여	○	○	○	○	일반 부동산과 동일하게 매매, 상속, 증여가능
세제비율	높음	높음	낮음	낮음	양도세 중과대상 배제, 종합부동산세 부과대상 배제
취사여부	○	○	○	○	주거생활을 영위하는 필수시설
주거전용	○	○		○	주거생활을 영위하는 필수시설

구분		생활형 숙박시설	오피스텔	도시형 생활주택
건축법	용도	2012.01.10 시행 (장기 체류형 서비스드레지던스)	업무시설	주거시설(주택법)
	바닥난방	○	△ (전용 85m² 이하 가능)	○
	욕실/취사	○	○	○
	전매제한 재당첨제한	미적용	투기과열지구 및 조정대상지역 적용	○ "좌동"
	전입신고	장기목적으로 30일 이상 거주 시 숙박시설 소유주 동의하에 전입신고 가능	○ 전입신고 가능 (부가세 환급 취소, 주택으로 간주)	○
금융/ 세금	담보대출	숙박업사업자 → 담보 대출가능 (전입신고 시 대출 불가) 임대사업자 → 법인대출	○	○
	부가세환급	△ 숙박업사업자 신고 시 환급가능	△ 임대 사업자 신고 시 환급가능	85m² 미만 면제
	재산세	0.25%	0.25%	0.1~0.4% (주택으로 적용)
	취득세	4.6%	4.6%	1.1%
	양도세	6~38% (다주택 중과 배제)	6~38% (다주택 중과 배제)	6~38% (1주택자는 비과세)
	1가구 2주택	△ 단, 30일 이상 실거주 시 주택간주	△ 실거주 시(전입신고) 주택간주	○ 소형 저가주택의 경우 무주택
	개별등기	○	○	○

부동산개발 조세 실무

Chapter 9

① 지방세 실무

1) 취득세 계산사례

취득세(取得稅)는 재산에 대한 취득 행위 및 등기를 담세력으로 판단하여 부과하는 세금이며 지방세이다. 취득한 재산을 과세객체로 하고, 재산을 취득한 사람 또는 법인을 납세의무자로 지정한 후 지방자치단체(광역자치단체)에 신고납부한다. 취득의 정의에 대해 「지방세법」 제6호제1호에는 "매매, 교환, 상속, 증여, 기부, 법인에 대한 현물출자, 건축, 개·보수, 공유수면의 매립, 간척에 의한 토지의 조성과 그 밖에 이와 유사한 취득으로서 원시취득, 승계취득 또는 유상·무상의 모든 취득"을 말한다. 즉 돈을 지급하고 매입하거나, 상속을 받거나, 새로 건축을 하거나 토지를 매입하여 자기 물건이 되면 취득이라고 부른다. 더불어 '간이취득'이라고 하여 실제로 물건을 얻는 것은 아니지만 얻었다고 간주하는 것이 있다. 지목, 종류 변경과 개축이 이에 속한다. 이는 지목의 종류가 변하면 세율과 물건의 가치가 달라지기 때문에 해당하는 조항이다.

다만 모든 취득행위에 대하여 취득세가 붙는 것이 아니며 과세대상이 따로 규정되어 있다.

(1) 건축물의 원시취득

어떤 권리를 기존 권리와 관계없이 새로이 취득하는 것이 원시취득이다. 타인의 권리에 근거하지 않고 독립하여 취득하는 것이다. 원시취득에 의해 취득한 권리는 전혀 새로운 권리이므로 비록 그 전주인의 권리에 어떠한 하자가 있더라도 원시취득자에 승계되지 않는다. 또한 취득한 물권의 객체가 타인의 지상권이나 저당권 등의 목적물로 되어 있었을 경우에도 원시취득과 동시에 이들 부담은 모두 소멸한다.

　건물의 원시취득이란 신축건물을 말하는데 신축건물에 대한 취득세는 3.16%인데 이는 취득세율 (2.8%) + 지방교육세율(0.16%) + 농어촌특별세율(0.2%)로 계산한다.

① 건물의 원시취득에 관한 계산사례

> □ **취득세 계산사례(건물의 원시취득)**
>
> 1. 강원도 내 토지를 매입하여 생활형 숙박시설(레지던스 500실, 근생 30실)을 2021.12.30일 준공
> 2. 건축주는 A시행사이며, 신탁사와 B시공사 간 분양형 토지신탁계약을 체결하였다.
> 3. 2022년 2월 25일 현재 B사로부터 취득세 신고 대행 자문 의뢰가 들어와 건물관련 총공사비(58,473백만 원)자료와 그 내역에 대한 인터뷰 결과를 아래와 같이 입수하였다.
> 4. 특별법상 감면ㆍ비과세 규정 적용은 없는 것으로 가정하였다.

② 건물관련 총비용

(단위: 원)

(1) 공사비	① 도급공사비(*1)	38,000,000,000
	② 미술장식품	249,000,000
	③ 조경ㆍ포장공사비	160,000,000
	④ 토지취득세	6,000,000,000
(2) 인입비용	① 상수도원인자부담금	40,000,000
	② 상수도ㆍ전기ㆍ가스인입공사비	110,000,000
(3) 외주용역비	① 각종 설계감리, 기술자문 및 감정평가 용역	1,500,000,000
(4) 제부담금	① 도로점용료	1,000,000
(5) 사업비	① 신탁수수료	3,000,000,000
	② 시행사운영비	1,000,000,000
	③ 금융, 법률자문 수수료(*2)	200,000,000
	④ 회계감사, 세무자문, 법무사수수료(*3)	72,000,000
	⑤ 부가가치세 불공제액	150,000,000
(6) 분양비용	① 모델하우스 임차료, 건설비, 운영비	1,500,000,000
	② 분양대행수수료	5,000,000,000
(7) 금융비용	① 건설관련 차입금이자(*4)	1,400,000,000
	② 신탁계정대 이자	100,000,000
합계		58,473,000,000

주: (*1) 미지급금 20억 원은 제외함
　(*2)는 수분양자 중도금 대출 관련 자문 수수료
　(*3) 세무자문은 회계법인에 지급한 취득세 신고대행 수수료(2천만 원)를 포함함
　(*4)는 2021년 1월 1일 이후 기관경과 이자분 4억 원이 포함됨

구분		건물과세표준여부	
		포함	제외
(1) 공사비	① 도급공사비(*1)	○ (미지급금 포함)	-
	② 미술장식품		-
	③ 조경 · 포장공사비		-
	④ 토지취득세	-	○
(2) 인입비용	① 상수도원인자부담금	○	-
	② 상수도 · 전기 · 가스인입공사비	-	○
(3) 외주용역비	① 각종 설계감리, 기술자문 및 감정평가 용역	○	-
(4) 제부담금	① 도로점용료	○	-
(5) 사업비	① 신탁수수료	△	-
	② 시행사운영비	△	-
	③ 금융, 법률자문 수수료(*2)	-	○
	④ 회계감사, 세무자문, 법무사수수료(*3)	-	○
	⑤ 부가가치세 불공제액	-	○
(6) 분양비용	① 모델하우스 임차료, 건설비, 운영비	-	○
	② 분양대행수수료	-	○
(7) 금융비용	① 건설관련 차입금이자(*4)	○ (준공 시 까지)	○ (준공 후 이자)
	② 신탁계정대 이자	△	-

③ 건축물의 원시취득 과세기준

1. 취득세 과세포함 항목

① 도급공사비 등 미지급금: 준공일 현재 취득세 과세표준에 포함됨에 주의

② 조경, 포장, 공사비: 2019년 말 지방세법 개정에 따라 정원, 조경, 도로포장 등 공사비의 경우, 건축 시는 건축물 취득가격으로, 지목변경 시는 지목변경 비용에 포함

③ 건설자금이자, 준공 시까지 발생한 건설 관련 차입금 이자도 취득가격에 포함

2. 취득세 과세표준 제외항목

① 토지취득세(기납부): 토지의 취득원가로 결산에 반영

② 상수도 · 전기 · 가스 · 인입공사비: 「지방세법 시행령」 제18조제2항제2호

③ 신탁수수료: 대법원 판례(대법원 2020두32937, '2020.05.14.)에 따르면 관리형 토지신탁 수수료는 취득세 과세에서 제외되나, 그 외 신탁수수료에 대한 명문 규정 해석은 없음.

따라서 우선 취득세 과세표준에 포함하여 신고 납부하고 경정청구를 통한 환급을 해야 함

④ 사업비 중 모델하우스 관련 비용(「지방세법 시행령」 제18조제2항제1호), 회계, 세무 등 수수료 (지방세 운영과 23, 181/4), 부가세 매입세액불공제분(「지방세법 시행령」 제18조제2항제4호)

④ 취득세 계산사례(건축물의 원시취득 산출세액)

구분	금액	해설
(1) 취득세 과세표준	47,041,000,000	
① 총원가	58,473,000,000	• 준공일 현재 미지급 공사원가도 포함
② 포함	2,000,000,000	• 신탁수수료는 경정청구(환급) 시도
③ 제외	△ 13,342,000,000	
(2) 취득세 산출내역	1,486,495,600	• 준공 후 60일 내 신고·납부 필수
① 취득세	1,317,148,000	• 취득세율(2.8%)
② 농특세	94,082,000	• 농특세율(0.2%)
③ 지방교육세	75,265,600	• 지방교육세율(0.16%)

⑤ 건축물의 원시취득 산출세액에 대한 해설

  1. 서민주택(농특령 제4조제4항의 농특세 감면

  2. 일반적으로 주택의 원시취득 시 취득세율은 3.16%(＋농특세/지방교육세)이며, 서민주택의 경우 2.96%(농특세 비과세)임

  3. 서민주택이라 함은 「주택법」 제2조제3호에 따른 국민주택 규모(전용면적 85m^2 이하) 이하 의 주거용 건물과 이에 부수되는 토지에 용도지역별 적용 배율을 곱하여 산정한 면적 이내 의 토지

  4. 생활형 숙박시설의 경우, 주택에 해당하지 않으므로 국민주택 규모라 하더라도 농특세 비과세 혜택이 없음

⑥ 취득세 중과 적용

「지방세법」 제13조제2항1에 따라 A 법인은 2021년 5월 30일 토지취득(유상취득) 시 취득세 중과 배제사유에 해당하였으나, 이후 2022년 09월 30일부로 「지방세법」 제13조제2항의 중과 사유에 해당 하게 되었다.

중과 기준세율은 2%이며, 미납일수는 2021년 05월 30일~2022년 09월 30일까지 총 487일이다. 토 지의 과세표준은 100,000,000원이다.

(2) 토지취득세 중과

토지의 지목 종류는 크게 농지, 임야, 대지, 잡종지 등으로 나뉘고 각각 취득하는 방법과 상황에 따라 다르며 대표적으로 농지는 개발행위허가와 농지전용부담금을 내야 하고 임야는 임야개발행위허가와 산지전용부담금을 내야 한다. 따라서 토지 위에 신축건물을 개발할 경우 부담하는 토지취득세는 농지의 경우 3.4%, 농지 농업인(2년 이상) 상속의 경우 2.56%, 농지 농업인(2년 이상)의 경우 1.6%, 농지상속 취득의 경우 0.18%, 임야의 취득의 경우 4.6%이다. 취득세의 계산은 취득세율＋지방교육세율＋농어촌특별세율이다.

〈표 2-22〉 취득세 표준세율

과세표준	취득세	지방교육세	농어촌특별세
6억 원 이하	1	0.1	전용면적 85m² 초과 시 0.2% 과세
6.5억 원	1.33	0.1~0.3	
7억 원	1.67		
7.5억 원	2		
8억 원	2.33		
8.5억 원	2.67		
9억 원	3		
9억 원 초과	3	0.3	
원시취득(신축), 상속	2.8	0.16	0.2
증여	3.5	0.3	0.2

① 토지 취득세 중과(지방세법 제13조) 적용 시 세율 차이

(1) 일반세율	① 취득세(4%)	4,000,000
	② 지방교육세(0.4%=[취득세 과표×2%]×20%	400,000
	③ 농특세(0.2%=[취득세 과표×2%]×10%	200,000
	소계 4.6%	4,600,000
(2) 중과세율	① 취득세(8%=표준(4%)×3배－기준(2%)×2배)	8,000,000
	② 지방교육세(0.2%=기준(2%)]×20%×3배)	1,200,000
	③ 농특세(0.2%=[표준(4%)×3배－기준(2%)×2배×2배]×10%	200,000
	소계 (=9.4%)	9,400,000

② 중과 적용 시 가산세 및 이자상당액

구분	본세	가산세		이자상당액	합계
		무신고가산세	미납부가산세		
취득세	4,000,000	800,000 (20%)	487,000 (800,000×0.0025×487일)	497,000 (좌동)	5,774,000
지방교육세	800,000	-	97,400 ((4,000,000×0.0025×487일)	-	897,400
농특세					
총계	4,800,000	800,000	584,400	487,700	6,671,400

주: 1) 지방교육세: 납부불성실가산세만 있음(지방세법 제153조제1항)
　　2) 농특세: 납부불성실가산세만 있음(국기법 47-2, 47-3)
　　3) 상가사례는 추가납부세액이 없음

(3) 신축 취득세의 신고기간

신축건물은 소유권보존등기를 해야 하기 때문에 취득세는 등기 전까지 신고 납부하여야 한다. 일반적으로 건물 사용승인일로부터 60일 이내 납부하여야 한다. 기간 내 납부하지 않을 경우 신고 불성실 가산세가 부과된다. 아울러 소유권보존등기는 준공 후 60일 이내 보존등기를 하여야 하므로 취득세 납부는 보존등기 이전에 하여야 한다.

사례

□ **부동산개발조세**

1. 취득세

구분	세목	과세표준		
취득	취득세	매매	상속	증여
		4.0% (주택 6억 이하 1%, 6억~9억 2%, 9억 초과 3%)	2.8% (농지 2.3%)	3.5%
		• 중과: 3배 중과, 5배 중과		
	농특세	• 취득세 납부세액의 10%/감면세액의 20%		
	지방교육세	• 취득가액의 0.4%(구 등록세의 20%)		

2. 보유세

구분	세목		과세표준
보유세	재산세	주택＋ (부속토지)	• 0.1%~0.4%(6천만 미만 0.1%, 6천만~1.5억 원 0.15%, 1.5억~3억 0.25%, 3억 이상 0.4%)
		건축물	• 4%(골프장, 고급오락장), 0.5%(주거지역 등의 공장), 0.25%(기타 공작물)
		종합합산 대상토지	• 0.2%~0.5%(5천만 미만, 0.2%, 5천만~1억 0.3%, 1억 이상 0.5%)
		별도합산 대상토지	• 0.2%~0.4%(2억 미만 0.2%, 2억~10억 0.3%, 10억 이상 0.4%)
	지방교육세		• 재산세액의 20%
	종부세	주택	• 일반: 0.6%~3%(법인 3%)/조정(2 또는 3주택 이상): 1.2%~6%(법인 6%)
		종합합산 대상토지	• 1%~3%(15억 원 이하 1%, 15억 원~45억 원 2%, 45억 원 초과 3%)
		별도합산 대상토지	• 0.5%~0.7%(200억 이하 0.5%, 200억~400억 0.6%, 400억 초과 0.7%)
	농특세		• 종합부동산액의 20%

구분	세목	과세표준
보유	법인세	• 10%~25%(2억 이하 10%, 2억~200억 20%, 200억~3천 억 초과 25%) • 미환류소득(자기자본 500억 초과 시)의 20%
	지방소득세	• 1%~2.5%(2억 이하 1%, 2억~200억 2%, 200억~3천억 2.2%, 3천억 초과 2.5%) • 법인세 산출세액(10%~25%)의 10%

3. 양도세

구분	세목	과세표준		
양도	양도세	보유기간	주택입주권	분양권
		단기(1년 미만) 양도	70%	70%
		중기(2년 미만) 양도	60%	60%
		장기(2년 이상) 양도	6~42%(종합세율)	80%
	토지 등 양도소득 과세특례(법인)	10%(미등기 40%)		
	상속, 증여세	• 10%~50%(1억 미만 10%, 1억~5억 20%, 5억~10억 30%, 10억~30억 40%, 30억 이상 50%) • 세대생략할증, 기본 30%, 미성년자 20억 초과 40%		
	부가세	• 10%		

4. 부담금

구분	세목	부과대상	부담률
개발 중 (준공 전)	농지전용부담금	• 농지전용 허가를 받은 자	• 개별공시지가의 30%(5만 원/㎡)
	대체산림자원조성비	• 산지전용허가(산지일시사용허가)를 받으려는 자	• 단위면적당 금액+개별공시지가의 1%(6,790/㎡)
	산림복구예치비	• 허가 등에 따라 산지전용/복구산지 등	• 단위면적당 금액(산림청 고시)
	상수도원인자부담금	• 수도사업자의 수도공사 비용발생 원인 제공자	• 연면적 구간별 금액(지자체징수 조례)

구분	세목	부과대상	부담률
개발 중 (준공 전)	하수도원인자부담금	• 공공하수도에 영향을 미친 원인 행위자	• 오수발생량×부과단가(지자체 징수조례)
	학교용지부담금	• 공공주택 건설사업자 또는 주택건설용 토지의 조성 · 개발(100세대 이상)	• 공동주택: 분양가격의 0.8% • 단독주택: 분양가격의 0.14%
	광역교통시설 부담금	• 대도시권 내 사업시행자(택지개발/도시개발/주택건설/재개발 · 재건축사업 등)	• 표준개발비(건축비)에 부과율 적용

구분	세목	부과대상	부담률
개발완료 (준공 후)	개발부담금	• 사업시행자 (택지개발, 산단 등)	• 개발이익의 25% (계획입지사업은 20%)
	재건축부담금	• 재건축조합(조합원)	• 초과이익의 10%~50% (조합원 1인당 평균이익률 차등)

② 국세 실무(부가가치세)

1) 부가가치세

(1) 부가가치세의 개요

부가가치세란 상품(재화)의 거래나 서비스(용역)의 제공과정에서 얻어지는 부가가치(이윤)에 대하여 과세하는 세금이며, 사업자가 납부하는 부가가치세는 매출세액에서 매입세액을 차감하여 계산한다.

부가가치세 = 매출세액 − 매입세액

부가가치세는 물건값에 포함되어 있기 때문에 실제로는 최종소비자가 부담하는 것이며, 사업자는 최종소비자가 부담한 부가가치세를 세무서에 납부하는 것이다. 그러므로 부가가치세 과세대상 사업자는 상품을 판매하거나 서비스를 제공할 때 거래금액에 일정 금액의 부가가치세를 징수하여 납부해야 한다.

① 일반과세

일반과세자는 10%의 세율이 적용되는 반면, 물건 등을 구입하면서 받은 매입세금계산서상의 세액을 전액 공제받을 수 있고 세금계산서를 발급할 수 있다. 연간 매출액이 8천만 원 이상으로 예상되거나, 간이과세가 배제되는 업종 또는 지역에서 사업을 하고자 하는 경우에는 일반과세자로 등록하여야 한다.

② 간이과세자

간이과세자는 1.5%~4%의 낮은 세율이 적용되지만, 매입액(공급대가)의 0.5%만 공제받을 수 있으며, 신규사업자 또는 직전연도 매출액이 4천8백만 원 미만인 사업자는 세금계산서를 발급할 수 없다.

주로 소비자를 상대하는 업종으로서 연간 매출액이 8천만 원(과세유흥장소 및 부동산임대업 사업자는 4천8백만 원)에 미달할 것으로 예상되는 소규모사업자의 경우에는 간이과세자로 등록하는 것이 유리하다.

③ 과세기간 및 신고납부

부가가치세는 6개월을 과세기간으로 하여 신고 · 납부하게 되며 각 과세기간을 다시 3개월로 나누어 중간에 예정 신고 기간을 두고 있다.

과세기간	과세대상기간		신고납부기간	신고대상자
제1기 1.1~6.30	예정신고	1.1~3.31	4.1~4.25	법인사업자
	예정신고	1.1~6.30	7.1~7.25	법인, 개인, 일반사업자
제2기 7.1~12.31	예정신고	7.1~9.30	10.1~10.25	법인사업자
	예정신고	7.1~12.31	다음해 1.1~1.25	법인, 개인, 일반사업자

일반적인 경우 법인사업자는 1년에 4회, 개인사업자는 2회 신고하고 개인 일반사업자와 소규모 법인사업자(직전 과세기간 공급가액의 합계액이 1억 5천만 원 미만)는 직전 과세기간(6개월) 납부세액의 50%를 예정고지서(4월·10월)에 의해 납부(예정신고의무 없음)하여야 하고, 예정고지된 세액은 다음 확정신고 시 기납부세액으로 차감된다.

예정고지 대상자라도 휴업 또는 사업 부진으로 인하여 사업실적이 악화되거나 조기환급을 받고자 하는 경우 예정신고를 할 수 있으며, 이 경우 예정고지는 취소된다.

④ 부가가치세 사업자의 구분

구분	기준금액	세액계산
일반과세자	1년간 매출액 8,000만 원 이상	매출세액(매출액의 10%) - 매입세액 = 납부세액
간이과세자	1년간 매출액 8,000만 원 미만	(매출액×업종별 부가가치율×10%) - 공제세액 = 납부세액

주: 공제세액 = 매입액(공급대가) × 0.5%

⑤ 간이과세자의 업종별 부가가치세율

□ 2021.06.30 이전

전기·가스·증기 및 수도사업	5%
소매업, 재생용 재료수집 및 판매업, 음식점업	10%
제조업, 농업·임업 및 어업, 숙박업, 운수 및 통신업	20%
건설업, 부동산임대업 및 그 밖의 서비스업	30%

□ 2021.07.01 이후

소매업, 재생용 재료수집 및 판매업, 음식점업	15%
제조업, 농업·임업 및 어업, 소화물 전문 운송업	20%
숙박업	25%
건설업, 운수 및 창고업(소화물 전문 운송업은 제외), 정보통신업	30%
금융 및 보험 관련 서비스업, 전문·과학 및 기술서비스업(인물사진 및 행사용 영상 촬영업은 제외), 사업시설관리·사업지원 및 임대서비스업, 부동산 관련 서비스업, 부동산임대업	40%
그 밖의 서비스업	30%

2) 건설공사와 관련된 세금계산서 발행

(1) 부가가치세의 세법상의 용어정의(부가법 제16조, 부가령 제29조, 부가칙 제18조. 제20조)

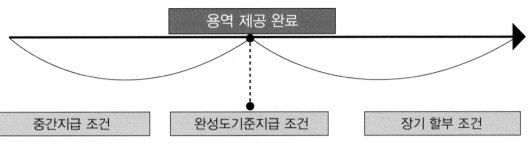

용역 제공 완료

중간지급 조건	완성도기준지급 조건	장기 할부 조건
▶ 건설 용역의 제공 완료 전에 ▶ 계약금 받기로 한날의 다음날~용역제공 완료일 등(*)까지 아래 요건 모두 충족 ① 기간 ≥ 개월 & ② 대가분할 ≥ 3회 이상	▶ 건설용역의 제공완료되기 전에 약정에 따라 ▶ 가성고(공사진행정도)에 따라 분할하여 받기로 하는 약정으로, 아래의 조건 준수가 필요 ① 공사기간의 제한 요건이 없어야 함 ② 기성확인, 공사대금 청구 및 대금 받기로 한날 등이 정해져야 함 ※ 만약, 용역을 공급/공급단위를 구획할 수 없는 계혹 공급시는 예외	▶ 건설 용역의 제공 완료 후에 아래의 요건을 모두 충족 ① 할부(외상)기간 ≥ 1년 ② 2회 이상 분할하여 지급

(2) 세금계산서 발행시기(공급시기)

구분		공급시기
원칙(부가법 제16조제1항)		• 역무의 제공 완료일 • 시설물, 권리 등 재화의 사용일
예외(부가법 제16조제2항)	① 장기할부조건부/그밖의 조건부	• 대가를 받기로 한 때 • 그 밖의 조건부 지급: 역무 제공 완료 전 그 대가를 완성도 기준/중간지급조건부 등이 아닌 다른 기준으로 나누어 지급하기로 약정한 경우(대법 98두3952, 1999.5/14일)
	② 완성도 기준 지급조건부	• 대가를 받기로 한 때(단, 용역제공완료일 경과×)
	③ 중간지급조건부	• 대가를 받기로 한 때(단, 용역제공완료일 경과×)
	④ 계속용역(공급단위구분×)	• 대가를 받기로 한 때

(3) 세금계산세 관련 가산세

발급시기	가산제	
	공급자	공급받는 자
• 공급일 후~확정신고기한까지 발급 (공급일이 속하는 과세 기간 내 발급ㅇ)	• 지연발급 가산세(1%)	• 매입세액공제 ㅇ • 지연수취가산세(0.5%)
• 확정신고기한 다음날~1년 이내 (공급일이 속하는 과세기간 내 발급×)	• 미발급, 가산세(2%)	• 매입세액공제 ㅇ • 지연수취가산세(0.5%)
• 확정신고 기한 다음날~1년 이후 (공급일이 속하는 과세기준기간 내 발급×)	• 미발행, 가산세(2%)	• 매입세액공제 × • 가산세×

(4) 세금계산서 발급시기(부가세법 제34조)

세금계산서는 사업자가 제15조 및 제16조에 따른 재화 또는 용역의 공급시기에 재화 또는 용역을 공급받는 자에게 발급하여야 한다. 아울러 제1항에도 불구하고 사업자는 제15조 또는 제16조에 따른 재화 또는 용역의 공급시기가 되기 전 제17조에 따른 때에 세금계산서를 발급할 수 있다 (2013.6.13. 개정).

또한 제1항에도 불구하고 다음 각호의 어느 하나에 해당하는 경우에는 재화 또는 용역의 공급일이 속하는 달의 다음달 10일(그날이 공휴일 또는 토요일인 경우에는 바로 다음 영업일을 말한다)까지 세금계산서를 발급할 수 있다.

1. 거래처별로 1억 원의 공급가액을 합하여 해당 달의 말일을 작성 연월일로 하여 세금계산서를 발급하는 경우
2. 거래처별로 1억 원 이내에서 사업자가 임의로 정한 기간의 공급가액을 합하여 그 기간의 종료일을 작성 연월일로 하여 세금계산서를 발급하는 경우
3. 관계 증명서류 등에 따라 실제거래사실이 확인되는 경우로서 해당 거래일을 작성 연월일로 하여 세금계산서를 발급하는 경우

(5) 재화 및 용역의 공급시기 특례(부가세법 제17조)

사업자가 제15조 또는 제16조에 따른 재화 또는 용역의 공급시기(이하 이 조에서 '재화 또는 용역의 공급시기'라고 한다)가 되기 전에 재화 또는 용역에 대한 대가의 전부 또는 일부를 받고, 그 받은 대가에 대항 제32조에 따른 세금계산서 또는 제36조에 따른 영수증을 발급하면 그 세금계산서 등을 발급하는 때를 각각 그 재화 또는 용역의 공급시기로 본다(2017.12.19. 개정).

사업자가 재화 또는 용역의 공급시기가 되기 전에 제32조에 따른 세금계산서를 발급하고 그 세금계산서 발급일로부터 7일 이내에 대가를 받으면 해당 세금계산서를 발급한 때를 재화 또는 용역의 공급시기로 본다(2013.6.7. 개정).

제2항에도 불구하고 (대가를 지급하는 사업자 삭제) 다음 각호의 어느 하나에 해당하는 경우에는 재화 또는 용역을 공급하는 사업자가 그 재화 또는 용역의 공급시기가 오기 전에 제32조에 따른 세금계산서를 발급하고 그 세금계산서 발급일로부터 7일이 지난 후 대가를 받더라도 해당 세금계산서를 발급한 때를 재화 또는 용역의 공급시기로 본다(2021.12.8. 개정).

1. 거래 당사자 간의 계약서·약정서 등에 대금 청구시기(세금계산서 발급일을 말한다)의 지급시기를 따로 적고, 대금 청구시기와 지급시기 사이의 기간이 30일 이내 인 경우(2018.12.31. 개정)

2. 재화 또는 용역의 공급시기가 세금계산서 발급일이 속하는 과세기간 내(공급받는 자가 제59조 제2항에 따라 조기환급을 받은 경우에는 세금계산서 발급일로부터 30일 이내)에 도래하는 경우(세금계산서에 적힌 대금을 지급받은 것이 확인되는 경우 삭제)(2021.12.8. 개정)

사업자가 할부로 재화 또는 용역을 공급하는 경우 등으로서 대통령령으로 정하는 경우의 공급시기가 되기 전에 제32에 따른 영수증을 발급하는 경우에는 그 발급한 때를 각각 그 재화 또는 용역의 공급시기로 본다(2013.6.7. 개정).

(6) 부동산업종(주택신축분양업, 오피스텔신축 분양업, 호텔분양업, 부동산매매업)에 따른 세금계산서 발행

부동산 업종에 따른 과세는 각종 사업, 용역의 과세, 면세 구분, 과세 면세 표준(예정사용면적 비율)의 산정에 있어 매우 중요한 문제가 된다.

대표적으로 주의할 점은 세금계산서 발행 시 분양대금 잔금이 문제가 되는데, 잔금 전 전매 시 양도인에게 T/I를 발행(계산서, 세금계산서 모두 포함)한다. 이 경우 엑셀작업을 통해 수분양자 소재, 지위, 자금일정 관리표를 작성하고, 입주 지정일에 잔금분 세금계산서를 발행하여야 한다(주의 필요).

그리고 세금계산 수취 시 과세면제 구분(2020 1기) 확정 부가가치세 신고 안내 매뉴얼(국세청 참조)을 따라야 한다.

자금관리는 사채나 대표자 가수금, 가지급금의 이자 원천세가 이슈가 되기 때문에 주의해야 한다(대표이사 가수금의 경우 이자적용배제 등).

PFV나 SPC의 경우 철저한 구분 경리가 필요하며, PFV법인(조세특례법)이 일반주식회사로 전환

시 취득세가 중과되기 때문에 주의해야 한다. 보다 구체적인 사항은 회계법인이나 세무사를 통해 자문을 받고 처리하는 것이 바람직하다.

이외에도 부동산개발을 진행할 경우 진행률 관리에 따른 결산과 법인세에 대하여 시공사 공사공정 진행률과 시행사 사업진행 차이를 분명히 이해하고 사업의 진행은 물론 세법상 차이를 구분할 수 있어야 한다.

아울러 감리보고서가 격월로 홀수달(1, 3, 5, 7, 8, 9, 11월)에 발행되는데, 11월 감리보고서에는 12월 1개월분을 추가 반영하여야 한다. 그 외에 절세전략은 아래와 같다.

① 종합건설업체는 과세사업자로 과세와 면세로 구분하여 세금계산서와 계산서의 발급이 가능하다.

② 주택신축분양 사업자는 대부분이 면세 사업자이므로 100% 세금계산서를 수취하면 거의 모두 매입부가세가 불공제 처리된다.

③ 따라서 이 경우에는 종합건설업체에 과세, 면세로 구분하여 세금계산서와 (면세) 계산서를 발급 및 수취가 가능한데 이는 시행사 입장에서 절세가 가능하다.

④ 또한 상가 또는 국민주택 이상 규모가 있을 경우에는 사업자등록을 내서 과세와 면세를 안분하여 수취한다.

③ 부동산 양도과세

1) 부동산 양도과세 방식

구분		유상이전			무상이전 (상속, 증여)
		양도	분양 (신축판매업)	매매업	
개인		양도세	소득세(종소세)		상속, 증여세
법인	영리	법인세			법인세
	비영리	소득세 (종소세)	-	소득세(종소세)	상속, 증여세

2) 양도세 과세대상

구분	내용
부동산 등	• 주택(주택+입주권+분양권) • 주택 이외 부동산(토지, 건물) 및 부동산에 관한 권리 ① 부동산을 취득할 수 있는 권리: 아파트 당첨권, 토지상환채권, 주택상환채권, 부동산 매매계약을 체결한 자가 계약금만 지급한 상태에서 양도하는 권리 ② 부동산을 이용할 수 있는 권리: 지상권, 전세권, 등기된 부동산 임차권
기타자산	• 영업권(사업에 이용하는 부동산 등과 함께 양도 시), 부동산과 함께 양도하는 이축권, 회원권 등
주식	• 취득세 과세대상인 선박
파생상품	• 코스피 200선물, 코스피200옵션, 기타 파생상품

④ 주식회사의 외부회계감사

주식회사의 외부회계감사는 3회 의무 및 공시를 하도록 되어 있다.

종류	예전	개정
1. 주식회사	자산이 120억 원 이상	4개 요건 중 2개 이상 해당 시
	부채 70억 원 이상이면서 자산 70억 원	• 자산 120억 원 이상 • 부채 70억 원 이상 • 매출액 100억 원 이상 • 종업원 수 100명 이상
	종업원 수 300명 이상, 자산 70억 원 이상	
2. 유한회사	원칙상 '모든 회사' 외부감사 대상, 주식회사의 4가지 요건에 '사원 수 50인 미만' 기준을 추가하여 총 5개 요건 중 3개 이상을 충족하면 예외를 인정 법 시행일 이후 주식회사에서 유한회사 변경 시 5년간 주식회사와 동일한 기준을 적용	
3. 대규모 회사	자산 또는 매출액 500억 원 이상인 경우는 모두 외부감사 대상	

참고문헌

1. 국외문헌

Archer, B.(1994). Demand forecasting and estimation. In J. Ritchie & C. Goeldner(Eds.). *Travel, Tourism, and Hospitality Research*(2nd Ed.). New York: John Wiley & Sons, pp.105-114

Bercovitch, J.(1984). *Social conflicts and third parties: Strategies of conflict resolution.* Boulder, CO: Westview Press

Bramwell, B., & Sharman, A.(1999). Collaboration in local tourism policy making. *Annal of Tourism Research.* 26(2): 392-415

Daherndorf. R.(1959). *Class and Class Conflict Industrial Society.* London: Routledge and Kegan Paul

Deutschm M.(1973). *The Resolution of Conflict: Constructive and Destructive Process.* New Heave: Yale University Press

Dlugos, Gunter(1959). The relationship between changing value systems conflicts and conflict-handling in enterprise sector. In G. Dlugos, and K. Weiermair. *Management under differing value system; Political, social, and economical prespectives in a change world.* New York: Walter de Gruyter

Howlett, M., & Ramesh, M.(2003). *Studying Public Policy: Policy Cycle and Policy Subsystems*(2nd Ed.). New York: Oxford University Press

Jenkins, C.(1982). The effect of scale in tourism projects in developing countris, *Annals of Tourism Research,* 992: 229-249

Laulajainen, R., & Stafford, H.(1995). *Corporate geography: Business location principles and cases.* Dordrecht, The Netherlands: Kluwer Academic Publishers

Lavery, P.(1974). The demand for recreation. In P. Lavery(Ed.). *Recreational Geography.* Vancouver: David & Charles, pp.21-50

Lawson, F., & Baud-Bovy, M.(1998). *Tourism and recreation development*(2nd Ed.). London: Architectural Press

Miles, M., Berens, G., & Weiss, M.(2000). *Real estate development: Principles and Process*(3rd Ed.). Washington, DC: Urban Land Institute

Miles, M., Berens, G., & Wheelwright, S.(1978). *Forecasting Methods and Applications.* New York: John Wiley & Sons

Osborn, A.(1953). Applied Imagination. New York: Charles Scribner & Sons

Pearce, D.(1989). *Tourist development*(2nd Ed.). New York: Longman

Pruitt, Dean G., & Jeffrey Z. Rubin(1986). *Social Conflict: Escalation, Stalemate, and Settlement.* New York: Random House

Var, T., & Lee, C.(1993). Tourism forecasting; State-of-the-art techniques. In M. Kahn, M. Olsen, & T. Var(Eds.). *VNR's Encyclopedia of Hospitality and Tourism.* New York: Van Nostrand Reinhold, pp.679-696

Wahab, S.(1975). *Tourism Management.* London; Tourism International Press

2. 국내문헌

국토교통부(2020). 『2019년 지역·지구 등의 행위제한 내용 및 절차 평가연구』

김사헌(2020). 『관광경제학』. 백산출판사

남궁근(2008). 『정책학, 이론과 경험적 연구』. 법문사

노화준(2003). 『정책평가론』. 법문사

노화준(2012). 『정책학원론』. 박영사

대한국토도시계획학회(2004). 『도시개발론』. 보성각

안정근(2000). 『부동산평가이론』. 법문사

유용관(2022). 『부동산관련 조세 및 회계A』. 도서출판 KODA

유훈·김지원(2005). 『정책학원론』. 한국방송통신대학교출판사업부

이석호·최창규(2021). 『관광개발론』. 한국방송통신대학교출판부

이수범(2022). 『부동산관련 조세 및 회계C』. 도서출판 KODA

이윤실(2022). 『부동산관련 조세 및 회계B』. 도서출판 KODA

이충기(2017). 『관광응용경제학』. 대왕사

정승호 외(2016). 『정책결정에 대한 고찰』

정승호(2013). 『관광지성장요인분석』

정정길 외 4명(2010). 『정책학원론』. 대명출판사

조주현(2002). 『부동산 개발사업에 있어서 프로젝트 파이낸싱 기법에 관한 연구』

한국부동산개발협회(2022). 『부동산개발전문인력사전교육서』

3. 연구용역자료 및 인터넷

개발사업 사업비 개선에 관한 연구(2023). (주)코원솔루텍

건축설계자료(2023). 희림종합건축사사무실(저작권 켐핀스키춘천)

관광지식정보시스템(www.tour.go.kr)

관광지조성계획(2023). 유비이엔틱(주)(저작권 켐핀스키춘천)

교통영향평가자료(2023). 한솔알앤디(주)(저작권 켐핀스키춘천)

대한국토 도시계학회(2004). 『도시개발론』

무궁화신탁(www.mghat.com)

문화셈터(stat.mcst.go.kr/)

서울대관람차 경제성분석 및 정책성분석 용역자료(2024). (주)더리츠

서울대관람차 수요분석에 관한 연구(2024). (주)더리츠
우리자산신탁(www.wooriatt.com)
제주해양과학관 민간투자사업 본보고서(2008). pp.267-282
중력모형과 유사사례 수요분석기법(2024). (주)더리츠
한국관광호텔협회(https://www.hotelskorea.or.kr/)
홍수관리구역자료(2023). 한국토목측량(주)(저작권 켐핀스키춘천)
환경영향평가자료(2023). 신일이엔씨(주)(저작권 켐핀스키춘천)
환경영향평가자료(2023). 엘프스(주)용역사의 자료(저작권 켐핀스키춘천)

4. 관련법

「건축법」
「공유수면 관리 및 매립에 관한 법률」
「공유재산 및 물품 관리법」
「공익사업을 위한 토지 등의 취득 및 보상에 관한 법률」
「공중위생관리법」
「관광진흥개발기금법」
「관광진흥법」
「교육환경보호에 관한 법률」
「국가지정문화재 현상변경 등 허가절차에 관한 규정」
「국유재산법」
「국제회의산업 육성에 관한 법률」
「국토의 계획 및 이용에 관한 법률」
「군사기지 및 군사시설 보호법」
「금강수계물관리 및 주민지원에 등에 관한 법률」
「기업도시개발 특별법」
「낙동강수계 물관리 및 주민지원 등에 관한 법률」
「농지법」
「도로교통법」
「도로법」
「문화재 보호 및 조사에 관한 법률」
「문화재보호법」(일부개정 2008.6.13 법률 제9116호, 시행일 2008.12.14.)
「민법」
「사도법」
「사방사업법」
「사회기반시설에 대한 민간투자법」
「산림자원의 조성및 관리에 관한 법률」

「산지관리법」

「상법」

「수도법」

「식품위생법」

「영산강섬진강수계 물관리 및 주민지원 등에 관한 법률」

「온천법」

「유통산업발전법」

「자연재해대책법」 제4조제7항

「자연재해대책법 시행령」 제4조제1, 2항

「장사 등에 관한 법률」

「주차장법」

「지방세법」

「지역특화발전특구에 관한 규제특례법」

「초지법」

「폐광지역개발 지원에 관한 특별법」

「폐기물관리법」

「하수도법」

「하천법」

「항만법」

「환경영향평가법」

1. 국민여행조사 보고서(2020). 분석편. 문화체육관광부
2. 국민여행조사 보고서(2020). 통계편. 문화체육관광부
3. 외래관광객조사 보고서(2021). 문화체육관광부
4. 국민여행조사 보고서(2021). 분석편. 문화체육관광부
5. 국민여행조사 보고서(2021). 통계편. 문화체육관광부
6. 강원도 관광동향분석(2021). 강원도관광재단
7. 강원도관광동향분석(2022). 강원도관광재단
8. 서울시 주요관광지점 입장객(2011~2022). 서울시
9. 강원도 춘천시 주요관광지점 입장객(2005~2022)
10. 한눈에 보는 관광통계 주요지표(2015~2021)

저자약력

정승호　　　e-mail: money8282@naver.com

부동산권원보험과 에스크로서비스를 제공하는 미국 스튜어트인터내셔널 한국대표를 역임하였다.
그 후 개발회사를 설립하여 부산 동부산 관광단지개발사업, 부산 해운대 관광리조트개발사업,
상암 랜드마크개발사업을 추진하였으며, 현재는 서울대관람차 및 복합문화시설 개발사업,
춘천 위도 관광지개발사업, 그리고 서울금천구 시흥첨단유통단지개발사업을 진행 중이다.
주요 저서로는『부동산권리보험과 권리분석』,『부동산등기법』,『부동산권리분석 이론과 실무』,
『알기쉬운 부동산법률상식』 등 부동산관련 전문서가 다수 있다. 이외에 조선역사에도 관심이 많아
『조선의 왕은 어떻게 죽었을까』,『명나라로 끌려간 조선궁녀의 잔혹사』,『전하 옥체를 보전하소서』 등
많은 저서와 수십 편의 연구 논문이 있다. 경제학석사, 관광학박사, 법학박사이며 심리학박사과정을 거쳤다.
서울시장상, 올림픽유공표창, 법무부장관상, 대통령실경호실장상, 여수세계엑스포추진단장상,
한국인력관리공단이사장상, 대한도시계획학회상, 한국관광연구학회상, 한국관광경영대상을 수상했으며,
"독도가 대한민국영토라는 사실에 관한 입증", "관광지성장요인에 미치는 영향(패널분석을 기반으로)"을 비롯하여
많은 부분에서 최우수논문 대상을 받았으며, 한국연구재단 연구용역(조선왕의 사망원인)에도 당선되어
연구활동을 수행했다. 부동산전문인력이자 자산운용전문인력이며 건설법무조정자문으로 활동하고 있으며,
대학과 공무원연수원 등에 출강하고 있다.

김수진

호텔관광경영학박사로 현재 남서울대학교 호텔경영학과 교수로 재직하고 있다.
대한경영학회 홍보위원장, 한국외식산업학회 상임이사, 한국커피학회 이사, 한국카페&레스토랑협회
서울시 지회장, 한국이미지경영교육협회 이사, 한국산업인력공단, 한국관광공사, 고용노동부 등
정부기관의 관광호텔, 외식관련 심사위원으로 활동하고 있다. 한국관광학회 우수논문상,
한국무역학회 우수논문상, 한국산업인력관리공단이사장상, 한식재단이사장상 등 다수의
수상경력과 연구논문이 있으며
주요 저서로는 정승호 박사와 공동으로『커피아카데미』,『조선왕은 어떻게 죽었을까』,
『명나라로 끌려간 조선궁녀의 잔혹사』,『전하 옥체를 보전하소서』 등을 출간하였고
현재 월간『리크루트』에 '커피 이야기'를 연재하고 있다.

저자와의
합의하에
인지첩부
생략

관광개발 이론과 실무

2024년 3월 25일 초판 1쇄 인쇄
2024년 3월 31일 초판 1쇄 발행

지은이 정승호 · 김수진
펴낸이 진욱상
펴낸곳 (주)백산출판사
교 정 성인숙
본문디자인 오행복
표지디자인 오정은

등 록 2017년 5월 29일 제406-2017-000058호
주 소 경기도 파주시 회동길 370(백산빌딩 3층)
전 화 02-914-1621(代)
팩 스 031-955-9911
이메일 edit@ibaeksan.kr
홈페이지 www.ibaeksan.kr

ISBN 979-11-6567-836-4 93980
값 40,000원